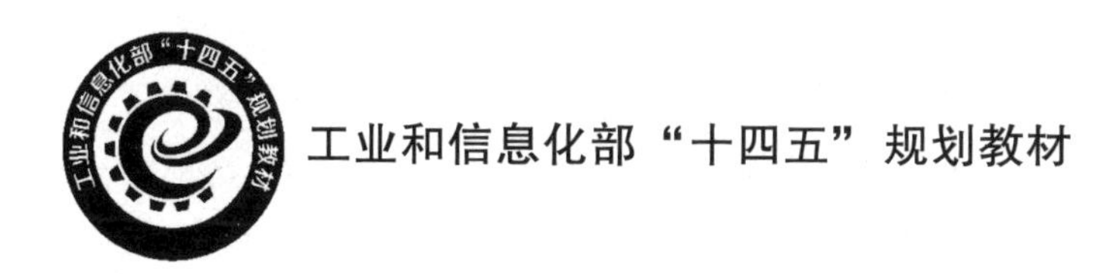

粉末冶金及材料工程

陈文革　王发展　编著

電子工業出版社
Publishing House of Electronics Industry
北京·BEIJING

内 容 简 介

本书分粉体的性能及其检测、粉末的制备、粉末成型、钢压模具设计、烧结和粉末冶金材料六章详细地介绍了从粉体原料到实际应用制品的粉末冶金工艺全流程。本书在内容上既注重对基础理论、工艺知识及生产技术的介绍，也尽可能多地归纳总结本领域的新技术、新方法和新理论的发展动向。作为教学用书，提供相应的试卷及参考答案。作为工程实践参考用书，提供各类具体材料的制备工序。

本书可作为材料、冶金、物理及应用科学等专业本科生、研究生教学用书，亦可供材料、冶金专业研究人员及高校教师阅读和参考。

图书在版编目（CIP）数据

粉末冶金及材料工程/陈文革，王发展编著 .—北京：电子工业出版社，2024. 1

ISBN 978-7-121-47279-4

Ⅰ. ①粉… Ⅱ. ①陈… ②王… Ⅲ. ①粉末冶金-材料科学 Ⅳ. ①TF12

中国国家版本馆 CIP 数据核字（2024）第 037046 号

责任编辑：刘御廷　　文字编辑：刘怡静
印　　刷：三河市龙林印务有限公司
装　　订：三河市龙林印务有限公司
出版发行：电子工业出版社
　　　　　北京市海淀区万寿路 173 信箱　邮编 100036
开　　本：787×1 092　1/16　印张：21. 75　字数：556. 8 千字
版　　次：2024 年 1 月第 1 版
印　　次：2024 年 1 月第 1 次印刷
定　　价：79. 80 元

前　言

党的二十大报告指出，“推动战略性新兴产业融合集群发展，构建新一代信息技术、人工智能、生物技术、新能源、新材料、高端装备、绿色环保等一批新的增长引擎”。粉末冶金指制取金属粉末或用金属粉末（或金属粉末与非金属粉末的混合物）作为原料，经过成型和烧结，制造金属材料、复合材料以及各种类型制品的科学技术。粉末冶金技术的优点使其在新材料的发展中起着举足轻重的作用。

粉末冶金作为材料科学和冶金学的交叉学科，常常被选作相关学科的专业方向。当前的粉末冶金教材由于专业性质过于浓厚，内容比较单一，很难适用于“重宽度轻深度”的办学理念，并且市面上也没有一本概括性强、内容系统完整的相关教材。本书取材于粉末冶金材料学研究的最新进展，全面反映了现代粉末冶金技术及材料的研究现状和发展趋势以及生产实践。编著者对本门课程具有二十多年的教学经验，系统、全面地阐述粉末冶金技术从粉末的制备、粉末成型、烧结和必要的后续处理，到最终获得满足相应服役条件的粉末冶金零件的全过程，以及完成这一过程所必需的模具设计、装备与条件、工艺步骤、出现问题的原因及解决办法等内容，并就粉末冶金技术涉及的众多材料进行系统阐述。本书可作为高等院校材料类专业师生的教材，亦可供材料科学与冶金工程专业技术人员和科研人员参考。

由于编著者水平有限，在编著过程中难免存在很多纰漏和不足，敬请读者见谅和批评指正。

目　　录

绪论…… 1

第一章　粉体的性能及其检测…… 5

1.1　粉末体与粉末性能 …… 5

1.1.1　粉末体（或粉末）的概念 …… 5

1.1.2　粉末的性能 …… 6

1.2　粉末的化学成分 …… 6

1.3　粉末的物理性能 …… 8

1.3.1　颗粒的形状与结构…… 8

1.3.2　颗粒密度 …… 9

1.3.3　显微硬度 …… 9

1.3.4　粉末粒径和粒径组成 …… 9

1.3.5　颗粒的比表面积 …… 22

1.4　粉末的工艺性能…… 28

1.4.1　松装密度和摇实密度 …… 28

1.4.2　流动性 …… 29

1.4.3　压制性 …… 30

1.5　粉末的应用…… 31

1.5.1　食品添加剂…… 31

1.5.2　颜料、油墨和复印用粉末…… 31

1.5.3　燃料、烟火和炸药用粉末…… 32

1.5.4　磁性探伤用粉末 …… 32

1.5.5　焊药、表面涂层用粉末 …… 32

1.5.6　3D打印用粉末…… 33

1.5.7　其他方面用粉末 …… 34

第二章　粉末的制备 …… 35

2.1　粉末制取方法概述…… 35

2.2　还原法…… 37

2.2.1　还原过程的基本原理 …… 37

2.2.2　碳还原法…… 45

2.2.3　气体还原法 …… 50

2.3　还原-化合法 …… 53

2.4　电解法…… 57

2.4.1　水溶液电解的基本原理 …… 57

2.4.2 电解法生产铜粉 …… 60
2.5 雾化法 …… 62
2.5.1 雾化法的分类 …… 63
2.5.2 雾化法的基本原理 …… 65
2.5.3 喷嘴结构 …… 68
2.5.4 影响雾化粉末性能的因素 …… 70
2.6 机械粉碎法 …… 72
2.6.1 球磨的基本规律 …… 73
2.6.2 影响球磨的因素 …… 74
2.6.3 球磨能量与粉末粒径的基本关系 …… 76
2.6.4 强化研磨 …… 76
2.7 纳米粉体的制备技术 …… 78
2.7.1 化学制备法 …… 79
2.7.2 化学物理合成法 …… 87
2.7.3 物理方法 …… 91
2.8 球形粉体的制备技术 …… 99
2.8.1 气雾化制粉技术 …… 99
2.8.2 等离子旋转电极雾化法 …… 100
2.8.3 等离子雾化法 …… 101
2.8.4 射频等离子球化法 …… 102
2.8.5 电弧微爆法 …… 103
2.8.6 造粒烧结法 …… 103
2.8.7 液相合成法 …… 104
第三章 粉末成型 …… 105
3.1 粉末成型概述 …… 105
3.2 压制成型原理 …… 105
3.2.1 粉末的压制过程 …… 105
3.2.2 压制过程中压坯的受力分析 …… 108
3.2.3 压坯密度及其分布 …… 112
3.2.4 压制压力与压坯密度的关系 …… 115
3.2.5 压坯强度 …… 118
3.2.6 成型剂 …… 118
3.3 成型工艺 …… 119
3.3.1 压制前的准备 …… 119
3.3.2 压制工艺 …… 120
3.3.3 压制参数 …… 122
3.4 成型废品分析 …… 122
3.4.1 物理性能方面 …… 122
3.4.2 几何精度方面 …… 122

3.4.3　外观质量方面 …… 123
3.4.4　开裂方面 …… 124
3.5　影响成型的因素 …… 126
3.5.1　粉体性质对压制过程的影响 …… 126
3.5.2　润滑剂和成型剂对压制过程的影响 …… 128
3.5.3　压制方式对压制过程的影响 …… 129
3.6　成型方式简介 …… 130
3.6.1　压力机法 …… 130
3.6.2　离心成型法 …… 130
3.6.3　挤压成型 …… 130
3.6.4　等静压成型 …… 130
3.6.5　三向压制成型 …… 131
3.6.6　热压法 …… 131
3.6.7　粉末轧制法 …… 131
3.6.8　粉浆浇注法 …… 132
3.6.9　粉末热锻技术 …… 133
3.6.10　高能成型法（爆炸成型法） …… 133
3.6.11　注射成型 …… 134
3.6.12　粉末流延成型 …… 134
3.6.13　楔形（循环）压制技术 …… 135
3.6.14　高速压制成型 …… 135
3.6.15　凝胶铸模成型 …… 135
3.6.16　温压成型 …… 136
第四章　钢压模具设计 …… 137
4.1　钢压模具设计概述 …… 137
4.1.1　模具及其在工业生产中的作用 …… 137
4.1.2　压模的基本结构 …… 138
4.1.3　粉末冶金模具的分类 …… 138
4.1.4　粉末冶金模具设计的指导思想和原则 …… 139
4.1.5　粉末冶金模具设计的内容及步骤 …… 139
4.1.6　编制模具零件工艺规程的步骤 …… 141
4.2　模具设计理论基础 …… 141
4.2.1　粉末的受力与计算 …… 141
4.2.2　压制过程中粉末的运动规律 …… 145
4.3　成型模具结构设计 …… 147
4.3.1　基本原则 …… 147
4.3.2　等高制品成型模设计原理 …… 148
4.3.3　不等高制品成型模设计 …… 149
4.3.4　复杂制品成型模设计 …… 151

4.4 模具零件的尺寸计算 …… 154
4.4.1 压模零件尺寸的计算依据 …… 154
4.4.2 阴模外径及阴模强度的计算 …… 158
4.4.3 其他模具零件的尺寸计算 …… 161
4.5 典型模具结构及压模零件尺寸计算 …… 162
4.5.1 带台阶压坯压模的尺寸计算 …… 162
4.5.2 无台阶压坯压模的尺寸计算 …… 165
4.6 模具制造 …… 166
4.6.1 模具材料的选择 …… 166
4.6.2 模具主要零件的加工、热处理及提高寿命的途径 …… 167
4.6.3 钢模压型设备 …… 169
4.6.4 模架简介 …… 170
4.7 模具损伤和压件缺陷分析 …… 171
4.7.1 模具损伤 …… 171
4.7.2 成型件的缺陷分析 …… 175
第五章 烧结 …… 179
5.1 烧结概述 …… 179
5.1.1 烧结的定义 …… 179
5.1.2 烧结的分类 …… 179
5.1.3 烧结理论的发展过程 …… 180
5.2 烧结过程的动力学原理 …… 180
5.2.1 烧结的基本过程 …… 180
5.2.2 烧结过程中压坯的宏观体积变化 …… 182
5.2.3 烧结过程中烧结体显微组织的变化 …… 183
5.2.4 烧结过程中物质的迁移方式 …… 185
5.2.5 致密化机理 …… 190
5.3 烧结过程的热力学原理 …… 190
5.4 固相烧结 …… 193
5.4.1 单元系固相烧结 …… 193
5.4.2 多元系固相烧结 …… 194
5.4.3 固相烧结合金化及影响因素 …… 203
5.5 液相烧结 …… 203
5.5.1 液相烧结满足的条件 …… 204
5.5.2 液相烧结基本过程及机理 …… 206
5.5.3 液相烧结的致密化及定量描述 …… 207
5.5.4 熔浸 …… 208
5.6 烧结后期的晶粒长大与致密化 …… 209
5.6.1 晶粒的正常生长与晶粒异常长大 …… 209
5.6.2 晶粒生长理论基础 …… 211

5.6.3　控制晶粒生长的途径 …… 213
5.7　烧结设备 …… 216
5.8　烧结工艺 …… 219
5.8.1　烧结前的准备 …… 219
5.8.2　烧结工艺及其对性能的影响 …… 219
5.8.3　粉末冶金制品的烧结后处理 …… 221
5.9　烧结气氛 …… 225
5.9.1　气氛的作用与分类 …… 225
5.9.2　还原性气氛 …… 225
5.9.3　吸热型与放热型气氛 …… 226
5.9.4　真空烧结 …… 228
5.9.5　发生炉煤气的气化原理 …… 228
5.10　烧结废品分析 …… 229
5.10.1　烧结废品简介 …… 229
5.10.2　主要废品分析 …… 231
5.10.3　废品的处理 …… 231
5.11　特种烧结 …… 232
5.11.1　松装烧结 …… 232
5.11.2　放电等离子体烧结 …… 232
5.11.3　微波烧结 …… 233
5.11.4　爆炸烧结 …… 233
5.11.5　电火花烧结 …… 234
5.11.6　快速原理制作技术 …… 235
5.11.7　自蔓延高温烧结 …… 236
5.12　烧结方法对比 …… 236
第六章　粉末冶金材料 …… 237
6.1　粉末冶金材料概述 …… 237
6.2　结构材料 …… 237
6.2.1　结构材料概述 …… 237
6.2.2　粉末冶金结构材料的制备 …… 238
6.2.3　粉末冶金结构材料发展趋势 …… 243
6.3　摩擦材料 …… 245
6.3.1　摩擦材料概述 …… 245
6.3.2　粉末冶金摩擦材料的制备 …… 249
6.3.3　粉末冶金摩擦材料发展趋势 …… 254
6.4　电工材料 …… 256
6.4.1　电工材料概述 …… 256
6.4.2　触头材料 …… 256
6.4.3　电刷材料 …… 265

6.4.4 电极材料 …… 269
6.4.5 粉末冶金电工材料的发展趋势 …… 271
6.5 磁性材料 …… 272
6.5.1 磁性材料概述 …… 272
6.5.2 粉末冶金磁性材料的制备 …… 275
6.5.3 粉末冶金磁性材料的发展趋势 …… 282
6.6 多孔材料 …… 283
6.6.1 多孔材料概述 …… 283
6.6.2 粉末冶金含油轴承 …… 286
6.6.3 3D 打印多孔材料 …… 293
6.6.4 粉末冶金多孔材料的发展趋势 …… 294
6.7 工具材料 …… 294
6.7.1 工具材料概述 …… 294
6.7.2 粉末冶金工具材料的制备 …… 299
6.7.3 粉末冶金工具材料的发展趋势 …… 312
6.8 粉末冶金武器材料 …… 312
6.8.1 粉末冶金武器材料概述 …… 312
6.8.2 粉末冶金武器材料制备 …… 314
6.9 其他材料 …… 321
6.9.1 航空航天工业用粉末冶金材料 …… 321
6.9.2 核工业用粉末冶金材料 …… 321
6.9.3 生物医用粉末冶金材料 …… 322
参考文献 …… 325
试卷及参考答案 …… 331

绪　论

一、什么是粉末冶金？

粉末冶金是一门研究制造各种金属粉末，以及以粉末为原料通过压制成型、烧结和必要的后续处理来制取金属材料和制品的科学技术。

二、粉末冶金的历史

粉末冶金技术可追溯到远古。早在公元前，人们就通过在原始的炉子里用碳还原铁矿，得到海绵铁块，再进行锤打，制成各种器件。19 世纪初叶，人们用粉末冶金法制得海绵铂粉，先经冷压，再在铂熔点温度的三分之二左右进行加热处理，然后进一步锻打成各种铂制品。此后，随着冶金炉技术的发展，经典的粉末冶金工艺逐渐被熔铸法取代。直到 1909 年库力奇的电灯钨丝问世后，粉末冶金技术才得到迅速发展。

现代粉末技术的发展有三个重要标志。

第一个标志是：20 世纪初，由于电气技术的迅速发展，人们迫切寻找各种新的电光源材料。1879 年爱迪生发明电灯采用的碳四光源有严重缺陷，直至粉末冶金工艺优化了钨丝的制造技术（见图 0-1），电灯才真正给人类带来了光明，粉末冶金的传统工艺重获新生。随后，许多难熔金属材料如钨、钼、钽、铌的生产，粉末冶金工艺是唯一的方法。20 世纪 20 年代，研究人员又用这一工艺技术成功地制造了硬质合金，而且硬质合金刀具比工具钢制作的切削刀具的切削速度和刀具寿命提高了几倍至几十倍，并且硬质合金刀具能加工一些难加工的材料。因此，现代粉末冶金工艺正是由于难熔金属和硬质金属的生产，奠定了在材料领域中的地位。

图 0-1　钨丝制备过程图

第二个标志是：20 世纪 30 年代，采用粉末冶金工艺制造多孔含油轴承获得成功（见图 0-2），接着采用廉价的铁粉制成铁基含油轴承在汽车工业、纺织工业等方面得到广泛应用。而且随着生产方法的改进，铁粉质量和产量提高，使得铁基制品又进一步向高密度、高强度和形状复杂的结构零件方向发展，从而使粉末冶金发挥了高效益的无切削、少切削的特点。

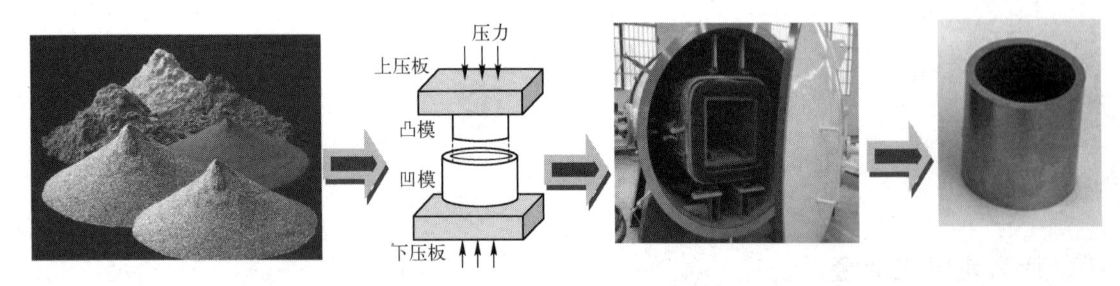

图 0-2　多孔材料制备流程图

第三个标志是：粉末冶金新工艺的出现，新材料在近二三十年来，不断向高水平新领域方面开拓，冷等静压、动磁压制等新技术出现，金属陶瓷、弥散强化材料、粉末高速钢等新材料相继问世（见图 0-3）。这些都展示出粉末冶金的广阔美好前景。

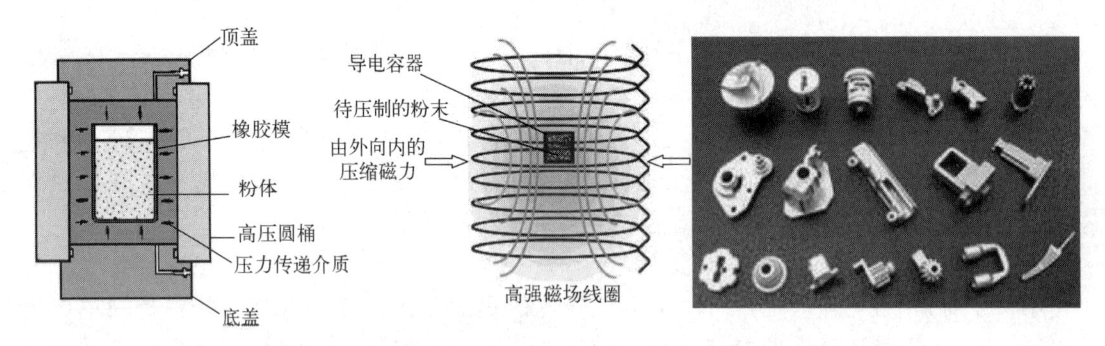

图 0-3　新技术（冷等静压、动磁压制）和新材料图

三、粉末冶金工艺的基本工序

粉末冶金工艺的基本工序可以被概括为以下三步。第一步为原料粉末的制取和准备，粉末可以是纯金属或它的合金、非金属、金属与非金属的化合物以及其他各种化合物。第二步是将第一步制得的粉末根据实际需要，使用特定的成型方法制成所需形状的坯块，成型方式有简单的压制、等静压制、轧制、挤压、爆炸成型等。最后一步是坯块的烧结，烧结在物料主组元熔点以下的温度进行，以使材料和制品具有最终的物理、化学和力学性能。以上三步即为粉末冶金的基本工艺工序。

四、粉末冶金工艺的特点

针对粉末冶金工艺，可以将其特点归结如下。

首先，具有针对性，即绝大多数难溶金属及其化合物、假合金、多孔材料只能用粉末冶金方法来制造。其次，材料的利用率高、生产效率高。因为往往将压坯压制成零件的最终尺寸，不需要或很少需要随后的机械加工。用粉末冶金方法生产制品时，金属的损耗通常只有1%~5%，而用一般熔铸方法生产时，损耗可能达到80%。最后，制取的材料纯度较高。因为粉末冶金工艺与熔铸法不同，在材料生产过程中，不会带给材料任何污垢。同时，粉末冶金工艺具有简单、易操作的优势。

然而，粉末冶金工艺也拥有一些自身的局限性。例如，粉末冶金制品的大小和形状受到一定限制，烧结零件的韧性较差。这主要是因为粉末成型时所用模具的加工比较困难，而且受到压制力的限制。对某些产品小批量生产时，由于粉末成本高，使得最终产品的制备成本较高，但为了得到某些独特性能的产品，采用小批量生产也是划算的。

五、粉末冶金材料和制品的分类

粉末冶金材料和制品可按其不同用途分为机械零件和结构材料、多孔材料、电工材料、工具材料、粉末磁性材料、耐热材料、原子能工程材料。

1. 机械零件和结构材料

- 减摩材料：多孔含油轴承、金属塑料等。
- 摩擦材料：以铁铜为基，用作制动器或离合器元件。
- 机械零件：代替熔铸和机械加工的各种承力零件。

2. 多孔材料

- 过滤器：由青铜、镍、不锈钢、钛及合金等粉末制成。
- 热交换材料：也称发散或发汗材料。
- 泡沫金属：用于吸音、减震、密封和隔音。

3. 电工材料

- 电触头材料：难熔金属与铜、银、石墨等制成的假合金。
- 电热材料：金属和难熔金属化合物电热材料。
- 集电材料：烧结的金属石墨电刷。

4. 工具材料

- 硬质合金：以难熔金属碳化物为基加钴、镍等金属烧结。
- 超硬材料：立方氮化硼和金刚石工具材料。
- 陶瓷工具材料：以氧化锆、氧化铝和黏结相构成的工具材料。
- 粉末高速钢：以预合金化高速钢粉末为原料。

5. 粉末磁性材料

- 烧结软磁体：纯铁、铁合金、坡莫合金。
- 烧结硬磁体：烧结磁钢、稀土-钴烧结磁体。
- 铁氧体材料：包括铁氧体硬磁、软磁、矩磁及旋磁。
- 高温磁性材料：有沉淀硬化型、弥散纤维强化型。

6. 耐热材料

- 难熔金属及其合金：钨、钼、钽、铌、锆及其合金。
- 粉末高温（或超）合金：以镍铁钴为基添加钨、钼、钛、铬、钒。
- 弥散强化材料：以氧化物、碳化物、硼化物、氮化物弥散。
- 难熔化合物基金属陶瓷：以氧化物、碳化物、硼化物、硅化物为基。
- 纤维强化材料：金属或化合物纤维增强复合材料。

7. 原子能工程材料

{核燃料元件：铀、钍、钚的复合材料。
其他原子能工程材料：反应堆、反射、控制、屏蔽材料等。

六、粉末冶金的发展现状和趋势

粉末冶金属于材料科学与工程和冶金工程的交叉学科或范畴，在技术和经济上具有一系列特点。从制取材料方面来看，粉末冶金法能生产具有特殊性能的结构材料、功能材料和复合材料；从制造机械零件方面来看，粉末冶金是一种节能、节材、高效省时的新技术，在国民经济的发展中有重要地位。

随着粉末冶金技术不断发展，粉末冶金制品应用领域不断扩大，中国基础产业快速发展，特别是汽车产业。在过去两年中，粉末冶金行业使用的原料铜、镍、钼、铬及钢等价格大幅波动，给粉末冶金原料及零件生产带来了很大市场冲击，但单个汽车中粉末冶金零件采用量还在逐步增加。随着中国“家电下乡”政策实施，国内市场对制冷压机零件和摩托车零件的需求逐渐恢复直至增加。另外，国内鼓励发展小排量轿车的政策对粉末冶金汽车零件销售市场的影响也开始显现。

今后粉末冶金技术会优先从以下几方面进行发展。(1) 发展粉末制取新技术、新工艺及其过程理论，总的趋势是向超细、超纯、粉末特性可控方向发展。(2) 建立以“净近形成型”技术为中心的各种新型固结技术及其过程模拟理论，如粉末注射成型、挤压成型、喷射成型、温压成型、粉末锻造等。(3) 建立以“全致密化”为主要目标的新型固结技术及其过程模拟技术，如热等静压、拟热等静压、烧结-热等静压、微波烧结、高能成型等。(4) 粉末冶金材料设计、表征和评价新技术，以及粉末冶金材料的孔隙特性、界面问题及强韧化机理的研究。

粉末冶金技术在工业发达国家得到高度重视，发展速度明显超过传统的机械工业和冶金工业技术。许多粉末冶金新技术的出现和实用化（如快速冷凝技术、等离子旋转电极雾化，机械合金化，粉末热等静压、温压，粉末锻造、挤压、轧制，粉末注射成型、喷射成型，自蔓延高温合成，梯度材料复合技术，电火花烧结、瞬时液相烧结、激光烧结、微波烧结、超固相线烧结、反应烧结等)，推动不少优异材料的开发（如高性能粉末冶金铁基复合和组合零件，粉末高温合金、高速钢，钢结硬质合金，快速冷凝粉末铝合金，高性能难溶金属及合金，快速冷凝非晶、准晶材料，氧化物弥散强化合金，高性能永磁材料、摩擦材料，颗粒强化复合材料，固体自润滑材料，复合核燃料，特种分离膜，中子可燃毒物，隐身材料等)，这些材料已经或正在促使相关应用领域发生重大变革。可以预言，粉末冶金的发展前景是非常美好的。

第一章　粉体的性能及其检测

粉体的性能对粉末冶金材料的最终性能有着决定性的影响。本章首先介绍粉末体的概念，然后从化学成分、物理性能和工艺性能三方面重点讨论，介绍了粉末体的多个基本性能，最后介绍了粉末的应用。

1.1　粉末体与粉末性能

1.1.1　粉末体（或粉末）的概念

粉末冶金的原材料是粉末，粉末与粉末制品或材料同属固态物质，而且化学成分和基本的物理性质（熔点、密度和显微硬度）基本保持不变。但是，固态物质就分散性和内部颗粒的联结性质而言是不一样的，通常把固态物质按尺寸大小分为致密体，胶体颗粒和粉末体三类，大小在 1mm 以上的称为致密体，0.1μm 以下的称为胶体颗粒，介于两者之间的称为粉末体。

粉末体，简称粉末，是由大量的颗粒及颗粒之间的间隙或孔隙构成的集合体，其中的颗粒可以彼此分离，并且联接面很小，且联接面上的分子间不能形成强的键力。因此，粉末不像致密体那样具有固定的形状，而是表现出与液体相似的流动性；然而，由于颗粒相对移动时存在摩擦，因此粉末的流动性是有限的。

粉末颗粒主要从其聚集状态、结晶构造、表面状态三个方面进行阐述。颗粒的聚集状态有单颗粒和二次颗粒。粉末中能分开并独立存在的最小实体称为单颗粒（一次颗粒）。多数场合下，单颗粒会与相邻的颗粒发生黏附，如果单颗粒以某种方式聚集，就构成了所谓的二次颗粒（团粒），粉末颗粒的聚集状态如图 1-1 所示。

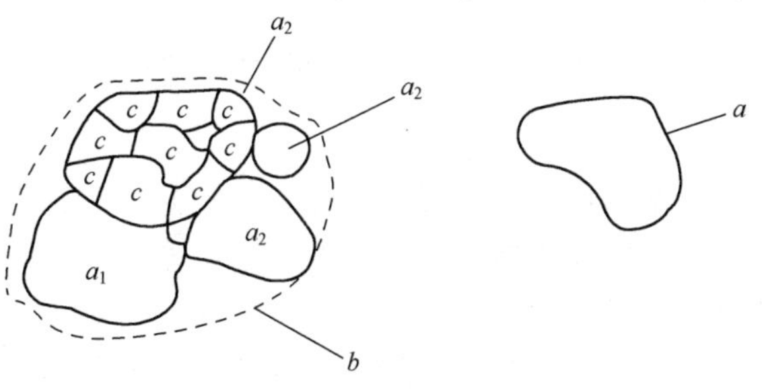

a—单颗粒；b—二次颗粒；c—晶粒；

a_1——一次颗粒；a_2—二次颗粒

图 1-1　粉末颗粒的聚集状态示意图

一般来说粉末颗粒具有多晶结构，但也存在一个晶粒就是一个颗粒的情况，而颗粒大小取决于制粉工艺特点和条件。将粉末制成金相样品进行观察，可以发现颗粒的晶粒内可能存在的晶体及亚晶结构。另外，粉末颗粒还表现出严重的晶体不完整性，即可能存在许多晶体缺陷，如空位、畸变、夹杂等。从微观角度看，粉末颗粒的晶粒由于存在严重的点阵畸变，有较高的空位浓度和位错密度，因此，粉末颗粒总是储存了较高的晶格畸变能，具有较高的活性。

粉末颗粒越细，外表面越大，同时，粉末颗粒的缺陷多，内表面也相当大。颗粒的外表面是可以直接看到的明显表面，包括颗粒表面所有宏观的凸起和凹陷的部分，以及宽度大于深度的裂隙。颗粒内表面包括深度超过宽度的裂隙、微缝以及与颗粒外表面连通的孔隙、空腔等的壁面，但不包括封闭在颗粒内的潜孔（也叫闭孔）。图 1-2 为粉末颗粒的表面状态。粉末发达的表面积贮藏着很高的表面能，其对于气体、液体或微粒表现出极强的吸附能力，而且超细粉末容易自发聚集成二次颗粒，在空气中极易氧化或自燃。

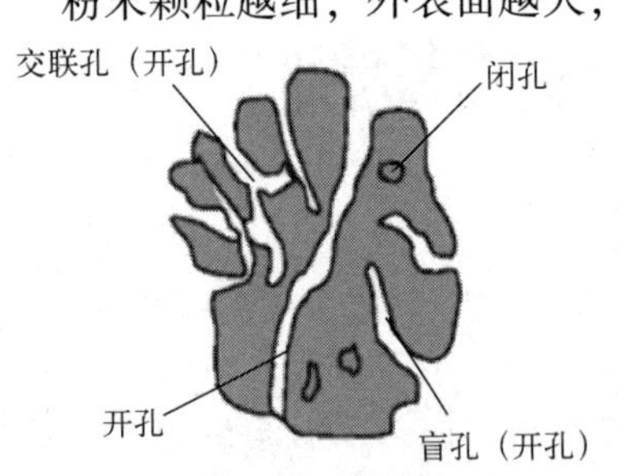

图 1-2　粉末颗粒的表面状态示意图

1.1.2　粉末的性能

粉末是颗粒及颗粒间的空隙或孔隙所构成的分散体系，因此研究粉末时，应分别研究属于单颗粒、粉末体以及粉末体的孔隙等的一切性质。

1. 单颗粒的性质

由粉末材料所决定的性质，如点阵构造、理论密度、熔点、塑性、弹性、电磁性质、化学成分，与相应的致密（块体）材料性质一样。

由粉末生产方法所决定的性质，如粒径、颗粒形状、密度、表面状态、晶粒结构、点阵缺陷、颗粒内气体含量、表面吸附的气体与氧化物、活性等。

2. 粉末体的性质

平均粒径、粒径组成、比表面积、松装密度、摇实密度、流动性、颗粒间的摩擦状态等。

3. 粉末体的孔隙的性质

总孔隙体积、颗粒间的孔隙体积、颗粒内的孔隙体积、颗粒间的孔隙数量、平均孔隙大小、孔隙大小的分布、孔隙形状等。

实际研究中不可能对上述性能逐一进行测定，通常按粉末的化学成分、物理性能和工艺性能进行划分和测定。

1.2　粉末的化学成分

粉末的化学成分主要包括主要组分的含量和杂质的含量。

粉末中主要组分含量的化学分析方法与常规金属的分析方法相同，可根据不同分类方法进行分类。

根据反应类型、操作方法的不同，可分为以下两种方法。

（1）滴定分析法　根据滴定所消耗标准溶液的浓度和体积，以及计算被测物质与标准溶液所进行的化学反应计量关系，求出被测物质的含量，这种方法称为滴定分析法。

（2）质量分析法　根据物质的化学性质，选择合适的化学反应，将被测组分转化为一种组成固定的沉淀或气体，通过钝化、干燥、灼烧或吸收剂的吸收等一系列处理后，精确称量，求出被测组分的含量，这种方法称为质量分析法。

根据分析的原理和使用仪器的不同，可分为化学分析法和仪器分析法。化学分析法通常用于待测组分含量在1%以上的样品，分析准确度较高，所用设备简单，在生产实践及科学研究工作中有一定的作用。仪器分析法当前主要采用荧光光谱法、质谱仪等先进仪器对粉末的化学成分进行检测。

粉末中杂质的来源主要有以下三种渠道：第一种是与主要金属结合，形成固溶体或化合物的金属或非金属成分；第二种是从原料和粉末生产过程中带入的机械夹杂；第三种是粉末表面吸附的氧、水汽和其他气体。

粉末中的杂质含量，主要是指氧含量和酸中不溶物含量。其测定方法除常规的库仑法全氧分析外，常用氢损法和酸不溶物法。

氢损法是将金属粉末试样在纯氢气流中煅烧足够长时间，粉末中的氧被还原生成水蒸气，某些元素（碳、硫）与氢反应生成挥发性化合物，与挥发性金属（锌、镉、铅）一同排出，测得的试样粉末质量的损失称为氢损。氢损法用于测定可被氢还原的那部分金属氧化物的氧含量，适用于铁、铜、钨、钼、钴等粉末。

测定时称取试样5g，装入经称量的舟皿中（精确至0.0001g），将试样铺平，厚度不大于3mm，一般采用管式还原炉，还原温度和还原时间视不同金属粉末而定（见表1-1）。当还原管加热到规定的还原温度时，先通入氮气1min以上，然后把盛有试样的舟皿推至还原管加热区的中心，推舟皿时应缓慢，以防止高速气体把粉末吹走。继续通氮1min，断氮气，开始通入氢气，氢气流量（还原管直径为25mm时）约50L/h，在到达规定还原时间时，一直保持这个流量。还原结束时，断氢气，通入氮气，2~3min后，把舟皿拉到炉管冷却区，在氮气气氛中冷却到35℃以下，将舟皿从管内取出，将残留物置于干燥器内冷却到室温后称量，精确至0.0001g。氢损测定装置如图1-3所示。

氢损值=挥发物的质量(试样质量-残留物质量)/试样质量×100%

可见，氢损值越大，说明挥发物越多，而挥发物主要是粉末中的氧与氢反应所致，故粉末中的氧含量越高。

表1-1　不同金属粉末的还原温度和时间

金属粉末	还原温度/℃	还原时间/min	金属粉末	还原温度/℃	还原时间/min
青铜	775±15	30	铅	550±10	30
钴	1050±20	60	钼	1100±20	60
铜	875±15	30	镍	1050±20	60
铅铜、铅青铜	600±10	10	锡	550±10	30
铁	1150±20	60	钨	1150±20	60
合金钢	1150±20	60			

酸不溶物法是将粉末试样用某种无机酸（铜用硝酸、铁用盐酸）溶解，将不溶物沉淀和过滤出来，在980℃下煅烧1h后称重，按下式计算酸不溶物含量。

铁粉盐酸不溶物=盐酸不溶物的质量/粉末试样质量×100%

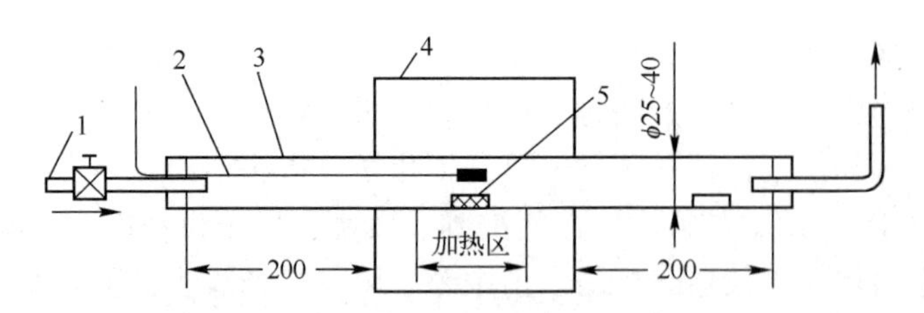

1—氢气入口；2—热电偶；3—气密管；4—炉体；5—舟皿

图 1-3 氢损测定装置

1.3 粉末的物理性能

粉末的物理性能包括颗粒的形状与结构、颗粒密度、显微硬度、颗粒的粒径和粒径组成、颗粒的比表面积、比热、颗粒的电学、磁学等多个方面。而比热、电学、磁学等性能一般与粉末冶金关系不大，故只讨论前面几个性能。

1.3.1 颗粒的形状与结构

颗粒的形状与结构主要由粉末的生产方法决定，同时也与物质的分子或原子排列的结晶几何学因素有关。常见的颗粒形状为球形、近球形、多角形、片状、树枝状、不规则形状、多孔海绵状、碟状，如图 1-4 所示。颗粒形状与粉末生产方法的关系见表 1-2。

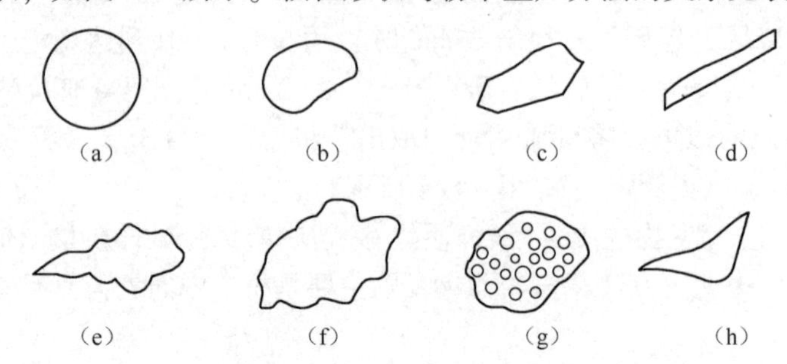

(a) 球形；(b) 近球形；(c) 多角形；(d) 片状；(e) 树枝状；

(f) 不规则形状；(g) 多孔海绵状；(h) 碟状

图 1-4 粉末颗粒形状示意图

表 1-2 颗粒形状与粉末生产方法的关系

颗粒形状	粉末生产方法	颗粒形状	粉末生产方法
球形	气相沉积，液相沉积	树枝状	水溶液电解
近球形	气体雾化，置换（溶液）	不规则形状	金属氧化物还原
多角形	塑性金属机械研磨	多孔海绵状	金属旋涡研磨
片状	机械粉碎	碟状	水雾化，机械粉碎，化学沉淀

颗粒的形状与结构会影响粉末的流动性、松装密度、气体透过性、压制性和烧结体强度等性质。对于粉末颗粒形状与结构的测定目前主要是使用光学显微镜、透射电镜和扫描电镜。

1.3.2　颗粒密度

粉末颗粒的理论密度，通常不能代表粉末颗粒的实际密度，因为颗粒几乎总是有孔的。所以，一般描述颗粒密度的参数有三种，即真密度、似密度与表观密度。

真密度（理论密度）是指颗粒质量与除去开孔和闭孔颗粒体积的商值；似密度是指颗粒质量与包括闭孔在内的颗粒体积的商值；表观密度（有效密度）是指颗粒质量与包括开孔和闭孔在内的颗粒体积的商值。

颗粒密度的测定常用比重瓶法。如图 1-5 所示，比重瓶是一个带细颈的磨口玻璃小瓶，瓶塞中心开有 0.5mm 的毛细管以排出瓶内多余的液体。当液面与塞子毛细管出口平齐时，瓶内液体具有确定的容积，一般有 5、10、15、25、30mL 等不同规格。

粉末试样预先干燥再装入比重瓶，约占瓶内容积的 1/3～1/2，连同瓶称重后再装满液体，塞紧瓶塞，将溢出的液体拭干后再称一次质量，然后按下式计算密度。

$$\rho_{比}=\frac{F_2-F_1}{V-\frac{F_3-F_2}{\rho_{液}}} \tag{1-1}$$

式中，F_1为比重瓶质量；F_2为比重瓶加粉末的质量；F_3为比重瓶加粉末和充满液体后的质量；$\rho_{液}$为液体的密度；V为比重瓶的规定容积。

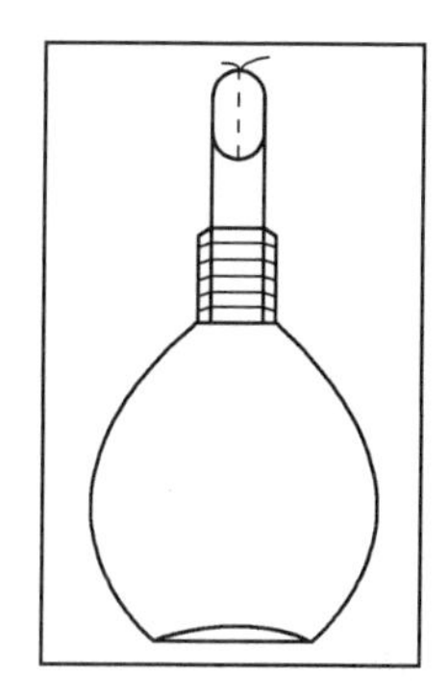

图 1-5　比重瓶

液体要选择黏度和表面张力小、密度稳定、对粉末润湿性好、与粉末不起化学反应的有机介质，如乙醇、甲苯、二甲苯等。

1.3.3　显微硬度

粉末颗粒显微硬度的测定方法与致密材料类似。不过首先必须将粉末试样与电木粉或有机树脂粉混匀制成小压坯，固化后才能测量。

颗粒的显微硬度值在很大程度上取决于粉末中各种杂质与合金组元的含量，以及晶格缺陷的多少，它代表粉末的塑性。一般粉末纯度越高，显微硬度越低。

1.3.4　粉末粒径和粒径组成

1.3.4.1　粉末粒径

粉末粒径也称为颗粒粒径或粉末粒度，指颗粒占据空间的尺度。粉末粒径与测量技术、特殊的测量参数以及颗粒形状有关。粉末粒径分布可以通过几种方法进行测量，由于所选择的测量参数不同，测量的数据也不尽相同。大多数粉末粒径分析仪只使用一个几何参数并设定为球形颗粒，分析的基础可能是任何一个几何值，如表面积、投影面积、最大尺寸、最小横截面积或体积。

部分粉末的粒径参数如图 1-6 所示。对于一个球形颗粒（图 1-6a），粉末粒径是单一的参数：直径 D。然而，随着颗粒形状变得复杂，仅使用一个粒径参数不能准确表示粉末颗粒的尺寸，如一个圆盘状或薄片状颗粒（图 1-6b）至少需要两个参数来表示：直径 D 和厚

度 W。随着粉末形状的不规则程度增加，需要的粒径参数也相应增加。对于圆角不规则形状颗粒（图 1-6c），粉末尺寸可用投影高度 H（任意）、最大长度 M、水平宽度 W、相等体积球的直径或具有相等表面积的球的直径 D 来表示。对于不规则形状颗粒（图 1-6d），确定粉末粒径就相当困难，因为尺寸依赖于测量所用的参数。通常，假定粉末颗粒为球形颗粒，粒径依据单一参数——直径 D 给定。

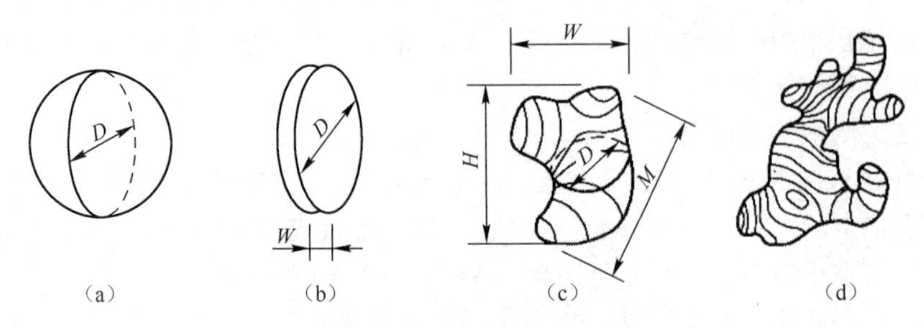

（a）球形；（b）片状；（c）圆角不规则形状；（d）不规则形状

图 1-6 部分粉末的粒径参数

1.3.4.2 粉末粒径组成

通常以 mm 或 μm 尺度表示颗粒大小，简称粒径或粒度。由于组成粉末的无数颗粒一般粒径不同，故用具有不同粒径的颗粒占全部粉末的百分含量表示粉末的粒径组成，又称粒径分布。因此，严格来讲，粒径仅对单颗粒而言，而粒径组成则指整个粉末体，但是通常说的粉末粒径包含粉末平均粒径，也就是粉末的某种统计性平均粒径。

冶金粉末的粒径范围很广，大致为 0.1~500μm，可以按平均粒径划分为若干级别，如表 1-3 所示。

表 1-3 粉末粒径级别的划分

级　别	平均粒径范围/μm	级　别	平均粒径范围/μm
粗粉	150~500	级细粉	0.5~10
中粉	40~150	超细粉	<0.1
细粉	10~40		

粉末的粒径和粒径组成主要与粉末的制取方法和工艺条件有关。机械粉碎粉末一般较粗，气相沉积粉末极细，而还原粉末和电解粉末则可通过调节还原温度或电流密度，在较宽的范围内改变粒径组成。

粉末的粒径和粒径组成直接影响粉末工艺性能，从而对粉末的压制与烧结过程以及最终产品的性能产生很大影响。

1.3.4.3 粒径基准

规则球形颗粒用球的直径或投影圆的直径表示粒径是一样的，球形颗粒也是最简单和最精确的一种情况。对于近球形、等轴状颗粒，用最大长度方向的尺寸表示粒径，其误差也不大。但是，多数粉末颗粒，由于其形状不对称，仅用一维几何尺寸不能精确地表示颗粒真实大小，所以最好用长（l）、宽（b）、高（t）三维尺寸的某种平均值来度量，称为几何学粒径。由于测量颗粒的几何尺寸非常麻烦，计算几何学平均粒径也较烦琐，因此通过测定粉末的沉降速度、比表面积、光波衍射或散射等性质，用当量或名义直径表示粒径。通常采用下面 4 种粒径基准。

1. 几何学粒径 d_g

用显微镜按投影几何学原理测得的粒径称为投影径。球的投影像是圆，故投影径与球直径一致；但是正四面体和正六面体的投影像则因投影的方向而异（见图 1-7），这时很难由投影像决定投影径。一般要根据与颗粒最稳定平面垂直的方向投影所得的投影像来测量，然后取各种几何学平均径。

图 1-7　各种形状几何体的投影像

（1）二轴平均径为

$$\frac{1}{2}(l+b) \tag{1-2}$$

（2）三轴平均径为

$$\frac{1}{3}(l+b+t) \tag{1-3}$$

（3）几何平均径为

$$\frac{1}{6}(2lb+2bt+2tl)^{1/2} \tag{1-4}$$

（4）体积平均径为

$$3lbt/(lb+bt+tl) \tag{1-5}$$

还可根据与颗粒最大投影面积（f）或颗粒体积（V）相同的矩形、正方形或球的边长或直径来确定颗粒的平均粒径，称为名义粒径。

2. 当量粒径 d_c

利用沉降法、离心法或水力学方法（风筛法、水簸法）测得的粉末粒径，称为当量粒径。当量粒径中有一种斯托克斯径，其物理意义是与被测粉末具有相同沉降速度且服从斯托克斯定律的同质球形粒子的直径。粉末的实际沉降速度还受颗粒形状和表面状态的影响，故形状复杂、表面粗糙的粉末，其斯托克斯径总是比按体积计算的几何学名义径小。

3. 比表面积粒径 d_{sP}

利用吸附法、透过法和润湿热法测定粉末的比表面积，再换算成具有相同比表面积值的均匀球形颗粒的直径，称为比表面积粒径。

因为球的表面积为 $S=\pi d^2$，体积为 $V=(\pi/6)d^3$，故体积比表面积为 $S_v=S/V=6/d$。因此，由具有相同比表面积的大小相等的均匀小球的直径可以求得粉末的比表面积粒径为 $d_{sP}=6/S_v$ 或 $d_{sP}=6/S_w\rho$，其中 S_w 为克比表面积，ρ 为颗粒密度（一般可取比重瓶密度）。

4. 衍射粒径 d_{sc}

对于粒径接近电磁波波长的粉末，基于光与电磁波（如 X 光等）的衍射现象所测得的粒径称为衍射粒径。X 光小角度衍射法测定极细粉末的粒径就属于这一类。

1.3.4.4 粒径分布基准

粉末粒径组成是指不同粒径的颗粒在粉末总量中所占的百分数，可以用某种统计分布曲线或统计分布函数描述。粒径的统计分布实际应用的是频度分布和质量基准分布。下面以频度分布为例讨论粒径分布曲线的具体作法，而粒径和颗粒数是用显微镜方法测量和统计的。

先根据所测粉末试样的粒径分布的最大范围和显微镜的测量精度，将粒径范围划分成若干个区间，统计各粒径区间的颗粒数量，再以各区间的颗粒数占所统计的颗粒总数的百分比（称颗粒频度）为纵坐标，以粒径（μm）为横坐标作成频度分布曲线。粒径范围划分越细，统计的颗粒频度越多，则作出的分布曲线越光滑、连续。实际上，一般取 10~20 个粒径区间，颗粒总数为 500~1000 个就足够了。

如表 1-4 所示，以 1μm 为粒径间隔，将粉末分为 10 个粒径区间，统计各级的颗粒数为 n_i（$i=1,2,3,\cdots,1000$），颗粒总数 $N=1000$。各粒径区间粉末的个数百分率 $f_i=(n_i/N)\times 100\%$称为频度。图 1-8 是按颗粒数与颗粒频度对平均粒径作的粒径分布曲线，称为频度（微分）分布曲线。曲线峰值所对应的粒径称为多数径。

表 1-4 频度分布统计计算表

级　别	粒径区间/μm	平均粒径 d_i/μm	颗粒数 n_i	个数百分数，（频度）f_i/%	累积百分数/%
1	1.0~2.0	1.5	39	3.9	3.9
2	2.0~3.0	2.5	71	7.1	11.0
3	3.0~4.0	3.5	88	8.8	19.8
4	4.0~5.0	4.5	142	14.2	34.0
5	5.0~6.0	5.5	173	17.3	51.3
6	6.0~7.0	6.5	218	21.8	73.1
7	7.0~8.0	7.5	151	15.1	88.2
8	8.0~9.0	8.5	78	7.8	96.0
9	9.0~10.0	9.5	32	3.2	99.2
10	10.0~11.0	10.5	8	0.8	100
总计			$N=1000$		

如果用各粒径区间的间隔 $\Delta\mu$（表 1-4 中为 1μm）除以该粒级的频度 f_i（%），则得到所谓相对频度 $f_i/\Delta\mu$，单位是%/μm。以相对频度对平均粒径作图又可得到相对频度分布曲线（见图 1-8）。在本例中，因粒径间隔取 1μm，故相对频度在数值上与频度相等，两种分布

曲线重合，但是纵坐标的单位与意义仍是不同的。图中虚线代表理论上的累积分布曲线。

如果将颗粒数换成粉末质量进行统计，也能绘得质量基准的频度分布或相对频度分布曲线。

使用相对频度分布曲线比较直观和方便，可采用面积比较法求得任意粒径范围的颗粒数百分含量。因为相对频度的含义是在任一粒径区间内，粒径值每变化一个单位（μm）时，百分含量的平均变化率。如果粒径区间取得足够多，则光滑曲线上每一点的纵坐标就代表该粒径下百分含量的瞬时变化率，即曲线函数对粒径变量的微分，所以相对频度分布曲线又称为微分分布曲线。该曲线与粒径坐标围成的面积就是微分曲线对整个粒径范围的积分，应等于1，也就是全部颗粒的总百分含量为100%。

粒径分布曲线的另一种形式是直方分布图（见图1-9），是以各粒径区间的横坐标长为底边，相应的频度（%）或相对频度（%/Δμ）为高的小矩形群所组成的图形。显然，以相对频度作成的直方图的总面积也应等于1。

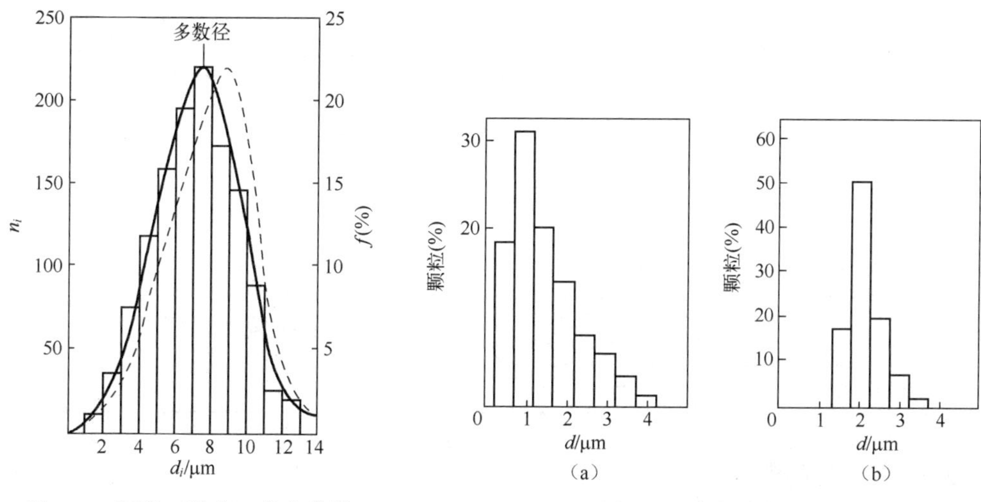

图1-8　频度（微分）分布曲线

图1-9　直方分布图

严格来讲，无论是按平均粒径作的相对频度分布曲线还是按粒径区间作的直方分布图，均不是真正的微分分布曲线，只有当粒径区间取得无限多、间隔无限小和颗粒总数极大时，才接近理想的微分分布曲线。这时，可严格地用面积法求任意粒径范围的百分含量，即以曲线、横轴和任意两个粒径下横坐标的垂直线围成的面积代表该粒径区间的粉末百分含量。某一粒径以上或以下的那部分粉末所占的百分含量，同样可按上述面积法求出。但是，为方便起见，可用表1-4的最后一列数据直接绘制累积分布曲线，这是粒径分布的另一种表达形式，应用也很普遍。

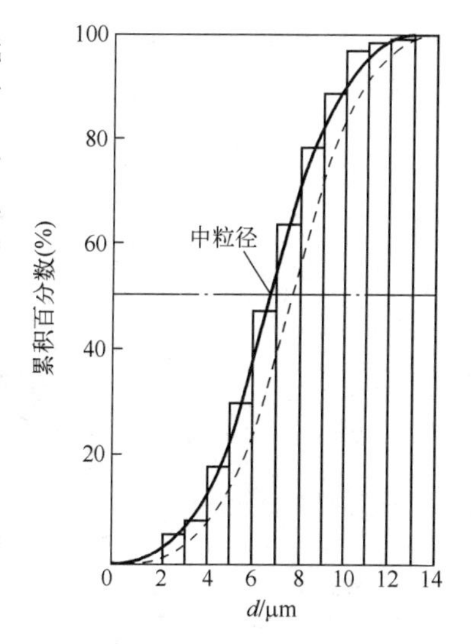

图1-10　累积分布曲线

表中累积百分数表示包括某一级在内的小于该级的颗粒数占全部粉末数N（1000）的百分含量，以它对平均粒径作图就得到图1-10中实线所代表的“负”累积分布曲线；如果按大于某粒级（包括该粒级）的颗粒数百分含量进行累积和作图，则得到与之对称的另一条曲线（未画出），称为“正”累积分布曲线。图中虚线代表理论上的累积分布曲线。

累积分布曲线在数学意义上是相对于微分分布曲线的积分曲线。因为在累积分布曲线上各点的斜率，即累积分布曲线函数对粒径变量的微分正好是微分曲线上对应点的纵坐标值。而且，微分分布曲线上的多个数正对应于累积分布曲线拐点的粒径，表示在该粒径附近，粒径变化一个单位（μm）时，颗粒数百分含量的变化率最大。累积分布曲线上对应累积百分数为50%的粒径称为中位径，记作 D_{50}，如图 1-10 中的中位径 D_{50} 等于 7μm。

1.3.4.5 平均粒径

粉末粒径组成的表示比较麻烦，应用也不太方便，许多情况下只需要知道粉末的平均粒径就可以了。由符合统计规律的粉末粒径组成计算的平均粒径称为统计平均粒径，是表征整个粉末体的一种粒径参数。计算粉末统计平均粒径的公式如表 1-5 所示。公式中的粒径可以按前述 4 种基准中的任意一种统计。

表 1-5 粉末统计平均粒径的计算公式

算术平均径	$d_a = \Sigma nd / \Sigma n$	备　注
长度平均径	$d_1 = \Sigma nd^2 / \Sigma nd$	n——粉末中具有某种粒径的颗粒数 d——个数为 n 的颗粒径 ρ——颗粒密度 S_w——粉末比表面积 K——粉末颗粒的比形状因子
体积平均径	$d_v = \sqrt[3]{\Sigma nd^3 / \Sigma n}$	
面积平均径	$d_s = \sqrt{\Sigma nd^2 / \Sigma n}$	
体面积平均径	$d_{vs} = \Sigma nd^3 / \Sigma nd^2$	
质量平均径	$d_w = \Sigma nd^4 / \Sigma nd^3$	
比表面积平均径	$d_{sp} = K / \rho S_w$	

1.3.4.6 粒径的测定

1. 粒径测定分类

根据粉末粒径的 4 种基准，可将粒径测定方法分成 4 大类，如表 1-6 所示。这些方法中，除筛分析、光学显微镜和电子显微镜法，都是间接测定法，即测定与粒径有关的颗粒的物理与力学性质参数，然后换算成平均粒径或粒径。

表 1-6 粒径测定主要方法一览表

粒 径 基 准	方 法 名 称	测量范围/μm	粒径分布基准
几何学粒径	筛分析	>40	质量分布
	光学显微镜	500~0.2	个数分布
	电子显微镜	10~0.01	同上
	电阻（库尔特计数器）	500~0.5	同上
当量粒径	重力沉降	50~1.0	质量分布
	离心沉降	10~0.05	同上
	比浊沉降	50~0.05	同上

续表

粒径基准	方法名称	测量范围/μm	粒径分布基准
当量粒径	气体沉降	50~1.0	同上
	风筛	40~15	同上
	水簸	40~5	同上
	扩散	0.5~0.001	同上
比表面粒径	吸附（气体）	20~0.001	比表面积平均径
	透过（气体）	50~0.2	同上
	润湿热	10~0.001	同上
光衍射粒径	光衍射	10~0.001	体积分布
	X射线衍射	0.05~0.0001	体积分布

2. 粒径测量技术

测量颗粒尺寸，一个广泛应用的技术就是使用肉眼在显微镜下观察分散的颗粒粒径。虽然显微镜测量可以获得相当精确的数据，但统计大量颗粒粒径的工作量是相当大的。因此，使用自动图谱分析仪要快捷得多，可通过光学显微镜（反射光或透射光）、扫描电子显微镜、透射电子显微镜来分析图像。通过显微镜对颗粒直径、长度、高度或面积的计数，记录被选颗粒的频度和颗粒粒径。

（1）筛分析法

对于快速分析颗粒粒径，筛分析法是一种常用的技术。筛分析法的原理、装置和操作都很简单，应用也很广泛。筛分析法适于40μm以上的中等和粗粉末的分级和粒径测定。筛分装置由一组筛孔尺寸由大至小的筛网组成，如图1-11所示，筛孔尺寸小的筛网在下面。粉末装载在最上面的筛上，筛网通过15min的振动，使颗粒尺寸的分布更准确。当使用20cm直径的筛网时，100g样品就足够了。振动完后，对每个尺寸筛网间的粉末称重，计算出每个尺寸筛网间粉末的比例，可进行全自动操作。粉末通过筛网用“-”号标记，在筛网上部用“+”标记。例如，-100+200表示粉末通过100目的筛网而没有通过200目的筛网，颗粒尺寸在150μm和75μm之间。并规定在45μm下的粉末（-325目）为亚筛粉。

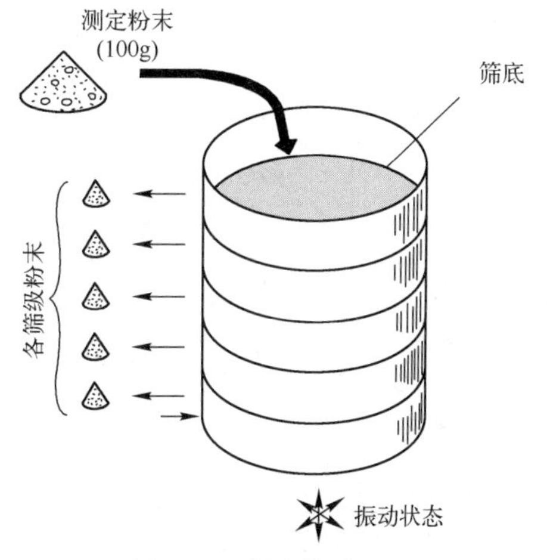

图1-11　粉末筛分分级

筛分析法所用的筛网是由平均分布的线所组成的平方格子，筛网的目数是由每单位长度的线的数目决定的。孔的尺寸与筛网的目数成反比，目数大表明筛孔的尺寸小。一般规定每英寸距离内，筛网丝线的数目就是筛网的目数。

虽然筛分析法是应用最广泛的粒径分析技术，其操作简便、快速，但也存在着一些问题。在制造精度方面，筛孔的平均尺寸有3%~7%的可允许误差。在筛分析法中经常产生的问题是过载，特别对于小的筛孔，过载阻止了粉末有效地通过筛孔而使得粒径数据偏大。这个问题随着每单位筛网面积的粉末数量、细小颗粒含量的增加以及筛孔尺寸的减小而增加。另一个问题是筛分技术的差异性，不同的操作方法会使筛分产生8%的误差。如果严格控制筛分过程，误差可缩小到1%。筛分中的缺陷将导致大尺寸的颗粒通过；而且筛分时间过长将导致大颗粒碎分为小颗粒；筛分时间太短，由于筛网上的堆积，细小的颗粒没有足够的时间通过。由于这些原因，使用标准的测试方法是必要的。筛盘由金属丝编织的筛网加边框制成，直径为200mm，高为50mm。各国制定的筛网标准不同，网丝直径和筛孔大小也不一样。目前，国际标准采用泰勒（Taylor）筛制，而许多国家（包括我国，但不包括德国）的标准也同泰勒筛制大同小异。下面介绍泰勒筛制的分度原理和表示方法。

习惯上以网目数（简称目）表示筛网的孔径和粉末的粒径。所谓目数是筛网1英寸长度上的网孔数，因目数都已注明在筛框上，故有时称筛号。目数越大，网孔越细。由于网孔是网面上丝间的开孔，每1英寸上的网孔数与线根数应相等，所以两孔的实际尺寸还与线的直径有关。如果以 m 代表目数，a 代表网孔尺寸，d 代表筛网丝线直径，则有下列关系式

$$m=\frac{25.4}{a+d} \tag{1-6}$$

因为1in=25.4mm，故 a 与 d 的单位为mm。

制定筛网标准时，应先规定线径和网孔径，再按式（1-6）算出目数，列成表格就得到标准筛系列，简称筛制。泰勒筛制的分度是以200目的筛孔尺寸0.074mm为标准，乘以主模数 $\sqrt{2}=1.414$ 得到150目筛孔尺寸0.104mm。所以，比200目粗的150目、100目、65目、48目、35目等的筛孔尺寸可由0.074mm乘 $(\sqrt{2})^n$（$n=1,2,3\cdots$）而分别算出；如果0.074mm被 $(\sqrt{2})^n$ 相除，则得到比200目更细的270目、400目的筛孔尺寸。泰勒筛制采用副模数 $\sqrt[4]{2}=1.1892$，用它去乘以或除以0.074mm，就得到分度更细的一系列目数的筛孔尺寸。表1-7为泰勒标准筛制的筛孔尺寸、网丝直径与目数的对照表。显而易见，各相邻目数的筛孔尺寸之比均等于副模数 $\sqrt[4]{2}$，而相隔一个目数的筛孔尺寸之比均等于主模数 $\sqrt{2}$。

表1-7 泰勒标准筛制

目数 m/目	筛孔尺寸 a/mm	网丝直径 d/mm	目数 m/目	筛孔尺寸 a/mm	网丝直径 d/mm
32	0.495	0.300	115	0.124	0.097
35	0.417	0.310	150	0.104	0.066
42	0.351	0.254	170	0.089	0.061
48	0.295	0.234	200	0.074	0.053
60	0.246	0.178	250	0.061	0.041
65	0.208	0.183	270	0.053	0.041
80	0.175	0.142	325	0.043	0.036
100	0.147	0.107	400	0.038	0.025

标准筛中最细的为400目，因此，筛分析法的粒径适用范围的下限为38μm。

筛分析法粒径组成：当用筛分析法测定粒径组成时，通常以表格形式记录和表示，并不绘制粒径分析曲线。工业粉末的筛分析常选用80目、100目、150目、200目、250目、325

目的筛组成一套标准筛。各级粉末的粒径间隔是以相邻两筛网的目数或筛孔尺寸表示的，如 -100+150 表示通过 100 目和留在 150 目筛网上的那一粒径级的粉末。某还原铁粉的筛分析粒径组成的实例见表 1-8。

表 1-8　某还原铁粉的筛分析粒径组成的实例

标准筛		质量/g	百分率/%
目数	对应粒径/mm		
+80	≥0.175	0.5	0.5
-80+100	0.175~0.147	5.0	5.0
-100+150	0.147~0.104	17.5	17.5
-150+200	0.104~0.074	19.0	19.0
-200+250	0.074~0.061	8.0	8.0
-250+325	0.061~0.043	20.0	20.0
-325	≤0.043	30.0	30.0

（2）显微镜法

显微镜除用于观察颗粒的形状、表面状态和内部结构外，还广泛用于粉末粒径的测定。显微镜法具有直观、测量范围宽的特点。

光学显微镜借助带测微尺的目镜能在放大 200~1500 倍的状态下直接观测视场内颗粒的投影像尺寸，或在投影装置的荧光屏上测量，如图 1-12 所示；金相显微镜和电子显微镜也可在显微照片上观测。对总数量不少于 500 个的颗粒逐一测量后，按粒径间隔计数，再以个数基准计算粒径组成和绘制粒径分布曲线。对粒径范围特别宽的粉末，可预先分级再分别测定，以减少误差。

显微镜法测量粉末粒径对粉末取样和制样要求较高。因粉末样一般不超过 1mg，故对较粗的粉末可直接用酒精、二甲苯等分散剂在玻璃片上制样；而粒径小于 5μm 的粉末，则需用较多的粉样先用分散剂调成悬浊液，必要时还要用超声波进行分散，然后将均匀的悬浊液滴在玻璃片上并烘干。

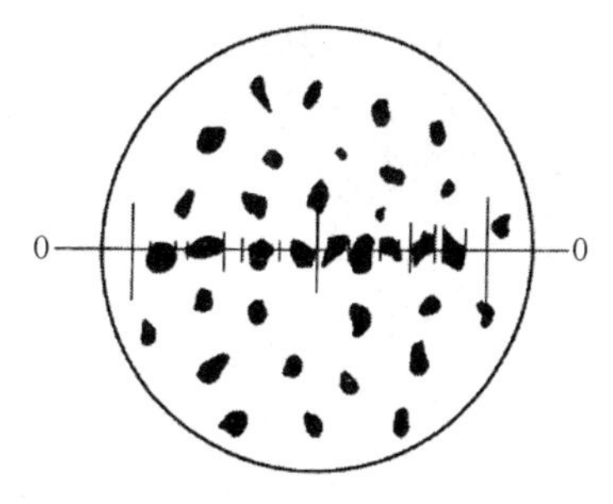

图 1-12　光学显微镜观察粉末颗粒定向定轴径

使用光学显微镜时，细微粉末的光散射效应，使光子显微镜分辨能力降低；而电子显微镜分辨率高，且透视深度大，可以区别单颗粒和聚集颗粒，所以，1μm 以下的粉末特别适于采用电子显微镜测量。

显微镜法最大的缺点是操作烦琐和费力，一个操作熟练的人员，每小时仅可计数 500~1000 个，而对于粒径分布范围特别宽的粉末，要求统计的颗粒总数量常在一万个以上，粒径窄的一般也需要统计 1000 个左右，此时采用光电计数器自动读数，可以大大缩短测试时间，如图像分析计数仪和 Quantimet 粒径计。

（3）沉降法

对于细小粒径的粉末颗粒来说，采用沉降法分析颗粒粒径是最可靠的。分散在流体

(液体或气体) 中的颗粒达到的最终沉降速度依赖于流体的黏度和颗粒的粒径。在这个基础上，从沉降速度可估计颗粒的粒径。根据颗粒的密度和形状，沉降技术适合于颗粒粒径在 0.02~100μm 范围内的颗粒。由于离心力的应用，沉降法的分析范围可扩展到细颗粒，对于较大粒径的颗粒的分析则需要高的流体黏度。

使用沉降法进行颗粒粒径分析，需要预先设定好一个高度，将分散的粉末放置在测试管的顶部。测试通常在水中进行，空气也可作为流体用来测试极细的颗粒。通过在设定时间内测量在管底的粉末数量，计算颗粒粒径分布。显然，下落速度最快的颗粒是粒径最大的颗粒，而粒径最小的颗粒下落的时间最长。可用光遮法、X 射线、质量或沉降粉末高度来决定粒径分布，对于极细颗粒的测试则可用离心力法。

假定一个球形颗粒在黏性介质中的最终速度代表力的平衡，如图 1-13 所示，浮力和黏滞阻力阻止颗粒下沉，由于颗粒密度较大，地心引力引起颗粒下沉。

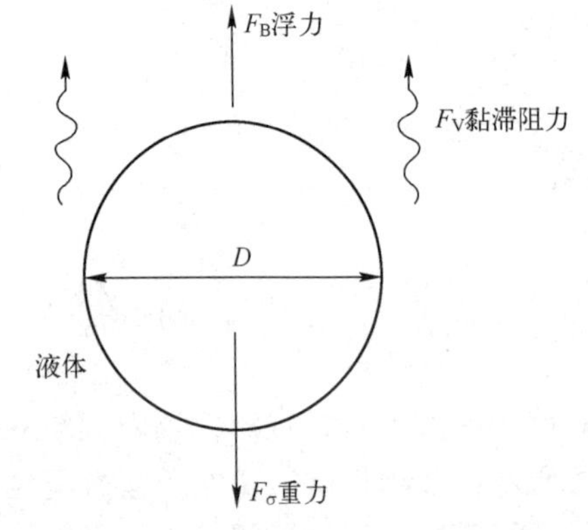

图 1-13 在黏性流体中的球形颗粒由于力的平衡有恒定的沉降速度

在最终的速度下，力是平衡的，地心引力等于质量乘以加速度，即

$$F_g = \frac{\pi}{6} D^3 \rho_m g \tag{1-7}$$

式中，g 为重力加速度；D 为颗粒直径；ρ_m 为颗粒的密度。

浮力由颗粒排开的液体的体积决定，即

$$F_B = \frac{\pi}{6} D^3 \rho_f g \tag{1-8}$$

式中，ρ_f 为流体的密度。

最后，黏滞阻力按以下式子给出

$$F_V = 3\pi D v \eta \tag{1-9}$$

式中，v 为最终速度；η 为流体黏度。

对于沉降实验，速度可根据高度和时间来进行计算，组合式（1-7）、式（1-8）和式（1-9）得到

$$v = gD^2(\rho_m - \rho_f)/(18\eta) \tag{1-10}$$

式（1-10）即为描述颗粒粒径与沉降速度关系的斯托克斯定律，如果知道速度，对于一定的高度 H，可测定沉降时间 t，在这种情况下，颗粒粒径沉降时间按以下公式计算

$$D = \{18H\eta/[gt(\rho_m - \rho_f)]\}^{1/2} \tag{1-11}$$

对于粒径分布范围大的粉末粒径的测量，采用沉降法分析可能产生较大的误差。首先，虽然通过调节加速度和流体的黏度可以减小误差，但测量的粒径基本限制在狭窄的范围内。对于粒径小于 1μm 的颗粒，过慢沉降或速流过小，也会使所获得的数据不可靠。此外，一些颗粒的特性是难以确定的，如粉末中的孔隙减少了质量，引起较慢的沉降；对于不规则颗粒，沉降依赖于水的浮力作用面积。而且，不规则颗粒可能没有垂直下沉轨道，因此，不恒定的速度和不确定的路径长度使得其尺寸难以准确地测量。另外，在一些未知成分和结构的粉末中，要准确测量不同密度的混合粉末（如铜和钨）或新合成的粉末的粒径参数是很困难的。因此，在进行沉降测试前，对待测粉末大致的粒径分布、颗粒密度、颗粒形状及混合

粉末的大致组成都需要有一个初步的判断。

(4) 光散射法

当用光扫射含有粉末颗粒的流体时，光被干扰而不连续，不连续的时间或尺寸与颗粒尺寸相关。这类粒径测量设备多数是高度自动化的，因此通过流体流动来分析颗粒粒径是广泛和准确的。

应用于颗粒粒径分析的全能的流动技术是在光散射的基础上产生的。颗粒粒径影响散射的强度和角度，如图 1-14 所示，使含有分散颗粒的流体在探测系统前通过，当散射发生时，粉末被分散并被嵌入样品池中，测量系统测量角密度，随后利用计算机计算颗粒粒径分布。与颗粒粒径相连的数据使用光电二极探测头接收。激光散射的角度与颗粒粒径成反比，小颗粒比大颗粒有更大的散射角，如图 1-15 所示。散射信号的强度随颗粒直径平方的变化而变化。计算机分析强度和角度数据将决定颗粒的粒径分布，依赖于仪器的设计，激光散射的动态比例（连接信号的振幅比）能在 30~50 的范围内变化，远超过其他一些自动设备。

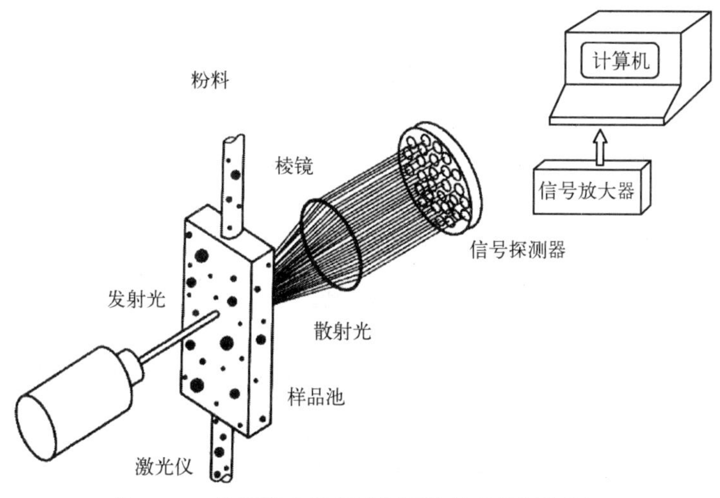

图 1-14　使用激光散射进行颗粒粒径分析的原理

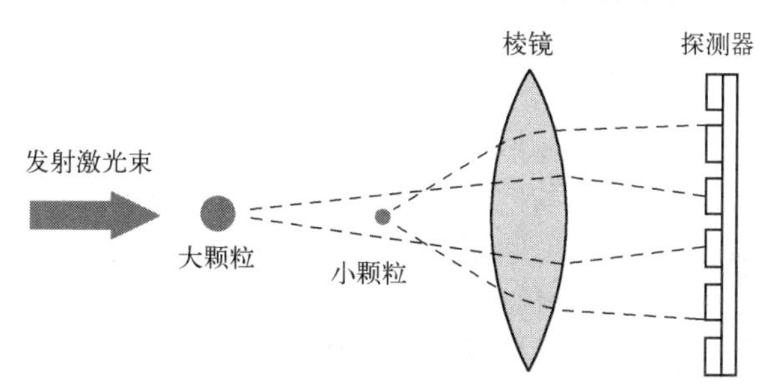

图 1-15　激光法测量颗粒粒径分布

另一个光散射技术是使用多普勒频率移动仪。对于大颗粒，将样品分散在空气中，通过喷嘴加速到半真空中，首先在接近声速时推进颗粒，随着颗粒飞行速度减慢，两个多普勒移动仪阅读记录颗粒飞行时间和计算颗粒尺寸。这个方法能测量的颗粒粒径为 0.5~200μm，计数率达到 10^5个/s。

对于更小的颗粒，由热引起的随机运动称为布朗运动，这为测量颗粒粒径提供了足够的速度。斯托克斯-爱因斯坦方程给出的颗粒直径 D 和穿透散射率 D_T 的关系为

$$D=kT/(3\pi\eta D_{\mathrm{T}}) \tag{1-12}$$

式中，k 为玻尔兹曼常数；T 为热力学温度；η 为流体的黏度。

摄影光谱法测量颗粒粒径分布如图 1-16 所示。这个技术使用内部光束分离器进行校正；可测的颗粒粒径的范围为 0.005~5μm；由颗粒的反射得出了频率为 1000~1Hz 的移动，与颗粒粒径成反比；强度和频率信息在数分钟的范围内收集。使用这个技术，首先必须知道流体和颗粒的光学性质、流体的黏度和温度。它的优点在于不需要对内在颗粒粒径分布进行假设就可测定非常小的颗粒。

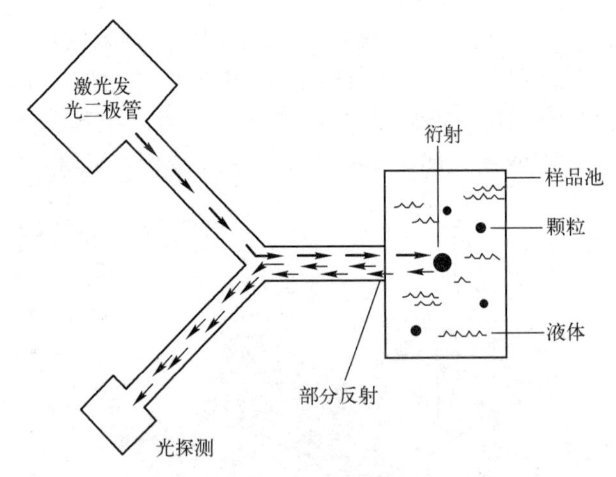

图 1-16 摄影光谱法测量颗粒粒径分布

目前使用的激光散射设备将各种不同的光源和探测技术结合得到的动态比例为 7000 或更大。依据颗粒的数量考虑这个范围，一个直径为 700μm 的球形颗粒的质量等于 3.4×10^{8} 个直径为 0.1μm 的颗粒的质量。根据熟悉的尺寸范围，动态比例为 7000 在长度上就相当于 14mm 比 1000m。一般准确设备的动态比例为 300，即 1mm 在总尺寸上相当于 300mm。

（5）光遮法

利用光遮法测量颗粒粒径的基本原理是，悬浮液中流动的粉末经过光波前阻断光的衍射，使光信号发生变体，然后根据变化的效果，分析颗粒粒径的大小。如图 1-17 所示，一束光被分散的颗粒打断，光的信息会产生变化。颗粒在窗口前通过时，会阻断一部分光到达信息识别装置。假如颗粒为球形，阻断的光的效果相当于圆形横截面积。这个技术的动态比例是 45，光能分辨的较小的颗粒粒径是 1μm，在流体中分散好颗粒以避免碰撞是必要的。在这些问题和限制上，光遮法和电区域感应法是相似的。

（6）X 射线技术

X 射线技术适用于非常小的颗粒的粒径分析。结晶材料衍射线的宽化有几个原因，包括应力和晶粒尺寸细化。

$$\lambda=2d_{\mathrm{hkl}}\sin\theta \tag{1-13}$$

式中，λ 为 X 射线的波长；d_{hkl}为晶面间距；θ 为衍射角。

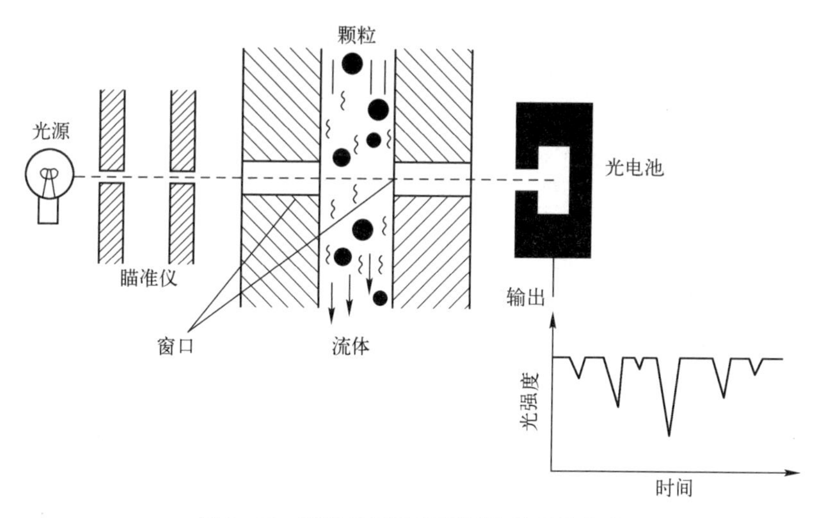

图 1-17　利用光遮法测量颗粒粒径及分布

随着衍射晶体厚度减小，衍射峰的宽度增加。利用 X 射线测定颗粒粒径最有效的方法是利用如图 1-18 所示的最大强度峰的半高宽 B，在一定强度下衍射峰的宽化部分是由晶体中衍射的晶面数决定的。Scherrer 公式给出了晶面尺寸 D、衍射峰半高宽 B、衍射角 θ 和 X 射线波长的关系，即

$$D=0.9\lambda/(B\cos\theta) \tag{1-14}$$

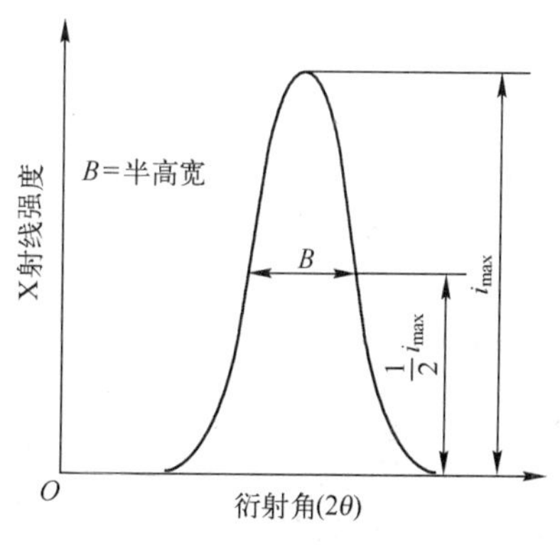

图 1-18　最大强度峰

在高的衍射角（高指数晶面）和大的入射波长下测定晶粒粒径很容易。衍射峰越宽化，晶粒粒径越小。

在通过峰的宽化准确测定粉末粒径时，可通过分析宽化的程度与衍射角来完成，但应力引起的加工硬化影响必须剔除。此外，由于机械振动、光束散射和样品尺寸等因素引起的衍射峰宽化必须剔除。在 X 射线宽化分析前粉末最好通过退火以消除应力或加工硬化。研磨后的金属粉末一般存在加工硬化而不能通过 X 射线宽化分析得到准确的结果。为了准确判断由于颗粒粒径原因引起的峰的宽化，必须有与测试粉末相关的不同衍射标准。通过使用大晶粒尺寸（大于 1μm）的标准，相似衍射角的宽化效应能予以测量。如果 B_T 是总的衍射宽度，颗粒粒径宽化 B 则可通过平方差进行计算，即

$$B^2=B_T^2-B_S^2 \tag{1-15}$$

式中，B_S为标样的峰宽化。

这个技术适合于颗粒粒径为 50nm 左右的粉末的分析。在很好的实验条件下，X 射线峰的宽化能测定的粒径为 0.2μm（200nm）。然而，这个方法给出的是平均晶粒径，没有粒径分布和颗粒形状的信息。

表 1-9 列出了几种粉体粒径分析方法的比较，并给出了从大到小的粒径尺寸范围、动态比例、样品质量、相对分析速度以及分析技术依据（数量和质量）。

表 1-9 粉体粒径分析方法的比较

分析方法		粒径尺寸范围/μm	动态比例	样品质量/g	相对分析速度	分析技术依据
显微镜	光学	>0.8	30	<1	S	P
	电子	0.01~400	30	<1	S	P
筛分	线筛	>38	20	100	I	W
	电刻筛	5~120	20	>5	S	W
沉降	重力	0.2~100	50	5	I	W
	离心力	0.02~10	50	1	S	W
光散射	夫琅和费	1~800	<200	<5	F	P
	布朗运动	0.005~5	1000	<1	I	P
	光遮法	1~600	45	3	I	P
X 射线	宽化	0.01~0.2	–	1	S	P
	小角度	0.001~0.05	–	1	S	P

注：S—慢（1h 或更多），I—中间（1/2h），F—快（1/4h 或更少），P—数量基础，W—质量基础。

1.3.5 颗粒的比表面积

1.3.5.1 粉末的比表面积

粉末比表面积指单位质量粉末所具有的表面积（m^2/g）。分析粉末比表面积主要有气体透过法和气体吸附法两种方法。

粉末比表面积是粉末体的一种综合性质，是由单颗粒性质和粉末体性质共同决定的。同时，比表面积还是代表粉末的粒径的参数，同平均粒径一样，能给人以直观、明确的概念。用比表面积法测定粉末的平均粒径的方法称为单值法，区别于上述粒径测试技术。比表面积与粉末的许多物理、化学性质（如吸附、溶解速度、烧结活性等）有直接的关系。

1.3.5.2 气体透过法

气体透过法原理是由卡门（Carman）在 1938 年提出的，他推导了常压气体通过粉末床的流速、压力降与粉末床的孔隙率、集合尺寸及粉末的表面积等参数之间的关系式，之后经过修正又推广到低压气体。气体透过法已成为当前测定粉末及多孔固体的比表面积，特别是测定亚微米级粉末平均粒径的重要工业方法。气体透过法测定的粒径是一种当量粒径，即比表面平均径。这里主要介绍常压气体透过法和费歇尔微粉粒径分析仪。

1. 常压气体透过法

假定气体为黏性，气体通过多孔体结构的气相渗透性取决于表面积。Darcy 方程表明，多孔材料中，气体流量 Q（m^3/s）与气压降 $\Delta p=p_U-p_L$ 和气体黏度 η 存在如下关系

$$Q=\Delta p\kappa A/L\eta \tag{1-16}$$

式中，参数 κ 为渗透系数，试样长度 L、横截面积 A 如图 1-19 所示。

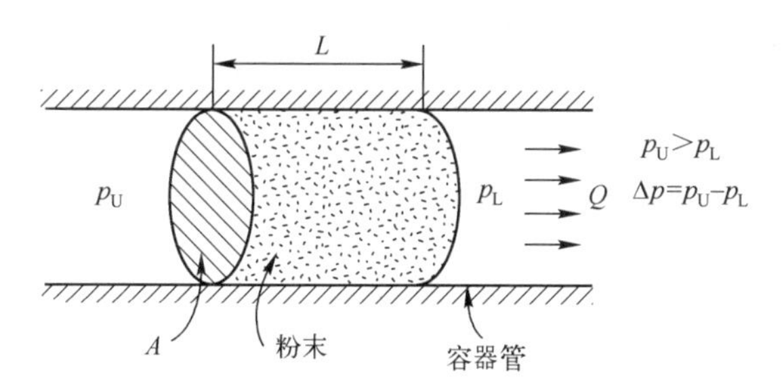

图 1-19　气体透过法测定粉末表面积

从低压区渗透出的气体速率为

$$v = \Delta p\kappa / L\eta \tag{1-17}$$

式中，v 等于单位面积上的流速（Q/A）。在柯青（Kozeng）和卡门的分析中，粉末体表面积与孔隙率 θ 有关，即

$$\theta = \frac{1}{\rho_m} \tag{1-18}$$

式中，ρ_m为材料的理论密度；θ 为总孔隙率。

柯青-卡门（Kozeng-Carman）方程是由泊肃叶黏性流动理论导出的，适用于常压液体或气体透过粗颗粒粉末床。目前测定粉末比表面的主要工业方法——气体透过法就建立在该方程的基础上。常压气体透过法分为以下两种基本形式。

稳流式：在气体流速和压力不变的条件下，测定颗粒比表面积和平均粒径，仪器如费歇尔微粉粒径分析仪和 Permaran 气体透过仪。

变流式：在气体流速和压力随时间变化的条件下，测定颗粒比表面积或平均粒径，仪器如 Blaine 粒径仪和 Rigden 仪。

假设粉末床由球形颗粒组成，球形颗粒呈相互并联的毛细管通道，流体沿着这些毛细管流过颗粒床，毛细孔的平均半径 r_m 与颗粒间的孔隙对孔隙的总表面积之比成正比。如进一步设孔隙度为 θ，可导出气体透过粉末床时，测量粉末表面积 S_0 的柯青-卡门公式如下。

$$S_0 = \sqrt{\frac{\Delta p g A \theta^3}{K_c Q_0 L\eta\ (1-\theta)^2}} \tag{1-19}$$

式中，K_c为柯青常数；Δp 为粉末床两端气体压差；g 为重力加速度；A 为粉末床截面积；Q_0为流经粉末床的气体流量；L 为粉末床的几何长度；η 为气体黏度；θ 为孔隙度。

式（1-19）称为柯青-卡门公式，将颗粒的比表面积与平均粒径关系 $d_m = 6/S_0$ 代入得到

$$d_m = 6\times10^4 \times \sqrt{\frac{k_c Q_0 L\eta\ (1-\theta)^2}{\Delta p g A \theta^3}} \tag{1-20}$$

2. 费歇尔微粉粒径分析仪

费歇尔微粉粒径分析仪（Fisher Sub-Sive Siver，F. S. S. S），又称费氏仪，已被许多国

家列入标准。其粒径计算基于古登（Gooden）和史密斯变换柯青-卡门方程建立的公式。

（1）用粉末床几何尺寸表示孔隙度为

$$\theta=1-\frac{W}{\rho_c AL} \tag{1-21a}$$

（2）取粉末床的质量在数值上等于粉末颗粒的有效密度 ρ_c，$W=\rho_c$，故式（1-21a）变成

$$\theta=1-\frac{1}{AL}\ （规定\ A=1.267\ \mathrm{cm}^2） \tag{1-21b}$$

（3）Q_0 和 η 做常数处理。

（4）对大多数粉末，柯青常数 K_c 取 5。

（5）Δp 用通过粉末床前后的压力差（$p-p'$）表示。根据式（1-21b）去变化式（1-21）中包括孔隙度 θ 的项，即

$$\frac{(1-\theta)^2}{\theta^3}=\frac{\left(\frac{1}{AL}\right)^2}{\left(\frac{AL-1}{AL}\right)^3}=\frac{AL}{(AL-1)^3} \tag{1-22}$$

$$\sqrt{\frac{K_c}{g}}=\sqrt{\frac{5}{980}}=\frac{1}{14} \tag{1-23}$$

根据透过率与颗粒表面积以及颗粒直径的关系，将式（1-22）和式（1-23）代入式（1-20）经换算和整理得

$$d_m=\frac{6\times10^4L}{14\ (AL-1)^{3/2}}\sqrt{\frac{Q_0\eta}{\Delta p}} \tag{1-24}$$

设式（1-24）中 $Q_0=kp'$（k 为流量系数），再用 $p'/(p-p')$ 代替 $p'/\Delta p$，当 η 和 k 为常数，且可提到根号外与其他常数合并为一个新系数 $C=6\times10^4/14(k\eta)^{1/2}$ 时，式（1-24）比表面积可换算成粉末平均粒径为

$$d_m=\frac{CL}{(AL-1)^{3/2}}\sqrt{\frac{p'}{p-p'}} \tag{1-25}$$

式中，p 为流过粉末床之前的空气压力；p' 为流过粉末床之后的空气压力。

式（1-25）中的 A 和 p 在实验中均为可维持不变的参数，可变参数只剩下 L 和 p'。根据式（1-21a），L 由粉末床孔隙度 θ 决定，因此当 θ 固定不变时，仅有 p' 或气体通过粉末床的压力降 $p-p'$ 是唯一需要由实验测量的参数，基于以上原理设计的费氏气体透过仪如图 1-20 所示。

从气体泵 1 打出的气体通过调压阀 3 获得稳定的压力，经 $CuSO_4$ 干燥管 5 除去水分，试样管 6 中粉末的质量在数值上等于粉末材料的理论密度，借助专门的手动机理将它压紧至所需要的孔隙度 θ，气体流速反映为 U 形管压力计 12 的液面差，因而由粒径读数板 13 与 12 中液面重合的曲线可读出粉末的平均粒径。

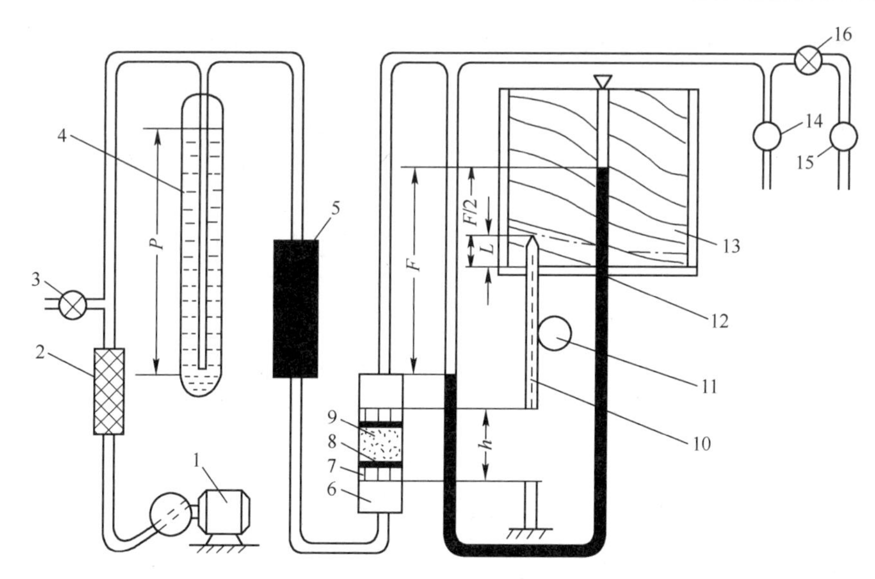

1—气体泵；2—过滤器；3—调压阀；4—稳压管；5—干燥管；6—试样管；7—多孔塞；8—滤纸垫；9—试样；10—齿杆；11—手轮；12—U 形管压力计；13—粒径读数板；14、15—针形阀；16—换档阀

图 1-20　费氏气体透过仪简图

1.3.5.3　气体吸附法（BET 法）

1. 基本原理

利用气体在固体表面的物理吸附测定颗粒的比表面积，其原理为：测量吸附在固体表面上气体单分子层的质量或体积，再由气体分子的横截面积计算单位克重物质的总表面积，即得克比表面积。

气体被吸附是由于固体表面存在剩余力场，根据这种力的性质和大小不同，分为物理吸附和化学吸附，前者是范德华力起作用，气体以分子状态被吸附；后者是化学键力起作用，相当于化学反应，气体以原子状态被吸附。物理吸附常常在低温下发生，而且吸附量受气体压力的影响较显著，建立在多分子层吸附理论上的 BET 法是低温氮气吸附，属于物理吸附，这种方法已广泛用于克比表面积的测定。

描述吸附量与气体压力关系的有等温吸附曲线（见图 1-21，横坐标 p_0 为吸附气体的饱和蒸气压力）。图左起第一类适用朗格谬尔（Langmuir）等温式，描述了化学吸附或单分子层物理吸附；其余四类描述了多分子层吸附，也就是适用于 BET 法的一般物理吸附。

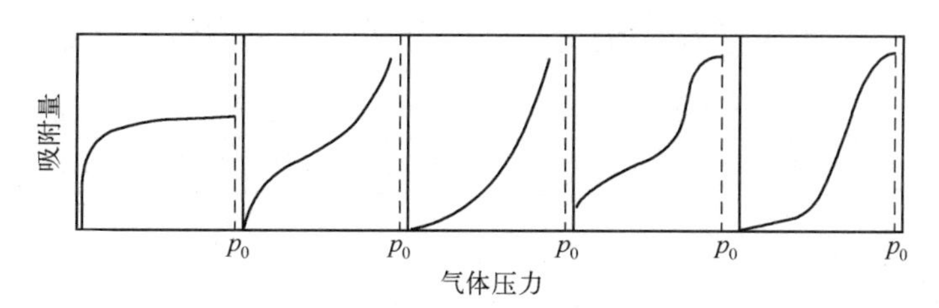

图 1-21　等温吸附曲线的几种类型

朗格谬尔吸附等温式 $V=V_m bp/(1+bp)$ 可写成如下形式

$$\frac{p}{V}=\frac{1}{V_m b}+\frac{p}{V_m} \tag{1-26}$$

式中，V 为压力为 p 时被吸附气体的容积；V_m 为全部表面被单分子层覆盖时的气体容积，称为饱和吸附量；b 为常数。

式（1-26）表明 p/V 与 p 呈直线关系。由实验求得 $p-V$ 的对应数据，作出该直线，根据直线的斜率和纵截距求得式（1-26）中的 V_m，再由气体分子的截面积计算被吸附粉末的总表面积和克比表面积。

一般情况下，气体不是单分子层吸附，而是多分子层吸附，这时式（1-26）就不能应用，应该用多分子层吸附 BET 公式，即

$$V=\frac{V_m Cp}{(p_0-p)\left[1+(C+1)\dfrac{p}{p_0}\right]} \tag{1-27}$$

改写成为 BET 二常数式为

$$\frac{p}{V(p_0-p)}=\frac{1}{V_m C}+\frac{(C-1)}{V_m C}\frac{p}{p_0} \tag{1-28}$$

式中，p 为吸附平衡时的气体压力；p_0 为吸附气体的饱和蒸汽压；V 为被吸附气体的体积；V_m 为固体表面被单分子层气体覆盖所需气体的体积；C 为常数。

即在一定的 p/p_0 值范围内，用实验测得不同 p 值下的 V，并换算成标准状态下的体积。以 $p/[V(p_0-p)]$ 对 p/p_0 作图得到的应该为一条直线，$1/(V_m C)$ 为直线的纵截距值，$(C-1)/(V_m C)$ 为直线的斜率，于是 $V_m=1/(\text{斜率}+\text{纵截距值})$。因为 1mol 气体的体积为 22400mL，分子数为阿伏伽德罗常数 N_A，故 $V_m/22400W$ 为 1g 粉末试样所吸附的单分子层气体的摩尔数，$V_m N_A/22400W$ 就是 1g 粉末吸附的单分子层气体的分子数。因为低温吸附是在气体液化温度下进行的，被吸附的气体分子与液体分子类似，以球形最密集方式排列，那么，用一个气体分子的横截面积 A_m 乘以 $V_m N_A/22400W$ 就得到粉末的克比表面积，即

$$S=V_m N_A A_m/22400W \tag{1-29}$$

表 1-10 为常用吸附气体的分子截面积。由直线的斜率和纵截距还可求得式（1-28）中的常数 C 为

$$C=(\text{斜率}/\text{截距})+1 \tag{1-30}$$

其物理意义为

$$C=\exp\left(\frac{E_1-E_L}{RT}\right)$$

式中，E_1 为第一层分子的摩尔吸附热；E_L 为第二层分子的吸附热，等于气体的液化热。

表 1-10 常用吸附气体的分子截面积

气 体 名 称	液化气体密度/（g/cm^3）	液化温度/℃	分子截面积/0.01 nm^2
氮气	0.808	−195.8	16.2
氧气	1.14	−183	14.1
氩气	1.374	−183	14.4

续表

气体名称	液化气体密度/(g/cm³)	液化温度/℃	分子截面积/0.01 nm²
CO	0.763	-183	16.8
CO_2	1.179	-56.6	17.0
CH_4	0.3916	-140	18.1
NH_3	0.688	-36	12.9
NO	1.269	-150	12.5
NO_2	1.199	-80	16.8

如果 $E_1>E_L$，即第一层分子的吸附热大于气体的液化热，则为图 1-21 中第二类吸附等温线；如果 $E_1<E_L$，则是第三类吸附等温线。在上述两种情况下，BET 氮吸附的直线关系仅在 p/p_0 值为 0.05~0.35 的范围内成立。在更低压力或 p/p_0 值下，实验值按公式计算的结果偏高，而在较高压力下则偏低。在第四、五类情况下，除多分子层吸附外，还出现毛细管凝结现象，这时 BET 公式要经过修正后才能使用。

2. 测试方法

气体吸附法测定粉末比表面积的灵敏度和精确度最高，主要有容量法和单点吸附法。

(1) 容量法　根据吸附平衡前后吸附气体容积的变化来确定吸附量，实际上就是测定在已知容积内气体压力的变化。BET 装置就是采用容量法测定的，图 1-22 为 BET 装置原理图。具体测定方法为连续测定吸附气体的压力 p 和被吸附气体的容积 V，并记下实验温度下气体的蒸汽压 p_0，再按 BET 方程式 (1-28) 计算，以 $p/V(p_0-p)$ 对 p/p_0 作等温吸附线。

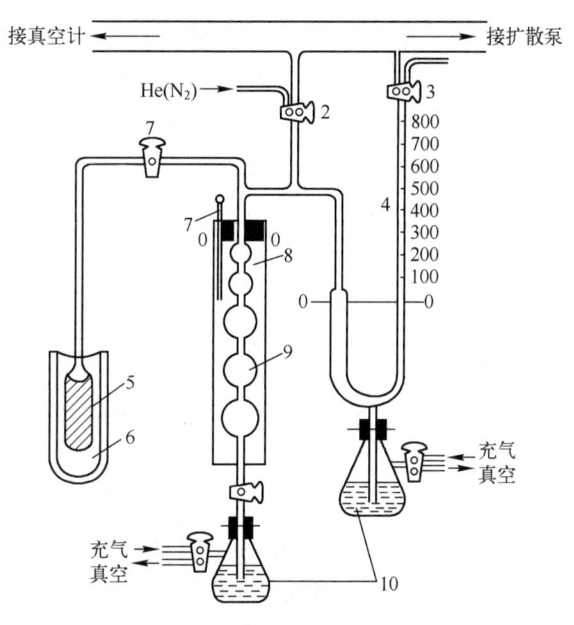

1、2、3—玻璃阀；4—水银压力计；5—试样管；6—低温瓶（液氮）；
7—温度计；8—恒温水套；9—量气球；10—汞瓶

图 1-22　BET 装置原理图

（2）单点吸附法　BET 法至少要测量三组 p-V 数据才能得到准确的直线，故称多点吸附法。

由 BET 二常数式$\frac{p}{V(p_0-p)}=\frac{1}{V_mC}+\frac{(C-1)}{V_mC}\frac{p}{p_0}$所作直线的斜率 $S=\frac{(C-1)}{V_mC}$和截距 $I=1/(V_mC)$可以求得 $V_m=1/(S+I)$ 和 $C=S/I+1$。用氮吸附时，一般 C 值很大，I 值很小，即二常数式中的 $1/(V_mC)$ 项可忽略不计，而第二项中 $C-1\approx C$。最后，BET 公式可简化成

$$\frac{p}{V(p_0-p)}=\frac{1}{V_m}\frac{p}{p_0} \tag{1-31}$$

式（1-31）说明：如以 $p/[V(p_0/p)]$ 对 p/p_0 作图，直线将通过坐标原点，其斜率的倒数就代表所要测定的 V_m。因此，一般利用式（1-31），在 $p/p_0\approx0.3$ 的附近测一点，将它与 $p/[V(p_0-p)]-p/p_0$ 图中的原点连接，就得到图 1-23 的直线 2。单点吸附法与多点吸附法相比，当粉末比表面积在 $10^{-2}\sim10^2m^2/g$ 范围时，误差为 ±5%。根据式（1-28），将原子横截面积 $A_m=1.62nm$，$N_A=6.023\times10^{23}$ 代入克比表面积公式 $S=W_mN_AA_m/(2240W)$，可得到单点吸附法的比表面积计算式为

$$S=4.36V_m/W \tag{1-32}$$

式中，W 为粉末试样的质量（g）。

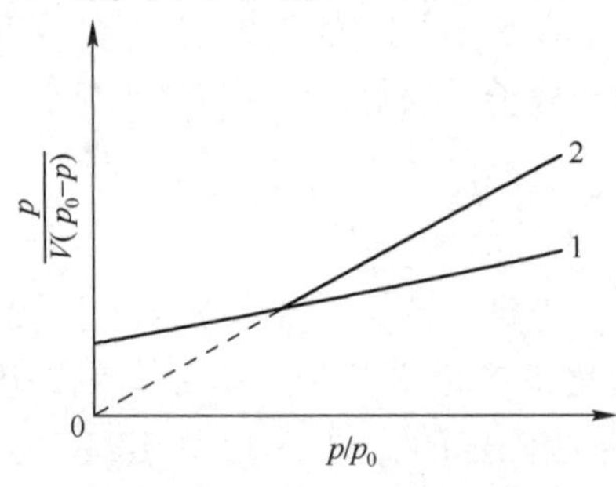

1—多点吸附法；2—单点吸附法

图 1-23　单点吸附法与多点吸附法

实验证明，单点吸附法的重复性较好，但在不同的 p/p_0 值下测量的结果会有偏差。如 p/p_0 偏大，所得比表面积值会偏高，故控制 p/p_0 约为 0.1 最好。

1.4　粉末的工艺性能

粉末的工艺性能包括松装密度和摇实密度、流动性和压制性。粉末的工艺性能主要取决于粉末的生产方法和粉末的处理工艺（球磨、退火、加润滑剂、制粒等），它对粉末冶金后续的成型和烧结，乃至最终的材料性能都有很大影响。

1.4.1　松装密度和摇实密度

松装密度是指粉末试样自然地充填规定的容器时，单位容积内粉末的质量（g/cm^3）。摇实密度是指在振动或敲击之下，粉末紧密充填规定的容器后所得的密度（g/cm^3），摇实密度一般比松装密度高 20%～50%。

影响松装密度的因素主要有粉末颗粒的粒径组成、粉末颗粒的形状和粉末孔隙度。松装密度的主要规律是粉末越粗，松装密度越大，越细则减小；粉末形状越不规则，松装密度越小；粉末孔隙度越小，松装密度越大。可以通过调整粉体的粒径组成来改善松装密度。

孔隙度（θ）：孔隙体积与粉末的表观体积之比。它包括了颗粒之间孔隙的体积和颗粒内更小的孔隙体积。粉末体的密度 d 与孔隙度 θ 的关系为 $\theta=1-d/d_{理}$（$d_{理}$为粉末材料的理论

密度）。

粉末松装密度的测量方法有 3 种。

（1）漏斗法。粉末从漏斗孔按一定高度自由落下充满杯子。

（2）斯柯特容量计法。把粉末放入上部组合漏斗的筛网上，使其自由或靠外力流入布料箱，粉末交替经过布料箱中的 4 块倾斜角为 25°的玻璃板和方形漏斗，最后从漏斗孔按一定高度自由落下充满杯子。

（3）振动漏斗法。将粉末装入带有振动装置的漏斗中，在一定条件下进行振动，粉末借助于振动，从漏斗孔按一定高度自由落下充满杯子。

对于在特定条件下能自由流动的粉末，采用漏斗法；对于非自由流动的粉末，采用后两种方法。松装密度的测定装置如图 1-24 所示。

图 1-24　松装密度的测定装置

1.4.2　流动性

流动性的定义为 50g 粉末从标准流速漏斗流出所需的时间，单位为 s/50g。其倒数是单位时间内流出粉末的质量，俗称流速。

影响流动性的因素主要包括颗粒形状、粒径组成、相对密度（$d/d_{理}$）和颗粒间的黏附作用。规律为等轴状（对称性好）或粗颗粒粉末流动性好；极细粉末占的比例越大，流动性越差；若粉末的相对密度不变，颗粒密度越高，则流动性越好；若颗粒密度不变，相对密度增大会使流动性提高；颗粒表面如果吸附水分、气体或加入成型剂会降低粉末的流动性。

测定流动性的一种方法是用测定松装密度的漏斗来测定，标准漏斗（又称流速计）是用 150 目金刚砂粉，在 40s 内流完 50g 金刚砂粉来标定和校准的；另一种方法是采用粉末自燃堆积角（或称安息角）来测定，如图 1-25 所示，即让粉末通过一组筛网自然流下并堆积在直径为 1 英寸的圆盘上，当粉末堆满圆盘后，以粉末锥的高度衡量粉末的流动性，锥度高则表示粉末的流动性差，把粉末锥的底角称为安息角。

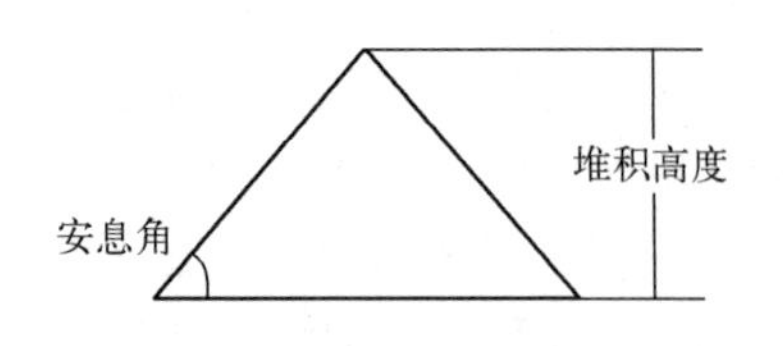

图 1-25 粉末自然堆积及安息角示意图

1.4.3 压制性

压制性是压缩性和成型性的总称。粉末的化学成分和物理性能，最终都反映在压制性和烧结性能上，因此研究粉末的压制性非常重要。

压缩性指粉末在压制过程中被压紧的能力，用规定单位压力下粉末所达到的压坯密度表示。成型性指粉末被压制后压坯保持既定形状的能力，用粉末得以成型的最小单位压制压力表示或用压坯强度来表示。

颗粒松软、形状不规则的粉末，成型性好；塑性金属粉末比硬脆材料粉末的压缩性好；松装密度高，压缩性好。一般压缩性和成型性是矛盾的统一体。

我国标准规定测定压缩性用直径 25mm 的圆压模，以硬脂酸锌的三氯甲烷溶液润滑模壁，在 $4t/cm^2$ 压力下压制 75g 粉末试料，测定压坯密度表示压缩性。

测定成型性需要首先制成至少 3 个 30mm×12mm×6mm 的矩形压坯试样，然后在抗压试验机上测定其断裂力，最后计算压坯强度来表示成型性。

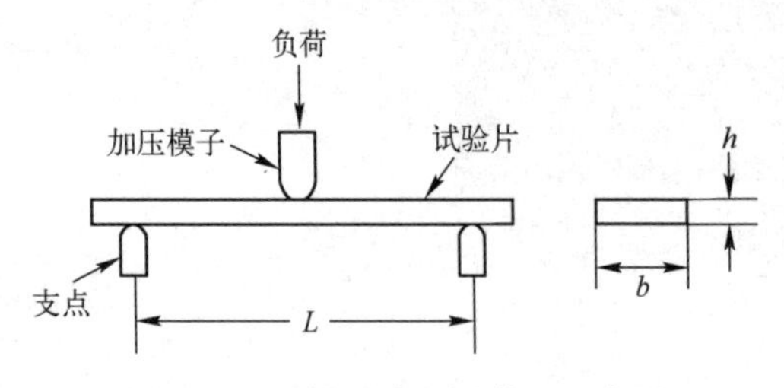

图 1-26 压坯强度测试装置示意图

压坯强度 $S=3PL/2h^2b$，其中 P 为试样断裂所需的力，L 为夹具支点间的跨距，h 为试样厚度，b 为试样宽度，如图 1-26 所示。或者采用边角转鼓实验法（装置如图 1-27 所示），即在一定压力下将压坯装在规定网孔中的容器中，以一定速度旋转一定时间，测量压坯前后的质量损失表示成型性。

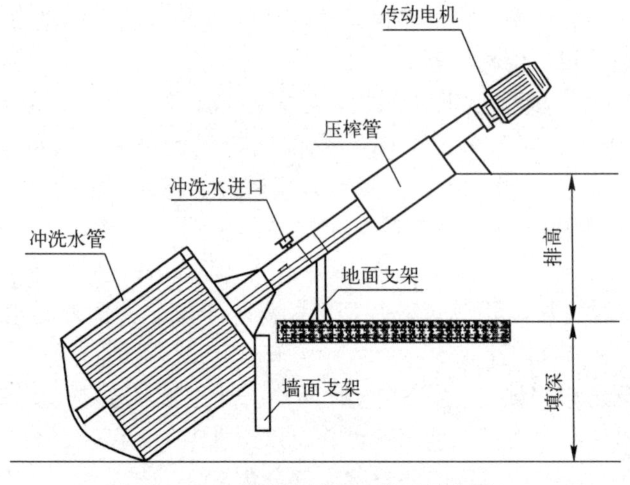

图 1-27 边角转鼓实验装置示意图

1.5　粉末的应用

粉末可直接应用于许多场合，如用作食品添加剂、颜料、油墨和复印、燃料、烟火和炸药、磁性探伤、焊药、表面涂层、3D 打印等。

1.5.1　食品添加剂

人们早就知道铁元素是食品中非常重要的元素，现在它仍然是营养学家很关心的一种元素。当血液丧失其输送氧和 CO_2 的能力时，就呈现缺铁性贫血症。起初，人们试图通过服用维生素、矿物添加剂和全粒谷物来治疗这种贫血症，但效果都不明显。美国在 1941 年开始用铁粉和其他营养素来强化面粉，之后又将铁粉推广到了各种食品中，其中有随时可吃到的谷物、面条、面包、饼干、腊肠、糖果以及液体食物，并以此作为社会性的保健措施。在美国用于食品的元素铁粉每年达 450t。用作食品的元素铁粉可以采用还原铁粉、电解铁粉和羰基铁粉。

1.5.2　颜料、油墨和复印用粉末

片状金属颜料的生产方法起源于生产金箔。金箔的生产方式是将黄金手工捶打成极薄的片状颗粒，然后擦筛过细的筛网，制成金粉，用作涂料。现今，金属颜料都用机械法生产。

片状铝粉可用作屋面涂料，因为铝能提供防潮层和具有高的反射率，从而铝可以在夏天降低建筑物内部的温度，还可以延长屋面寿命。汽车涂料需要具有抗酸蚀性、可闪光、高覆盖率和有光泽，片状铝粉则具有这些特点。印刷油墨加入铝粉颜料可以用于胶印、油版印刷、曲面凹版印刷以及转轮凹版印刷，可以在很低的价格下仿制银色。

金色青铜颜料是片状黄铜粉末。其颜色色调决定于采用的合金成分和后续热处理，锌含量高时，色调发绿；锌含量低时，色调发红。金色青铜粉主要用于装饰，如烟盒、包装纸、贺卡等，也可用作涂料以及作为曲面凹版印刷、转轮凹版印刷、胶版印刷和活版印刷用的油墨颜料。

片状不锈钢粉末颜料可被用作受强腐蚀气氛作用的材料的涂层，以改善材料外观。片状锌粉颜料则一直被应用于耐腐蚀的条件下。

复印机使用的粉末都是金属粉末，将这些金属粉末与称为“着色剂”的较细的黑色或彩色热塑性塑料粉末相结合，就形成许多静电成像系统中所用的显色剂混合物。这种混合物中的金属粉末起“载体”的作用，负责输送油墨和使干油墨颗粒带电，最终形成显色图像。在 20 世纪 60 年代，不规则形状的铁粉首先用于早期的复印机来承载着色剂；1969 年，复印机使用了球形铜粉的显色剂；现今，磁刷装置采用了各种不同形状的金属粉末，其中包括海绵状、碎片状和片状粉末。应该指出，复印机采用球形铁氧体粉末是载体颗粒工艺领域中的一项重要进展，球形铁氧体和球化的磁性氧化铁粉与铁粉载体材料相比，具有一定的优点，从而也得到了大量使用。

1.5.3 燃料、烟火和炸药用粉末

金属粉末可用作固体推进器的燃料、烟火以及炸药等。烟火中应用最广的是铝粉，还可以使用镁、锆、钛、钨、锰、铍和铈等粉末。

用于火箭推进系统的固体推进剂都具有复合结构，它们由固体氧化剂、固体燃料和聚合燃料黏合剂组成。用铝粉做固体推进剂的燃料有两个优点，即燃烧能高和燃烧时能将水和CO_2还原成相对分子质量较小的气体。相对分子质量小的气体对火箭推进系统有利，因为推进剂产生的能量与生成的气体的平均相对分子质量的平方根成反比。也可以利用镁粉作燃料，但镁粉与铝粉相比，其比推力较小，而且处理细的镁粉时危险性较大。

烟火材料指的是着火时可以控制化学反应速度的物质或材料的混合物，这些材料可在规定的时间内产生要求数量的热、烟、响声、光或红外辐射。在大多数情况下，烟火材料都必须燃烧，但不得爆燃。用作照明弹时，烟火材料应提供强烈的光照；而作信号弹时，要求光源与背景有明显的区别，信号弹比照明弹燃烧较弱且较快。以烟火材料燃烧产生的热量、价格和对可见光的透光度为标准测定，由镁和铝粉组成的产品效果最好。烟雾弹是烟火掩蔽和发信号的另一种应用，将铝或镁之类的金属粉末与六氯乙烷和锌盐混合，将挥发性有机染料加入这类混合物中，便可制成彩色烟幕弹。许多粉末状金属都具有自燃性，而且摩擦时一些金属会产生火花，将这些能自燃的金属用于武器便成为燃烧弹。烟火材料的应用还有延迟组合物、照相闪光灯以及引爆装置等。

炸药是一种高能物质，当其经受快速化学变化时会产生大量能量，将铝粉加入炸药中可增大炸药的热量输出，使爆炸产生的热量增大。

1.5.4 磁性探伤用粉末

磁性探伤是一种无损检测方法，用以检测铁磁性零件中的各种缺陷，这些缺陷可能使零件在使用中失效。磁性探伤法能显示位于金属表面或表面附近的缺陷，对某些零件来说，磁性探伤法是一种方便、可靠和经济的生产检测方法。材料或零件被磁化时，通常在垂直于磁场的方向，磁场的不连续性会使零件表面与其上部形成一个漏磁场，用撒在材料表面的细的铁磁性粉末便可显示出这种漏磁场，从而可显示出缺陷。磁性探伤过程中，磁力线在用磁化方法感应的方向通过零件。若零件是连续的，则磁力线可以很容易不间断地通过零件；若零件因有缺陷而不连续时，则将迫使某些磁力线在缺陷上方进入大气层中，因此缺陷上方的外磁场比零件的其他部位要强。

1.5.5 焊药、表面涂层用粉末

金属粉末在焊接技术中得到了广泛的应用，它可以用作焊条、焊剂中的合金材料成分，用作表面硬化的涂层材料，还可以在钎焊中用作填充金属。

焊条药皮中常常要添加各种铁合金和金属粉末。锰铁和硅铁之类的粉末，除了可提供必需的合金成分，还可用作脱氧剂。选择焊条药皮用的金属粉末时，应注意到粉末粒径的要求，而且粉末不得与液体的碱性硅酸盐发生反应，金属铁粉就能很好地满足这种要求，因而被广泛采用。在焊接中几乎都采用还原铁粉和水雾化铁粉。在埋弧焊技术中，铁粉可以作为

填缝材料，这种铁粉应该粒径均匀、化学成分均一，因此采用雾化铁粉。

表面硬化是用堆焊、热喷涂或类似方法，将硬质耐磨材料涂覆在零件表面，其主要目的是减少磨损，用作表面硬化的粉末有一定的粒径要求。

表面硬化粉末的化学组成对沉积金属的性能影响很大。选用这些材料的成分时，主要应考虑它们对基底金属的适应性、材料费用，以及影响性能的冲击强度、耐腐蚀性能、氧化及热性能。

通常，碳化物含量增高时，表面硬化合金的冲击强度降低。在应用中，当以冲击强度为主时，可用奥氏体锰钢来堆焊磨损的零件；如果在磨损的同时伴有酸、碱水溶液腐蚀，可选用镍基或钴基耐磨合金，如食品加工厂中切马铃薯用的刀具，用钴基合金可以比工具钢延长好几倍寿命。可用作表面硬化的粉末有钴基合金（如钴-铬-钨-碳系合金）、镍基合金（如镍-铬-硼-硅系合金）、碳化物、铁基合金（珠光体钢、奥氏体钢、马氏体钢和高合金铁）以及高温材料、陶瓷等。

在钎焊技术中，广泛采用金属粉末作为填充金属。钎焊中，金属粉末在适当的熔剂和保护气氛下加热到适当温度，由于毛细管作用，填充金属可以散布在精密配合的接合表面之间。作为填充金属的雾化粉末有镍合金、钴合金、银合金、金合金、铜-磷合金、铜、铝-硅合金等。

1.5.6　3D 打印用粉末

3D 打印对于粉末的要求主要在化学成分、颗粒形状、粒径及粒径分布、流动性、循环使用性等几个方面。

在成型过程中，杂质可能会与基体发生反应，改变基体性质，给制件品质带来负面的影响。杂质的存在也会使粉体熔化不均，易造成制件的内部缺陷。粉体含氧量较高时，金属粉体不仅易氧化，会形成氧化膜，还会发生球化现象，影响制件的致密度及品质。

常见的颗粒形状有球形、近球形、片状、针状及其他不规则形状等。不规则的颗粒具有更大的表面积，有利于增加烧结驱动。但球形度高的粉末颗粒流动性好，送粉铺粉均匀，有利于提升制件的致密度及均匀度。研究表明，粉末是通过直接吸收激光或电子束扫描时的能量而熔化烧结的，粒子小则表面积大，直接吸收能量多，更易升温，更有利于烧结。此外，粉末粒径小，粒子之间间隙小，松装密度高，成型后零件致密度高，因此有利于提高产品的强度和表面质量。但粉末粒径过小时，粉体易发生黏附团聚，导致粉末流动性下降，影响粉料运输及铺粉均匀。所以细粉、粗粉应该以一定配比混合，选择恰当的粒径与粒径分布以达到预期的成型效果。

粉末的流动性直接影响铺粉的均匀性或送粉的稳定性。粉末流动性太差，易造成粉层厚度不均、扫描区域内的金属熔化量不均，导致制件内部结构不均，影响成型质量；而高流动性的粉末易于流化，沉积均匀，粉末利用率高，有利于提高 3D 打印成型件的尺寸精度和表面均匀致密化。3D 打印过程结束后，留在粉床中未熔化的粉末通过筛分回收仍然可以继续使用，但长时间的高温环境下，粉床中的粉末会有一定的性能变化，需要搭配具体工艺选用回收。

目前市面上可用于 3D 打印的金属粉末已有 10 多种，按基体的主要元素可分为铁基材料、镍基合金、钛与钛合金、钴铬合金、铝合金、铜合金以及贵金属等。金属粉末多用于各种工程机械、零件及模具，航空航天、船舶以及石油化工，生物骨骼，牙齿种植及个性化饰品等方面。但单一组分的金属粉末在成型过程中会出现明显的球化和集聚现象，易造成烧结变形和密度疏松，因此极需开发多组元金属粉末或者预合金粉。

1.5.7 其他方面用粉末

物质由于其聚集状态不同而具有不同的特性。例如，粒径从 3nm 到 1μm 的粉末，在常规条件下呈不稳定状态，采取保护措施后就呈现常规的稳定状态。粒径变化引起的最明显的特性变化之一是材料的活性，如镍虽然是抗氧化和防腐蚀的基本元素，但当其粒径在 0.1μm 以下时，则基本上不具备抗氧化和防腐蚀的作用。此时镍在空气中，即使在室温下亦会发生氧化，其在高温下具有优良的烧结性能，因此它是烧结活化剂和火箭燃料催化燃烧的理想材料。

此外，金属粉末在农业上还可以用来作为动物喂养的食物添加剂，如铁粉、钴粉可应用于兽药中。铁粉还可以作肥料添加物、种子净化剂，铜粉作杀菌剂等。在日用品中，铝粉、铜粉可用作指甲油，锌粉、铝粉可用作棒状发膏，超细金属颗粒可用作波能吸收材料等。

第二章　粉末的制备

粉末作为粉末冶金制品的原料和功能材料，不同的制粉技术影响粉末的形状、大小、成型性和最终制品的性能，本章从原理、工艺和特点等方面阐述常用的制粉技术，重点介绍几种典型的制粉技术，以及一些纳米粉体和球形粉体的制备方法。

2.1　粉末制取方法概述

粉末冶金制品的生产工艺流程是从制取原料——粉末开始的，这些粉末可以是纯金属，也可以是化合物。

生产上制取粉末的方法很多，采用哪种方法制取粉末不仅取决于技术上可以使用这些方法（如还原、研磨、电解），还由于粉末及其制品的质量在很大程度上取决于制取粉末的方法。由前面的学习我们知道，粉末的颗粒大小、形状、松装密度、化学成分、压制性、烧结性等性能都取决于制粉方法。

所以我们在生产中选择制取粉末的方法主要考虑以下两个因素。第一个是较低的成本；第二个是能制备出性能良好的粉末的基础。总的来说，粉末的制取可以分为两大类。第一类是物理化学法，它是借助化学的或物理的作用，改变原材料的化学成分或聚集状态而获得粉末的工艺过程；第二类是机械法，它是将原材料机械粉碎，而使原材料化学成分基本不发生变化的工艺过程。具体的分类如表 2-1 所示。

表 2-1　粉末生产方法的基本分类

<table>
<tr><th colspan="3" rowspan="2">生产方法</th><th rowspan="2">原　材　料</th><th colspan="4">粉末产品举例</th></tr>
<tr><th>金属粉末</th><th>合金粉末</th><th>金属化合物粉末</th><th>包覆粉末</th></tr>
<tr><td rowspan="8">物理化学法</td><td rowspan="3">液相沉淀</td><td>置换</td><td>金属盐溶液</td><td>铜，锡，银</td><td rowspan="3">Ni-Co</td><td rowspan="3"></td><td rowspan="3">镍/铝，钴/WC</td></tr>
<tr><td>溶液氢还原</td><td>金属盐溶液</td><td>铜，镍，钴</td></tr>
<tr><td>从熔盐中沉淀</td><td>金属熔盐</td><td>锆，铍</td></tr>
<tr><td>从辅助金属浴中析出</td><td></td><td>金属和金属熔体</td><td></td><td></td><td>碳化物
硼化物
硅化物
氮化物</td><td></td></tr>
<tr><td rowspan="2">电解</td><td>水溶液电解</td><td>金属盐溶液</td><td>铁，铜，镍，银</td><td rowspan="2">Fe-Ni
Ta-Nb</td><td rowspan="2">碳化物
硼化物
硅化物</td><td rowspan="2"></td></tr>
<tr><td>熔盐电解</td><td>金属熔盐</td><td>钽，铌，钛，锆，钍，铍</td></tr>
<tr><td rowspan="2">电化腐蚀</td><td>晶间腐蚀</td><td>不锈钢</td><td rowspan="2">任何金属</td><td rowspan="2">不锈钢
任何合金</td><td rowspan="2"></td><td rowspan="2"></td></tr>
<tr><td>电腐蚀</td><td>任何金属和合金</td></tr>
</table>

续表

生产方法			原材料	粉末产品举例			
				金属粉末	合金粉末	金属化合物粉末	包覆粉末
物理化学法	还原	碳还原	金属氧化物	铁，钨	Fe-Mo，W-Re Cr-Ni		镍/铝，钴/WC
		气体还原	金属氧化物及盐类	钨，钼，铁，镍，钴，铜			
		金属热还原	金属氧化物	钽，铌，钛，锆，钍，铀			
	还原-化合	碳化或碳与金属氧化物作用	金属粉末或金属氧化物			碳化物 硼化物 硅化物 氮化物	
		硼化或碳化硼法	金属粉末或金属氧化物				
		硅化或硅与金属氧化物作用	金属粉末或金属氧化物				
		氮化或氮与金属氧化物作用	金属粉末或金属氧化物				
	气相还原	气相氢还原	气态金属卤化物	钨，钼	Co-W，W-Mo 或 Co-W 涂层石膏	钨/UO_2	
		气相金属热还原	气态金属卤化物	钽，铌，钛，锆			
	化学气相沉积		气态金属卤化物			碳化物或碳化物涂层 硼化物或硼化物涂层 硅化物或硅化钼丝 氮化物或氮化物涂层	
	气相冷凝或离解	金属蒸汽冷凝	气态金属	锌，镉			镍/铝，镍/SiC
		羰基物热离解	气态金属羰基物	铁，镍，钴	Fe-Ni		
机械法	机械粉碎	机械研磨	脆性金属和合金人工增加脆性的金属和合金	锑，铬，锰，高碳铁，锡，铅，钛	Fe-Al，Fe-Si，Fe-Cr 等铁合金		
		旋涡研磨	金属和合金	铁，铝	Fe-Ni，钢		
		冷气流粉碎	金属和合金	铁	不锈钢，超合金		
	雾化	气体雾化	液态金属和合金	锡，铅，铝，铜，铁	黄铜，青铜，合金铜，不锈钢		
		水雾化	液态金属和合金	铜，铁	黄铜，青铜，合金铜		
		旋转圆盘雾化	液态金属和合金	铜，铁	黄铜，青铜，合金铜		
		旋转电极雾化	液态金属和合金	难熔金属，无氧铜	钼合金，钛合金，不锈钢，超合金		

比较而言，物理化学法比机械法更为通用，因为物理化学法可以利用便宜的原料（氧化物、盐类及各种生产废料）。另外，许多以难熔金属为基础的合金和化合物粉末，也只能用物理化学法获得。但在粉末冶金的实际生产中，两种制粉方法并没有明显的界限，常常是既用物理化学法又用机械法。例如，还原氧化物时得到的块状海绵粉体往往需要用机械研磨法进一步粉碎。另外，使用退火不仅能消除蜗旋研磨法及雾化法得到粉末的残余应力，还能达到脱碳及还原氧化物的目的等。

以上分类方法只是说明这些粉体材料在制备过程中主要发生物理变化或化学变化，实际生产中的制粉技术则更具体，如还原法、还原-化合法、电解法、雾化法、机械粉碎法等。

2.2　还　原　法

通过还原法生产金属粉末是一种应用广泛的制粉方法。还原固体碳，不仅可以制取铁粉，还可以制取钨、钼、铜、钴、镍等粉末；用钠、钙、镁等金属作还原剂，可以制取钽、铌、钛、锆、铀等稀有金属粉末；用还原-化合法还可以制取碳化物、硼化物、硅化物、氮化物等难熔化合物粉末。

2.2.1　还原过程的基本原理

1. 金属氧化物还原反应的热力学

为什么钨、铁、钴、铜等金属氧化物用氢还原即可制得金属粉末，而稀有金属如钛、钍等粉末则要用金属热还原才能制得呢？对不同的金属氧化物应该选择什么样的物质作还原剂呢？在什么样的条件下还原过程才能进行呢？下面从还原金属氧化物的热力学角度来讨论这些问题。还原反应可用下面的化学方程式表示：

$$MeO+X=Me+XO \tag{2-1}$$

式中，Me、MeO 为金属、金属氧化物；X、XO 为还原剂、还原剂氧化物。

上述还原反应可通过 MeO 及 XO 的生成-离解反应得出

$$2Me+O_2=2MeO \tag{2-2}$$

$$2X+O_2=2XO \tag{2-3}$$

按照化学热力学理论，还原反应的标准生成自由能 ΔG^{θ} 为

$$\Delta G^{\theta}=-RT\ln K_{\mathrm{P}} \tag{2-4}$$

式中，K_{P} 为反应平衡常数；R 为气体常数；T 为绝对温度。

热力学理论指出，化学反应在等温等压条件下时，只有系统自由能减小的过程才能自动进行，也就是说 $\Delta G^{\theta}<0$ 时还原反应才能发生。对式（2-2）和式（2-3），如果参加反应的物质彼此间不能形成溶液或化合物，则式（2-2）的标准生成自由能 ΔG^{θ} 为

$$\Delta G^{\theta}_{(1)}=-RT\ln K_{\mathrm{P}(1)}=-RT\ln\frac{1}{p_{O_2(MeO)}}=RT\ln p_{O_2(MeO)} \tag{2-4a}$$

式中，$p_{O_2(MeO)}$ 为氧化物 MeO 的离解压力。

式（2-3）的标准生成自由能 ΔG^{θ} 为

$$\Delta G^{\theta}_{(2)}=-RT\ln K_{\mathrm{P}(2)}=-RT\ln\frac{1}{p_{O_2(XO)}}=RT\ln p_{O_2(XO)} \tag{2-4b}$$

式中，$p_{O_2(XO)}$ 为氧化物 XO 的离解压力。

式（2-4）中的反应平衡常数用相应的氧化物的离解压来表示。因此，还原反应向生成金属的方向进行的条件是

$$\Delta G^{\theta}=\frac{1}{2}(\Delta G^{\theta}_{(2)}-\Delta G^{\theta}_{(1)})<0 \tag{2-4c}$$

即 $\Delta G^{\theta}_{(2)}<\Delta G^{\theta}_{(1)}$，或者 $p_{O_2(XO)}<p_{O_2(MeO)}$。

由此可知，还原反应向生成金属的方向进行的热力学条件是还原剂的氧化反应的标准生成自由能 ΔG^{θ}的变化小于金属的氧化反应的标准生成自由能 ΔG^{θ}的变化。或者说，只有金属氧化物的离解压 $p_{O_2(MeO)}$大于还原剂氧化物的离解压 $p_{O_2(XO)}$时，还原剂才能从金属氧化物中还原出金属来。即还原剂与氧生成的氧化物应该比被还原的金属氧化物稳定，即 $p_{O_2(XO)}$比 $p_{O_2(MeO)}$小得越多，XO 越稳定，金属氧化物也就越易被还原剂还原。因此，凡是对氧的亲和力比被还原的金属对氧的亲和力大的物质，都能作为该金属氧化物的还原剂，这种关系可以由金属氧化物的 $\Delta G^{\theta}-T$ 图得到说明（见图 2-1）。氧化物的 $\Delta G^{\theta}-T$ 图是以含 1mol 氧的金属氧化物的生成反应的 ΔG^{θ}对 T 作直线绘制成的。由于各种金属对氧的亲和力大小不同，所以各氧化物生成反应的直线在图中的位置高低不一样。下面先对图进行一些必要的说明。

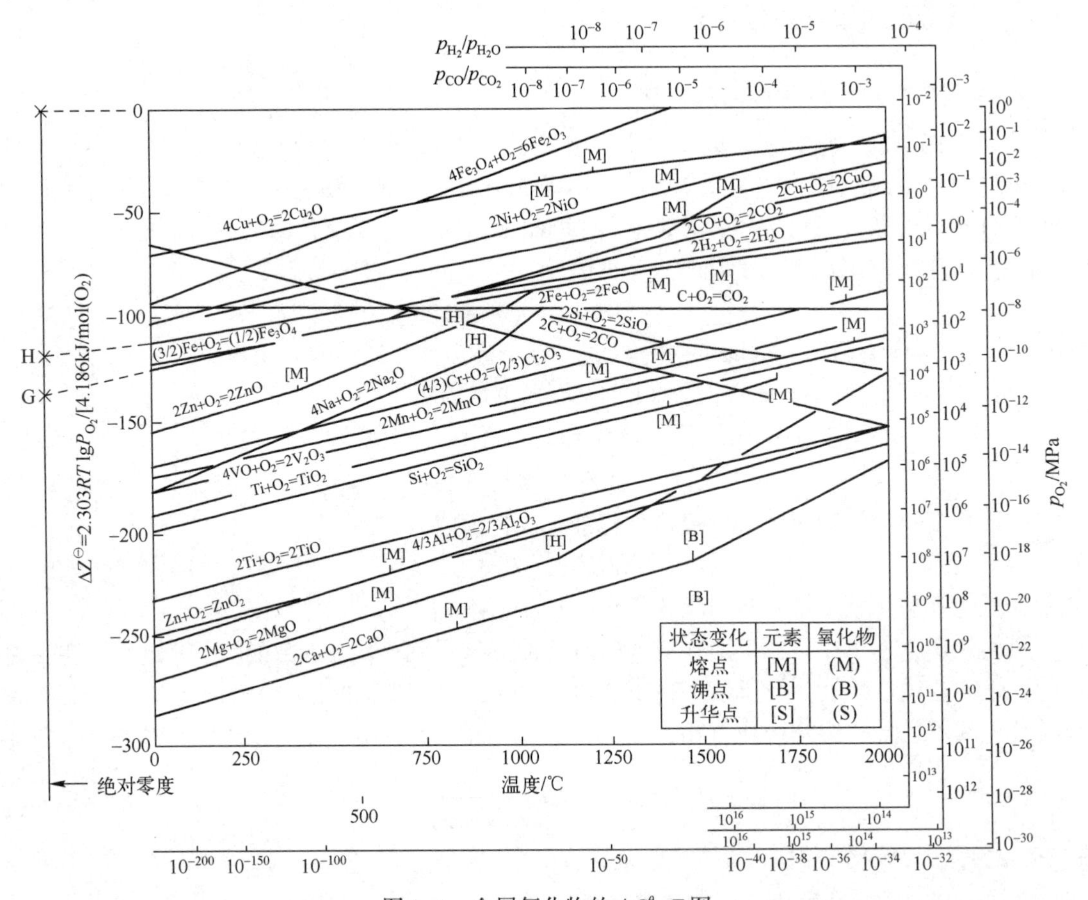

图 2-1 金属氧化物的 $\Delta G^{\theta}-T$ 图

（1）随着温度的升高，ΔG^{θ}不断增大，各种金属的氧化还原反应随之越难进行。因为 $\Delta G^{\theta}=RT\ln p_{O_2(MeO)}$，即温度升高，金属氧化物的离解压 $p_{O_2(XO)}$将增大，金属对氧的亲和力将减小，因此还原金属氧化物通常要在高温下进行。

（2）$\Delta G^{\theta}-T$ 关系线在相变温度，特别是在沸点处发生明显的转折，这是由于系统的熵在相变时发生了变化。

（3）CO 生成的 $\Delta G^{\theta}-T$ 关系线的走向是向下的，即 CO 的 ΔG^{θ}随温度的升高而减小。

（4）在同一温度下，图中位置越低的氧化物，其稳定度越大，即该元素对氧的亲和力也越大。

根据上述热力学原理，分析氧化物的 $\Delta G^{\theta}-T$ 图可得以下结论。

（1）$2C+O_2=2CO$ 的 $\Delta G^{\theta}-T$ 关系线与很多金属氧化物的关系线相交。这说明在一定条件下碳能跟很多金属氧化物（如铁、钨等氧化物）发生反应，在理论上甚至 Al_2O_3 也可以在高于 2000℃时被碳还原。

（2）$2H_2+O_2=2H_2O$ 的 $\Delta G^{\theta}-T$ 关系线在铜、铁、镍、钴、钨等氧化物的关系线以下，这说明在一定条件下氢可以还原铜、铁、镍、钴、钨等氧化物。

（3）位于图中最下面的几条关系线所代表的金属如钙、镁等与氧的亲和力最大，所以，钛、锆、钴、铀等氧化物的还原可以用钙、镁作还原剂，即所谓的金属热还原。但是，必须指出：$\Delta G^{\theta}-T$ 图只表明了反应在热力学上是否可能，并未涉及过程的速度问题。同时，这种图线都是标准状态线，对于任意指定状态则要另加换算。例如，在任意指定温度下各金属氧化物的离解压究竟是多少？用碳或氢去还原这些金属氧化物的热力学条件是什么？这些是无法从 $\Delta G^{\theta}-T$ 图上直接看出的。虽然 $\Delta G^{\theta}-T$ 图告诉我们碳的不完全氧化（生成 CO）反应线与其他金属氧化物相反，其能与很多金属氧化物相交。用碳作还原剂，原则上可以把各种金属氧化物还原成金属。但是，正如下面两个还原反应所表示的那样，它们究竟如何实现，不仅取决于温度，还取决于 p_{CO}/p_{CO_2} 或 p_{H_2}/p_{H_2O} 的比值，如用 CO 还原 FeO、H_2 还原 WO_2，有

$$FeO+CO=Fe+CO_2 \tag{2-5}$$

$$\Delta G=\Delta G^{\theta}-4.576\lg\frac{p_{CO}}{p_{CO_2}} \tag{2-6}$$

$$WO_2+2H_2=W+2H_2O \tag{2-7}$$

$$\Delta G=\Delta G^{\theta}-4.576T\times 2\lg\frac{p_{H_2}}{p_{H_2O}} \tag{2-8}$$

式（2-6）和式（2-8）说明，p_{CO_2}/p_{O_2} 或 p_{H_2}/p_{H_2O} 越大，相应还原反应的 ΔG^{θ} 就越小，即在指定温度下金属氧化物的还原趋势越大，或开始还原时温度越低。

2. 金属氧化物还原反应的动力学

研究化学反应有两个重要的方面，一方面是反应能否正常进行，反应进行的趋势大小及进行的限度如何，这是热力学讨论的问题；另一方面是与化学反应动力学相关的速度问题。化学反应动力学一般分为均相反应动力学和多相反应动力学。所谓均相反应就是指在同一相中进行的反应，即反应物和生成物为气相的，或者是均匀液相的；所谓多相反应就是指在几个相中进行的反应，虽然在反应体系中可能有多个相，但是实际上参加多相反应的一般是两个相。多相反应包括的范围很广，在冶金、化工中的实例极多，如表 2-2 所示。多相反应的一个突出特点就是反应中反应物质间具有界面。

通常，化学反应速度用单位时间内反应物浓度的减小或生成物浓度的增加来表示。浓度的单位为 mol/L，时间则根据反应速度快慢，用 s、min 或 h 表示。反应速度的数值在各个瞬间是不同的，用在 t_2-t_1 的一段时间内浓度变化 c_2-c_1 表示这段时间内反应的平均速度，即

$$v_{平}=\left|\frac{c_2-c_1}{t_2-t_1}\right| \tag{2-9}$$

表 2-2 多相反应的例子

界 面	反应类型	例 子
固-气	固$_1$+气→固$_2$	金属的氧化：$n\mathrm{Me}+\frac{1}{2}m\mathrm{O_2}=\mathrm{Me}_n\mathrm{O}_m$
	固+气$_1$→气$_2$	$\mathrm{C}+\frac{1}{2}\mathrm{O_2}=\mathrm{CO}$；羰化：$\mathrm{Ni+4CO=Ni(CO)_4}$
		氯化：$\mathrm{W+3Cl_2=WCl_6}$；氟化：$\mathrm{W+3F_2=WF_6}$
	气$_1$+固→气$_2$	羰基物的分解：$\mathrm{Ni(CO)_4=Ni+4CO}$
	固$_1$+气$_1$→固$_2$+气$_2$	氧化物的还原：$\mathrm{FeO+CO=Fe+CO_2}$
固-液	固→液	金属熔化
	固+液$_1$→液$_2$	溶解-结晶
	固$_1$+液$_1$→固$_2$+液$_2$	置换沉淀
固-固	固$_1$→固$_2$	烧结
	固$_1$+固$_2$→固$_3$+固$_4$	金属还原氧化物
液-气	液→气	蒸发-冷凝
	液$_1$+气→液$_2$	气体溶于金属熔体中
	液$_1$+气→固+液$_2$	溶液氢还原
液-液	液$_1$→液$_2$	熔渣—金属熔体间反应；溶剂萃取

另外，也可以用在无限小的时间内浓度的变化来表示反应速度，即

$$v=\left|\frac{\mathrm{d}c}{\mathrm{d}t}\right| \tag{2-10}$$

反应速度总被认为是正的，而$(c_2-c_1)/(t_2-t_1)$和$\mathrm{d}c/\mathrm{d}t$既可以为正数，又可以为负数，这要看浓度c是表示反应物的浓度还是表示生成物的浓度。前者的浓度随时间而减小，即$c_2<c_1$和$\mathrm{d}c/\mathrm{d}t<0$，所以，为了使反应速度有正值，在公式前取负号，反之取正号，在公式里用绝对值表示。

下面分别讨论均相反应动力学和多相反应动力学的特点。

(1) 均相反应的特点

下面从均相反应的速度方程式和活化能方面进行介绍。

① 均相反应的速度方程式。反应物的浓度与反应速度有下列规律：当温度一定时，化学反应速度与反应物浓度的乘积成正比，这个定律称为质量作用定律。例如，反应A+B→C+D，按质量作用定律有

$$v\propto c_{\mathrm{A}}c_{\mathrm{B}} \tag{2-11}$$

$$v=kc_{\mathrm{A}}c_{\mathrm{B}} \tag{2-12}$$

式中，k为反应速度常数。

对于同一反应，在一定温度下，k是一个常数。当$c_{\mathrm{A}}=c_{\mathrm{B}}=1$时，$k=v$，即当各反应物的浓度都等于1时，速度常数$k$就等于反应速度$v$。$k$值越大，反应速度也越大，因此，反应速度常数常用来表示反应速度的大小。一级反应的反应速度常数与浓度的关系式为

$$-\frac{\mathrm{d}c}{\mathrm{d}t}=kc \tag{2-13}$$

将式（2-13）移项积分，最后可得

$$\ln c=-kt+B \tag{2-14}$$

对于一级反应，反应物浓度的对数与反应经历的时间呈直线关系。若反应开始（$t=0$）时的反应物浓度为 c_0，则 $c=c_0$，代入上式，则 $\ln c_0=B$（积分常数），由此可得

$$\ln c_0-\ln c=kt \tag{2-15}$$

则

$$k=\frac{1}{t}\ln\frac{c_0}{c} \tag{2-16}$$

所以，如果知道反应开始时反应物的浓度 c_0 及 t 时间后反应物的浓度 c，就可以计算出反应速度常数 k。若时间的单位用 s，则一级反应 k 的单位为 s^{-1}，而与浓度的单位无关。

② 活化能。有些反应，如煤燃烧时可放出热量，要使煤燃烧还必须加热，这说明温度对反应速度有影响。例如，反应 A+B→C+D，正反应 $v=kc_Ac_B$，逆反应 $v'=k'c_Cc_D$，平衡时 $kc_Ac_B=k'c_Cc_D$，$\frac{c_Cc_D}{c_Ac_B}=\frac{k}{k'}=K$，$K$ 为平衡常数，根据平衡常数与温度的关系$\frac{\mathrm{d}\ln K}{\mathrm{d}T}=\frac{\Delta H}{RT^2}$，有

$$\frac{\mathrm{d}\ln\frac{k}{k'}}{\mathrm{d}T}=\frac{\Delta H}{RT^2} \tag{2-17}$$

$$\frac{\mathrm{d}\ln k}{\mathrm{d}T}-\frac{\mathrm{d}\ln k'}{\mathrm{d}T}=\frac{\Delta H}{RT^2} \tag{2-18}$$

如果 $\Delta H=E-E'$，那么

$$\frac{\mathrm{d}\ln k}{\mathrm{d}T}=\frac{E}{RT^2} \tag{2-19a}$$

$$\frac{\mathrm{d}\ln k'}{\mathrm{d}T}=\frac{E'}{RT^2} \tag{2-19b}$$

将上面两式积分可得

$$\ln k=-\frac{E}{RT}+B \tag{2-20a}$$

$$\ln k'=-\frac{E'}{RT}+B_1 \tag{2-20b}$$

式中，B、B_1 为积分常数。

这说明反应速度常数的对象（$\ln k$ 或 $\lg k$）与温度的倒数（$1/T$）呈直线关系。$-E/R$ 为直线斜率，常数 B 为直线在纵轴上的截距。实践证明，此式可较准确地反映出反应速度随温度的变化，此式称为阿累尼乌斯方程式。若以 $\ln A$ 代替 B，则阿累尼乌斯方程式可改写为

$$k=A\mathrm{e}^{-E/RT} \tag{2-21}$$

式中，A 为常数；R 为频率因子；E 为活化能。

（2）多相反应的特点

前面已指出，反应物之间有界面存在是多相反应的特点。此时影响反应速度的因素更复杂，除反应物的浓度、温度外，还有很多重要的因素。例如，界面的特性（如晶格缺陷）、界面的面积、界面的几何形状、流体的速度、反应程度、核心的形成（如从液体中沉淀固体、从气相中沉淀固体）、扩散层等，更值得注意的是固-液反应和固-气反应中固体反

应产物的特性。

1）多相反应的速度方程式。先研究固-液反应的简单情况，例如，金属在酸中的溶解，设酸的浓度保持不变，则反应速度为（负号表示固体质量是减少的）

$$-\mathrm{d}W/\mathrm{d}t=kAc \tag{2-22}$$

式中，W 为固体在时间 t 时的质量；A 为固体的表面积；c 为酸的浓度；k 为速度常数。

但是，固体的几何形状在固-气反应中对过程的速度起主要作用。如果固体是平板的，在整个反应中固体表面积是常数（忽略侧面的影响），则速度将是常数；如果固体近似球状或其他形状，随着反应的进行，固体表面积不断改变，则反应速度也将改变，假如对这种改变不加考虑，则预计的反应速度将与实际相差甚大。

平板状固体溶解时表面积 A 为常数，故反应速度方程式为

$$-\int_{W_0}^{W}\mathrm{d}W=kAc\int_0^t\mathrm{d}t$$
$$W_0-W=kAct \tag{2-23}$$

式中，W_0-W 与时间的关系为直线关系，其斜率为 kAc，由此可以计算出 k。球状固体溶解时，表面积 A 随时间而减小，得

$$3(W_0^{1/3}-W^{1/3})=Kt \tag{2-24}$$

$W_0^{1/3}-W^{1/3}$ 与 t 或者 $W^{1/3}$ 与 t 呈直线关系，这已被实践所证实。如用已反应分数来表示速度方程式时，对不同几何形状固体的动力学方程式可推导出不同的形式。固体的已反应分数表示为 $X=(W_0-W)/W_0$，如对于球体，有

$$1-(1-X)^{1/3}=\frac{kc}{r_0\rho}t=Kt \tag{2-25}$$

$1-(1-X)^{1/3}$ 与 t 呈直线关系，这也被实验所证实（见图 2-2）。

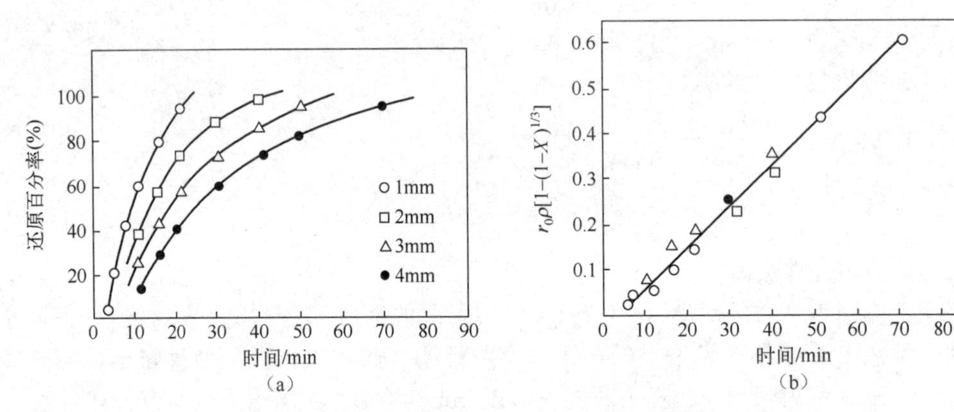

（a）还原百分率与时间的关系；（b）同（a），但考虑了球体表面积的改变

图 2-2 950℃时球形磁铁矿粒被 CO 还原的速度方程

由于有扩散层存在，多相反应包括扩散环节、化学环节和中间环节，通过分析可知，反应速率由进行最慢的环节所控制。取简单的固-液反应来分析，若固体是平板状，其表面积为 A，反应剂的浓度为 c，界面上的反应剂浓度为 c_i，扩散层的厚度为 δ，扩散系数为 D。可能有以下三种情况。

① 界面上的化学反应速度比反应剂扩散到界面的速度快得多，于是 $c_i=0$。这种反应是

由扩散环节控制的，其速度 $v=(D/\delta)A(c-c_i)=k_1Ac_0$。

② 化学反应比扩散过程的速度要慢得多，这种反应是由化学环节控制的，其速度 $v=k_2Ac_i^n$，n 是反应级数。

③ 若扩散过程与化学反应的速度相近，这种反应的反应速度是由中间环节控制的。这种反应较普遍，在扩散层中具有浓度差，但 $c_i\neq0$。其速度 $v=k_1A(c-c_i)=k_2Ac_i^n$，设 $n=1$，则 $k_1A(c-c_i)=k_2Ac_i$，所以 $c_i=k_ic/(k_1+k_2)$，将 c_i 值代入 $k_1A(c-c_i)$ 得速度 $v=k_1k_2Ac/(k_1+k_2)=kAc$。如果$k_2\ll k_1$，则 $k=k_2$，即化学反应速度常数比扩散系数小得多，扩散进行得快，在浓度差较小的条件下能够有足够的反应剂输送到反应区，整个反应速度取决于化学反应速度，过程受化学环节控制。如果 $k_1\ll k_2$，则 $k=k_1=D/\delta$，即化学反应速度常数比扩散系数大得多，扩散进行得慢，整个反应速度取决于反应剂通过厚度为 δ 的扩散层的扩散速度，过程受扩散环节控制，当反应过程为扩散环节控制时，化学动力学的结论很难反映化学反应的机理。

化学环节控制的过程强烈地依赖于反应温度，而扩散环节控制的过程受温度的影响不大，这是因为化学反应速度常数与温度呈指数关系：$k=A_0e^{-E/RT}$；而扩散系数与温度呈直线关系：$D=\frac{RT}{N}\frac{1}{2\pi r}$（斯托克斯方程）。因此，化学环节控制过程的活化能常常大于 41.86kJ/mol，中间环节控制过程的活化能为 20.93～33.488kJ/mol，而扩散环节控制过程的活化能较小，为 4.186～12.558kJ/mol。但是在固-固反应中的情况又不同，其扩散环节系数随温度的指数而变化：$D=D_0e^{-E/RT}$，所以固相扩散过程均具有较高的活化能，达 837.2～1674.4kJ/mol。

进一步讨论固体反应产物的特性对反应动力学的影响。如图 2-3 所示，在多相反应中，如果固体表面形成反应产物层——表面壳层，则反应动力学受此壳层的影响。生成固体反应产物的有固-气反应（如金属氧化物被气体还原成金属），也有固-液反应（如置换沉淀）。反应产物层可以是疏松的，也可以是致密的，反应剂又必须扩散通过此层才能达到反应界面，则反应动力学大为不同。由图 2-3 可知，反应速率由扩散的速率决定，即反应产物向微粒内移动速率和生成物向微粒外扩散速率。

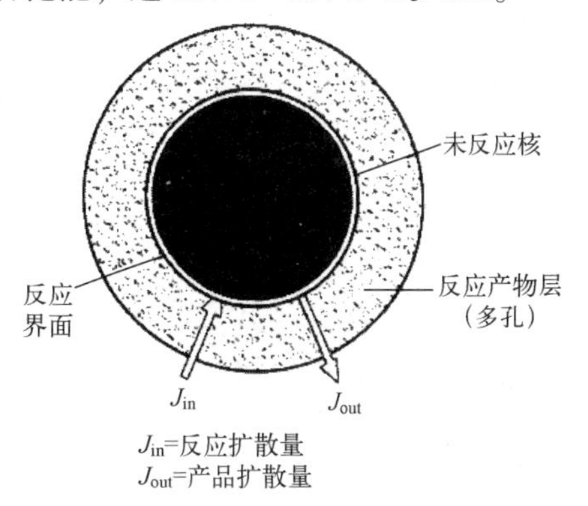

图 2-3 金属氧化物微粒还原反应生成金属粉末的示意图

如果在平面形成疏松的反应产物层，而过程又为扩散层的扩散环节所控制，遵守方程式：速度 $v=DAc/\delta$。当球形颗粒形成疏松反应产物层时，虽然界面面积随时间减小，但进行扩散的有效面积是常数，速度仍然遵守方程式：速度 $v=DAc/\delta=Dc\pi r^2/\delta$。如果反应产物层是致密的，则扩散层的阻力和固体反应产物层的阻力相比可以忽略不计，主要考虑反应产物层的阻力，设反应产物层的厚度为 y，时间为 t 时固体反应产物的质量为 W，那么，$y=kW$，k 为常数。经过固体反应产物层的扩散可以用下面的方程式表示

$$\frac{dW}{dt}=a\frac{D}{y}Ac=\frac{aDAc}{kW} \tag{2-26}$$

式中，a 为计量因数。

得

$$\frac{W^2}{2}=Kt+常数 \tag{2-27a}$$

W 与 t 的关系是抛物线，而 W 与 $t^{1/2}$ 的关系为直线。上式中的常数可以在 $t=0$，$W=W_0$ 时求出。故方程式（2-27a）又可以写成

$$\frac{1}{2}(W_0^2-W^2)=Kt \tag{2-27b}$$

如果已反应分数用 $X=\frac{W_0-W}{W_0}$ 表示，则抛物线方程可变为

$$X=\frac{W_0-W}{W_0}=1-\frac{W}{W_0} \tag{2-28}$$

整理可得

$$1-(1-X)^2=\frac{2K}{W_0^2}t=K't \tag{2-29}$$

如果固体是球状，在反应过程中 A 是不断改变的，则上述分析不能适用。设产物厚度的增加速度与球厚度成反比，则

$$\frac{\mathrm{d}y}{\mathrm{d}t}=\frac{k}{y} \tag{2-30a}$$

$$y\mathrm{d}y=k\mathrm{d}t \tag{2-30b}$$

式中，y 为产物层厚度；k 为比例常数。

如果 r_0 为颗粒的原始半径，ρ 是固体的密度，则已知反应分数为 $X=1-\left(1-\frac{y}{r_0}\right)^3$ 或 $y=r_0[1-(1-X)^{1-3}]$，得

$$[1-(1-X)^{1/3}]^2=\frac{2kt}{r_0^2}=Kt \tag{2-31}$$

$[1-(1-X)^{1/3}]^2$ 与 t 呈直线关系。此式一般只适用于过程的开始阶段，因为方程式 $y^2=2kt$ 是从平面情况导出的，只有当球体半径比反应产物的厚度大很多时才适用；另外，当未反应的内核体积等于原始物料的体积时，方程式 $y=r_0[1-(1-X)^{\frac{1}{3}}]$ 才适用，且只有反应初期适用。对镍被氧化成氧化镍的动力学的研究证实了这一点。

2）多相反应的机理。“吸附-自动催化”理论认为气体还原剂还原金属氧化物分为以下几个步骤：第一步是气体还原剂分子（如 H_2、CO）被金属氧化物吸附；第二步是被吸附的还原剂分子与固体氧化物中的氧相互作用并产生新相；第三步是反应的气体产物从固体表面上解吸。

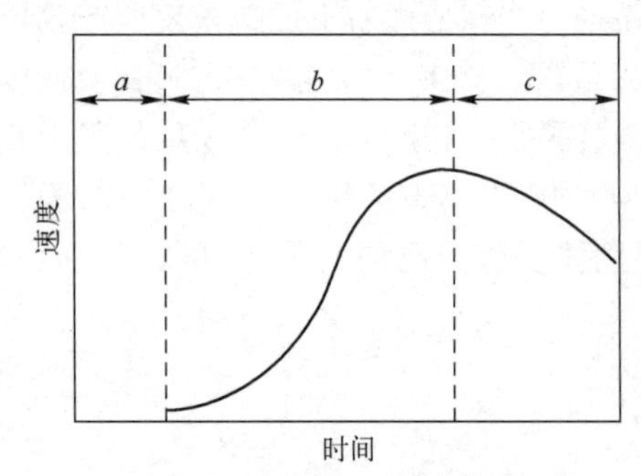

图 2-4　吸附自动催化的反应速度与时间的关系

实践证明，多相反应在反应过程中具有自动催化的特点，如图 2-4 所示。此关系曲线划分为三个阶段。第一阶段反应速度很慢，很难测出，因为还原仅在固体氧化物表面的某些活化质点上开始进行，新相（金属）形成又有很大的困难。这一阶段称为诱导期（图 2-4 中 a 段），与晶格的非完整性有很大关系。新相一旦形成后，由于新旧相界面的差异，界面对气体还原剂的吸附以及晶格重新排列都比较

容易，因此，反应就沿着新旧相的界面逐渐扩展，随着反应面逐渐扩大，反应速度不断增加，此阶段是第二阶段，称为反应发展期（图 2-4 中 b 段）。第三阶段反应以新相晶核为中心，逐渐扩大到相邻反应面，反应面随着反应过程的进行不断减小，从而引起反应速度的降低，这一阶段称为减速期（图 2-4 中 c 段）。就气体还原金属化合物来说，有以下过程。

① 气体还原剂分子由气流中心扩散到固体化合物外表面，并按吸附机理发生化学还原反应。

② 气体通过金属扩散到化合物-金属界面上发生还原反应，或者气体通过金属内的孔隙转移到化合物-金属界面上发生还原反应。

③ 化合物的非金属通过金属扩散到金属-气体界面上可能发生反应，或者化合物本身通过金属内的孔隙转移到金属-气体界面上可能发生反应。

④ 气体反应产物从金属外表面扩散到气流中心而除去。

2.2.2　碳还原法

1. 碳还原铁氧化物的基本原理

铁氧化物的还原是分阶段进行的，即从高价氧化铁到低价氧化铁，最后转变成单质金属：$Fe_2O_3 \rightarrow Fe_3O_4 \rightarrow FeO \rightarrow Fe$。固体碳还原金属氧化物的过程通常称为直接还原。如果反应在 950～1000℃ 的高温范围内进行，则固体碳直接还原反应没有实际意义，因为CO_2 在此高温下会与固体碳作用而生成 CO。先讨论 CO 还原金属氧化物的间接还原规律。

当温度高于 570℃时，分三个阶段还原：$Fe_2O_3 \rightarrow Fe_3O_4 \rightarrow$浮斯体（$FeO \cdot Fe_2O_3$ 固溶体）$\rightarrow Fe$。

$$3Fe_2O_3+CO=2Fe_3O_4+CO_2 \quad \Delta H_{298}=-62.999\text{kJ} \tag{2-32a}$$

$$Fe_3O_4+CO=3FeO+CO_2 \quad \Delta H_{298}=22.395\text{kJ} \tag{2-32b}$$

$$FeO+CO=Fe+CO_2 \quad \Delta H_{298}=-13.605\text{kJ} \tag{2-32c}$$

当温度低于 570℃时，由于 FeO 不能稳定存在，Fe_3O_4 直接被还原成金属铁，即

$$Fe_3O_4+4CO=3Fe+4CO_2 \quad \Delta H_{298}=-17.163\text{kJ} \tag{2-32d}$$

上述各反应的平衡气相组成，可通过 K_p 求得

$$K_p=\frac{p_{CO_2}}{p_{CO}} \tag{2-33}$$

在 $p_{CO}+p_{CO_2}=1\text{atm}$（约等于 10^{-1}MPa）时，$p_{CO_2}=1-p_{CO}$，$K_p=\frac{1-p_{CO}}{p_{CO}}$，$\varphi_{CO}=p_{CO}\times100\%$，因而，可根据各反应在给定温度下的相应 K_p 值求出各反应的平衡气相组成。

反应（2-32a）为 Fe_2O_3 的还原，$\lg K_p=4316/T+4.37\lg T-0.048\times10^{-3}T-12.8$。由于 Fe_2O_3 具有很大的离解压，此反应达到平衡时，气相中 CO 含量很低，因此，由实验方法研究可得，这一反应虽然温度高达 1500℃，CO 含量仍然低得难以测定。

Fe_3O_4 的还原：当温度高于 570℃时，发生反应（2-32b），则

$$\lg K_p=-1373/T-0.47\lg T+0.41\times10^{-3}T+2.69 \tag{2-34}$$

Fe_3O_4 被 CO 还原成 FeO 的反应是吸热反应。该反应的 K_p 值随温度升高而增大，平衡气相中的 CO 的体积分数随温度升高而减小，这说明升高温度对Fe_3O_4 被还原成 FeO 有利。

当温度低于 570℃时，FeO 相极不稳定，故Fe_3O_4 被 CO 还原成金属铁。反应（2-32d）是放热反应，平衡气相组成中的 CO 的体积分数随温度升高而增大。由于此反应在较低温度下进行，

反应不易达到平衡。有人测得500℃时平衡气相组成中含有体积分数为47%~49%的CO_2。

FeO的还原即反应（2-32c），有

$$\lg K_p = 324/T - 3.62\lg T + 1.81\times10^{-3}T - 0.0667T^2 + 9.18 \quad (2-35)$$

该反应是放热反应，K_p随温度升高而减小，而气相组成中的φ_{CO}随温度升高而增大，即温度越高，还原所需φ_{CO}越大。这说明升高温度对FeO的还原是不利的。不过，温度升高，CO体积分数的变化并不是很大，例如，从700℃升至1300℃，温度升高600℃，而φ_{CO}只增加12.8%，所以升高温度的不利影响并不大。但是，从另一方面看，升高温度对Fe_3O_4还原成FeO的过程是有利的。不论哪种反应，升高温度都是加快反应速度的。

根据以上对（2-32a）、（2-32b）、（2-32c）、（2-32d）四个反应的分析结果，将其平衡气相组成（以φ_{CO}表示）对温度作图，便可得图2-5所示的4条曲线。

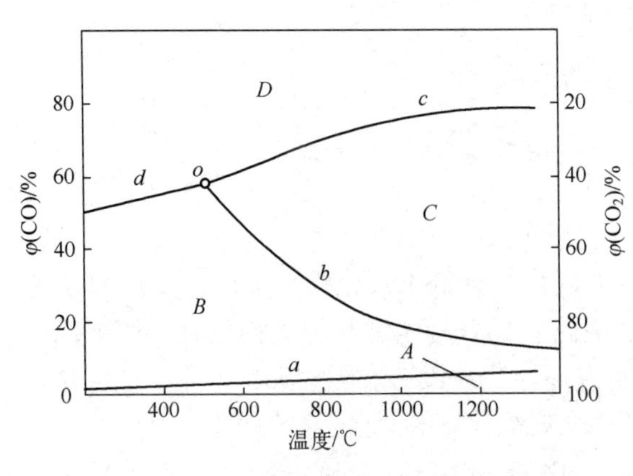

图2-5 Fe-O-C系平衡气相组成与温度的关系

从图2-5可看出：该4条曲线将$\varphi_{CO}-T$的平面分成4个区域。当实际气相组成相当于C区域内任何一点时，则所有铁的氧化物和金属全部转化成FeO相，即在C区域内只有FeO相稳定存在。因为在这个区域内，任何一点都表示CO含量高于相应温度下Fe_3O_4还原反应的平衡气相中CO的含量，故Fe_3O_4被CO还原成FeO，而金属铁则被CO_2氧化成FeO。例如，要防止铁在1100℃被氧化，则平衡气相组成中的φ_{CO}要小于25%。

同样，在D区域内只有金属铁稳定存在；在B区域内只有Fe_3O_4稳定存在；在A区域内（在a曲线下面）只有Fe_2O_3稳定存在。曲线b和曲线c相交的o点，表示反应（2-32b）和（2-32c）相互平衡，相应的平衡气相组成φ_{CO}为52%。

下面进一步讨论CO还原铁氧化物的动力学问题。

前面已指出，铁氧化物的还原是分阶段进行的。部分被气体还原的Fe_2O_3颗粒具有多层结构，由内向外各层为Fe_2O_3（中心）、Fe_3O_4、FeO及Fe。实验证明，反应（2-32a）和反应（2-32c）的反应产物层是疏松的，过程被界面上的化学环节所控制。CO还原铁氧化物的反应速度方程遵循$-dW/dt=KW^{2/3}$关系；如用反应分数表示，则反应速度方程遵循$1-(1-X)^{1/3}=Kt$的关系。

但是实验证明，850℃时，Fe_3O_4(矿石)+CO(混合气体)= 3FeO+CO_2反应发生，以及在800~1050℃时，Fe_2O_3（矿石）+转化天然气→Fe^+气体反应发生，反应的产物层不是疏松的，并且通过产物层的扩散速度和固-固界面上的化学反应速度基本一样。在这种情况下反应速度方程遵循更复杂的方程式，即

$$\frac{k}{6}[3-2X-3(1-X)^{2/3}]+\frac{D}{r_0}[1-(1-X)^{1/3}]=\frac{kDP}{r_0^2 d}t \quad (2-36a)$$

方程式（2-36a）在此不予推导，不过可以指出，方程由两部分组成。如果第一项与第二项相比可以忽略时，方程化简为

$$1-(1-X)^{1/3}=\frac{kP}{r_0 d}t=Kt \tag{2-36b}$$

这便是一个化学环节控制过程的方程式。如果第二项与第一项相比可以忽略时，方程化简为

$$1-\frac{2}{3}X-(1-X)^{2/3}=\frac{2DP}{r_0^2 d}t=Kt \tag{2-36c}$$

这便是一个通过致密反应产物的扩散环节控制过程的方程式。式（2-36c）比前面讨论过的式（2-30b）的适用范围更大。采用木炭还原铁鳞制备铁粉的反应速率如图 2-6 所示。图中 3 条曲线都有一极小值 B 点，自 B 点后还原速率急剧增大，到最高点 C 后又降低，这表明了过程的吸附自动催化特性。

极小值 B 点是在Fe_2O_3 和Fe_3O_4 已全部还原成浮斯体后产生的，由于浮斯体与金属铁的比体积相差很大，在浮斯体表面生成金属铁相将产生很大的晶格畸变，需要很大的能量，使新相成核困难。但是，金属铁晶核一经形成后，由于自动催化作用，金属会迅速成长，而在金属颗粒表面全部包上一层金属铁时，还原反应速率达到最大值 C 点。自 C 点后，由于金属铁和浮斯体相接面逐渐减小，还原反应速率逐渐下降。实验证明，到达 C 点所需的时间仅为数分钟，可见浮斯体还原成金属铁这一阶段比较缓慢，因而整个还原反应速率受此阶段速率所限制。

根据实践经验，在浮斯体还原成金属铁和海绵铁开始渗碳之间存在着一个还原终点。在还原终点，浮斯体消失，反应（2-32c）平衡破坏，气相中的 CO 含量急剧上升，开始了海绵铁的渗碳。为控制生产过程和铁粉质量，还原终点需要掌握好，既不要还原不透，也不要使海绵铁大量渗碳。例如，海绵铁的含碳量 w_C 在 0.2%~0.3%时，在退火后可使$Fe_{总}$达 98%以上，w_C 在 0.1%以下，甚至可达 0.05%左右；当海绵铁的含碳量 w_C 接近 0.1%时，退火后，$Fe_{总}$约为 97%，w_C 可小于 0.03%，但 w_{O_2}在 1%以上；当海绵铁的含碳量 w_C 为 0.3%~0.4%时，退火后，$Fe_{总}$约为 98%，w_{O_2}小于 1.0%，但 w_C 在 0.1%以上。总之，要得到碳和氧的含量适当的铁粉，必须掌握好海绵铁块的含碳量。

气相组成、气相压力、温度对铁中含碳量的影响如图 2-7 所示。在 1050~1600K 范围内，

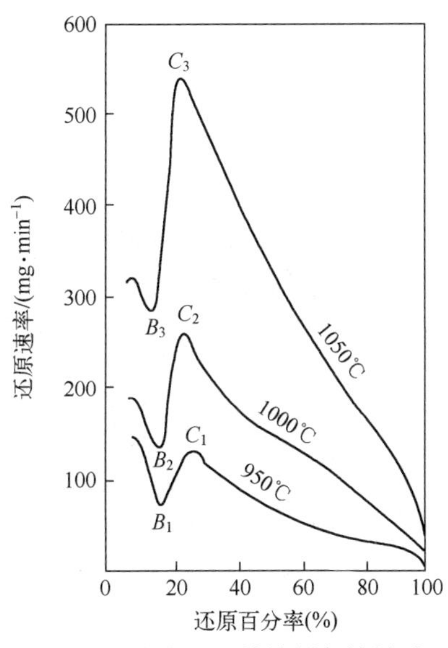

图 2-6 木炭还原铁鳞制备铁粉时各阶段反应速率

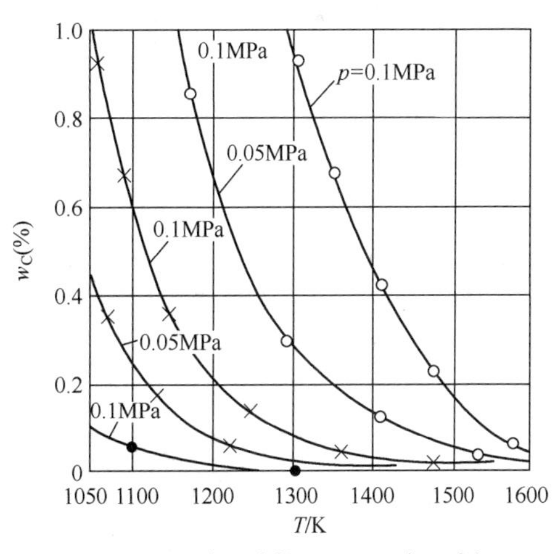

图 2-7 气相组成、气相压力、温度对铁中含碳量的影响

当气相压力为 1atm（0.1MPa）时，气相中CO_2与 CO 的体积比不论是 1 还是 0.1、0.01，提高温度，铁渗碳的趋势是下降的。例如，在气相压力为 1atm，CO_2与 CO 的体积比为 0.1 的情况下，1100K 时铁中含碳量 w_C 为 0.6%，而在 1300K 时铁中含碳量 w_C 只有 0.1%左右，到 1500K 以上时，铁中含碳量极低。

综上所述，在气相压力为 1atm（0.1MPa）的情况下，1100K 时CO_2与 CO 的体积比为 0.1，1300K 时CO_2与 CO 的体积比为 0.01，铁中渗碳的趋势较大，这与碳的气化反应在 1atm 下的平衡组成相接近。CO_2与 CO 的体积比为 1 时，渗碳的趋势较小。但是，提高气相中CO_2的含量会降低其还原能力。降低气相中CO_2的含量以提高其还原能力，往往容易使海绵铁在冷却过程中渗碳。因此，在一定气相组成条件下，掌握好还原温度和还原时间非常重要。在用气体还原剂还原时，调整气相中的CO_2与 CO 的体积比，可以得到一定含碳量的海绵铁。

2. 固体碳还原铁影响因素

（1）原料

① 原料中的杂质：杂质如SiO_2的含量超过一定限度后，不仅还原时间延长，还会使还原不完全，铁粉中含铁量降低。

② 原料粒径：原料粒径越细，反应界面越大，越有利于加速还原反应。

（2）固体碳还原剂

① 还原剂类型：一般为木炭、焦炭、无烟煤。其中木炭的还原能力最强，其次是焦炭，无烟煤最差。这是由于木炭的气孔率最大，活性最大。但是木炭价格较高，产量也有限，工业上常用焦炭或无烟煤作还原剂。但焦炭和无烟煤中含有较高的硫，会使海绵铁中含硫量增高。因此，还原时要加入适量的脱硫剂，如 $CaCO_3+CaO$。

② 还原剂用量：主要依氧化铁的含氧量而定，当然也受还原温度的影响。具体根据反应 $FeO+C=Fe+CO$ 来计算配碳量，最适宜的木炭加入量为 86%~90%，加多加少都不利。

（3）还原温度和还原时间

在还原过程中，还原温度和还原时间是相互影响的。随着还原温度的提高，还原时间可以缩短。

在一定的范围内，温度升高对碳的气化反应有显著作用。当温度升高至 1000℃ 以上时，碳的气化反应的气相组成几乎全部是 CO。CO 浓度的增高，无论对还原反应速度还是对 CO 向氧化铁内层扩散都是有利的。但是由于温度升高，还原好的海绵铁的高温烧结趋向会增大，这将使 CO 难以通过还原产物扩散，还会降低还原速度，并使海绵铁块变硬；另外，在更高的温度下，CO_2与 CO 的比值减小，使海绵铁渗碳的趋势增大，造成粉碎困难，使铁粉加工硬化程度增大。

（4）料层厚度：当还原温度一定时，随着料层厚度的增加，还原时间也增加。这是料层厚度增加、加热速度和气体扩散速度变慢的缘故。

（5）还原罐密封程度：装罐后必须密封好，以使还原气氛内有足够的 CO 浓度，否则一方面还原不完成，另一方面在冷却过程中会使海绵铁氧化。

（6）添加剂

① 返回料：往原料中需先加入一定量的废铁粉，可缩短还原过程的诱导期，加速还原过程。

② 气体还原剂：引入气体还原剂时，由于气相组成中有 CO、氢气等气体，能加速还原

过程的进行。

根据热力学，氢气在各种温度下都比CO活泼，吸附能力大，扩散能力强，因此，高温下氢气的还原能力比CO强。$T<810℃$时，CO比氢气对氧化铁的还原活性高。

③ 催化剂：许多碱和碱金属盐相互作用后，氧化铁内部结构起了变化，当铁离子（Fe^{2+}）被碱金属离子（Me^{+}）取代时，氧化铁点阵中的空位浓度增加，有利于CO吸附，从而加速反应的进行。

（7）海绵铁的处理：将海绵铁块破碎为海绵铁粉，接着将海绵铁粉进行退火处理。因为将铁块破碎为铁粉时会产生加工硬化，而且有时海绵铁含量较高或严重渗碳，因此要退火处理。

退火处理的作用如下。

① 退火软化。提高铁粉的塑性，改善铁粉的压缩性。

② 补充还原作用。可把总铁含量从95%~97%提高到97%~98%以上。

③ 脱碳作用。把含碳量从0.4%~0.2%降低到0.25%~0.05%以下。

3. 工艺流程

隧道窑法制取还原铁粉的工艺流程如图2-8所示。

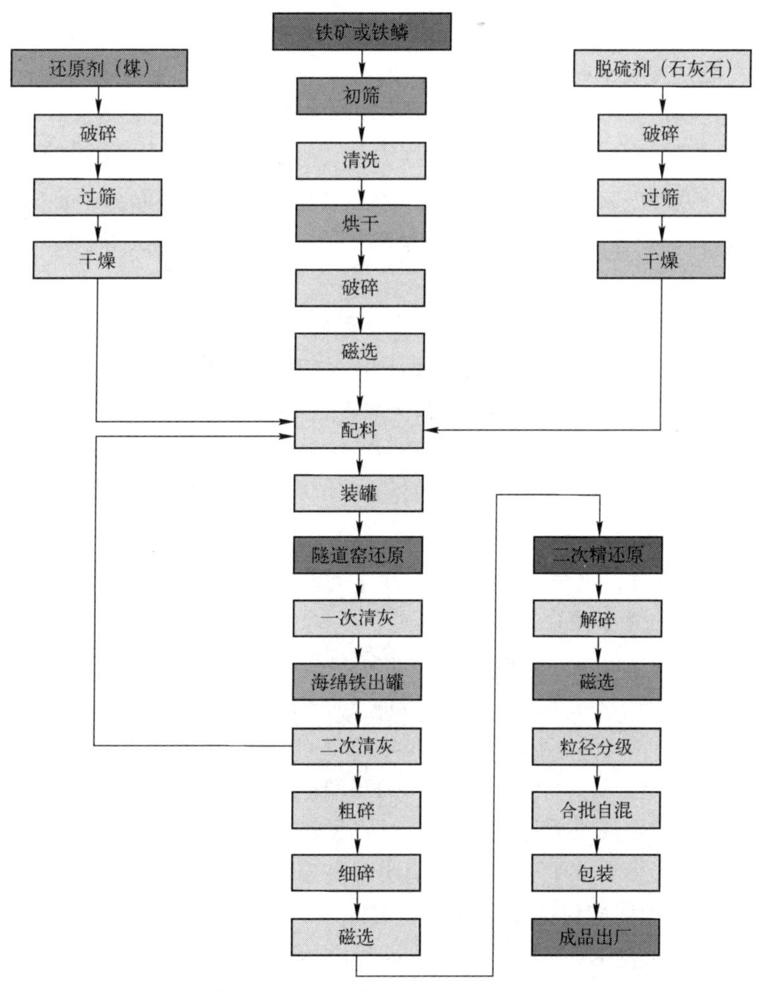

图2-8　隧道窑法制取还原铁粉的工艺流程

2.2.3 气体还原法

前面已指出，不仅氢气可以用作气体还原剂，分解氨（氢气+氮气）、转化天然气（主要成分为氢气和 CO）、各种煤气（主要成分为 CO）等都可作为气体还原剂。气体还原法可以制取铁粉、镍粉、钴粉、铜粉、锡粉、钨粉、钼粉等，而且用共同还原法还可以制取一些合金粉，如铁-钼合金粉、钨-铼合金粉等。气体还原法制取铁粉比固体还原法制取的铁粉更纯，生产成本较低，故得到了很大的发展。钨粉的生产主要用氢还原法。下面以氢还原法制取钨粉为例讨论气体还原法。

1. 氢还原钨氧化物的基本原理

实验研究证明，钨的氧化物中比较稳定的有 4 种：黄色氧化钨（α 相）——WO_3、蓝色氧化钨（β 相）——$WO_{2.90}$、紫色氧化钨（γ 相）——$WO_{2.72}$和褐色氧化钨（δ 相）——WO_2。而 WO_3 又有不同的晶型，第一种晶型从室温到 720℃是稳定的，为单斜晶型；第二种晶型在 720~1100℃是稳定的，为斜方晶型；还有一种晶型在 1100℃以上稳定。

钨有 α-W 和 β-W 两种同素异晶体。α-W 为体心立方晶格，点阵常数为 0.316nm；β-W 为立方晶格，点阵常数为 0.5036nm。β-W 是在低于 630℃时用氢还原三氧化钨生成的，其特点是化学活性大，易自燃。β-W 转变为 α-W 的转变点为 630℃，但并不发生 α-W→β-W 的逆转变。根据这一点，有的学者认为 β-W 的晶格还是由钨原子组成的，只是由于存在杂质而使晶格发生畸变。钨粉颗粒分为一次颗粒和二次颗粒，一次颗粒即单一颗粒，是最初生成的可互相分离而独立存在的颗粒；二次颗粒是两个或两个以上的一次颗粒结合而不易分离的聚集颗粒。超细颗粒的钨粉呈黑色，细颗粒的钨粉呈深灰色，粗颗粒的钨粉则呈浅灰色。

用氢还原 WO_3 的总过程为

$$WO_3+3H_2=W+3H_2O \tag{2-37}$$

由于钨具有 4 种比较稳定的氧化物，还原反应实际上按以下顺序进行

$$WO_3+0.1H_2=WO_{2.90}+0.1H_2O \tag{2-37a}$$

$$WO_{2.90}+0.18H_2=WO_{2.72}+0.18H_2O \tag{2-37b}$$

$$WO_{2.72}+0.72H_2=WO_2+0.72H_2O \tag{2-37c}$$

$$WO_2+2H_2=W+2H_2O \tag{2-37d}$$

上述反应的平衡常数用水蒸气分压与氢分压的比值表示：$K_p=p_{H_2O}/p_{H_2}$

平衡常数与温度的等压关系式如下

$$\lg Kp_{(a)}=-3266.9/T+4.0667 \tag{2-38a}$$

$$\lg Kp_{(b)}=-4508.5/T+5.10866 \tag{2-38b}$$

$$\lg Kp_{(c)}=-904.83/T+0.90642 \tag{2-38c}$$

$$\lg Kp_{(d)}=-3225/T+1.650 \tag{2-38d}$$

上述 4 个反应和总反应都是吸热反应。对于吸热反应，温度升高，平衡常数增加，平衡气相中氢气的含量随温度升高而减少，这说明升高温度有利于上述反应的进行。

下面就 WO_2→W 的反应讨论水蒸气和氢气浓度与温度的关系。

图 2-9 中的曲线代表 WO_2 和 W 共存，即反应达到平衡时水蒸气浓度（φ_{H_2O}）随温度的变化。曲线右边是钨粉稳定存在的区域，左边是 WO_2 稳定存在的区域。可以看出，温度升

高，气相中水蒸气的平衡浓度增加，表明反应进行得更彻底。例如，在400℃以下还原时，还原剂氢气就要非常干燥；而在900℃还原时，气相中水蒸气浓度可超过40%。那么，在800℃还原时，如果反应空间的水蒸气浓度（包括反应生成的和氢气带来的，如A点）超过该温度下的水蒸气的平衡浓度C点，则一部分还原好的钨粉将被重新氧化成WO_2；而只有低于曲线上C点的水蒸气浓度（如B点）时，钨粉才不被氧化，并且有更多的WO_2被还原成钨粉。

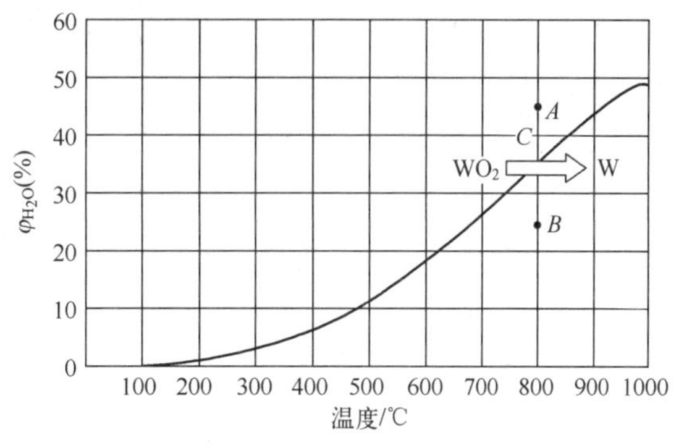

图2-9　$WO_2 \rightarrow W$在$H_2O \rightarrow H_2$系中的平衡随温度的变化

以上讨论是从热力学角度分析还原温度、气相组成对WO_3还原过程的影响，而氢还原WO_3的反应速度需从动力学角度去研究。用氢气还原WO_3的过程是固-气型的多相反应，但不可忽视钨氧化物的挥发性。实践证明，WO_3在400℃开始挥发，在850℃于氢气中显著挥发，每小时损失甚至达0.4%~0.6%；WO_2在700℃开始挥发，在1050℃于氢气中显著挥发。而且钨氧化物的挥发性与水蒸气有密切关系，当WO_3转入气相，或者形成易挥发的化合物WO_xH_y（如$WO_3 \cdot H_2O$）时，还原过程便具有均相反应的特征。

实验研究证明，反应（2-37b）产物是疏松的，为界面上的化学反应环节所控制，反应速度方程遵循$1-(1-X)^{1/3}=Kt$的关系。而反应（2-37c）的产物不是疏松的，过程为贯穿反应产物层的扩散环节所控制，反应速度方程遵循$[1-(1-X)^{1/3}]^2=Kt$的关系。在642~790℃范围内，实验测得：反应（2-37d）的活化能为97.53kJ/mol，反应（2-37c）的活化能为41.86kJ/mol，氢气还原WO_3总反应的均相反应的活化能为261.63kJ/mol，这说明在多相反应中固相表面起催化作用。氢气还原WO_3时温度与速度常数的关系如图2-10所示。可以看出，只有在低温区多相过程具有一定的优越性，随着温度的升高，反应速度差减小，当温度高于反应特性所规定的一定温度（800℃）时，还原过程会进入均相反应，引起整个还原过程加速。因此，研究氢还原WO_3的过程时，注意力应放在钨氧化物的蒸发和均相还原反应的基础上。

氢气还原WO_3时还原程度与时间的关系如图2-11所示。这些动力学曲线的特点是每一条曲线相当于一种钨的氧化物，500℃时的曲线相当于$WO_{2.96}$或$WO_{2.90}$；550℃时的曲线相当于$WO_{2.72}$；600℃时的曲线相当于WO_2。600℃时WO_3还原成WO_2，因为反应速度较快，动力学曲线上没有表现出明显的阶段性。

还原过程中，粉末粒径通常会变大，钨粉长大的机理在未经证实前普遍认为是钨粉在高温下发生聚集再结晶的结果。然而实验证明，在干燥氢气或在真空和惰性气体中，即使钨粉煅烧到1200℃，也未发生颗粒长大的现象，这说明聚集再结晶不是钨粉晶粒长大的主要原因。

目前一般认为：还原过程中钨粉颗粒长大的机理是挥发-沉积。前面已指出，钨的氧化物具有挥发性，WO_2在700℃开始挥发，一般在750~800℃开始晶粒长大。在还原过程中，随着温度的升高，WO_3的挥发性增大。WO_3在气相被还原后沉积在已还原的低价氧化钨或金属钨粉的颗粒表面上，使颗粒长大。由于WO_2的挥发性比WO_3的小，如采用分段还原法，第一阶段还原（$WO_3 \rightarrow WO_2$）时，颗粒长大严重，应在较低温度下进行；而第二阶段还原（$WO_2 \rightarrow W$）时，颗粒长大趋势较第一阶段小，故可在更高温度下进行。因此，采用两阶段还原可得到细、中颗粒钨粉；而由 WO_3 直接还原成钨粉时，由于温度较高，所得钨粉一定是粗颗粒的。

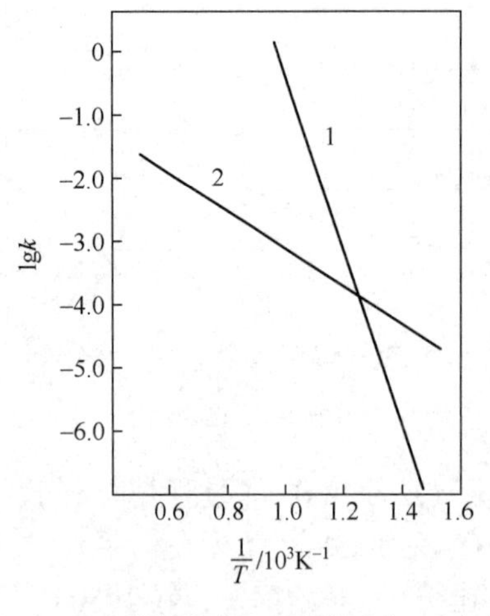

1—均相反应；2—多相反应

图 2-10　氢还原 WO_3 时温度与速度常数的关系

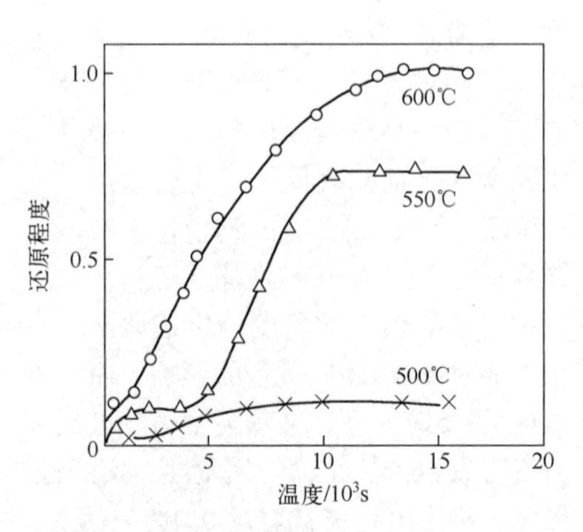

图 2-11　氢还原 WO_3 时还原程度与时间的关系

2. 氢还原钨氧化物的工艺流程

工业上氢还原钨氧化物的工艺流程如图 2-12 所示。

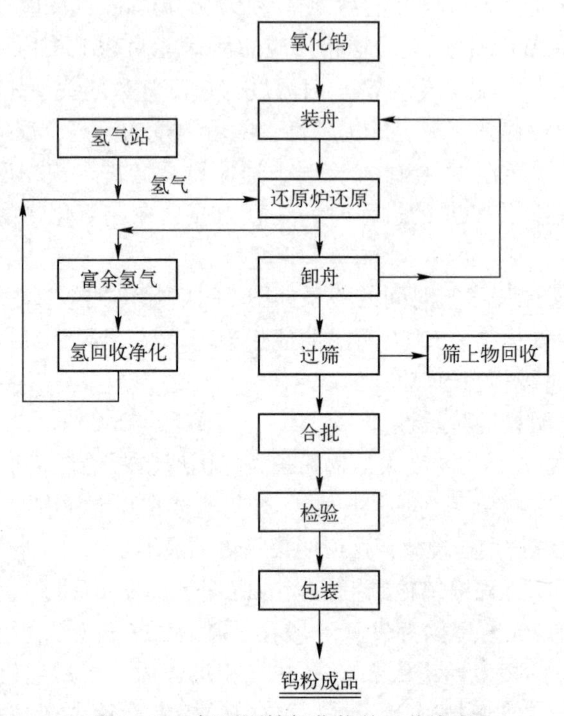

图 2-12　氢还原钨氧化物的工艺流程

2.3　还原-化合法

各种难熔金属的化合物（碳化物、硼化物、硅化物、氮化物等）都有广泛的应用，如用于硬质合金、金属陶瓷、各种难熔化合物涂层以及弥散强化材料。生成难熔金属化合物的方法很多，但常用的有：用碳（或含碳气体）、硼、硅、氮与难熔金属直接化合，或用碳、B_4C、硅、氮与难熔金属氧化物作用而得到碳化物、硼化物、硅化物和氮化物。这两种基本反应通式见表 2-3。

表 2-3　生产难熔金属化合物的两种基本反应通式

难熔金属化合物	化合反应	还原-化合反应
碳化物	$Me+C=MeC$ 或$Me+2CO=MeC+CO_2$ $nMe+C_nH_m=nMeC+\frac{m}{2}H_2$	$MeO+2C=MeC+CO$
硼化物	$Me+B=MeB$	$2MeO+B_4C=2MeB_2+CO_2$
硅化物	$Me+Si=MeSi$	$2MeO+3Si=2MeSi+SiO_2$
氮化物	$6Me+2N_2(NH_3)=6MeN+3H_2$	$12MeO+4N_2(NH_3)+9C=12MeN+9CO+3(H_2O+H_2)$

下面以还原-化合法制取碳化钨粉为例进行讨论。

1. 钨粉碳化过程的基本原理

钨-碳系状态图如图 2-13 所示。由图可见，钨与碳会形成三种碳化钨：W_2C，α-WC 和 β-WC。β-WC 在 2525～2785℃温度范围内存在，低于 2450℃时，钨-碳系只存在两种碳化钨：W_2C 和 α-WC（w_C 为 6.12%）。研究钨-碳相互作用的动力学的大量实验证明，于 1500～1850℃温度下，钨棒于氢气气氛在炭黑中碳化时有两层，外层是细 WC 层，内层是粗 W_2C 层。制取碳化钨粉主要是用钨粉与炭黑混合进行碳化，也可以用 WO_3 配炭黑直接碳化，但控制较为困难，因而很少应用。

钨粉碳化过程的总反应为

$$W+C=WC \tag{2-39}$$

钨粉碳化主要通过与含碳气相发生反应进行，在不通氢气的情况下，总反应是下述两反应的综合，即

$$\begin{array}{r} CO_2+C=2CO \\ +W+2CO=WC+CO_2 \\ \hline W+C=WC \end{array} \tag{2-40}$$

通过钨粉与固体炭直接接触，碳原子也可能向钨粉中扩散。

在通氢的情况下，碳化反应为

$$nC+\frac{1}{2}mH_2=C_nH_m \tag{2-41}$$

$$nW+C_nH_m=nCW+\frac{1}{2}mH_2 \tag{2-42}$$

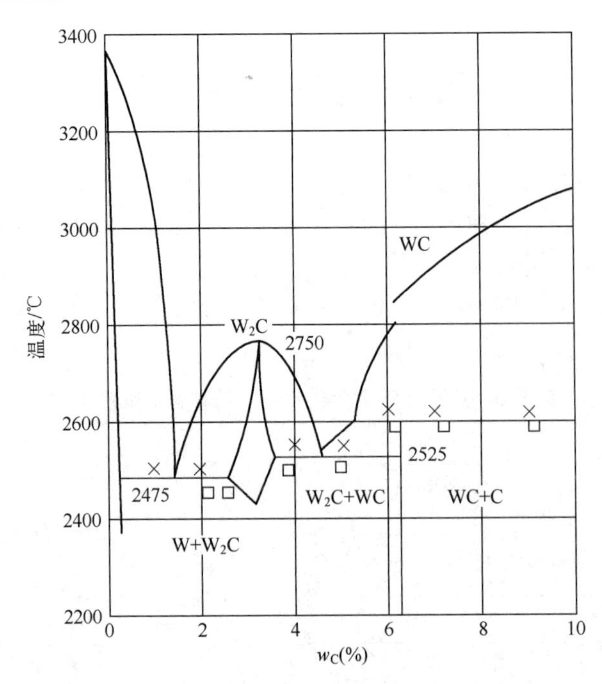

图 2-13 钨-碳系状态图

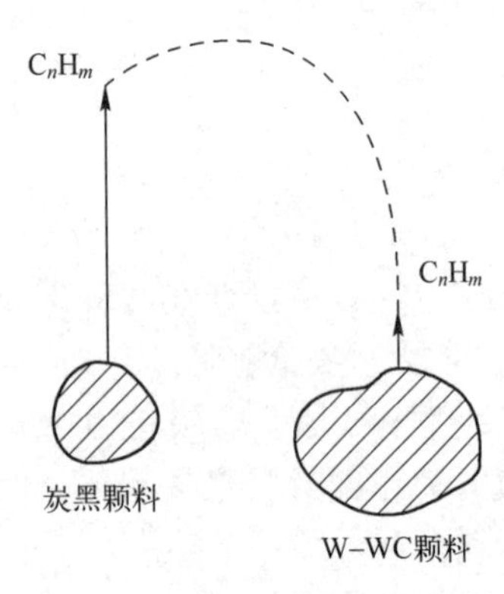

图 2-14 钨粉颗粒通过含碳氢化合物的气相渗碳示意图

氢首先与炉料中的碳反应形成碳氢化合物，主要是甲烷（CH_4）。炭黑小颗粒上的碳氢化合物的蒸气压比碳化钨粉颗粒上的碳氢化合物的蒸气压大得多，C_nH_m 在高温下很不稳定，在 1400℃时分解为碳和氢气。此时，离解出的活性炭沉积在钨粉颗粒上，并向钨粉内扩散使整个颗粒逐渐碳化，而分解出来的氢又与炉料中的炭黑反应生成碳氢化合物，如此循环往复，氢气实际上只起着碳的载体的作用。钨粉用炭黑碳化过程的机理也是吸附理论，钨粉颗粒通过含碳氢化合物的气相渗碳过程如图 2-14 所示。

2. 影响碳化钨粉成分和粒径的因素

（1）影响碳化钨成分的因素

可从配炭黑量、碳化温度、碳化时间和碳化气氛等方面加以分析。

① 配炭黑量的影响。配炭黑量应力求准确，以免所得碳化钨粉的含碳量不合格。碳化钨粉中碳的理论质量分数为 6.12%，但是实际配炭黑量低于理论值。同时考虑到碳化过程中石墨管和舟皿会向炉料渗入少量碳，炭黑配量可不按炭黑所含固定碳计算；根据钨粉含氧量适当增加配炭黑量；在空气湿度大的季节和地区，因炭黑含水量高，可适当增加配炭黑量，反之，可适当减少配炭黑量。

② 碳化温度的影响。钨粉碳化过程中的化合碳含量总是随着温度的升高而增加，直到饱和为止。碳化温度对碳化钨的化合碳的影响规律，可引用下列实验结果来分析。

实验结果表明，渗碳大约从 1000℃开始，在 1400℃以前化合碳量增长迅速，1400~1600℃增长速度降低，在 1600℃达到理论值。用显微镜研究碳化后粉末颗粒的断面，在

1400~1450℃碳化时，观察到有钨、W_2C 和 WC 三个相；在 1500℃碳化，化合碳的质量分数达 5.93%时，只有 W_2C 和 WC 两个相。测定知 W_2C 相和 WC 相的生成量大致一样；1400℃以后，钨相消失，WC 相增加，如图 2-15 所示。

③ 碳化时间的影响。在碳化温度下，钨粉的碳化过程一般是 30min 左右。高温时间过长，WC 颗粒将变粗，甚至部分脱碳。

④ 碳化气氛的影响。有氢保护和无氢保护的碳化反应机理是不同的，氢可以使钨粉中少量的氧被还原。另一方面，碳氢化合物分解出来的碳具有很好的活性，有利于钨粉的碳化。

（2）WC 粒径的控制

WC 粒径的控制非常重要，因为硬质合金中 WC 的晶粒径受二次颗粒及一次颗粒的影响。影响 WC 粒径的因素主要是钨粉的原始颗粒粒径和碳化温度。在讨论影响 WC 粒径因素的同时，还要分析 WC 颗粒长大的有关规律，以便更好地控制 WC 的粒径。

① 钨粉粒径的影响。无氢碳化过程中钨粉粒径对 WC 粒径的影响如表 2-4 所示。一般来说，碳化工艺相同时，钨粉颗粒越细，所得 WC 颗粒也越细，反之亦然。

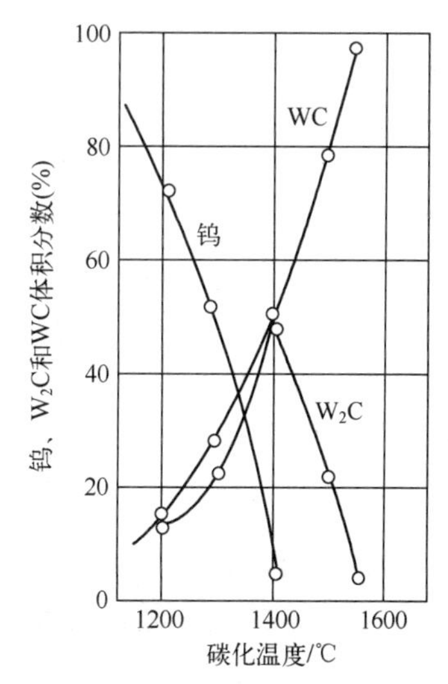

图 2-15　钨、W_2C 和 WC 体积分数与碳化温度的关系

表 2-4　无氢碳化过程中钨粉粒径对 WC 粒径的影响

钨粉松装密度/g·cm⁻³		炉料中含碳量 w_C/%	100 批 WC 粉平均松装密度/g·cm⁻³	碳化后松装密度增长率/%	100 批 WC 粉含碳量 w_C/%	
范围	平均值				总碳	游离碳
2.5~3.0	2.70	6.10	4.00	48.1	6.06	0.03
3.0~3.5	3.30	6.10	4.20	27.3	6.04	0.04
3.5~4.0	3.80	6.10	4.60	22.2	6.05	0.03
4.0~4.5	4.20	6.10	4.90	16.6	6.05	0.03

② 碳化温度的影响。碳化温度对 WC 粒径的影响如表 2-5 所示。

表 2-5　碳化温度对 WC 粒径的影响

钨粉类别	钨粉粒径组成/%						碳化温度/℃	WC 粉粒径组成/%					
	0~1 μm	1~2 μm	3~4 μm	4~8 μm	8~12 μm	13~20 μm		0~1 μm	1~2 μm	2~3 μm	3~4 μm	4~8 μm	8~12 μm
细颗粒	100	–	–	–	–	–	1350	97	3	–	–	–	–
							1450	95	5	–	–	–	–
							1550	87.5	9	3.5	–	–	–
中颗粒	76	16	8	–	–	–	1350	72	23	4	1	–	–
							1450	65	34	1	–	–	–
							1550	68	30	2	–	–	–

续表

钨粉类别	钨粉粒径组成/%						碳化温度/℃	WC 粉粒径组成/%					
	0~1 μm	1~2 μm	3~4 μm	4~8 μm	8~12 μm	13~20 μm		0~1 μm	1~2 μm	2~3 μm	3~4 μm	4~8 μm	8~12 μm
粗颗粒	40	25	14	12	9	-	1350	88	10	2	-	-	-
							1450	88	8	2	2	-	-
							1550	77	19	4	-	-	-

在碳化温度过高或碳化时间过长的情况下，碳化钨颗粒间的烧结或聚集再结晶会导致某些颗粒的长大。在1350~1550℃范围内碳化时，随着温度的升高，细颗粒钨粉长大较为显著；中颗粒钨粉长大不显著；粗颗粒钨粉则基本上不长大。所以，制取细颗粒WC时要选择较低的碳化温度。

3. 碳化钨粉的制取工艺

钨粉与炭黑一般在碳管炉中混合进行碳化，也可用高频或中频感应电炉进行碳化，其工艺流程如图2-16所示。用还原-化合法制取其他难熔金属碳化物的工艺条件如表2-6所示。

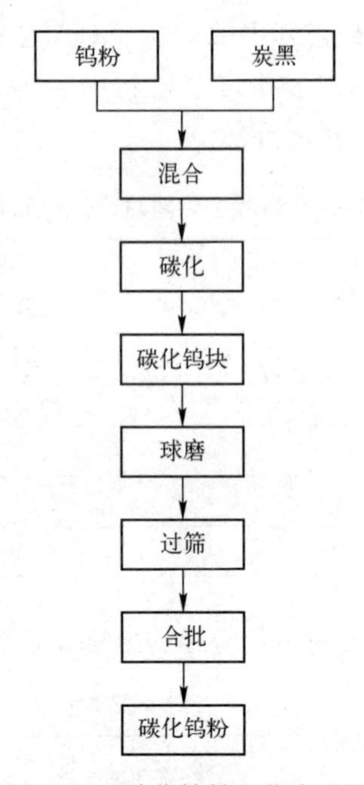

图2-16 碳化钨粉工艺流程图

表2-6 还原-化合法制取难熔金属碳化物的工艺条件

碳化物	组分	炉内气氛	温度范围/℃
TiC	Ti(TiH_2)+炭黑，TiO_2+炭黑	氢气，CO，C_nH_m	2200~2300
	TiO_2+炭黑	真空	1600~1800
ZrC	Zr(ZrH_2)+炭黑，ZrO_2+炭黑	氢气，CO，C_nH_m	1800~2300
	ZrO_2+炭黑	真空	1700~1900

续表

碳化物	组分	炉内气氛	温度范围/℃
HfC	Hf+炭黑，HfO+炭黑	氢气，CO，C_nH_m	1900~2300
VC	钒+炭黑，V_2O_5+炭黑	氢气，CO，C_nH_m	1100~1200
NbC	铌+炭黑	氢气，CO，C_nH_m	1400~1500
		真空	1200~1300
	Nb_2O_5+炭黑	氢气，CO，C_nH_m	1900~2000
		真空	1600~1700
TaC	钽+炭黑	氢气，CO，C_nH_m	1400~1600
		真空	1200~1300
	Ta_2O_5+炭黑	氢气，CO，C_nH_m	2000~2100
		真空	1600~1700
Cr_3C_2	铬+炭黑，Cr_2O_3+炭黑	氢气，CO，C_nH_m	1400~1600
Mo_2C	钼+炭黑，MoO_3 炭黑	-	1200~1400
	钼+炭黑	氢气，CO，C_nH_m	1100~1300
WC	钨+炭黑，WO_3+炭黑	-	1400~1600
	钨+炭黑	氢气，CO，C_nH_m	1200~1400

2.4 电解法

电解法在粉末生产中占有一定的地位，其生产规模在物理化学制备金属粉末中仅次于还原法。由于电解法消耗电量较多，电解法的成本通常比还原法和雾化法要高。但是电解法制备的粉末纯度高，形状为树枝状，压制性能好。电解法主要包括水溶液电解法（可制取铜、铁、锡等金属粉末）、熔盐电解法（制取一些稀有金属、难熔金属粉末）、有机电解质电解法和液体金属阴极电解法。

2.4.1 水溶液电解的基本原理

1. 电化学原理

用电解法制取粉末过程的基本原理是：当在溶液或熔盐中通入直流电时，金属化合物的水溶液或熔盐发生分解。金属电解的实质是金属离子在阴极上放电。

在电解质溶液中通入直流电后，会产生正负离子的迁移。正离子移向阴极，在阴极上放电，发生还原反应，并在阴极上析出还原产物。负离子移向阳极，在阳极上发生氧化反应，并析出氧化产物，如图 2-17 所示。

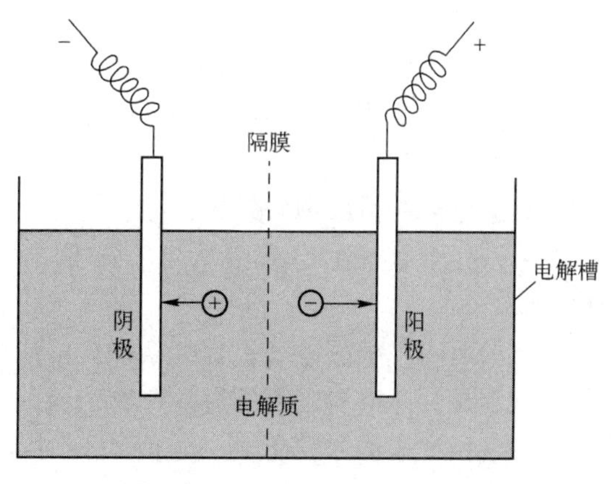

图 2-17　水溶液电解过程示意图

例如，在水溶液中电解铜时，电解质在溶液中被电离为

$$CuSO_4 = Cu^{2+} + SO_4^{2-} \tag{2-43a}$$

$$H_2SO_4 = 2H^+ + SO_4^{2-} \tag{2-43b}$$

$$H_2O = H^+ + OH^- \tag{2-43c}$$

施加外直流电源后，溶液中的离子起到传导电流的作用，在电极上发生电化学反应。

在阳极：主要是铜失去电子变成离子而进入溶液，即

$$Cu \rightarrow Cu^{2+} + 2e \tag{2-44a}$$

$$2OH^- - 2e \rightarrow H_2O + 1/2O_2 \tag{2-44b}$$

在阴极：主要是铜离子放电而析出金属，即

$$Cu^{2+} + 2e \rightarrow Cu \tag{2-45a}$$

$$2H^+ + 2e \rightarrow 2H \rightarrow H_2 \uparrow \tag{2-45b}$$

但应注意，金属杂质的存在会影响电解过程和所得产品的状况。如电解铜时，当存在标准电位比铜要负的金属杂质时，在阳极这类杂质优先转入溶液，在阴极则留在溶液中不还原或比铜后还原。以 Fe^{2+} 为例进行说明

阳极：被溶于溶液中的氧所氧化，生成三价铁离子，即

$$2Fe^{2+} + 2H^+ + 1/2O_2 = 2Fe^{3+} + H_2O \tag{2-46}$$

阴极：使 Cu 溶解或者被还原，即

$$2Fe^{3+} + Cu = 2Fe^{2+} + Cu^{2+} \tag{2-47a}$$

$$Fe^{3+} + e = Fe^{2+} \tag{2-47b}$$

因此会导致电流效率降低（铁在溶液中进行氧化-还原的结果）。若有 Ni^+ 存在，则会降低溶液的导电能力，还可能在阳极表面生成一层可溶性化合物膜（NiO）而使阳极溶解不均匀，甚至引起阳极钝化。

当存在标准电位比铜要更正的金属杂质时，在阳极，它不氧化或后氧化；在阴极则优先还原。如银，假若以 Ag_2SO_4 形态转入溶液中，则会在阴极比铜优先析出，造成银的损失。

当存在标准电位与铜接近的金属杂质时，这类杂质与铜一块转入溶液中。当电解条件适合时，便会在阴极析出，使生成物中含有这类杂质。

根据法拉第定律，电解过程中所通过的电量与所析出的物质之间的关系

$$m = gIt \tag{2-48}$$

式中，m 为电解时析出物质数量（g）；g 为电化学量（$g = W/96500n$；96500 为法拉第常数，单位为 C，等于 26.8A · h）；I 为电流强度（A）；t 为电解时间（h）；W 为原子量；n 为原子价。

由实验可得，根据电解过程的条件，可能得到的阴极产物不是粉末状产物，而是致密沉积物，或者是介于两者之间的过渡产物。因此，电解时要得到松散粉末，只有当阳极附近的阳离子浓度由原来的 C 降低到一定值 C_0 时才会析出松散的粉末，要选择电流密度 $i \geqslant kc$（k 为比例常数，$k = 0.5 \sim 0.9$）；要得到致密沉淀物，则要选择 $i \leqslant kc$（c 为电解液的浓度）。电

流密度与电解液的浓度 $i-c$ 关系如图 2-18 所示。

2. 电极过程动力学

电极上发生的反应也属多相反应，不过有电流通过固液表面，金属沉积的速度与电流成正比，而且在电极界面上也有扩散层（附面层）。这样扩散过程便叠加于电极过程中，因而电极过程也和其他多相反应一样，可能是由扩散过程控制，也可能是由化学过程或中间过程所控制。

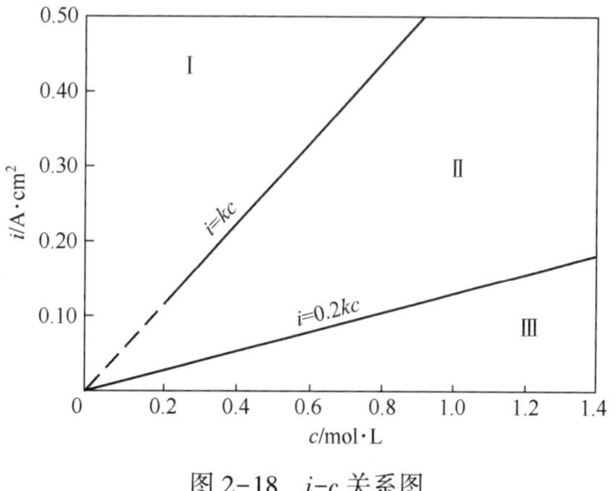

图 2-18　$i-c$ 关系图

如果以单位时间内金属的克原子数表示金属沉积速度，则

$$沉积速度=m/wt \qquad (2-49)$$

由于电解产量 m 为电化当量 q 和电量 It 的乘积，所以沉积速度 $v=I/nF$（F 为法拉第常数）。这说明金属沉积的速度仅与通过的电流有关，而与温度、浓度无关。

阴极放电使界面上的金属离子浓度降低，这种消耗可以被从溶液中扩散来的金属离子补偿。

$$扩散速度\ v=DA(c-c_0)/\delta \qquad (2-50)$$

式中，D 为扩散系数；A 为阴极在溶液中的面积；δ 为扩散层的厚度；$c-c_0$为溶液中剩余的阳离子浓度。

在平衡时，沉积速度与扩散速度相等，即

$$I/nF=DA(c-c_0)/\delta \qquad (2-51a)$$

$$I/A=nFD(c-c_0)/\delta \qquad (2-51b)$$

由上式可得，随电流密度（I/A）增大，$c-c_0$值也增大，因而界面上的金属离子迅速贫化。同时，在恒定的电流密度下，搅拌电解液使扩散层厚度 δ 减小，$c-c_0$值也应减小，即 c_0 值增大。

金属沉积物常为结晶形态。电解沉积时发生形核和晶核长大两个过程，如果形核速度远远大于晶核长大速度，形成的晶核数越多，产物粉末越细。从动力学方面看，当界面上金属离子浓度 c_0趋于零，即电极过程为扩散过程所控制时，形核速度远远大于晶核长大速度，因而有利于沉积出粉末状产物；当电极过程为化学过程控制时，便沉积出粗晶粒。

3. 电流效率与电能效率

电解过程是原电池的可逆过程，为了进行电解应当在两个电极上加一个电位差，而且不能小于由电解反应的逆反应所生成的原电池的电动势，这种外加最低电位就是理论分解电压（$E_{理}$）。显然，理论分解电压是阳极平衡电位 $\varepsilon_{阳}$与阴极平衡电位 $\varepsilon_{阴}$之差，即 $E_{理}=\varepsilon_{阳}-\varepsilon_{阴}$。实际上，电解时的分解电压要比理论分解电压大得多，我们把分解电压（$E_{分解}$）比理论电压超出的部分电位叫超电压（$E_{超}$），即 $E_{分解}=E_{理}+E_{超}$。

由于在实际电解过程中，分解电压比理论电压大，而且电解密度越高，超越的数值就越大，偏离平衡电位值也越多。这种偏离平衡电位的现象称为极化。

根据极化产生的原因，极化分为浓度极化、电阻极化和电化学极化，相应的超电压称为浓差超电压、电阻超电压和电化学超电压。所以电解过程中的超电压实际上应为：$E_{超}=E_{浓}+E_{阻}+E_{电化}$

电解过程中，除了极化现象引起的超电压，还有电解质溶液中的电阻所引起的电压降，电解槽各接点和导体的电阻所引起的电压损失。因此，电解槽中的槽电压（$E_{槽}$）应为这些电压的总和，即

$$\begin{aligned}E_{槽}&=E_{分解}+E_{液}+E_{接}\\&=E_{理论}+E_{超}+E_{液}+E_{接}\\&=E_{理论}+E_{浓}+E_{阻}+E_{电化}+E_{液}+E_{接}\end{aligned} \tag{2-52}$$

式中，$E_{液}$为电解液电阻引起的电压降；$E_{接}$为电解槽各接点和导体上的电压降。

在整个槽电压中，分解电压只有2%～4%，$E_{液}$为70%～80%，$E_{接}$为15%～20%，对$E_{分解}$影响较大的是$E_{浓}$，通过搅拌可减少浓度差。往电解液中加酸可以降低$E_{液}$。对各接触点，可采用导电性好的导体以使$E_{接}$降低。

（1）电流效率：反映电解时电量的利用情况。

根据法拉第定律计算电解析出量时不受温度、压力、电极和电解槽的材料与形状等因素的影响。但实际电解生产中，电解时析出的物质量往往与计算结果不一致，这是由于电解过程中存在着副反应和电槽漏电等情况。因而有电流有效利用的问题，即电流效率。

电流效率指一定电量电解出来的产物实际质量与理论计算质量之比，可表示为

$$\eta_i=M/qIt\times100\% \tag{2-53}$$

式中，M为电解产物的实际质量（g）；η_i为电流效率（一般为90%，工作情况好时为95%～97%）。

（2）电能效率：反映电能的利用情况。

电能效率指在电解过程中生产一定质量的物质在理论上所需要的电能量与实际消耗的电能量之比，即

$$\eta_e=\frac{析出一定质量物质在理论上所需的电能W_0}{析出同样质量物质实际消耗的电能W_e} \tag{2-54a}$$

式中，W_0为沉积物所需的电量$(I_o t)\times E_{理论}$；W_e为通过电解槽的全部电量$(It)\times E_{槽}$。故

$$\eta_e=[(I_o t)\times E_{理论}]/[(It)\times E_{槽}]\times100\%=(I_o E_{理论})/(IE_{槽})\times100\% \tag{2-54b}$$

式中，I_o/I为相当于电流效率η_i；$E_{理论}/E_{槽}$为电压效率η_v。

可以看出，电能效率（η_e）为电流效率与电压效率的乘积。

因此，为了提高电能效率，除提高电流效率外，还应该提高电压效率，降低槽电压是主要措施之一。

2.4.2 电解法生产铜粉

电解法生产的铜粉，颗粒为树枝状、粉末成型性好、压坯强度高，而且粉末的粒径和松装密度范围广。但是使用电解法生产铜粉能耗大、成本较高、粉末活性大、易氧化、不易储存。

水溶液电解法生产铜粉的工艺为直流电通过硫酸铜水溶液时，在电极上发生电化学反

应。在阳极，主要是铜失去电子变成铜离子进入溶液 $Cu \rightarrow Cu^{2+}+2e$；在阴极，主要是铜离子放电而析出金属铜 $Cu^{2+}+2e \rightarrow Cu$。

电解法生产铜粉的工艺流程如图 2-19 所示，可以看出阳极铜板及残留在电解液中的铜浆可以回收利用。

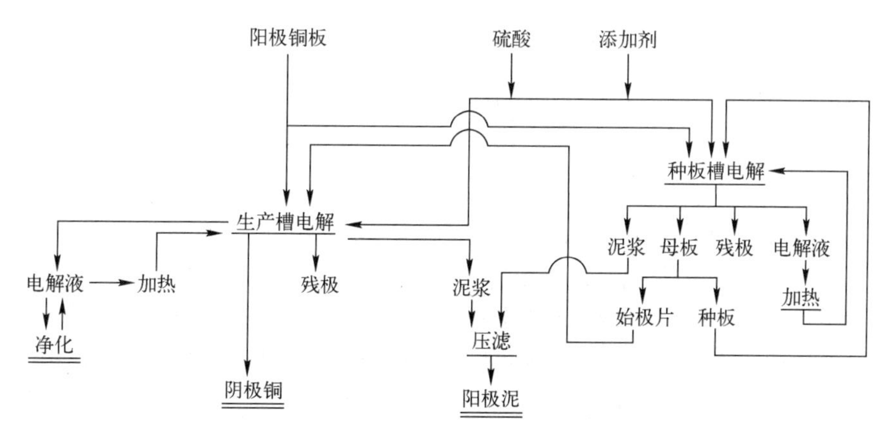

图 2-19　电解法生产铜粉的工艺流程

影响铜粉粒径和电流效率的因素主要有以下几点。

（1）电解液组成

① 金属离子浓度

对铜粉粒径的影响：在能析出粉末的金属离子浓度范围内，Cu^{2+}浓度越低，粉末颗粒越细。因为在其他条件不变时，Cu^{2+}浓度越低，扩散速度越慢，过程为扩散所控制，即向阴极扩散的金属离子数量少，形核速度会远大于晶核长大速度。如果提高 Cu^{2+}浓度，则相应扩大了致密沉积物区域，会使粉末变粗。

对电流效率的影响：随 Cu^{2+}浓度增加，电流效率也增大。因为 Cu^{2+}浓度增加，有利于提高阴极的扩散电流，从而有利于铜的沉积，提高电流效率。但是提高电流效率，则会使粉末变粗。欲得到细粉末，必须降低电流效率。因此，应当根据要求综合考虑，适当控制有关条件。

② 酸度（H^+浓度）

对铜粉粒径的影响：一般认为，如果在阴极上氢气与铜同时析出，则有利于得到松散粉末。但有实验证明，形成粉末时并不都有氢气析出，或者析出氢气时并不产生粉末沉积物。

对电流效率的影响：提高酸度有利于氢气的析出，会使电流效率降低。但当金属离子浓度转高时，酸度会提高，电流效率也提高。

③ 添加剂

一般外加的添加剂有电解质和非电解质两大类。电解质添加剂的作用主要是提高电解质溶液的导电性或控制 pH 值在一定范围内。非电解质添加剂（动物胶，植物胶、尿素、葡萄糖等）可吸附在晶粒表面上阻止晶粒长大，金属离子被迫建立新核，促进得到细的粉末。

（2）电解条件

① 电流密度

对粉末粒径的影响：金属离子浓度一定时，是否能析出金属粉末，电流密度是关键。实践证明，在能够析出粉末的电流密度范围内，电流密度越高粉末越细，电流密度低所得粉末较粗。因为在其他条件不变时，电流密度高，在阴极上单位时间内放电的离子数目多，金属离子的沉积速度远大于晶粒长大速度，从而形核数也越多，故粉末细；相反，电流密度低，则离子放电慢，过程由化学过程控制，晶粒长大速度远大于形核速度，因此，沉积的粉末粗。

对电流效率的影响：随电流密度增加，电流效率降低。由于电流密度增加，槽电压升高、副反应增多，而使电流效率降低。

② 电解液温度

对粉末粒径的影响：提高电解液温度后，扩散速度增加，晶粒长大速度也增加，所得粉末变粗。

对电流效率的影响：随电解液温度的提高，电流效率稍有增加。因为升高电解温度可以提高电解液的导电能力、降低槽电压、减少副反应，从而提高电流效率，同时，提高温度可以降低浓差极化，有利于 Cu^{2+} 的析出，这就相当于增加 Cu^{2+} 浓度，对提高电流效率有利。当然，提高电解液温度的作用是有限的，温度升高会增大 Cu^{+} 的电化学平衡浓度，有利于 Cu^{+} 的化学反应，结果将降低阴极的电流效率，如果温度太高，电解液大量蒸发，会恶化工作条件。

③ 电解液搅拌

搅拌速度高，粒径组成中的粗颗粒含量会增加。因为加快搅拌，扩散层的厚度减小，使得扩散速度增大，故粉末变粗。同时搅拌可循环电解液、减少浓差极化、促进电解液的均匀度，有利于阳极的均匀溶解和阴极的均匀析出。

④ 清刷电极周期

清刷电极周期短有利于生产细粉，因为长时间不刷粉，阴极表面积增大，相对降低了电流密度。

(3) 电解铜粉的防氧化处理——钝化处理

铜粉的钝化处理是使成品铜粉在低温、低湿度及洁净的空气中进行自身氧化而形成一层完整致密的原始氧化膜的过程。

实践表明，铜粉在一定的温度、湿度及洁净的空气中，其颗粒表面会形成一层 100~400Å 的致密氧化亚铜（Cu_2O）膜，即原始氧化膜。它能阻止外来介质（如氧气、SO_2、H_2O 等）进入铜基体，同时也能有效阻止铜离子穿过膜，向膜的表面迁移。

钝化处理的工艺条件有以下几点。

① 钝化处理的最大相对湿度不超过 48%；

② 钝化处理的最高室温不超过 17℃；

③ 钝化处理时间不少于 10~15 天；

④ 铜粉本身必须干燥，含水率在 0.05%以下；

⑤ 钝化处理必须在洁净的空气中进行，严防各种活性气体介质进入；

⑥ 在钝化处理期间内，粉末不宜密封包装，而应让其暴露。

注意，电解铜粉在氢气炉中烘干处理后，应立即置于上述钝化处理环境中，以防水汽及其他气体介质对颗粒表面产生污染。

2.5 雾 化 法

自二次世界大战期间开始大规模生产雾化铁粉以来，雾化工艺不断发展，而且日益完善。各种雾化高质量粉末的方法与新的致密化技术相结合，使得粉末冶金产品有了许多新的应用，并且产品性能往往能取代相对应的铸锻产品。

雾化法是利用高速流体直接击碎液体金属或合金而获得小于 150μm 粒径的金属粉末的方法，它属于机械制粉法，生产规模仅次于还原法。

用雾化法可以生产熔点低于 1700℃的各种金属及合金粉末，如铂、锡、铝、锌、铜、镍、铁等金属粉末，以及各种铁合金、铝合金、镍合金、低合金钢、不锈钢、高速钢和高温合金等合金粉末。制造过滤器用的球形青铜粉、不锈钢粉、镍粉几乎全是采用雾化法生产的。

2.5.1　雾化法的分类

雾化制粉工艺的前身是粉化。几百年前，这种方法已经用来制造铅丸，即把熔融铅注入水中，制得直径为 1mm 左右的铅丸。后来为了得到更细的粉末，有时将熔融金属通过盛液桶流入斜槽，再由斜槽流入运动状态的运输带上，液流被运输带击碎成液滴而落入水中。

根据液体金属被击碎的方式，雾化法分为以下 3 种。

(1) 二流雾化法，分气体雾化和水雾化。

(2) 离心雾化法，分旋转圆盘雾化、旋转电极雾化、旋转坩埚雾化。

(3) 其他雾化法，如转辊雾化、真空雾化、油雾化。

图 2-20 为水平气体雾化技术与设备示意图，这种技术最适合于制备低熔点金属粉末。从喷嘴高速喷出的气体产生虹吸引力，引导熔融的金属流进入喷射区，高速喷出的气体使金属流柱破碎，形成细小的金属颗粒，冷却凝固后进入集粉器。对于高温的金属或合金，更多使用惰性气体在密闭环境中进行操作，以避免氧化。图 2-21 是惰性气体垂直雾化示意图。在这种设备中，金属在真空感应炉中熔融后，被气体雾化成粉末。通过改进设计，可使气体从具有多个环绕金属流的喷嘴喷出。在雾化过程中使用了大量的气体，需要回收循环使用。在水平雾化设备中，采用只让气体通过的滤网回收气体。在垂直设计的设备中，通过安装旋风分离器，使气体从容器中抽出循环使用，抽出的气体可能会带出部分极其细化的金属粉末颗粒，这会妨碍气体的重复使用。雾化设备中的冷却容器必须足够大，使喷出的金属可以在碰到容器壁之前固化。

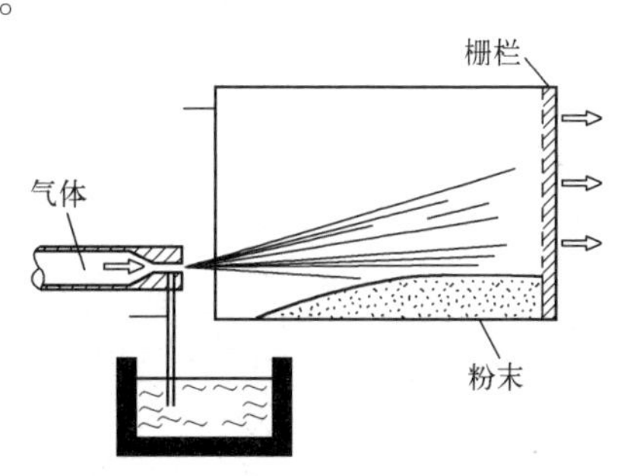

图 2-20　水平气体雾化技术与设备示意图

根据介质（气体、水）对金属液流作用方式的不同，雾化可分为以下多种形式。

(1) 平行喷射。气流与金属液流平行，如图 2-22 所示。

(2) 垂直喷射。气流或水流与金属液流呈垂直方向，如图 2-23 所示。这样喷制的粉末较粗，常用来喷制锌、铝粉。

(3) 互成角度的喷射。气流或水流与金属液流呈一定角度，这种呈角度的喷射又有以下几种形式。

① V 形喷射。V 形喷射是在垂直喷射的基础上改进而成的，如图 2-24 所示。瑞典霍格纳斯公司最早使用这种方法以水喷制不锈钢粉。

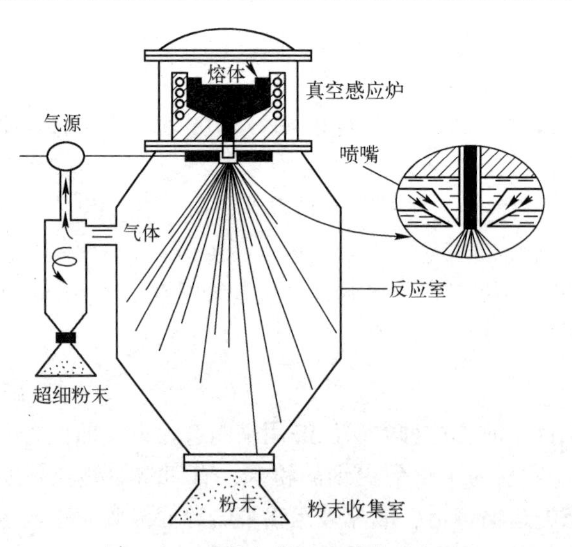

图 2-21 惰性气体垂直雾化示意图

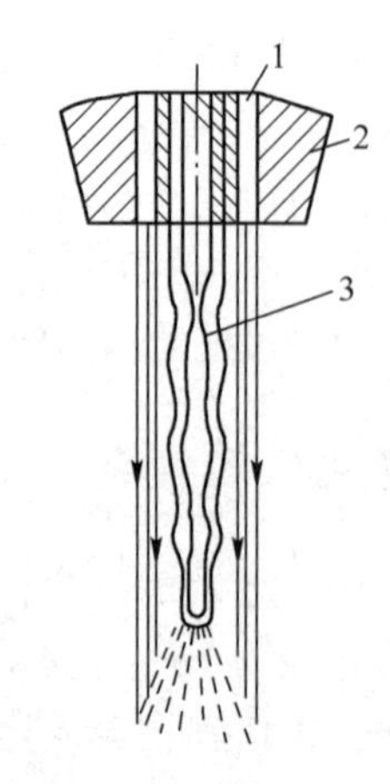

1—气流；2—喷嘴；3—金属液流

图 2-22 平行喷射示意图

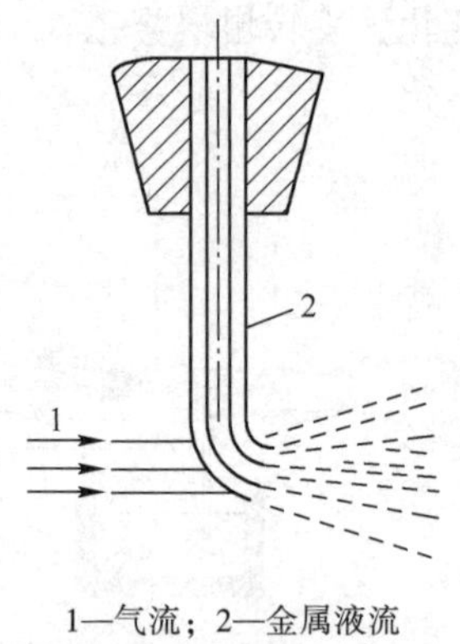

1—气流；2—金属液流

图 2-23 垂直喷射示意图

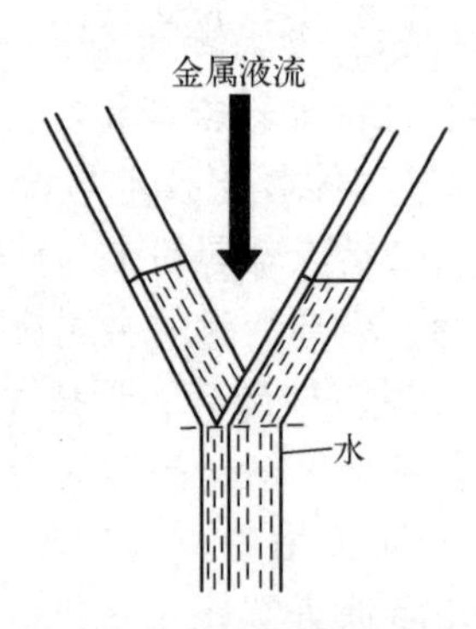

图 2-24 V 形喷射示意图

② 锥形喷射。锥形喷射采用如图 2-25 所示的环孔喷嘴，气体或水以极高速度从若干均匀分布在圆周上的小孔喷出，构成一个未封闭的气锥，交汇于锥顶点，将流经该处的金属液流击碎。

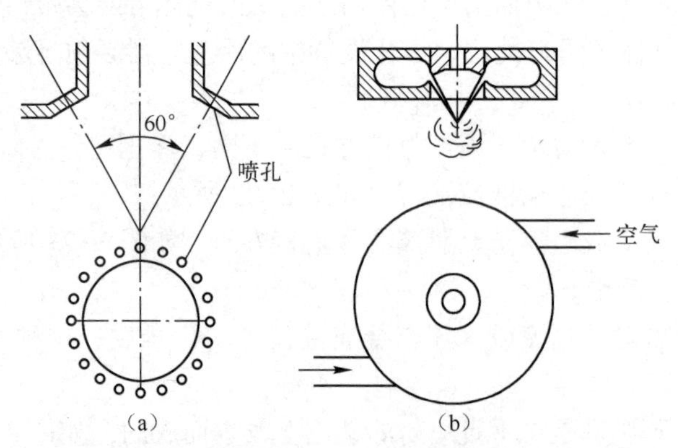

(a) 锥形喷射；(b) 旋涡环形喷射

图 2-25 锥形喷射示意图与旋涡环形喷射示意图

③ 旋涡环形喷射。旋涡环形喷射采用如图 2-25 所示的环缝喷嘴，压缩气体从切向进入喷嘴内腔，以高速喷出形成一旋涡封闭的气锥，金属液流在锥底被击碎。

2.5.2　雾化法的基本原理

所谓雾化，是指熔融金属液流被高速运动的气流或液流介质切断、分散、裂化成为微小液滴的过程。

当一种雾化介质（气体、水）以一定的速度与金属液流接触时会形成分解层，并且，金属熔液与雾化介质之间还有一个摩擦力，摩擦力的大小受雾化介质黏度的影响。当雾化介质有足够的能量克服摩擦力时，金属液流会被切断、分散，并按雾化介质运动的方向运动。最后，雾化介质对金属液流急剧冷却而产生的热应力作用使液滴黏化，并凝结成微细粉末。

由于雾化过程只是克服金属液流原子间的键合力而使之分散成粉末，其消耗的外力自然比机械粉碎法要小得多。所以，从能量消耗来看，雾化法是一种简便经济的粉末生产过程。

雾化过程是一种复杂的过程，按雾化介质与金属液流相互作用的实质分析，雾化过程既有物理-机械作用，又有物理-化学变化。高速气流或水流，既是使金属液流击碎的动力源，又是一种冷却剂，即在雾化介质与金属液流之间既有能量交换（雾化介质的动能变为金属液滴的表面能），又有热量交换（金属液滴将一部分热量转给雾化介质）。不论是能量交换，还是热量交换，都是物理-机械过程；另一方面，液体金属的黏度和表面张力在雾化过程和冷却过程中不断发生变化，这种变化反过来又影响雾化过程。此外，在很多情况下，雾化过程中液体金属会与雾化介质发生化学作用使金属液体改变成分（氧化、脱碳）。因此，雾化过程也具有物理-化学过程的特点。

1. 气体雾化

在液体金属不断被击碎成细小液滴时，高速流体的动能变为金属液滴增大总表面积的表面能。这种能量交换过程的效率实际很低，初步估计，雾化过程有效能量转换率不会超过5%。目前从定量方向研究金属液流雾化机理还很不够，现以气体雾化为例说明其一般规律。如图 2-26 所示，金属液流从漏包底（喷嘴）的小孔顺着环形喷嘴中心孔轴线自由落下，压缩气体由环形喷口高速喷出形成一定的喷射顶角，而环形气流构成一封闭的倒置圆锥，于顶点（称雾化交点）交汇，然后又散开。

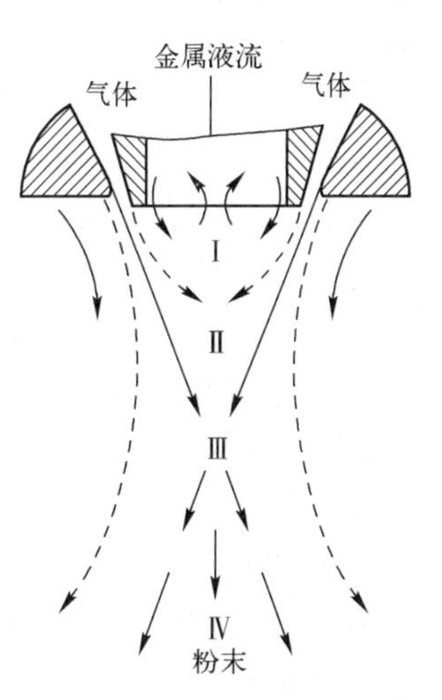

图 2-26　金属液流雾化过程图

金属液流在气流作用下可分为 4 个区域。

(1) 负压紊流区（图 2-26 中 I）。由于高速气流的抽气作用，喷嘴中心孔下方形成负压紊流层，金属液流受到气流波的振动，以不稳定的波浪状向下流动，分散成许多细纤维束，并在表面张力的作用下有自动收缩成液滴的趋势。形成纤维束的部位离出口的距离取决于金属液流的速度，金属液流速度越大，离形成纤维束的部位距离就越短。

（2）原始液滴形成区（图 2-26 中Ⅱ）。在气流的冲刷下，从金属液流柱或纤维束的表面不断分裂出许多液滴。

（3）有效雾化区（图 2-26 中Ⅲ）。由于气流能量集中于顶点，对原始液滴会产生强烈的击碎作用，使原始液滴分散成细的液滴颗粒。

（4）冷却凝固区（图 2-26 中Ⅳ）。形成的液滴颗粒分散开，并最终凝结成粉末颗粒。

雾化过程是复杂的，影响因素很多，要综合考虑。显然，气流和金属液流的动力交互作用越显著，雾化过程越强烈。金属液流的破碎程度取决于气流的动能，特别是气流与金属液滴的相对速度以及金属液流的表面张力和运动黏度。一般来说，金属液流的表面张力、运动黏度值是很小的，所以气流与金属液滴的相对速度是主要的。当气流对金属液滴的相对速度达第一临界速度 $v'_{临}$时，破碎过程开始；当气流对金属液滴的相对速度达第二临界速度 $v''_{临}$时，液滴很快形成细小颗粒。基于流体力学原理，金属液流破碎的速度范围取决于液滴破碎准数 D，即

$$D=\frac{\rho v^2 d}{\gamma} \tag{2-55}$$

式中，ρ 为气体密度（g/cm^3）；v 为气流对液滴的相对速度（m/s）；d 为金属液滴的直径（μm）；γ 为金属表面张力（10^{-5}N/cm）。

喷管的形状有直线型、收缩型和先收缩后扩张型（拉瓦尔型），如图 2-27 所示。根据空气动力学原理，对直线型喷管，气体进口速度 v_1 和气体出口速度 v_2 是相等的，气流速度虽然随进气压力升高而增大，但是提高是有限度的；对收缩型喷管，在所谓临界断面上的气流速度以该条件下的声速为限度；拉瓦尔型喷管是先收缩后扩张，在临界断面（$A_{临界}$）处气流临界速度达声速，压缩气体经临界断面后继续向大气中做绝热膨胀，然后气流出口速度（v_2）可超过声速。

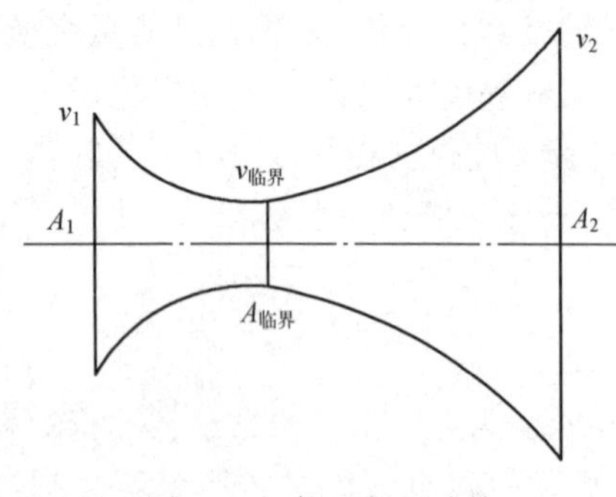

图 2-27 拉瓦尔型喷管

2. 水雾化

水雾化法作为一项普通技术一般用于生产熔点低于 1600℃ 的金属及其合金粉末。水雾化法示意图如图 2-28 所示。高压水流直接喷射在金属液流上，使金属流柱碎裂成颗粒并快速凝固，介质与金属流柱间的夹角 α 决定了雾化效率，喷嘴可以是单个、多个或呈环形。雾化过程与气体雾化相似，只是流体介质的物理性能不同，且可以同时带来快速冷却。由于水比气体的黏度大且冷却能力强，水雾化法特别适用于制备熔点较高的金属与合金粉末以及制造压缩性能好的不规则形状粉末。

图 2-29 为水雾化法中雾化颗粒的 4 种可能机制：火山爆发式、溅射式、剥皮式和爆炸式。水雾化法中，典型的金属与水的质量比大约为 1∶5（每 1kg 金属粉末需要 5kg 水），由于冷却较快，粉末形状杂乱不规则，可能发生氧化。水雾化法生产的合金粉末由于凝固快速，化学成分偏析相当有限。采用合成的油或其他非反应的液体代替水可以得到形状更好或氧化更少的粉末。

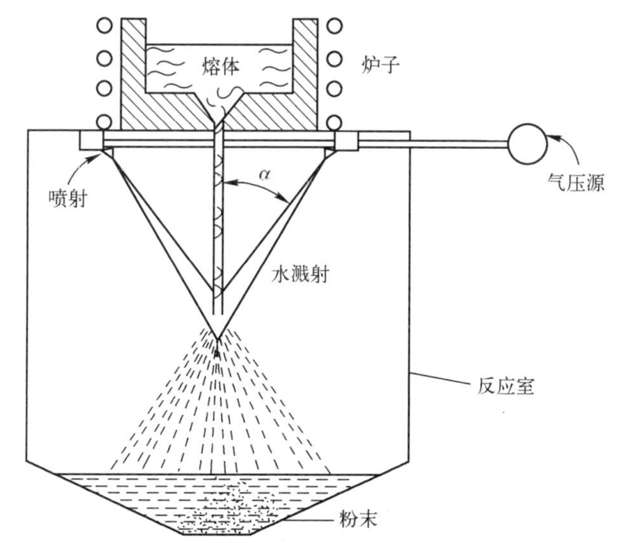

图 2-28　水雾化法示意图

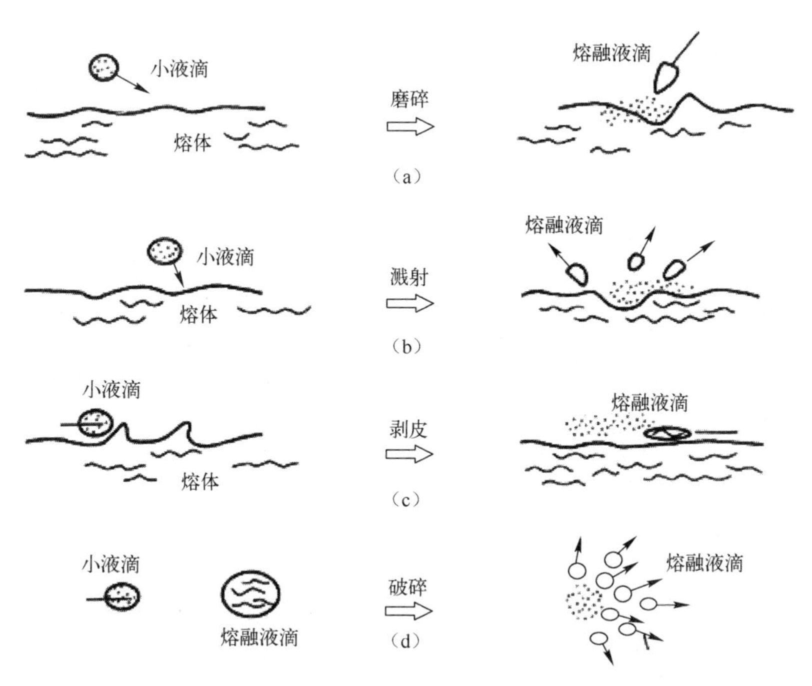

(a) 火山爆发式；(b) 溅射式；(c) 剥皮式；(d) 爆炸式

图 2-29　水雾化中雾化颗粒的四种可能的机制

在水雾化法中最主要的可控制参数是水的压力。水压越高，水的流速越大，粉末尺寸越小。实验证明，用水压为 1.7MPa 的水雾法生产钢粉时可得到平均粒径为 117μm 的粉末；当水压增至 13.8MPa 时，粉末粒径减小到小于原来的 1/3，为 34μm；水雾化法介质的压力增至 150MPa 时，粉末大小为 5μm 级别。

关于水雾化的机理，目前认为气体雾化时金属液流破碎的机理应用于水雾化也是有效的。粉末颗粒平均直径与水流速度之间存在一个简单的函数关系，即

$$d_{平}=\frac{C}{v_{水}\ \sin\alpha} \tag{2-71}$$

式中，$d_{平}$为粉末颗粒平均直径；C为常数；$v_{水}$为水流速度；α为金属液流轴与水流轴之间的夹角。

2.5.3 喷嘴结构

喷嘴是雾化装置中使雾化介质获得高能量、高速度的部件，也是对雾化效率和雾化过程稳定性起重要作用的关键性部件。好的喷嘴设计要满足以下要求：①能使雾化介质获得尽可能大的出口速度和所需要的能量；②能保证雾化介质与金属液流之间形成最合理的喷射角度；③使金属液流产生最大的紊流；④工作稳定性要好，喷嘴不易堵塞；⑤加工制造简单。喷嘴结构基本上可分为自由降落式喷嘴和限制式喷嘴两类，下面加以介绍。

（1）自由降落式喷嘴。图2-30为自由降落式喷嘴示意图，金属液流从容器（漏包）出口到与雾化介质相遇点之间无约束地自由降落。所有水雾化的喷嘴和多数气体雾化的喷嘴都采用这种形式。

（2）限制式喷嘴。图2-31为限制式喷嘴示意图，金属液流在喷嘴出口处即被破碎。这种形式的喷嘴传递气体到金属的能量最大，主要用于铝、锌等低熔点金属的雾化。

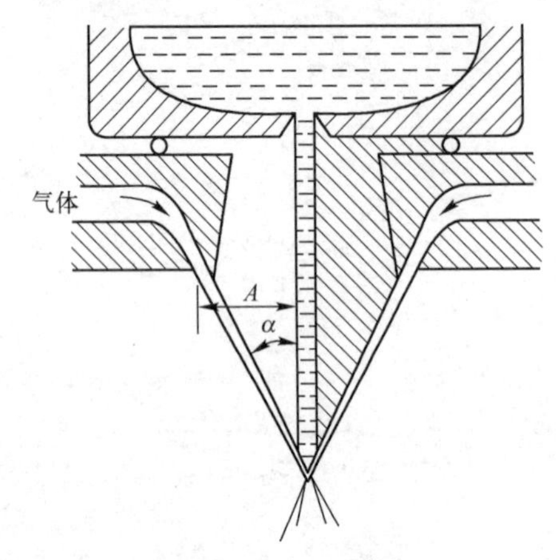

α—气流与金属液流间的交角；
A—喷口与金属液流轴线间的距离

图2-30 自由降落式喷嘴示意图

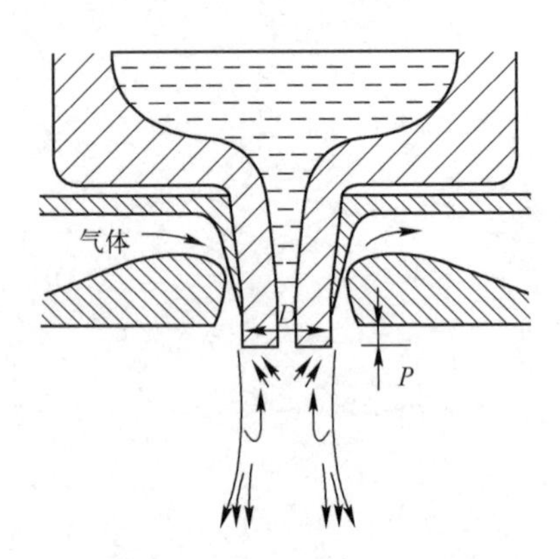

P—漏嘴突出喷嘴部分；D—喷射宽度

图2-31 限制式喷嘴示意图

用于液流直下式的气体雾化法的喷嘴有环孔喷嘴和环缝喷嘴，如图2-32所示。

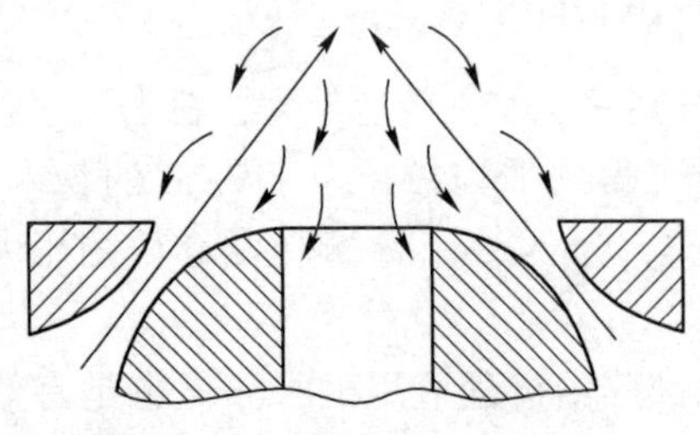

图2-32 环缝喷嘴喷口旋涡流

环孔喷嘴在通过金属液流的中小孔周围，等距离分布互成一定角度、数量不等（12~24个）的小圆孔，气体喷嘴的小孔常做成拉瓦尔型喷口以获得最大的气流出口速度。例如，有一种环孔喷嘴，设20个小孔，其最小截面处直径为1.8mm，气流形成的交角为55~60°。这种喷嘴可用来喷制生铁、低碳或高碳铁合金以及铜合金粉末。

由于环孔喷嘴的孔型加工困难，喷口大小不便调节，因此又研制了环缝喷嘴。环缝一般做成拉瓦尔型，可使气流出口速度超过声速，从而有效地将液滴破碎成细小颗粒。从切向进风的环缝喷嘴喷口出来的超声速气流会在风口处造成负压区（见图2-32）。形成的旋涡气流使金属液滴溅到喷口或喷嘴中心通道壁，可能堵塞喷口而破坏雾化工作的正常进行。

为了减少和防止堵塞现象，设计喷嘴时，可考虑采取以下措施。

（1）减小喷射顶角或气流与金属液流间的交角。因减小气流与金属液流间的交角可使雾化焦点下移，降低了液滴溅到喷口的可能性。已有研究指出，气流压力在0.4MPa以上时，对于环孔喷嘴，喷射顶角60°是适宜的；对于环缝喷嘴，喷射顶角可降低到20°。但是，喷射顶角太小，会降低雾化效率，故一般为45°左右。

（2）增加喷口与金属液流轴线间的距离。同理，增加喷口与金属液流轴线间的距离可提高雾化过程的稳定性。

（3）环缝宽度不能过小。环缝宽度小于0.5mm，液滴往往黏附严重，因此要求环缝宽度适当，环缝间隙均匀。

（4）金属液流漏嘴伸长超出喷口水平面外，此时粉末略粗。

（5）增加辅助风孔和二次风。采用辅助风孔和二次风的环缝喷嘴结构如图2-33所示。4个或8个辅助风孔将一部分气流引向，使气流指着中心的孔壁，向下形成二次风，这样可维持喷口附近的气压平衡，从而尽可能不使金属液滴返回风口。

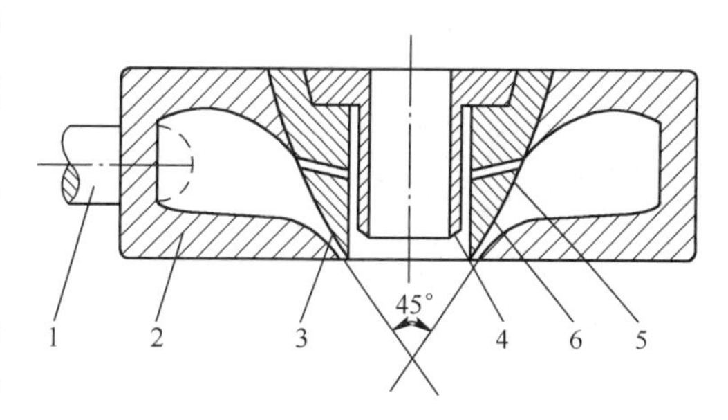

1—进风管；2—喷嘴体；3—内环；4—导向套
5—辅助风孔；6—二次风环

图2-33　带辅助风孔和二次风的环缝喷嘴结构

为了使雾化介质的能量集中，必须防止金属液流从板状流V形装置两侧的敞开面溅出，因此研制两向板状流V形喷射，如图2-34所示。采用两对互成90°的板状流组成一个四面锥，称为四向塞式喷射（图2-35a）。增加板状流数目并组成圆锥，就成为所谓的环形喷射（图2-35b）。环形喷射很少用于水雾化，多用于气体雾化，常用来喷制球形粉末。

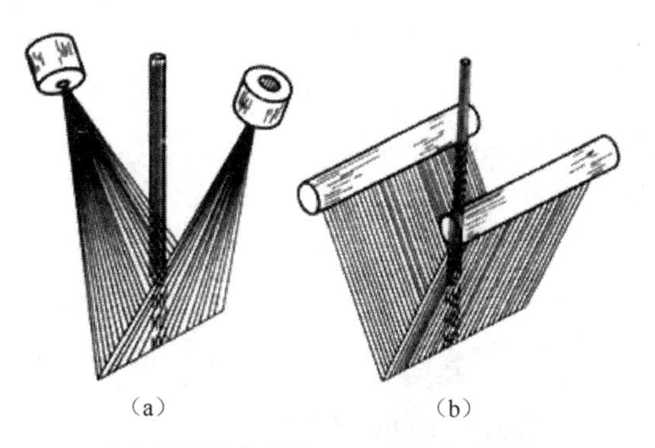

（a）两向塞式喷射；（b）两向帘式喷射

图2-34　两向板状流V形喷射

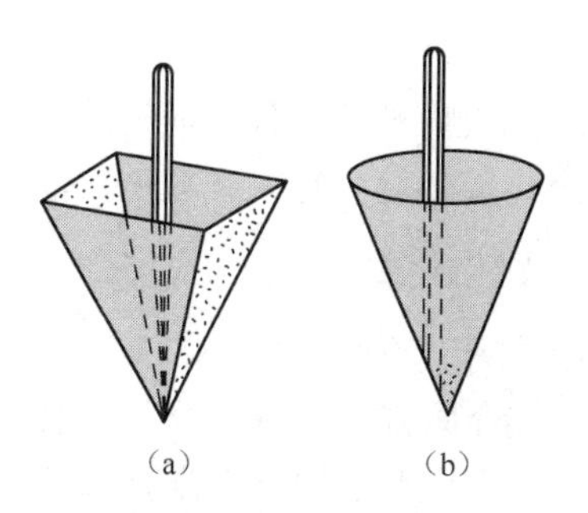

（a）四向塞式喷射；（b）环形喷射

图2-35　封闭式串联板状流V形喷射

2.5.4 影响雾化粉末性能的因素

1. 雾化过程的主要工艺参数（见图 2-36）

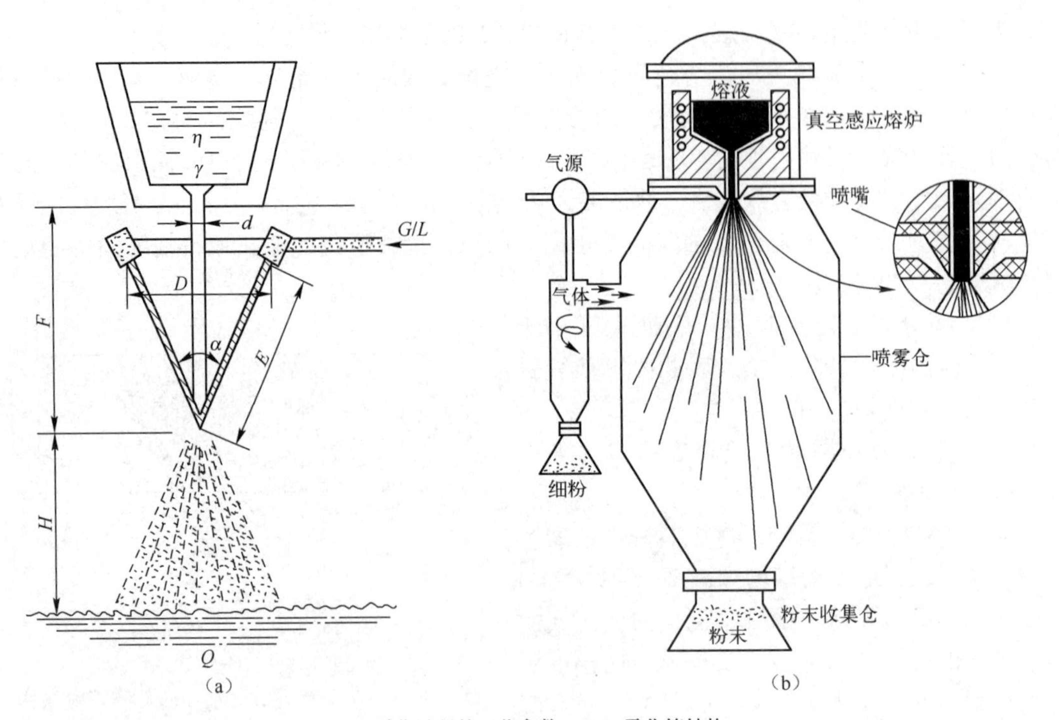

(a) 雾化过程的工艺参数；(b) 雾化筒结构

η—熔体黏度；γ—熔体表面张力；G/L—雾化介质（气体或液体）；d—喷嘴直径；D—喷流伸展范围；E—喷流长度；F—金属流长度；H—喷雾飞行路程；α—喷流顶角；Q—淬冷介质

图 2-36 雾化装置示意图

(1) 气氛：包括熔炼时的气氛和雾化筒中的气氛；

(2) 熔融金属：包括熔融金属的化学成分、黏度、表面张力、熔化温度范围、过热温度、熔液注入速度以及滴孔直径；

(3) 雾化介质：包括雾化介质的（气体或液体）压力、流入速度、体积、从喷嘴中喷出的速度及黏度；

(4) 喷嘴设计：各喷嘴间的距离、长度、熔融金属流的长度、喷嘴顶角；

(5) 雾化筒：粉末颗粒飞行的距离、冷却介质。

2. 雾化介质

(1) 雾化介质的类型

雾化介质分为气体（惰性气体、空气、氮气等）和液体（通常为水）两类。不同的雾化介质对雾化粉末的化学成分、颗粒形状、内部结构有不同的影响。

采用空气作雾化介质，是针对在雾化过程中氧化不严重或雾化后经还原处理可脱氧的金属，如铜、铁以及碳钢等。

采用惰性气体作雾化介质，以防止雾化过程中金属液滴的氧化和气体的溶解，如雾化铬粉以及含铬、锰、硅、钒、钛、锌等活性元素的合金钢粉或镍基、钴基超合金粉末。

采用氮气作雾化介质，可喷制不锈钢粉和合金钢粉。

采用氩气作雾化介质，可喷制含锌、锆等元素或镍基、钴基的超合金粉末。

采用水作雾化介质，与气体雾化介质比较有以下优点。

① 由于水的比热容比气体大得多，对金属液滴的冷却能力较强，因此用水做雾化介质所得的颗粒多为不规则状；同时，水压越高，不规则状粉末越多，颗粒的晶粒结构越细，而气体雾化则容易制得形状规则的球形粉末。

② 使用水雾化方法，金属液滴的冷却速度快，粉末表面氧化大大减少，并且粉末颗粒内部化学成分较均匀，所以铁粉、低碳钢粉、合金钢粉多用水雾化制取。虽然在水中添加某些防腐剂可减少粉末的氧化，但目前水雾化法还不适用于活性很大的金属或合金、超合金粉的制取。

（2）雾化介质的压力

雾化介质的压力越高，所得的粉末越细，因为雾化介质流体的动能越大，金属液流被破碎的效果越好，因而雾化介质的压力直接影响粉末粒径的组成。另一方面雾化介质的压力也影响粉末的化学成分，如用高碳生铁制取雾化铁粉时，随着空气压力增加，铁粉含氧量增大，而含碳量由于燃烧作用则下降。用惰性气体雾化合金粉时，随气体压力的增大，粉末的含氧量也增加；但用水雾化方法时，随水压增加，粉末的含氧量却是下降的。因为在同样条件下，水雾化比气体雾化对金属液滴的冷却速度快，所以粉末氧化程度会减小。

3. 金属液流

（1）金属液的表面张力和黏度

金属液的表面张力越大，粉末呈球形越多，并且粉末粒径越粗，相反，金属液的表面张力小，粉末呈不规则状，所得粒径也较细。从热力学观点来看，液滴成球形是最容易的，因为环形表面自由能最小。所以表面张力越小，颗粒形状远离球形的可能性越大。

液体金属的表面张力受加热温度和化学成分的影响如下。

① 所有金属，除铜、镉外，表面张力随温度升高而降低；

② 氧、氮、碳、硫、锰等元素能大大降低液体金属的表面张力。

液体金属的黏度受加热温度和化学成分的影响如下。

① 金属液流的黏度随温度升高而减小；

② 金属液强烈氧化时，黏度大大提高，金属中含有硅、铝等元素也使黏度增加；

③ 合金熔融体的黏度随成分变化的规律是：固态和液态都互熔的二元合金，其黏度介于两种金属之间，液态金属在有稳定化合物存在时黏度最大，共晶成分的液体合金的黏度最小。

（2）金属液的过热温度

在雾化压力和喷嘴条件相同时，金属液过热温度越高，细粉末产生率越高，并容易形成球形粉末。液体金属的表面张力和黏度，随温度的升高而降低，因而影响粉末的粒径和形状。黏度越低，则越容易雾化得到细的粉末。但温度高的粉末冷凝过程长，因表面张力的作用，液滴表面收缩的时间也长，故容易得到球形粉末。特别是水雾化时，增加过热温度是生产球形粉末的有效方法。

生产上各金属与合金的过热温度如下。

① 低熔点金属（如铅、锡、锌等）过热温度一般为 50~100℃；

② 铜合金为 100~150℃；

③ 铁及合金钢为 150~250℃。

（3）金属液流的直径（喷嘴直径）

当雾化压力与其他工艺参数不变时，液流直径越细，所得的粉末也越细。这是由于在单位时间内进入雾化区域的熔体量较小，增加了细粉率。这对大多数金属和合金来说是正确的，但对某些金属，如铁铝合金，金属液流应该有一个适当直径，过小时细粉率反而降低。因为在雾化的氧化介质中，液滴表面形成了高熔点的 Al_2O_3，而且 Al_2O_3 的量随着液滴直径减小而增多，液流黏度增高，而使粗粉增加。

生产上根据压缩空气或水的压力和流量选择金属液的直径，此外，要考虑到金属熔点的高低，选择标准如下。

① 金属熔点低于 1000℃，金属液流直径为 5~6mm；

② 金属熔点低于 1300℃，金属液流直径为 6~8mm；

③ 金属熔点高于 1300℃，金属液流直径为 8~10mm。

金属液流直径太小则会引起雾化粉末生产率降低、容易堵塞喷嘴；使金属液流过冷，反而得不到细粉末，或者难以形成球形粉末。

4. 其他工艺参数（如喷射系数、聚粉装置等）

金属液流长度（金属液流出口到雾化焦点距离）短，喷射长度（气流从喷口到雾化焦点的距离）短，喷射顶角适当都能使气流对金属液流的动能充分利用，从而有利于在雾化过程中得到细颗粒粉末。对于不同的体系，适当的喷射顶角一般都通过试验确定。

液滴飞行路程（从雾化焦点到水面距离）较长，有利于形成球形颗粒，粉末也较粗，因为在缓慢冷却中，表面张力充分作用于液滴使之聚成球形。同时，冷却慢，在冷却过程中，颗粒互相黏连，因而粗粉多。所以冷却介质的选择，不仅影响粉末性能，也涉及雾化工艺是否合理。一般，喷制熔点高的铁粉、钢粉，用水作为冷却介质；喷制熔点不高的铜、铜合金与低熔点金属锶、铝、铅、锌等，用空气作为冷却介质或用水冷夹套的聚粉装置。雾化法制取铁粉的过程如图 2-37 所示。

2.6 机械粉碎法

机械粉碎法和机械研磨法是制取脆性材料粉末的经典方法。固态金属的机械粉碎既是一种独立的制粉方法，又常作为某些其他制粉方法不可缺少的补充工序。例如，研磨电解法制得的脆性阴极沉淀物、研磨还原法制得的海绵状金属颗粒等。因此，机械粉碎法在粉末生产中占有重要的地位。

机械粉碎是靠压碎、碰撞、击碎和磨削等作用，将粗颗粒金属或合金机械粉碎成粉末的过程。根据物料粉碎的最终程度，基本上可以将物料分为粗粉碎和细粉碎；根据粉碎的作用机理，以压碎作用为主的有碾碎、辊轧以及颚式破碎等；以击碎作用为主的有锤磨等；属于击碎和磨削等多方面作用的有球磨、棒磨等。虽然所有的金属和合金都可以被机械粉碎，但

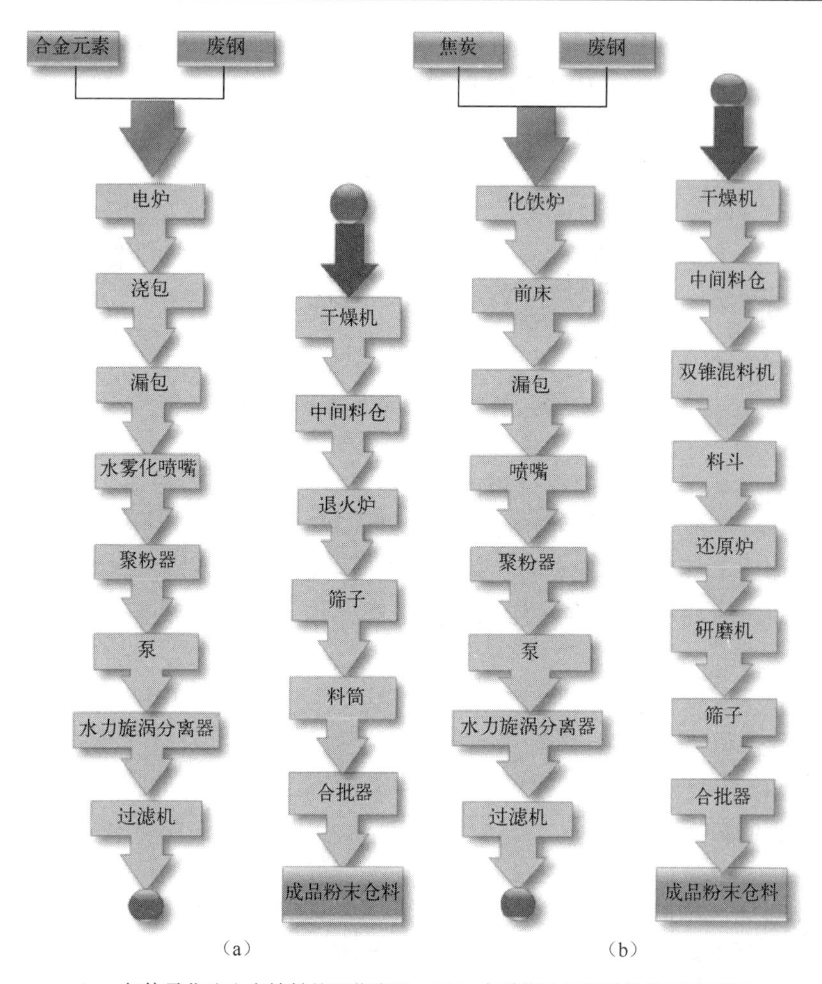

(a) 气体雾化法生产铁粉的工艺流程；(b) 水雾化法生产铁粉的工艺流程

图 2-37 雾化法制取铁粉

实践证明，机械研磨比较适用于脆性材料。研磨塑性金属和合金制取粉末的方法有旋涡研磨、冷气流粉碎等。在研磨过程中，颗粒表面被磨平、氧化层剥落、内孔隙减少等都能促使粉末松装密度增大，因此，机械研磨常用来调节粉末的松装密度。机械研磨方法原则上不适于制备塑性材料粉末，但是可以研磨经特殊处理后具有脆性的金属和合金，这时，研磨的粉末可以是金属与氧或氢结合后形成的脆性化合物。研磨后的脆性化合物须经加热还原处理或经真空加热进行除氢处理。球磨广泛用于退火后电解粉末、还原粉末、雾化粉末以及其他方法制备粉末的补充处理，尤其适用于脆性粉末，包括碳化物、硼化物、氮化物及金属间化合物的研磨破碎。下面主要以球磨为例讨论机械研磨的规律。

2.6.1 球磨的基本规律

几种研磨机中用得较多的是球磨机。研究球磨规律对了解研磨设备和正确使用球磨机十分重要。球磨粉碎物料的作用（碰撞、压碎、击碎、磨削）主要取决于球和物料的运动状态，而球和物料的运动状态又取决于球磨筒的转速。研磨（指球磨机运动时）时球体的运动形式主要有滑动制度、滚动制度、自由下落制度和贴壁运动制度四种形式，如图 2-38 所示。

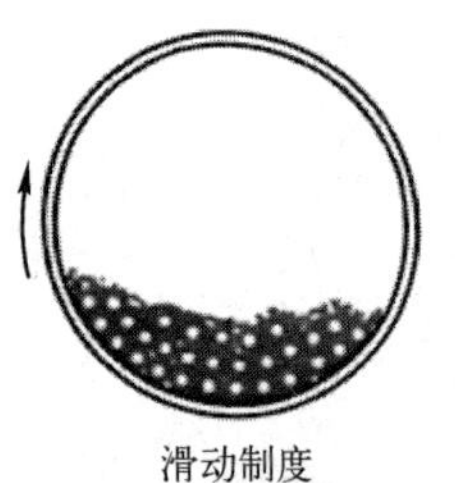

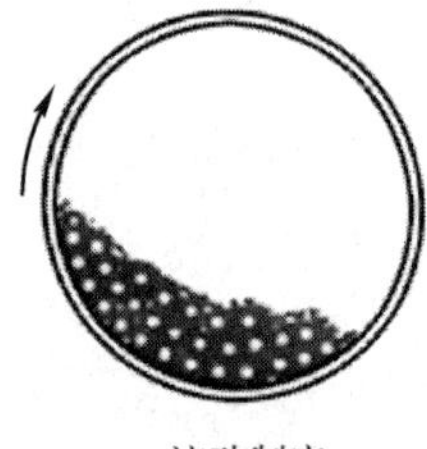

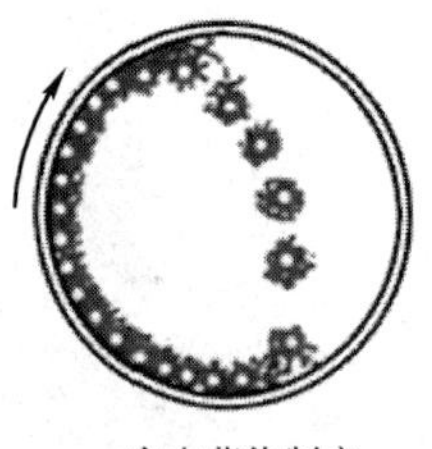

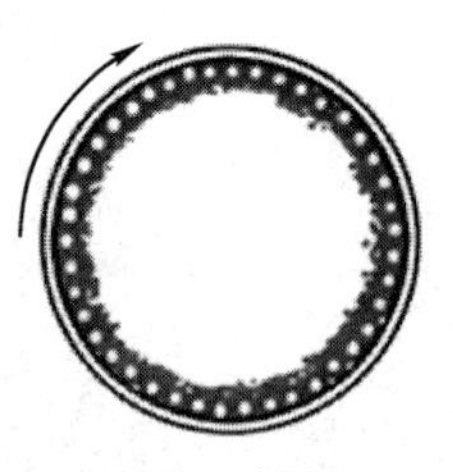

图 2-38 研磨时球体的运动形式示意图

（1）滑动制度是在球磨机的载荷和转速都不大时，此时圆筒转动，只会发生研磨体的滑动，这时物料的研磨只发生在圆筒和球体的表面。

（2）滚动制度是当载荷比较大时，球体随圆筒一起上升并沿着倾斜表面滚下，即发生的是滚动研磨，这时物料不仅靠球与球之间的摩擦作用，还靠球落下时的冲击作用而被粉碎。

（3）自由下落制度是指随转速的提高，球体与圆筒壁一起上升到一定高度，然后落下，这时物料的粉碎是球体冲击作用的结果。

（4）贴壁运动制度是指在临界转速时球体的运动，指在一定的临界速度下，球体受离心力的作用，一直紧贴在圆筒壁上，以致不能跌落，这时物料就不会被磨碎，而此时的转速就是临界转速 $n_{临界}$。

为了简化起见，先进行如下的假设：①筒体内只有一个球；②球的直径比筒体小得多，可用筒体半径表示球的回转半径；③球与筒壁之间不产生相对滑动，也不考虑摩擦力的影响。在这些假定条件下，当筒体回转时，作用在球体上的力就只有离心力 P 和重力 G，推导得

$$n_{临界}=\frac{30}{\sqrt{R}}=\frac{42.4}{\sqrt{D}} \quad (\mathrm{r/min}) \tag{2-56}$$

式中，D 为球磨筒的直径（m）。

上述推导中进行了一些假设，因而不是完全精确的。总之，要粉碎物料，球磨转速即通常所说的工作转速必须小于临界转速。

2.6.2 影响球磨的因素

1. 球磨筒的转速

由前述可知，球体的运动状态是随筒体转速而变化的。实践证明，$n_{工}=(0.70\sim0.75)n_{临界}$ 时，球体发生抛落；$n_{工}=0.60n_{临界}$ 时，球体以滚动为主；$n_{工}<0.60n_{临界}$ 时，球体以滑动为主。球体的不同运动状态对物料的粉碎作用是不同的，因而在实践中采用 $n_{工}=0.60n_{临界}$，使球滚动来研磨较细的物料；如果物料较粗、性脆，需要冲击时，可选用 $n_{工}=(0.70\sim0.75)n_{临界}$ 的转速。

2. 装球量

在一定范围内增加装球量能提高研磨效率。在转速固定时，装球量过少，球体在倾斜面上主要是滑动，会使研磨效率降低；但是，装球量过多，球层之间干扰大，破坏球体的正常碰撞，研磨效率也会降低。

装球量的多少是随球磨筒的容积而变化的。装球体积与球磨筒体积之比，称为装填系数。一般球磨机的装填系数以 0.4~0.5 为宜，随着转速的增大，可略有增加。

3. 球料比

在研磨中还要注意球与料的比例。料太少，则球与球间碰撞次数增多，磨损太大；料过多，则磨削面积不够，不能很好地磨细粉末，需要延长研磨时间，能量消耗增大。

另外，料与球装得过满，会使球磨筒上部空间太小，球的运动发生阻碍后球磨效率反而降低。一般在球体的装填系数为 0.4~0.5 时，装料量应该以填满球间的空隙并稍微掩盖住球表面为原则。

4. 球的大小

球的大小对物料的粉碎有很大的影响。如果球的直径小、质量轻，则对物料的冲击力弱；如果球的直径太大，则装球的个数太少，因而撞击次数减少，磨削面积减少，也会使球磨效率降低。一般是大小不同的球配合使用，球的直径 d 一般按一定的范围选择，即

$$d \approx (1/18 \sim 1/24) D \tag{2-57}$$

式中，D 为球磨筒直径。

另外，物料的原始粒径越大，材料越硬，则选用的球也应越大。实践中，球磨铁粉一般选用直径 10~20mm 大小的钢球；球磨硬质合金混合料，则选用直径 5~10mm 大小的硬质合金球。

5. 研磨介质

物料除在空气介质中进行干磨外，还可在液体介质中进行湿磨，后者在硬质合金、金属陶瓷及特殊材料的研磨中常被采用。根据物料的性质，液体介质可以采用水、酒精、汽油、丙酮等，而水能使粉末氧化，故一般不用。在湿磨中，有时加入一些表面活性物质，可使颗粒表面被活性分子层包覆，从而防止细粉末的冷焊团聚；活性物质还可渗入到粉末颗粒的显微裂纹里，产生一种附加应力，形成尖劈作用，促进裂纹的扩张，有利于粉碎过程。湿磨的优点主要有：①可减少金属的氧化；②可防止金属颗粒的再聚集和长大，因为颗粒间的介电常数增大，原子间的引力减少；③可减少物料的成分偏析并有利于成型剂的均匀分散；④加入表面活性物质时可促进粉碎作用；⑤可减少粉尘飞扬，改善工作环境。

6. 被研磨物料的性质

首先，物料是脆性还是塑性对研磨过程有很大的影响。有研究指出物料的粉碎遵循如下规律，即

$$\ln \frac{S_m - S_0}{S_m - S} = kt \tag{2-58}$$

式中，k 为分散速度常数；t 为研磨时间；S_m 为物料极限研磨后的比表面积；S_0 为物料研磨

前的比表面积；S 为物料研磨后的比表面积。

其次，要求物料的最终粒径越细时，所需的研磨时间越长，如图 2-39 所示。当然，这并不意味着无限延长研磨时间，物料就可无限地被粉碎，物料存在着极限研磨大小。在实际研磨过程中，研磨时间一般是几小时到几十小时，很少超过 100h，还远达不到极限研磨状态。

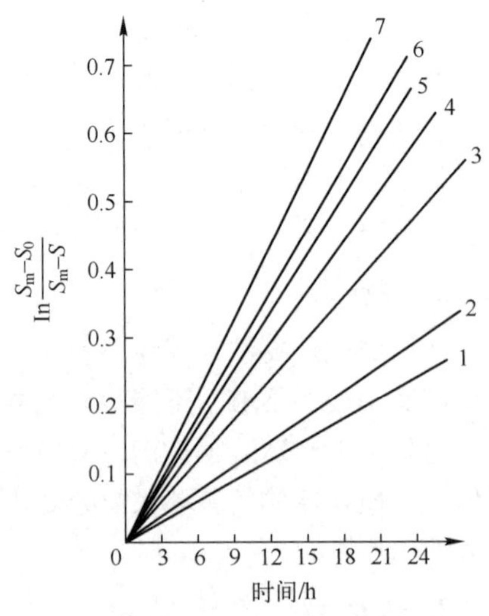

1—钛；2—镍；3—NbC；4—ZrO_2
5—SiC；6—ZrC；7—Al_2O_3

图 2-39 $\ln\frac{S_m-S_0}{S_m-S}$与研磨时间的关系

2.6.3 球磨能量与粉末粒径的基本关系

采用机械粉碎法制取粉末时，球体运动的机械能部分转变成为粉末新生表面的表面能。如图 2-40 所示，球磨筒转动时，筒中球料互相摩擦。球体的冲击作用将粉末机械破碎，对粉末产生的冲击应力，与粉末粒径及粉末结构缺陷有关，即

$$\sigma=(2E\gamma/D)^{1/2} \tag{2-59}$$

式中，E 为弹性模量；γ 为缺陷尺寸或裂纹尖端曲率半径；D 为粉末颗粒直径。

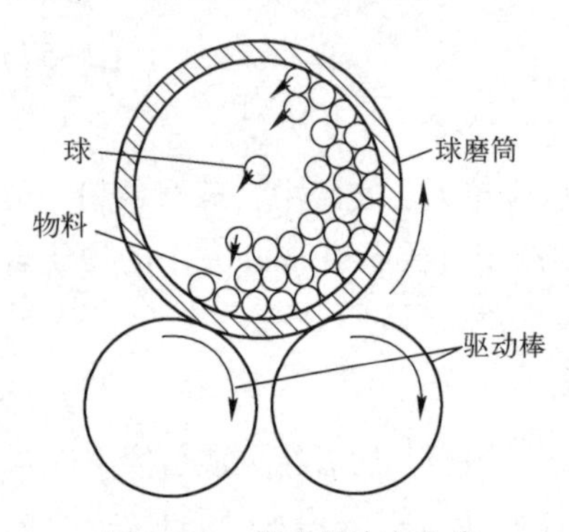

图 2-40 落球的冲击力将材料研磨成粉末

式（2-59）表明，大颗粒粉末只需较少的冲击应力便可破碎。在不断球磨的过程中，粉末颗粒变小，所需破碎应力提高，研磨效率降低。将原始尺寸 D_i 的颗粒减至 D_f 所需能量 W 为

$$W=g(D_f^{-a}-D_i^{-a}) \tag{2-60}$$

式中，g 是与被研磨粉末材料、球体尺寸、球磨方式以及球磨筒设计相关的常数，指数 a 在 1~2 之间。粉末破碎所需能量随颗粒尺寸的变化而变化，球磨时间取决于研磨效率、颗粒尺寸变化、球体尺寸和筒体转速。实际上只有少部分机械能转变为粉末表面能，研磨噪声和发热会消耗大量的能量，球磨时金属粉末会发生流动性变差、冷焊团聚、加工硬化、形状不规则化等现象，还会产生来自筒壁和球体的杂质。

2.6.4 强化研磨

球磨粉碎物料是一个相对很慢的过程，特别是当物料需要粉碎得很细时，需要延长研磨时间。普通钢球研磨可使脆性材料粉末粒径减至 1μm 左右，再用硬质合金球体可进一步降低粉末粒径，但研磨效率显著降低。为了提高研磨效率，人们发展了多种强化研磨的方法，下面简单介绍振动球磨和搅动球磨。

1. 振动球磨

振动球磨机的结构示意图如图 2-41 所示。

振动球磨主要是惯性式，由偏心轴旋转的惯性使筒体发生振动。球体的运动方向和主轴

的旋转方向相反，除整体运动外，每个球还有自转运动，而且振动的频率越高，自转越激烈。随着频率增高，各球层间的相对运动增加，外层运动速度大于内层运动速度，频率越高，球层空隙越大，使球如同处于悬浮状态。球体在内部也会脱离磨筒发生抛射，因而对物料产生冲击力。

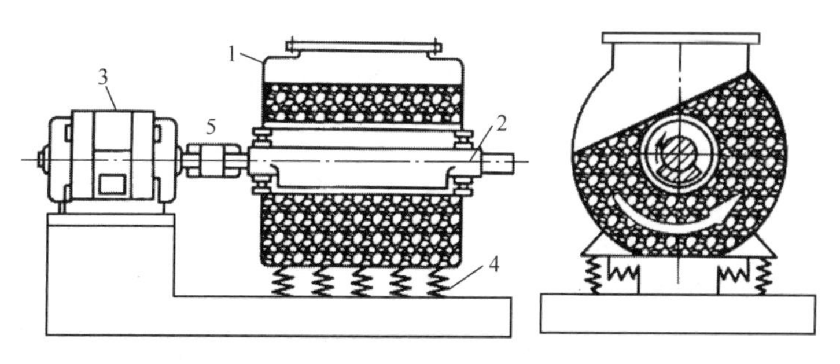

1—筒体；2—偏心轴；3—电动机；4—弹簧；5—弹性联轴节

图 2-41　振动球磨机的结构示意图

2. 搅动球磨

搅动球磨使用高能搅动球磨机，搅动球磨与滚动球磨的区别是使球体产生运动的驱动力不同。搅动球磨机的筒体是用水冷却的固定筒，内装硬质合金球或钢球，球体由钢制的转子搅动，转子表面镶有硬质合金或钴基合金。转子搅动球体使之产生相当大的加速度并传给被研磨的物料，对物料产生较强烈的研磨作用。同时，球的旋转运动在转子中心轴的周围产生旋涡作用，对物料产生强烈的环流，使粉末研磨得很均匀。此外，由于采用惰性气体保护，且使用镶嵌有硬质合金的搅拌杆，搅动球磨的氧含量比一般滚动球磨或振动球磨要低，杂质（如铁）的含量也要低。

搅动球磨除了用于物料粉碎和硬质合金混合料的研磨外，也用于机械合金化生产弥散强化粉末以及金属陶瓷等。例如，20 世纪 70 年代初，国际镍公司用搅动球磨将镍、镍铬铝钛母合金和氧化钍混合料进行机械合金化，制取弥散强化超合金取得了较好的效果，制备了一系列航空发动机用材料。现在，机械合金化得到了广泛的应用。

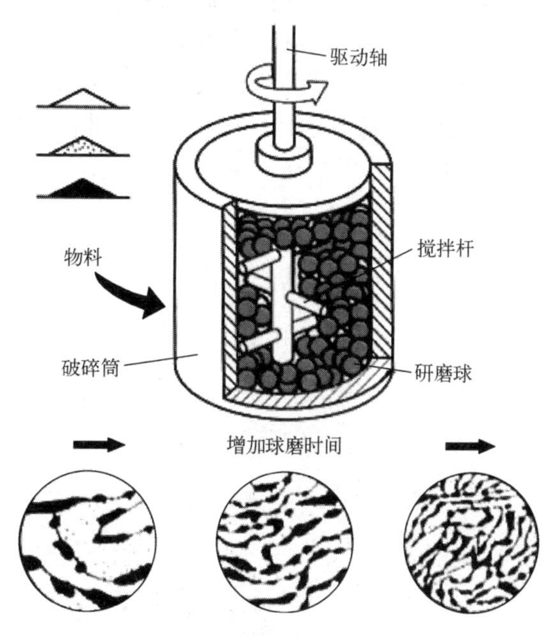

图 2-42　高能球磨示意图

20 世纪 60 年代以来，氧化物弥散强化材料由于其优良的抗蠕变行为而逐步应用于电子工业。通过高能球磨合金化技术，粉末在研磨机中经由反复冲击、冷锻、断裂，成功地将高硬度粒子弥散分布在合金中，再经后续热处理加工，获得弥散强化材料。图 2-42 为高能球磨示意图，经机械合金化后，组元之间相互不断扩散分布，材料的均匀化程度得到提高。

搅拌球磨时间随介质尺寸减小而减少。搅拌球磨可制得亚稳态粉末、纳米尺寸粉末（小于100nm），甚至非晶态粉末。

和其他机械制粉技术一样，搅动球磨也会掺入杂质，这一问题可通过采用与粉体材料相同的球体、搅拌杆、球磨筒等辅助手段加以解决。

2.7 纳米粉体的制备技术

纳米粉体指的是颗粒尺寸为1~100nm的粒子。早在1861年，随着胶体化学的建立，科学家开始对直径为1~100nm的粒子的体系进行研究。真正开始研究纳米粒子可追溯到1930年，当时日本为了军事需要而开展了“沉烟试验”，但受到实验水平和条件限制，虽然他们用真空蒸发法制成世界上第一批超微铅粉，但这批超微铅粉的光吸收性能很不稳定。直到1960年人们才开始对分离的纳米粒子进行研究。1963年，Uyeda用气体蒸发冷凝法制得金属纳米微粒，并对微粒形貌和晶体结构进行了电镜和电子衍射研究。1984年，德国科学家H. Gleiter教授提出纳米晶体材料的概念，纳米晶体材料优异的综合性能和广泛的应用，使其成为了科学界和工业界的研究热点。

国际上对纳米材料研究领域极为重视，日本的纳米材料研究经历了两个七年计划，已形成两个纳米材料研究制备中心。德国也在Ausburg建立了纳米材料制备中心，发展纳米复合材料和金属氧化物纳米材料。1992年，美国将纳米材料列入“先进材料与加工总统计划”，将用于此专案的研究经费增加10%，资金增加1.63亿美元。此外，美国Illinois大学和纳米技术公司建立了纳米材料制备基地。我国近年来在纳米材料的制备、表征、性能及理论研究方面取得了国际水平的创新成果，在国际纳米材料研究领域占有一席之地。

纳米材料的制备方法按照制备原理分为物理法和化学法；按照操作工艺可以分为干法和湿法；按照物质的聚集状态分为固相法、液相法和气相法；按照界面形成的过程分为外压力合成、沉积合成、相变界面合成；按照合成的先后次序分为“自上而下法”和“自下而上法”，“自上而下法”包括机械粉碎法、非晶晶化法以及等径角挤压等方法，“自下而上法”包括蒸发凝聚法、溅射法、沉积法及溶液法等，表2-7为纳米金属材料制备方法总结。

表2-7 纳米金属材料制备方法

分类	方法	原理	优点	缺点
自上而下法	机械粉碎法	外加机械作用力挤压变形粉碎材料	工艺成熟 大规模制备	过程不严格 精度低
	非晶晶化法	对非晶合金加热，机械和高压进行晶化	无污染无杂质 投资少 规模化生产	稳定性差 强度，耐磨性，磁性差
	等径角挤压	外部施加压力使内部晶粒破碎	结构均匀 性能良好	成本高昂 只适合工业生产
自下而上法	蒸发凝聚法	加热蒸发前驱材料后冷却凝聚形核生长	无污染 纯度高	实验室规模 产量小
	溅射法	电场和磁场下粒子轰击靶材金属进行沉积	性能稳定 制备效果良好	适用部分金属制备纳米金属薄膜

续表

分　类	方　　法	原　　理	优　　点	缺　　点
自下而上法	沉积法	沉积获得前驱材料，再沉淀干燥煅烧制备	工艺简单 经济有效	过程烦琐 实验室规模
	溶液法	在溶液中进行化学反应还原沉积纳米材料	高纯度 分散好 成本低	前驱材料和化学溶液对人体有害，周期长

2.7.1　化学制备法

2.7.1.1　化学沉淀法

化学沉淀法制备纳米晶体材料时，首先需要在溶液状态下将不同的物质进行混合制成混合溶液，加入沉淀剂后形成的沉淀物即为纳米原料，然后将纳米原料进行干燥处理或者煅烧处理就可以制备成所需要的纳米材料。将包含一种或多种离子的可溶性盐溶液，加入沉淀剂（如 OH^-、$C_2O_4^{2-}$、CO_3^{2-}等）后，于一定温度下使溶液发生水解，形成不溶性氢氧化物、水合氧化物或盐类从溶液中析出，接着将溶剂和溶液中原有的阴离子洗去，经热解或脱水即得到所需的氧化物粉料，这个过程即为化学沉淀法。化学沉淀法主要包括共沉淀法、均匀沉淀法、多元醇为介质的沉淀法、沉淀转化法、直接沉淀法等。利用沉淀法制备纳米 $BaTiO_3$粉体的工艺流程及对应的粉体照片如图 2-43 所示。

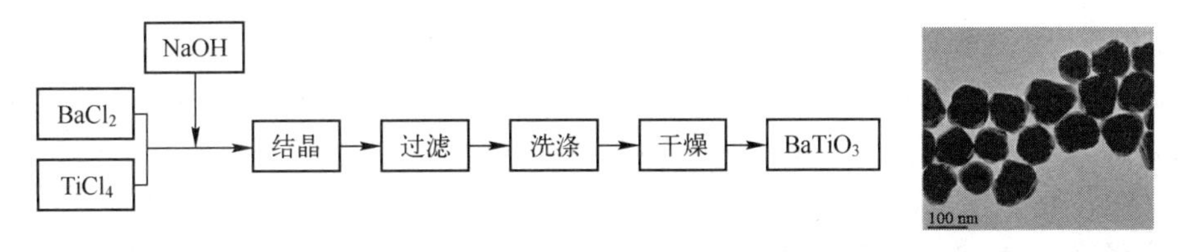

图 2-43　沉淀法制备纳米 $BaTiO_3$粉体的工艺流程及对应的粉体照片

2.7.1.2　化学还原法

1. 水溶液还原法

水溶液还原法就是采用水合肼、葡萄糖、硼氢化钠（钾）等还原剂，在水溶液中制备超细金属粉末或非晶合金粉末，并利用高分子保护剂聚乙烯基吡咯烷酮（PVP）阻止颗粒团聚及减小晶粒尺寸。目前以 KBH_4作还原剂已经制得 Fe-Co-B（10～100nm）、Fe-B（400nm）超细粉末以及 Ni-P 非晶合金粉末。其优点是获得的颗粒分散性好，颗粒形状基本呈球形，过程可控制。

2. 多元醇还原法

多元醇还原法被发展用于合成超细金属粒子如铜、镍、钴、钯、银等。该工艺主要利用金属盐可溶于或悬浮于乙二醇（EG）、一缩二乙二醇（DEG）等多元醇的特性，当体系加热到醇的沸点时，金属盐与多元醇发生还原反应，生成金属沉淀物，通过控制反应温度或引入外界成核剂，制得纳米粒子。

例如，以 $HAuCl_4$ 为原料，PVP 为高分子保护剂，制得单分散球形金纳米粉。如将 $Co(CH_3COO)_2 \cdot 4H_2O$、$Cu(CH_3COO)_2 \cdot H_2O$ 溶于或悬浮于定量乙二醇中，于 180～190℃下回流 2h，可得 Co_xCu_{100-x}(x =4～49)高矫顽力磁性微粉，在高密度磁性记录上具有潜在的应用前景。

3. 气相还原法

气相还原法包括气相氢还原和气相金属热还原。用镁还原气态 $TiCl_4$、$ZrCl_4$ 等属于气相金属热还原，在此不予讨论。气相氢还原是指用氢气还原气态金属卤化物，主要是还原金属氯化物。气相氢还原法可以制取钨、钼、钽、铌、铬、钴、镍、锡等粉末；如果同时还原几种金属氯化物便可制取合金粉末，如钨-钼合金粉、铌-钽合金粉、钴-钨合金粉等，还可制取包覆粉末，如在 UO_2 等颗粒上沉积钨则可得 W/UO_2 包覆粉末，也可制取石墨的 Co-W 涂层等。气相氢还原所制取的粉末一般都是很细的或超细的。

4. 碳热还原法

碳热还原法的基本原理是以炭黑、SiO_2 为原料，使原料在高温炉内且在氮气保护下，进行碳热还原反应获得微粉，通过控制其工艺条件可获得不同产物。目前研究较多的是 Si_3N_4、SiC 粉体及 SiC- Si_3N_4 复合粉体的制备。

2.7.1.3 溶胶-凝胶法

溶胶-凝胶法是指金属有机或无机化合物经过溶液、溶胶、凝胶而固化，再经热处理形成氧化物或其他化合物固体的方法。此法最早可追溯到 1850 年，Ebelman 发现正硅酸乙酯水解形成的 SiO_2 呈玻璃状，之后 Graham 研究发现 SiO_2 凝胶中的水可以被有机溶剂置换，经过化学家们对此现象的长期探索，逐渐形成了胶体化学学科。随着此法用于透明 PLZT 陶瓷和 Pyrex 耐热玻璃的研究，科学家们认识到该法与传统烧结、熔融等物理方法的不同，引出“通过化学途径制备优良陶瓷”的概念，并称该法为化学合成法或 SSG 法（Solution-Sol-Gel）。该法在制备材料初期就进行均匀性控制，可使材料均匀性达到亚微米级、纳米级甚至分子级水平。溶胶-凝胶法不仅可以用于制备微粉，而且还可以用于制备薄膜、纤维、体材和复合材料。其特点如下。(1) 高纯度：粉料（特别是多组分粉料）制备过程中无需机械混合，不易引入杂质；(2) 化学均匀性好：由于溶胶-凝胶过程中，溶胶由溶液制得，化合物在分子级水平混合，故胶粒内及胶粒间化学成分完全一致；(3) 颗粒细：胶粒尺寸小于 0.1μm；(4) 该法可容纳不溶性组分或不沉淀组分：不溶性颗粒均匀地分散在含不沉淀的组分的溶液中，经胶凝化，不溶性组分可自然地固定在凝胶体系中，不溶性组分颗粒越细，体系化学均匀性越好；(5) 掺杂分布均匀：可溶性微量掺杂组分分布均匀，不会分离、偏析，比醇盐水解法优越；(6) 合成温度低，成分容易控制；(7) 粉末活性高；(8) 工艺、设备简单，但原材料价格昂贵；(9) 烘干后的球形凝胶颗粒自身烧结温度低，但凝胶颗粒之间烧结性差，即体材料烧结性不好；(10) 干燥时收缩大。

溶胶-溶胶法是将前驱材料（金属醇盐等材料）放置在溶液中达到了分子级别的均匀混合后发生水解，进而缩聚原子分子团簇，使反应逐渐到达饱和稳定，此时溶液变成了具有一定黏度的透明胶体，经过长时间的干化，胶体水分蒸发，胶体中的胶粒聚合转变为凝胶。最后将凝胶经过干燥、烧结、煅烧、研磨等工艺处理，制备成纳米氧化物等材料。图 2-44 为溶胶-凝胶法制备纳米金属及其氧化物材料的过程示意图以及制备流程示意图。

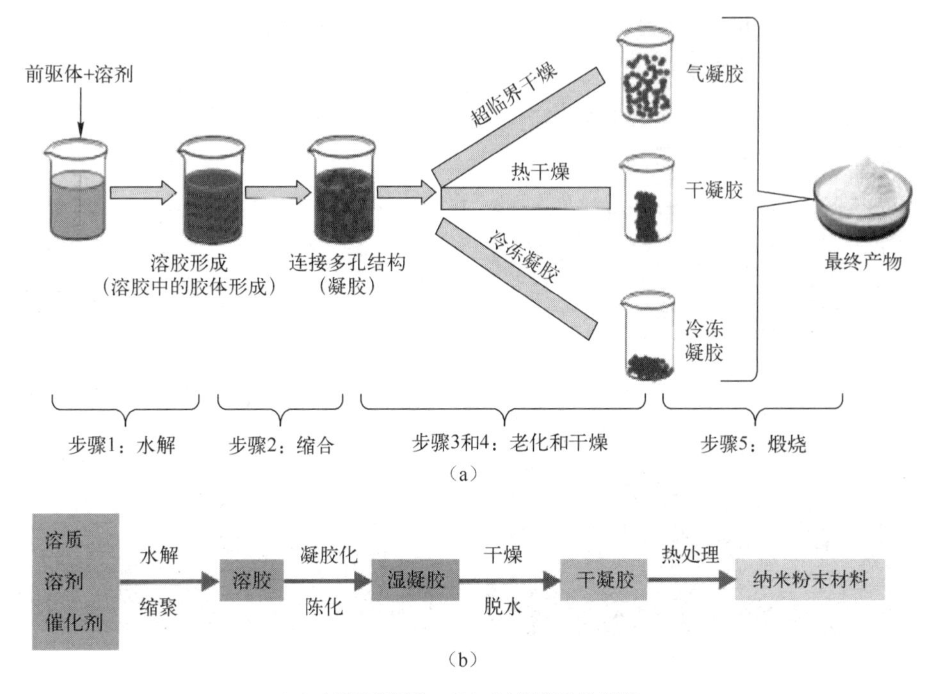

（a）过程示意图；（b）制备流程示意图

图 2-44　溶胶-凝胶法制备纳米金属及其氧化物材料

溶胶-凝胶法广泛应用于金属氧化物纳米粒子的制备，如 SnO_2 纳米粒子（平均粒径 2~3nm）、$BaTiO_3$（粒径小于 15nm）、$PbTiO_3$（粒径小于 100nm）、$AlTiO_5$（粒径 80~300nm），以及纳米量级的 $La_{1-x}Sr_xFeO_3$ 系列复合氧化物。另外溶胶-凝胶法也用于制备纳米量级 SiC 粉末，如以硅溶胶和炭黑为原料合成粒径 100~200nm 的高纯 β-SiC 粉末。影响溶胶-凝胶法合成纳米粉体的主要工艺参数有温度、浓度、催化剂、介质和湿度等。

2.7.1.4　水热法

水热法是在高压釜里的高温、高压反应环境中，采用水作为反应介质，使得通常难溶或不溶的物质溶解，反应还可进行重结晶。水热技术具有两个特点，一是其温度相对低，二是其在封闭容器中进行，避免了组分挥发。水热条件下粉体的制备有水热结晶法、水热合成法、水热分解法、水热脱水法、水热氧化法、水热还原法等。

近年来还发展出电化学热法以及微波水热合成法。前者将水热法与电场相结合，而后者用微波加热水热反应体系。与一般湿化学法相比较，水热法可直接得到分散且结晶良好的粉体，不需作高温灼烧处理，避免了可能形成的粉体硬团聚。

目前用水热法制备纳米微粒的实例很多，如以 $ZrOCl_2 \cdot 8H_2O$ 和 YCl_3 作为反应前驱物制备 6nm ZrO_2 粒子；用金属锡粉溶于 HNO_3 形成 α-H_2SnO_3 溶胶，水热处理制得分散均匀的 5nm 四方相 SnO_2；以 $SnCl_4 \cdot 5H_2O$ 前驱物水热合成出 2~6nm SnO_2 粒子；水热过程中通过调节实验条件控制纳米颗粒的晶体结构、结晶形态与晶粒纯度。利用金属钛粉能溶解于 H_2O_2 的碱性溶液生成钛的过氧化物溶剂（TiO_4^{2-}）的性质，将金属钛粉在不同的介质中进行水热处理，制备出不同晶型、不同形貌的 TiO_2 纳米粉；以 $FeCl_3$ 为原料，加入适量金属铁粉进行水热还原，分别用尿素和氨水作沉淀剂，水热制备出 80×160nm 棒状 Fe_3O_4 和 80nm 板状 Fe_3O_4，采用类似的反应制备出 30nm 球状 $NiFe_2O_4$ 及 30nm $ZnFe_2O_4$ 纳米粉末。另外，在水中稳定的化合物和金属也能用此技术制备，如用水热法制备 6nm ZnS，水热法不仅能提高产物的晶化程度，还有效地防止纳米硫化物的氧化。图 2-45 是利用水热法在石墨烯表面负载 CeO 纳米粒子所制备的 GeO_2@ rGo 的微观形貌。

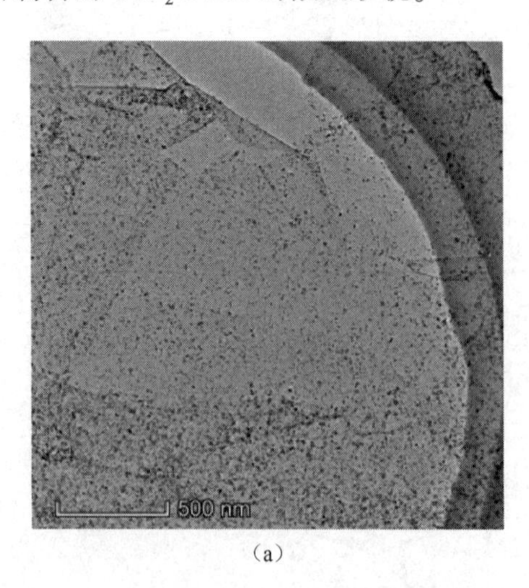

（a）

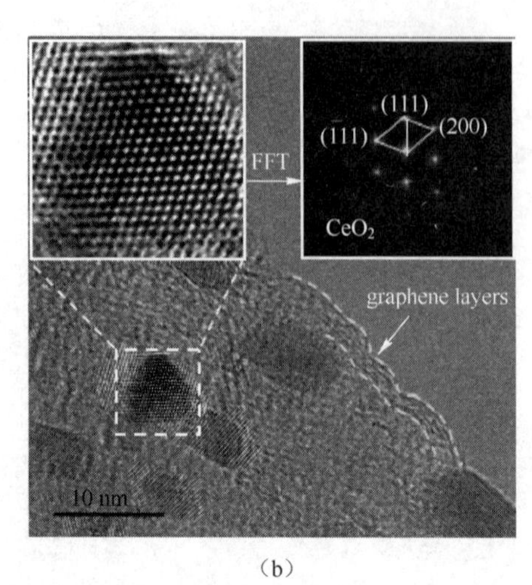

（b）

（a）TEM 图；（b）HRTEM 图，插图为方框标记区域的局部放大图和该区域的 FFT 图

图 2-45　CeO_2@ rGO 的微观形貌

2.7.1.5　溶剂热合成法

在水热条件下，有些反应物易分解，而有些反应不能发生，如碳化物、氮化物、磷化物、硅化物等，因此用有机溶剂如乙醇、甲醇、苯等代替水作介质，采用类似水热合成的原理制备前驱体对水敏感的纳米晶微粉。用非水溶剂代替水，不仅扩大了水热技术的应用范围，还能实现通常条件下无法实现的反应，包括制备具有亚稳态结构的材料。在溶剂热条件下，溶剂的各项性质（密度、黏度、分散作用）相互影响，变化很大，且其产物性质与一般条件下相差很大。相应的，反应物（通常是固体）的溶解、分散过程以及化学反应活性会大大地提高或增强，溶剂热反应方法分为溶剂热结晶、溶剂热还原、溶剂热液-固反应、溶剂热元素反应、溶剂热分解、溶剂热氧化等。

在溶剂热反应过程中溶剂作为一种化学组分参与反应，其既是溶剂，又是化学反应的促进剂，同时还是压力的传递媒介。溶剂热反应路线主要由钱逸泰先生领导的课题组研究。其中应用最多的溶剂是乙二胺，在乙二胺体系中，乙二胺除作溶剂外，还可作为配位剂或螯合剂。溶剂热法的特点有：（1）相对简单而且易于控制；（2）在密闭体系中可以有效地防止有毒物质的挥发和制备对空气敏感的前驱体；（3）物相的形成、粒径的大小、形态也能够控制；（4）产物的分散性较好。

2.7.1.6　热分解法

1. 有机物热分解法

热分解反应不局限于固体，气体和液体也可引起热分解反应。金属有机化合物热解法是用有机金属化合物作为前驱物，通过在高沸点液体中热分解而得到纳米磁性金属材料。金属有机化合物热分解的典型应用就是草酸盐热分解。草酸盐的热分解基本上按照两种机理进行，究竟以哪种机理进行要根据草酸盐的金属元素在高温下是否存在稳定的碳酸盐而定。

机理Ⅰ：$MC_2O_4 \cdot nH_2O \xrightarrow{-H_2O} MC_2O_4 \xrightarrow{-CO_2,-CO} MO$ 或 M

机理Ⅱ：$MC_2O_4 \cdot nH_2O \xrightarrow{H_2O} MC_2O_4 \xrightarrow{-CO} MCO_3 \xrightarrow{-CO_2} MO$

因ⅠA 族、ⅡA 族（除铍和镁外）和ⅢA 族中的元素存在稳定的碳酸盐，可以按照机理Ⅱ进行，ⅠA 族元素无法得到 MO，因为 MCO_3 在此之前先熔融了。除此以外的金属草酸盐都以机理Ⅰ进行。从热力学的预判也可知，铜、钴、铂和镍的草酸盐热分解后生成金属，锌、铬、锰、铝等的草酸盐热分解后生成金属氧化物。表 2-8 为金属草酸盐的热分解温度。

表 2-8　金属草酸盐的热分解温度

化　合　物	脱水温度/℃	分解温度/℃
$BeC_2O_4 \cdot 3H_2O$	100~300	380~400
$MgC_2O_4 \cdot 2H_2O$	130~250	300~455
$CaC_2O_4 \cdot H_2O$	135~165	375~470
$SrC_2O_4 \cdot 2H_2O$	135~165	
$BaC_2O_4 \cdot H_2O$		370~535
$Sc_2(C_2O_4)_3 \cdot 5H_2O$	140	
$Y_2(C_2O_4)_3 \cdot 9H_2O$	363	427~601
$La_2(C_2O_4)_3 \cdot 10H_2O$	180	412~695
$TiO(C_2O_4) \cdot 9H_2O$	296	538
$Zr(C_2O_4)_2 \cdot 4H_2O$		
$Cr_2(C_2O_4)_3 \cdot 6H_2O$		160~360
$MnC_2O_4 \cdot 2H_2O$	150	275
$FeC_2O_4 \cdot 2H_2O$		235
$CoC_2O_4 \cdot 2H_2O$	240	306
$NiC_2O_4 \cdot 2H_2O$	260	352
$CuC_2O_4 \cdot 1/2H_2O$	200	310
$ZnC_2O_4 \cdot 2H_2O$	170	390
$CdC_2O_4 \cdot 2H_2O$	130	350
$Al_2(C_2O_4)_3$		220~1000
$Tl_2C_2O_4$		290~370
SnC_2O_4		310
PbC_2O_4		270~350
$(SbO)_2C_2O_4$		270
$Bi_2(C_2O_4)_3 \cdot 4H_2O$	190	240
$UC_2O_4 \cdot 6H_2O$	250	300
$Th(C_2O_4)_2 \cdot 6H_2O$	130	360

注：$CaCO_3 \xrightarrow{700℃} CaO+CO_2$，$SrCO_3 \xrightarrow{1100℃} SrO+CO_2$，$BaCO_3 \xrightarrow{1300℃} BaO+CO_2$

2. 羰基物热分解法

羰基物热分解法（简称羰基法）就是离解金属羰基化合物制取粉末的方法。某些金属特别是过渡族金属能与CO生成金属羰基化合物[$Me(CO)_n$]，这些羰基化合物为易挥发的液体或易升华的固体。研究表明，温度为103~139 ℃、转速为300rpm搅拌下的真空回流二甲苯、有机磷酸（MP）及五羰基铁[$Fe(CO)_5$]液态前躯体，在氮气保护下，通过控制合成条件可以得到粒径小于20 nm的α-Fe纳米粒子，调节反应性表面活性剂MP的用量可以控制铁纳米粒子的粒径。羰基铁粉一般不含硫、磷、硅等杂质，因为这些杂质不生成羰基物。如果不考虑碳和氧气，则羰基铁粉在化学成分上是各种铁粉中最纯的，经退火处理后，碳和氧的总质量分数可降到0.03%以下。金属羰基化合物热解法对设备要求相对不高，工艺相对简单，但有机金属化合物本身的制备成本很高，而且用到大量的有毒试剂，是一种环境不友好的合成方法，因此生产中要采取防毒措施；另外，有机热分解反应还存在反应不完全、可控性较差等缺点。

粉末颗粒还可以通过气体分解法来制备。最常见的是羰基铁[$Fe(CO)_5$]或羰基镍[$Ni(CO)_4$]的反应，如金属镍与CO反应形成羰基镍$Ni(CO)_4$，其中形成羰基气体分子需要同时加压和升温。羰基气体分子在43℃下冷却为液体，用分馏法提纯，在催化剂的作用下再对液体加热，导致气体分解，从而制得金属镍粉，制得的金属镍粉的纯度约为99.5%（质量分数），微粒尺寸很小，呈不规则的圆形或链状，如图2-46所示。由羰基气体分解法制备的金属镍粉具有较小的尺寸和长而尖的形状。通过控制反应条件可以控制粉末尺寸在0.2~20μm之间，当粉末尺寸较大时，通常呈圆形。

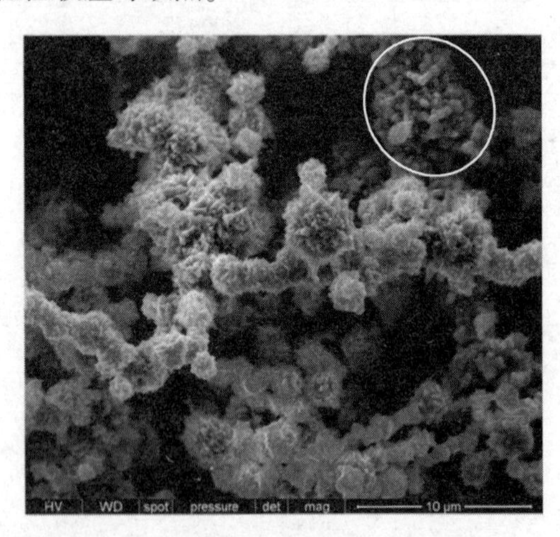

图2-46 羰基金属镍粉的SEM照片

其他的金属如铬、铑、金和钴也可以通过羰基气体分解法制备。通过气相同质形核制备金属粉末取得了最新的进展。这种制备金属粉末的方法目前还处于探索阶段，但是它提供了一种制备极小微粒的途径。金属在微压力氩气中加热汽化，由于温度与金属到汽化源的距离呈急剧下降的关系，使汽化的金属产生激冷，从而使气体凝固形核，生成尺寸为50~1000nm的微粒，微粒的最终形状呈面心或立方结构。这种方法制备的粉末纯度高、粒径小，因此这种方法已开始应用于制备大多数金属粉末，包括铜、银、铁、金、铂、钴和锌。

2.7.1.7 微乳液法

乳液法是使两种互不相溶的溶剂在表面活性剂的作用下形成一个均匀的乳液，从乳液中析出固相，使成核、生长、聚结、团聚等过程局限在一个微小的球形液滴内，从而形成球形颗粒，又避免了颗粒之间进一步团聚的方法。该法的关键之处在于使每个含有前驱体的水溶液滴被一连续油相包围，前驱体不溶于该油相中，形成油包水（W/O）型乳液。微乳液通常是由表面活性剂、助表面活性剂（通常为醇类）、油类（通常为碳氢化合物）和水（或电解质水溶液）组成的透明的、各向同性的热力学稳定体系。微乳液中，微小的“水池”为表面活性剂和助表面活性剂所构成的单分子层包围成的微乳颗粒，其大小在几至几十个纳米间，这些微小的“水池”彼此分离，就是“微反应器”。这些“微反应器”拥有很大的界面，有利于化学反应，这显然是制备纳米材料的又一有效技术。

与其他化学法相比，微乳法制备的微粒不易聚结、大小可控、分散性好。运用微乳液法制备的纳米微粒主要有以下几类：（1）金属纳米微粒，除铂、钯、铑、铱外，还有金、银、铜、镁等；（2）半导体硫化物，如 CdS、PbS、CuS 等；（3）镍、钴、铁等金属的硼化物；（4）氯化物，如 AgCl、$AuCl_3$等；（5）碱土金属碳酸盐，如 $CaCO_3$、$BaCO_3$、$SrCO_3$；（6）氧化物，如 Eu_2O_3、Fe_2O_3、Bi_2O_3、SiO_2及氢氧化物 $Al(OH)_3$等；（7）磁性材料，如 $BaFe_{12}O_{19}$等。

乳液法的一般工艺流程为：

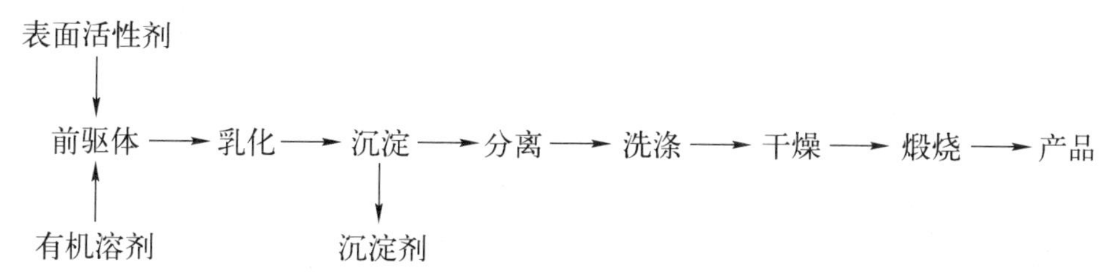

2.7.1.8　高温燃烧合成法

利用外部提供的必要能量诱发高放热化学反应，体系局部发生反应形成化学反应前驱物（燃烧波），化学反应在自身放出热量的支持下快速进行，燃烧波蔓延整个体系。反应热使前驱物快速分解，导致大量气体放出，避免了前驱物因熔融而黏连，减小了产物的粒径。同时体系在瞬间达到几千度的高温，可使挥发性杂质蒸发除去。例如，硝酸盐和有机燃料经氧化还原反应制备钇掺杂的 10nm ZrO_2粒子，采用柠檬酸盐/醋酸盐/硝酸盐体系，该体系所形成的凝胶在加热过程中经历自点燃过程，得到超微 $La_{0.84}Sr_{0.16}MnO_3$粒子。在合成氮化物、氢化物时，反应物为固态金属和气态氮气、氢气等，反应气渗透到金属压坯空隙中进行反应。如采用钛粉坯在氮气中燃烧，燃烧产生的高温点燃镁粉坯合成 Mg_3N_2。

2.7.1.9　模板合成法

模板合成法就是将具有纳米结构、形状容易控制、价廉易得的物质作为模板，通过物理或化学的方法将相关材料沉积到模板的孔中或表面，而后移去模板，得到具有规范形貌与尺寸的纳米材料的过程。模板法是合成纳米复合材料的一种重要方法，也是纳米材料研究中应用最广泛的方法，特别适用于制备性能特异的纳米材料，模板法可根据合成材料的性能要求以及形貌来设计模板的材料和结构，以满足实际需要。模板法根据模板的组成及特性的不同又可分为软模板和硬模板两种。两者的相同之处是都能提供一个大小有限的反应空间，区别在于前者提供的是处于动态平衡的空腔，物质可以透过腔壁扩散进出；而后者提供的是静态的孔道，物质只能从开口处进入孔道内部。

软模板常常是由表面活性剂分子聚集而成的。主要包括两亲分子形成的各种有序聚合物，如液晶、囊泡、胶团、微乳液、自组装膜及生物分子和高分子的自组织结构等，分子间或分子内的弱相互作用是维系模板的作用力，从而形成不同空间结构特征的聚集体。这种聚集体具有明显的结构界面，无机物正是通过这种特有的结构界面呈现特定的趋向分布，进而获得具有的特异结构的纳米材料。软模板在制备纳米材料时的主要特点有以下几点。（1）软模板在模拟生物矿化方面有绝对的优势；（2）软模板的形态具有多样性；（3）软模板一般都很容易构筑，不需要复杂的设备。但是相比硬模板，软模板结构的稳定性较差，因此通常模板效率不够高。例如，Sifontes A. B. 等人在 2011 年使用一种聚糖球形模板辅助制备了 CeO_2 纳米颗粒，如图 2-47 所示。

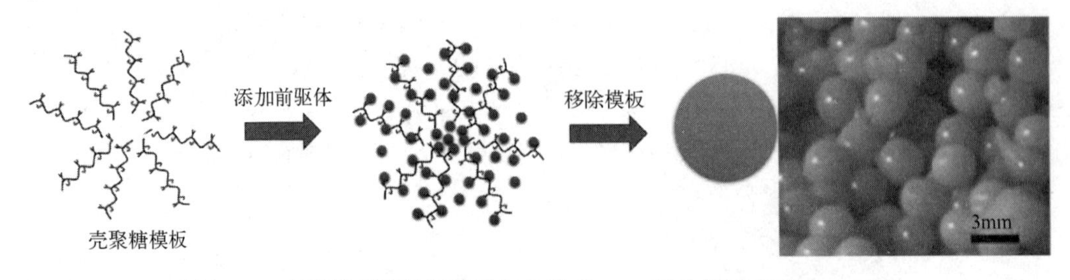

图 2-47 以聚糖环形模板辅助制备纳米 CeO_2 颗粒的示意图及 TEM 图

硬模板主要是通过共价键维系的刚性模板，如具有不同空间结构的高分子聚合物、阳极氧化铝膜、多孔硅、金属模板、天然高分子材料、分子筛、胶态晶体、碳纳米管等。与软模板相比，硬模板具有较高的稳定性和良好的窄间限域作用，能严格地控制纳米材料的大小和形貌。但硬模板结构比较单一，因此用硬模板制备的纳米材料的形貌通常变化也较少。例如，Yurou Hu 等人以金属镁作为模板合成了 ZnO_2 纳米颗粒，图 2-48 是以金属镁作为模板合成 ZnO_2 纳米颗粒的示意图及其 TEM 图。

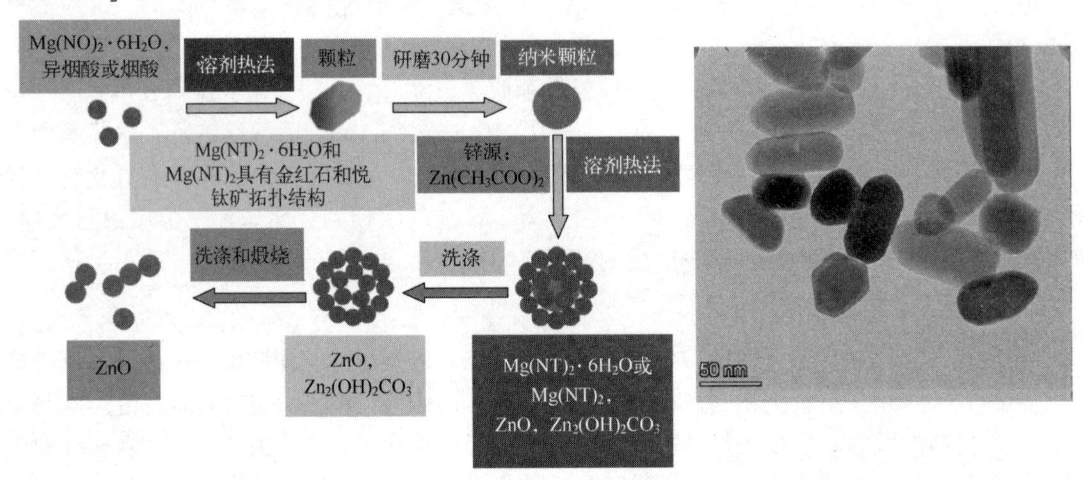

图 2-48 以金属镁作为模板合成 ZnO_2 纳米颗粒的示意图及其 TEM 图

2.7.1.10 自蔓延高温合成技术

自蔓延高温合成技术（Self-propagation High-temperature Synthesis，SHS）利用反应物的生成热维持燃烧波的传播，不需外界升温，自身完成反应过程，同时达到成型的目的。图 2-49 为自蔓延高温合成法设备模型及加热过程示意图。作为一种高温合成技术，该法合成的粉末，合成物比原料组分具有更高的热力学稳定性。例如，Fe_3Al、NiTi、Ti_5Si_3 金属间化合物都可采用自蔓延反应合成制得。具有导电性的金属间化合物，拥有许多陶瓷才具有的特性，包括高温稳定性等。由单质组分制备化合物会释放出大量的热，如等原子的金属间化合物 NiAl 的熔点是 1649℃，而铝的熔点为 660℃，镍的熔点为 1453℃。

它的反应合成式为

$$Ni(s)+Al(s)=NiAl(s)+Q$$

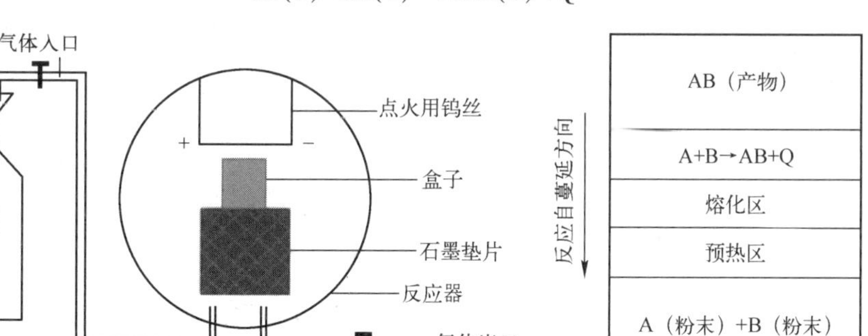

（a）设备模型；（b）加热过程示意图

图 2-49　自蔓延高温合成法

如果不控制反应，其释放的热量足以使 NiAl 产物熔化。将镍粉和铝粉混合起来进行反应制备复合粉末时，一旦反应进行，将是一个自发的过程。这个反应通常称为自蔓延反应，其与氢和氧合成水一样释放出大量热能。

通过自蔓延反应合成制备金属粉末时，一般先将各单质组分混合再压缩成坯块，坯块点燃就会产生自蔓延反应波，这个反应波一般以 10mm/s 的速度扩展而生成产物。该反应产物具有多孔结构，经研磨成为粉末。图 2-50 显示了使用自蔓延高温合成法制备的 $MoSi_2$ 粉末的结构。值得注意的是，制备的粉末颗粒呈球形，略不规则。这种方法多用来制备陶瓷粉末和金属间化合物，如铝、硅和钛的化合物，包括 NiTi、Ni_3Al、Ni_3Si、TiAl、Ti_5Si_3、$NbAl_3$、Fe_3Al、$TaAl_3$ 等。自蔓延高温合成法的不足之处在于反应不完全会导致成分不均匀、产物孔隙率高等。

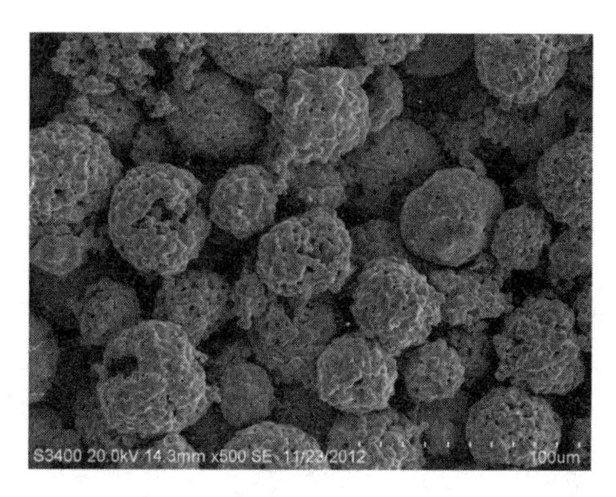

图 2-50　使用自蔓延高温合成法制备的 $MoSi_2$ 粉末的 SEM 照片

2.7.2　化学物理合成法

2.7.2.1　喷雾法

喷雾法是将溶液通过各种物理手段雾化，再经物理、化学途径转变为超细微粒子。

1. 喷雾干燥法

将金属盐溶液送入雾化器，由喷嘴高速喷入干燥室可获得金属盐的微粒，收集微粒后将其焙烧成超微粒子，如铁氧体的超微粒子可采用此种方法制备。

2. 喷雾热解法

金属盐溶液经压缩空气由喷嘴喷出而雾化，喷雾后生成的液滴大小随着喷嘴的改变而改变，液滴受热分解生成超微粒子。例如，将 $Mg(NO_3)_2-Al(NO_3)_3$水溶液与甲醇混合，在800℃下经喷雾热解合成镁铝尖晶石，产物粒径为几十纳米。

等离子喷雾热解工艺是将相应溶液喷成雾状送入等离子体尾焰中，热解生成超细粉末。等离子体喷雾热解法制得的 ZrO_2 超细粉末分为两级：平均尺寸为 20~50nm 的颗粒及平均尺寸为 1mm 的球状颗粒。

3. 喷雾水解法

在反应室中将醇盐气溶胶化，气溶胶由单分散液滴构成。气溶胶与水蒸气进行水解，以合成单分散性微粉。例如，铝醇盐的蒸气通过分散在载气中的 AgCl 核后冷却，生成以 Al_2O_3 为核的铝的丁醇盐气溶胶，水解为单分散 $Al(OH)_3$微粒，将其焙烧后得到 Al_2O_3超微颗粒。

2.7.2.2 化学气相沉积法

化学气相沉积法（Chemical Vapor Deposition，CVD）是从气态金属卤化物（主要是氯化物）中还原化合沉积，制取难熔化合物粉末和各种涂层（包括碳化物、硼化物、硅化物和氮化物等）的方法。使用化学气相沉积法制备纳米微粒具有颗粒均匀、纯度高、粒径小、分散性好、化学反应活性高、工艺可控和过程连续等优点。

用气态金属卤化物还原化合沉积各种难熔金属化合物的反应通式为

$$MeCl+C_nH_m+H_2 \rightarrow MeC+HCl+H_2$$

式中，C_nH_m指除甲烷（CH_4）外的丙烷（C_3H_8）、乙炔（C_2H_2）等。

例如，使用化学气相沉积法制取碳化钛的反应为

$$TiCl_4+CH_4+H_2=TiC+4HCl+H_2 \quad (a)$$

$$TiCl_4+C_3H_8+H_2=TiC+4HCl+C_2H_2$$

同理，使用此法制取 B_4C 和 SiC 的反应为

$$4BCl_3+CH_4+4H_2=B_4C+12HCl$$

$$SiCl_4+CH_4+H_2=SiC+4HCl+H_2$$

式中，氢既是还原剂又是载体气体，碳由碳氢化合物供给。如果金属氯化物能被氢还原，则形成碳化物的反应是：在金属氯化物还原成金属的同时，碳氢化合物热解析出碳，碳与金属立即形成碳化物。如果金属氯化物在沉积温度下不能单独被氢还原，则反应机理较复杂，下面通过热力学分析来弄清反应（a）的实质。有关反应有

$$TiCl_4+2H_2=Ti+2HCl \quad (b)$$

$$TiCl_4+2H_2+C=TiC+4HCl \quad (c)$$

根据热力学数据，可计算出反应（b）的 $\Delta Z_T^! = 362.173+0.031\lg T-0.25T$。此反应在几个温度下的 $\Delta Z_T^!$计算如下。

温度/K	1000	1800	2000	2300
$\Delta Z_T^!$/kJ	201.85	87.87	60	-5.65

反应（c）的 $\Delta Z_T^! = 184.2-0.14T$。此反应在几个温度下的 $\Delta Z_T^!$ 计算如下。

温度/K	1200	1400	1600	1800
$\Delta Z_T^!$/kJ	15.2	-11.8	-40	-68

由计算的等压位数据可知，反应（b）在 2000K 时还不可能进行。叶留金等人研究得出在反应表面温度低于 1765℃时气态 $TiCl_4$不可能用氢还原成钛，与反应（b）的理论分析和实践相符。另外，根据热力学分析，反应（c）在 1100~1200℃时便能进行。由此得出，在 1700℃以下，$TiCl_4$只有在碳存在的条件下才有可能用氢还原，即由碳氢化合物热解出碳是 TiC 沉积的第一步，在热解碳的参与下，还原出来的金属再与热解碳形成碳化物。TiC 沉积的过程称为交替反应机理。

在实行沉积工艺时，可以以氢为载体将碳氢化合物和金属氯化物蒸气同时引入反应室内；也可先将被涂层物件加热到 1000℃，通入净化的干燥氢气以还原物件表面的氧化物，然后通入碳氢化合物气体和金属氯化物蒸气。部分碳化物、硼化物、硅化物、氮化物的沉积条件见表 2-9。

表 2-9　部分碳化物、硼化物、硅化物、氮化物的沉积条件

沉积物		沉积剂	沉积温度/℃	气氛
碳化物	TiC	TiC_4+CH_4或 $C_6H_5CH_3$	1100~1200	氢气
	B_4C	BCl_2+CH_4	1100~1700	氢气
	SiC	$SiCl_4+CH_4$	130~1500	氢气
	NbC	$NbCl_5+CH_4$	~1000	氢气
	WC	$WCl_6+C_6H_5CH_3$或 CH_4	1000~1300	氢气
硼化物	TiB_2	TiC_4+BBr_3或 BCl_3	1100~1300	氢气
	TaB	$TaCl_5+BBr_3$或 BCl_3	1300~1700	氢气
	WB	WCl_6+BBr_3或 BCl_3	800~1200	氢气
硅化物	$MoSi_2$	$MoCl_5+SiCl_4$或 $Mo+SiCl_4$	1100~1800	氢气
氮化物	TiN	$TiCl_4$	1100~1200	氮气+氢气
	BN	BCl_3	1200~1500	氮气+氢气
	TaN	$TaCl_5$	~1200	氮气+氢气

2.7.2.3　爆炸反应法

爆炸反应法是在高强度密封容器中发生爆炸反应而生成产物纳米微粉的方法。例如，用爆炸反应法制备出 5~10nm 金刚石微粉，方法是在密封容器中装入炸药后抽真空，接着充入 CO_2气体，以避免爆炸过程中原料被氧化，并注入一定量水作为冷却剂，以增大爆炸产物的降温速率，减少单质碳生成石墨和无定形碳，提高金刚石的产率。

2.7.2.4　冷冻干燥法

冷冻干燥法是将金属盐的溶液雾化成微小液滴，快速冻结为粉体，加入冷却剂使其中的水升华气化，再焙烧合成超微粒的方法。在冻结过程中，为了防止溶解于溶液中的盐发生分离，最好尽可能把溶液变为细小液滴。常见的冷冻剂有乙烷、液氮。借助于干冰-丙酮的冷却可以使乙烷维持在-77℃的低温，而液氮能使其直接冷却到-196℃，但是用乙烷的效果较好。干燥过程中，冻结的液滴受热，使冰快速升华，同时采用凝结器捕获水，使装置中的水蒸气降压，提高干燥效果。为了提高冻结干燥效率，控制盐的浓度很重要，过高或过低均有不利影响。以 $BaTiO_3$ 纳米粒子的制备为例，将钡和钛硝酸盐混液进行冷却干燥，接着所得到的高反应活性前驱物在600℃温度下焙烧10min即可制得10~15nm的均匀$BaTiO_3$纳米粒子。

2.7.2.5 反应性球磨法

反应性球磨法克服了气相冷凝法制粉效率低、产量小而成本高的局限。该方法将一定粒径的反应粉末（或反应气体）以一定的配比置于球磨机中高能粉磨，同时保持研磨体与粉末的质量比和研磨体球径比，并通入氩气保护。例如，采用反应性球磨法制备出纳米合金WSi_2、MoSi等。

反应性球磨法应用于金属氮化物合金的制备。室温下将金属粉在氮气流中球磨，可制得Fe-N、TiN和AlTa纳米粒子。

室温下镍粉在提纯后的氮气流中进行球磨，可制备出面心立方结构的NiN介稳合金粉末，晶粒尺寸为5nm。作为反应球磨法的另一种应用，球磨过程中可进行还原反应，如用钙、镁等强还原性物质还原金属氧化物和卤化物以实现提纯，机理如下式所示：

$$2TaCl_5+5Mg=2Ta+5MgCl_2$$

经球磨后，反应物紧密混合，在球磨过程中研磨体与反应物间碰撞产生的热量使体系温度升高至反应物的燃烧温度后，瞬间燃烧形成钽颗粒，粒径在50~200nm。

2.7.2.6 超临界流体干燥法

超临界干燥技术是使被除去的液体处在临界状态，在除去溶剂的过程中气液两相不再共存，从而消除表面张力及毛细管作用力防止凝胶的结构塌陷和凝聚，得到具有大孔、高表面积的超细氧化物。制备过程中，使液体达到临界状态有两种途径，一是在高压釜中将温度和压力同时增加到临界点以上；二是先把压力升到临界压力以上，然后升温，并在升温过程中不断放出溶剂，保持所需的压力。例如，使用超临界干燥法制备纳米SiO_2、Al_2O_3气凝胶。

超临界流体干燥法使用的溶剂中，极性溶剂比非极性溶剂抽提干燥效果好。在乙醇、甲醇、异丙醇和苯溶剂的比较中，甲醇最好，可制得4~5nm SnO_2粒子。

2.7.2.7 γ-射线辐照还原法

γ-射线辐照还原法制备纳米金属粒子的基本原理是：高能γ-射线辐照水或其他溶剂，发生电离和激发等效应，生成具有较强还原性的H·自由基、水合电子（e_{aq}^-）等物质，同时生成具有氧化性的·OH自由基以及H_3O^+、H_2、H_2O_2、HO_2、H_2O*等其他物质：

$$H_2O\sim\rightarrow e_{aq}^-,H\cdot,\cdot OH,H_3O^+,H_2,H_2O_2,HO_2,H_2O*$$

在以上物质中，H·和e_{aq}^-活性粒子是还原性的，e_{aq}^-的还原电位为-2.77eV，具有很强的还原能力，加入异丙醇等可以清除氧化性自由基·OH。水溶液中的e_{aq}^-可逐步把溶液中的金属离子在室温下还原为金属原子或低价金属离子。新生成的金属原子聚集成核，生长成纳米颗粒，从溶液中沉淀出来。如制备贵金属银(8nm)、铜(16nm)、铂(5nm)、金(10nm)等及合金Ag-Cu，AuCu纳米粉，活泼金属纳米粉末镍(10nm)、钴(22nm)、镉(20nm)、锡(25nm)、铅(45nm)、铋(10nm)、锑(8nm)和铟(12nm)等，还制备出非金属如硒、砷、碲等纳米微粉。用γ-射线辐照法可制备出14nm Cu_2O粉末，8nmMnO_2和12nmMn_2O_2，以及纳米非晶Cr_2O_3微粉。

将γ-射线辐照与溶胶-凝胶过程相结合，成功制备出纳米Ag-非晶SiO_2及纳米Ag/TiO_2材料。最近研究人员用γ-射线辐照技术还成功地制成一系列金属硫化物，如CdS，ZnS等纳米微粉。

2.7.2.8　微波辐照法

利用微波照射含有极性分子（如水分子）的电介质，由于水的偶极子随电场正负方向的变化而振动产生热，起到内部加热作用，从而使体系的温度迅速升高。微波加热既快又均匀，有利于均匀分散粒子的形成。

将硅粉、碳粉在丙酮中混合，采用微波炉加热，产物成核与生长过程均匀进行，使反应以很短的时间（4~5min）、在相对低的温度（<1250K）得到高纯的 b-SiC 相。在 pH=7.5 的 $CoSO_4$+ NaH_2PO_4+ $CO(NH_2)_2$体系中，微波辐照反应均匀进行，体系各处的 pH 值同步增加，发生“突然成核”，然后粒子均匀成长为均匀分散胶粒，得到 100nm 左右的 $Co_3(PO_4)_2$粒子。

在 $FeCl_3$+$CO(NH_2)_2$+H_2O 体系中，微波加热在极短时间内提供给 Fe^{3+}水解足够的能量，加速 Fe^{3+}水解从而在溶液中均匀的突发成核，以制备β-FeO（OH）超微粒子。在一定的浓度范围内，FeO（OH）继续水解，得到亚微米α- Fe_2O_3粒子。

微波辐照法通过控制体系中 pH 值、温度、压力以及反应物浓度，可以制备出二元及多元氧化物。微波加速了反应过程，并使最终产物出现新相，如在 Ba（NO_3）$_2$+Sr（NO_3）$_2$+ $TiCl_3$+KOH 体系中合成出 100nm 的 $Ba_{0.5}Sr_{0.5}TiO_3$粒子。

2.7.2.9　紫外红外光辐照分解法

用紫外光作辐射源辐照适当的前驱体溶液，也可制备纳米微粉。例如，用紫外辐照含有 $Ag_2Pb(C_2O_4)_2$和聚乙烯吡咯烷酮（PVP）的水溶液，制备出 Ag-Pd 合金微粉。用紫外光辐照含 $Ag_2Rh(C_2O_4)_2$、PVP、$NaBH_4$的水溶液制备出 Ag-Rh 合金微粉。

利用红外光作为热源，照射可吸收红外光的前驱体，如金属羰基络合物溶液，使得金属羰基分子团之间的键打破，从而使金属原子缓慢地聚集成核、长大以至形成非晶态纳米颗粒，在热解过程中充入惰性气体，可制备出金属纳米颗粒，如铁粉、镍粉（25nm）。

2.7.3　物理方法

物理方法采用光、电技术使材料在真空或惰性气氛中蒸发，然后使原子或分子形成纳米颗粒。它还包括球磨、喷雾等以力学过程为主的制备技术。

2.7.3.1　蒸发冷凝法

蒸发冷凝法（IGC），又称为惰性气体冷凝法，首先需要制备前驱材料，然后将前驱材料以各种加热方式进行加热，使其蒸发变为气体状态，此时气态的前驱材料与容器中所充入的惰性气体相互碰撞，能量降低之后迅速冷却，这个高温与骤冷过程使气态前驱材料达到过饱和状态，此时就会开始晶粒的形核与生长，纳米粒子的形核生长过程都是快速发生进行的，所以前驱材料蒸发骤冷达到过饱和状态后首先会形成原子团簇，进而形核生长为纳米材料。过饱和程度越高，材料成核效率越高，但是长大速度会变慢，同时惰性气体气压、温度、加热时长等因素都会影响制备金属粒子的平均粒径。1980 年初，H. Gleiter 等人首先将气体冷凝法制得的具有清洁表面的纳米微粒，在超高真空条件下压紧得到纳米固体。在高真空室内，导入一定压力的氩气，金属蒸发后，金属粒子被周围气体分子碰撞，凝聚在冷凝管上形成 10nm 左右的纳米颗粒。蒸发冷凝法制备的超微颗粒具有如下特征：（1）高纯度；（2）粒径分布窄；（3）良好结晶和清洁表面；（4）粒径易于控制等，在原则上适用于任何可以被蒸发的元素以及化合物。

蒸发冷凝法可以根据加热蒸发前驱材料的方式分成电阻加热、等离子束加热、高频加热、电子束加热和激光束加热等不同的方式，不同的加热蒸发方式适用于制备不同的纳米材料。表 2-10 为蒸发冷凝法不同加热方式制备纳米结构材料的对比。

表 2-10　蒸气冷凝法不同加热方式制备纳米结构材料的对比

加 热 方 式	原　理	发生环境与条件	特点与效果
电阻加热	电流通过大电阻产生热能进行加热	电阻加热器，惰性气体，高压	规模小，不能大量生产
等离子束加热	等离子束产生的热能进行加热	水凝铜坩埚，惰性气体，高压	几乎适用于全部金属
高频加热	高频率 15～200KHZ 交流电产生涡流效应	耐火坩埚，惰性气体，高压	可以根据频率控制制备尺寸
电子束加热	以高能电子束为媒介给靶材传递能量	高真空电子束发生室，惰性气体，高压	可制备高熔点金属
激光束加热	高功率，高密度的电子束连续发射热能	激光束发生室，惰性气体，高压	可制备金属化合物

下面介绍几种典型的蒸发冷凝技术。

1. 气体冷凝法

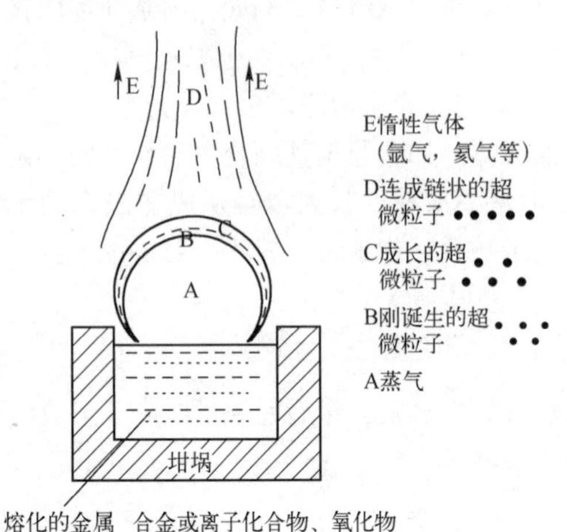

图 2-51　气体冷凝法制备纳米微粒原理

原理：将欲蒸发的物质（例如，金属、CaF_2、NaCl、FeF_2等离子化合物、过渡族金属氮化物及氧化物等）置于坩埚内，通过钨电阻加热器或石墨加热器等加热装置逐渐加热蒸发，产生原物质烟雾，由于惰性气体的对流，烟雾向上移动，并接近充液氮的冷却棒（冷阱，77K）。在蒸发过程中，由原物质发出的原子与惰性气体原子碰撞迅速损失能量而冷却，这种有效的冷却过程在原物质蒸气中造成很高的局域过饱和，这将导致均匀成核过程（见图 2-51）。

因此，原物质蒸气在接近冷却棒的过程中首先形成原子簇，然后形成单个纳米微粒，最后在冷却棒表面上积聚起来，用聚四氟乙烯刮刀刮下并收集起来获得纳米粉。

特点：加热方式简单，工作温度受坩埚材料的限制，还可能与坩埚反应。所以一般用来制备铝、铜、金等低熔点金属的纳米粒子。

2. 高频感应法

以高频感应线圈为热源，使坩埚内的导电物质在涡流作用下加热，在低压惰性气体中蒸发，蒸发后的原子与惰性气体原子碰撞冷却凝聚成纳米颗粒。

特点：采用坩埚，一般是制备低熔点金属或金属化合物。

3. 溅射法

此方法的原理如图 2-52 所示，用两块金属板分别作为阳极/阴极，阴极为蒸发用的材料，在两电极间充入氩气（40～250Pa），两电极间施加的电压范围为 0.3～1.5kV。两极间的辉光放电使氩离子形成，在电场的作用下氩离子冲击阴极靶材表面，使靶材原材从其表面蒸发出来形成超微粒子，并在附着面上沉积下来。粒子的大小及尺寸分布主要取决于两电极间的电压、电流和气体压力。靶材的表面积越大，原子的蒸发速度越高，超微粒的获得量越多。用溅射法制备纳米微粒有以下优点：（1）可制备多种纳米金属，包括高熔点和低熔点金属，常规的热蒸发法只能适用于低熔点金属；（2）能制备多组元的化合物纳米微粒，如 $Al_{52}Ti_{48}$、$Cu_{91}Mn_9$ 及 ZrO_2 等；（3）通过加大被溅射的阴极表面可提高纳米微粒的获得量。

4. 流动液面真空蒸镀法

该制备法的基本原理是：在高真空中蒸发的金属原子在流动的油面内形成极超微粒子，产品为含有大量超微粒的糊状油，如图 2-53 所示。

高真空中的蒸发是采用电子束加热，当冷铜坩埚中的蒸发原料被加热蒸发时，打开快门，使蒸发物镀在旋转的圆盘表面上形成了纳米粒子。含有纳米粒子的油被甩进了真空室沿壁的容器中，接着将这种超微粒含量很低的油在真空下进行蒸馏，使它成为浓缩的含有纳米粒子的糊状物。

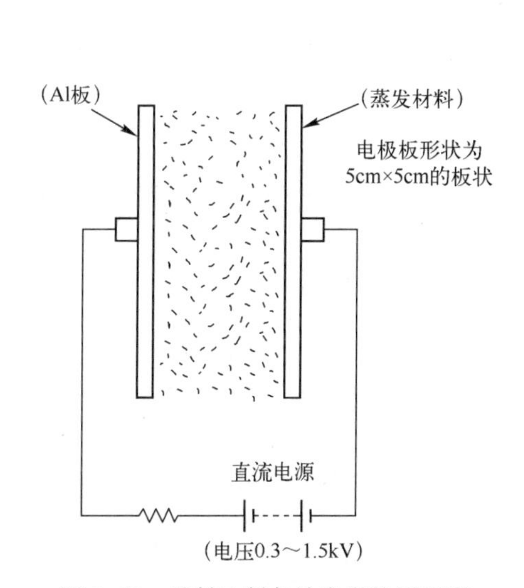

图 2-52　溅射法制备纳米微粒原理图

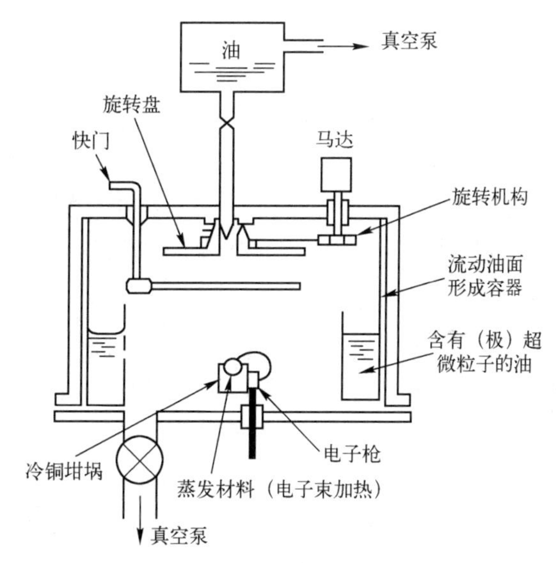

图 2-53　流动液面真空蒸镀法制备纳米微粒原理图

5. 激光诱导化学气相沉积

这种制备超细微粉的方法是近几年兴起的。激光束照在反应气体上形成了反应焰，经反应在火焰中形成微粒，由氩气携带进入上方微粒捕集装置（见图 2-54）。该法利用反应气体分子（或光敏剂分子）对特定波长激光束的吸收，引起反应气体分子激光光解（紫外光解或红外光解）、激光热解、激光光敏化和激光诱导化学合成反应，在一定工艺条件下（激光功率密度、反应池压力、反应气体配比和流速、反应温度等），获得纳米粒子空间成核和生长。

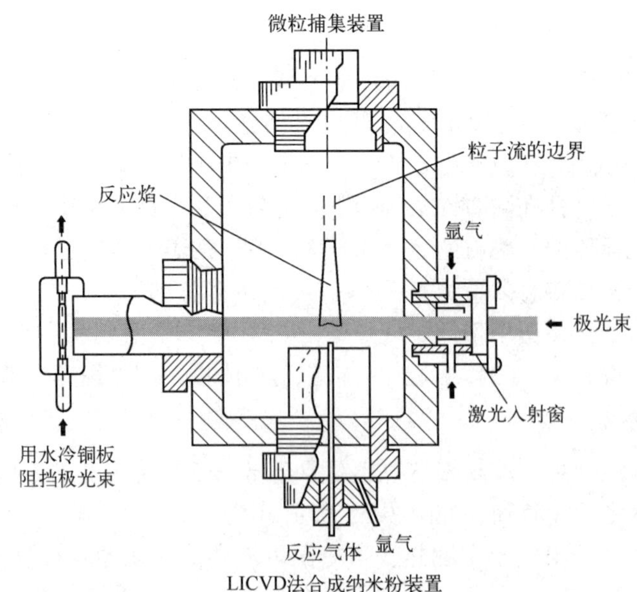

图 2-54 激光诱导化学气相沉积示意图

激光辐照硅烷气体分子（SiH_4）时，硅烷分子很容易热解，有

$$SiH_4=Si(g)+2H_2$$

热解生成的气构硅 Si(g) 在一定温度和压力条件下开始成核和生长，形成纳米微粒。

$$3\ SiH_4(g)+4\ NH_3(g)=Si_3N_4(s)+12\ H_2(g)$$

$$SiH_4(g)+CH_4(g)=SiC(s)+4\ H_2(g)$$

特点：该法具有清洁表面、粒子大小可精确控制、无黏结、粒径分布均匀等优点，并容易制备出几纳米至几十纳米的非晶态或晶态纳米微粒。

6. 化学蒸发冷凝法

这种方法主要是通过有机高分子热解获得纳米陶瓷粉体。其原理是利用高纯惰性气体作为载体，携带有机高分子原料（如六甲基二硅烷）进入钼丝炉，温度为 1100～1400℃、气氛的压力保持在 1～10mbar 的低气压状态，在此环境下原料热解形成团簇，进一步凝聚成纳米级颗粒，最后附着在一个内部充满液氮的转动的衬底上，经刮刀刮下进行纳米粉体收集。这种方法的优点是产量大，颗粒尺寸小，分布窄。

2.7.3.2 电爆炸丝法

电爆炸是指在一定介质（如惰性气体、水等）环境下，强脉冲电流通过导体丝时，导体材料自身的物理状态急剧变化，并迅速把电能转化为其他形式能量（如热能、等离子体辐射能、冲击波能等）的一种物理现象。利用电爆炸丝法制备纳米金属、金属化合物以及合金粉体的基本原理是先将金属丝固定在一个充满惰性气体（50bar）的反应室中，丝的两端卡头为两个电极，它们与一个大电容相联结形成回路，加 15kV 的高压，金属丝在 500～800kA 下进行加热，熔断后在电流停止的一瞬间，卡头上的高压在熔断处放电，使熔融的金属在放电过程中进一步加热变成蒸气，与惰性气体碰撞形成纳米粒子沉降在容器的底部，金属丝可以通过一个供丝系统自动进入两卡头之间，从而使上述过程重复进行，如图 2-55 所示。

目前采用电爆炸丝法可制备直径为30~50nm的金、银、铝、铜、铁、钨、钼、镍、钛、铀、铂、镁、铅、锡、钽等15种金属纳米粉体，平均粒径85nm左右的Cu-Zn、Cu-Ni、Cu-Al合金粉末，以及铝、镁的碘化物、硫化物和碳化物。电爆炸丝法制备纳米粉体的优点有以下几点。（1）能量转换效率高，依靠放电回路中的金属丝的电阻很容易将电能转化为热能；（2）制备的材料粒径分布更均匀、纯度高。脉冲放电能同时气化整个金属丝，气化效果比脉冲激光和粒子束从金属表面气化得到的更均匀，控制好周围环境介质，可保证纳米粉体的高纯度（金属纳米材料的纯度可达99%）；（3）工艺参数调整方便。通过调节电容量、充电电压及爆炸丝的尺寸等参数，可有效控制粒径大小；（4）方法的通用性强。用电爆炸丝法可以制备各种类型的纳米粉体材料；（5）不产生有害的物质，不破坏环境，是一种“绿色”的制备纳米粉体的方法。

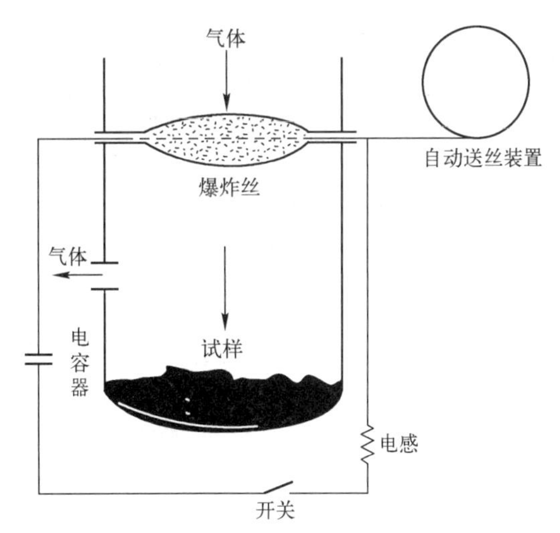

图2-55　电爆炸丝法制备装置示意图

2.7.3.3　激光聚集原子沉积法

激光聚集原子沉积法是使用激光轰击靶材，在高温蒸发的过程中原子、电子、离子大量喷射而出，在基底上沉积所需要的粒子，冷却后形核长大为纳米金属材料。沉积法制备纳米金属颗粒大多数是通过氧化还原反应沉积，不仅操作简单、工艺过程易懂，而且经济有效，是当前应用广泛的纳米金属材料制备手段。罗马激光物理研究所科学家Rovena Veronica Pascu等人利用脉冲激光沉积法设备（见图2-56）成功地在硅基底上沉积尺寸达到纳米级别的金属铈的氧化物薄膜材料。沉积法的缺点是不能工业化生产，只能在实验层面制备金属纳米材料。

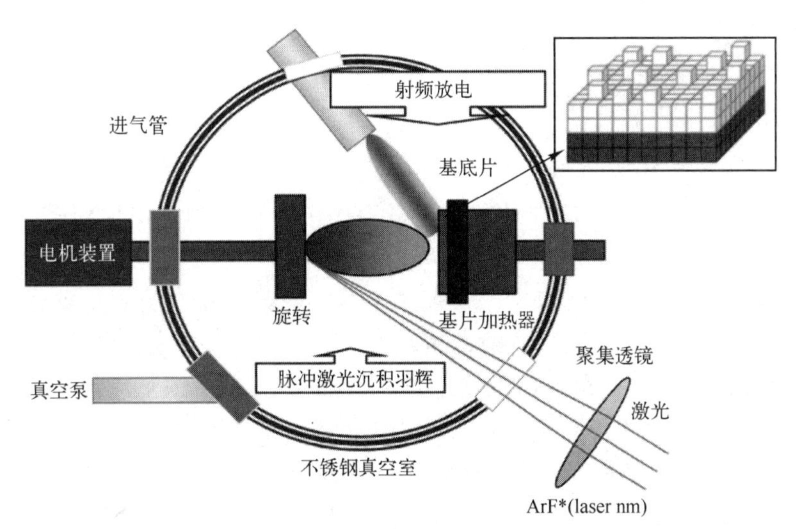

图2-56　脉冲激光沉积设备

用激光控制原子束在纳米尺度下的移动，使原子平行沉积，以实现纳米材料的有目的的构造。激光通过两个途径作用于原子束，即瞬时力和耦合力。在接近共振的条件下，原子束在沉积过程中因激光驻波作用而聚集，逐步沉积在衬底（如硅）上，形成指定形状，如线形。

2.7.3.4 非晶晶化法

非晶晶化法是一种将前驱材料为非晶态的合金通过各种手段（如加热处理、机械处理以及高压处理）进行晶化，从而获得纳米尺度级别的纳米金属合金的方法。

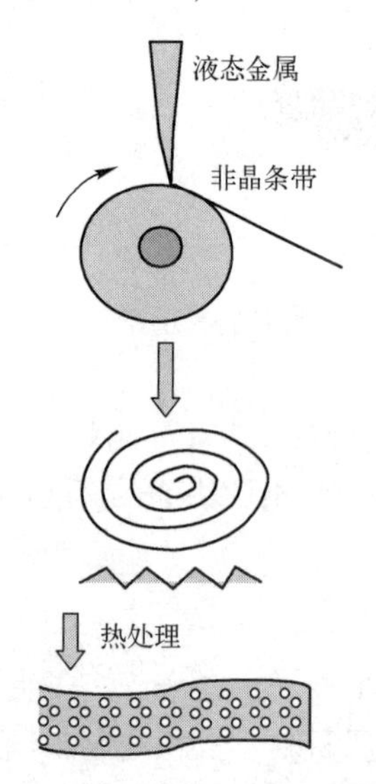

图 2-57 非晶晶化法制备纳米粉体原理示意图

非晶晶化法最早于 1960 年由 Duwez 教授提出，合金熔体在超高温的处理后快冷至室温的过程中，在一定温度条件下和恰当的冷却速度下，可能会出现不发生结晶的现象，这种不结晶的合金就是非晶态合金。其微观结构表现为原子排列长程无序，可能会出现很少部分原子短程有序排列。宏观上非晶态合金表现为不稳定的亚稳态，将亚稳态的非晶合金进行加热处理，在这个升温过程中原子活动能力增强，非晶合金会进行弛豫，自发向低能量的平衡态转变发生晶化。采用快速凝固法可以将液态金属制备成非晶条带，再将非晶条带经过热处理使其晶化获得纳米晶条带（见图 2-57）。

非晶晶化法的特点：工艺较简单，化学成分准确。例如，将 $Ni_{80}P_{20}$非晶合金条带在不同温度下进行等温热处理，使其产生纳米尺寸的合金晶粒。纳米晶粒的长大与其中的晶界类型有关。采用单辊液态法制备出系列纳米微晶合金 FeCuMSiB（M=铌、钼、铬等），利用非晶晶化方法，在最佳的退火条件下，从非晶体中均匀地长出粒径为 10~20nm 的 α-Fe（Si）晶粒。由于减少了铌的含量，降低 40% 的原料成本。在纳米结构的控制中其他元素的加入具有相当重要的作用。研究表明，加入铜、铌、钨元素可以在不同的热处理温度下得到不同的纳米结构，如 450℃下晶粒为 2nm；500~600℃下晶粒为 10nm；而当温度高于 650℃时，晶粒大于 60nm。但是目前研究人员对非晶晶化法的晶化机理还存在一定的争议，并且非晶晶化法所制备的纳米金属材料的稳定性较差，强度、耐磨性、磁导性都会降低。

2.7.3.5 机械合金化法

机械合金化（高能球磨）法即外部的机械力作用于材料使其变形粉碎达到细化目的，可以制备纳米纯金属及合金。机械合金法可以制备具有体心立方结构（如铬、铌、钨等）和密排六方结构（如锆、铪、钌等）的金属纳米晶，但会有相当的非晶成分；而对于面心立方结构的金属（如铜）则不易形成纳米晶。

机械合金化法是 1970 年美国 INCO 公司的 Benjamin 为制备镍基氧化物粒子弥散强化合金而研制的一种技术。1988 年 Shingu 首先用此法制备晶粒小于 10nm 的 Al-Fe 合金，该法工艺简单，制备效率高，能制备出常规方法难以获得的高熔点金属合金纳米材料。

高能球磨是通过研磨球、研磨罐等球磨介质和物料颗粒相互高速碰撞挤压变形，在球磨过程中使材料变形细化产生大量的细化应力应变和纳米晶界等，达到颗粒细化的目的。高能球磨法可以制造纳米无机材料，如纳米级别的碳、硅材料以及各种各样的复合材料等。Saraswathi 等人通过高能球磨设备成功制备了 $Fe_{88}Co_{12}$ 纳米合金（见图 2-58）。

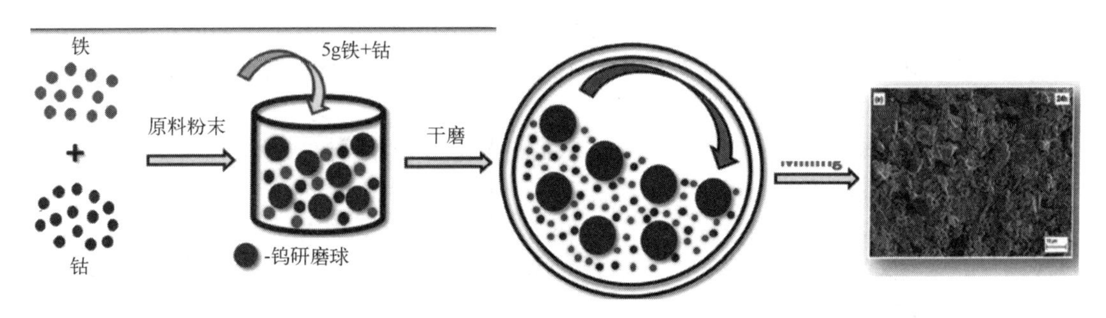

图 2-58　通过高能球磨设备制备 $Fe_{88}Co_{12}$ 纳米合金颗粒的球磨工艺示意图

2.7.3.6　等通道转角挤压法

等通道转角挤压也叫等径角挤压（ECAP/ECAE），是一种在金属材料外部施加压力，使材料内部发生严重的挤压摩擦引起大塑性变形，达到使材料破碎并且晶粒晶格结构严重扭曲变形的目的，从而获得块状纳米金属材料的过程。

ECAP 法通过将一定尺寸大小的前驱材料放置于具有一定角度的模具通道中，如“L”型、“U”型通道，然后在外加挤压力的作用下，使前驱材料从通道中被压出。在这个过程中，材料发生了强烈的塑性变形，产生大量的塑性应变使材料内部发生破碎细化，细化效果可以达到纳米级别，从而成功制备金属纳米材料。ECAP 法制备纳米金属材料的过程中，需要控制挤压模具的内径、角度、内壁摩擦力以及挤压的压力大小、次数、速度等，这些都是 ECAP 法制备纳米金属材料的重要影响因素。

外国学者 Payank Patel 等人设计并制造了一个通道角度为 110°，直径为 12.44mm 的等通道挤压法模具并采用 ECAP 法制备了铝铜合金纳米金属材料（见图 2-59）。近年来，随着科技发展，国内外研究者们发现了更好的使用 ECAP 法制备纳米金属材料的方法，即在样品完成第一次的挤压后，可以在增加的通道中进行第二次挤压，提高效率。

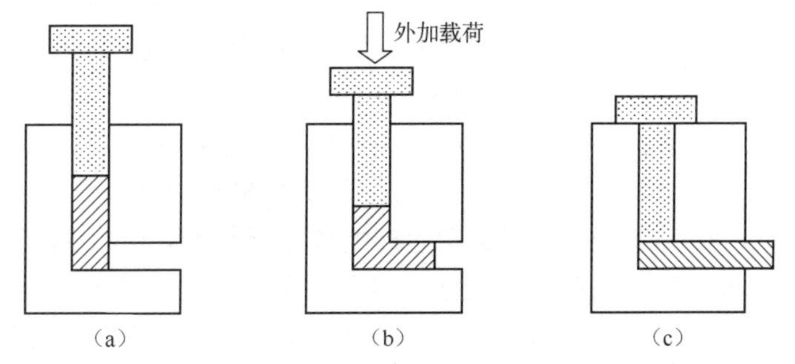

（a）第一阶段；（b）第二中间阶段；（c）最后阶段图

图 2-59　ECAE 法制备铝铜合金纳米金属材料各个阶段的工作原理的示意图

2.7.3.7　离子注入法

离子注入法是用同位素分离器使具有一定能量的离子硬嵌在某一个与它固态不相溶的衬底中，然后加热退火，让它偏析出来。它形成的纳米微晶在衬底中深度分布和颗粒大小，可通过改变注入离子的能量和剂量以及退火温度来控制。在一定注入条件下，离子经一定含量氢气保护的热处理后可以获得在铜、银、铝、SiO_2中的α-Fe纳米微晶。铁和碳双注入，铁和氮双注入可以制备出在SiO_2和铜中的Fe_3O_4和Fe-N纳米微晶。纳米微晶的形成与热扩散系数以及扩散长度有关。例如，铁在硅中就不能制备纳米微晶，这可能是由于铁在硅中扩散系数和扩散长度太大。

综上所述，目前纳米材料的制备方法，以物料状态可分为固相法、液相法和气相法三大类。固相法中的物理粉碎法及机械合金化法工艺简单，产量高，但制备过程中易引入杂质。气相法可制备出纯度高、颗粒分散性好、粒径分布窄而细的纳米微粒。1980年以来，随着对材料性能与结构关系的理解，人们开始采用化学途径对材料性能进行“剪裁”，这种方式显示出巨大的优越性和广泛的应用前景。液相法是实现化学“剪裁”的主要途径。这是因为液相法依靠化学手段，往往不需要复杂的仪器，仅通过简单的溶液过程就可对材料性能进行“剪裁”。例如，TS Ahmade等人利用聚乙烯酸钠作为铂离子的前驱材料，在室温下惰性气氛中用氢气还原，制备出形状可控的铂胶体粒子。

纳米粉体制备技术的整体特点如下：

（1）随着科学技术的发展，新的纳米粉体制备技术不断涌现。

（2）以上这些制备方法将会扩大纳米微粒的应用范围，以及改进其性能。尤其是溶剂热合成法，由于其拥有诸多优点，其有可能发展成为较低温度下纳米固体材料的重要制备方法。预期对纳米材料制备的探索能使产物颗粒粒径更小，且大小均匀、形貌均一、粒径和形貌均可调控，还会使成本降低，并可推向产业化；

（3）利用纳米微粒来实现不互溶合金的制备是另一个值得关注的问题。研究人员利用小尺寸效应已制备出性能优异的纳米微晶软磁、永磁材料及高密度磁记录用纳米磁性向粉，并已进入工业化生产，预期这方面的研究还会继续深入下去；

（4）量子点的研究是近年来的热门课题。研究人员在分子束外延技术中利用组装制备出InAs量子点列阵，并实现了镭射发射。而利用简单的化学技术如胶体化学法可制备尺寸基本相同的量子点列阵，研究人员现已用此法成功制备CdS和CdSe量子点超晶格，其光学和电学性质很强。类似地，金属（如金）量子点列阵的制备，在国际上也引起了关注。此外，以精巧的化学方法或物理与化学相结合的方法来制备能在室温下工作的光电子器件也是目前前沿的研究方向，涉及的材料尺度一般在5nm以下。这些都是纳米材料领域十分富有挑战和机遇的研究方向，必将推动纳米材料研究的进一步深入发展。

世界工业发达国家（如美国、日本等）的一些纳米材料的生产已具有商业规模。如美国伊利诺州Nanophase Technologic Corp公司生产的单相氧化物陶瓷（如氧化铝、氧化锆等）纳米材料，所用生产方法为气相蒸发冷凝法。该公司的每个装置每小时可生产50~100g材料。另一家位于新泽西州的Nanodyne公司用喷涂转化法生产钴/碳化钨纳米复合材料，用于制造切削工具和其他耐磨装置。

俄罗斯在纳米微粉的生产和应用上也居世界先进水平。例如，克拉斯诺亚尔斯克国立技术大学制备的金刚石粉末粒径在2~14nm范围，平均粒径为4nm，比表面积为250~350m^2/g，该微粉热稳定性好。用这种金刚石粉末制作各种工具、表面涂层，可提高涂层硬度1.5~3倍，提高耐磨性1.5~8倍。俄罗斯原子能部还开发出制备镍、铜、铝、银、铁、锡、镁、锰、铂、金、钼、钨、钒及稀土金属等纳米微粉的生产工艺。

国内纳米材料的制备研究开展较多，其中制备纳米微粉最为普遍，国内本世纪初研制纳米微粉的企业的大约有 100 家。据不完全统计，国内目前已能制备出近 50 种纳米材料，主要是纳米微粉。但从总体来看，制备研究与工业化规模生产还有相当长的距离。

制备和发展纳米粉末材料，满足当今高科技对结构和功能材料的需要，是当今材料科学的重要组成部分。相信在不久的将来，某种纳米粉或某类超微粉的制备技术将发生突破，可以在工业生产中广泛应用，从而使纳米粉的优良特性得以造福人类。在今后的高科技角逐中，纳米粉体材料必将更加展示出它的魅力。

2.8 球形粉体的制备技术

球形粉体指的是颗粒形状为球形的粉末。随着工业的发展，粉体技术特别是颗粒球化整型技术及装备越来越受到产业的重视，球形粉体因具有高比表面积、高振实密度、良好的流动性等一般粉体不具备的优点而广泛应用于锂离子电池、食品、医药、化工、建材、矿业、微电子、3D 打印等行业。

当前制备球形粉体的主流技术是雾化，即采用各种技术使熔融态的金属、合金或其他材料，在表面张力的作用下快速凝固为球形粉末，此外也有机械研磨和化学合成的特殊手段。

2.8.1 气雾化制粉技术

气雾化制粉技术是目前制备球形粉末最普遍的方法。典型气雾化制粉技术有真空感应熔炼雾化（Vacuum Induction Gas Atomization，VIGA）和电极感应熔炼雾化（Electrode Induction Gas Aatomization，EIGA），如图 2-60 所示。

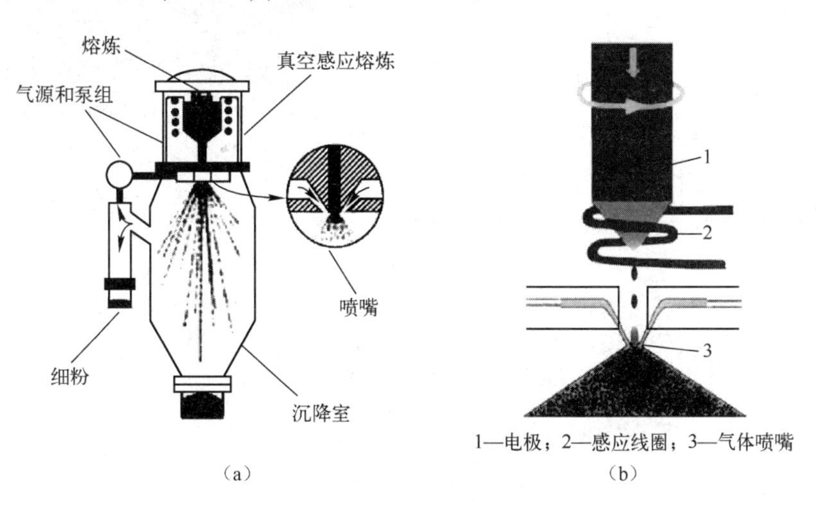

(a) VIGA；(b) EIGA

图 2-60 不同气雾化制法技术

VIGA 是将金属在真空状态下在坩埚中进行熔炼，如图 2-60（a）所示，陶瓷坩埚主要适用于铁基合金、镍基合金、钴基合金、铝基合金和铜基合金等非活性金属粉末的制备。对于钛合金等活性金属及其合金，其熔化条件下会与陶瓷坩埚剧烈反应，从而对粉末造成污染，故需采用冷铜坩埚。

EIGA 属于惰性气体雾化中的一种，其基本原理是将合金加工成棒料安装在送料装置上，对整个装置抽真空并充入惰性保护气体，电极棒以一定的旋转速度和下降速度进入下方锥形线圈，棒料尖端在锥形线圈中受到感应加热作用而逐渐熔化形成熔体液流，在重力作用下，熔体液流直接流入锥形线圈下方的雾化器，高压氩气经气路管道进入雾化器，在气体出口下方与金属液流发生交互作用，经过高压气体作用将液流破碎成小液滴。液滴在雾化室飞行过程中，由于自身表面张力球化凝固形成金属粉末，如图 2-60（b）所示。

2.8.2 等离子旋转电极雾化法

等离子旋转电极雾化技术（Plasma Rotating Electrode Process，PREP）是一种将高速旋转的棒料端部熔化，使金属液滴在离心力作用下飞出并在惰性环境中冷却成固态而制备球形金属粉末的方法。这种制粉方法在 1974 年由美国核金属公司首先开发成功。在等离子枪的作用下，利用大功率熔化超高转速的电极棒，在合金电极棒一端产生约 20000℃ 的高温，以形成 10~20μm 厚度的金属熔化层。在电极棒超高转速旋转的条件下，金属液滴所受的离心力逐渐克服金属熔化层的黏滞力，在合金棒的径向形成小液滴，就是“冠”。随着“冠”的积累，形成“露头”，最终在大尺寸的雾化室内通过自由落体和低温氦气的冷却而形成近似球状的金属粉末颗粒，脱离合金棒，如图 2-61 所示。其基本的流程为等离子体旋转电极制粉→筛分（在真空或保护气氛下）→包装。

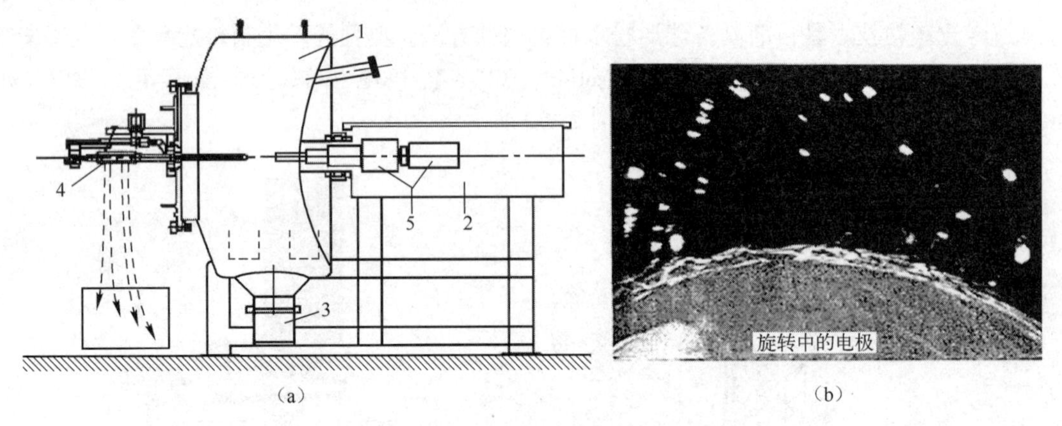

（a）PRPE 设备示意图；（b）液滴形成过程图

1—雾化室；2—电机系统；3—粉末收集罐；4—等离子枪；5—电机

图 2-61 PRPE 制备粉末示意图

PREP 制备的粉末直径可由下式确定，即

$$d=k\left(\frac{\gamma}{\rho D}\right)^{0.5}\frac{60}{2\pi n}$$

式中，d 为粉末平均粒径；k 为系数；γ 为熔体表面张力；p 为金属密度；D 为棒料直径；n 为棒料转速。由式可见，制得粉末平均粒径与液滴表面张力成正比关系，与金属密度 p、棒料直径 D 与棒料转速 n 成反比。

PREP 法制备粉末特点如下。①粉末粒径分布窄，粒径更可控，球形度高。制备的合金粉末粒径主要分布在 20~200μm 之间。②制得的粉末基本不存在空心球和卫星球。③粉末陶瓷夹杂少、洁净度高。④粉末氧增量少，PREP 粉末氧增量可控制在 0.005%以下。PREP 法制备的钛合金粉末形貌如图 2-62 所示。

PREP 制粉技术的问题在于：受电极棒转速与工艺的限制，细粉收得率低，导致细粉生产成本较高。目前，通过动密封技术的应用，可使电极棒转速达到 30000r/min 以上，极大提升了设备制备细粉的水平。

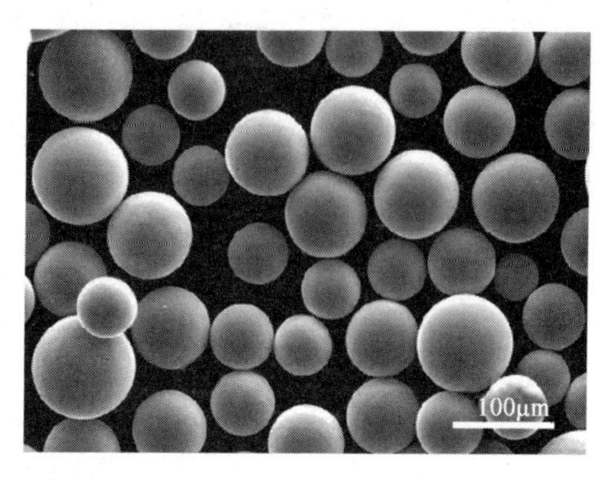

图 2-62 PREP 制备的钛合金粉末形貌图

2.8.3 等离子雾化法

等离子雾化（Plasma Atomization，PA）技术是利用等离子热源制备球形粉末的技术，由加拿大 Pegasus Refractory Materials 公司的 Peter G. Tsantrizos Francois Allaire 等人于 1995 年提出。等离子雾化技术的原理是将金属及其合金、陶瓷材料以丝材、棒料或液流的方式通入汇聚的等离子射流中心，在超音速等离子射流撞击下发生雾化，随后冷却凝固形成球形粉末。伴随着等离子枪技术的发展，等离子射流获得了更高的速度，雾化粉末的中粒径由最初的 100~300μm 降低为 30~60μm，使之适合于激光和电子束增材制造工艺。

等离子射流雾化技术原理如图 2-63 所示，首先将丝材校直后送入三束汇聚的等离子射流中心，在高焓的等离子射流加热条件下，丝材端部发生熔化，熔融液体在汇聚的超音速等离子射流撞击下发生雾化，破碎液滴在表面张力作用下发生球化，随后在飞出等离子射流后冷却凝固形成高球形粉末。三个非转移弧等离子枪按照与垂直方向成 30°均匀排列，等离子枪的功率一般为 20~40kW，氩气的流量一般为 100~120L/min。

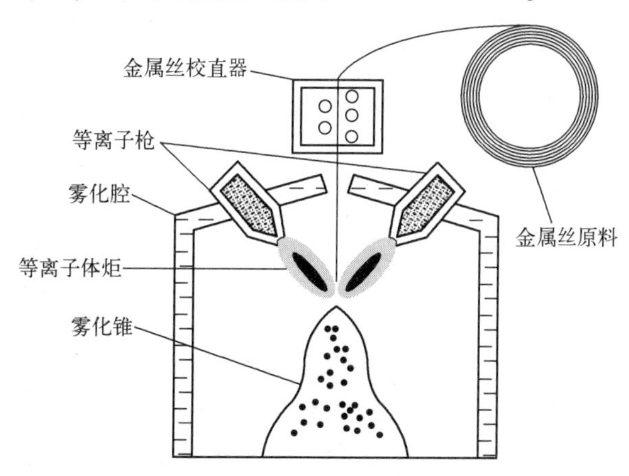

图 2-63 等离子射流雾化技术原理图

等离子射流雾化技术采用超音速等离子气体雾化粉末，气量较低，粉末空心缺陷得到较大改善；另外破碎雾化液滴在飞出等离子射流前有足够时间球化，因此等离子雾化粉末具有和 PREP 工艺制备的粉末相当的球形度，故粉末具有较好的流动性；再者，等离子射流具有极高的温度，覆盖所有的金属及其合金熔点范围，因此等离子雾化技术几乎可以制备所有能拉成丝材的金属及其合金材料。例如，①活泼类金属及其合金粉末，②高温合金粉末，③难熔金属及其合金粉末，④稀贵金属粉末，⑤改性高强铝合金粉末。图 2-64 为用等离子射流雾化技术制备的 Ti-6Al-4V 合金粉末形貌，可以看出该粉末有高球形度、高流动性和低氧含量（低至 0.07%），占据全球高端钛合金粉末在航空航天及医疗应用领域 80%的份额。

图 2-64 等离子射流雾化技术制备的 Ti-6Al-4V 合金粉末形貌

2.8.4 射频等离子球化法

射频等离子球化技术是利用射频等离子体的高温特性把送入到等离子体中的不规则形状粉末颗粒迅速加热熔化，熔融的颗粒在表面张力和极高温度梯度的共同作用下迅速凝固而形成球形粉体。球形粉末具有纯度高、粒径分布均匀、流动性好、空心粉少等优点。射频等离子球化过程如图 2-65 所示。

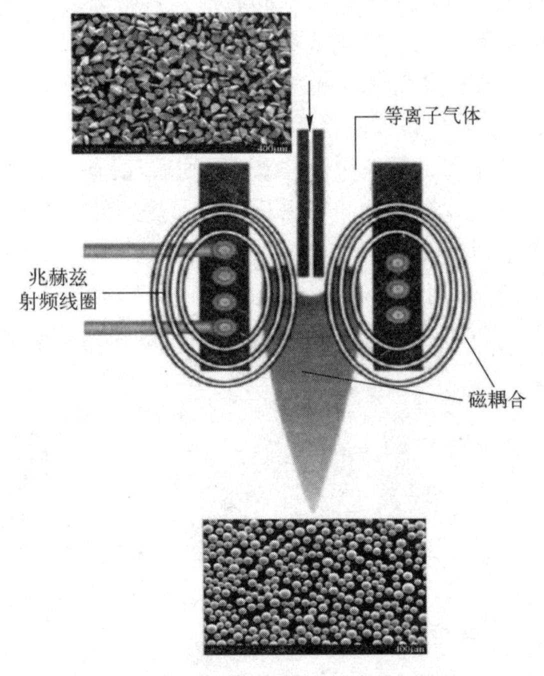

图 2-65 射频等离子球化过程示意图

射频等离子体具有温度高（约 104K）、等离子体炬体积大、能量密度高、无电极污染、传热和冷却速度快等优点，是制备组分均匀、球形度高、流动性好的高品质球形粉末的良好途径，尤其在制备稀有难熔金属、氧化物、氮化物、碳化物等球形粉末方面优势明显，如钨、钼、钽、铌、WC、TiN、ZrO_2等。射频等离子球化制粉设备一般包括等离子发生装置、球化反应系统、水冷却及气体循环系统、控制系统等，设备构造非常复杂。

等离子体法制备球形粉体具有以下优势。①球化率高。等离子体炬内最高温度可达 10000℃，原始颗粒进入炬后迅速被加热融化，但是在离开等离子体炬后，温度迅速降低，这种较大的温度梯度有利于颗粒迅速冷凝成球形，球化率可达到 90% 以上。②等离子体由惰性气体产生，这样避免了颗粒被氧化，从而大大减少了氧、氮等元素的掺入，可制得较高纯度的球形粉体。③原始粉体在等离子体炬中动态分散，可以避免颗粒的团聚和长大，制得的颗粒表面光洁度好、堆积密度增大、脆性降低、流动性好。④制备的球形颗粒表面形貌几乎都呈现规则的球形，且粒径分布均匀。⑤由于等离子体炬内部温度高，因此针对一些高熔点的金属也可以用该方法制备球形粉体。⑥热量利用率高且设备可操作性强。控制相应的工艺参数可得到不同粒径的球形粉体。在用等离子体法制备球形粉体的过程中，由于原始粉体沿轴向进入等离子体炬内，且炬内能量分布高度集中，因此对热量的利用率约为85%。虽然等离子体技术在制备球形粉体方面有独特的优势，但是仍存在等离子设备价格昂贵、生产成本高、产出率低等问题。

2.8.5　电弧微爆法

电弧微爆设备主要由4个系统组成：电弧等离子体发生系统、粉末制备系统、粉末收集系统和辅助系统（电路、移动控制系统等）。如图2-66所示，管状电极和工件分别与电源的阴极和阳极相连，通过调整控制电极和工件之间的放电间隙产生电弧等离子体。电弧等离子体的高温使工件和电极的表面熔化，形成熔融区；通过在放电间隙引入流体介质以及工件和电极的相对运动，引起电弧等离子体形态的改变，产生断弧作用。电弧等离子体产生的断弧作用会产生微爆，与流体介质的冲击作用共同将熔融区的材料粉碎排出。熔融材料在流体介质的作用下快速冷凝，抑制粉末中的成分偏析，同时由于表面张力的作用形成球形颗粒。收集凝固后的粉末，并在真空气氛下干燥，通过筛分将粉末分成不同规格。

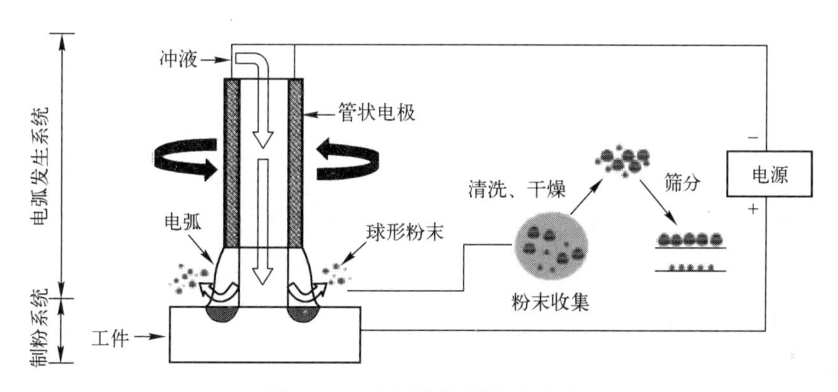

图2-66　电弧微爆制粉示意图

2.8.6　造粒烧结法

造粒烧结法主要通过造粒—烧结—脱氧三个步骤，来实现不规则材料的球化。

Pei Sun等人采用该方法制备球形钛粉，图2-67为造粒烧结法制备钛粉示意图。工序一，造粒：将氢化钛粉在热塑性溶剂中球磨，并将粒度降到10μm以下；然后加入热塑性黏结剂进行球磨后制得料浆；随后将料浆加入喷雾干燥器，并通入热氩气进行干燥，最终制得球形颗粒。工序二，烧结：在这步工序中达到球形颗粒黏结剂的脱出和颗粒固化成型两个目的，因此分两步进行。为了防止烧结过程中颗粒相互黏连，导致颗粒变得粗大，在烧结之前向制得的球形颗粒中加入无机阻隔剂达到隔离控制颗粒尺寸的目的。

该技术制得产品的球形度好、无内部孔洞、无卫星球，粒度范围为40~100μm，最终产品氧含量低至0.1%。

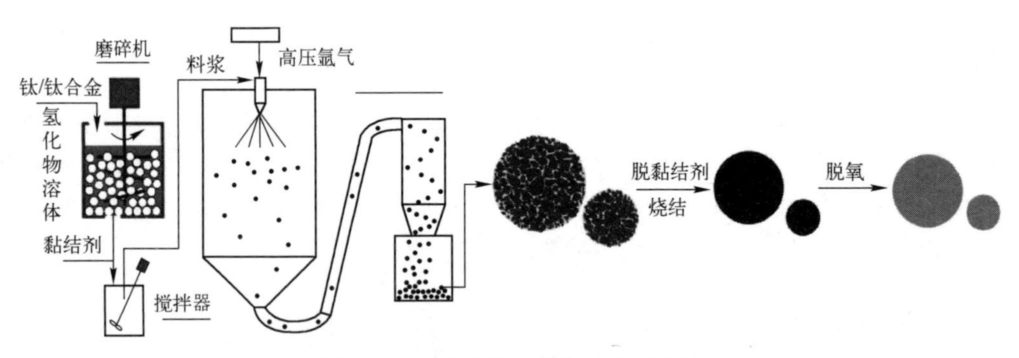

图 2-67　造粒烧结法制备钛粉示意图

2.8.7　液相合成法

液相合成法是目前实验室和工业上应用较为广泛的球形粉体材料的制备方法，它与气相法和机械物理法比较，可以在反应过程中采用多种精制手段；另外，通过得到的超微沉淀物，容易制取各种反应活性好的球形粉体材料。液相合成法的主要技术特征如下。

① 可以精确控制化学组成。

② 容易添加微量有效成分，制成多种成分均一的超微粉体。

③ 容易进行表面改性或处理，制备表面活性好的超微粉体材料和“核-壳”型复合粉体。

④ 容易控制颗粒的形状和粒径。

⑤ 工业化生产成本较低。

液相合成法制备超微粉体材料可以简单地分为物理法和化学法两大类。

物理法，将溶解度高的盐的水溶液雾化成小液滴，使液滴中的盐类呈球状迅速析出。如通过加热干燥使水分迅速蒸发，或者采用冷冻干燥使水生成冰，再使其在低温下减压升华成气体脱水，最后将这些微细的粉末盐类加热分解，得到氧化物超微粉体材料。

化学法，使溶液通过加水分解或通过离子反应生成沉淀物，如氢氧化物、草酸盐、碳酸盐、氧化物、氮化物等，种类很多。将沉淀物过滤、洗涤、干燥和加热分解，即可制成超微粉体材料。

液相合成法制备球形粉体材料的总结如图 2-68 所示。

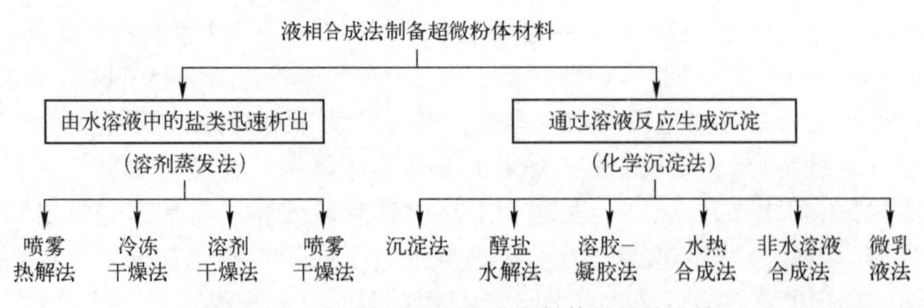

图 2-68　液相合成法制备球形粉体材料的总结

第三章　粉末成型

成型是粉末冶金工艺过程的第二道基本工序，是将粉末加工形成具有一定形状、孔隙度和强度的坯块的工艺过程。成型分普通模压成型和特殊成型两大类，前者是将金属粉末或混合料装在钢制压模内，通过模冲对粉末加压、卸压后，把压坯从阴模内压出的技术，在此过程中，粉末与粉末、粉末与模冲和模壁之间存在摩擦力，使压制过程中力的传递和分布发生改变，压力分布不均匀造成了压坯各个部分密度和强度分布的不均匀，从而在压制过程中产生一系列复杂的现象。本章将重点讲解压制成型原理、成型工艺、成型废品分析、影响成型的因素，以及成型方法。

3.1　粉末成型概述

成型是将松散的粉末加工成具有一定形状、尺寸以及具有一定密度和强度的坯块的工艺过程。虽然在通常情况下，粉末成型的坯块并不是粉末冶金的最终产品，但是粉末冶金制品所具有的形状、大小以及制品性能却与粉末冶金成型有着极大关系，所以粉末成型是粉末冶金中的一个重要工艺。

随着粉末冶金成型技术的发展，用粉末冶金方法能够生产重达几吨的大型坯锭、厚不到1mm，宽达1m，长几十米的薄板、带材、复杂的钻头、奇形怪状的零件，以及几乎达到百分之百理论密度的生坯。这些新产品的问世也有力推动了粉末冶金工艺的发展，为粉末冶金的应用展现了广阔的前景。但是粉末成型理论方面的研究尚不完善，至今成型中很多基本问题仍然不能给出较理想的解释，需要进一步加强研究。

3.2　压制成型原理

粉末冶金的基本成型方法是压制，钢压模压制成型是传统的成型方法，压制成型的原理是以钢压模压制方法为基础发展而来的。

3.2.1　粉末的压制过程

3.2.1.1　压制过程中所受的力

对压模中的粉末施加压力后，粉末颗粒间将发生相对移动，粉末颗粒将填充孔隙，使粉末体的体积减小，粉末颗粒迅速达到最紧密的堆积，直到达到所要求的密度。随着压制压力的继续增大，当压力达到和超过粉末颗粒的强度极限时，粉末颗粒发生塑性变形（对于脆性粉末来说，不发生塑性变形，出现脆性断裂），直到达到具有一定密度的坯块。

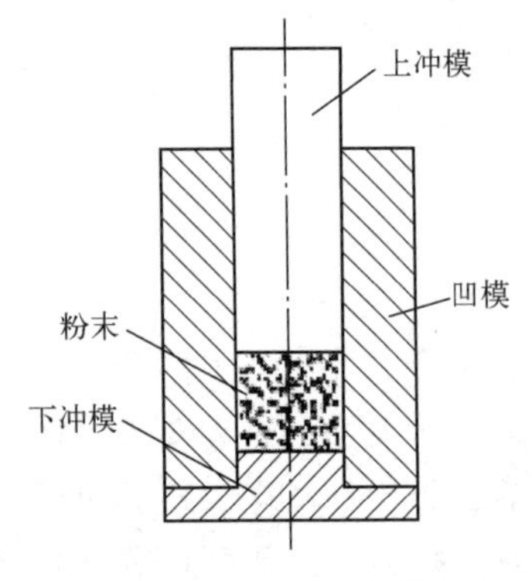

图 3-1 钢压模压制模具

粉末体在钢压模内的受力过程如图 3-1 所示，粉末体在某种程度上表现出与液体相似的性质，粉末体力图向各个方向流动，这就引起粉末体对压模模壁的压力，称之为侧压力［$P_{侧}=\xi P_{压}$，ξ 为侧压系数，$\xi=\gamma/(1-\gamma)$，γ 为泊松比］。在侧压力的作用下，压模内靠近模壁的外层粉末与模壁之间产生摩擦力（$F_{摩}=\mu P_{侧} S$，μ 为粉末与模壁的摩擦系数，S 为粉末与模壁的接触面积），这种摩擦力的出现会使压坯在高度方向上存在明显的压力降（导致压坯各部分粉末致密化不均匀）。

压制过程中，粉末颗粒要经受不同程度的弹性变形和塑性变形，因此压坯内聚集了很大的内应力（见图 3-2）。去除压力后，压坯由于这些应力的作用会力图膨胀。把压坯脱出压模后，压坯发生膨胀的现象称之为弹性后效（$\check{S}=L-L_0/L_0$）。

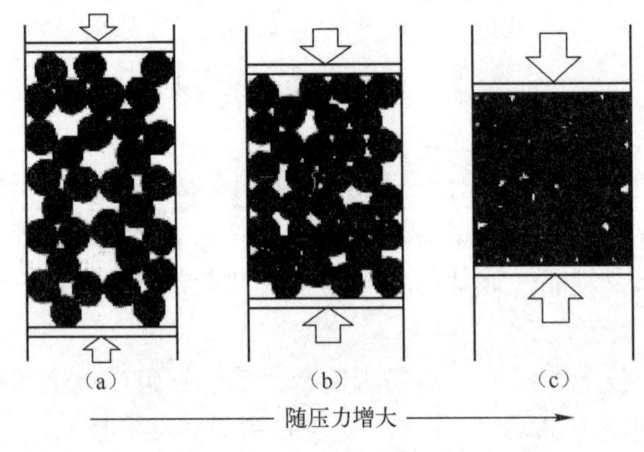

图 3-2 金属粉末压制示意图

压制中，去除压力后，压坯仍会紧紧地固定在压模内。为了从压模中取出压坯，还需要对压坯施加一定的压力，这个压力为脱模压力（一般为压制压力的 10%~30%）。

金属粉末压制过程的实质就是粉末颗粒体被压缩而发生变形。

3.2.1.2 粉末体的特性

在生产实践中可以看到，粉末体类似于一般的气体和液体，都具有一定的流动性，还与气体一样可以压缩。气体虽然可以压缩，但在卸压后不能成型；而液体一般不能压缩，也不能成型。这说明粉末体不同于一般的气体和液体，有以下几个特性。

一是多孔性。粉末体是固体和气体微细颗粒的混合体，这些气体存在于粉末颗粒的孔隙之中，也就是说这些气体在粉末体中形成了孔洞。例如，细钨粉的松装密度为 1.5~2g/cm³，而致密钨的密度为 19.3g/cm³，由此可见，钨粉中的孔隙度高达 90%左右。一般情况下，在未压制的金属粉末中，孔隙占整个粉末体积的 50%以上，通常为 70%~85%。

粉末颗粒在自由堆积时的搭接造成比颗粒大很多倍的大孔，这种现象叫拱桥效应。

由于粉末体中有大量的孔隙存在，粉末松装时粉末颗粒间的接触只产生一些点、线或较小的面，因此这种颗粒间的连接是十分不牢固的，故粉末体本身处于一种非常不稳定的平衡状态，一旦受到外力的作用，这种不稳定的平衡状态就会被破坏，粉末颗粒产生一系列相对位移。从粉末冶金的概念来看，这叫粉末体的不稳定性和易流动性。

二是发达的比表面积。例如，边长为1mm的小正方体的表面积为$6mm^2$，如果将其破碎为边长为0.1mm的小立方体，其表面积为$60mm^2$，即增加十倍。在实践中，粉末体颗粒往往比0.1mm小得多，因此粉末体的比表面积是非常发达的。

另外，由于粉末颗粒形状十分复杂，即粉末颗粒表面是十分粗糙、多棱和凹凸不平的，所以当粉末体被压缩时，粉末颗粒间可以产生十分复杂的机械啮合，压力卸除后，压坯仍然维持其形状不变。再者，粉末体被压缩时，粉末颗粒间由简单的点、线和小块的面接触变为大量的面接触，这时颗粒间接触面积增加的数量级比压坯密度提高的数量级要大几千倍，甚至若干万倍，粉末颗粒之间产生一种原子间的引力。结果，粉末体经压制成型后，不仅能维持其一定的形状，还可以使压坯具有一定的强度，即粉末具有良好的成型性。

3.2.1.3 粉末颗粒的变形与位移

粉末体的变形不仅依靠粉末颗粒本身形状的变化，还依赖于粉末颗粒的位移和孔隙体积的变化。

图3-3为归纳出的粉末颗粒位移的几种形式：（a）粉末颗粒的接近，在接近的第一阶段，两颗粉末颗粒可能尚未接触，在外力作用下，两颗粉末颗粒在方向相反的力的作用下相互接近，而使接触部分增加；（b）粉末颗粒的分离，两颗粉末颗粒在方向相反力的作用下彼此分离，接触部分减少，甚至完全分离；（c）粉末颗粒的滑动，位移时在接触部分发生粉末颗粒的滑动；（d）粉末颗粒的转动，即上面的粉末颗粒受到一个力的作用，使其相对于下面的粉末颗粒发生转动；（e）粉末颗粒的移动，由于脆性破坏或磨削作用使粉末颗粒产生的移动。生产实践中，粉末颗粒的位移可能同时以几种形式存在。

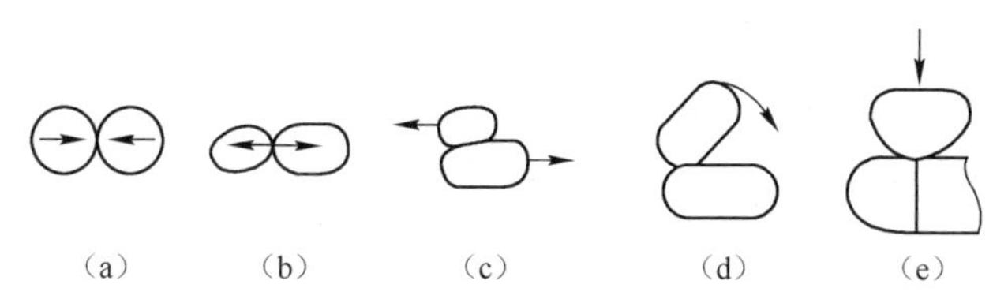

（a）粉末颗粒的接近；（b）粉末颗粒的分离；（c）粉末颗粒的滑动
（d）粉末颗粒的转动；（e）粉末颗粒的移动

图3-3 粉末颗粒位移的形式

粉末体的位移常常伴随着粉末体的变形。粉末体的变形与致密金属的变形有所不同，一般认为致密金属变形时无体积变化。而粉末体的变形，不仅会使粉末体的形状改变（弹性变形、塑性变形和脆性断裂——与致密材料一样），还会使粉末体体积发生变化。如前所述，粉末体在受压后体积大大减少，这是因为粉末体在压制时不但发生了位移，而且发生了变形。粉末体变形可能有3种情况。

（1）弹性变形。外力卸除后粉末体形状可以恢复到原形。

（2）塑性变形。压力超过粉末体的弹性极限后，变形不能恢复原形。压缩铜粉的实验指出，发生塑性变形所需要的单位压力大约是该材质弹性极限的 2.8~3 倍。金属塑性越大，塑性变形也就越大。

（3）脆性断裂。单位压制压力超过强度极限后，粉末颗粒发生粉碎性的破坏。当压制难熔金属（如钨、钼）或其化合物（如 WC、Mo_2C 等脆性粉末）时，金属与粉末体除有少量塑性变形外，主要会发生脆性断裂。

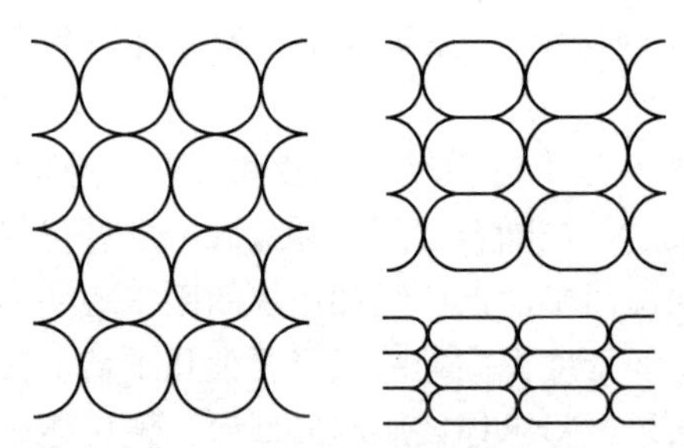

图 3-4　压制时粉末体的变形

压制时粉末体的变形如图 3-4 所示。由图可知，压力增大时，粉末颗粒发生形变，由最初的点接触逐渐变成面接触，接触面积随之增大，粉末颗粒由球形变为扁平状，当压力继续增大时，粉末就可能碎裂。

3.2.2　压制过程中压坯的受力分析

压制是一个十分复杂的过程。粉末体在压制中之所以能够成型，关键在于粉末体本身的特征。而影响压制过程的各种因素中，压制压力又起着决定性的作用。

3.2.2.1　应力和应力分布

压制压力作用在粉末体上分为两部分，一部分用来使粉末体产生位移、变形和克服粉末体的内摩擦，这部分力称为净压力，常以 P_1 表示；另一部分力用来克服粉末颗粒与模壁之间的外摩擦，这部分力称为压力损失，通常以 P_2 表示。因此，压制时所用的总压力为净压力与压力损失之和，即

$$P=P_1+P_2$$

压模内模冲、模壁和底部的应力分布如图 3-5 所示。由图可知，压模内各部分的应力是不相等的。由于存在压力损失，上部应力比底部应力大；在接近模冲的上部同一断面，边缘的应力比中心部位大；而在远离模冲的底部，中心部位的应力比边缘应力大。

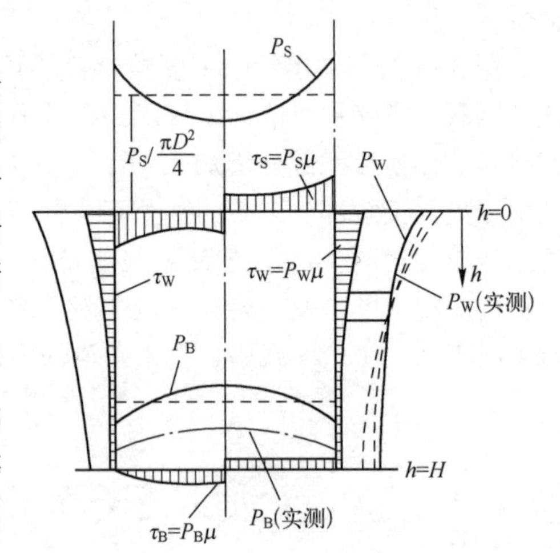

P_S—模冲压力；P_W—模壁压力；P_B—底部压力；
τ_S—模冲的剪切应力；τ_W—模壁的剪切应力；
τ_B—底部的切应力；h—两断面间距离；
H—最大距离；μ—摩擦因数

图 3-5　压模内模冲、模壁和底部的应力分布

3.2.2.2　侧压力和模壁摩擦力

粉末体在压模内受压时，压坯会向四周膨胀，模壁就会给压坯一个大小相等、方向相反的作用力，压制过程中由垂直压力所引起的模壁施加于压坯的侧面压力称为侧压力。由于粉末颗粒之间的内摩擦和粉末颗粒与模壁之间的外摩擦等因素的影响，压力不能全部均匀地传递，传到模壁的压力将始终小于压制压力，即侧压力始终小于压制压力。为了分析受力情况，取一个简单的方体压坯来进行研究，如图 3-6 所示。

当压坯受到正压力 P（z 轴方向）作用时，正压力 P 力图使压坯在 y 轴方向产生膨胀。由力学可知，此膨胀值 Δl_{y1} 与材料的泊松比 v 和正压力 P 成正比，与弹性模量 E 成反比，即

$$\Delta l_{y1}=v\frac{P}{E} \tag{3-1a}$$

在 x 轴方向的侧压力也力图使压坯在 y 轴方向膨胀，膨胀值为 Δl_{y2}，即

$$\Delta l_{y2}=v\frac{P_{侧}}{E} \tag{3-1b}$$

然而，y 轴方向的侧压力对压坯的作用是使其压缩 Δl_{y3}，即

$$\Delta l_{y3}=\frac{P_{侧}}{E} \tag{3-2}$$

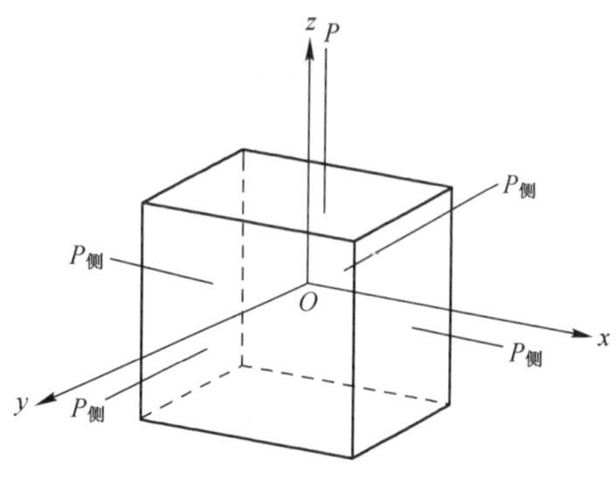

图 3-6　方形压坯受力示意图

由于压坯在压模内不能侧向膨胀，在 y 轴方向的膨胀值之和（$\Delta l_{y1}+\Delta l_{y2}$）应等于其压缩值 Δl_{y3}，即

$$\Delta l_{y1}+\Delta l_{y2}=\Delta l_{y3}$$

$$v\frac{P}{E}+v\frac{P_{侧}}{E}=\frac{P_{侧}}{E}$$

$$v\frac{P}{E}=\frac{P_{侧}}{E}(1-v)$$

$$\frac{P_{侧}}{P}=\xi=\frac{v}{1-v}$$

$$P_{侧}=\xi P=\frac{v}{1-v}P \tag{3-3}$$

式（3-3）中单位侧压力与单位压制压力的比值 ξ 称为侧压系数，P 为垂直压制压力或轴向压力。

同理，也可以沿 x 轴方向推导出类似的公式。

侧压力的大小受到粉末体性能及压制工艺的影响，在上述公式的推导中，只是假定在弹性变形范围内有横向变形，既没有考虑粉末体的塑性变形，又没有考虑粉末体特性及模壁变形的影响。这样把仅使用于固体物体的胡克定律应用到粉末压坯上来，与实际情况是不尽相符的，因此，按照式（3-3）计算出来的侧压力只能是一个估计值。

还应指出，上述侧压力是一种平均值。由于外摩擦力的影响，侧压力在压坯的不同高度上是不一致的，即随着高度的降低，侧压力逐渐下降。侧压力的降低大致具有线性特性，且直线倾斜角随压制压力的增加而增大。有资料介绍，高度为 7cm 的铁粉压坯试样，在单向压制时试样下层的侧压力比顶层的侧压力小 40%~50%。

目前还需要继续进行关于侧压力理论和实验的研究。研究这个问题的重要性是，如果没有侧压力的数值，就不可能确定平均压制压力，而这种平均压制压力是确定压坯密度变化规律时必不可少的。

在一般情况下，外摩擦的压力损失取决于压坯、原料与压模材料之间的摩擦因数、压坯与压模材料间黏结倾向、模壁加工质量、润滑剂情况、粉末压坯高度和压模直径等因素。外摩擦的压力损失可用下面的公式表示，即

$$\Delta P=\mu P_{侧}$$

式中，ΔP 为摩擦的压力损失；$P_{侧}$ 为总侧压力；μ 为摩擦因数。

外摩擦的压力损失 ΔP 与正压力 P 之比为

$$\frac{\Delta P}{P}=\frac{\mu P_{侧}}{P}=\frac{\mu\xi\pi D\Delta HP}{\frac{\pi D^2}{4}P}=\mu\xi\frac{4\Delta H}{D}$$

即

$$\frac{\mathrm{d}P}{P}=\mu\xi\frac{4}{D}\mathrm{d}H$$

积分整理后，可得

$$P'=Pe^{-4\frac{H}{D}\xi\mu} \tag{3-4}$$

式中，P'为下模冲的压力；P 为上模冲的作用力，即总压制压力；H 为压坯高度；D 为压坯直径。

上述的经验公式已被许多实验所证实，即沿高度方向的压力降和压坯直径呈指数关系。

当压坯的截面积与高度之比一定时，压坯尺寸越大，压坯中与模壁不发生接触的颗粒越多，即不受外摩擦力影响的粉末颗粒的百分数越大。所以压坯尺寸越大，用于克服外摩擦所损失的压力越小。

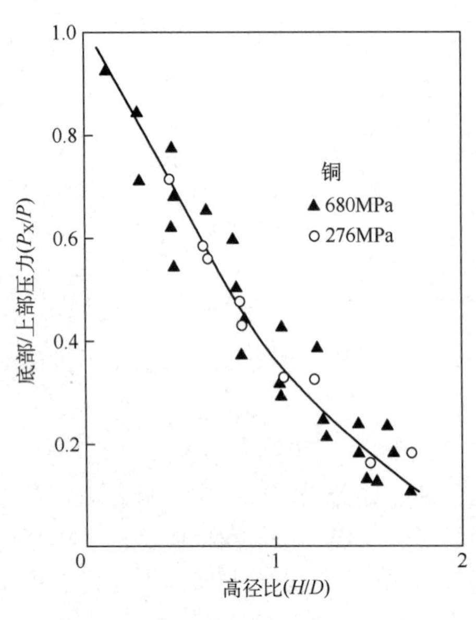

图 3-7 铜粉压坯中的压力分布与压坯高度的关系

图 3-7 给出了铜粉压坯中的压力分布与压坯高度的关系。压坯底部的压力以使用的压力为标准，压坯的厚度以直径为标准。虽然数据分散，但是可以明显地看出随着压坯高度的增加，压力发生明显的衰减。

图 3-7 也体现了式（3-4）的变化规律，在高度方向上，压制压力的减少是由于存在模壁摩擦力。实际压制时在模冲表面上也存在摩擦力，这会给压力施加一个轴向分量。双向压制会在上模冲和下模冲运动时因摩擦力的阻碍而导致粉末沿压制方向运动，在压制时形成对应压力等高线。式（3-4）同样适用于双向压制。与单向压制相比，双向压制使压坯上压力的分布更加均匀。在单向和双向两种压制方式下，压力的衰减都取决于压坯的高径比。随着压坯直径的减小，压力随高度下降很快。所以，要得到密度均匀的压坯应使用小的高径比。单向压制通常只适用于几何形状简单的产品。

单向压制时平均压制应力为

$$\sigma=1-2\mu\xi\left(\frac{H}{D}\right) \tag{3-5a}$$

双向压制时平均压制应力为

$$\sigma=1-\mu\xi\left(\frac{H}{D}\right) \tag{3-5b}$$

平均应力也取决于压坯高径比几何因子（H/D）、轴向/径向压力比值、侧压系数（ξ）和模壁摩擦因数（μ）。在压坯高度小、直径大、有模壁润滑时可以获得高的平均应力，模壁的摩擦降低了压制效率。由于压坯密度很大程度上取决于压力的大小，模壁的摩擦造成压坯的密度沿压坯高度方向分布不均匀。压坯的尺寸和形状也会影响密度分布，但最重要的影响参数还是压坯的高径比。当压制长度较大的零件时，可以使用一些其他的方法，如冷等静压等，以避免模壁的摩擦问题。

模壁的摩擦造成了压力损失，使得压坯的密度分布不均匀，甚至还会因粉末颗粒不能顺利充填某些棱角部位而出现废品。为了减少因摩擦出现的压力损失，可以采取如下措施：①添加润滑剂；②减小模具的表面粗糙度和提高硬度；③改进成型方式，如采用双面压制等。

摩擦力对于压制虽然有不利的方面，但也可加以利用，来改进压坯密度的均匀性，如带摩擦芯杆或浮动压模的压制。

3.2.2.3　脱模压力

使压坯由模中脱出所需的压力称为脱模压力，它与压制压力、粉末性能、压坯密度和尺寸、压模和润滑剂等有关。

脱模压力 F 可以用压坯与模壁之间的静摩擦力来计算，如式 3-6 所示

$$F=\mu_{静} P_{侧剩} S_{侧} \tag{3-6}$$

式中，$\mu_{静}$为粉末与模壁之间的静摩擦系数；$P_{侧剩}$为撤去压制压力后压坯对阴模模壁的侧向应力（MPa）；$S_{侧}$为压坯与阴模模壁接触的表面面积（m^2）。

脱模压力与压制压力的比例，取决于摩擦因数和泊松比。除去压制压力之后，如果压坯不发生任何变化，则脱模压力应当等于粉末与模壁的摩擦力损失。然而，压坯在压制压力消除之后要发生弹性膨胀，压坯沿高度伸长，侧压力减小。铁粉压坯卸除压力后，侧压力降低35%。塑性金属粉末，因其弹性膨胀不大，脱模压力与摩擦力损失相近。铁粉的脱模压力与压制压力 P 的关系为 $P_{脱}\approx 0.13P$，硬质合金粉末在大多数情况下 $P_{脱}\approx 0.3P$。

脱模压力随着压坯高度增加而增加，在中小压制压力（小于 300~400MPa）的情况下，脱模压力一般不超过 $0.3P$。当使用润滑剂来压制铁粉时，可以将脱模压力降低到 $0.03\sim0.05P$。

3.2.2.4　弹性后效

在压制过程中，去除压制压力并把压坯压出压模之后，由于内应力的作用，压坯发生弹性膨胀，这种现象称为弹性后效。弹性后效通常以压坯胀大的百分数表示，即

$$\delta=\frac{\Delta l}{l_0}\times 100\%=\frac{l-l_0}{l_0}\times 100\% \tag{3-7}$$

式中，δ 为沿压坯高度或直径的弹性后效；l_0 为压坯卸压前的高度或直径；l 为压坯卸压后的高度或直径。

产生弹性后效现象的原因是：粉末在压制过程中受到压力作用，粉末颗粒发生弹塑性变形，从而在压坯内部聚集很大的弹性内应力，其方向与颗粒所受的外力方向相反，力图阻止粉末颗粒变形。当压制压力消除后，弹性内应力松弛，改变粉末颗粒的外形和粉末颗粒间的接触状态，这就使粉末压坯发生膨胀。如前所述，压坯各个方向的受力大小不一样，因此，

弹性内应力也不相同，所以压坯的弹性后效有各向异性的特点。由于轴向压力比侧压力大，沿压坯高度的弹性后效比径向的要大一些。压坯在压制方向的尺寸变化可达5%~6%，而垂直于压制方向上的尺寸变化为1%~3%，不同方向上的弹性后效与压制压力的关系如图3-8和图3-9所示。

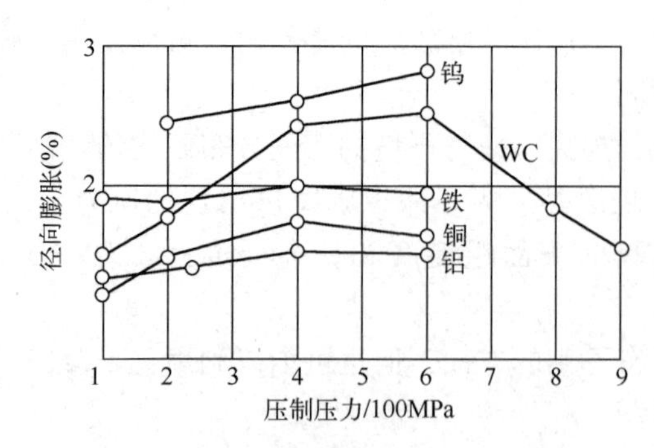

图3-8　径向的弹性后效与压制压力的关系

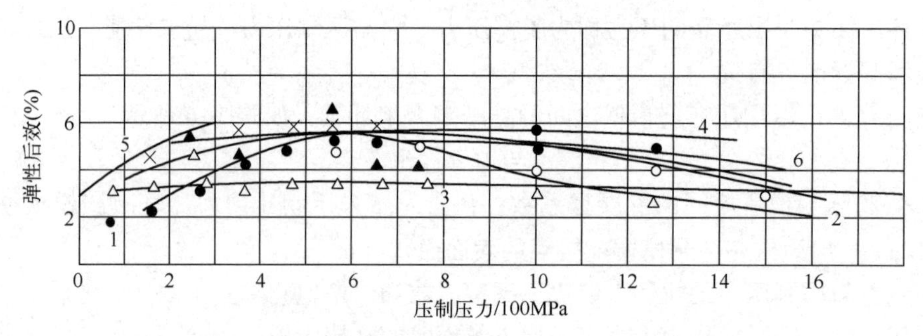

1—雾化铝粉；2—研磨铬粉；3—旋涡铁粉；4—电解铁粉（w_{FeO}=1.42%）；

5—电解铜粉；6—电解铁粉（w_{FeO}=25%）

图3-9　轴向的弹性后效与压制压力的关系

3.2.3　压坯密度及其分布

3.2.3.1　压坯密度的分布

压制过程的目的之一是得到一定的压坯密度，并力求密度均匀分布。但是实践表明，在摩擦力的作用下，压坯的密度分布在高度和横截面上是不均匀的。例如，在压力P=700MPa，凹模直径D=20mm，高径比H/D=0.87的条件下，铁粉各部分的密度分布如图3-10所示。图3-10所示的数据表明，在与模冲相接触的压坯上层，密度都是从中心向边缘逐步增大的，顶部的边缘部分密度最大；在压坯的纵向层中，密度沿着压坯高度由上而下降低。但是，在靠近模壁的层中，由于外摩擦的作用，轴向压力的降低比压坯中心大得多，使压坯底部的边缘密度比中心密度低。因此，压坯下层密度和硬度的分布状况和上层相反。

另外，压坯中密度分布的不均匀性，在很大程度上可以用不同的压制方式来改善。如把单向压制改为双向压制，压坯沿轴线方向的密度分布就有很大改善。在双向压制时，与上、下模冲接触的两端密度较高，而中间部分的密度较低（见图3-11、图3-12）。

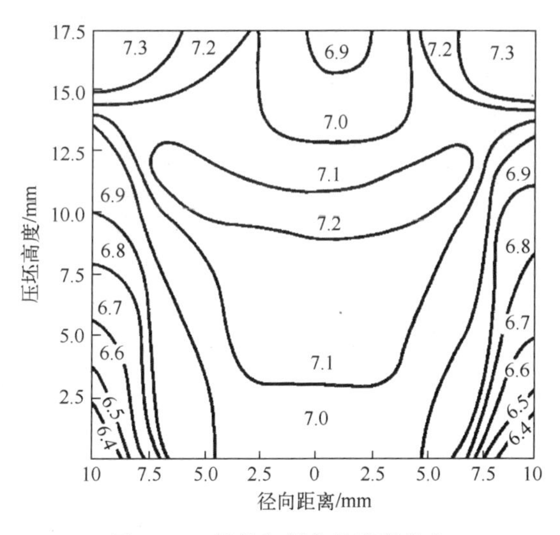

图 3-10　铁粉各部分的密度分布

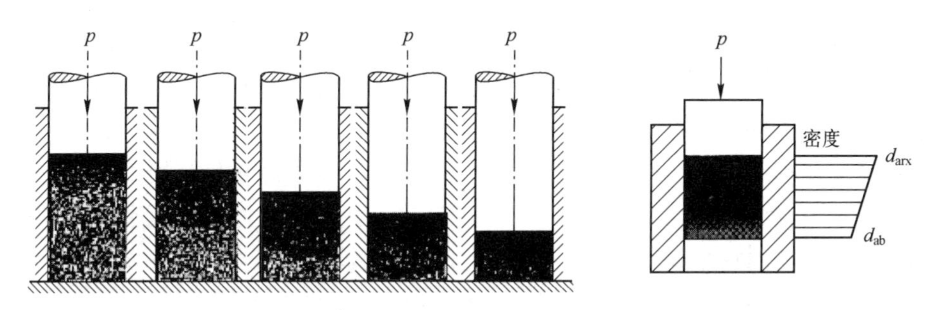

图 3-11　单向压制过程及压坯密度沿高度的分布

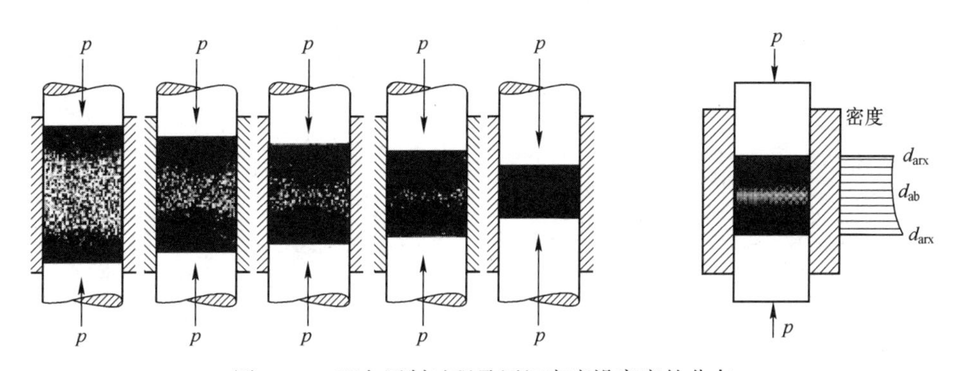

图 3-12　双向压制过程及压坯密度沿高度的分布

实践中，为了使压坯密度分布得更加均匀，还可采取利用摩擦力的压制方法。虽然外摩擦是密度分布不均匀的主要原因，但在许多情况下却可以利用粉末与压模零件之间的摩擦来减小密度分布的不均匀性。例如，套筒类零件（如汽车钢板销衬套、含油轴套、气门导管等）就应在带有浮动阴模或摩擦芯杆的压模中进行压制。因为阴模或芯杆与压坯表面的相对位移可以引起模壁或芯杆相接触的粉末层的移动，从而使得压坏密度沿高度分布得均匀一些，如图 3-13 所示。

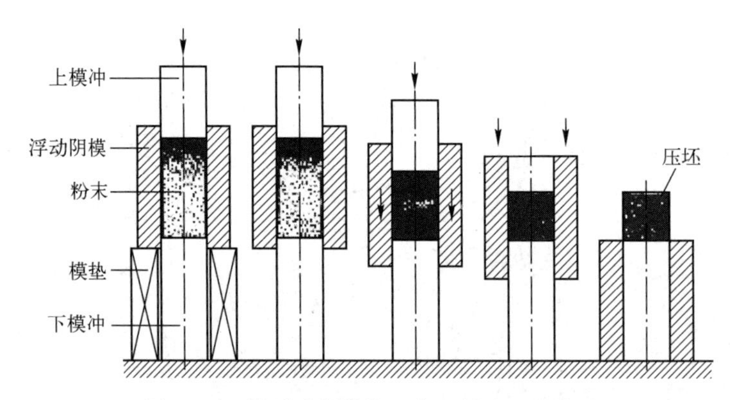

图 3-13 带浮动阴模的双向压制过程示意图

3.2.3.2 影响压坯密度分布的因素

前面已经分析过压制时所用的总压力为净压力与压力损失之和，而这种压力损失是在普通钢模压制过程中造成压坯密度分布不均的主要原因。实践证明，增加压坯的高度会使压坯各部分的密度差增加；而加大直径则会使密度分布更加均匀，即高径比越大，密度差别越大。为了减小密度差别，降低压坯的高径比是适宜的。因为高度减少之后压力沿高度的差异相对减少了，使密度分布得更加均匀。

采用模壁光洁程度很好的压模并在模壁上涂润滑油，能够减小外摩擦因数，改善压坯的密度分布。压坯中密度分布的不均匀性，在很大程度上可以用双向压制法来改善。在双向压制时，与模冲接触的两端密度较高，而中间部分的密度较低，如图 3-14 所示。电解铜粉压坯的密度分布情况如图 3-15 所示。

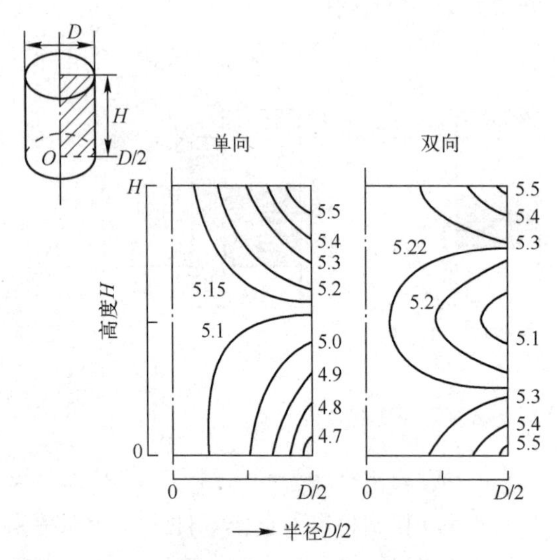

图 3-14 单向压制与双向压制压坯沿高度的变化

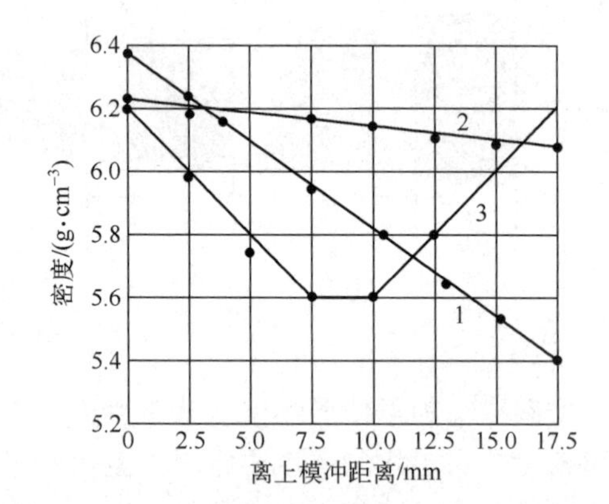

1—单向压制无润滑剂；2—单向压制添加 4%石墨粉；3—双向压制无润滑剂

图 3-15 电解铜粉压坯的密度分布情况

由图 3-15 可知，单向压制时，压坯中各截面平均密度沿高度方向直线下降（直线 1）；在双向压制时，尽管压坯的中间部分有一密度较低的区域，但密度的分布状况已有了明显的改善（折线3）。

为了使压坯密度分布尽可能均匀，生产上可以采取下列行之有效的措施：①压制前对粉末进行还原退火等预处理，消除粉末的加工硬化，减少杂质含量，提高粉末的压制性能；②加入适当的润滑剂或成型剂，如在铁基零件的混合料中加硬脂酸锌、润滑油、硫等，硬质合金混合料中加入橡胶（石蜡）、汽油溶液或聚乙烯醇等塑料溶液等；③改进加压方式，根据压坯高度（H）和直径（D）或厚度（δ）的比值而设计不同类型的压模，当$\frac{H}{D}\leqslant1$，而$\frac{H}{\delta}\leqslant3$时，可采用单向压制；当$\frac{H}{D}>1$，而$\frac{H}{\delta}>3$时，则需采用双向压制；当$\frac{H}{D}$为4~10时，需要采用带摩擦芯杆的压模或双向浮动压模、引下式压模等；当对压坯密度的均匀性要求很高时，则需采用等静压压制成型；对于很长的制品，则可以采用挤压或等静挤压成型；④改进模具构造或者适当改变压坯形状，使不同横截面的连接部位不会出现急剧的转折；模具的硬度一般需要达到58~63HRC；在粉末运动部位，模具的表面粗糙度应低于$Ra0.3\mu m$，以便降低粉末与模壁的摩擦因数，减少压力损失，提高压坯的密度均匀性。

3.2.4　压制压力与压坯密度的关系

3.2.4.1　压坯密度的变化规律

对装于压模中的松装粉末加压时，压坯的相对密度（压坯密度/相同成分致密金属的密度）会发生如图3-16的规律性变化。

阶段Ⅰ（曲线a），施加压力后，拱桥破坏，粉末颗粒位移，填充孔隙，并达到最大充填密度。结果，压坯体积减小，密度迅速增加。例如，在压制铁粉时，压力从零增加到$2t/cm^2$时，压坯密度从$1.8g/cm^3$增加至$5g/cm^3$，即提高了近三倍。

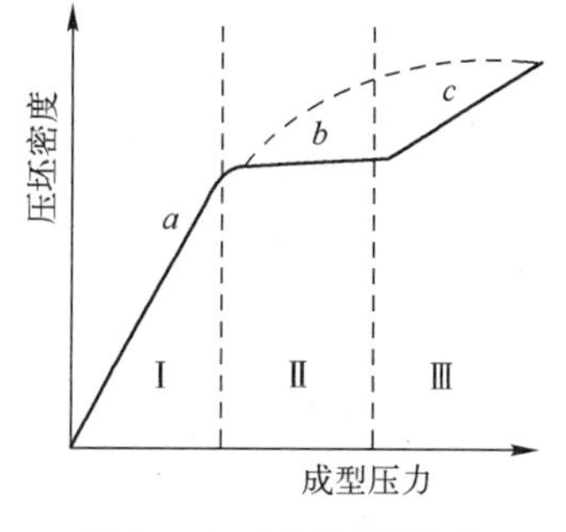

图3-16　压坯密度与成型压力的关系

阶段Ⅱ（曲线b），压坯经过第一阶段压缩后，密度已达一定值。这时粉末体出现了一定的压缩阻力，此时压力虽然继续增加，但是压坯密度增加很少，这是因为此时粉末颗粒的位移已大大减小，而其大量的变形却未开始。

阶段Ⅲ（曲线c），当压力继续增大，超过粉末材料的临界应力值（屈服极限或强度极限）时，粉末颗粒开始变形或断裂。由于位移和变形同时起作用，压坯密度又随之增大。

粉末压制过程分阶段的说法是近似的、理想的。事实上大多数金属粉末在压制时都看不到这种明显的分为3个阶段的特征。例如，对于铜、铂等塑性材料，压制时阶段Ⅱ很不明显，往往是阶段Ⅰ，Ⅲ相互连接。对于硬度很大的材料，则阶段Ⅱ很明显，而要使阶段Ⅲ表现出来则需相当高的压力。图3-17为人们实际测量的不同粉末的压坯密度与压制压力的关系曲线。

3.2.4.2　压制压力与压坯密度的定量关系（压制方程）

寻找一个压制方程来描述粉末体在压制压力作用下压坯密度增高的现象，一直就是与粉

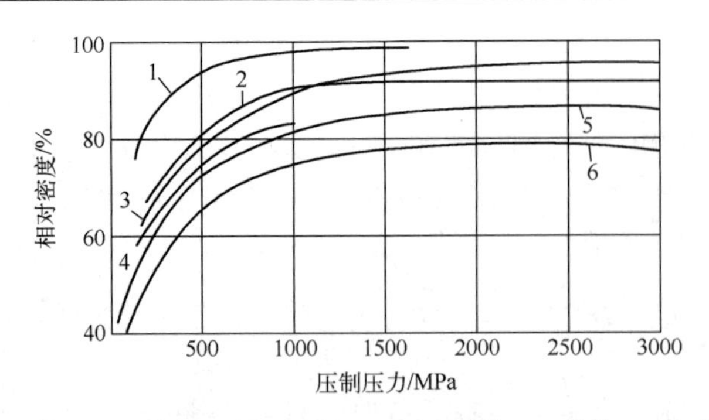

1—银粉；2—涡旋铁粉；3—铜粉；4—还原铁粉；5—镍粉；6—钼粉

图 3-17 不同粉末压坯密度与压制压力的关系曲线

末有关的工艺领域中的一个重要课题。因此，近几十年来国内外的粉末冶金工作者在这个方面做了大量工作。自从 1923 年汪克尔根据实验首次提出了粉末体的相对体积与压制压力的经验公式以来，现在提出的压制压力与压坯密度的定量关系式已经有几十种。其中以巴尔申、川北、艾西方程最为重要，我国也研究出了黄培云压制方程。这些理论和经验公式如表 3-1 所示。

表 3-1 几种典型的压制方程

序号	提出日期	著者名称	公式	注解
1	1923	汪克尔	$\beta=\kappa_1-\kappa_2\lg P$	κ_1、κ_2—系数 P—压制压力 β—相对体积
2	1930	艾西	$\theta=\theta_0 e^{-\beta P}$	θ—压力 P 时的孔隙度 θ_0—无压时的孔隙度 β—压缩系数
3	1938	巴尔申	$\frac{dP}{d\beta}=-LP$ $\lg P_{max}-\lg P=L(\beta-1)$ $\lg P_{max}-\lg P=m\lg\beta$	P_{max}—相应于压至最紧密状态($\beta=1$)时的单位压力 L—压制因素 m—系数 β—相对体积
4	1948	史密斯	$d_{压}=d_{松}+\kappa\sqrt[3]{P}$	$d_{压}$—压坯密度 $d_{松}$—粉末松装密度
5	1956	川北公夫	$C=\frac{abP}{1+bP}$	C—粉末体积减少率 a、b—系数
6	1961	黑克尔	$\ln\frac{1}{1-D}=\kappa P+A$	A、κ—系数
7	1962	尼古拉耶夫	$P=\sigma_s CD\ln\frac{D}{1-D}$	σ_s—金属粉末的屈服极限 C—系数
8	1962	米尔逊	$\lg(P+\kappa)=-n\lg\beta+\lg P_k$	P_k—金属最大压密时的临界压力 κ、n—系数
9	1963	库宁尤尔饮料	$d=d_{max}-\frac{\kappa_0}{d}e^{-aP}$	d_{max}—压力无限大时的极限密度 a、κ_0—系数

续表

序号	提出日期	著者名称	公　式	注　解
10	1963	平井西夫	$\frac{d\varepsilon}{dt}=\left(\frac{\beta}{\phi}t^{k}f^{\beta-1}\right)\frac{df}{dt}+\left(\frac{K}{\phi}t^{k-1}f^{\beta-1}\right)f$	f—外力 ε—应变 Φ、β、K—系数
11	1964~1980	黄培云	$\lg\ln\frac{(d_m-d_0)d}{(d_m-d)d_0}=n\lg P-\lg M$ $m\lg\ln\frac{(d_m-d_0)d}{(d_m-d)d_0}=\lg P-\lg M$	d_m—致密金属密度 d_0—压坯原始密度 d—压坯密度 P—压制压强 M—相当于压制模数 n—相当于硬化指数的倒数 m—相当于硬化指数
12	1973	巴尔申 查哈良 马奴卡	$P=3^{a}P_0\rho^2\frac{\Delta\rho}{\theta_0}$	P—压制压力 P_0—初始接触应为 ρ—相对密度 θ_0—$(1-\rho)$ $a=\frac{\rho^2(\rho-\rho_0)}{\theta_0}$

该表所列的压制方程没有一个十分理想的，原因有三个方面。一是大多数方程是从与实验数据吻合出发，作者没有去认真考虑过程进行所依据的物理原理。二是这些公式中均含有常数，而这些常数往往是不能由分析和计算来确定的，必须根据实验所测的压力和密度值确定。并且这些常数，因粉末材质不同和压制时条件差异可以变化。三是压制过程十分复杂，而在推导理论公式时人们往往把这样复杂的过程过分简单化了，如在粉末压制过程中，摩擦力的影响不仅存在，而且十分重要，可是许多学者在研究中假定没有摩擦力的影响。

由于以上原因，这些公式都具有很大的局限性，至今还不能完全指导生产实践。当前常用的压坯密度和压制压力呈幂指数关系，具体是：ρ(密度)$=bP^a$（式中 a、b 为常数，P 为压制压力）。

3.2.4.3　新的压制成型方程

虽然上述方程在一定程度上反映了粉体室温模压过程的本质，对粉体成型理论的发展作出了重要贡献，并对粉体成型的工程实践有重要的指导作用，但也存在一定的局限性。对粉体材料在室温模压过程中的各种变形机制进行综合分析，所有变形机制分为两类：弹性变形和塑性变形。然后，分别从这两类变形出发，推出相应的数学表达式，再用适当的方式（模型）把它们综合起来，推导出全面反映各种变形机制的粉体的新压制方程，即

$$\ln P=m\ln(\ln D/D_0)-n\cdot(D_m-D)D_m+\ln M_0/K \tag{3-8}$$

式中，P 为外加压力（MPa）；D 为压坯的密度（g/cm^3）；D_0 为粉体的摇实密度（g/cm^3）；D_m 为材料的理论密度（g/cm^3）；m 为无量纲参数；n 为无量纲参数；M_0 为压坯的压制模量（MPa）；K 为无量纲参数。

从该方程的推导过程可知，方程所包含的四个参数 m、n、M_0 和 K 都有明确的物理意义。其中无量纲参数 m 表示压制过程中粉体塑性变形机制（包括粉末重新排列、颗粒破碎、局部塑性变形和伴随的金属粉末加工硬化对压制过程的影响程度，一起定义为粉体的塑性变

形性能)；M_0 是孔隙度趋近零的压坯的压制模量，它是一个与致密材料的杨氏模量类同的物理量，其量纲为 MPa；n 是无量纲参数，表示压坯的压制模量对压坯孔隙度的依赖程度，主要取决于孔隙的形状；K 是一个与压坯形状以及模具与压坯之间的静摩擦系数有关的无量纲参数。该方程适用于各种陶瓷粉末、金属粉末以及陶瓷与金属混合粉末，并适用于具有各种粒径、粒径分布及颗粒形状的粉体。为了进一步验证和理解式（3-8），有必要对其所包含的参数的物理意义进行进一步研究。对于形状简单、体积较小的压坯，在模具的工作面的光洁度好且使用润滑剂的情况下，K 可以视为常数。

3.2.5 压坯强度

在粉末体成型的过程中，压坯强度随压制压力的增加而增加。对于压坯强度有两种观点。一种观点认为，粉末压坯强度决定于粉末颗粒之间的机械啮合力，即取决于粉末颗粒表面的凹凸结构所构成的楔住和勾连。另一种观点认为，压坯强度决定于粉末颗粒原子间的结合力，即粉末颗粒表面的原子靠近到一定距离后，原子之间便产生引力，这种引力使压坯具有一定强度。

应当注意，上述两种力在压坯中所起的作用并不相同，起到的作用与粉末的压制过程有关。对于金属粉末来说，压制时粉末颗粒之间的机械啮合力是使压坯具有一定强度的主要因素。

压坯强度指压坯反抗外力作用保持其几何形状尺寸不变的能力，是反映粉末质量优劣的重要标志之一。压坯强度的测定方法目前主要有压坯抗弯强度试验法和压坯边角稳定性转鼓试验法。

压坯抗弯强度试验法的试样规格是 12.7×6.35×31.75mm，在万能拉压试验机上测出破断负荷，根据下式计算，即

$$\sigma_{bb}=3PL/2bh^2(\mathrm{kg/mm^2})$$

边角稳定性转鼓试验法是将 Φ12.7×6.35mm 圆柱状试样压坯，装入 14 目的金属网制鼓筒中，以 87r/min 的速度转动 1000r，测定压坯的质量损失率来表示压坯强度，质量损失率越大，压坯强度越低。

$$S=(A-B)/A\times100\%$$

3.2.6 成型剂

所谓成型剂是指有利粉末压制生坯过程的添加剂，过去人们习惯称之为润滑剂、黏结剂等，其实其作用并不仅在于润滑黏结。使用成型剂，目的还在于促进粉末颗粒变形，改善压制过程，降低单位压制压力。另外加入成型剂后，还可使粉尘飘扬现象得到控制，改善工作环境。图 3-18 给出了添加成型剂和不添加成型剂时，压坯最底部的下模冲压力与总压力的关系曲线。由图可知，曲线 1 为用硬脂酸锌溶液润滑模壁，压力损失仅为 42%，而不润滑模壁的曲线 4，压力损失达到 88%。

成型剂的种类：硬脂酸、硬脂酸锌、硬脂酸钙、硬脂酸铝、硫黄、二硫化钼、石墨粉、机油、合成橡胶、石蜡、松香、淀粉、甘油、樟脑、油酸等。

成型剂选择的原则：

(1) 具有适当的黏性和良好的润滑性，且易于和粉末均匀混合；

(2) 与粉末物料不发生化学反应，预烧或烧结时易排除，并且不残留有害物质，所放出的气体对环境、设备不能有损害作用。

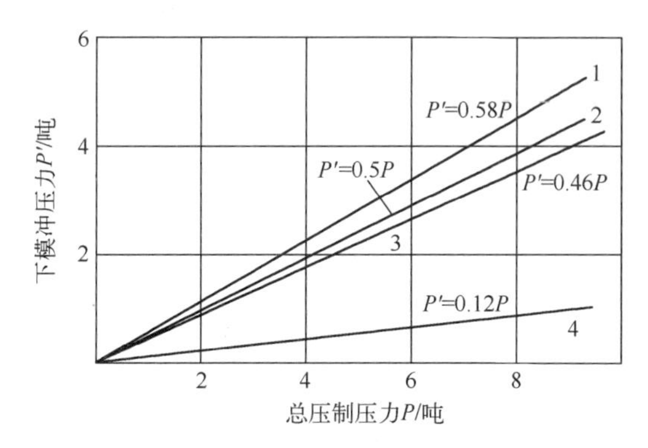

1—用硬脂酸润滑模壁；2、3—用二硫化钼润滑模壁；4—无润滑剂

图 3-18 下模冲与总压力的关系

(3) 对混合后的粉末松装密度和流动性影响不大，除特殊情况外，其软化点应当高，以防止由于混料过程中粉末温度升高而软化的现象。

(4) 烧结后对产品性能和外观等没有影响。

3.3 成型工艺

3.3.1 压制前的准备

成型前原料准备的目的是要准备具有一定化学成分，一定粒径，以及适合的其他物理化学性能的混合料。由于产品最终性能的需要或者物料在成型过程的要求，同时粉末极少数是单一粉末，多数情况下都是金属与金属或非金属粉末的混合物，因而在粉末成型前需要进行一定的准备，其中包括粉末退火、混合、筛分、制粒，以及加润滑剂等。

1. 退火

粉末的预先退火可使氧化物还原、降低碳和其他杂质的含量，提高粉末的纯度，同时还能消除粉末的加工硬化、稳定粉末的晶体结构。用还原法、机械研磨法、电解法、雾化法以及羰基离解法所制得的粉末都要经退火处理。此外，为防止某些超细金属粉末的自燃，需要将其表面钝化，也要做退火处理。经过退火后的粉末压制性得到改善，压坯的弹性后效相应减少。

退火温度根据金属粉末种类的不同而不同，一般退火温度可按下式计算，即

$$T_{退}=(0.5\sim0.6)T_{熔}$$

有时，为了进一步提高粉末的化学纯度，退火温度也可超过此值。退火一般用还原性气氛，有时也可用惰性气氛或者真空。退火的目的是清除杂质和氧化物，即进一步提高粉末化学纯度时，要采用还原性气氛（氢、离解氨、转化天然气或煤气）或者真空退火。当为了消除粉末的加工硬化或者使细粉末粗化防止自燃时，可以采用惰性气体作为退火气氛。

2. 混合

混合是指将两种或两种以上的不同成分的粉末混合均匀的过程。有时，需要将成分相同而粒径不同的粉末进行混合，这称为合批。混合质量的优劣，不仅影响成型过程和压坯质量，而且会严重影响烧结过程的进行和最终制品的质量。

混合基本上有两种方法：机械法和化学法，其中广泛应用的是机械法。常用的混料机有球磨机、V 型混合器、锥形混合器、酒桶式混合器、螺旋混合器等。机械法混料又可分为干混和湿混。铁基等制品生产中广泛采用干混；硬质合金混合料的制备则经常使用湿混。湿混时常用的液体介质为酒精、汽油、丙酮等。为了保证湿混过程能顺利进行，对湿磨介质的要求是不与物料发生化学反应，沸点低易挥发，无毒性，来源广泛，成本低等。湿磨介质的加入量必须适当，过多过少都不利于研磨和混合的效率。化学法混料是将金属或化合物粉末与添加金属的盐溶液均匀混合；或者是各组元全部以某种盐的溶液形式混合，然后经沉淀、干燥和还原等处理得到均匀分布的混合物，如用来制取钨-铜-镍高密度合金，铁-镍磁性材料，银-钨触头合金等混合物原料。

物料的混合结果可以根据混合料的性能来评定，如检验其粒径组成、松装密度、流动性、压制性、烧结性以及测定其化学成分等，但通常只是检验混合料的部分性能，并做化学成分及其偏差分析。

生产过滤材料时，在提高制品强度的同时，为了保证制品有连通的孔隙，可加入充填剂。能起充填剂作用的物质有碳酸钠等，它们既可防止形成闭孔隙，又会加剧扩散过程从而提高制品的强度。充填剂常常以盐的水溶液形式加入。

3. 筛分

筛分的目的在于把不同颗粒大小的原始粉末进行分级，而使粉末能够按照粒径分成大小范围更窄的若干等级。通常用标准筛网制成的筛子或振动筛来进行粉末的筛分。

4. 制粒

制粒是将小颗粒的粉末制成大颗粒或团粒的工序，常用来改善粉末的流动性。在硬质合金生产中，为了便于自动成型，使粉末能顺利充填模腔就必须先进行制粒。能承担制粒任务的设备有滚筒制粒机、圆盘制粒机和擦筛机等，有时也用振动筛来制粒。

3.3.2 压制工艺

压制的目的是将松散的粉末体加工成具有一定形状和尺寸大小，以及具有一定密度和强度的坯块。主要过程有称料、装料、压制和脱模。

3.3.2.1 称料

为了保证压坯具有一定的密度，需要使粉末质量 Q 一定。其方法主要有 2 种。

（1）容积法：利用阴模型腔的容积 V 确定装料量。一般用在自动或半自动压机上。

$$Q = Vd_{松}$$

从式中可看出，阴模模腔的体积 V 和粉末的松装密度 $d_{松}$ 不变，则粉末质量 Q 不变。为了保证粉末质量准确，混合料的松装密度要稳定，且流动性要好。压机行程要准确，以确保阴模型腔容积不变。

（2）质量法：利用压坯的体积 V 和相应材料在致密状态时的密度 $d_{致}$ 的乘积来确定。主要用于贵金属或手工操作。

$$Q=Vd_{致}(1-\theta)K$$

式中，θ 为压坯的孔隙度（%），K 为添加系数，常取 1.05，这是考虑到在操作过程中混合料有损失。

由式可看出，如果称料不准确，即粉末质量或大或小时，即使压坯的尺寸合格，密度也随之或大或小；如果密度合格，压坯尺寸也会或大或小不合格，所以称料准确非常重要。

3.3.2.2　装料

装料过程对压坯的尺寸、密度的均匀性、同心度和掉边掉角等有直接影响。装料有两种方法：一是手工装料，二是自动装料。自动装料又包括落入法装料、吸入法装料、多余装料法、零腔装料法、超满装料法、不满装料法等。

手工装料时需注意以下事项：

（1）保证料粉的质量在允许误差范围内；

（2）装料均匀，边角处要充填均匀；

（3）不能过分振动阴模，以免使密度小的组元上浮产生偏析；

（4）多台阶压坯，应严格控制各料腔的装料高度。

自动装料是通过送料器自动地将粉末装于阴模型腔中，具体步骤如下。（1）落入法装料，当阴模、型芯和下模冲形成料腔后，送料器将粉末送到模腔之上，粉末自由落入其中。该方法适于高度较小或壁厚较大的压坯，或流动性好的粉末；（2）吸入法装料，下模冲位于顶出压坯的位置时，送料器将粉末送到模腔，下模冲下降时，粉末吸入模腔内；（3）多余装料法，型芯和下模冲先退回到阴模下端最低位置，当送料器把粉末送到型腔时，粉末均匀地充满型腔，然后型芯升起，将型芯处的粉末顶出，并被送料器刮走。该方法适用于粉末充填较困难的小孔、深孔和薄壁压坯，也适用于流动性差的粉末；（4）零腔装料法，所谓零腔，即料腔高度从零开始（阴模、型芯和下模冲的顶面在一个平面上）。当料箱置于料腔顶部时，阴模和型芯同步升起，料腔始终相对地处于极浅位置，装料均匀，该法适于各种条件的装料，应用广泛；（5）超满装料法，超满就是使料腔多增加一段高度，待粉充满后，再使料腔降到正常高度，送料器回程时刮平料腔，此法装粉充分，质量误差较小；（6）不满装料法，就是使料腔装满预定高度，送料器退回后，料腔高度再升起一小段距离。此法适于粉末容易溢出的压制，如圆弧面、斜面等。

3.3.2.3　压制

压制行程是压制过程中的主要因素，压制行程等于粉末在阴模中松装高度和压坯高度之差。

控制压制行程有两种方法。

（1）行程限制法：压机上设高度限位块、油缸活塞调整、模柱限位。

（2）压力限制法：控制油压机的压力。

压制方式包括单向压制、双向压制、浮动压制、带摩擦芯杆的压制等。

3.3.2.4　脱模

把压坯从阴模内卸出所需要的压力称为脱模压力。脱模压力同样受到一系列因素的影响，其中包括压制压力、压坯密度、粉末材料的性质、压坯尺寸、模壁的状况，以及润滑条件等等。

脱模压力一般为压制压力的 10%~30%。

3.3.3 压制参数

在压坯压制过程中，有两个参数需要控制，一是加压速度，二是保压时间。

加压速度指粉末在模腔中沿压头移动方向的运动速度。它影响粉末颗粒间的摩擦状态和加工硬化程度，影响空气是否可以从粉末间隙中逸出，影响压坯密度的分布。压制原则是先快后慢。

保压时间指压坯在压制压力下的停留时间。在最大压力下保压适当时间，可明显增高压坯密度，原因一是压力传递充分有利于压坯各部分的密度均匀化；二是可以使粉末间空隙中的空气有足够的时间排除；三是给粉末颗粒的相互啮合与变形充分的时间。

3.4 成型废品分析

成型废品大致可分为 4 种类型：物理性能、几何精度、外观质量、开裂。

3.4.1 物理性能方面

压坯的物理性能主要是指压坯的密度。压坯的密度直接影响到产品的密度，进而影响到产品的机械性能。产品的硬度和强度随密度的增加而增加，若压坯的密度低，则可能造成产品的强度和硬度不合格。实际生产中一般通过控制压坯的高度和单重来保证压坯的密度。压坯的密度随压坯单重的增加而增加，随压坯高度的增加而减少。生产工艺卡一般对压坯的单重和高度都规定了允许变化的范围。由于设备精度较差，压坯的单重和高度变化范围有较大变化，这样在极端情况下，合格的单重和高度却得不到合格的压坯密度。因此在实际生产中，应尽量控制压坯的单重和高度变化的趋势一致，要偏高都偏高，要偏低都偏低。

压坯单重随压坯的质量、称料和送料方式的变化而变化。自动送料比手工刮料的变化小，这是因为机械的动作比人工操作稳定性好。

此外，对于压力控制，压力的稳定性直接影响到压坯密度的稳定性。对于高度控制，料的流动性的好坏将影响到压坯密度的稳定性。

3.4.2 几何精度方面

3.4.2.1 尺寸精度

压坯的尺寸参数较多，大部分参数如压坯的外径尺寸都是由模具尺寸确定的。对于这类尺寸，只要首件检查合格，一般是不易出废品的。一般易出现废品的多半是在压制方向（如高度方向）上的尺寸废品。

由生产实践可知，压坯高度的尺寸变化范围也随着压坯高度的变化及控制方式而改变。压坯高度的变化范围，随着压坯高度的增加而增加。随着压坯高度的增加，压坯高度变化范围增加到一定程度后而趋向平缓，压力则呈直线迅速增加，而且在任何高度下压力控制的高度变化范围都比高度控制的要大。对于压力控制的压坯，凡是影响压坯密度变化的因素都将影响高度变化。

3.4.2.2　压坯的形位精度

对于压坯的形位精度，当前生产所见考核中有压坯的同轴度和直度两种。同轴度也可用壁厚差来反映。影响压坯同轴度的因素主要可分为两大类：一类是模具的精度，另一类是装料的均匀程度。模具的精度包括：阴模与芯模的装配同轴度，阴模、模冲、芯模之间的配合间隙，芯模的直度和刚度。一般来说，模具上述同轴度好、配合间隙小、芯模直度好、刚度好，则压坯同轴度就好，否则就差。装料的均匀程度，影响压坯密度的均匀性。密度差大一方面导致压坯回弹不一，增加壁厚差；另一方面导致压坯各面受力不均，也易于破坏模具同轴度，进而增加压坯壁厚差。影响装料均匀性的因素较多，对于手动模，装料不满模腔时，倒转压型，易于造成料的偏移，敲料振动不均，也易于造成料的偏移；对于机动模，人工刮料角度大、用力不匀易于造成料的偏移；对于自动模，模腔口各处因受送料器覆盖时间不一样，而造成料的偏移，一般以先接触送料器的模腔口部分装料多。零件直径越大，这种偏移也就越严重。

压坯直度检查是一般对细长零件而言的，如气门导管。影响压坯内孔直度的因素主要是芯模的直度、刚度和装料均匀性。因此芯模直度好、刚度好、装料均匀性好，则压坯的内孔直度就好。压坯内孔直度好坏，直接影响整坯直度的好坏，而且由于压坯内孔直度与外圆母线直度无关，故很难通过整型矫正过来，所以对于压坯内孔的直度必须严加控制。

未压好主要是由于压坯内孔尺寸太大，在烧结过程中不能完全消失，使合金内残留较多的特殊孔洞，产生原因有料粒过硬、料粒过粗、料粒分布不均、压制压力低。

3.4.3　外观质量方面

压坯的外观质量主要表现在划痕、拉毛、掉角、掉边等方面。掉边、掉角属于人为或机械碰伤废品，下面主要讨论划痕和拉毛情况。

3.4.3.1　划痕

压坯表面划痕严重地影响到表面光洁度，稍深的划痕通过整型工序也难以消除。产生划痕可能的原因有以下几点。

（1）料中有较硬的杂质，压制时将模壁划伤；

（2）阴模（或芯模）硬度不够，易于被划伤；

（3）模具间隙配合不当，模冲壁易于夹粉而划伤模壁；

（4）由于脱模时压坯在阴模出口处受到阻碍，局部产生高温，致使铁粉焊在模壁上，这种现象称为黏模，黏模使压坯表面产生严重划伤。

上面 4 种原因造成模壁表面状态破坏，进而把压坯表面划伤。此外，有时模壁表面状态完好，而压坯表面被划伤，这是硬脂酸锌受热熔化后黏于模壁造成的，解决办法是进一步改善压形的润滑条件，或者采用熔点较高的硬脂酸锌，也可适当在料中加硫黄解决。

3.4.3.2　拉毛

拉毛主要表现在压坯密度较高的地方。其原因是压坯密度高，压制时摩擦发热大，硬脂酸锌局部熔解，润滑条件变差，而使摩擦力增加，故造成压坯表面拉毛。

3.4.4 开裂方面

压坯开裂是压制中出现的比较复杂的一种现象，不同的压坯易于出现裂纹的位置不一样，同一种压坯出现裂纹的位置也在变化。

压坯开裂的因素有破坏力、压坯结合强度。压坯开裂的本质是破坏力大于压坯某处的结合强度，破坏力包括压坯内应力和机械破坏力。

压坯内应力：粉末在压制过程中，外加应力一方面变为粉末致密化所做的功，另一方面消耗在摩擦力上转变成热能。前一部分又分为压坯的内能和弹性能，外加压力所做的有用功是增加压坯的内能，而弹性能是压坯内应力的一种表现，一有机会压坯就会松弛，这就是通常所说的弹性膨胀，即弹性后效。

应力的大小与金属的种类、粉末的特性、压坯的密度等因素有关，一般来说，硬金属粉末弹性大，内应力大；软金属粉末塑性好，内应力小；压坯密度增加，则弹性内应力在一定范围增加。此外压坯尖角棱边也易造成应力集中，同时由于粉末的形状不一样，弹性内应力在各个方面所表现的大小也不一样。

机械破坏力：为了保证压制过程的进行，必须用一系列的机械相配合，如压力机，压形模等。它们从不同的角度，以不同的形式给压坯造成一种破坏力。

压坯结合强度：压坯具有一定的强度，是由于两种力的作用，一种是分子间的引力，另一种是粉末颗粒间的机械啮合力。由此可知，影响压坯结合强度的因素很多，压坯密度高的压坯结合强度高；塑性金属压坯的结合强度比脆性金属的压坯结合强度高；粉末颗粒表面粗糙、形状复杂的压坯比表面光滑、形状简单的压坯结合强度高；细粉末压坯比粗粉末压坯结合强度高；此外，密度不均匀的压坯密度变化越大的地方压坯结合强度越低。

压坯裂纹可分为两大类，一是横向裂纹，二是纵向裂纹。

3.4.4.1 横向裂纹

横向裂纹是指与压制方向垂直的裂纹，衬套压坯的裂纹则表现在径向方向上。

影响横向裂纹的因素很多，凡是有利于增加压坯弹性内应力和机械破坏力以及降低压坯结合强度的因素都将可能造成压坯开裂。

（1）压坯密度：压坯的强度随着密度的增加而增加。因此，当受到较大机械破坏力时，压坯密度低的地方易于开裂。但是随着密度的增加，压坯弹性内应力也增加，而且在相对密度达到90%以上时，随着密度的增加，压坯弹性内应力的增加速度比其强度要快得多，因此，压坯密度很大的情况下即使没有外加机械破坏力，压坯也易于开裂。

（2）粉末的硬度：塑性好的粉末压坯比硬粉末压坯颗粒间接触面积大，因而强度高，同时内应力小，不易开裂。凡是有利于提高粉末硬度的因素，都会将加剧压坯的开裂。因此，含氧高的铁粉和压坯破碎料的成形性都不好，易于造成压坯开裂。

（3）粉末的形状：表面越粗糙、形状越复杂的粉末压制时颗粒间互相啮合的部分多、接触面积大，压坯的强度高，不易开裂。

（4）粉末的粗细：细粉末比粗粉末比表面积大，压制时颗粒间接触面多，压坯的强度高，不易开裂。从压制压力来看，细粉末的比表面积大，所需压制压力大，但这种压力主要消耗在粉末与模壁的摩擦力上，对压坯的弹性内应力影响较小，因此，细粉末压坯比起粗粉末压坯不易开裂。

（5）压坯密度梯度：指压坯单位距离内的密度差的大小。由于压坯内弹性内应力随着密度变化而变化，如果在某一面的两边，密度差相差很大，则应力也就相差很大，这种应力差值就成了这一界面的剪切力，当剪切力大于这一界面的强度时，就会导致压坯从这一界面开裂。当压坯各处压缩比相差较大时，易于出现这种情况。

（6）模具倒稍：指压坯在模腔内出口方向上出现腔口变小的情况。当阴模与芯模不平行时，则腔壁薄的地方出现倒稍。由于倒稍的存在，压坯在脱模时受到剪切力，易于造成压坯开裂。

（7）脱模速度：压坯在离开阴模腔壁时有回弹现象，也就是说压坯在脱模时由于阴模侧压力消除而受到一种单向力，又由于各断面单向力大致相等，所以压坯受到的剪切力很小。如果脱模在压坯某一断面停止，一种单向力全部变成剪切力，此时如果压坯强度低于剪切力，则出现开裂。因为物体的断裂要经过弹性变形和塑性变形阶段，需要一定的时间。如果脱模速度大，则压坯某断面处在弹性变形阶段时，其剪切力就已消失，就不会造成开裂。如果脱模速度慢，使某断面剪切力存在的时间等于或大于该断面的弹塑性变形直至开裂所需要的时间，压坯便从这个断面开裂。对于稍度很小或没有稍度的模具，脱模时速度太慢更容易造成压坯开裂。

（8）先脱芯模：先脱芯模易于在压坯内孔出现横裂纹。压坯脱模时会使压坯弹性应力降低或消除，随着弹性应力的降低，压坯颗粒间的接触面积减小，颗粒间的距离变大，进入稳定状态，因此压坯回弹时，只有向外回弹，才能使整个断面颗粒间的距离变大，使应力得到降低。如果先脱芯模，则压坯在外模内，应力不能向外松弛，而力图向内得到松弛，若干粉末颗粒均匀向内回弹，虽然在直径方向粉末颗粒间的距离增大，应力降低，但在圆周方向粉末颗粒间的距离更加缩短，使弹性应力增加，这样总的弹性应力并未降低。粉末颗粒改变了压制时的排列位置而互相错开拉大距离，就造成了压坯内孔表面裂纹。当然，如果颗粒间的接触强度大于弹性内应力，内孔裂纹也不会产生。对于内外同时脱模的模具，若芯模比外模短，则也属于先脱芯模，容易使压坯内孔出现横向裂纹。当然，如果芯模与外模相差不大，或脱模速度很快，也可以不造成内孔裂纹。

3.4.4.2　纵向裂纹

压坯纵向裂纹通常不易出现，一方面是由于压坯在径向方向的应力比轴向小，而颗粒间的应力在圆周方向比径向小；另一方面，压坯在轴向方向密度变化比径向大，在径向方向的密度变化比圆周大，此外外加机械破坏力在正常情况下多数是径向剪切力。生产实践中，偶尔出现压坯纵向裂纹，大约有如下几种原因。

（1）四周装粉不均：有时模腔设计过高，或料的松装密度很大，装粉后，料装不满模腔，在压制前翻转模具时，料会偏移到一边，因此压制时料少的一边密度低，受脱模振动便产生纵向裂纹。

（2）粉末成型性很差：有时成型性差的料，在很好的外界条件下，压制脱模后并不出现纵向裂纹，但稍一振动或轻轻碰撞都易出现纵向裂纹，这是由于尖角邻边应力集中。对于衬套压坯，开裂首先从端部开始。

（3）出口端毛刺：在正常情况下不产生纵向裂纹，只有模腔出口端部有金属毛刺时，才可能出现纵向裂纹。

此外，在压制内孔有尖角的毛坯时，由于尖角处应力集中，也常出现纵向裂纹。

3.4.4.3 分层

分层一般沿压坯的棱出现，并形成与受压面呈大约45°的整齐界面。分层产生的原因是粉末颗粒之间的破坏力大于粉末颗粒之间的结合力，主要由压制压力过高引起。

裂纹与分层不同，裂纹一般是不规则的，并无整体的界面。但裂纹与分层却同样出现在应力集中的部位，而且两者本质相同，都是弹性后效的结果。

裂纹与分层存在以下区别。

(1) 裂纹出现的部位很不一致，它可能在棱角出现，也可能在其他部位出现。

(2) 裂纹出现时没有严格的方向性，它可以是纵向的，也可以是横向的，甚至是任意方向的。

(3) 裂纹可以是明显的，也可以是显微的，甚至可以是隐裂纹，若不做破坏实验，往往不易发现。

由上述分析可知，影响压坯开裂的因素多种多样，而生产实践中往往有十多种因素同时影响压坯开裂情况，因此我们在分析问题时，既要抓住开裂的主要原因，又要根据客观情况灵活进行处理，分析处理的合适与否以总的经济效益好坏为标准。

图3-19为各种压制成型的废品形貌。

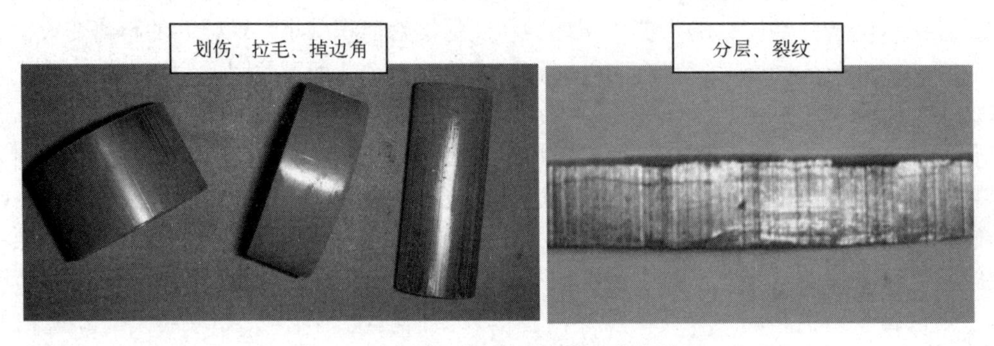

图3-19 各种压制成型的废品形貌照片

3.5 影响成型的因素

影响成型的因素主要有粉体的性质、添加剂特性及使用效果、压制过程中压力、加压方式和加压速度等。其中粉体性质主要包括金属粉末的硬度和可塑性、粉末纯度、粉末的粒径及粒径组成、粉末形状、粉末松装密度与粉末的组成等。

3.5.1 粉体性质对压制过程的影响

1. 金属粉末的硬度和可塑性

金属粉末的硬度和可塑性对压制过程的影响很大，软金属粉末比硬金属粉末易于压制，也就是说，得到同一密度的压坯，软金属粉末比硬金属粉末所需的压制压力要小得多。软金属粉末在压缩时变形大，粉末之间的接触面积增加，压坯密度易于提高。塑性差的硬金属粉末在压制时则必须利用成型剂，否则很容易产生裂纹等压制缺陷。

另外，压制硬金属粉末时会对压模造成较大磨损，导致压模寿命变短。

2. 粉末纯度的影响

粉末纯度（化学成分）对压制过程有一定影响，粉末纯度越高越容易压制。制造高密度零件时，粉末的化学成分对成型性能影响非常大，因为杂质多以氧化物形态存在，而金属氧化物粉末多是硬而脆的，杂质会存在于金属粉末表面，压制时使得粉末的压制阻力增加，压制性能变坏，并且使压坯的弹性后效增加，如果不使用润滑剂或成型剂来改善其压制性，结果必然降低压坯密度和强度。

金属粉末中的含氧量是以化合状态或表面吸附状态存在的，有时也以不能还原的杂质形态存在。当粉末还原不完全或还原后放置时间太长时，含氧量会增加，使压制性能变坏。

3. 粉末粒径及粒径组成的影响

粉末的粒径及粒径组成不同时，在压制过程中的行为是不一致的。一般来说，粉末越细，流动性越差，在充填狭窄而深长的模腔时越困难，越容易形成搭桥。粉末细，其松装密度就低，在压模中充填容积大，此时必须有较大的模腔尺寸，这样在压制过程中模冲的运动距离和粉末之间的内摩擦力都会增加，压力损失随之加大，影响压坯密度的均匀分布。与形状相同的粗粉末相比较，细粉末的压缩性较差，因而成型性较好，这是由于细粉末颗粒间的接触点较多，接触面积较大。对于球形粉末，在中等或大压力范围内，粉末颗粒大小对密度几乎没什么影响。

4. 粉末形状的影响

粉末形状对装填模腔的影响最大，表面平滑规则的接近球形的粉末流动性好，易于充填模腔，使压坯的密度分布均匀；而形状复杂的粉末充填困难，容易产生搭桥现象，使得压坯由于装粉不均匀而出现密度不均匀，这对于自动压制尤其重要。生产中所使用的粉末多是不规则形状的，为了改善粉末混合料的流动性，往往需要进行制粒处理。

5. 粉末松装密度的影响

松装密度小时，模具的高度及模冲的长度必须大，在压制高密度压坯时，如果压坯尺寸长，密度分布容易不均匀。但是，当松装密度小时，压制过程中粉末接触面积增大，压坯的强度高却是其优点。

6. 粉末组成的影响

一些用于改善粉末压制性能的措施可能会降低粉末压坯的强度。粉末的强度越高，压制成型越难，图 3-20 为在 44MPa 压力下，添加不同合金元素对铁合金粉末压坯性能的影响。碳元素的添加在有效提高铁合金粉末性能的同时也极大地降低了铁合金粉末的压制性能。与此相反，铬元素的添加对铁合金粉末的压制性能的影响相对而言小了许多。因此，对于预合金化粉末，可以通过添加单质合金元素对其压制性能进行有效的改善。

采用添加混合单质元素粉末的方式来制备合金或复合材料，有利于压制过程的进行。采用合金化的粉末将降低粉末的压制性能。当使用一软一硬两种粉末进行压制时，混合粉末的压制行为受硬质粉末接触程度控制。硬质粉末之间的接触较少时，对混合粉末的压制性能影响较小，但是一旦产生足够的接触，硬质粉末会在模腔内形成一个连续的多孔骨架，并严重地降低混合粉末的压制性能，如图 3-21 所示。在使用铅-钢混合粉末进行压制时，随着混合粉末中钢粉的体积分数从 0 增加到 30%，粉末的压坯密度呈现出明显的下降趋势，而 30%的钢粉含量正好是钢粉颗粒在混合粉末压制过程中形成刚性多孔骨架的含量。随着钢粉含量继续增加，钢粉含量对压坯密度的影响程度明显下降。

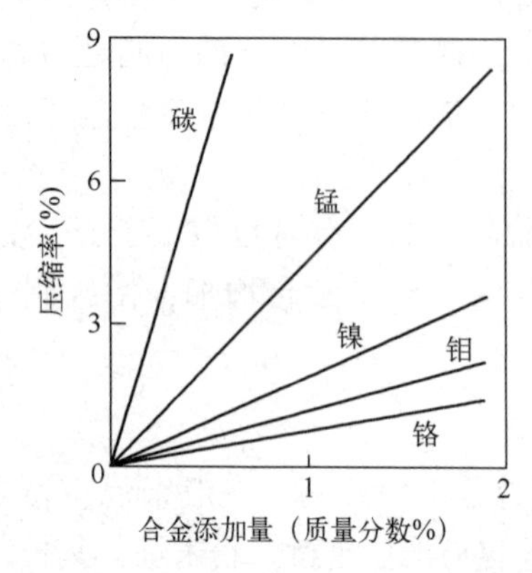

图 3-20　添加不同合金元素对铁合金粉末压坯性能的影响

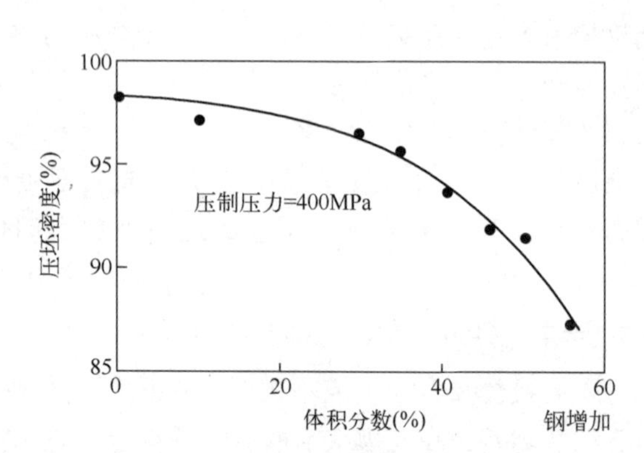

图 3-21　铅-钢混合粉末的压坯密度曲线

3.5.2 润滑剂和成型剂对压制过程的影响

金属粉末在压制时由于模壁和粉末之间、粉末和粉末之间产生摩擦出现压力损失，造成压力和密度分布不均匀，为了得到所需要的压坯密度，必然要使用更大的压力。因此，无论是从压坯的质量还是从设备的经济性来看，都希望尽量减少这种摩擦。

压制过程中减少摩擦的方法大致有两种。一种是采用较低表面粗糙度的模具或用硬质合金模代替工具钢模；另一种就是使用成型剂或润滑剂。成型剂是为了改善粉末成型性能而添加的物质，可以增加压坯的强度。润滑剂是为了降低粉末颗粒与模壁和模冲间的摩擦，改善密度分布，减少压模磨损和有利于脱模的添加物。

3.5.2.1 润滑剂和成型剂的选择原则

不同的金属粉末必须选用不同的物质作润滑剂或成型剂。润滑剂或成型剂的选择原则有以下几点。

（1）具有适当的黏性和良好的润滑性且易于和粉末料均匀混合。

（2）与粉末物料不发生化学反应，预烧或烧结时易于排除且不残留有害杂质。

（3）对混合后的粉末松装密度和流动性影响不大，除特殊情况外，其软化点应当高，以防止由于混料过程中温度升高而熔化。

（4）烧结后对产品性能和外观等没有不良影响。

3.5.2.2 润滑剂和成型剂的用量及效果

大部分添加剂都是直接加入粉末混合料，而且大多起着润滑剂的作用，这种润滑粉末虽然被广泛地采用，但也有下列不足之处。

（1）降低了粉末本身的流动性。

（2）润滑剂本身需占据一定的体积，实际上使得压坯密度减少，不利于制取高密度制品。

（3）压制过程中金属粉末之间的接触程度因润滑剂的阻隔而降低，从而降低某些粉末压坯的强度。

（4）润滑剂或成型剂必须在烧结前预烧除去，否则可能损伤烧结体的外观，此时排除的气体可能影响炉子的寿命，有时甚至污染空气。

（5）当成型压力较低时，润滑粉末比润滑模具得到的压坯密度要高，然而在高成型压力时，情况则相反，实验结果如图 3-22 所示。

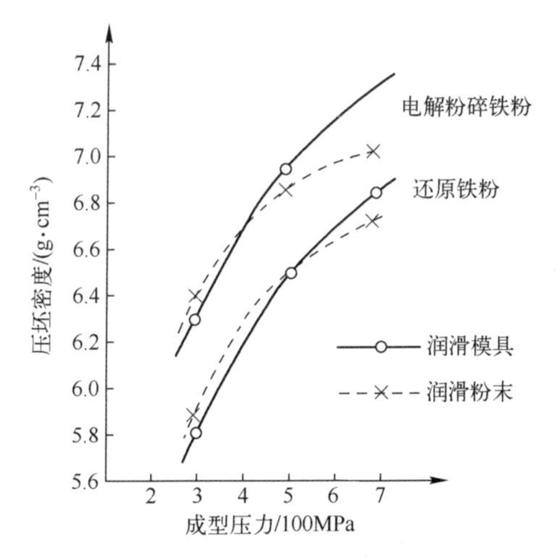

图 3-22　不同润滑方式对压坯密度的影响

3.5.3　压制方式对压制过程的影响

3.5.3.1　加压方式的影响

如前所述，在压制过程中由于存在压力损失，压坯中各处的受力不同导致密度分布出现不均匀现象，为了减少这种现象，可以采取双向压制及多向压制（等静压制）或者改变压模结构等措施。粉末压制过程中采用的加压类型对粉末的压制过程有着重要的影响，特别是当压坯的高径比较大时，单向压制会造成压坯一端的密度较高，并沿着压制方向形成一定的密度梯度。双向压制为粉末的压制提供了相对均匀的压力分布，可以获得压坯密度分布均匀的样品。对于高径比较小的样品来说，单向压制就足以满足要求了。但是在压坏的高径比较大的情况下，采用单向压制是不能保证满足产品的密度要求的。此时，上下密度差往往可以达到 0.1~0.5g/cm^3，甚至更大，使产品出现严重的锥度。高而薄的圆筒压坯在成型时尤其要注意压坯的密度均匀问题。对于形状比较复杂的（带有台阶的）零件，压制成型时为了使各处的密度分布均匀，可采用组合模冲。

3.5.3.2　加压保持时间的影响

粉末在压制过程中，如果在某一特定压力下保持一定时间，往往可得到好的效果，这对于形状较复杂或体积较大的制品来说尤其重要。例如，用 60MPa 压力压制铁粉时，不保压所得到的压坯密度为 5.65g/cm^3，经 0.5min 保压后为 5.75g/cm^3，而经 3min 保压后却达到 6.14g/cm^3，压坯密度提高了 8.7%。在压制 2kg 以上的硬质合金顶锤等大型制品时，为了使孔隙中的空气尽量逸出，保证压坯不出现裂纹等缺陷，保压时间需要达 2min 以上。原因为：（1）使压力传递充分，有利于压坯中各部分的密度分布；（2）使粉末体孔隙中的空气有足够的时间从模壁和模冲或模冲和芯棒之间的缝隙逸出；（3）给粉末颗粒机械啮合和变形时间，有利于应变弛豫的进行。

3.6 成型方式简介

随着粉末冶金技术的发展，粉末成型的手段或方法很多，下面我们简要介绍一些成型方法。

3.6.1 压力机法

最古老最广泛的使用方法，用模具、模冲及压力机实施。

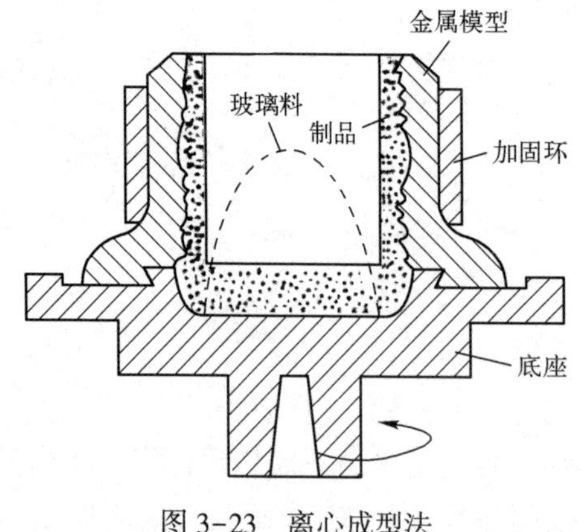

图 3-23 离心成型法

3.6.2 离心成型法

这种方法是把粉末装入模具并安装在高速旋转体上，利用由中心向外侧的离心力进行成型的方法，如图 3-23 所示。

特点如下。

（1）比压力机法所得压坯密度均匀。

（2）在复杂形状下也能很好地传递压力。

（3）不需要压力机和模冲。

（4）旋转机理的速度、强度要求较高。

（5）对难用压力机法成型的特殊零件有限制。

3.6.3 挤压成型

把金属粉末与一定量的有机黏结剂混合（成糊状），用适当的模具在常温（或高温）下加压进行挤压，经过干燥、固化和烧结便可制成产品，如图 3-24 所示。

特点如下。

（1）该法仅限于与挤压方向垂直的断面尺寸总是不变的产品。

（2）能挤出壁很薄、直径很小的形状复杂件。

（3）制品的密度均匀、物理机械性能优良。

（4）挤出制品的长度不受限制。

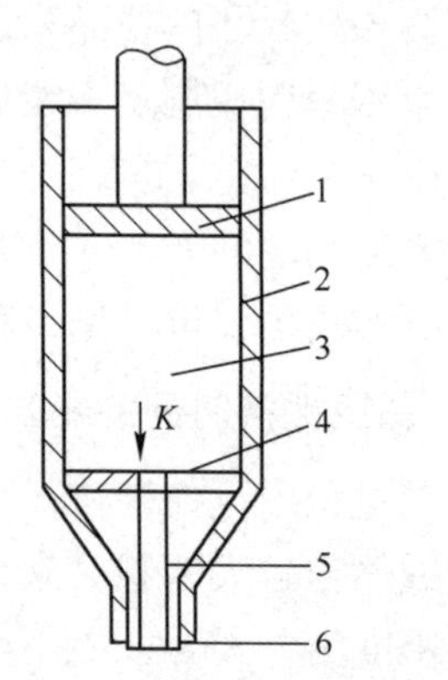

1—活塞；2—挤压筒；3—物料；
4—型环；5—型芯；6—挤嘴

图 3-24 挤压成型

3.6.4 等静压成型

借助高压泵的作用把流体介质（气体或液体）压入耐高压的钢体密封器内，高压流体的静压力直接作用在弹性模具内的粉末上，粉末体同一时间内在各个方向上均衡地受压而制备出密度分布均匀和较高强度的压坯，如图 3-25 所示。

特点如下。

（1）粉末或物料各方向受力均匀，能获得全致密、组织均匀、细密、材料强度高的制品。

（2）热等静压时可大大降低制品的烧结温度。

（3）等静压机比较昂贵。

3.6.5　三向压制成型

三向压制成型是利用复合应力状态，除了对粉末体施加等静压（周压），还要增加一个轴向负荷（轴压）。用像干袋等静压一样的工具，借助活塞把比侧限压力更大的压力加载到上下顶盖，这样总的压力状态在成型坯内产生了剪切应力，从而使成型坯得到更高的密度和强度，如图 3-26 所示。

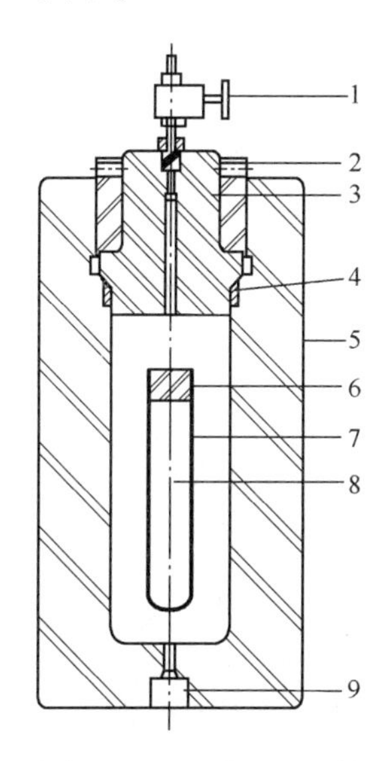

1—排气阀；2—压紧螺母；3—顶盖；4—密封圈；5—高压容器；6—橡皮塞；7—模套；8—压制坯料；9—压力介质入口

图 3-25　等静压成型

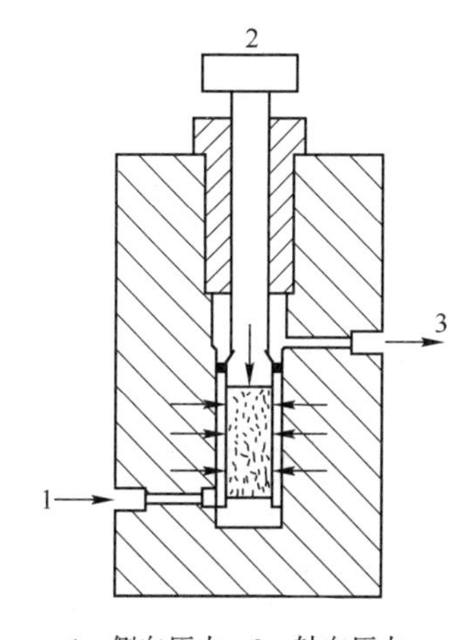

1—侧向压力；2—轴向压力；3—放气孔

图 3-26　三向压制成型

特点如下。

（1）所需压力较小，压坯强度却高。

（2）三向压制成型制品的密度十分均匀，其他成型方法难以相比。

（3）三向压制成型技术由于存在模具寿命短，成型零件形状局限于规则形状等缺点，其应用和发展受到一定限制。

3.6.6　热压法

类似于压力机法，不过它可同时进行成型与烧结。

3.6.7　粉末轧制法

粉末轧制法是将金属粉末由料斗直接装入特殊的轧辊轧制成板带，接着连续通过预烧炉，再继续通过第二组轧辊、热处理炉和第三组轧辊等部件多次通过炉子和轧辊，最后加工成金属带材的方法，如图 3-27 所示。实质是将具有一定轧制性能的金属粉末装入到一个特定的漏斗中，并保持给定的料柱高度，当轧辊转动时由于粉末与轧辊间的外摩擦力以及粉末体内摩擦力的作用，使粉末连续不断地被咬入变形区内受轧辊的挤压，结果相对密度为 20%～30%的松散粉末体被轧制为相对密度达 50%～90%、具有一定抗张、抗压强度的带坯。

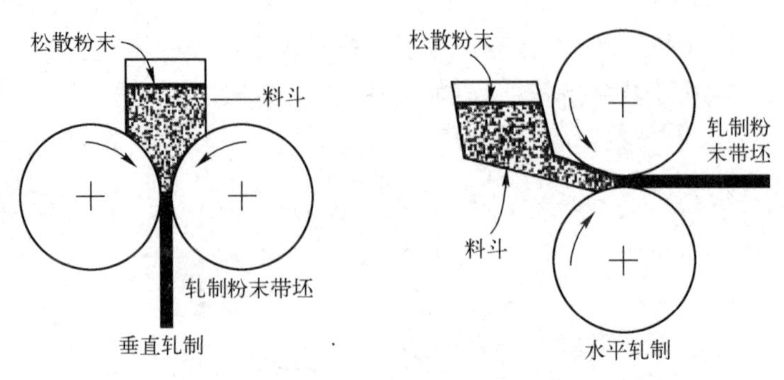

图 3-27 粉末轧制法

特点如下。

(1) 能制成无气孔并具有微细结晶组织的结实带材。

(2) 各晶粒的方向是不规则的，全部无方向性，适用制造核燃料。

(3) 设备制造费低廉。

(4) 容易制取复合板。

(5) 废料能充分得到利用。

3.6.8 粉浆浇注法

先将细粉末分散在液体中，制成稳定的悬浮状态（即粉浆），将其注入吸收液体强的如用石膏制成的模具里，并浇注成一定形状。借助毛细管现象只将粉浆中的液体吸收到模具材料中，剩下的粉末固化后即可送到下面的烧结工序。图 3-28、图 3-29 分别为空心注浆法和实心注浆法。

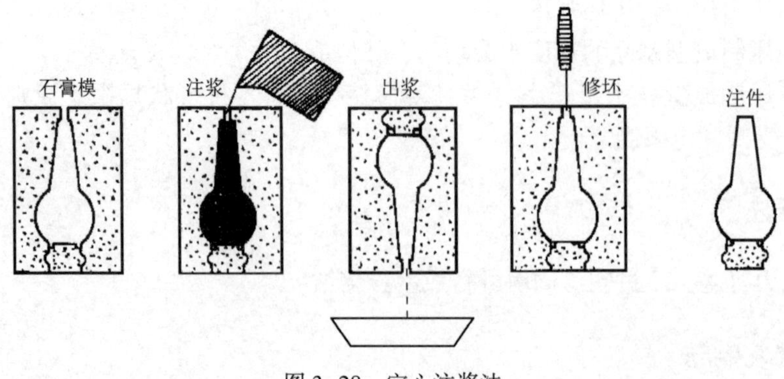

图 3-28 空心注浆法

特点如下。

（1）不需压力机，既经济又简单。

（2）制取大型、复杂或特殊形状零件最合适。

图 3-29　实心注浆法

3.6.9　粉末热锻技术

粉末热锻技术是把金属粉末压制成一预成型坯，并在保护气氛中进行预烧结，使其具有一定的强度，接着将预成型坯加热到锻造温度保温后，迅速移到热锻模腔里进行锻打的方法。

特点如下。

（1）将粉末预成型坯加热锻造，提高粉末冶金制品的密度，从而使粉末冶金制品性能提高到接近或超过同类熔铸制品的水平。

（2）可在较低的锻造能量下一次锻造成型，可实现无飞边或少飞边锻造，提高材料利用率。

（3）尺寸精度高，组织结构均匀，无成分偏析等。

3.6.10　高能成型法(爆炸成型法)

利用炸药爆炸时产生的瞬间冲击波的压力（可达10^6MPa）使粉末成型，一种方法是直接把高压传给压模进行压制成型，另一种方法像等静压制一样，通过液体把能量传递给粉末体进行压制。主要为高温金属材料的制造，如喷气式发动机叶片的制造，其过程如图 3-30 所示。

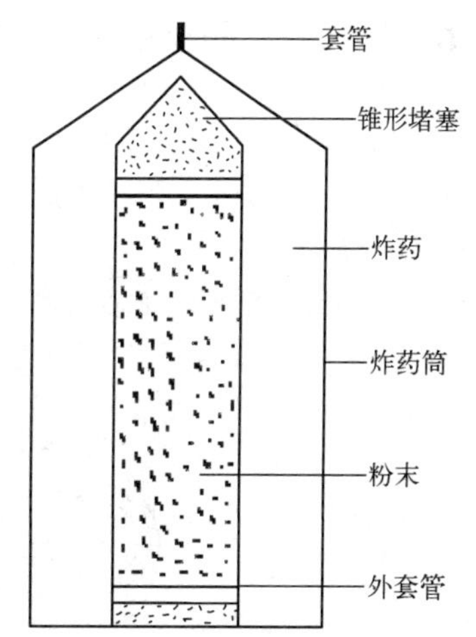

图 3-30　爆炸成型法

特点如下。

（1）爆炸时产生的压力极高，施加在粉末体上的压力增长速度极快，常规的压型理论不适用。

（2）用于一般压力机无法压制的大型预成型件。

（3）研究难以加工的各种金属陶瓷和高温金属材料的成型问题（针对火箭、超音速飞机的发展）。

（4）制品密度均匀，烧结后变形小。

（5）如何保证成型时的安全是难题之一。

3.6.11 注射成型

注射成型是一种将金属粉末与其黏结剂的增塑混合料注射于模型中的成型方法。此方法先将所选粉末与黏结剂（热塑性材料如聚苯乙烯）进行混合，然后将混合料进行制粒再注射成型为所需要的形状。聚合物将其黏性流动的特征赋予混合料，而有助于成型、模腔填充和粉末装填的均匀性。成型以后排除黏结剂，再对脱脂坯进行烧结，注射成型过程如图 3-31 所示。

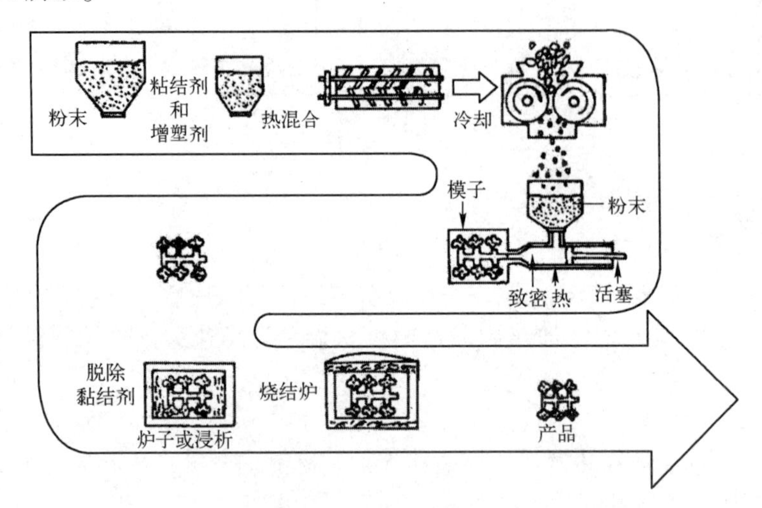

图 3-31 注射成型过程

特点如下。

（1）制品的相对密度高，坯块形状复杂。

（2）所得坯块需经溶剂或专门脱除黏结剂处理才能烧结。

（3）适宜于生产批量大、外形复杂、尺寸小的零件。

（4）坯块的烧结在气氛控制烧结炉或真空烧结炉内进行。

3.6.12 粉末流延成型

一种陶瓷制品的成型方法，首先把粉碎好的粉料与有机塑化剂溶液按适当配比混合制成具有一定黏度的料浆，料浆从容器流下，被刮刀以一定厚度刮压涂敷在专用基带上，经干燥、固化后从上剥下成为生坯带的薄膜，然后根据成品的尺寸和形状对生坯带作冲切、层合等加工处理，制成待烧结的毛坯成品。图 3-32 为粉末体流延成型过程示意图。

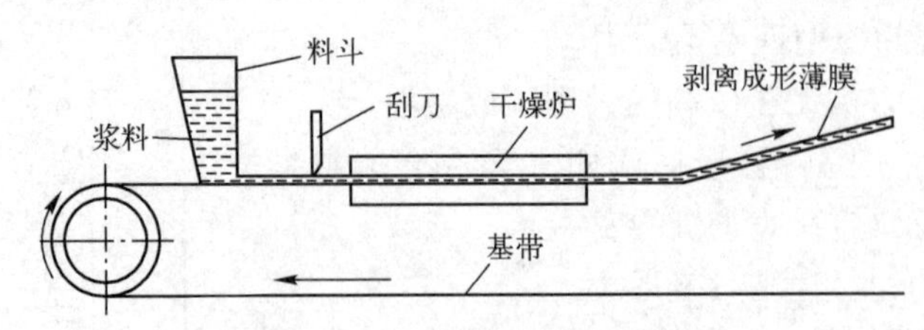

图 3-32 粉末体流延成型过程

特点如下。

（1）特别适合成型 0.2~3mm 厚度的片状制品。

（2）速度快、自动化程度高、效率高、组织结构均匀、产品质量好。

（3）密度相对较低。

3.6.13　楔形（循环）压制技术

采用楔形压制是为了改进粉末轧制不能轧制较厚带材的不足。图 3-33 为楔形压制过程示意图。通过漏斗将粉末均匀地装入阴模内，挡头部分置一模板，以阻止粉末向前移动，随后冲头下降压制粉末。冲头平台部分的粉末受到较大的压力，斜面区受到预压力［(1)~(2)］；当冲头上升时，冲头平台部分被压实的粉坯随底垫导板向前移动，平台部分压实局部离开压制区［(3)~(4)］；冲头又再次下降，冲头平台部分粉末受到较大的压力，斜面区受到预压力（5），这是压制的一个循环。随后，冲头上升，压坯随导板一起向前移动，冲头又下降进行压制，由此周而复始地便构成了循环压制过程，从而压制出一根连续的条坯。这种压制方式模具结构简单，条坯密度分布较为均匀，但压坯强度较低。

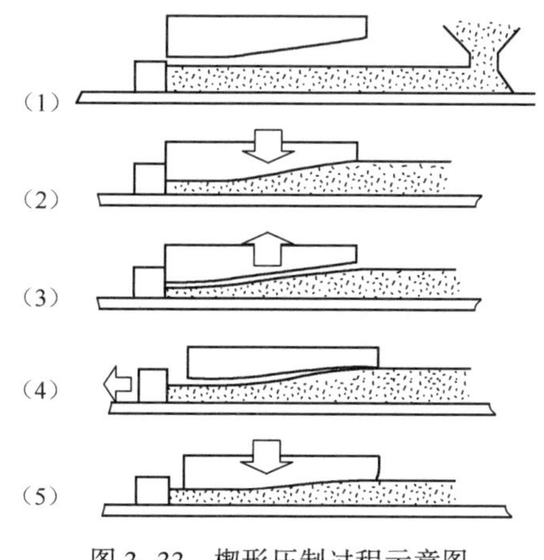

图 3-33　楔形压制过程示意图

3.6.14　高速压制成型

2001 年，在美国金属粉末联合会上，瑞典 H ganas AB 的 Paul Skoglund 提出了一种高速压制（High Velocity Compaction，HVC）技术，被认为是粉末冶金工业寻求低成本高密度材料加工技术的又一次新突破。该技术和常规粉末冶金单向压制极为相似，在压制压力为 600~1 000MPa、压制速度为 2~30m/s 的条件下对粉体进行高能锤击。与常规压制相比，采用高速压制可以将压坯密度提高 0.3g/cm^{3}以上；压制件抗拉强度可提高 20%~25%；压坯径向弹性后效很小，脱模力较低；密度较均匀，其偏差小于 0.01g/cm^3。高速压制的另一个特点是产生多重冲击波，间隔约 0.3s 的一个个附加冲击波将压坯密度不断提高，这种多重冲击提高密度的一个优点是，可用比传统压制压力小的设备制造重达 5kg 以上的大零件。高速压制适用于制造阀座、气门导管、主轴承盖、轮毂、齿轮、法兰、连杆、轴套及轴承座圈等产品。

3.6.15　凝胶铸模成型

凝胶铸模成型是近年来提出的一种新型成型技术，它是把陶瓷粉体分散于含有有机单体的溶液中形成料浆，然后将料浆填充到模具中，在一定温度和催化剂条件下使有机单体发生聚合，使体系发生胶凝，这样模内的料浆在原位成型，经干燥后可得到强度较高的坯体。工艺流程如图 3-34 所示。

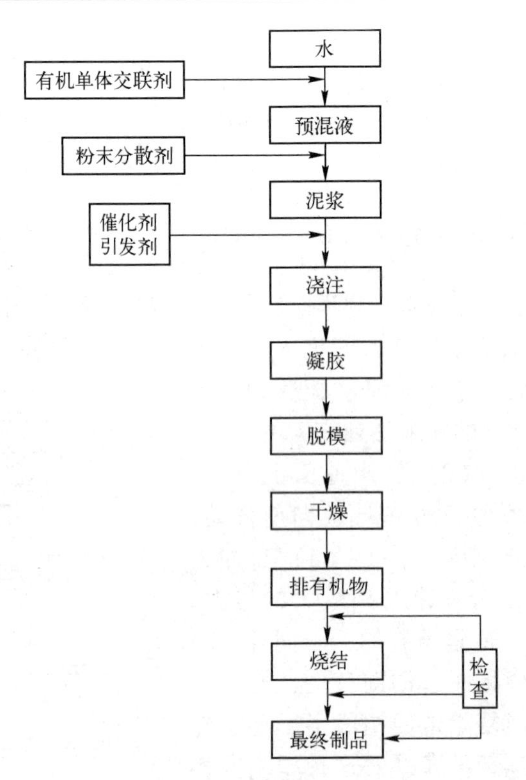

图 3-34　凝胶铸模成型过程图

3.6.16　温压成型

温压技术是近几年新发展的一项新技术。它是在混合物中添加高温新型润滑剂，然后将粉末和模具加热至 423K 左右进行刚性模压制（见图 3-35），最后采用传统的烧结工艺进行烧结的技术。这种技术是普通模压技术的发展与延伸，被国际粉末冶金界誉为“开创铁基粉末冶金零部件应用新纪元”和“导致粉末冶金技术革命”的新型成型技术。

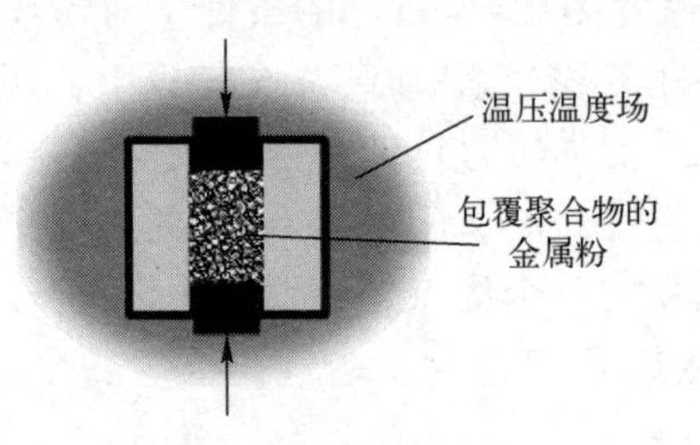

图 3-35　温压成型示意图

特点如下。

(1) 能以较低成本制造出高性能粉末冶金零部件；

(2) 提高零部件生坯密度和高强度，便于制造形状复杂以及要求精密的零部件；

(3) 产品密度均匀。

第四章　钢压模具设计

本章要点：

模具是粉体成型的必备工具，本章从粉体成型时的受力状况分析钢压模具各部件的性能要求，讲解成型等高和非等高粉末冶金零件所用模具的结构形状、尺寸设计和材料选择，以及钢压模具设计原则和流程。

4.1　钢压模具设计概述

4.1.1　模具及其在工业生产中的作用

在工业生产中，用各种压力机和装在压力机上的专用工具，通过压力把金属或非金属材料制成所需形状的零件或制品，这种专用工具统称为模具。

模具是工业生产中的基础工艺装备，也是发展和实现少、无切削技术不可缺少的工具。如汽车、拖拉机、电器、电机、仪器仪表、电子等行业有60%~80%的零件需用模具加工，轻工业制品生产中应用模具更多，螺钉、螺母、垫圈等标准零件，没有模具就无法大量生产。并且，推广工程塑料、粉末冶金、橡胶、合金压铸、玻璃成型等工艺，全部需要用模具来进行。由此看来，模具是工业生产中使用极为广泛的主要工艺装备，它是当代工业生产的重要手段和工艺发展方向，许多现代工业的发展和技术水平的提高，在很大程度上取决于模具工业的发展水平。因此，模具技术发展状况及水平的高低，直接影响到工业产品的发展，也是衡量一个国家工艺水平的重要标志之一。图4-1、图4-2为典型压粉模具及模架示意图。

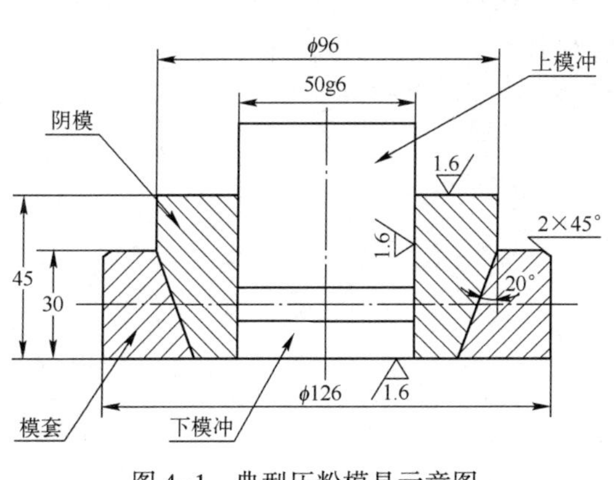

图4-1　典型压粉模具示意图

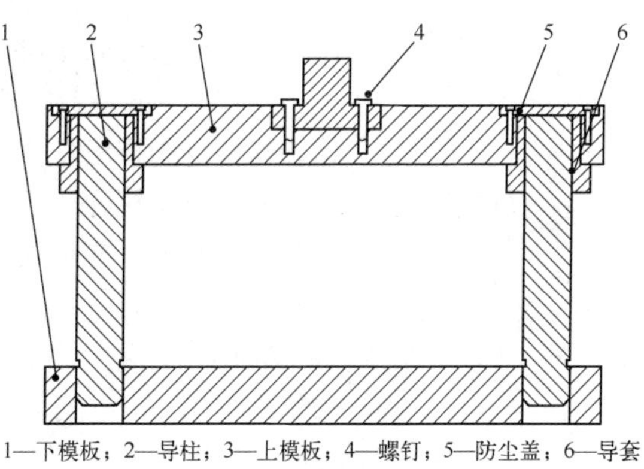

图4-2　典型压粉模架示意图

4.1.2　压模的基本结构

压模一般有 4 个基本元件，即阴模（凹模）、芯棒、上模冲和下模冲（也有下模冲与芯棒组成一体，则为 3 个基本元件），每个元件构成一个基本部分，如图 4-3 所示。

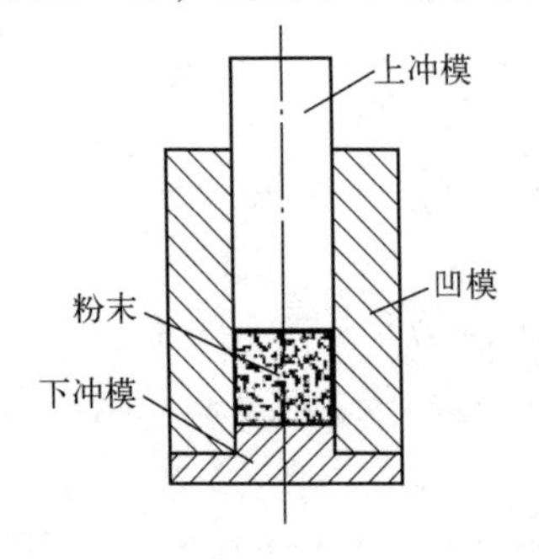

图 4-3　压制模具结构示意图

上模冲部分由上模板、垫板、压板和上模冲组成，上模板同压机活动横梁相连，同时承受一定的压力，垫板承受上模冲较大的压力，压板将上模冲和垫板固定在上模板上。阴模部分由压板、中模板、阴模组成，阴模支持在中模板上，并由压板固定在中模板上，中模板通过别的元件固定或浮动。下模冲部分由下模冲、压板、托板组成，下模冲通过压板固定在托板上，托板或固定或通过拉杆同别的元件相连。芯棒部分由芯棒、垫板、压板、下模板组成，压板将芯棒、垫板固定在下模板上。

上述各部分中，随着压制方式的改变，元件略有改变，但基本部分保持不变。随着压坯形状的复杂化，各基本部分又可分解出几个小部分。不管模具结构怎样，只要我们紧紧抓住压制时各部分基本元件的活动情况，压模的结构也就基本清楚。

4.1.3　粉末冶金模具的分类

粉末冶金模具的分类如下。

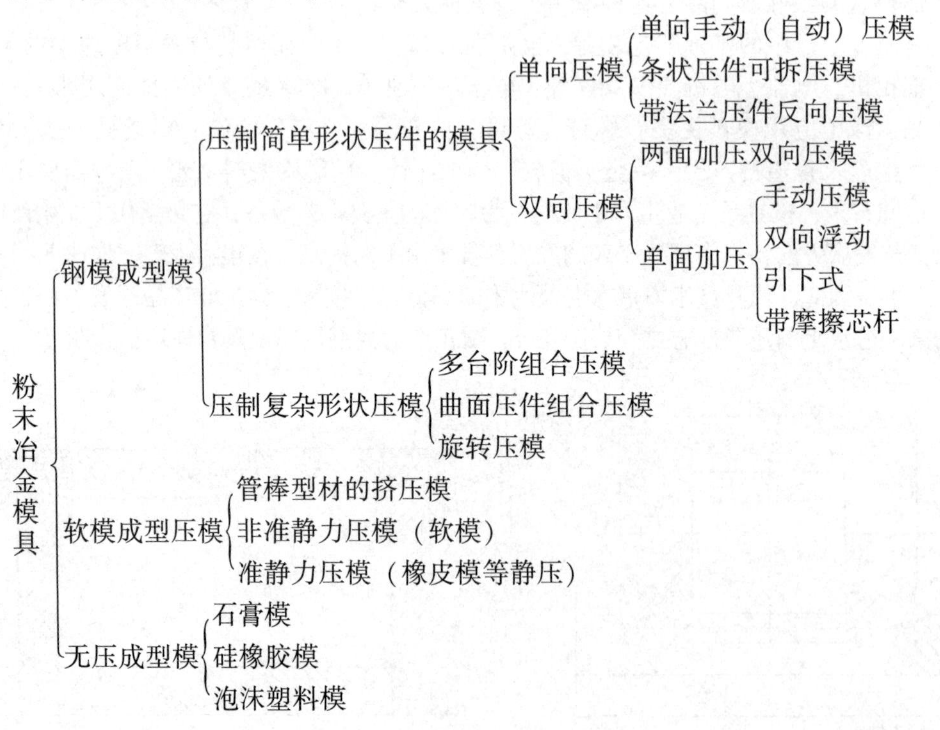

4.1.4　粉末冶金模具设计的指导思想和原则

在压模设计、加工和使用过程中，常出现许多问题，如压件密度不均匀，压件几何形状和尺寸精度达不到要求，压件不易脱模，压模零件不易加工，压制时操作烦琐，劳动强度大，易发生安全事故，压模使用寿命短，模具费用很高等。这些生产中出现的问题，反映了压模设计应有的基本要求，也就是压模设计的基本原则。

1. 能充分发挥粉末冶金无切削、少切削的工艺特点，保证达到零件的三项基本要求，即压件的几何形状、尺寸精度和光洁度、压件密度的均匀性。

2. 应合理地选择模具材料和设计压模结构，使压模具有足够高的强度、刚度和硬度，具有高的耐磨性和使用寿命，便于操作和调整，保证安全可靠，尽可能实现自动化。

3. 根据实际条件合理地提出模具加工要求（如模具材料选择、热处理制度及硬度要求、公差配合、尺寸精度和表面光洁度要求等），便于加工制造，同时也应综合考虑模具的费用，力求降低产品的总成本。

4.1.5　粉末冶金模具设计的内容及步骤

1. 设计前搜集有关数据和资料

（1）使用粉末的松装密度和流动性：松装密度直接决定模具的高度，流动性的好坏影响自动下料的时间。

（2）压件单重、单位压力、密度：不同成分、不同粒径组成、不同单重的粉末，采用不同的单位压力，压件的密度会不同。

（3）弹性后效和烧结收缩率：需注意的是粉末性能参数、混合工艺、压件单重、压制速度、保压时间等都影响弹性后效。一般沿压制方向和垂直于压制方向上不相等。

弹性后效计算公式为

$$C\% = \frac{H_{外} - H_{内}}{H_{内}} \times 100\% \tag{4-1}$$

烧结收缩率计算公式为

$$S\% = \frac{D_{坯} - D_{烧}}{D_{坯}} \times 100\% \tag{4-2}$$

式中，$C\%$为压坯在脱模后的弹性后效；$S\%$为压坯在烧结后的收缩率或膨胀率；$H_{内}$为压坯在压模内的尺寸（高度、直径或宽度）；$H_{外}$为压坯在脱模后的尺寸（高度、直径或宽度）；$D_{坯}$为压坯在烧结前的尺寸（高度、直径或宽度）；$D_{烧}$为压坯在烧结后的尺寸（高度、直径或宽度）。

对一些烧结后需要整型的零件或复压复烧等零件，还需了解和掌握整型余量和复压量、复烧量等。

（4）此外，还需了解产品技术要求、产量大小、压制设备的压力、工作台尺寸、行程高度、速度和自动化程度等。

2. 根据制品图纸确定压坯基本形状、选择压机和压制方式

对于用户提出的制品形状，有些不必修改就可以适应压制工艺，但有些必须修改，避免

出现脆弱的尖角、局部薄壁、锥面和斜面，需有一段平直带、需要有脱模锥角或圆角、改变退刀槽方向、适应压制方向的需要。

3. 压模结构及压制方式确定

在压坯形状确定后，要根据压坯的形状、高度和直径（或厚度 δ）的比值、生产批量、压机特点来选择压制方式和压模结构类型。

当 $H/D\leqslant1$ 或 $H/\delta\leqslant3$ 时，采用单向压制和单向压模；

当 $H/D>1$ 或 $H/\delta>3$ 时，采用双向压制和双向压模；

当 $H/D>4$ 时，采用带摩擦芯杆的压制和压模。

4. 压模零件的尺寸计算

压模结构确定后，要根据产品尺寸、精度、公差和压坯在压制时的膨胀量、烧结时的收缩量、整型量、复压复烧量等，计算压坯的几何尺寸，然后再计算模具各零件的设计尺寸。

5. 模具强度和刚度设计与校核

模具的强度和刚度，不仅关系到操作安全，还直接影响坯件的精度和生产成本。不同用途的模具以及不同模腔形状的模具，其强度计算方法也不同。

6. 绘制模具装配图和零件图

待全部计算工作完成后，需正式绘制模具设计图纸，包括总装配图、零件图，图中应标注尺寸、公差和形位公差及其他加工要求。

图 4-4 给出了几种常见压坯示意图。一般有等高制品如圆筒状零件和圆柱状零件，不等高制品如台阶状、锥面状、球状和斜面状等。

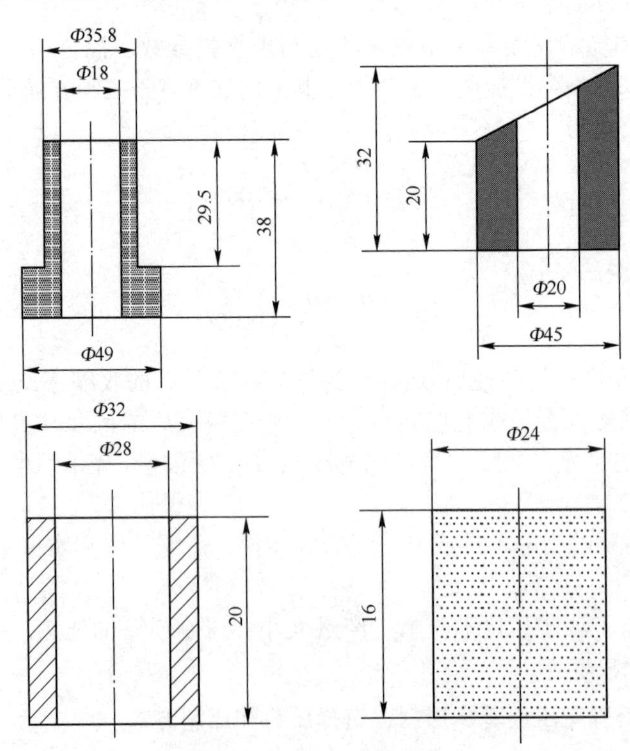

图 4-4 常见压坯示意图

4.1.6　编制模具零件工艺规程的步骤

（1）读懂分析模具总装配图，了解和熟悉整幅模具工作时的动作原理和各个零件在装配图的位置、作用及相互间的配合关系。

（2）就零件图的工艺分析，编制模具零件工艺规程必须根据零件形状结构、加工质量要求、加工数量、毛坯材料性质和具体生产条件进行。

（3）确定零件的加工工艺路线。一种零件，往往可以采用几种加工方法，在编制工艺规程时，应对各种方法认真进行分析研究，最后确定出一种方便的加工工艺路线，以降低零件成本，提高加工质量与精度。

（4）确定加工毛坯的形状和尺寸。模具零件的坯料大多是计算后加以修正值来确定的，在加工允许的情况下，尽量使坯料接近零件形状及尺寸，以降低原材料消耗，达到降低成本的目的。

（5）确定加工工序数量、工序顺序、工序的集中与组合。

（6）选择机床及工艺设备。在选择机床时，应根据零件的加工尺寸精度，结合本厂现有的生产设备，既要考虑生产的经济性，又要考虑其适用性和合理性。工艺装备的选择，主要包括夹具、刀具、量具和工具电极等，它们直接影响机床的加工精度、生产率和加工可能性。

（7）工序尺寸及其公差的确定。零件的工艺路线拟定以后，在设计、定位和测量基准统一的情况下，应计算出各个工序的加工后尺寸和公差，当定位基准或测量基准与设计基准不重合时，则需要进行工艺尺寸换算。

（8）确定每个工序的加工用量和时间定额。

（9）确定重要工序和关键尺寸的检查方法。

（10）填写工艺卡片。

4.2　模具设计理论基础

金属粉末在钢压模内成型的过程，实际上是粉末体受力变形的过程。众所周知，压制理论主要是从粉末变形的机理上研究压制压力与粉末压坯密度之间的关系，虽然以前已经提出了数百个压制公式，但都忽略了粉末与模壁之间摩擦的影响，并且未考虑压制时粉末加工硬化和压制时间的影响，因此不能用于模压过程中的压制压力、压坯密度不均匀值的计算。

本节将由粉末受力及各种力的计算、粉末的位移体征等基本规律论述成型模具结构设计的基本原则。

4.2.1　粉末的受力与计算

4.2.1.1　模具模壁摩擦力的计算

在压制过程中，粉末对模具模壁有侧压力或者压坯与模壁有相对运动，故产生摩擦力。根据普通物理可知，摩擦力 F 的计算如下。

$$F = fP_{侧} S_{侧} \tag{4-3}$$

式中，f 为粉末（压坯）对模壁的摩擦系数；$P_{侧}$ 为作用在模壁内表面上的压力，即压坯的侧压力（t/cm^2）；$S_{侧}$ 为摩擦面积，即压坯侧面积（cm^2）。

又因

$$P_{侧} = \varepsilon' P_{正} \tag{4-4}$$

式中，ε' 为粉体（压坯）的侧压系数；$P_{正}$ 为模冲作用于粉末的压力（t/cm^2）。

又由巴尔申公式得

$$\varepsilon' = \theta\varepsilon = \theta \frac{\mu}{1-\mu} \tag{4-5}$$

式中，θ 为压坯相对密度（%）；ε 为粉末材料（或致密状态时）的侧压系数；μ 为粉末材料的泊松系数。

事实上，实际粉末（压坯）的侧压系数 ε' 值不是常数，它和压坯不同高度上的压制压力 $P_{正}$ 一样，是随压块高度不同而改变的数值，为此，在计算压坯整个侧面上所产生的摩擦力时，只能用积分的方法。

$$F = \int_0^{H_0} \mathrm{d}F' = \int_0^{H_0} f\varepsilon' L\mathrm{d}H \tag{4-6}$$

式中，L 为压坯横截面的周长；H_0 为压坯的高度；$L\mathrm{d}H$ 为周长为 L，高度为 $\mathrm{d}H$ 的微小薄片（横截面）的侧面积。

严格来说，上式只有 L 是常数，其他 f、ε'、$P_{正}$ 均是 H 的函数。但实际计算时，往往计算压坯在最大压制压力的最大摩擦力，故将 f、ε'、$P_{正}$ 近似地看作是常数。

故得摩擦力的一般计算式为

$$F = f\varepsilon' P_{正} L H_0 = f\varepsilon' P_{正} S_{侧} \tag{4-7}$$

4.2.1.2　粉末传力极限高度的确定

由于摩擦力的存在，压制压力在向下传递的过程中逐渐被消耗掉，故下部粉末的成型压力越来越低，当压力降为零时，粉末将不能被压缩。

粉末的传力极限高度指在截面尺寸一定的情况下，粉末能够传递压力的最大高度，或指在截面一定的情况下，冲头通过粉末传递压力的最远距离。

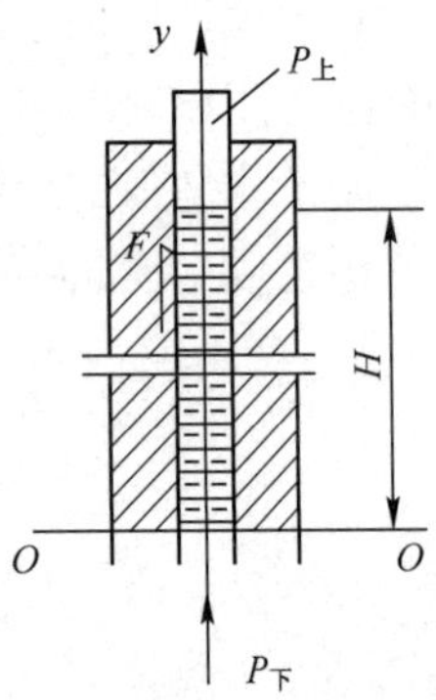

如图 4-5 所示，压模高度为无穷大，当 $P_{上}$ 正压力全部被摩擦力消耗后，设 O-O 面上的粉末不再受正压力。

图 4-5　压粉过程受力示意图

根据力的平衡条件，当达到传力极限高度时，y 轴上各力的和为零，即

$$F + P_{下} - P_{上} = 0$$

$$F = P_{上} - P_{下}$$

$$P_{下} = 0$$

则有 $F = P_{上}$，即压制压力全部被摩擦力抵消。

设压模内圆半径为 r，则压模横截面为 $S_{正} = \pi r^2$，压制总压力为 $P_{总} = P_{上} S_{正} = P_{上} \pi r^2$；压坯侧面积为 $S_{侧} = 2\pi r^2 H$。

根据摩擦力计算公式有

$$F=f\varepsilon'P_{上}S_{侧}=f\varepsilon'P_{上}2\pi rH$$

$$F=P_{总}$$

$$f\varepsilon'P_{上}2\pi rH=P_{上}\pi r^2$$

故

$$\frac{S_{侧}}{S_{正}}=\frac{1}{f\varepsilon'}$$

物理意义：压坯的侧压面积与正压面积的比值为常数时，粉末传力达到极限高度。若是圆形压坯，则有$\frac{H}{r}=\frac{1}{2f\varepsilon'}$或$H=\frac{r}{2f\varepsilon'}$，$H$为传力极限高度。

由上式可知，实际生产中提高制品的$S_{侧}/S_{正}$和H/r，关键在于降低$f\varepsilon'$值，显然，所有增加粉末与模壁的润滑性与降低$f\varepsilon'$的措施，都有助于提高传力极限值。

4.2.1.3　密度差与摩擦力的关系

在$f\varepsilon'$一定的情况下，压坯因摩擦力的影响造成上端与下端密度差。为此，需要定量地描述因摩擦力的消耗造成的压力损失问题。为了定量地估计压力损失，我们用$\frac{F}{P_{正}}$比值表示损失情况，即摩擦力占总压制压力的百分数，称为消耗或损失百分比。

由前面我们可知

$$F=P_{上}-P_{下}$$

两边同除$P_{上}$则有

$$\frac{F}{P_{上}}=\frac{P_{上}-P_{下}}{P_{上}}=1-\frac{P_{下}}{P_{上}}$$

又因压力P和密度ρ可表示为$\rho=bp^a$（a，b为常数），P为单位压力（t/cm^2），有

$$P=\left(\frac{\rho}{b}\right)^{\frac{1}{a}}$$

如设压坯上下端密度分别为$\rho_{上}$，$\rho_{下}$，则

$$\frac{F}{P_x}=1-\frac{P_{下}}{P_{上}}=1-\frac{\left(\frac{\rho_{下}}{b}\right)^{\frac{1}{a}}}{\left(\frac{\rho_{上}}{b}\right)^{\frac{1}{a}}} \tag{4-8}$$

对于同种粉末则上式变为

$$\frac{F}{P_{上}}=1-\left(\frac{\rho_{下}}{\rho_{上}}\right)^{\frac{1}{a}} \tag{4-9}$$

式（4-9）在实际应用时意义不大，因摩擦力大小与压坯的几何尺寸或侧压面面积有关，而上端面的压力与压坯正断面面积有关。因此找出压坯的几何尺寸与压坯上下端密度之间的关系，在模具设计时才有实际意义。

$$F=f\varepsilon P_{正}S_{侧}\quad P_{上}=P_{正}S_{侧}$$

$$\frac{S_{侧}}{S_{正}}=\frac{1-\left(\frac{\rho_{下}}{\rho_{上}}\right)^{\frac{1}{a}}}{f\varepsilon} \tag{4-10}$$

各种形状的零件其 $S_{侧}/S_{正}$ 比值如下所示。

（1）圆柱体零件为

$$\frac{S_{侧}}{S_{正}}=\frac{2\pi rH}{\pi r^2}=\frac{2H}{r}=\frac{1-\left(\frac{\rho_{下}}{\rho_{上}}\right)^{\frac{1}{a}}}{f\varepsilon} \tag{4-11}$$

（2）正方形截面零件为

$$\frac{S_{侧}}{S_{正}}=\frac{4aH}{a^2}=\frac{4H}{a}=\frac{1-\left(\frac{\rho_{下}}{\rho_{上}}\right)^{\frac{1}{a}}}{f\varepsilon} \tag{4-12}$$

式中，a 为边长，H 为压坯高度。

（3）双向压制时有

$$\frac{S_{侧}}{S_{正}}=2\left[\frac{1-\left(\frac{\rho_{下}}{\rho_{上}}\right)^{\frac{1}{a}}}{f\varepsilon}\right] \tag{4-13}$$

（4）单向压制有内摩擦面制品时有

$$\frac{S_{侧外}+S_{侧内}}{S_{正}}=\frac{1-\left(\frac{\rho_{下}}{\rho_{上}}\right)^{\frac{1}{a}}}{f\varepsilon} \tag{4-14}$$

（5）带摩擦芯杆压制时有

$$\frac{S_{侧外}+S_{侧内}}{S_{正}}=\frac{1-\left(\frac{\rho_{下}}{\rho_{上}}\right)^{\frac{1}{a}}}{f\varepsilon} \tag{4-15}$$

4.2.1.4　脱模的计算

压制压力去掉后，为了使压坯脱出，常常需要施加一定的压力，这个压力叫脱模压力，简单来说就是顶出压坯的压力，其大小一般低于模壁的摩擦力。脱模压力的计算与模具和压机设计都有直接关系。

脱模压力 $P_{脱}$ 为

$$P_{脱}=fP_{侧剩}S_{侧} \tag{4-16}$$

式中，f 为静摩擦系数（受粉末成分、润滑剂的多少、模壁光滑度、压制的单位压力以及压制时温度等因素影响）；$P_{侧剩}$ 为压制完卸压后，阴模弹性收缩时作用于压坯的压强，即剩余侧压强（t/cm^2）；$S_{侧}$ 为压坯与阴模接触的侧面积（cm^2）。

其中

$$P_{侧剩}=\frac{\frac{1}{E_{阴}}\left(\frac{m^2+1}{m^2-1}+\mu_{阴}\right)}{\frac{1}{E_{阴}}\left(\frac{m^2+1}{m^2-1}+\mu_{阴}\right)+\frac{1}{E_{压坯}}(1-\mu_{压坯})}P_{侧} \tag{4-17}$$

式中，$E_{阴}$为阴模材料的弹性模数；$E_{压坯}$为压坯材料的弹性模数；$\mu_{阴}$为阴模材料的泊松比；$\mu_{压坯}$为压坯材料的泊松比；m 为阴模外径与内径之比；$P_{侧}$为压制时的侧压强（$P_{侧}=\theta\varepsilon P_{正}$）；$\theta$ 为压坯的相对密度；ε 为压坯材料致密时的侧压系数。

一般来说，压制硬度很大的粉末，脱模压力较小，对于塑性较好的粉末，脱模压力接近于压坯与模壁间的摩擦力。粉末粒径越小，脱模压力越高；颗粒形状越复杂，脱模压力越高；压制压力越高，脱模压力也越高。另外，压坯的高径比也对脱模压力有较大影响，H/D 越大，则脱模压力越大。

4.2.1.5　弹性后效现象

所谓弹性后效是指在去除压制压力和把压坯顶出压模以后，由于内应力的作用，压坯发生弹性膨胀的现象。

弹性后效现象，包括纵向和径向两种膨胀现象。弹性后效现象对压模设计时计算压坯尺寸的膨胀是十分重要的，同时它也是造成压坯分层裂纹的原因之一。弹性后效用压坯径向或轴向的膨胀量同膨胀前压坯的径向尺寸的百分比表示，见式（4−1）。

弹性膨胀值一般取决于粉末特性（粉末粒径、颗粒形状、含氧量、粉末颗粒的硬度），压制压力大小，润滑情况及其他因素。

一般，在压力方向上，压坯线性尺寸可增加 5%～6%，而在垂直于压制的径向上，压坯线性尺寸可增加 1%～3%，这是因为侧压力远小于轴向的压制压力。

通常，弹性膨胀随压力增大而增大，但当压力很高时，膨胀量不再增加，此时压力再增加，膨胀值开始降低，这可能与颗粒间的连接强度增加有关。颗粒越细、粉末含氧量越高都会使得弹性后效值提高，颗粒形状越复杂，压坯弹性后效值越大。压坯的弹性后效值与压坯的孔隙度呈反比例关系，但不是直接关系。

在粉末中加入表面活性的润滑剂（如油、酸）可大大降低弹性后效值，因为该润滑剂使颗粒表面处于活化状态，使颗粒变形容易进行，产生了弹性应力松弛。而非表面活性的润滑剂（如樟脑油）对弹性后效值几乎无影响。

4.2.2　压制过程中粉末的运动规律

4.2.2.1　等高制品中粉末的运动规律

所谓等高制品，就是产品沿压制方向的高度相等。等高制品在压制过程中，粉末受三向应力状态如图 4−6 所示。但造成粉末运动的不平衡力，只有沿压制方向，并垂直于冲头表面的摩擦力 F 起作用，侧压力 $P_{侧}$较正压力 P 小得多，使粉末有少量的横向运动，摩擦力 F 对粉末运动只起阻碍作用。因此在等高制品的压制过程中，粉末运动的最大特征是：粉末主要沿压制方向直线运动，或者说等高制品的压缩特性是

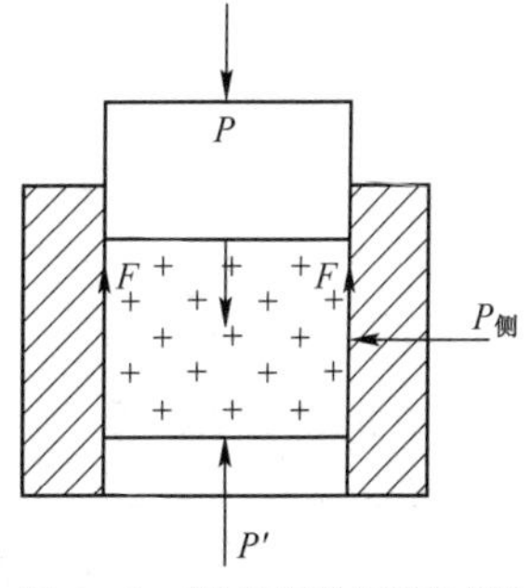

图 4−6　等高制品压制过程

单方向的直线压缩。

4.2.2.2　不等高制品中粉末的运动规律

前面谈到的等高制品中粉末的位移规律在不等高制品中也完全适用，但在不等高制品中，由于粉末的高度不等，在压制时各区的粉末位移量也不同。另外，在实际不等高制品的压制工作中，由于同时压制、压制时间相等，两区的粉末位移速度不相等，两侧的压力不平衡。因此，在不等高分界线的两侧会出现粉末的侧向运动。这使压坯的密度难于控制，更严重的是在不等高的分界线上，压坯存在巨大的内应力。因此不等高台阶状制品在压制过程中必须满足下列条件。

1. 各台阶的装粉高度为

$$H_n = Kh_n \tag{4-18}$$

式中，H_n为第 n 台阶的装粉高度（cm）；K 为压缩比，由压坯密度 d 和粉末松装密度 $d_{松}$ 求得 $K=\dfrac{d}{d_{松}}$；h_n为压坯高度（由零件图给出）。

该式也是在模具设计时，计算装粉器高度和冲头高度的基本公式。

2. 各台阶的压制速度或压制压力之间应满足速度平衡方程或压力平衡方程，即不发生侧向运动的速度平衡方程为

$$\frac{H_a}{H_b}=\frac{V_a}{V_b} \tag{4-19}$$

不产生侧向运动的压力平衡方程为

$$\frac{P_a}{S_a}=\frac{P_b}{S_b}=\cdots=\frac{P_n}{S_n} \tag{4-20}$$

式中，H_a，H_b，$\cdots H_n$为各个台阶区的装粉高度（mm）；V_a，V_b，$\cdots V_n$为各台阶的压制速度（mm/s）；P_a，P_b，$\cdots P_n$ 为各区的压制压力（t）；S_a，S_b，$\cdots S_n$ 为各区的正压面积（cm^2）。

3. 压制速率相等原则。即要求各区的压制起始时间（t）相同，又要求各区横截面压制速度满足速度平衡方程。或者说，不等高制品的各高度区，都是在同一时刻内开始压制。

压制速率是指单位时间内粉末被压缩的体积与原粉末体积的比，用公式可表示为

$$n_P=\frac{V_0-V}{V_0 t}=\frac{HS-hS}{HSt}=\frac{H-h}{Ht}(S^{-1}) \tag{4-21}$$

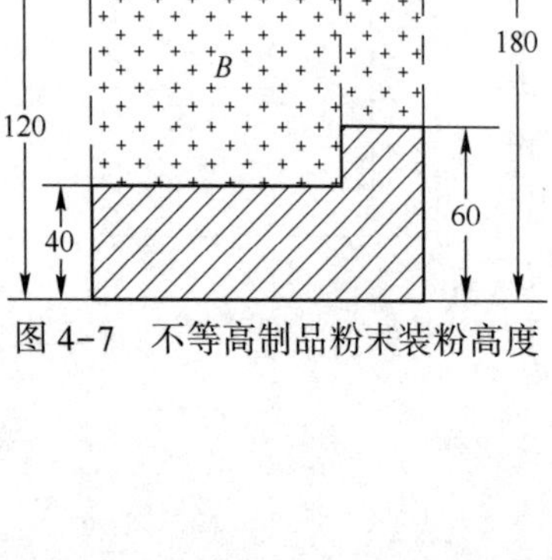

式中，V_0为粉末压缩前体积（cm^3）；V 为粉末压缩后体积（cm^3）；t 为压缩时间（s）；H 为粉末压缩前高度（cm）；h 为粉末压缩后高度（cm）；δ 为压坯截面积（在压制过程中为常数）（cm^2）。

图 4-7　不等高制品粉末装粉高度

例：不等高台阶压坯（见图 4-7），高度分别为 40mm 和 60mm，粉末松装密度 $d_{松}=2.2g/cm^3$，要求压坯密度 $d=6.6g/cm^3$。求各区装粉高度并作简要分析。

解：

$$k=\frac{d}{d_{松}}=\frac{6.6}{2.2}=3$$

各区装粉高为

$$H_{40}=kh_{40}=3\times40=120\text{mm}$$

$$H_{60}=kh_{60}=3\times60=180\text{mm}$$

在压制时，先压高区冲头（A 区），并由 a 点压到 b 点，此时 A 区冲头与 B 区冲头的 b 面等高，随后，A、B 冲头同时压制，显然这种压制法高区（A）先压缩掉的体积百分数与压坯高度差和压缩比关系如下。

$$\frac{\Delta A}{V_{0A}}=\frac{\Delta H}{H_{0A}}=\frac{(H_{0A}-H_{0B})}{H_{0A}} \tag{4-22}$$

由此式可以看出，随 h_B/h_A 比值的减少，即压坯高度差（Δh）增大，则高区先压掉的体积越来越大，此时该区粉末是否能压制到压制压力的大小，都要由高区的 $S_{侧}/S_{正}$ 和压制压力而定。若 $S_{侧}/S_{正}$ 很小，而 $\Delta H/H_{0A}$ 又很大时，则高区粉末很容易向低区流动，造成低区压坯密度过大、尺寸过高，同时在不等高交线附近产生大的内应力。若 $S_{侧}/S_{正}$ 很大，而 $\Delta H/H_{0A}$ 也很大时，则高区的压制压力被模壁摩擦力消耗很多，至高区底层已无多大压力，而低区因为压力过大，粉末开始流向低密度区域，即高区粉末的底层侧向运动。这些情况在生产时是要防止的，一般将模具改为如图 4-8 所示的状态。第一步先将下冲头的外露量（即待压缩量）用垫环保护好，按所给总压力先压高区，这时高区粉与环侧壁（即低区的冲头）的摩擦力全部由压环的凸肩承担，因此高区的压制就与低区的压制无关。第二步是将垫环去掉，把下冲头的外露部分全部压入，这时低区和高区仍由较松散的粉末同时压缩。一般压环的外侧面做成锥面，是为了便于脱模。

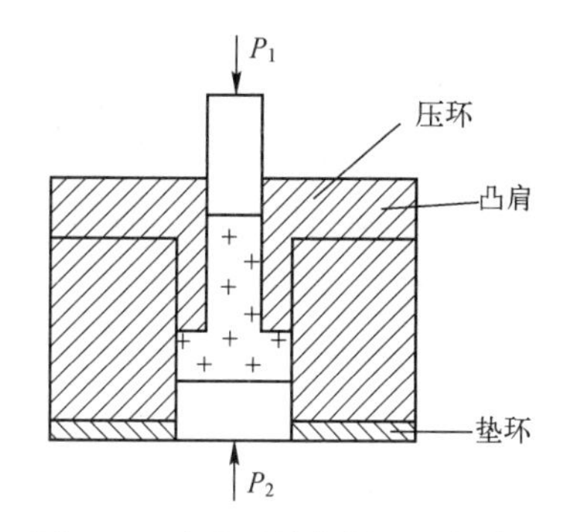

图 4-8　改进不等高制品压制模具

4.3　成型模具结构设计

4.3.1　基本原则

4.3.1.1　成型模结构设计的原始依据可按如下几点确定

1. 压坯的形状、精度和光滑度，由压制工艺性确定；

2. 生产线是手动还是自动或半自动，由生产批量及生产条件确定（主要是设备）；

3. 采用何种压机，由压料压力、脱模力、压制和脱模行程、工作台面积，以及模具特殊动作的需要等因素来确定。

4.3.1.2　成型模具设计时，按如下顺序进行

1. 压制面的选择：压坯在压制时哪一个面向上，需要综合多方面因素来确定，如侧正面积比、密度均衡性、压制压力、压坯精度、装粉、脱模以及模具加工等。

2. 补偿装粉的考虑：对于沿压制方向变横截面积的压坯（如带台阶件、锥和球面体

等），为了使压坯的不同截面部分在压制后密度均匀，应考虑采用何种组合模冲结构（选择合理分型面）达到补偿装粉的目的，以便得到基本相同的压缩比。

3. 脱模方式的选择：对于无台阶的压坯，考虑采用顶出式（下模冲将压坯顶出阴模）还是拉下式（下模冲不动，将阴模拉下，脱出压坯）。对于带台阶件、球面件、螺旋面件、分级多平行孔件，需要从模具结构中解决脱模问题。

4. 结构方案的确定：根据压坯的形状、压制方式、脱模方式、补偿装粉的要求和压机具有的动作来确定模具结构的方案，最好画出简单的结构示意图。

5. 计算装粉高度和阴模壁厚：根据压坯高度和选定的压缩比（由压坯密度和粉末松装密度来确定），算出装粉高度。对于有补偿装粉的模具，要分别初步算出各段的装粉高度。对于中小件，阴模的壁厚根据结构或习惯用法来确定，一般阴模外径与内径之比取2~4；对于较大的阴模，则应根据强度和刚性来计算。

6. 绘制结构总装图：先画出压坯图，以它为中心，先轴向，后横向，逐步向外展开。先画出阴模，芯棒和上下模冲。根据已选定的结构方案及具体结构上的需要（如脱模、连接、安装、定位、导向、强度和刚性等），逐步画出其他零件。可能情况下，尽量按1∶1绘制，真实感强，便于确定结构尺寸。

4.3.1.3 结构设计主要需要考虑以下几个问题

1. 主要零件的连接方式：阴模，芯棒和上下模冲的连接，要考虑使用中安全可靠，安装和拆卸方便，结构尽可能简单，材料节约和整齐美观等因素。

2. 浮动结构：根据不同的压制方式和补偿装粉的要求，往往需要阴模，芯棒和上下模冲浮动，浮动力可由弹簧、摩擦、气动和液压等产生。根据具体要求和条件来设计浮动结构。

3. 脱模复位结构：根据压坯的形状和压机具有的动作来设计，脱模和复位一般是由同一种结构来完成的。脱模要保证压坯的完好、动作准确可靠，复位要求位置准确，在机械压机上，复位动作要求快而冲击力小。

4. 调节装粉结构：由于粉末的松装密度在生产过程中会有一定范围内的变动，在模具结构设计时，要考虑如何调节装粉型腔的深浅，尽可能实现连续微调，并操作上方便。

4.3.1.4 在结构设计中，还应注意的一些问题

1. 工艺性：模具设计必须考虑到加工工艺。例如，有电加工设备时，可采用整体阴模，否则改用拼模结构（多个部件构成型腔尺寸）。又如，由内球面与平面相连接的型腔，从使用来说，可用整体式，但这种型腔加工困难，改为镶套结构后，工艺性得到改善。

2. 经济性：这是多方面因素的指标。例如，结构复杂程度要与批量和生产效率结合起来考虑；减少零件可减少加工量，同时要考虑为了节省优质材料而增加普通零件所增加的加工量；为了延长模具寿命，采用优质材料（如高速钢或硬质合金），或者增加优质材料的零件（如承压垫、耐磨板）等。

4.3.2 等高制品成型模设计原理

等高制品是指沿压制方向压坯的截面形状不变，而压坯的高度相等的制品，这种制品在成型过程中，粉末的运动规律为直线压缩，即粉末在压制过程中没有侧向运动。因此，当压

制无内孔的制品时，成型模的型腔截面形状应与制品的截面形状完全相同，同理，冲头的截面形状也应与制品的截面形状相同。当压制有内孔的制品时，成型模的内腔截面轮廓线应与制品截面轮廓线相同（尺寸须计算），但冲头的截面形状应与制品截面形状相同（不包括芯杆）。图 4-9 为等高制品成型模的结构图。

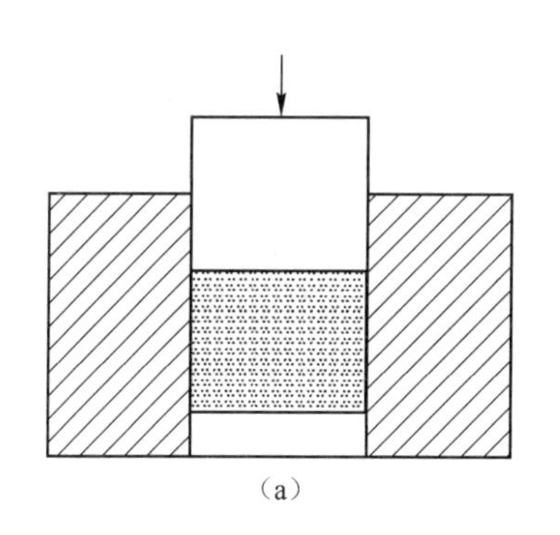

（a）

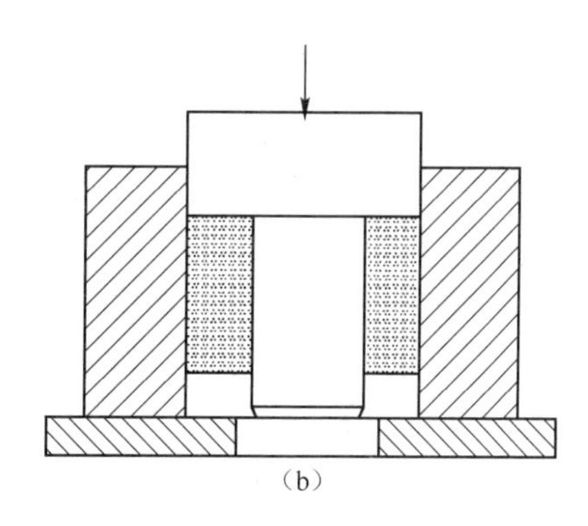

（b）

（a）无内孔；（b）带内孔

图 4-9　等高制品成型模结构图

当基本结构确定后，还应考虑以下几点。

（1）根据产品高度与直径的比值是否大于 4 来考虑采用单向或双向压制；

（2）在压制细长的管状产品时，往往采用内摩擦芯杆压制法［见图 4-9（b）］，此时下垫铁必须设计成带有中心孔的托盘状，托盘边缘应凸起，以保证芯杆在压制过程中能对准托盘中心孔。

对等高制品，压坯的密度完全由冲头的压下量决定，即

$$D_{坯}=\frac{W}{SH} \tag{4-23}$$

式中，W 为粉末重量（g）；S 为压坯横截面积（cm^2）；H 为压坯高度（cm）。

（3）在压制细长（如 $\varphi 4$ 以下）零件时，如果其长度达到传力极限值（$H=r/2f\varepsilon'$，r 为压坯半径，f 为摩擦系数，ε 为侧压系数）的 60%时，这种模具不应设计，否则成型压力过大将超过冲头的强度而使模具卡死报废。

4.3.3　不等高制品成型模设计

在压制横截面有变化的压坯时，在粉末不同的压制阶段，粉末有不同的流动方式，这将直接影响压坯的密度分布。装粉时，粉末以散状流动方式填充模腔，由于粉末之间的内摩擦力和粉末与模壁之间的外摩擦力的影响，粉末在模腔中易产生“拱桥”现象，严重影响粉末填充的均匀性，从而使压坯密度分布不均匀。采用添加润滑剂、震动装粉法、过量装粉法和吸入装粉法，可消除“拱桥”现象及它所造成的压坯密度分布不均匀性。

在压制开始阶段，粉末的“拱桥”现象被破坏，粉末产生柱式流动（直线压缩），几乎不产生横向流动。如果压坯各截面上的粉末受到不同程度的压缩，先受压缩或受压缩程度大的截面上的粉末，会向未受压或受压缩程度小的截面产生横向流动。压制时，粉末是否产生横向流动，主要取决于压坯各截面受压缩程度和模冲移动速度。

在压制的最后瞬间，压坯中一个横截面上的粉末可能对相邻截面产生很大的压力，形成

滑动面，导致压坯裂纹。为此在压制横截面有变化的压坯时，要避免截面分界面处粉末之间的相对滑动。

据此得到以下不等高压坯的压模设计原理。

4.3.3.1 粉末填装系数相同或相近

根据压制过程中粉末体只产生柱式流动和几乎不产生横向流动的特点，可知压坯密度分布的均匀性首先取决于装粉高度，其装粉高度 $H_{粉}$ 应与该截面上的压坯高度 $h_{压}$ 成比例，这个比例系数叫粉末填装系数，以 K 表示，见式（4-24），K 在数值上等于粉末的压缩比。装粉时，要求压坯各横截面上的粉末填装系数相同。但当压坯各截面上粉末受压缩的先后或程度不同时，先受压缩或受压缩程度大的横截面上的粉末填装系数应大一些。

$$K = H_{粉}/h_{压} = d_{压}/d_{粉} \tag{4-24}$$

式中，$d_{压}$ 是压坯密度，$d_{粉}$ 是粉末混合料填装时的密度。

4.3.3.2 压缩比相同或相近

如果只满足粉末填装系数相同或相近的设计要求，还不能保证压坯密度分布均匀，因为压制时还要保证压坯各横截面上的粉末得到相同或相近的压缩比，也就是要求各个模冲的移动距离不同，其模冲移动距离 L 见式（4-25），必须满足压坯各横截面上的粉末压缩比 K 相同或相近。

$$L = H_{粉} - h_{坯} = (K-1)H_{粉}/K \tag{4-25}$$

显然，采用整体模冲来压制不等高压坯时，若能满足压坯各横截面上粉末填装系数相同或相近的设计要求，必然不能满足各横截面上的粉末压缩比相同或相近的条件，所以，不等高制品的模冲应设计成组合模冲。而且设计组合模冲时，各个模冲在压制过程中应按照压缩比相同或相近的要求移动不同距离。

4.3.3.3 压制速率相同

压制不等高压坯时，即使满足了上述两条设计要求，还是不能保证压坯密度分布均匀和防止裂纹产生。因为在压制的最后瞬间，在压坯横截面变化的分界处可能形成滑移面，导致产生裂纹，为了避免形成滑动面，压坯各横截面上粉末的压制速率（单位时间内，粉末被压缩的体积与原粉末体积的比）应该相等，同时也可保证各横截面上的粉末不产生横向流动。

压制不等高压坯的过程中，各个模冲移动的距离和速度是不相同的，但各个模冲的压制速率（单位时间内粉末被压缩的体积与原始粉末体积的比）应该相同。

设不等高压坯的两横截面代号分别为 A 和 B，则各自的压制速度为

$$\eta_{A} = \frac{V_{粉A} - V_{压A}}{V_{粉A}t} = \frac{H_{粉A} - h_{压A}}{H_{粉A}t} \tag{4-26}$$

$$\eta_{B} = \frac{V_{粉B} - V_{压B}}{V_{粉B}t} = \frac{H_{粉B} - h_{压B}}{H_{粉B}t} \tag{4-27}$$

式中，$V_{粉A}$，$V_{粉B}$ 为各横截面粉末的体积；$V_{压A}$，$V_{压B}$ 为各横截面压坯的体积；$H_{粉A}$，$H_{粉B}$ 为各横截面的装粉高度；$h_{压A}$，$h_{压B}$ 为各横截面压坯的高度。

压制速率与压缩比的关系为

$$K_A=\frac{1}{1-\eta_A t} \tag{4-28}$$

$$K_B=\frac{1}{1-\eta_B t} \tag{4-29}$$

同时各模冲的压制速率与压制速度 V 的关系为

$$\eta_A=\frac{V_A}{H_{粉A}},\quad \eta_B=\frac{V_B}{H_{粉B}} \tag{4-30}$$

因此，当各横截面上的模冲压制速率相同时，在任何压制时间 t 内都能够使压缩比相同，也就可保证相邻区域的压坯平均密度相同。

故在压制不等高压坯时，先压缩装粉高度较大的粉末区，待压到与低区冲头相同高度时再同时压缩整个压坯，能够减小粉末的横向流动，也可防止横截面变化分界处由于粉末层相对滑动而产生的裂纹。或者利用非同时双向压制方式，在压坯等高端进行后压，由于后压时各横截面上粉末的压制速率和压制速度都相等，可以使相邻区域的压坯平均密度相同，防止横截面变化分界处产生裂纹。

不等高压坯模具设计的基本原则是沿不等高分界线将冲头分型，以及在压制时采用压制速率相等的压制法。

4.3.4　复杂制品成型模设计

粉末冶金复杂制品一般是指带有曲面、斜面、台阶、齿形、多个平行孔等零件的零件。在设计此类模具时往往需要设计成组合模具（凹模组合或模冲组合），以便满足制备不等高制品的 3 个条件。对于某些难以压制的压坯，可采用粉末移动成型法，它可分为粉末侧向移动成型法和粉末轴向移动成型法两种，如图 4-10 所示。

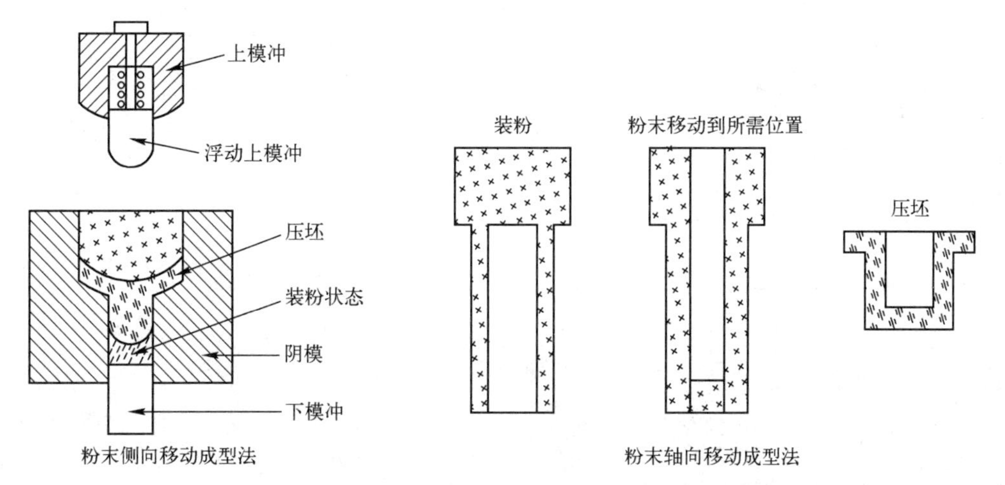

图 4-10　不同方式粉末移动成型法

4.3.4.1　多台阶压坯的组合模冲设计

设计多台阶压坯（见图 4-11）压模时，一般可按台阶分别设计模冲，以保证各横截面上的粉末填装系数和压缩比相同或相近，并采用先压缩高区粉末再同时压制高、低区粉末的方法，使压坯各横截面上的粉末受到相同的压缩程度，从而可得到密度分布较均匀且无裂纹的多台阶压坯。但是，当压坯相邻台阶的高度差较小时（指相邻台阶的高度差不超过压坯较高台阶高度的 20%），可以用一个模冲来压制这两个台阶，而不需要设计两个模冲，因为这种高度差所引起制品各部分的强度、硬度和韧性差是很小的。

4.3.4.2 斜面压坯的组合模冲设计

如图 4-12 所示，为了保证斜面压坯的密度分布均匀，且能进行正确装粉和压制，理论装粉线应该是虚线 B，但采用整体下模冲压制时，实际装粉线是下模冲的斜面线 C。这样，低边压坯 b 的装粉高度就比理论值低，但在压制开始阶段，在下模冲斜端面的作用下，粉末由 b 边向 a 边横向流动，从而弥补由于装粉不合理所造成的密度差。斜度越大，这种密度差越大。

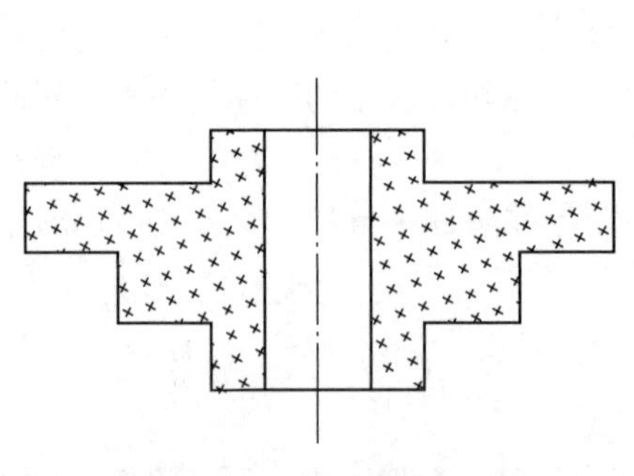

图 4-11 多台阶压坯

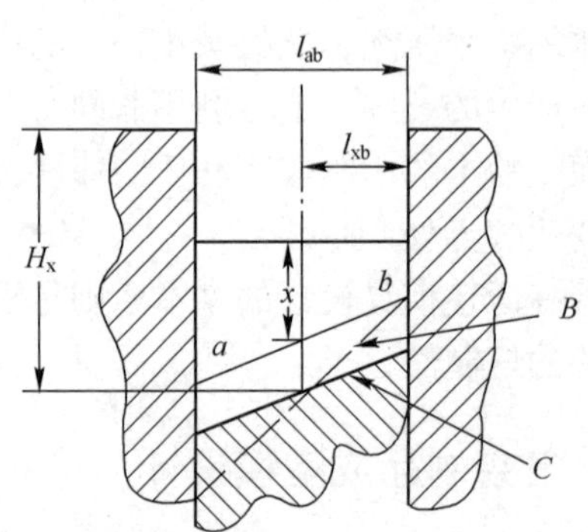

图 4-12 斜面压坯装粉示意图

为了使压坯达到所要求的平均密度，下模冲的装粉位置必须满足粉末体积的要求。斜面压坯的平均高度 x 可由式（4-31）计算，即

$$x=\sqrt{\frac{a^2+b^2}{2}} \tag{4-31}$$

则斜面压坯的装粉高度为

$$H_x=kx$$

式中，k 为装粉压缩比。

从斜面压坯短边 b 到 x 线的距离 l_{xb} 可计算为

$$l_{xb}=\frac{x-b}{a-b}\cdot l_{ab} \tag{4-32}$$

式中，l_{ab} 为斜面压坯 a 边到 b 边的距离。

对斜面压坯，当它的短边高度 b 大于斜面高度差 $(a-b)$ 时，采用带斜面的整体下模冲压制。如果 $b<(a-b)$，则需要用组合下模冲来压制，此时必须合理设计组合下模冲的分模线，然后再确定每个模冲的宽度。

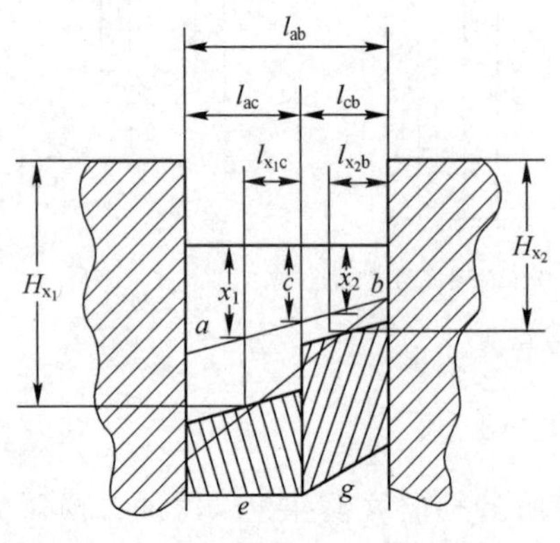

图 4-13 组合模冲压粉示意图

如图 4-13 所示，若将斜面设计成 e、g 两个下模冲，则分模线 $c=\sqrt{ab}\left(l_{bc}=\frac{c-b}{a-b}\cdot l_{ab}\right)$，然后分别计算每个下模冲所对应的二压坯平均高度 x_1、x_2 和装粉高

度 H_{x_1}、H_{x_2}及从短边到 x_1、x_2线的距离 l_{x_1c}、l_{x_2b}。

$$x_1=\sqrt{\frac{a^2+c^2}{2}}\ ,\quad x_2=\sqrt{\frac{c^2+b^2}{2}}$$

$$H_{x_1}=kx_1\ ,\quad H_{x_2}=kx_2$$

$$l_{x_1c}=\frac{x_1-c}{a-c}\cdot l_{ac}\ ,\quad l_{x_2b}=\frac{x_2-b}{c-b}\cdot l_{cb}$$

若采用多组合下模冲，计算方法同上。

在压制横截面不同的复杂形状压坯时，必须保证压坯内的密度相同，否则在脱模过程中，不同密度的压坯连接处就会由于应力的重新分布而产生断裂或分层。压坯密度的不均匀也将使烧结后的制品因收缩不一而急剧变形，进而出现开裂或歪扭。

为了使具有复杂形状的横截面不同的压坯密度均匀，必须设计出有不同动作的多模冲压模，并且应使它们的压缩比相等，如图 4-14 所示。

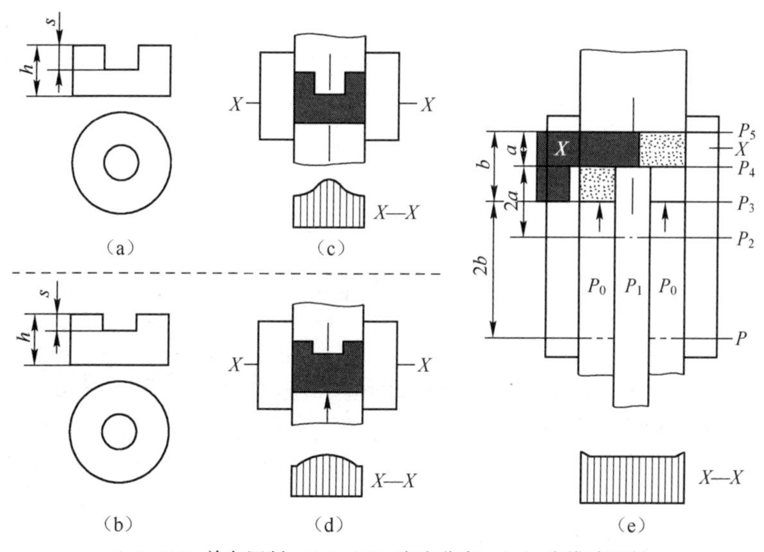

(a)(b) 单向压制；(c)(d) 密度分布；(e) 多模冲压制

图 4-14　异性压坯的压制

4.3.4.3　曲面压坯的组合模具设计

压制曲面压坯是很困难的，为了使曲面压坯的密度分布较均匀，比较好的方法是采用组合上模冲，依靠浮动内上模冲将模腔中心的粉末向四周推移，即用粉末侧向移动成型法来压制凹面压坯。也可采用组合阴模和组合芯球来压制外球面压坯和内球面压坯，以及鼓形、双锥形、非对称台阶等压坯。其特点是将阴模分为上下两半，压制时，用辅助上模冲将上半阴模压紧，然后分别脱模，使上半阴模和压坯一起脱出。

其中外球面压坯的组合阴模与内球面压坯的组合阴模如图 4-15 所示。

4.3.4.4　斜齿轮压坯的旋转压模设计

支持齿轮压坯一般采用双向压模，而斜齿轮压坯则需要用旋转压模。压模时，模冲随着阴模的旋转形角一边旋转，一边下降。因为斜齿轮压坯齿部的粉末不能沿压制方向直线向下

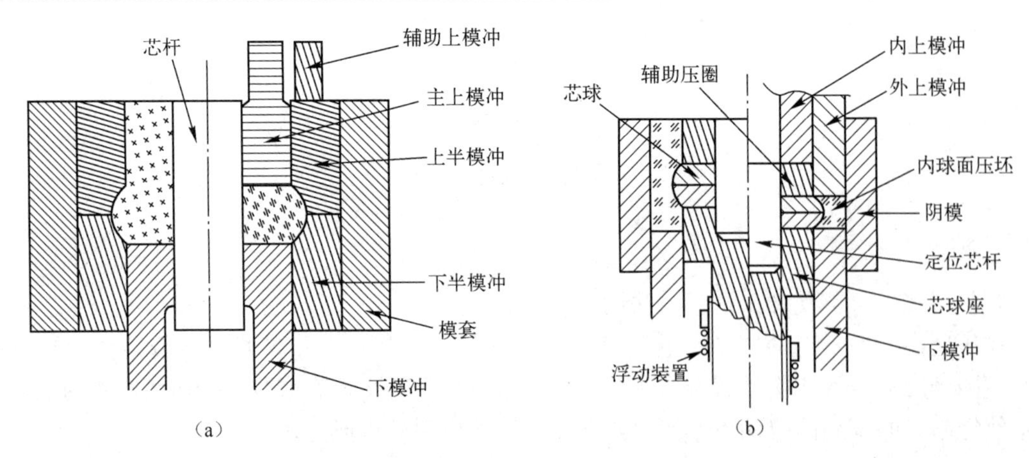

(a) 外球面压坯的组合阴模；(b) 内球面压坯的组合阴模

图 4-15 球面压坯组合阴模示意图

移动，只能沿阴模内斜齿槽向下移动。如果阴模固定不能旋转（由于粉末与模壁之间的摩擦力和压制压力在阴模内斜齿槽上的径向分力的作用，迫使阴模产生一种顺着螺旋方向旋转的趋势），将阻碍粉末向下移动，造成压制困难。所以压制斜齿轮压坯常采用旋转压模，在压制和脱模过程中，模冲与阴模在上、下相对移动的同时必须相对转动，为此，通常安装平面滚珠轴承模座。

4.4 模具零件的尺寸计算

模具基本结构确定后，需要对模具各部件的几何尺寸进行计算。模具尺寸计算是模具设计中的重要环节，它不但关系到模具能否满足强度和动作要求，而且影响到最终产品的精度。因此必须掌握模具尺寸的计算方法，合理确定每个模具零件的几何尺寸。

4.4.1 压模零件尺寸的计算依据

4.4.1.1 压模尺寸的基本要求和参数选择

粉末冶金压模用来使粉末压缩成型，为制取成品需要提供具有一定形状、尺寸、密度和强度的压坯，为此，压模的尺寸必须满足 3 项基本要求。

(1) 产品对压坯形状、尺寸、密度和强度的要求。

(2) 压制过程（装粉、压制、脱模）的要求。

(3) 模具强度和刚度的要求。

同时，在粉末冶金制品的生产过程中，从松装粉末到最终成品存在着粉末的压缩、压坯的弹性后效、烧结收缩、精整、复压时的弹塑性变形等过程引起的尺寸和形状变化，这些尺寸和形状的变化直接关系到压模的尺寸计算，特别是那些与产品尺寸和形状有关的主要压模零件（阴模、芯棒、上、下模冲等）的尺寸计算。因此，要想满足上述压模尺寸的基本要求，就应在压模零件尺寸计算时，将这些尺寸和形状的变化综合考虑进去。

但不同的工艺过程，有以下不同的尺寸计算方法。

（1）对尺寸精度，表面光洁度及机械强度要求不高的产品，计算模腔尺寸时，只需考虑粉末的压缩，压坯的弹性后效和烧结收缩。

（2）对精度和表面光洁度要求较高的产品，在确定模腔尺寸时，除考虑压坯的弹性后效和烧结收缩外，还应考虑留有精整余量和机加工余量。

（3）对强度、硬度等性能要求较高的结构零件，压模的尺寸除要考虑压坯的弹性后效和烧结收缩（有时也要考虑机加工余量）外，还应考虑装模间隙与复压压下量。

压模尺寸计算时涉及以下几个基本参数。

（1）压缩比（K）：指粉末压缩前与压缩后的体积比。

$$K=\frac{V_{粉}}{V_{坯}}=\frac{H_{粉}\cdot S_{粉}}{H_{坯}\cdot S_{坯}}=\frac{H_{粉}}{h_{坯}}\frac{\dfrac{W_{粉}}{d_{粉}}}{\dfrac{W_{坯}}{d_{坯}}}=\frac{d_{压}}{d_{坯}} \tag{4-33}$$

式中，S 为横截面积；$W_{坯}$ 为压坯重量。

（2）压坯的弹性后效（t）：用压坯径向或轴向的膨胀量同膨胀前压坯的径向或轴向尺寸的百分比来表示。

$$t=\frac{t-t_0}{t_0}\times 100\%=\frac{\Delta t}{t_0}\times 100\% \tag{4-34}$$

（3）烧结收缩率（s）：用压坯在烧结过程中的线性收缩量与烧结前压坯尺寸的百分比来表示。

$$s=\frac{D_{坯}-D_{烧}}{D_{坯}}\times 100\% \tag{4-35}$$

式中，$D_{坯}$ 为压坯烧结前的尺寸；$D_{烧}$ 为压坯烧结后的尺寸。

压坯的烧结收缩率沿各个方向是不同的，轴内收缩率往往大于径向收缩率。影响烧结收缩率的因素主要有混合粉化学成分、压坯密度、烧结工艺（温度、时间、气氛等）、不同的金属粉末及不同的合金元素。

（4）精整余量（ΔZ）：在设计压模尺寸时留有适当的精整余量，通过在精整过程中压坯产生的少量塑性变形，来消除烧结过程中引起的压坯变形，提高表面光洁度和尺寸精度。

精整余量的大小应根据制品的要求，结合具体工艺条件来选择，表 4-1 给出不同情况下的精整余量。

表 4-1　不同情况下的精整余量

壁厚/mm	外径余量/mm	内径余量/mm	高度压下率/%	适 用 范 围
<3	0.05~0.1	不留或少留	—	（1）外径要求较高，内径和高度要求不高；（2）内径虽要求较高，但不宜整内径，采用外箍内精整方式
<5	不留或少留	0.05~0.1	—	（1）内径要求较高，外径要求不高；（2）外径虽要求较高，但不宜整外径，采用内胀外精整方式

续表

壁厚/mm	外径余量/mm	内径余量/mm	高度压下率/%	适用范围
3~5	0.04~0.06	0.02~0.04	—	内外径要求均较高，但高度要求不高，壁厚较厚，采用外箍内胀的精整方式
5~7.5	0.05~0.08	0.03~0.06	—	
7.5~10	0.06~0.1	0.04~0.08	—	
10~15	0.08~0.14	0.06~0.10	—	
3~5	0.03~0.05	0.01~0.03	1~2	高度、内外径要求均较高，采用全精整方式
5~7.5	0.04~0.06	0.02~0.04	1~2	
7.5~10	0.05~0.07	0.03~0.05	1~2	
10~15	0.06~0.1	0.04~0.06	1~2	

（5）机加工余量（ΔJ）：为了满足产品尺寸精度和表面光洁度的要求而增加的磨削辅助机械加工的加工余量。机加工余量不宜留的太大，也不宜太小。一般车削加工取1~1.5mm，磨削加工取0.05~0.08mm。

（6）复压装模间隙（Δb）和压下率（f）：如果需采用复烧工艺，以进一步提高产品密度，获得更高的机械物理性能，在计算压模内径与芯杆外径尺寸时，应使压坯内外径留有装模间隙，以便复压时压坯能顺利放入模腔。装模间隙的大小应根据压坯尺寸大小合理选择，一般为0.1~0.2mm。

复压压下率（f）：用复压压下量与复烧前烧结坯高度的百分比表示。

$$f=\frac{h_{烧}-h_0}{h_{烧}}\times 100\% \tag{4-36}$$

式中，$h_{烧}$为复压前的高度；h_0为复压后的高度（取产品高度）。

选择复压压下率时应根据制品密度、性能要求、原有压坯密度、装模间隙、模具的承载能力及压力设备吨位等因素全面考虑。

4.4.1.2 压模零件的尺寸计算

（1）阴模高度$H_{阴}$的计算：阴模高度应满足粉末容量和模冲定位的需要。

$$H_{阴}=H_{粉}(=Kh_{坯})+h_{上}+h_{下} \tag{4-37}$$

$$h_{坯}=h_0(1-t_{轴}+s_{轴})+h_0(1-t_{轴}+s_{轴})f \tag{4-38}$$

式中，$H_{阴}$为阴模高度；$h_{坯}$、h_0为产品的高度（基本尺寸+上下偏差的平均值）；$h_{上}$为上模冲与阴模的配合高度（通常取5~10mm）；$h_{下}$为下模冲与阴模的配合高度（通常取5~10mm，或下模冲的高度）；$t_{轴}$为轴向弹性后效（%）；$s_{轴}$为轴向烧结收缩率（%）；f为复压压下率（%）。

若需要机加工，则

$$h_{坯}=h_0(1-t_{轴}+s_{轴})+\Delta J_{轴}$$

式中，$\Delta J_{轴}$为轴向（高度方向）的机加工余量。

若需要复压复烧，则

$$\begin{aligned} h_{坯}&=h_0(1-t_{轴}+s_{轴})+\Delta h_{复} \\ &=h_0(1-t_{轴}+s_{轴})+h_0(1-t_{轴}+s_{轴})\cdot f \\ &=h_0(1-t_{轴}+s_{轴})(1+f) \end{aligned} \tag{4-39}$$

（2）芯杆长度的确定：原则上取与阴模高度一样或略短一点的长度。长度过长加工麻烦，精度难保证；长度过短会引起夹粉，磨损芯杆。

(3) 模冲高度的确定：应考虑模冲的安装、定位、装粉高度的调节，以及脱模移动的距离等因素。

(4) 阴模内径的计算：阴模的内径应根据压坯的外径要求确定。

若采用常规压制烧结工艺，有

$$D_{阴内}=D_0(1-t_{径}+s_{径}) \tag{4-40}$$

式中，$D_{阴内}$为阴模内径；D_0为产品外径（基本尺寸+上下偏差的平均值）；$t_{径}$为径向弹性后效（%）；$s_{径}$为径向烧结收缩率（%）。

若需要精整外径，有

$$D_{阴内}=D_0(1-t_{径}+s_{径})+\Delta Z_{径} \tag{4-41}$$

式中，$\Delta Z_{径}$为径向的精整余量（mm）。

若精整前需粗加工，则

$$D_{阴内}=D_0(1-t_{径}+s_{径})+\Delta J_{径}+\Delta Z_{径} \tag{4-42}$$

式中，$\Delta J_{径}$为径向的机加工余量（mm）。

若需要复压复烧，则

$$D_{阴内}=D_0(1-t_{径}+s_{径})-\Delta b \tag{4-43}$$

式中，Δb 为复压装模间隙（mm）。

(5) 芯杆外径的确定：根据压坯内孔尺寸的要求确定。

$$d_{芯}=d_0(1-t_{径}+s_{径}) \tag{4-44}$$

若需精整内孔或机加工内孔，有

$$d_{芯}=d_0(1-t_{径}+s_{径})-\Delta J_{内孔}(\Delta Z_{内孔}) \tag{4-45}$$

若需进行复压复烧，有

$$d_{芯}=d_0(1-t_{径}+s_{径})+\Delta b_{内孔} \tag{4-46}$$

式中，d_0为产品内径（基本尺寸+上下偏差的平均值）(mm)；$D_{芯}$为芯杆外径（mm）；$\Delta J_{内孔}$为内孔径向的机加工余量（mm）；$\Delta Z_{内孔}$为内孔径向的精整余量（mm）；$\Delta b_{内孔}$为内孔复压装模间隙（mm）。

(6) 模冲内外径的确定：按照与之配合的芯杆外径和阴模内径来确定，即模冲内孔直径（内径）的基本尺寸应与芯杆外径的基本尺寸一样，模冲外径的基本尺寸应与阴模内径的基本尺寸一样。然后选择它们之间的配合间隙，一般将模冲与阴模之间的配合间隙按 H8/f7 或 H7/g6 的配合公差来选取，而将模冲与芯杆之间的配合间隙按 G7/h6 或 F5/h6 的配合公差来选取（通常间隙在 0.01~0.03mm）。

(7) 阴模外径的计算：粉末冶金压模在压制时，阴模承受较大的侧向压强（$P_{侧}=\varepsilon\theta P$），这样就会产生应力和应变。在设计模具时，应根据所受的侧压强来验算阴模的强度和刚性。

① 单层圆筒阴模

阴模外半径 R 与内半径 r 之比 $m(=R/r)$，称为模数。

$$m\geqslant\sqrt{\frac{[\sigma]+P_{侧}(1-\mu)}{[\sigma]-P_{侧}(1+\mu)}} \tag{4-47}$$

$$[\sigma]=\frac{\sigma_b}{n}$$

式中，$[\sigma]$为许用应力（MPa）；δb 为模具材料的抗拉强度（MPa）；$P_{侧}$ 为阴摸的侧压力（$P_{侧}=\varepsilon\theta P$）；$\mu$ 为材料的泊松比，常数；ε 为侧压系数；θ 为压坯的相对密度；P 为压坯的压制压力（MPa）。

② 双层套筒阴模

a 根据已知的$[\sigma]$，$P_{侧}$及μ值，求出单层模时所需的 m 值，即

$$m_{单} \geqslant \sqrt{\frac{[\sigma]+P_{侧}(1-\mu)}{[\sigma]-P_{侧}(1+\mu)}} \tag{4-48}$$

b 利用 $m_{单}$值确定由单层模改为双层模后的修正系数 k，即

$$k=1-\frac{2m^2(m-1)}{(3m+1)(m^2+1)}(m \text{ 即为 } m_{单}) \tag{4-49}$$

c 计算组合模所需的 m 值，并得出 R，r，$r_{中}$，即

$$m_{组} \geqslant \sqrt{\frac{[\sigma]+P_{侧}(k-\mu)}{[\sigma]-P_{侧}(k+\mu)}}$$

$$R=m_{组}\, r \tag{4-50}$$

$$r_{中}=\sqrt{Rr}$$

d 求预紧压强 $P_{预}$，主要来自阴模和模套的过盈配合，即

$$P_{预}=\frac{m(m-1)}{(3m+1)(m+1)}P_{侧} \tag{4-51}$$

e 求出装配时的单边过盈量 $\Delta r_{中}$，即

$$\Delta r_{中}=\frac{2P_{预}\, r_{中}^3}{E}\left[\frac{m_{组}^2-1}{(m_{组}^2+1)r_{中}^2-2R^2}\right] \tag{4-52}$$

f 求出热装时所需要的温度 T，即

$$T=\frac{\Delta r_{中}+(0.05\sim0.15)}{\alpha r_{中}} \tag{4-53}$$

4.4.2 阴模外径及阴模强度的计算

粉末冶金压模在压制时，阴模承受较大的侧向压强，其值为

$$P_{侧}=\varepsilon'\theta P \tag{4-54}$$

式中，$P_{侧}$为侧压强（t/cm^2）；ε'为压件材料致密状态下的侧压系数；θ 为压件的相对密度；P 为压制时的单位压力（t/cm^2）。

阴模在侧压强的作用下，产生应力和应变。在设计模具时，应当根据所受的侧压强，验算阴模的强度和刚性。在保证模具安全和压坯完好的情况下，尽量减少阴模尺寸。

4.4.2.1 单层圆筒阴模的强度计算

粉末冶金阴模内外半径之比 R/r 总是大于 1.1，在材料力学上叫厚壁圆筒。

在侧压强 $P_{侧}$作用下，其应力计算公式如下。

径向应力为

$$\sigma_{\rm r}=\frac{P_{侧}\,r^2}{R^2-r^2}\left(1-\frac{R^2}{r_{\rm i}^2}\right) \tag{4-55}$$

切向压力为

$$\sigma_{\rm t}=\frac{P_{侧}\,r^2}{R^2-r^2}\left(1+\frac{R^2}{r_{\rm i}^2}\right) \tag{4-56}$$

式中，R 为阴模外半径（mm）；r 为阴模内半径（mm）；$r_{\rm i}$为在 r 到 R 范围内任意一点到中心的距离（mm）。

根据上式计算后，单层圆筒应力分布如图 4-16 所示，$\sigma_{\rm t}$为正，即切应力是主要应力；$\sigma_{\rm r}$为负，即径向应力是压应力。同时，最大的 $\sigma_{\rm t}$及 $\sigma_{\rm r}$均在内壁处（内侧表面 $r_{\rm i}=r$ 处）。

最大径向应力为

$$\sigma_{\rm rmax}=P_{侧}$$

将 $r=r_{\rm i}$代入得切向应力为

$$\sigma_{\rm t}=P_{侧}\left(\frac{R^2+r^2}{R^2-r^2}\right)$$

这说明阴模内侧面将是最危险的截面。

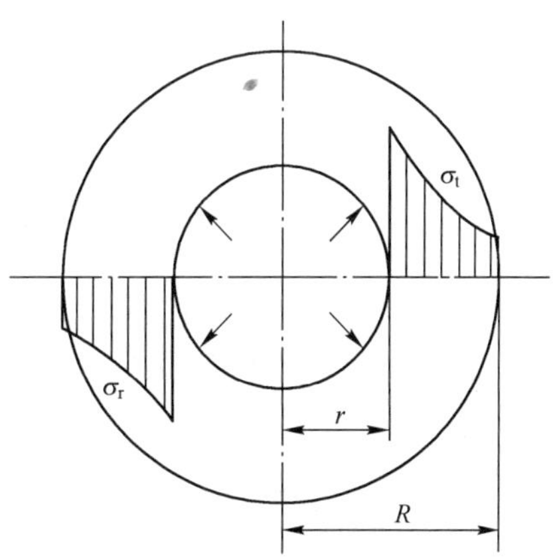

图 4-16　单层圆筒应力分布图

考虑到模具材料一般经淬火后都很脆，故按照第二强度理论（最大应变理论）建立阴模的强度条件为

$$\frac{1}{E}[\sigma_1-\mu(\sigma_2+\sigma_3)]\leqslant\frac{[\sigma]}{E} \tag{4-57}$$

式中，$[\sigma]$为材料的许用应力（$\rm kg/mm^2$）；μ 为泊松系数（钢为 $\mu=0.3$）；E 为材料的弹性模量（可查手册得到）；σ_1、σ_2、σ_3为主应力，且 $\sigma_1>\sigma_2>\sigma_3$，实际通常取 $\sigma_1=\sigma_{\rm t}$，$\sigma_2=\sigma_{\rm r}$，$\sigma_3=0$。

所以，上式可变为 $\sigma_{\rm t}-\sigma_{\rm r}\mu\leqslant[\sigma]$，将 $\sigma_{\rm r}=P_{侧}$，$\sigma_{\rm t}=P_{侧}\left(\frac{R^2+r^2}{R^2-r^2}\right)$代入得

$$m\geqslant\sqrt{\frac{[\sigma]+(1-\mu)P_{侧}}{[\sigma]-(1+\mu)P_{侧}}}\quad (m=R/r)$$

对于钢模有

$$m\geqslant\sqrt{\frac{[\sigma]+0.7P_{侧}}{[\sigma]-1.3P_{侧}}}\Rightarrow D_{外}=mD_{内}$$

式中，$D_{外}$为阴模外径（mm）；$D_{内}$为阴模内径（mm）。

4.4.2.2　双层套筒阴模的强度计算

这种组合阴模一般为双层结构，就是在阴模外面加上紧模套，以提高阴模的强度。一般阴模材料用 $\rm GCr_{15}$和 9CrSi，模套则采用 A3、45 号钢。与单层阴模相比，它减少了阴模的壁厚，从而提高了模腔淬透性，使模腔硬度大为提升，达到了延长模具寿命的目的，同时由于阴模外面有外套，可防止阴模炸裂伤人，而且可节省阴模的合金钢材。

组合模设计的具体步骤如下。

(1) 根据已知的$[\sigma]$、$P_{侧}$及μ值，求出单层模是所需的m值，即

$$m_{单} \geqslant \sqrt{\frac{[\sigma]+P_{侧}(1-\mu)}{[\sigma]-P_{侧}(1+\mu)}} \tag{4-58}$$

(2) 利用$m_{单}$值确定有单层模改为双层模后的修正系数k（或称折扣系数），即

$$k=1-\frac{2m^2(m-1)}{(3m+1)(m^2+1)} \quad (m\text{ 即为 }m_{单}) \tag{4-59}$$

(3) 计算组合模所需的m值，并得出R，r，$r_{中}$，即

$$m_{组} \geqslant \sqrt{\frac{[\sigma]+P_{侧}(k-\mu)}{[\sigma]-P_{侧}(k+\mu)}} \tag{4-60}$$

$$R=m_{组}\, r\ (\text{阴模外径 } r \text{ 由压坯尺寸确定}) \tag{4-61}$$

$$r_{中}=\sqrt{Rr} \tag{4-62}$$

式中，$r_{中}$为组合模的分界线（配合面处的半径）(mm)。

(4) 求预紧压强$P_{预}$（主要来自阴模和模套的过盈配合），即

$$P_{预}=\frac{m(m-1)}{(3m+1)(m+1)}P_{侧} \quad (m\text{ 即为 }m_{组}) \tag{4-63}$$

(5) 求出装配时的单边过盈量$\Delta r_{中}$，即

$$\Delta r_{中}=\frac{2P_{预}\, r_{中}^3}{E}\left[\frac{m_{组}^2-1}{(m_{组}^2+1)r_{中}^2-2R^2}\right] \tag{4-64}$$

式中，E为材料的弹性模量（对钢$E=2\sim2.1\times10^6\text{kg/cm}^2$）。

(6) 求出热装时所需要的温度T，即

$$T=\frac{\Delta_{中}+(0.05\sim0.15)}{\alpha r_{中}} \tag{4-65}$$

式中，α为模套材料的线膨胀系数（对钢$\alpha=12.5\sim13.5\times10^{-6}/℃$）。

注：刚性计算有以下公式。

(1) 单层模

阴模内侧变形量为

$$\Delta r=\frac{r}{E}\left[\frac{m^2+1}{m^2-1}+\mu\right]P_{侧} \tag{4-66}$$

阴模外侧变形量为

$$\Delta R=\frac{R}{E}\left(\frac{2}{m^2-1}\right)P_{侧} \tag{4-67}$$

(2) 双层模

阴模内侧变形量为

$$\Delta r=\frac{r}{E}\left[\frac{R^2+r^2}{R^2-r^2}+\mu\right]P_{侧} \tag{4-68}$$

模套外侧的变形量为

$$\Delta R=\frac{R}{E}\left(\frac{2}{m^2-1}\right)P_{侧} \tag{4-69}$$

4.4.3　其他模具零件的尺寸计算

4.4.3.1　精整模零件的尺寸计算

精整模主要用来提高烧结制品的精度和表面光洁度，因此必须精确计算精整模的尺寸。

如果烧结件外径留有精整余量，精整时，烧结件的外表金属受到挤压，出模后制品外径便产生弹性膨胀。此时，精整阴模的内径应比制品外径尺寸减小一个弹性膨胀量，即精整阴模内径 $D_{整阴}$ 为

$$D_{整阴}=D_0-\delta_{弹} \tag{4-70}$$

如果烧结件内孔没有精整余量，精整时由外向内挤出模后弹性后效将使内孔增大，这时芯杆外径应比制品内径减少一个弹性膨胀量，即

$$d_{精整}=d_0-\delta_{弹内} \tag{4-71}$$

式中，d_0为制品内径（一般取制品的最大极限尺寸，即基本尺寸+上偏差）；$\delta_{弹内}$为内径双边弹性膨胀量（查表）。

如果烧结件内径留有精整余量，精整时金属将由内向外挤，出模后弹性后效将使压坯内径减小，此时整形芯杆外径应比制品内径增加一个弹性膨胀量，即

$$d_{整芯}=d_0+\delta_{弹内} \tag{4-72}$$

全精整时高度方向上也受到压缩，出模后弹性后效会引起制品高度的增加。在考虑模冲或其他高度限制装置的高度尺寸时，应比制品实际要求的尺寸（压坯基本尺寸）增加一个高度方向上的弹性膨胀量。

精整阴模的外径应满足强度和刚度要求，其计算可参考成型阴模外径的计算方法。

4.4.3.2　复压模零件的尺寸计算

复压与精整相似，但复压模主要用来提高烧结件的密度，而不在于获得高的表面光洁度和尺寸精度。

复压压力一般大于成型压力。它是通过高压使烧结件在高度方向上产生较大的压缩（复压压下率为15%~20%），从而获得较高的密度和要求的尺寸与形状。因此计算复压模的尺寸时需注意以下几点。

（1）适当增加阴模模壁的厚度，以保证有足够的强度和刚度。

（2）复压脱模后同样会引起弹性后效，因此阴模内径应比制品外径减少一个弹性膨胀量，而芯杆外径比制品内径增大一个弹性膨胀量。

（3）复压后需进行复烧以消除内应力，这时应考虑复烧引起的收缩。

综上所述，复压模的尺寸计算如下。

阴模内径 $D_{复阴}$ 为

$$D_{复阴}=D_0(1-t_{复径}+s_{复径}) \tag{4-73}$$

式中，D_0为产品外径（取最小极限尺寸）；$t_{复径}$为复压径向弹性后效；$s_{复径}$为复烧径向收缩率。

芯杆外径 $d_{复芯}$ 为

$$d_{复芯}=d_0(1-t_{复径}+s_{复径}) \tag{4-74}$$

式中，d_0为制品内径（取最大尺寸）。

阴模高度 $h_{复阴}$ 为

$$h_{复阴}=h_0(1-f)+h_{上、下} \tag{4-75}$$

式中，h_0为制品高度；$H_{上、下}$为上、下模冲的定位、导向高度（一般取 20~30mm）；F 为复压压下率（一般取 15%~20%）。

阴模外径 $D_{复外}$，按经验式估算为

$$D_{复外}=(2.2\sim3.5)D_0$$

4.4.3.3 热锻模零件尺寸计算

粉末冶金热锻模除提高预成型坯的密度、改善内部组织、提高材质性能外，还应尽量满足产品形状和尺寸的要求，以减少辅助机加工。

在确定锻模零件尺寸时，要综合考虑锻件的收缩变形，锻模本身的热膨胀及弹性变形。但粉末热锻是在高温高压下进行的，随着终锻温度、粉末成分、锻件的几何形状等因素的不同，锻件的收缩变形程度也不同，锻模模腔的变形也随着模具材料、锻模温度、锻造压力、锻模壁厚等因素的变化而不同。这些都给锻模尺寸的计算带来困难，目前人们都是根据实践经验来确定。

锻模径向尺寸一般用经验式估算，即

$$D_{锻}=D_0(1+a)\pm\Delta J \tag{4-76}$$

式中，$D_{锻}$为锻模径向尺寸（指阴模内径、芯杆外径、模冲凸台外径等，至于模冲的内外径只需按上述相应尺寸考虑配合间隙）；D_0为锻件（或制品）的径向尺寸，阴模内径取制品的最小极限尺寸，芯杆和模冲凸台的外径取制品的最大极限尺寸；a 为经验参数，综合体现了锻件收缩、锻模本身的热膨胀和弹性变形等因素的影响，锻造加热温度在 1000~1150℃时，a=0.8~1.0%；ΔJ 为机加工余量，若锻件外径留有机加工余量，阴模内径取“+”，若点检内径留有机加工余量，相应芯杆或模冲凸台外径取“-”，机加工余量一般取 0.15~0.5mm，若无需辅助机加工，则 $\Delta J=0$。

锻模的工作条件比压模或精整模恶劣很多，不但负荷重，而且冲击性大，又处于高温下，所以要求锻件具有更高的强度和刚度。一般锻件尺寸越大，锻造压力（打击能量）越高，阴模的外径也要相应增大。通常阴模外径比锻件直径大 60~100mm。

阴模的高度一般应能容纳预成型坯，并且有一定的导向和定位高度。

4.5 典型模具结构及压模零件尺寸计算

4.5.1 带台阶压坯压模的尺寸计算

制品结构尺寸如图 4-17 所示，制品为 Fe-C，密度为 5.8~6.2g/cm^2，所用粉末的松装密度为 2.5g/cm^3，压坯的轴向弹性后效为 1.0%，轴向烧结收缩率为 1.5%，两端面机加工余量各为 0.5mm，压坯的径向弹性后效为 0.2%，径向烧结收缩率 0.8%，压坯不留精整余量。

1. 结构设计

由于法兰的高度较小（5mm），且宽度较窄（单边 2.5mm），所以可直接采用带内台阶

的阴模，不必采用组合模冲（粉末在压制力作用下可流动填装）。又因产品的高度与壁厚的比值较大（30/5=6），为了防止压坯密度不均，采用双向压模结构，模具结构如图 4-18 所示。

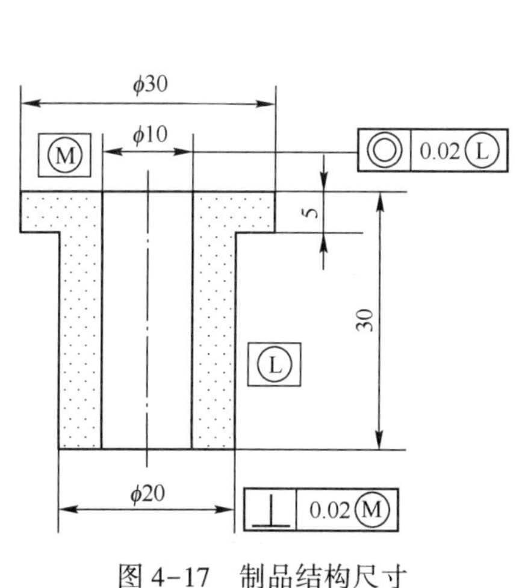

图 4-17　制品结构尺寸

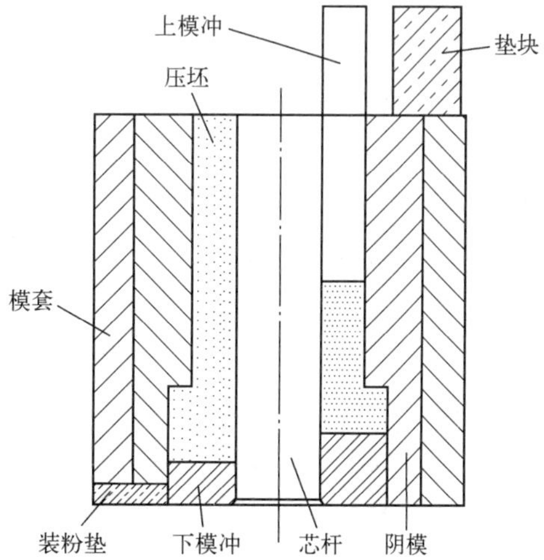

图 4-18　模具结构

2. 各压模零件尺寸的计算

（1）阴模高度为

$$H_{阴}=Kh_{坯}+h_{上}+h_{下}$$

设下模冲定位高度为 15mm，上模冲压缩前伸进阴模深度为 7mm，压缩比 K 为

$$K=d_{坯}/d_{松}=6.0/2.5=2.4 \text{（取压坯密度为 } 6.0\text{g/cm}^3\text{）}$$

为了弥补成型主体时少量粉末的侧向移动，主体粉末要稍多装一点粉末，故取主体部分的装填系数（或压缩比）为 2.5。

$$H_{阴}=kh_0(1-t_{轴}+s_{轴})+h_{上}+h_{下}+\Delta J=99.88\text{mm}\quad \text{取 } 100\text{mm}$$

（2）阴模内台阶深度：根据法兰所需装粉高度和下模冲定位高度确定。

$$H_{台阶}=kh_{法兰}+h_{下}+\Delta J=kh_{法兰}(1-t_{轴}+s_{轴})+h_{下}+\Delta J=28.27\text{mm}\quad \text{取 } 28\text{mm}$$

（3）下模冲高度：等于阴模内台阶深度减去压坯法兰的高度。

$$H_{下}=H_{台阶}-h_{法兰}=H_{台阶}-[h_{法兰}(1-t_{轴}+s_{轴})+0.5]=28-5.33=22.47\text{mm}$$

（4）装粉垫高度：由松装粉末高度移至压坯高度的距离（即所移动的距离）。

装粉高度（指法兰）为

$$kh_{法兰}=kh_{法兰}(1-t_{轴}+s_{轴})=13.27\text{mm}$$

装粉垫高度为

$$kh_{法兰}-h_{法兰}=(1-t_{轴}+s_{轴})-[h_{法兰}(1-t_{轴}+s_{轴})+0.5]=13.27-5.53=7.74\text{mm}\quad \text{取 } 8\text{mm}$$

（5）芯杆长度：芯杆长度应等于或小于阴模与装粉垫的总高度。

$$L_{芯}=H_{阴}+H_{装粉垫}=100+8=108\text{mm}$$

（6）上模冲高度：上模冲要兼作脱模杆的作用。其高度应大于或等于阴模上端面至内台阶的距离，即阴模总高与阴模内台阶的深度之差。

$$H_{阴}-H_{台阶}=100-28=72\text{mm}$$

（7）垫块高度：垫块高度应保证压坯的高度尺寸，它等于上下模冲及压坯总高减去阴模高度。

$$H_{上}+H_{下}+H_{坯}=H_{垫块}+H_{阴}$$

$$H_{垫块}=72+31.5+22.47-100=25.62\text{mm}$$

（8）脱模座高度：保证脱模时能方便地取出制品的高度，这里取 90mm。

（9）阴模内径如下。

阴模台阶上部内径为

$$D_{阴内上}=D_0(1-t_{径}+s_{径})=19.97(1-0.2\%+0.8\%)=20.09\text{mm}$$

阴模台阶下部内径为

$$D_{阴内下}=D_0(1-t_{径}+s_{径})29.90(1-0.2\%+0.8\%)=30.08\text{mm}$$

（10）上下模冲外径：分别按 H8/f7 和 H7/g6 的配合间隙选取。

上模冲外径取 $\Phi 20.29_{-0.041}^{-0.020}$mm

下模冲外径取 $\Phi 30.08_{-0.025}^{-0.009}$mm

（11）芯杆外径：设内孔精整余量为 0.08mm。

$$D_{芯}=d_0(1-t_{径}+s_{径})-\Delta Z=10.02-(1-0.2\%+0.8\%)-0.08=10.00\text{mm}$$

（12）上下模冲内径：按 G7/h6 的配合间隙选取。

上模冲内径取 $\Phi 10_{+0.005}^{+0.020}$

下模冲内径取 $\Phi 10_{+0.005}^{+0.020}$

（13）阴模的外径及中径：对铁基制品，设单位压制压力为 700MPa，侧压系数 ξ 取 0.38。

$$\rho=d_{坯}/d_{致密}=6.2/7.8=0.795=80\%$$

$$P_{侧}=\xi\rho P=0.38\times0.8\times70=21.28\text{kg/mm}^2$$

假如阴模材料选用 GCr_{15}，安全系数 n=2.7，抗拉强度 $\sigma_b=100\text{kg/mm}^2$，$\gamma=0.3$，则

$$[\sigma]=\sigma_b/n=100/2.7=37\text{kg/mm}^2$$

故

$$m_{单}\geqslant\sqrt{\frac{[\sigma]+P_{侧}(1-\mu)}{[\sigma]-P_{侧}(1+\mu)}}=2.358=2.36$$

修正系数为

$$K=1-\frac{2m^2(m-1)}{(3m+1)(m^2+1)}=0.71$$

$$m_{组}\geqslant\sqrt{\frac{[\sigma]+P_{侧}(k-\mu)}{[\sigma]-P_{侧}(k+\mu)}}=1.7$$

故

$$D_{外}=m_{组}D_{内}=1.7\times30=51\text{mm}$$

$$D_{中}=\sqrt{D_{外}D_{内}}=39\text{mm}$$

（14）计算装配过盈量及热装温度（钢的 $E=2\times10^6\text{kg/cm}^2$）。

预紧压强为

$$P_{预}=\frac{m(m-1)}{(3m+1)(m+1)}P_{侧}=1.54\text{kg/mm}^2$$

单边过盈量为

$$\Delta r_{中}=\frac{2P_{预}\,r_{中}^3}{E}\left[\frac{m_{组}^2-1}{(m_{组}^2+1)r_{中}^2-2R^2}\right]=0.01$$

（15）绘制零件图（略）

注：若是双层阴模也可以采用下列方法计算外径与中径。

$$m\geqslant\frac{1+\varphi\eta+\sqrt{(1+\varphi)^2\eta^2+4\varphi\eta}}{(1+2\varphi)\eta-1}$$

式中，$\varphi=\frac{[\sigma]_{外}}{[\sigma]_{内}}$为外、内角材料的许用应力比值；$\eta=\frac{[\sigma]_{外}}{P_{侧}}$；$P_{侧}=\xi_0 eP$；$\xi_0$为侧压系数；$e$为相对密度；$P$为单位压制压力；$[\sigma]_{外}=\frac{\sigma_s}{n_s}$；$\sigma_s$为外角材料的屈服极限；$n_s$为安全系数（一般取1.5）；$[\sigma]_{内}=\frac{\sigma_b}{n_b}$；$\sigma_b$为内角材料的强度极限；$n_b$为安全系数；$D_{外}=mD_{内}$；$D_{中}=\sqrt{m}D_{内}$。

装配过盈量为

$$\delta=\frac{P_{侧}D_{中}}{E}-\frac{2[m^2\varphi-m-(1-\varphi)]}{(m-1)[(1+2\varphi)m+1]}$$

4.5.2　无台阶压坯压模的尺寸计算

粉末冶金制品W-Cu合金。制品密度：14.8~15.29g/cm³；粉末松装密度：5.0g/cm³；$t_{轴}=0.8\%$；$s_{轴}=1.0\%$；$t_{径}=0.1\%$；$s_{径}=0.5\%$；两端面机加工余量0.5mm，不精整。

（1）设计模具结构如图4-19所示。

（2）各压模零件尺寸的计算如下。

$$H_{阴}=Kh_0(1-t_{轴}+s_{轴})+h_k+h_{下}+\Delta J\quad(4-77)$$

$H_{下}=h_{下}$（取下模冲定位高度10~20mm）

$H_{上}\geqslant H_{阴}$（上模冲用作脱模杆）

$$H_{垫}+H_{阴}=H_{上}+H_{下}+H_{坯}(kh_{坯})$$

$$D_{阴内}=D_{坯}(1-t_{径}+s_{径})$$

上、下模冲外径按H8/f7和H7/g6来配合。

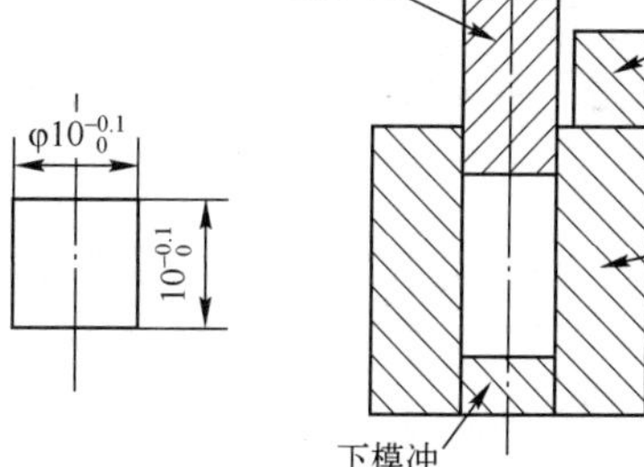

图4-19　无台阶压模模具示意图

（3）阴模外径的计算如下。

$$m_{单}\geqslant\sqrt{\frac{[\sigma]+P_{侧}(1-\mu)}{[\sigma]-P_{侧}(1+\mu)}}\qquad(4-78)$$

$$D_{阴外}=mD_{阴内}$$

相对密度：95%

单位压力：6t/cm³=60kg/mm²

侧压系数：$\xi=0.4$

阴模材料：CrWMn

安全系数：$n=3$

$\sigma_b=100\text{kg/mm}^2$，$\bar{\mu}=0.3$

（4）绘制零件图（略）。

4.6 模具制造

4.6.1 模具材料的选择

模具材料的选择是模具设计者经常遇到的问题，选择模具材料主要根据模具零件在工作时的受力状况，模具材料本身的性能（如硬度、韧性、耐磨性、磁性等），模具零件几何形状的复杂性，以及精度要求和粉末冶金产品的批量大小等因素来决定。

4.6.1.1 模具材料选用的基本原则

（1）批量大时，用耐磨性好的材料，如高速钢或硬质合金；批量小或试制产品时，则用廉价的碳素工具钢。

（2）形状复杂的产品，用易加工且热处理变形小的合金工具钢较合适。

（3）对于软金属粉末，如铜、青铜、铅、锡等，宜用碳素工具钢或合金工具钢；对于硬金属粉末，如钢、钨、钼、摩擦材料及硬质合金等，宜用硬质合金模。

（4）高密度压件宜用耐磨性好的材料。

（5）整型模和高精度压件的模具，宜用耐磨性好的材料，尽可能用硬质合金模。

（6）对那些在模具工作时不起重要作用的零件，如垫铁、脱模套、顶触感、装粉垫和限位垫铁等零件，并不需要有很高的耐磨性，只要具有必要的强度即可，应选用一般钢如45[#]、A3或40Cr等。

4.6.1.2 主要零件的材料及技术要求

（1）阴模

可用材料：
- 碳素工具钢：T10A，T12A
- 合金工具钢：GCr_{15}，Cr_{12}，$Cr_{12}Mo$，$Cr_{12}W$，$Cr_{12}MoV$，9CrSi，CrWMn，CrW5
- 高速钢：$W_{18}Cr_4V$，W_9Cr_4V，$W_{12}Cr_4V_4Mo$
- 硬质合金：YG15，YG5

技术要求：
- 热处理硬度：钢为HRC60~63，硬质合金为HRA88~90，平磨后退磁
- 光洁度：工作面为$\overset{1.6}{\bigtriangledown}$，配合面及定位面为$\overset{3.2}{\bigtriangledown}$，非配合面为$\overset{6.3}{\bigtriangledown}$
- 形位偏差六~七级精度，不同度为0.005，径向跳动为0.03，不平行度为0.03，不垂直度为0.03。
- 型腔孔锥度允差一般为公差带的一半

（2）模套

可用材料：45，35，40Cr

技术要求：
- 不处理或调制处理硬度为 HRC28~32
- 与阴模组装后，磨上下端面光洁度至$\overset{3.2}{\bigtriangledown}$
- 手动模模套外径常需滚花
- 内孔光洁度为$\overset{3.2}{\bigtriangledown}$

（3）芯杆

可用材料：同阴模一样。

技术要求：
- 工作面热处理硬度为 HRC60~63，机动模芯杆连接处局部硬度为 HRC35~40
- 工作面为$\overset{1.6}{\bigtriangledown}$，配合面及定位面为$\overset{3.2}{\bigtriangledown}$，非配合面为$\overset{6.3}{\bigtriangledown}$
- 形状偏差和位置偏差同阴模
- 工作部分锥度及不直度允差一般为公差带的一半

（4）模冲

可用材料：
- 碳素工具钢 T8A，T10A
- 合金工具钢：GCr_{15}，Cr_{12}，$Cr_{12}Mo$，9CrSi，CrW5

技术要求：
- 热处理硬度为 HRC56~60
- 平磨后退磁
- 光洁度：端面为$\overset{3.2}{\bigtriangledown}$，径向配合面为$\overset{1.6}{\bigtriangledown}$，非配合面为$\overset{6.3}{\bigtriangledown}$
- 几何精度参照阴模

（5）压套

可用材料：合金工具钢：GCr_{15}，Cr_{12}，$Cr_{12}Mo$，9CrMn，CrW5

技术要求：
- 热处理硬度为 HRC53~57
- 平磨后退磁
- 光洁度：端面为$\overset{3.2}{\bigtriangledown}$，径向配合面为$\overset{1.6}{\bigtriangledown}$，非配合面为$\overset{6.3}{\bigtriangledown}$
- 几何精度参照阴模

4.6.2　模具主要零件的加工、热处理及提高寿命的途径

4.6.2.1　模具主要零件的加工

模具加工的主要方法有机械切削加工，电加工和热处理。

模具加工的特点是，模具零件一般都很复杂，往往要求较高的尺寸精度和表面光洁度及硬度。因此在加工设备上，除用普通切削机床外，还广泛采用高精度金属切削机床、电火花穿孔机床、数控线切割机床等新工艺新设备，以保证模具加工质量和加工效率。

普通机械加工用来制造一般模具零件，通过车、铣、刨、镗、钻和磨来加工冲头、阳模、压环、顶杆等。

电火花加工主要加工高精度的异形孔和高硬度材料。

数控线切割用以制造形状复杂和较高精度、无台阶的模具零件。

4.6.2.2　模具热处理

模具热处理是保证模具质量和提高模具寿命的关键。因此必须根据材料合理地制定热处

理工艺参数。表4-2给出常用的几种材料的热处理工艺。

表4-2 几种材料的热处理工艺

材　料	退火温度/℃	保温时间/h	淬火温度/℃	冷却方式	回火温度/℃	硬度/HRC
$W_{18}Cr_4V$	830~850	2~3	500~60 预热 840~860 1260~1300	油	540~590	62~69
W_6Mo_5V	820~840	2~3	500~600 840~860 1210~1245	油	540~590	>62
Cr_{12}	850~870		600 预热 9550~1000	油	150~200	62~65
$Cr_{12}MoV$	850~870		600 840~860	油	150~200	62~63
GCr_{15}	790~810	2~6	600 830~860	油	150~200	49~64
9SiCr	790~800		600 缓慢预热 860~880	油	150~400	52~69
5CrMnMo	850~870	4~6	830~850	油	400~500	40~48

注：退火处理一般得到珠光体和粒状碳化物。

4.6.2.3 提高模具寿命的途径

1. 研究和选用新型模具材料

研究和选用新型模具材料是提高模具寿命的基本保证。目前我国推广使用的新型模具材料如下。

热锻模具钢：$35Cr_3Mo_3W_2V$，$25Cr_3Mo_3Nb$，$5CrW_5Mo_2V$。其特点是合金成分低，钢锻造开裂倾向小，切削加工性能好，热处理温度范围广，有较高的韧性、高温机械性能，以及较强的抗热烈、抗龟裂能力。

冷锻模具钢：Cr_4W_2MoV，其特点是具有高硬度、高耐磨性、高淬透性和高回火稳定性，可以产生二次硬化等。

2. 革新热处理工艺

对于型腔复杂、厚度较大的模具，在预先热处理中可进行等温球化退火，在最终热处理加工之前可进行调制处理，这样可以改善心部组织，提高心部强度，从而提高模具寿命。

碳素工具钢和低合金工具钢，可采用四步热处理使碳化物细化。

第一步：加热到925~1075℃奥氏体化并保温足够时间，使碳化物溶解于奥氏体中，然后迅速冷却（油淬），得到马氏体和残余奥氏体组织。

第二步：重新加热到贝氏体形成的温度范围（350~450℃），保温足够时间，使残余奥氏体转变成贝氏体，同时马氏体转变为回火屈氏体组织，从而得到细小碳化物和铁素体的组织。

第三步：重新加热到775~870℃，适当保温使所有铁素体转变为奥氏体，但不会使细小碳化物长大，最后油淬得细化晶粒的马氏体和细小均匀、等轴的碳化物组织。

第四步：进行200℃左右的低温回火。

3. 模具表面的强化处理

通过简单而可靠的表面强化过程，不仅可以提高模具的寿命从而降低制作模具的成本，还可修磨已报废的模具，但表面强化需满足下列条件。

（1）表面强化的硬度和耐磨性必须比基体的硬度和耐磨性好。

（2）表面硬化层的组织在精加工时，应保证有高的表面光洁度。

（3）表面硬化层对基体的黏着力能很好地防止起泡或剥落。

（4）表面强化的温度不应降低钢的硬度。

根据上述要求，表面强化方法有以下几种。

（1）碳化物覆盖表面强化法：气相沉积碳化钛；盐浴热浸碳化物覆盖。

（2）表面镀铬。

（3）电火花表面熔渗硬质合金。

（4）火焰表面淬火法。

（5）压模工作表面硫化处理。

（6）模具工作表面的氮化处理。

（7）磁控溅射法。

4.6.3　钢模压型设备

4.6.3.1　压机概况

成型压机按传动机理分为两种：机械压力机和液压机。

液压机多为立式的，加压的方法有多种，有上面加压的，有下面加压的，也有上、下同时加压的，有的还附有侧压。目前粉末冶金专用自动化液压机发展很快，自动化程度也越来越高，全自动粉末冶金液压机也日益广泛使用。

机械压力机的类型很多，有曲柄式、杠杆式、曲柄肘式、凸轮式、轮盘式等类型。

机械压力机由于快速、简便、经济以及自动化等原因，在粉末冶金生产中广受推广。采用自动化、半自动化的快速机械压力机，其压制速度一般是20件/min。为了提高生产率，可采用多冲头机械压力机，在几个模内同时压制。

4.6.3.2　液压机的基本结构

全自动液压机结构一般大体分为4部分，即上缸部分、下缸部分、上工作台和导轨（或立柱）、加料与送料。

上缸部分：主要由上固定横梁、缸体、活塞、各种密封环等组成，缸体固定在横梁上，活塞可以在缸体中自由滑动，各种密封环用来密封各腔的工作油。

下缸部分：主要由下横梁（又称工作台）、缸体、下活塞、安装螺杆及各种密封环等组成。缸体固定在下固定横梁上，下活塞可以在缸体中自由滑动，下模冲、芯模或阴模的动作通过下活塞来完成，安装螺杆连接活塞与模具有关活动部分，各种密封环用来密封工作油。

上工作台（又称活动横梁）和导轨（或立柱）组成一个独立部分，上工作台固定在活塞上，沿着导轨定向来回滑动，上模冲动作通过活塞带动工作台完成。

加料与送料：加料装置由贮料漏斗和加料装置等组成，贮料漏斗贮存着较多的压制用料，通过加料装置每次给出一定用料给送料漏斗；送料装置由油缸、活塞、各种密封环以及送料漏斗组成，油缸固定在送料板上，活塞可以在油腔内自由滑动，送料漏斗固定在活塞上，送料动作通过活塞来完成，通过送料每次给模腔送去一定用料供压制用。

4.6.3.3 液压机的工作原理

液压机由液体来传递压力，整个系统的能量转换为电能，通过电动机转变成机械能，再通过油泵把机械能转变成液体压力能，最后通过油缸和柱塞将液体压力能转变为机械能。

压力的传递遵照帕卡原理，按下式计算：

$$F=\frac{P\pi D^2}{4} \tag{4-79}$$

式中，F 为压机总压力（kg）；P 为油泵压力（kg/cm^2）；D 为活塞头直径（cm）。

电动机的功率由油泵的压力和流量确定，一般用下式近似确定：

$$N=\frac{PQ}{600}$$

液压机各活塞的动作情况和次序是通过预先确定的电气系统和液压系统决定的。每个缸的活塞都有一个换向阀控制换向，而每一个换向阀都由电磁元件或其他元件控制阀的换向。如果这些阀的换向分别由人手动完成，液压机为手动工作状态。如果这些阀的换向按照人们的设定构成一个逻辑动作线路，则液压机就成了全自动工作状态。

为了安全起见，无论哪种液压机都设有安全阀，当压力超过规定值时，安全阀自动打开卸荷，使压力不再增加。此外，为了兼顾高压力和速度两个指标，安装高、低压两个泵，高压泵保证活塞在高压下慢速压制，低压泵保证活塞在低压下快速压制。

4.6.4 模架简介

模架，也叫模坯或模座，是模具的基座，不直接参与完成工艺过程，也不和坯料有直接接触，只对模具完成工艺过程起保证作用，或对模具功能起完善作用，包括导向零件、紧固零件、标准件及其他零件等。

模架主要作用为定位、固定，导正凸模、凹模的间隙。模架除了提高精度，也会使装模变得方便，避免了因冲床精度引起的质量问题。

模架主要由 4 部分构成：上模座，下模座，导柱，导套。

（1）模座，属于标准件，根据生产需要选择合适的钢材，对其刚度、变形系数等物理性质有要求。

① 模座形状分为圆形和矩形。

② 带模柄的模座。可根据冲床的情况，制造一种或几种规格的通用模柄，然后按零件情况制出凸、凹模。对一般冲孔、落料、弯曲、简单的拉伸、校形等，均可采用此种方法。常用于批量小而品种多的冲压件生产。

（2）导柱和导套，是引导模具行程的导向元件。

模架主要类别有中间导柱模架、四角导柱模架、对角导柱模架、后侧导柱模架、按座架形状分，一般模架都分为 I 型和 H 型，以配合不同的锁模方式的需要。I 型也称为工字型，H 型也称为直身模。

因为模架不参与成型，所以其形状不会随零件的改变而变化，只与零件的大小和结构有关，所以可以将模架标准化，即模架形式大体相似，只有大小和厚薄变化，标准化后加工起来非常方便，模架厂可以先加工好各种大小不同规格的模架零件（模板，导柱等），再根据客户需要组成一套一套的模架。

图 4-20 是液压机和相应模架的实物图。

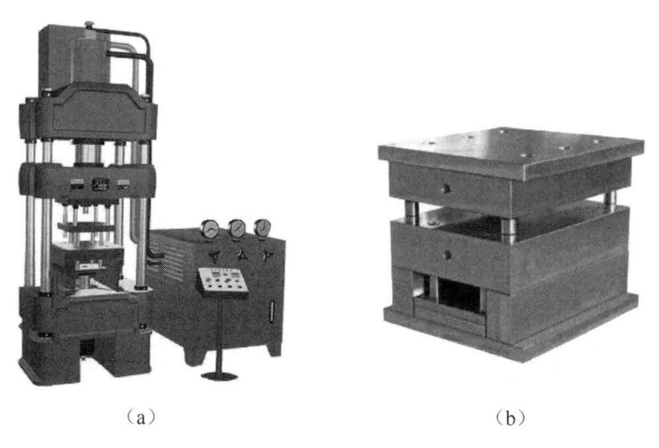

（a）液压机；（b）模架

图 4-20　液压机和相应模架实物图

4.7　模具损伤和压件缺陷分析

粉末冶金零件的成型和精整一方面可能导致模具的损伤，另一方面也可能使零件产生各种缺陷，为此，必须了解这些缺陷产生的原因，以免后续出现类似问题。

4.7.1　模具损伤

4.7.1.1　阴模损伤原因及改进措施

阴模损伤原因及改进措施见表 4-3。

表 4-3　阴模损伤原因及改进措施

损伤形式	简　　图	损 伤 原 因	改 进 措 施
圆模碎裂		1. 模壁薄，强度不够； 2. 热处理不当，如过脆、内应力大； 3. 材质缺陷，如裂纹、气孔、夹杂； 4. 过压，如重叠压制、加粉过多、脱模时未撤压垫等	1. 增大壁厚，加模套并合理选择过盈量； 2. 改进热处理工艺； 3. 材料加工前探伤； 4. 压机设有保险装置（限压）或模具设有薄弱零件
异形模碎裂		1. 尖角处产生应力集中； 2. 模套刚性不够； 3. 热处理不当； 4. 材质缺陷	1. 加模套，并合理选择过盈量采用镶拼模，避免清角； 2. 阴模外形选圆形； 3. 改进热处理工艺； 4. 材质探伤

续表

损伤形式	简　　图	损 伤 原 因	改 进 措 施
表面龟裂	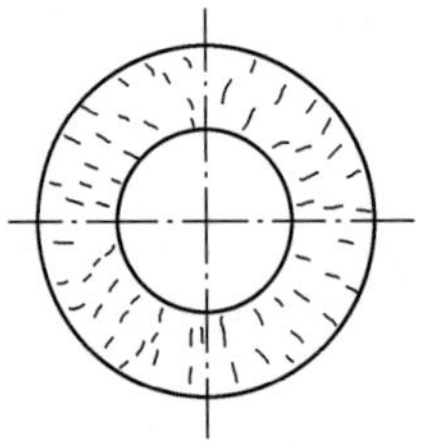	1. 磨削热引起缺陷，如进刀量太大，砂轮钝，冷却液不充分； 2. 热处理不当； 3. 材质缺陷	1. 选择合适砂轮，采用合理的磨削参数，勤修砂轮，改善冷却条件； 2. 改进热处理工艺； 3. 材质探伤
崩裂	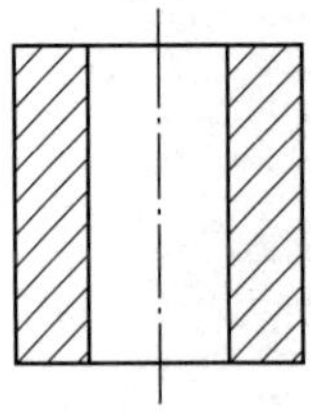	1. 手动模操作不当，自动模调整中心不当； 2. 热处理不当	1. 手动模阴模口加圆角或倒角，自动模注意调模； 2. 改进热处理工艺
凸缘碎裂	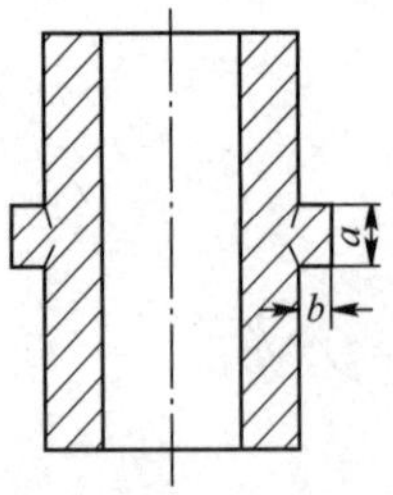	1. 强度不够，如尺寸 a 小、b 大，发生剪切或弯曲断裂； 2. 垂直度差，产生额外弯曲应力； 3. 台阶处有应力集中； 3. 热处理不当，台阶过硬脆	1. 增加强度，使 a 大，b 小； 2. 提高台阶处的垂直度； 3. 台阶消除清角，改为圆角； 4. 适当降低凸缘硬度，如局部退火等
拉毛	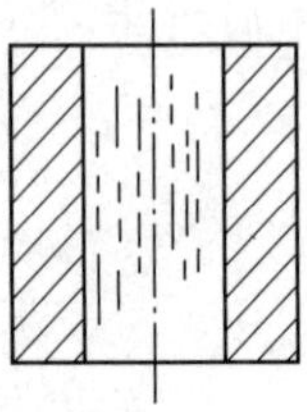	1. 阴模与模冲配合间隙不当，塞粉划伤； 2. 阴模内腔硬度低； 3. 粉中混有硬质点	1. 合理选择阴模与模冲的配合； 2. 提高阴模内腔的硬度； 3. 粉料用前过筛
啃伤	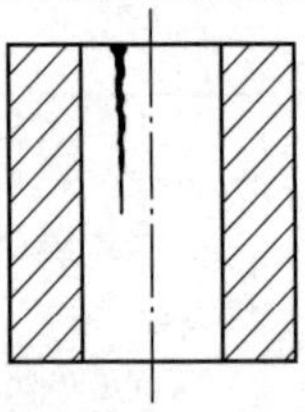	模冲没对正阴模，不垂直进入阴模压制	1. 手动模阴模口采用圆角，精心操作； 2. 自动模注意调模
	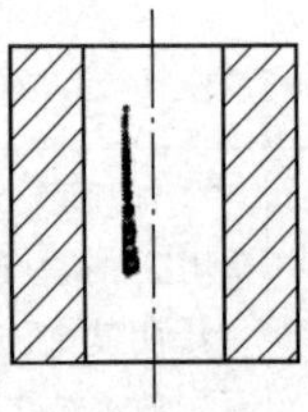	1. 压机上下台面不平行较严重； 2. 模冲不垂直进入阴模压制； 3. 配合间隙不当，塞粉； 4. 模壁产生模瘤； 4. 粉中混有硬颗粒	1. 检修压机，使上下台调平行； 2. 调正模具； 3. 合理选配合间隙，消除塞入的粉末； 4. 调整工艺参数，加强润滑，消除模瘤； 5. 粉料用前过筛

续表

损伤形式	简　图	损伤原因	改进措施
型腔凹形		1. 阴模硬度低，耐磨性差，造成塑性变形或严重磨损； 2. 粉料摩擦系数大； 3. 压制压力过大	1. 选用优质模具材料。改进热处理工艺，并防止磨削退火； 2. 加强润滑； 3. 调整工艺参数，适当减少压制压力

4.7.1.2　芯棒损伤原因及改进措施

芯棒损伤原因及改进措施见表 4–4。

表 4–4　芯棒损伤原因及改进措施

损伤形式	简　图	损伤原因	改进措施
颈根断裂		1. 结构不当，如清角； 2. 热处理不当，内应力过大； 3. 芯棒长度不当，受轴向压力； 4. 装粉不均匀，受侧向压力	1. 改变结构，如下图所示； （a）（b）（c） （a）加圆角或倒角；（b）附加压圈；（c）模冲和芯棒两体 2. 改进热处理工艺； 3. 不使芯棒受压； 4. 改善装粉均匀性
凸缘断裂		1. 结构不当，如清角、凸缘受力； 2. 热处理不当，内应力大； 3. 芯棒与凸缘端面不垂直度大，或垫不平； 4. 固定芯棒的模板刚性过差	1. 改变结构，如下图所示； （a）（b）（c） （a）加圆角或倒角；（b）凸缘底端周围不受力；（c）底部球面，自动调心 2. 改进热处理工艺，适当降低凸缘的硬度； 3. 减小不垂直度，垫要平； 4. 加厚模板
螺纹孔断裂		1. 热处理过硬； 2. 螺纹壁太薄； 3. 压制时螺纹受力	1. 适当降低螺纹处硬度； 2. 小直径芯棒不用此结构； 3. 使端面受力，螺纹只起连接作用
细长杆断裂		1. 热处理过硬； 2. 芯棒受弯曲应力； 3. 芯棒受轴向应力； 4. 脱模力太大被拉断	1. 非工作段适当降低硬度； 2. 提高装配精度，装粉均匀； 3. 不使芯棒受压； 4. 改变脱模方式，先脱阴模，再脱芯棒
内应力断裂		1. 热处理不当，如加温过高，冷却太快，没回火或回火不及时等； 2. 中心孔处产生应力集中	1. 改进热处理工艺，淬火后及时回火； 2. 尽量不留中心孔，或降低中心孔的冷却速度
弯曲变形		1. 热处理不当，如硬度过低，淬火方向不妥； 2. 操作装粉不均	1. 适当提高硬度，采用垂直淬火或滚淬； 2. 装粉要均匀

续表

损伤形式	简　图	损伤原因	改进措施
墩粗变形	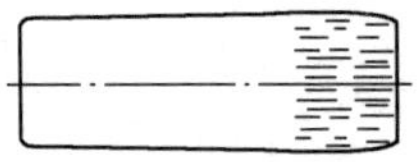	1. 设计过长或脱模高度不够，使芯棒受压； 2. 热处理硬度低	1. 芯棒高度低于阴模，加长脱模高度； 2. 提高热处理硬度
成型段凹形	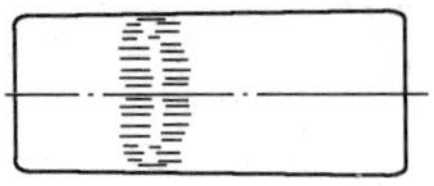	1. 芯棒硬度低或耐磨性差，产生塑性变形或严重磨损； 2. 粉末摩擦系数大； 3. 压制压力过大	1. 提高淬火硬度，选用耐磨性好的材料； 2. 加强润滑； 3. 适当降低压制压力
拉毛	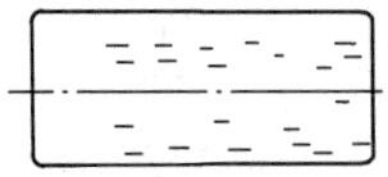	1. 热处理硬度低； 2. 与模冲配合间隙不当，过松则嵌粉划伤，过紧则模冲划伤； 3. 粉中混有硬质点； 4. 模冲端口有毛刺	1. 提高热处理硬度； 2. 选择合理配合间隙； 3. 防止粉中混有硬质点，粉中添加润滑剂； 4. 去掉模冲毛刺

4.7.1.3 模冲损伤原因及改进措施

模冲损伤原因及改进措施见表4-5。

表4-5　模冲损伤原因及改进措施

损伤形式	简　图	损伤原因	改进措施
碎裂	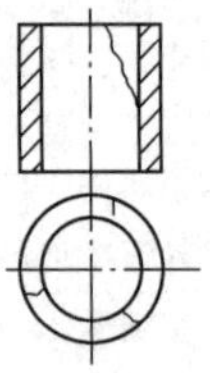	1. 热处理不当，如过脆，内应力过大； 2. 材质缺陷； 3. 压力过大； 4. 模冲不正，与阴模或芯棒相碰	1. 改进热处理工艺； 2. 材质加工前探伤； 3. 压机设有保险装置（限压、限位）； 4. 手动模阴模加圆角模冲放正，自动模校准中心，并固紧防止松动
掉角或倒角	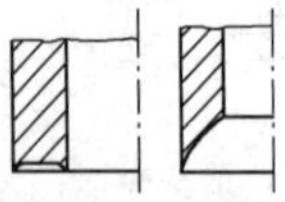	1. 热处理硬度不当，过高崩碎，过低翻边； 2. 模冲与阴模配合间隙太大	1. 尖角部位硬度适当； 2. 减小配合间隙
崩角	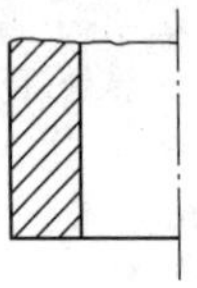	模冲未对正模腔，与阴模或芯棒相碰	1. 阴模与芯棒端口加圆角； 2. 自动模校中要细心
凸缘断裂	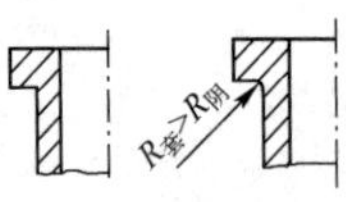 $R_{套}>R_{阴}$	1. 清角处压力集中； 2. 圆角配合不当，压套圆角半径大于阴模相应处的圆角半径即$R_{套}>R_{阴}$； 3. 凸缘不垂直度差，压制时凸缘单边受力； 4. 热处理过硬脆	1. 增设圆角； 2. 使$R_{套}<R_{阴}$； 3. 使凸缘不受力，如下图所示； 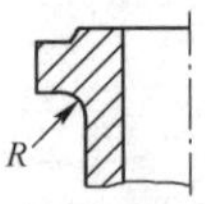 R 4. 适当降低硬度，增加韧性
凸缘剪断	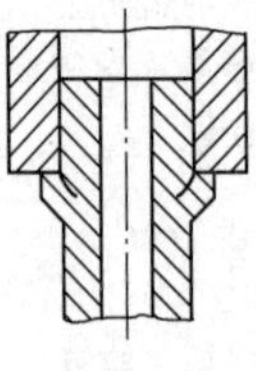	上模冲凸缘受力不妥，凸缘被剪断	使凸缘不受剪，改为形式Ⅰ，定位孔径缩小，或采用形式Ⅱ，去掉凸缘 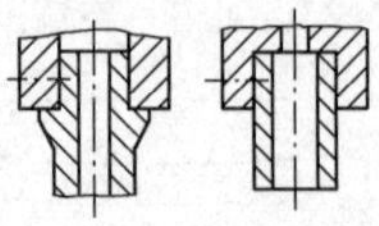 形式Ⅰ　形式Ⅱ

续表

损伤形式	简　　图	损伤原因	改进措施
变形		1. 热处理硬度不够； 2. 薄壁较高，模冲刚度不够	1. 适当提高硬度； 2. 薄壁模冲做成如图所示的形式，改善薄壁处的刚性
压碎		下模冲与芯棒间隙较大，脱模时下模冲先落下，同时脱模座高度较小，下模冲被芯棒压碎	1. 用液压机时，可加高脱模座； 2. 用冲床时，脱模座内可加弱弹簧，托住下模冲

4.7.2 成型件的缺陷分析

4.7.2.1 成型件的缺陷分析

成型件的缺陷分析，见表 4-6。

表 4-6 成型件的缺陷分析

缺陷形式		简　　图	产生原因	改进措施
局部密度超差	中间密度过低	密度低	1. 侧面积过大，双向压制仍不适用； 2. 模壁光洁度差； 3. 模壁润滑差； 4. 粉料压制性差	1. 大孔薄壁可改用双向摩擦压制； 2. 提高模壁光洁度； 3. 在模壁或粉料中加润滑剂； 4. 粉料还原退火
	一端密度过低	密度低	1. 长细比或长壁厚比过大，单向压制不适用； 2. 模壁光洁度差； 3. 模壁润滑差； 4. 粉料压制性差	1. 改用双向压、双向摩擦压及后压等； 2. 提高模壁光洁度； 3. 在模壁或粉料中加润滑剂； 4. 粉料还原退火
	台阶密度过高或过低	密度高或低	1. 补偿装粉不恰当； 2. 所用的模具设计不当	1. 调节补偿装粉量； 2. 选用合适的模具

续表

缺陷形式		简图	产生原因	改进措施
局部密度超差	薄壁处密度过低	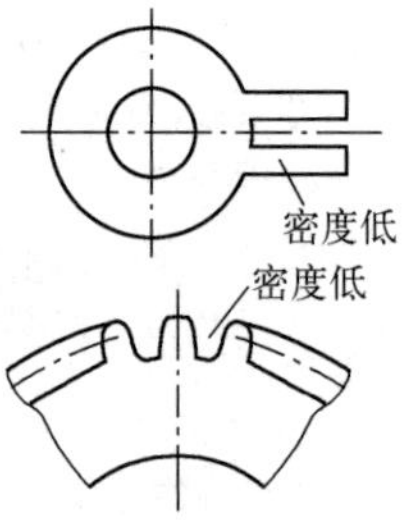	1. 局部长壁厚比过大，单向压不适用； 2. 补偿装粉不恰当或装粉不均匀	1. 采用双向压或薄壁处局部双向摩擦压制； 2. 提高模壁光洁度； 3. 模壁局部加强润滑
裂纹	拐角处裂纹	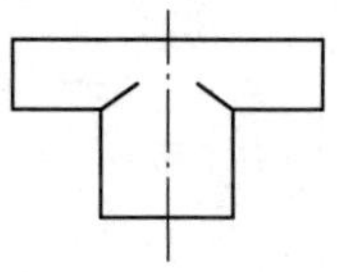	1. 补偿装粉不当，密度差引起； 2. 粉料压制性能差； 3. 脱模方式不对	1. 调整补偿装粉； 2. 改善粉料压制性； 3. 采用正确脱模方式，如带内台产品，应先脱薄壁部分；带外台产品，应带压套，用压套先脱凸缘
	侧面龟裂	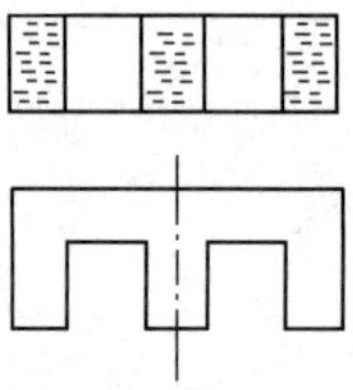	1. 阴模内孔沿脱模方向尺寸变小，如加工中的倒锥，成型部位已严重磨损，出口处有毛刺； 2. 压机上下台面不平，或模具垂直度和平行度超差； 3. 粉末压制性差	1. 阴模沿脱模方向加工出脱模锥度； 2. 粉料中加些润滑油； 3. 改善压机和模具的平直度； 4. 改善粉料压制性能
裂纹	对角裂纹	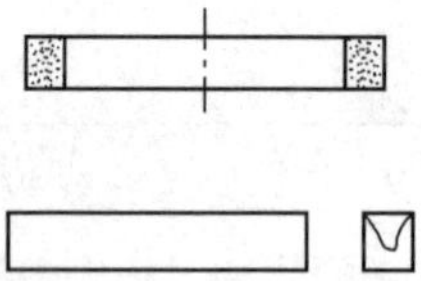	1. 模具刚性差； 2. 压制压力过大； 3. 粉料压制性能差	1. 增大阴模壁厚，改用圆形模套； 2. 改善粉料压制性，降低压制压力（获得相同密度）
皱纹（即轻度重皮）	内台拐角皱纹	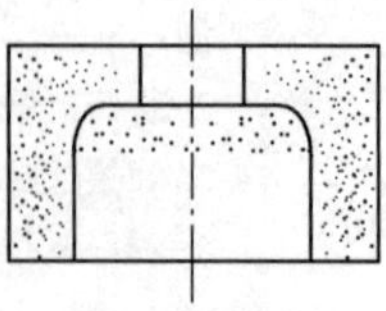	大孔芯棒过早压下，端台先已成型，薄壁套继续压制时，粉末流动冲破已成型部件，又重新成型，多次反复则出皱纹	1. 加大大孔芯棒最终压下量，适当降低薄壁部位的密度； 2. 适当减小拐角处的圆角
	外球面皱纹	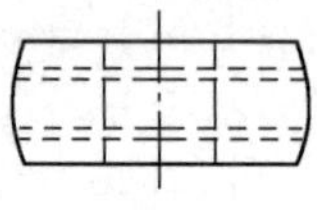	压制过程中，已成型的球面，不断地被流动粉末冲破，又不断重新成型的结果	1. 适当降低压坯密度； 2. 采用松装密度较大的粉末； 3. 最终滚压消除； 4. 改用弹性模压制
	过压皱纹	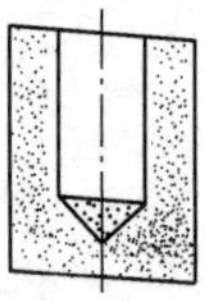	局部单位压力过大，已成型处表面被压碎，失去塑性，进一步压制时不能重新成型	1. 合理补偿装粉，避免局部过压； 2. 改善粉末压制性能
缺角掉边	掉棱角	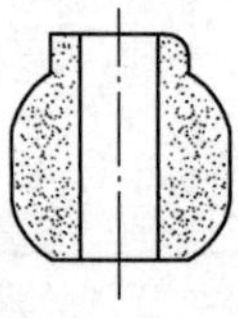	1. 密度不均，局部密度过低； 2. 脱模不当，如脱模时不平直，模具结构不合理，或脱模时有弹跳； 3. 存放搬运碰伤	1. 改进压制方式，避免局部密度过低； 2. 改善脱模条件； 3. 操作时细心

续表

缺陷形式	简　图	产生原因	改进措施
缺角掉边　侧面局部剥落		1. 镶拼阴模接缝处离缝； 2. 镶拼阴模接缝处有倒台阶，压坯脱模时必然局部剥落（即球径大于柱径，或球与柱不同心）	1. 拼模时应无缝； 2. 接缝处只能有不影响脱模的台阶（即图中球部直径可小一些，但不得大，且要求球与柱同心）
表面划伤		1. 模腔表面光洁度差，或加工时光洁度差，或硬度低； 2. 模壁产生模瘤； 3. 模腔表面局部被啃或划伤	1. 提高模壁的硬度和光洁度； 2. 消除模瘤，可加强润滑
尺寸超差	—	1. 模具磨损过大； 2. 工艺参数选择不合适； 3. 没有考虑弹性后效	1. 采用硬质合金模； 2. 消除模瘤，可加强润滑； 3. 设计时考虑相关参数
不同心度超差	—	1. 模具安装调中差； 2. 装粉不均； 3. 模具间隙过大； 4. 模冲导向段短	1. 调模调中要好； 2. 采用振动或吸入式装粉； 3. 合理选择间隙； 4. 增长模冲导向部分

4.7.2.2 整型件的缺陷分析

整型件的缺陷分析，见表4-7。

表4-7　整型件的缺陷分析

缺陷形式	简　图	产生原因	改进措施
划伤		1. 模具被啃或划伤引起； 2. 压件表面粘附硬颗粒	1. 整型前将压件表面清理干净； 2. 提高模具硬度； 3. 及时修理模壁上的被啃或划伤部分
裂纹　纵向开裂		1. 薄壁件内孔整型余量太大（因余量分配不合理、过烧、烧结变形等引起）； 2. 压件过硬脆	1. 合理分配整型余量，改用外箍内式整型； 2. 调整烧结工艺，降低烧结温度，防止变形； 3. 适当改善压件的韧性
裂纹　横向裂纹		1. 带台件台阶部分压下率过大，错裂； 2. 压坯原来有裂纹； 3. 烧结质量不好	1. 减少台阶部分压下率； 2. 注意压坯质量检查； 3. 改善烧结质量
裂纹　横向龟裂		1. 整型余量过大； 2. 整型阴模入口处导向锥角过大，导向部分太短； 3. 烧结不充分	1. 减少整型余量； 2. 增长导向部分长度； 3. 改善烧结质量

续表

缺陷形式		简　图	产生原因	改进措施
尺寸超差	径向	—	1. 模具设计参数选择不当； 2. 模壁磨损	1. 调整工艺参数； 2. 采用可调节的阴模或硬质合金模
	轴向	—	1. 全整型或复压件压下率过大，压件过矮； 2. 径向整型件，余量过大而伸长	1. 采用高度方向限位的压制； 2. 减小整型余量
不直度超差			1. 烧结时弯曲变形过大； 2. 导向部分长度太短； 3. 导向锥与整型带不同心	1. 减少烧结变形； 2. 增长导向长度； 3. 使模具的导向锥与整型带同心
产生锥度			1. 带台阶件整型时，台阶外侧无整型余量时产生缩口（因内孔回弹量大）； 2. 带台阶件的小外径部分因模具磨损引起上大下小的锥度	1. 所有外侧都留整型余量； 2. 整型阴模的小外径孔带很小的倒锥

第五章 烧 结

烧结作为粉末冶金工艺最重要的工序之一，对最终产品的性能起着决定性的作用。烧结是粉末或粉末压坯在适当的温度和气氛条件下加热所发生的一系列复杂的现象或过程。重点掌握粉体为何需要烧结、烧结过程中发生了什么、宏观性能又有哪些变化、烧结的具体工艺过程和参量，特别是固相烧结和液相烧结，它们处理的对象、烧结机制、烧结现象和影响因素。同时掌握烧结气氛的作用、种类和选择的依据，了解一些新的烧结技术和烧结后材料性能要求。

5.1 烧结概述

压坯或松装粉末体的强度和密度都是很低的，为了提高压坯或松装粉末体的强度，需要在适当的条件下对粉末进行处理，即把压坯或松装粉末体加热到其基体组元熔点以下的温度，并在此温度下保温，使粉末颗粒互相结合起来，从而改善其性能。在粉末冶金中，这样的处理称作焙烧，但焙烧并不限于粉末冶金，陶瓷工业、耐火材料工业等都有焙烧工序。

5.1.1 烧结的定义

烧结在粉末冶金工艺中是一个非常重要的工序，它对粉末冶金制品和材料的最终性能有着决定性的影响。

烧结的结果是颗粒之间发生黏结，烧结体强度增加，而且在多数情况下，烧结体密度也提高。在烧结过程中，压坯要经历一系列物理、化学变化。开始是水分或有机物的蒸发或挥发，吸附气体的排除，应力的消除，以及粉末颗粒表面氧化物的还原；然后是原子间发生扩散，发生黏性流动和塑性流动，颗粒间的接触面增加，再结晶、晶粒长大等等，出现液相时还可能有固相的溶解与重结晶。这些过程彼此间并无明显的界限，而是穿插进行，互相重叠、互相影响。加之一些其他烧结条件，使整个烧结过程变得很复杂。对烧结的定义因人而异，有的谈目的，有的谈机理，很不一致。GB3500-1983 将烧结定义为：

粉末或压坯在低于主要组分熔点的温度下加热处理，借颗粒间的联结以提高强度。

5.1.2 烧结的分类

（1）按粉末原料的组成分如下。

$$\begin{cases}\text{单相系：由纯金属、化合物或固溶体组成}\\\text{多相系：由金属-金属、金属-非金属、金属-化合物组成}\end{cases}$$

（2）按烧结过程分为单元系烧结和多元系烧结，其中多元系烧结又分为多元系固相烧结和多元系液相烧结。

- 单元系烧结：纯金属或化合物在其熔点以下的温度进行的固相烧结
- 多元系烧结（由两种或两种以上的组元构成的烧结体系）
  - 多元系固相烧结
    - 无限固溶系：如 Cu-Ni，Fe-Ni
    - 有限固溶系：如 Fe-C，Fe-Cu
    - 互不固溶系：如 Ag-W，Cu-W
  - 多元系液相烧结
    - 液相存在烧结过程的始终：如 WC-CO
    - 液相在保温后期消失：如 Cu-Sn
    - 熔浸：液相烧结的特殊情况

注：无限固溶系指在合金状态图中有无限固溶区的体系。

互不固溶系指组元之间既不互相溶解又不能形成化合物或其他中间相的体系。

熔浸指多孔骨架的固相烧结体和低熔点金属浸透骨架的液相烧结体同时存在。

5.1.3 烧结理论的发展过程

（1）1929 年，德国的绍瓦尔德进行了金属粉末的压制和烧结实验，认为晶粒开始长大的温度大约在 3/4 绝对熔点，与压制压力根本无关。他们认为物质的附着力使粉末体发生烧结，增加压制压力只是改善粉末体的附着情况。

（2）巴尔申和特吉毕亚托斯基认为压制时发生的加工硬化所引起的再结晶可以促进烧结，粉末颗粒接触面所发生的局部加工硬化区可以成为再结晶的核心。但是我们知道，压制并不是粉末烧结的必需条件，松装粉末也可以发生烧结。

（3）1937 年，琼斯认为物质本身的凝聚力是粉末烧结的动力，压制只是增加了颗粒间的接触面积，使烧结容易进行。

（4）达维尔认为粉末颗粒表面存在无序或不规则运动状态引起原子的迁移。

（5）1942 年，许提格利用物理化学的研究手段测定了烧结温度对电动势、溶解度、吸附能力、密度、显微组织、力学性能等方面的影响，发现烧结过程十分复杂。

（6）1945 年，弗兰克尔提出烧结的物质迁移是由表面张力引起的黏性流动造成的。

（7）1949 年，库钦基用实验证实烧结时物质迁移的机理主要是以空位为媒介的体积扩散。

（8）20 世纪 60 年代，人们才开始大量研究复杂的烧结过程和机理，如关于粉末压坯烧结的收缩动力学，烧结过程中晶界的行为，压力下的固相与液相的烧结，热压、热等静压烧结，活化烧结，电火花烧结等。

（9）1971 年，萨姆利诺夫开始以电子理论为基础来研究烧结的物理本质。

但是，目前的烧结理论的发展同粉末冶金技术本身的进步相比，仍然是欠成熟的。

5.2 烧结过程的动力学原理

5.2.1 烧结的基本过程

粉末有自动黏结或成团的倾向，特别是极细的粉末。即使在室温下，粉末经过相当长的时间也会逐渐聚结，在高温下，结块十分明显。

粉末烧结后，烧结体的强度增加，首先是颗粒间的黏结度增大，即黏结面上原子间的引力增大。在粉末或粉末压坯内，颗粒接触面上能达到原子引力作用范围的原子数目有限。但在高温下，由于原子振动的振幅加大，粉末易发生扩散，接触面上有更多的原子进入原子作用力的范围，形成黏结面，并且随着烧结面的扩大，烧结体的强度也增加。黏结面扩大形成烧结颈，使原来的颗粒界面向颗粒内部移动，导致晶粒长大。

烧结体强度增大还反映在孔隙体积和孔隙总数的减少，以及孔隙形状的变化上。由于烧结颈长大，颗粒间原来相互连通的孔隙逐渐收缩成闭孔，然后逐渐变圆。在孔隙性质和形状发生变化的同时，孔隙的大小和数量也在改变，即孔隙个数减少，而平均孔隙尺寸增大。

颗粒黏结面的形成并不表示烧结过程开始，只有烧结体强度的增大才是烧结发生的明显标志。粉末的等温烧结，可大致划分为三个界限并不十分明显的阶段。图 5-1 为球形粉末颗粒的烧结过程示意图。

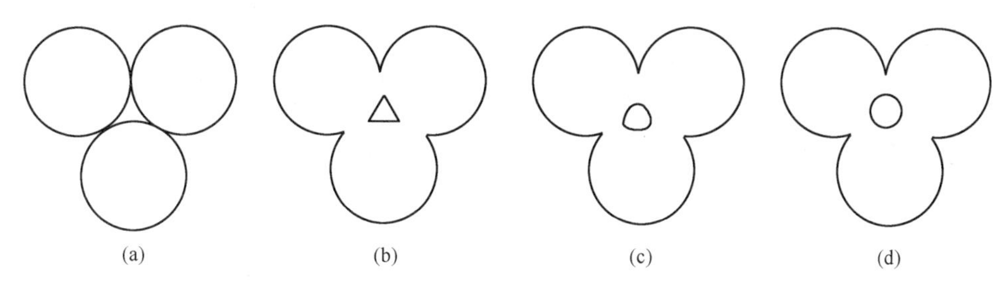

图 5-1　球形粉末颗粒的烧结过程示意图

（a）未烧结；（b）烧结阶段；（c）烧结颈长大阶段；（d）封闭孔隙球化和缩小阶段

烧结阶段——烧结初期，颗粒间的原始接触点或面转变成晶体结合，即通过成核、结晶长大等过程形成烧结颈。此阶段内，颗粒内的晶粒不发生变化，颗粒外形也基本未变，整个烧结体不发生收缩，密度增加也极小。但是烧结体强度和导电性由于颗粒结合面增大有明显增加。

烧结颈长大阶段——原子向颗粒结合面的大量迁移使烧结颈扩大，颗粒间距离缩小，形成连续的孔隙网络，同时由于晶粒长大，晶界越过孔隙移动，而被晶界扫过的地方，孔隙大量消失。烧结体收缩，密度和强度增加是这个阶段的主要特征。

封闭孔隙球化和缩小阶段——当烧结体密度达到 90% 以后，多数孔隙被完全分隔。闭孔数量大多增加，孔隙形状接近球形并不断缩小。在这个阶段，整个烧结体仍可缓慢收缩，但主要是靠小孔的消失和孔隙数量的减少来实现。这一阶段虽可延续很长时间，但仍残留少量的隔离小孔隙不能消除。

等温烧结三个阶段的相对长短主要由烧结温度决定：温度低，可能仅出现第一阶段；温度越高，出现第二甚至第三阶段越早。在连续烧结时，第一阶段可能在升温过程中完成。将烧结划分为三个阶段，并未包括烧结中所有可能出现的现象，如粉末表面气体或水分的挥发，氧化物的还原和离解，颗粒内应力的消除，金属的回复和再结晶以及聚晶长大等。图 5-2 为镍粉的烧结过程。图 5-3 为钨、铜混合粉末烧结前后的对比图。

虽然实际上的烧结大多数是多元系烧结，但为了研究烧结过程的规律，需要从最简单的单元系开始。

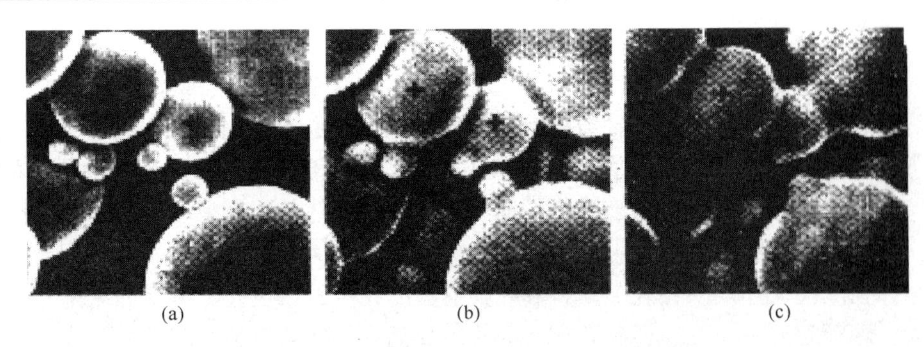

（a）烧结初期；（b）烧结中期；（c）烧结中后期

图 5-2 镍粉的烧结

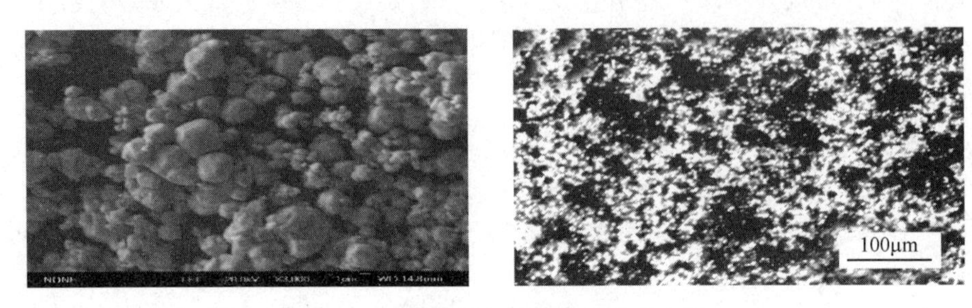

图 5-3 钨、铜混合粉烧结前后对比图

5.2.2 烧结过程中压坯的宏观体积变化

压坯的特点在于含有相当数量的孔隙，其孔隙度通常为 10%～30%。在烧结过程中压坯体积一般要收缩，孔隙体积要减少，密度要增加，但是很难得到完全致密的组织，以及达到理论密度。

影响烧结体体积变化的因素很多，主要有粉末粒径、压制压力、烧结温度、烧结时间和烧结气氛等。

（1）粉末粒径：在其他条件（成型压力）一定时，粉末粒径越细，则收缩越大，最后得到的烧结体密度也就越高。

（2）压制压力：在较大压力下压制的试样，由于试样具有较大的压制密度，因而不发生强烈的收缩，而且收缩的绝对值小于在小压力下压制的试样。

（3）烧结气氛：如铜粉压坯在 1000℃烧结时，烧结气氛氩气和氢气对孔隙度的影响。氩气的孔隙大于氢气，这是由于在封闭孔隙中的气氛，只有通过金属内部的扩散才能逸出，而在金属中氢气具有较大的扩散速度。

（4）烧结时间：一般压坯的体积随烧结时间的延长而减小。

（5）烧结温度：一般随着烧结温度的提高，压坯的相对密度提高。不过，在等温烧结时，烧结体的密度开始时急剧增加，而后逐渐减慢，最后几乎停止增加。如果进一步提高烧结温度，则又可以重新发现收缩速度的增加。

在烧结过程中，孔隙体积收缩度 ω 与烧结时间 t 之间有如下经验公式。

$$\omega = At^{m} \tag{5-1}$$

式中，A 为取决于温度的一个常数；m 与温度无关，取决于粉末的种类和压制条件（$m<1$）。

收缩度 ω 也可以由下列经验公式求得，即

$$\omega=(V_p-V_s)/(V_p-V_m) \tag{5-2}$$

式中，V_p为压坯体积；V_s为烧结体体积；V_m为烧结体完全致密时的体积（只能近似计算）。

另外，烧结时压坯密度的变化与金属粉末的晶格状态有关。粉末中晶体结构缺陷含量越高，收缩越强烈。在不平衡条件下制得的粉末烧结时会有较大的收缩。粉末进行预先退火，会使粉末晶体结构稳定化，因而降低致密化的能力。

5.2.3　烧结过程中烧结体显微组织的变化

在烧结过程中，烧结体的组织结构要发生非常复杂的变化，组织结构的变化使烧结体的性能发生变化。

5.2.3.1　烧结过程中孔隙的变化

在烧结前，压坯颗粒只是相互机械咬合在一起，接触点只有极小一部分，可能是原子结合。图 5-4 为烧结时孔隙结构变化的示意图（其变化从颗粒间的接触点开始）。烧结初期，颗粒间的接触点长大成烧结颈；烧结初期之后，由晶界和孔隙结构来控制烧结速率；烧结中期的开始阶段，孔隙的几何外形是高度连通的，并且孔隙位于晶界交汇处；随着烧结的进行，孔隙的几何外形改变成圆柱形，这时随着孔隙半径的减小，烧结体致密化程度提高。这种微观结构变化如图 5-5 所示。图中显示了不同烧结温度的钯光学显微结构变化，值得注意的是，晶粒大小、数目和孔径的改变，同样会引起总孔隙率的下降。

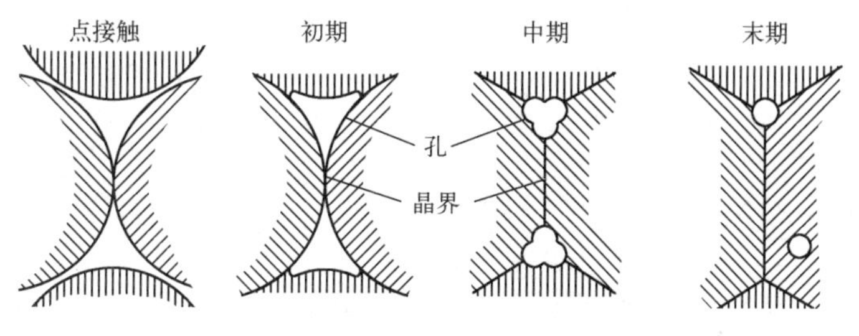

图 5-4　烧结时孔隙结构变化的示意图

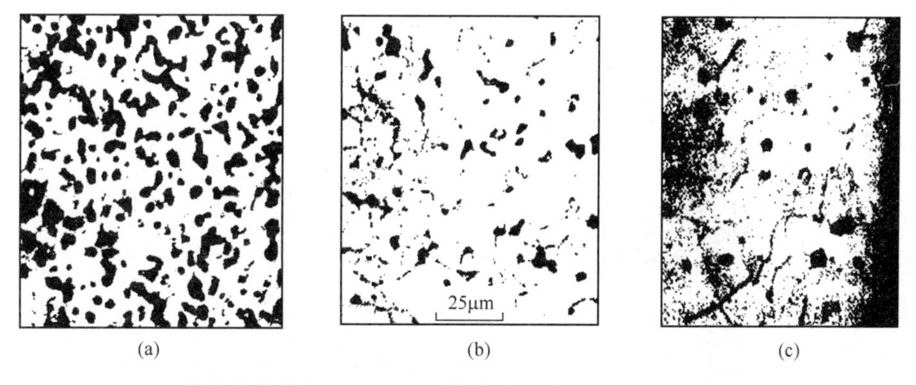

（a）774℃下烧结的微观图；（b）950℃下烧结的微观图；（c）1400℃下烧结的微观图

图 5-5　孔隙微观结构随烧结温度不同而改变

在烧结后期，孔隙和晶界的相互作用有三种形式：（1）孔隙能阻碍晶粒生长；（2）在晶粒生长过程中，孔隙会被移动的晶界改变形状；（3）晶界与孔隙脱离，使孔隙孤立地残留在晶粒内部。在多数设定的烧结温度下，许多材料表现出中等或较高的晶粒生长速度。当温度升高时，晶界移动速度增大。如图 5-6 所示，因为孔隙迁移或孔隙消失比晶界移动得慢，晶界和孔隙发生脱离。在较低温度下，晶粒生长速度很慢，孔隙依附着晶界并妨碍它长大。在移动晶界的张力作用下，孔隙通过体积扩散、表面扩散或蒸发-凝聚而迁移。但在较高温度下，晶粒生长速度增大到一定值后，晶界与孔隙发生脱离。

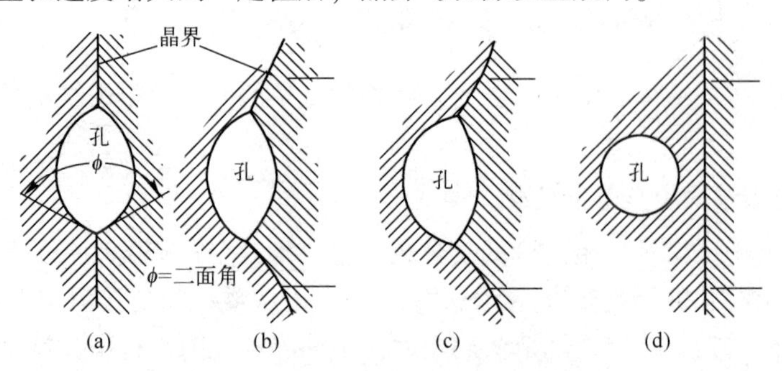

（a）孔隙在晶界呈现平衡的固-气晶界沟；（b），（c）晶界随着孔隙的拖曳增长；（d）孔隙由于晶界的脱离而孤立

图 5-6 烧结后阶段孔隙孤立和球状化过程图

考虑如图 5-7 所示的两种可能的孔隙-晶粒边界结构，孔隙能占据晶粒边界或内部的位置。孔隙占据晶粒边界，系统的能量较低，因为孔隙减少了总的晶界面积（能量）。如果孔隙和边界分离，系统能量将随新的界面面积成比例地增加，孔隙和晶界有随孔隙度增加的结合能。在烧结中期开始，边界和孔隙分离的情况很少，致密化过程进行后，孔隙缓慢移动和对晶界钉扎力的消失导致晶界和孔隙的分离。

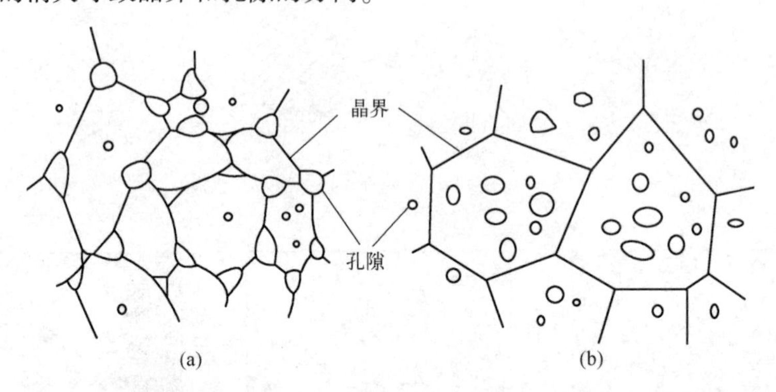

（a）致密化后孔隙位于晶粒边界位置；（b）未致密化的孔隙孤立的情况

图 5-7 烧结过程中两种可能的孔隙-晶粒边界结构

5.2.3.2 烧结过程中的再结晶和晶粒长大

粉末颗粒是由单晶或多晶体构成的。经过压制，粉末颗粒受到一定的加工变形，因此在烧结时粉末颗粒就像铸造形变金属一样要发生再结晶和晶粒长大。粉末颗粒的大小、形状和表面状况、成型压力、烧结温度和时间对再结晶和晶粒长大有显著影响。在压坯中首先发生形变的是颗粒间的接触部分。再结晶的核心多数产生于粉末颗粒的接触点或接触面上。因此，粉末颗粒越细，粉末颗粒相互接触的点或面就会越多，再结晶的核心也就越多，再结晶

后的晶粒有可能越细。形核后的晶体长大是通过吸收形变过的颗粒基体进行的，可以使晶界由一个颗粒向另一个颗粒移动。

再结晶以后，金属中晶粒的长大通常是通过晶界的移动进行的。在长大过程中一些晶粒消失了，而另一些晶粒长大了。某一颗晶粒由于长大并进入到相邻的晶粒而变大，与此同时相邻的晶粒变小直到消失。然而留下来的晶粒的平均尺寸却在增大，一直达到某一平衡值。孔隙、粉末颗粒表面薄膜，第二相夹杂以及晶界沟等都可以阻止晶界的移动和晶粒长大。如图 5-8 所示，烧结初期，晶界刚开始形成，本身具有的能量低；晶界上气孔大且数量多，对晶界移动阻碍大，晶界移动速率 $V_b=0$，不可能发生晶粒长大。烧结中、后期，气孔逐渐减少，可出现晶界移动速率 $V_b=V_p$（气孔移动速率），此时晶界带动气孔同步移动，使气孔保持在晶界上，最终被排除。晶界移动推动力大于第二相夹杂物对晶界移动的阻碍，$V_b>V_p$，晶界将越过气孔而向曲率中心移动，可能将气孔留在烧结体内，影响其致密度。晶界移动推动力小于第二相夹杂物对晶界移动的阻碍，第二相夹杂物将会阻止晶界移动，使晶界移动速率减慢或停止。

与致密材料相比（见图 5-9），粉末焙烧材料的再结晶有如下特点。

（1）粉末烧结材料中，如果有较多的氧化物、孔隙及其他杂质，则聚晶晶粒长大受阻碍，故晶粒较细。相反，粉末纯度越高，晶粒长大趋势也越大。

（2）烧结材料中晶粒显著长大的温度较高，仅当粉末压制采用极高压力时，才明显降低。

（3）粉末粒径影响聚晶长大，如烧结细铁粉压坯，颗粒外形消失的温度为 800℃，而粗铁粉压坯，在 1200℃还能清晰分辨颗粒的轮廓。

（4）烧结材料在临界变形程度下，再结晶后晶粒显著长大的现象不明显，而且晶粒没有明显的取向性。因为粉末压制时颗粒内的塑性是不均匀的，也没有强烈的方向性。

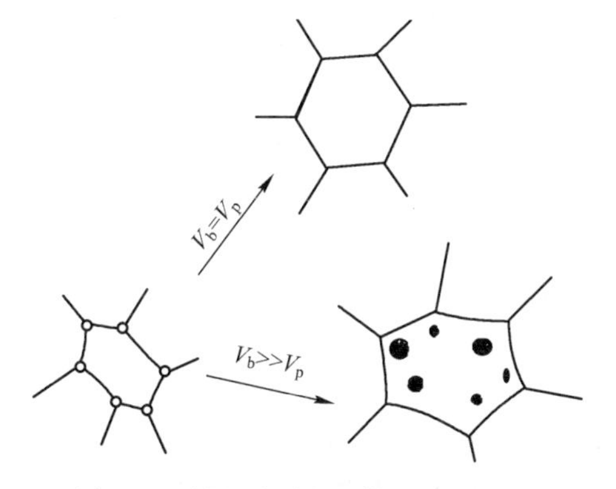

图 5-8 晶界移动与坯体致密化关系

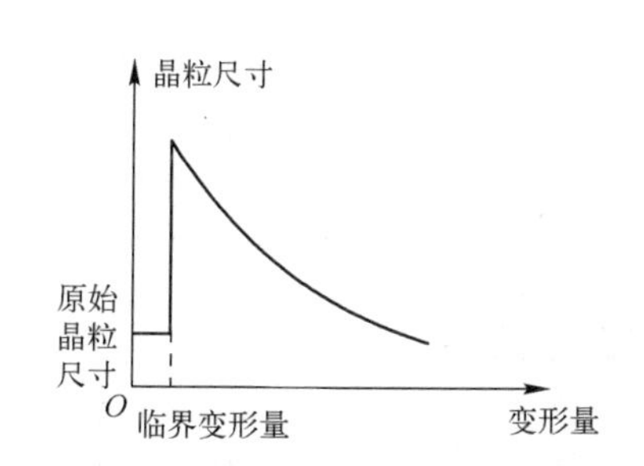

图 5-9 致密材料变形量对再结晶后晶粒尺寸大小的影响

5.2.4 烧结过程中物质的迁移方式

5.2.4.1 烧结时物质迁移的各种可能过程

物质迁移的的过程可能有以下三种情况：物质不发生迁移即黏结，发生物质迁移并且原子移动较长距离，发生物质迁移但原子移动较短距离。

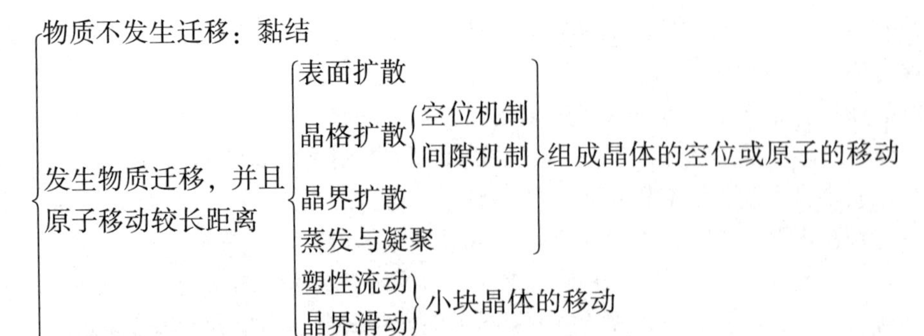

5.2.4.2 烧结过程中物质迁移的六种方式

(1) 黏性流动

1945 年弗兰克尔提出了黏性流动的烧结机理。他把烧结分成两个过程，粉末颗粒之间由点接触到面接触的变化过程，以及后期的孔隙收缩。

费兰克尔以两个球形颗粒的烧结模型推导出烧结公式，如图 5-10 所示，有两种情况。

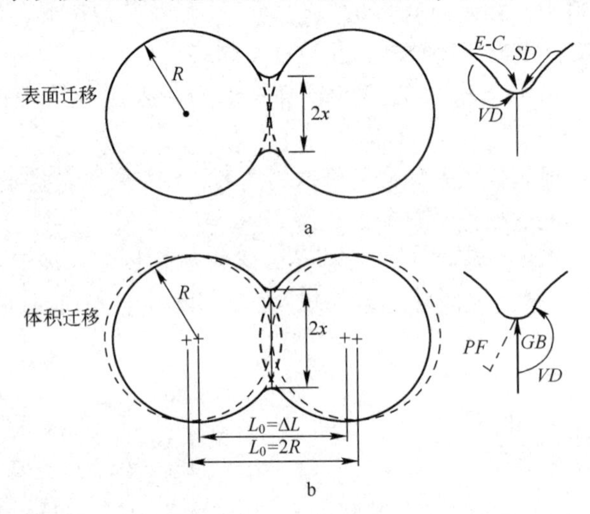

E-C—蒸发-凝聚；SD—表面扩散；VD—体积扩散；GB—晶界扩散；PF—塑性流动

图 5-10 球形颗粒烧结模型两种情况的物质迁移

根据几何关系有

$$e=a(1-\cos\theta)=2a\sin^2(\theta/2) \tag{5-3}$$

其中，a 为颗粒半径；e 为烧结颈部外侧面的半径；x 为由于烧结而生成的接触颈部的半径。

$\theta=x/a$，当 θ 非常小时，

$$\sin(\theta/2)\approx(x/2a) \tag{5-4}$$

所以

$$e=x^2/2a \tag{5-5}$$

① 颗粒中心距离不发生变化，只有表面物质的迁移，填充到接触颈部。

② 颗粒中心距离减小，而且发生收缩。

在接触颈部由于表面张力的作用产生了表面应力，其值大约是

$$\sigma = -\gamma/\rho \tag{5-6}$$

假定作用于颈部的表面张力使物质发生位移，则在完全黏性流动时表面张力为

$$\sigma = \eta \mathrm{d}\varepsilon/\mathrm{d}t \tag{5-7}$$

式中，η 为物质的黏性系数；$\mathrm{d}\varepsilon/\mathrm{d}t$ 为剪切变形率$\left(\frac{\mathrm{d}\varepsilon}{\mathrm{d}t}=\frac{\mathrm{d}x}{x}\middle/\mathrm{d}t\right)$。

将式（5-26）代入式（5-27）有

$$\frac{\gamma}{e} = \eta \frac{1}{x}\frac{\mathrm{d}x}{\mathrm{d}t} \tag{5-8}$$

将式（5-26）代入式（5-28）有

$$\frac{x^2}{a} = k\frac{\gamma}{\eta}t \tag{5-9}$$

式中，k 为常数。

温度一定时，k 也是一定的。因此，生成接触面颈部半径 X 的二次方与时间 t 成比例。

（2）蒸发凝聚

烧结过程中还可能发生物质由颗粒表面向空间蒸发的现象。仍以上述两个球形颗粒为例，两个粉末颗粒相接触时，在颗粒外表面和接触颈部的曲率半径是不同的，因而两处的蒸汽压存在着差别，这样物质就可能由接触点以外的表面蒸发，在接触点处凝聚而发生迁移。

假定在曲率半径为 a 和 e 的曲面上该物质的蒸汽压分别为 P_1 和 P_2，由亚稳状态公式可得

$$\ln\frac{P_2}{P_1} = \frac{2V_0\gamma}{RT}\left(\frac{1}{a}-\frac{1}{e}\right) \tag{5-10}$$

式中，V_0 为 1g 原子物质的体积；γ 为表面张力；R 为气体常数；T 为绝对温度。

若 $P_1>P_2$，物质就会在粉末颗粒表面蒸发，而在接触颈部凝聚，因而使颈部长大。令 $P_1-P_2=\Delta P$，则

$$\ln\frac{P_2}{P_1} = \ln\left(1-\frac{\Delta P}{P_1}\right) \approx -\frac{\Delta P}{P_1} \tag{5-11}$$

由于 $a \gg e$，故 $1/a$ 可忽略不计。则式（5-10）可写成

$$\Delta P = \frac{2V_0\gamma}{RTe}P_1 \tag{5-12}$$

假定在单位时间内，在接触点处单位面积上凝聚的物质为 G。则 G 与蒸汽压 ΔP 成比例，故

$$G = K\Delta P \tag{5-13}$$

将式（5-12）代入式（5-13）得

$$G = K\frac{2V_0\gamma}{RTe}\cdot P_1 = K'/e \tag{5-14}$$

式中，K' 为随温度和蒸汽压变化的常数。

填充到颈部物质的体积为

$$V \approx \pi x^2 e \approx \pi x^4/2a \tag{5-15}$$

颈部面积为

$$A \approx 2\pi x e \approx \pi x^3/a \tag{5-16}$$

在接触颈部时由于凝聚作用，颗粒体积增长率为$\frac{\mathrm{d}V}{\mathrm{d}t}$，与接触颈部的面积 A 和凝聚的物质 G 成正比。所以，有

$$AG=B\frac{\mathrm{d}V}{\mathrm{d}t} \tag{5-17}$$

式中，B 为与时间无关的常数。

将式（5-14）、式（5-15）、式（5-16）代入式（5-17）式有

$$\frac{aK'}{B}=x^2\frac{\mathrm{d}x}{\mathrm{d}t} \tag{5-18}$$

积分后得

$$\frac{x^3}{a}=\frac{3K'}{B}t \tag{5-19}$$

即烧结如果按蒸发凝聚的机理进行，则生成的接触颈部半径的三次方与时间 t 成比例。

但只有那些具有较高蒸汽压的物质才可能发生蒸发凝聚的物质迁移过程，如 NaCl、ZrF_2 等。除锌和镉外，大多数金属在烧结温度下的蒸汽压都很低，蒸发凝聚不可能成为主要的烧结机理。

（3）体积扩散

根据近代金属物理概念，在热平衡条件下晶体的点阵中，原子并没有占据所有的点阵，因而在点阵中出现空位。

扩散理论认为点阵中原子的迁移是由于原子连续与空位交换位置。若一原子附近有一个空位，这个原子移动到空位上时，则原来原子的位置就变成了空位，这一机理被称为是固体中原子的有效扩散机理。

在金属粉末的烧结过程中，空位及其扩散起着很重要的作用。根据两球颗粒模型（弗兰克尔提出），作为扩散空位“源”的有烧结表面、小孔隙表面、凹面及位错。而存在吸收空位“阱”的有晶界、平面、凸面、大孔隙表面、位错，以及颗粒表面相对于内孔隙或烧结颈表面，大孔隙相对于小孔隙。

体积扩散机理就是建立在空位及空位扩散理论基础之上的。以两个球形粉末为例，在其接触颈部时，由于表面张力的作用，其表面积减小，并在接触颈部表面下形成过剩空位浓度。即接触颈部的空位浓度要高于平衡浓度，也就是高于粉末颗粒内部的空位浓度，并且随着表面张力的增加和接触颈部凹表面曲率的增加而增加。在远离接触颈部的地区，如在凸表面的空位浓度却低于平衡浓度。因此在凹凸两个表面之间存在着空位浓度的差别，这种空位浓度的差别，构成了物质迁移的动力，使颈部长大，孔隙变圆和收缩。

假定在接触颈部表面下的过剩空位浓度为 ΔC，在绝对温度 T 时的平衡空位浓度为 C_0，则可得

$$\Delta C=-\frac{2V_0\gamma}{RT}\left(\frac{1}{a}-\frac{1}{e}\right)C_0 \tag{5-20}$$

由于 $a \gg e$，$1/e$ 可忽略，则上式可写成

$$\Delta C=-\frac{2V_0\gamma}{RTe}C_0 \tag{5-21}$$

假定在接触颈下存在过剩电位浓度的深度为 e，则在接触颈部表面下与颗粒内部之间形成的电位梯度为 $\Delta C/e$。过剩的空位向远离接触点的地方扩散，原子则扩散到接触点附近，因而在烧结时使接触面长大。

根据菲克第一扩散方程式可得

$$A\left(\frac{\Delta C}{e}\right)D'=\frac{\mathrm{d}V}{\mathrm{d}t} \tag{5-22}$$

以 D_{v} 表示原子的体积扩散系数，则

$$D_{\mathrm{v}}=D'C_0 \tag{5-23}$$

$$A\left(\frac{\Delta C}{e}\right)\left(\frac{D_{\mathrm{v}}}{C_0}\right)=\frac{\mathrm{d}V}{\mathrm{d}t} \tag{5-24}$$

将有关式子代入，并积分简化得

$$\frac{x^5}{a^2}=\frac{20\gamma V_0}{RT}D_{\mathrm{v}}t \tag{5-25}$$

即烧结如果以体积扩散机理进行，接触颈部半径 X 的 5 次方和时间 t 成比例。

（4）表面扩散

不管把金属表面研磨得如何平整光滑，仍会有极大的凹凸不平，即使能够做到在物理上没有畸变的表面，其原子也是呈阶梯状排列的，所以金属表面原子很容易发生移动和扩散。

金属粉末的颗粒表面是凹凸不平的，所以烧结过程中颗粒的相互联结首先在颗粒表面上进行。特别是低温烧结时，占优势的不是体积扩散而是表面扩散。

表面扩散的机理同体积扩散一样，是由在表面的原子与表面的空位互相交换位置进行的（注：这里讲的表面，指表面之中，而不是表面之上）。

同体积扩散机理一样，可推导出表面扩散机理的烧结公式为

$$\frac{x^7}{a^3}=\frac{56\gamma V_0\delta}{RT}D_5t \tag{5-26}$$

式中，D_5 为原子表面扩散系数；δ 为原子间距离。

上式说明在表面扩散机理占优势时，接触颈部半径 X 的 7 次方与时间 t 成正比。

（5）晶界扩散

晶界对烧结的重要性有以下两点。

① 烧结时，颗粒接触面上容易形成稳定的晶界，特别是细粉末烧结后形成许多网状晶界与孔隙互相交错，使烧结颈边缘和细孔隙表面的过剩空位容易通过邻接的晶界进行扩散或被吸收。

② 晶界扩散的激活能比体积扩散的小 1/2，而扩散系数大 1000 倍，而且随温度降低这种差别增大。

如果两个粉末颗粒的接触表面形成了晶界，那么靠近接触颈部的过剩空位就可以通过晶界发生扩散。晶界扩散机理的烧结公式为

$$\frac{x^6}{a^2}=\frac{24\gamma V_0\delta}{RT}D_{\mathrm{B}}t \tag{5-27}$$

式中，D_{B} 为晶界扩散系数（$D_{\mathrm{B}}=CD'$）。

（6）塑性流动

烧结颈形成和长大可以看成是金属粉末在表面张力作用下发生塑性变形的结果。

塑性流动与黏性流动不同，外应力必须超过塑性材料的屈服应力才能发生。粉末烧结的塑性流动理论是利用高温微蠕变理论进行定量分析，结果表明，烧结颈长大遵循 $X^9 \sim t$ 的关系。

对以上 6 种烧结过程中的物质迁移机理，用一个动力学方程可概括为

$$\frac{x^m}{a^n}=F(T)\cdot t \tag{5-28}$$

式中，m，n 为常数；$F(T)$ 为与温度有关的常数；x 为接触颈部半径；t 为时间；a 为颗粒半径；T 为绝对温度。

在烧结过程中粉末颗粒的黏性机理是一个十分复杂的过程，由许多因素决定。但在具体烧结过程中，哪一种机理起主导作用应视具体情况而定。如细粉颗粒烧结时，表面扩散机理起决定作用；高温烧结时，体积扩散机理起主要作用；加压烧结时，可能是蒸发凝聚起着十分重要的作用。

5.2.5 致密化机理

要严格区别烧结过程中粉末颗粒的黏结阶段和孔隙收缩的致密化阶段是困难的，但为了理解整个烧结过程又不得不加以区别。

在烧结过程中，不能认为孔隙的收缩由蒸发凝聚或表面扩散的机理引起，也就是孔隙内表面的凸出部分蒸发，而在内表面的凹处凝聚；也不能认为是内表面凸出的原子通过表面扩散而流入凹处表面，因为这样只能改变孔隙的形状而不能使整个烧结体的体积发生收缩。因此可以认为，致密体机理只能是黏性流动、体积扩散、晶界扩散和塑性流动，或者是其中一个或两个起作用。

在金属未加压烧结的致密化过程中，体积扩散、晶界扩散起着主导作用。烧结后期的致密化阶段，晶界扩散对致密化有很重要的作用。如果想促进烧结过程，首先要提高空位或原子的扩散系数，这就要求高温加热。在烧结后期要防止晶粒长大和晶界减少，甚至需要积极制造晶界。为了防止晶粒长大，可以加入少量阻碍晶粒长大，且在高温时稳定的碳化物、氧化物等添加剂。这些添加物的粒径要尽量细，而且要很均匀地分布在物料中，如金属烧结中加入少量的氧化钍；氧化铝烧结时加入少量的氧化铬等。

5.3 烧结过程的热力学原理

烧结过程（现象）为什么会发生呢？粉末的这种自发变化，从热力学的观点来看，是因为粉末比同一物质的块状材料具有多余的能量，所以它的稳定性较差，这种多余的能量就是烧结过程的原动力。

热力学第二定律表明，在等温等压条件下，一切自发过程总是由高自由焓状态向自由焓最小的状态转变，称为自由焓最小原理。自由焓可表示为

$$G=H-TS \tag{5-29}$$

式中，H 为焓；T 为绝对温度；S 为熵。

烧结时，粉末的表面原子都力图成为内部原子，使其本身处于低能位置。因为粉末颗粒

越细，表面越不规则，其比表面就越大，所贮存的能量就越高，这样粉末要释放其能量变为低能状态的趋势就越大，烧结也就易于进行。另外，粉末制造过程中会形成晶格畸变，以及处于活性状态下的原子在烧结过程中也要释放一定的能量，力图使其恢复正常位置。当然，并不是所有这些能量都能用于烧结。

在一定温度下烧结的驱动力为

$$\Delta G=\Delta H-T\cdot\Delta S \tag{5-30}$$

式中，ΔH 为粉末所具有的全部过剩自由能（粉末在 $T=0$ 时黏结的驱动力）；ΔS 为粉末状态与烧结体状态的熵差。

又因 $\Delta S=\int_{T_1}^{T_2}C_p/T\mathrm{d}T$，而粉末体的比热与烧结体的比热大致相等，所以可以认为 ΔS 始终大于等于零。

由上式可知，T 越高，ΔG 越小，烧结的驱动力就越大，即粉末体中的原子驱向于由高能位置迁移至能量最低的位置，这也就是烧结常在高温下进行的缘故。

再者，烧结过程中孔隙大小的变化，使粉末体总表面积减少，孔隙表面自由能的降低也是烧结过程的驱动力。

根据理想的两球模型与烧结颈模型，如图 5-11 所示，从颈表面取单元曲面 $ABCD$，使得两个曲率半径 ρ 和 x 形成相同张角 θ（处在两个互相垂直的平面内）。设指向球体内的曲率半径 x 为正号，则曲率半径 ρ 为负号，表面张力所产生的力 F_x 和 F_ρ 作用在单元曲面上并与曲面相切，故由表面张力的定义可以计算得

$$F_x=\gamma\,\overline{AD}=\gamma\,\overline{BC} \tag{5-31a}$$

$$F_\rho=\gamma\,\overline{AB}=\gamma\,\overline{DC} \tag{5-31b}$$

而

$$\overline{AD}=\rho\sin\theta \tag{5-32}$$

$$\overline{AB}=x\sin\theta \tag{5-33}$$

但由于 θ 很小，$\sin\theta\approx\theta$，故可得

$$F_x=\gamma\rho\theta \tag{5-34a}$$

$$F_\rho=-\gamma x\theta \tag{5-34b}$$

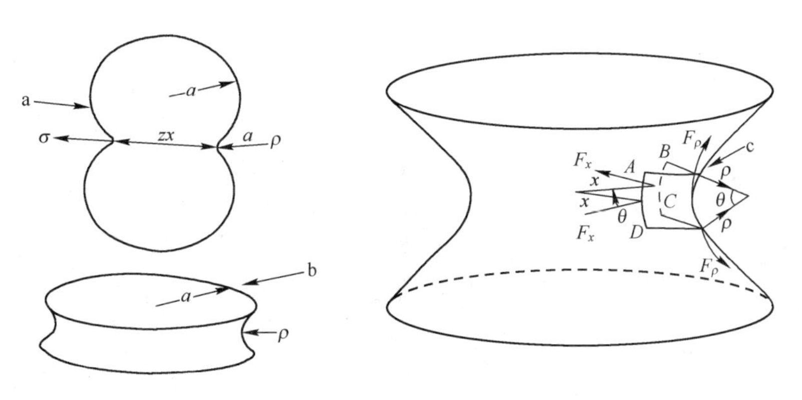

a—两球模型；b—烧结颈模；c—作用在“颈”部弯曲表面上的力

图 5-11　两球模型与烧结颈模型

所以垂直作用于 $ABCD$ 曲面上的合力为

$$F=2(F_x+F_\rho)=2(F_x\sin\theta/2+F_\rho\sin\theta/2)=\gamma\theta^2(\rho-x) \tag{5-35}$$

而作用在面积 $ABCD=x\rho\theta$ 上的应力为

$$\sigma=\frac{F}{x\rho\theta^2}=\frac{\gamma\theta^2(\rho-x)}{x\rho\theta^2} \tag{5-36}$$

所以

$$\sigma=\gamma\left(\frac{1}{x}-\frac{1}{\rho}\right) \tag{5-37}$$

式中，γ 为表面张力。

由于烧结颈半径比曲率半径 ρ 大得多，故

$$\sigma=-\gamma/\rho \tag{5-38}$$

负号表示作用在曲颈面上的应力 σ 是张力，方向朝颈外，其效果是使烧结颈(x)扩大。随着烧结颈的扩大，负曲率半径($-\rho$)的绝对值也增大，说明烧结的动力 σ 减少。

式（5-38）表示的烧结动力是表面张力的一种机械力，它垂直作用于烧结颈曲面上，使颈向外扩大，而最终形成孔隙网。这时孔隙中的气体会阻止孔隙收缩和烧结颈进一步长大，因为孔隙中气体的压力 P_v 与表面应力之差才是孔隙网生成后对烧结起推动作用的有效力。

$$P_s=P_v-\gamma/\rho \tag{5-39a}$$

显然 P_s 仅是表面应力($-\gamma/\rho$)中的一部分，因为气体压力 P_v 与表面张力的符号相反。当孔隙与颗粒表面连通即开孔时，P_v 可取为 1 个大气压，这样，只有当烧结颈 ρ 增大，张应力减少到与 P_v 平衡时，烧结的收缩过程才停止。

对于形成隔离孔隙的情况，烧结收缩的动力可用下述方程描述，即

$$P_s=P_v-2\gamma/r \tag{5-39b}$$

式中，r 为孔隙半径。

$-2\gamma/r$ 代表作用在孔隙表面使孔隙缩小的张应力。如果张应力大于气体压力 P_v，孔隙就能继续收缩。当孔隙收缩时，如果气体来不及扩散出去，P_v 大到超过表面张应力，隔离孔隙就停止收缩。按照近代的晶体缺陷理论，物质扩散是由空位浓度造成化学位的差别引起的。

由式（5-38）计算的张应力($-\gamma/\rho$)作用在图 5-12 所示的烧结颈曲面上，局部改变了烧结球内原来的空位浓度分布，因为应力使空位的生成能改变。

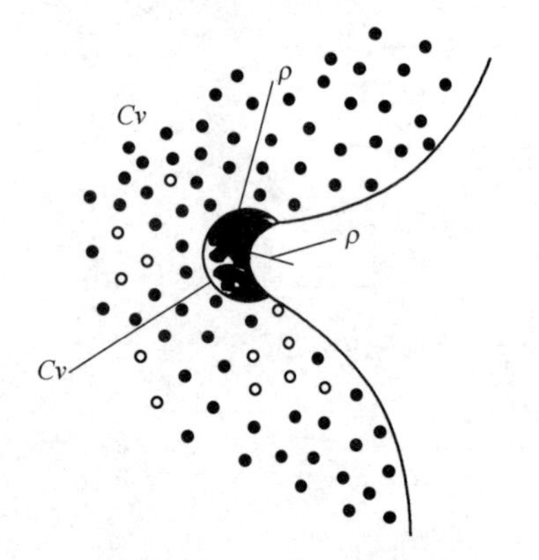

图 5-12 烧结颈曲面下的空位浓度分布

按统计热力学计算，晶体内的空位热平衡浓度为

$$C_v=\exp(S_t/k)\cdot\exp(-E_t'/kT) \tag{5-40}$$

式中，S_t 为生成一个空位，周围原子振动改变所引起的熵的变化；E_t' 为晶体内生成一个空位所需的能量；k 为玻尔兹曼常数。

由式（5-38）可知，张应力 σ 对生成一个空位所需能量的改变应等于该应力对空位体积所做的功，即 $\sigma\Omega=-\gamma\Omega/\rho$（$\Omega$ 为一个空位的体积）。负号表示张应力使空位生成能减少。晶体内凡受张应力的区域，空位浓度将高于无应力作用的区域。因此，在应力区域形成一个空位实际所需的能量应是：

$$E_t' = E_t \pm \sigma\Omega \tag{5-41}$$

式中，E_t为理想完整晶体（无应力）中的空位生成能，将式（5-40）代入式（5-41）得到受张应力 σ 区域的空位浓度为

$$C_v = \exp(S_t/k)\exp(-E_t/KT)\exp(\sigma\Omega/KT) = C_v^0\exp(\sigma\Omega/KT) \tag{5-42}$$

式中，C_v^0 为无应力区域的平衡空位浓度，它等于

$$\exp(S_t/K)\cdot\exp(-E_t/kT) \tag{5-43}$$

同样可以得到受压应力 σ 区域的空位浓度为

$$C_v' = C_v^0\exp(-\sigma\Omega/kT) \tag{5-44}$$

因为

$$\sigma\Omega/Kt \ll 1,\quad \exp(\pm\sigma\Omega/kT) \approx 1 \pm \sigma\Omega/kT \tag{5-45}$$

因此，C_v，C_v' 可写成

$$C_v = C_v^0(1+\sigma\Omega/kT) \tag{5-46a}$$

$$C_v' = C_v^0(1-\sigma\Omega/kT) \tag{5-46b}$$

如果烧结颈的应力仅由表面张力产生，按式（5-46a、b）可以计算平衡空位的浓度差——过剩空位浓度：

$$\Delta C_v = C_v - C_v^0 = C_v^0\sigma\Omega/KT \tag{5-47}$$

将式（5-38）代入，则得

$$\Delta C_v = -C_v^0\gamma\Omega/kT\rho \tag{5-48}$$

如果具有过剩空位浓度的区域仅为烧结颈表面下以 ρ 为半径的圆，当发生空位扩散时，过剩空位浓度的梯度就是

$$\Delta C_v/\rho = -C_v^0\cdot\gamma\Omega/KT\rho^2 \tag{5-49}$$

上式表明：过剩空位浓度梯度将引起烧结颈表面下微小区域内的空位向球体内扩散，从而造成原子朝相反方向迁移，使烧结颈得以长大，结果使孔隙个数减少，烧结体颗粒间的连接强度增大。

5.4　固相烧结

固相烧结按其组元多少可分为单元系固相烧结和多元系固相烧结两类。

5.4.1　单元系固相烧结

单元系固相烧结指纯金属、固定成分的化合物或均匀固溶体的松装粉末或压坯在熔点以下温度（一般为绝对熔点温度的 2/3～4/5）进行的粉末烧结。单元系固相烧结过程除发生粉末颗粒间黏结、致密化和纯金属的组织变化外，不存在组织间的溶解，也不出现新的组成物或新相，又称为粉末单相烧结。

单元系固相烧结大致分为 3 个阶段。

（1）低温阶段（$T_{烧}=0.25T_{熔}$）。主要发生金属的回复、吸附气体和水分的挥发、压坯内成形剂的分解和排除。由于回复时消除了压制时的弹性应力，粉末颗粒间接触面积反而相对减少，加上挥发物的排除，烧结体收缩不明显，甚至略有膨胀。此阶段内烧结体密度基本

保持不变。

（2）中温阶段（$T_{烧}$=0.4～0.55$T_{熔}$）。开始发生再结晶、粉末颗粒表面氧化物被完全还原，颗粒接触界面形成烧结颈，烧结体强度明显提高，而密度增加较慢。

（3）高温阶段（$T_{烧}$=0.5～0.85$T_{熔}$）。这是单元系固相烧结的主要阶段。扩散和流动充分进行并接近完成，烧结体内的大量闭孔逐渐缩小，孔隙数量减少，烧结体密度明显增加。保温一定时间后，所有性能均达到稳定不变。影响单元系固相烧结的因素主要有烧结组元的本性、粉末特性（如粒径、形状、表面状态等）和烧结工艺条件（如烧结温度、时间、气氛等）。增加粉末颗粒间的接触面积或改善接触状态，改变物质迁移过程的激活能，增加参与物质迁移过程的原子数量以及改变物质迁移的方式或途径，均可改善单元系固相烧结过程。

5.4.2 多元系固相烧结

多元系固相烧结比单元系固相烧结复杂得多，除了同组元或异组元颗粒间的黏结外，还发生异组元之间的反应、溶解或均匀化等过程，而这些都是靠组元在固态下的互相扩散来实现的，所以，通过烧结不仅要达到致密化，而且要获得所要求的相或组织组成物。扩散、合金均匀化是极为缓慢的过程，通常比完成致密化需要更长的烧结时间。

5.4.2.1 互溶系固相烧结

组分互溶的多元系固相烧结有3种情况：（1）均匀（单相）固溶体粉末的烧结；（2）混合粉末的烧结；（3）烧结过程固溶体分解。第一种情况属于单元系烧结，基本规律与5.4.1节相同。第三种情况较少出现。下面只讨论混合粉末的烧结。

混合粉末烧结时在不同组分的颗粒间发生的扩散与合金均匀化过程，取决于合金热力学和扩散动力学。如果组元间能生成合金，则烧结完成后，其平衡相的成分和数量大致可以根据相应的相图确定。但是由于烧结组织不可能在理想的热力学平衡条件下获得，会受到固态下扩散动力学的限制，而且粉末烧结的合金化还取决于粉末的形态、粒径、接触状态以及晶体缺陷、结晶取向等因素，所以混合粉末烧结比熔铸合金化过程更复杂，也难以获得平衡组织。

烧结合金化中最简单的情况是二元系固溶体合金。当二元混合粉末烧结时，一个组元通过颗粒间的联结面扩散并溶解到另一个组元的颗粒中，如Fe-C材料中的石墨溶于铁中，或者二组元互相溶解（如铜和镍）产生均匀的固溶体颗粒。

假定有金属A和B的混合粉末，烧结时在两种粉末的颗粒接触面上，按照相图反应生成平衡相A_xB_y，之后的反应将取决于A、B组元通过反应产物AB（形成包覆颗粒表曲的壳层）的互扩散。如果A能通过AB进行扩散，而B不能，那么A原子将通过AB相扩散到A与B的界面上再与B反应，这样AB相就在B颗粒内滋生。通常，A和B都能通过AB相进行扩散，那么反应将在AB相层内发生，并同时向A与B的颗粒内扩散，直至所有颗粒成为具有同一平均成分的均匀固溶体为止。

假如反应产物AB是能溶解于组元A、B的中间相（如电子化合物），那么界面上的反应将复杂化。例如，AB溶于B形成有限固溶体，只有当饱和后，AB才能通过成核长大重新析出，同时，饱和固溶体的区域也逐渐扩大。因此，合金化过程将取决于反应生成相的性质、生成次序和分布，取决于组元通过中间相的扩散，取决于一系列反应层之间的物质迁移和析出反应。但是，扩散是决定合金化的主要动力学因素，因而凡是促进扩散的一切条件，均有利于烧结过程及获得最好的性能。扩散合金化的规律可以概括为以下几点。

（1）金属扩散的一般规律是：原子半径相差越大，或在元素周期表中相距越远的元素，互扩散速度也越大；间隙式固溶的原子扩散速度比替换式的要大得多；温度相同和浓度差别不大时，在体心立方点阵相中，原子的扩散速度比在面心立方点阵相中快几个数量级。在金属中溶解度最小的组元，往往具有最大的扩散速度。

在 α-Fe 和 γ-Fe 中扩散系数不同的元素可以分为 4 种类型：①氢在 α-Fe 与 γ-Fe 中扩散系数最大，属于间隙扩散；②硼、氮、碳在铁中也属于间隙扩散，但是其扩散系数较小（仅为氢的 1/600）；③镍、钴、锰、钼在铁中形成替换式固溶体，扩散系数仅为间隙式固溶体元素的万分之一到十万分之一；④氧、硅、铝等元素介于间隙式和替换式固溶体之间，由于缺乏扩散系数的可靠依据，尚不能下结论。

（2）在多元系中，由于组元的互扩散系数不相等，会产生柯肯德尔效应，证明是空位扩散机制起作用。当 A 和 B 元素互扩散时，只有当 A 原子与邻近的空位发生换位的机率大于 B 原子自身的换位机率时，A 原子的扩散才比 B 原子快，因而通过 AB 相互扩散的 A 和 B 原子的互扩散系数不相等，在具有较大互扩散系数原子的区域内形成过剩空位，然后聚集成微孔隙，从而使烧结合金出现膨胀。因此，一般在这种合金中，烧结的致密化速率要减慢。

柯肯德尔效应用“近朱者赤，近墨者黑”作为固态物质中一种扩散现象的描述。为了进一步证实固态扩散的存在，可作下述试验（见图 5-13），把铜、镍两根金属棒对焊在一起，在焊接面上镶嵌上几根钨丝作为界面标志，然后将体系加热到高温并保温很长时间后，令人惊异的事情发生了：作为界面标志的钨丝向纯镍一侧移动了一段距离。经分析，界面的左侧（铜）也含有镍原子，而界面的右侧（镍）也含有铜原子，但是左侧镍的浓度大于右侧铜的浓度，这表明，镍向左侧扩散的原子数目大于铜向右侧扩散的原子数目。过剩的镍原子将使体系左侧的点阵膨胀，而右边原子减少的地方将发生点阵收缩，其结果必然导致界面向右移动。

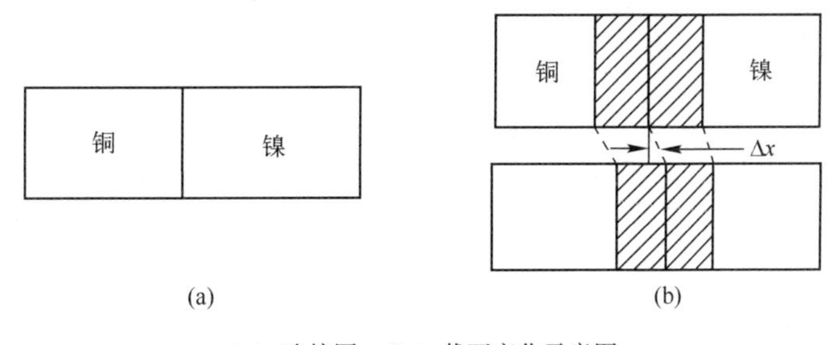

（a）连接图；（b）截面变化示意图

图 5-13 Cu-Ni 的柯肯德尔效应

（3）添加第三元素可以显著改变元素 B 在 A 中的扩散速度。例如，在烧结铁中添加钒、硅、铬、钼、钛、钨等形成碳化物的元素会显著降低碳在铁中的扩散速度和增大渗碳层中碳的浓度；添加质量分数为 4%的钴使碳在 γ-Fe（1%的碳原子浓度）中的扩散速度提高一倍；而添加质量分数为 3%的钼或质量分数为 1%的钨时，扩散系数减小一半。第三元素对碳原子在铁中扩散速度的影响，取决于其在周期表中的位置，铁左边属于形成碳化物的元素，会降低扩散速度；而铁右边属于非碳化物形成元素，会增大扩散速度。黄铜中添加质量分数为 2%的锡，会使锌的扩散系数增大 9 倍；添加质量分数为 3.5%的铅，会扩散系数增大 14 倍；添加硅、铝、磷、硫均可以增大扩散系数。

(4) 二元合金中，根据组元、烧结条件和阶段的不同，烧结速度同两组元单独烧结相比，可能快也可能慢。例如铁粉表面包覆一层镍时，由于柯肯德尔效应，烧结显著加快。Co-Ni，Ag-Au 系的烧结也是如此。

许多研究表明，添加过渡族元素（钴，镍），对许多氧化物和钨粉的烧结均有明显的促进作用，但是 Cu-Ni 系烧结的速度反而减慢。因此二元合金烧结过程的快慢不是由能否形成固溶体判断，而取决于组元互扩散的差别。如果偏扩散所造成的空位能溶解在晶格中，就能增大扩散原子的活性，促进烧结进行；相反，如果空位聚集成微孔，反而将阻止烧结过程。

(5) 烧结工艺条件（温度、时间、粉末粒径及预合金粉末的使用）的影响将在下面进一步予以说明。

5.4.2.2 无限互溶系

属于这类的有 Cu-Ni、Co-Ni、Cu-Au、Ag-Au、W-Mo、Fe-Ni 等。其中，Cu-Ni 系研究得最成熟，现讨论如下：

Cu-Ni 具有无限互溶的简单相图。用混合粉烧结（等温），在一定阶段发生体积增大现象，烧结收缩随时间而变化，主要取决于合金均匀化的程度。图 5-14 所示的烧结收缩曲线表明，铜粉或镍粉单独烧结时收缩在很短时间内就完成；而它们的混合粉末烧结时，未合金化之前也发生较大收缩，但是随着合金均匀化的进行，烧结反而出现膨胀，而且膨胀与烧结时间的方根（$t^{1/2}$）成正比，使收缩曲线直线上升，到合金化完成后才又转为水平。因为柯肯德尔效应符合这种关系，所以，膨胀是由偏扩散引起的。图 5-15 为 Cu-Ni 混合粉末烧结均匀化程度对试样长度变化的影响。

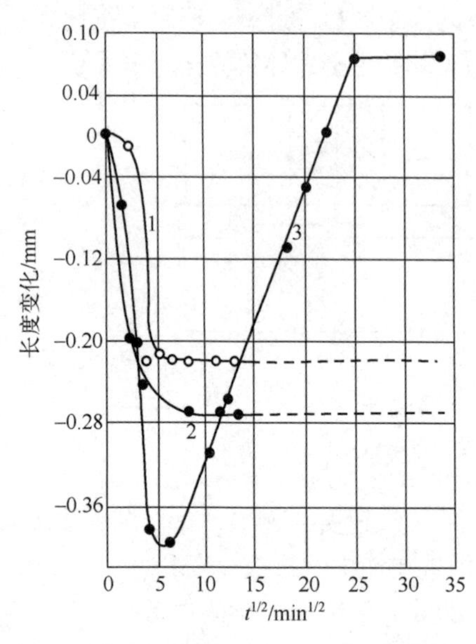

1—纯铜粉；2—纯镍粉；3—41%铜+59%镍混合粉

图 5-14 铜粉、镍粉及 Cu-Ni 混合粉烧结的收缩曲线（950℃）

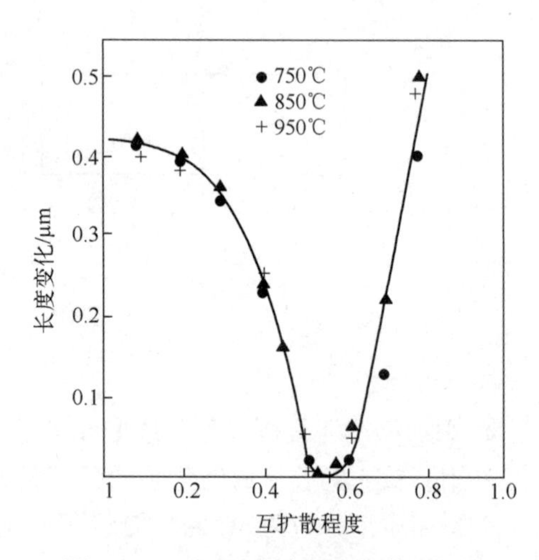

图 5-15 Cu-Ni 混合粉末烧结均匀化程度对试样长度变化的影响

可以采用磁性测量、X 射线衍射和显微光谱分析等方法来研究粉末烧结的合金化过程。图 5-16 是采用 X 射线衍射法测定 Cu-Ni 烧结合金的衍射光强度分布图，衍射角分布越宽的曲线，表明合金成分越不均匀。根据衍射强度与衍射角的关系，可以计算合金的浓度分布。

通过测定激活能数据（43.1～108.8kJ/mol）证明，Cu-Ni 合金烧结的均匀化机理以晶界扩散和表面扩散为主。Fe-Ni 合金烧结也是表面扩散的作用大于体积扩散。随着烧结温度升高和进入烧结后期，激活能升高，但是有偏扩散存在和出现大量扩散空位时，体积扩散的激活能也不可能太高。因此，均匀化也同烧结过程的物质迁移一样，也应该看作是由几种扩散机理同时起作用。

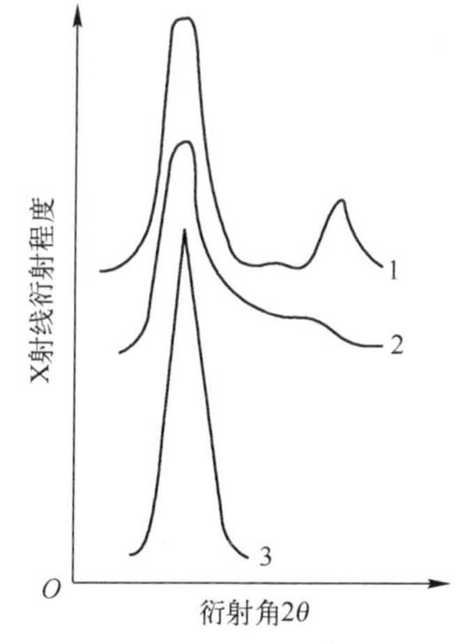

1—未烧结混合粉；2—烧结 1h；3—烧结 3h

图 5-16　X 光衍射法测定 Cu-Ni 烧结合金的衍射光强度分布图

费歇尔-鲁德曼和黑克尔等人应用“同心球”模型（见图 5-17）研究形成单相固溶体的二元系粉末在固相烧结时的合金化过程。该模型假定 A 组元的颗粒为球形，其被 B 组元的球壳完全包围而且无孔隙存在，这与密度极高的粉末压坯的烧结情况是接近的。用稳定扩散条件下的菲克第二定律进行理论计算，所得到的结果与实验资料较为符合。按照同心球模型计算，可以将扩散系数及其温度的关系制成曲线图，借助该图能方便地分析各种单相互溶合金系统的均匀化过程并求出均匀化所需的时间。描述合金化程度，可以采用均匀化程度因数，即

$$F=\frac{m_t}{m_\infty} \tag{5-50}$$

式中，m_t 为在时间 t 内通过界面的物质迁移量；m_∞ 为当时间无限长时，通过界面的物质迁移量。

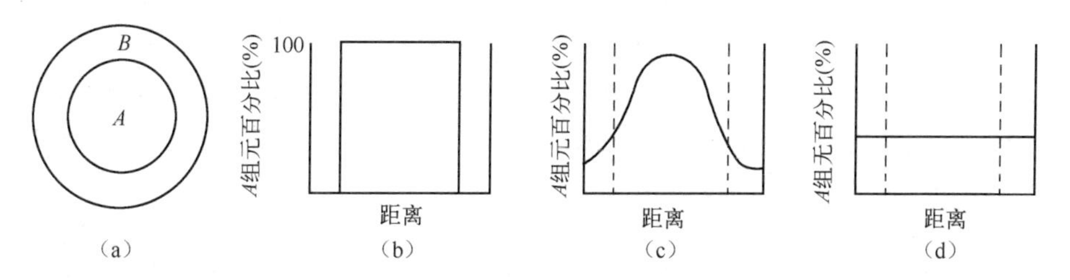

（a）同心球模型横断面；（b）$t=0$ 时浓度分布；（c）t 时刻浓度分布；（d）$t=\infty$ 时浓度分布

图 5-17　烧结合金化模型

F 值在 0～1 之间变化，$F=1$ 相当于完全均匀化。表 5-1 列举了 Cu-Ni 粉末烧结合金在不同工艺条件下测定的 F 值，从中可以看出影响 Cu-Ni 混合粉末压坯的合金化过程的因素如下。

（1）烧结温度。烧结温度是影响合金化最重要的因素。因为原子互扩散系数是随温度的升高而显著增大的，如表中数据表明，烧结温度由 950℃升至 1050℃，即提高了 10%，F 值提高了 20%～40%。

（2）烧结时间。在相同温度下，烧结时间越长，扩散越充分，合金化程度也越高，但是时间的影响没有温度大。如表中数据表明如果 F 值由 0.5 提高到 1，时间需要增加 500 倍。

表 5-1　粉末和工艺条件对 Cu-Ni 混合粉末在烧结时均匀化程度因数 *F* 值的影响

混合料粉末类型	粉末粒径/目	单位压制压力/100MPa	烧结温度/℃	烧结时间/h	*F* 值
铜粉+镍粉	-100+140	7.7	850	100	0.64
		7.7	950	1	0.29
		7.7	950	50	0.71
		7.7	1050	1	0.42
		7.7	1050	54	0.87
	-270+325	7.7	850	100	0.84
		7.7	950	1	0.57
		7.7	950	50	0.87
		7.7	1050	1	0.69
		7.7	1050	54	0.91
		0.39	950	1	0.41
Cu-Ni 粉①	-100+140	7.7	950	50	0.71
Cu-Ni 预合金粉②		7.7	950	1	0.52
铜粉+Cu-Ni 预合金粉③	-270+325	7.7	950	1	0.65
铜粉+Cu-Ni 预合金粉④	-270+325	7.7	950	1	0.80

① 所有试样中镍的平均质量分数为 52%。

② 预合金粉成分为 70%铜+30%镍（质量分数）。

③ 预合金粉成分为 31%铜+69%镍（质量分数）。

④ 以镍包铜的复合粉末，预合金粉成分为 30%铜+70%镍（质量分数）。

(3) 压坯密度。增大压制压力，将使粉末颗粒间接触面增大，扩散界面增大，加快合金化过程，但是作用不是十分明显，如压力提高 20 倍，*F* 值仅增加 40%。

(4) 粉末粒径。合金化的速度随着粒径减小而增加，因为在其他条件相同时，减小粉末粒径意味着增加颗粒间的接触界面并且缩短扩散路程，从而增加单位时间内扩散原子的数量。

(5) 粉末原料。采用一定数量的预合金粉末或复合粉末同完全使用混合粉末相比，达到相同的均匀化程度所需时间将缩短，因为这时扩散路程缩短，并可减少要迁移的原子数量。

(6) 杂质。硅、锰等杂质阻碍合金化，因为存在于粉末表面或在烧结过程中形成的 MnO、SiO_2 杂质阻碍颗粒间的扩散进行。

Cu-Ni 合金的物理力学性能随烧结时间的变化如图 5-18 所示，烧结尺寸 ΔL 的曲线表明，烧结体的密度比其他性能更早趋于稳定；硬度在烧结一段时间内有所降低，以后又逐渐升高；强度、伸长率与电阻的变化可以持续很长的时间。

5.4.2.3 有限互溶系

有限互溶系的烧结合金有 Fe-C、Fe-Cu 等烧结钢，W-Ni、Ag-Ni 等合金，它们与 Cu-Ni 无限互溶体合金不同，烧结后得到的是多相合金，其中有代表性的是烧结钢。它由铁粉与石墨粉混合压制成零件，在烧结时，碳原子不断向铁粉中扩散，在高温中形成 Fe-C 有限固溶体（γ-Fe）。冷却下来后形成主要由 α-Fe 与 Fe_3C 两相组成的多相合金，它比烧结纯铁有更高的硬度和强度。

碳在 γ-Fe 中有相当大的溶解度，扩散系数也比其他合金元素大，是烧结钢中使用得最广而又最经济的合金元素。随着冷却速度不同，含碳 γ-Fe 的第二相（Fe_3C）在 α-Fe 中的

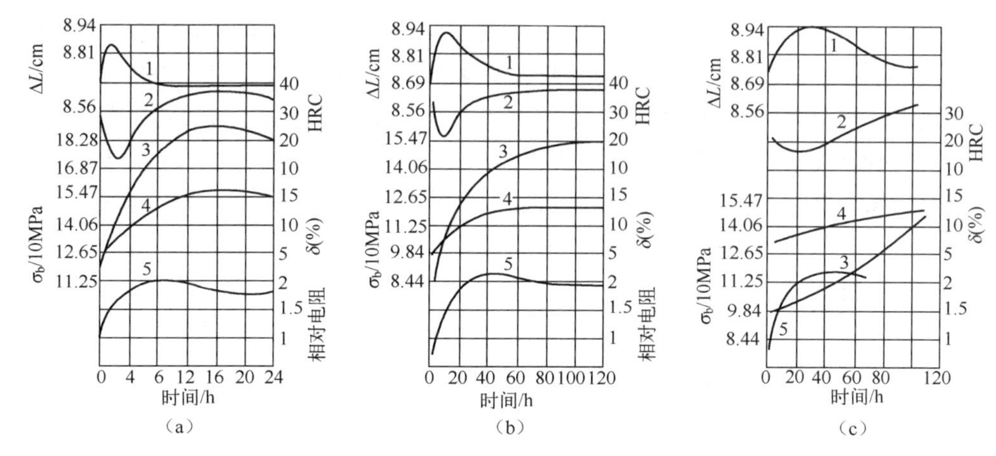

（a）325 目；（b）250~325 目；（c）150~200 目

1—长度变化（ΔL）；2—硬度（HRC）；3—抗拉强度；4—伸长率；5—相对电阻

图 5-18　Cu-Ni 合金的物理力学性能随烧结时间的变化

形态和分布将发生改变，因而得到不同的组织。通过烧结后的热处理工艺还可以进一步调整烧结钢的组织，以得到更好的综合性能。同时，其他合金元素（钼、镍、铜、锰、硅等）也影响碳在铁中的扩散速度、溶解与分布。因此，同时添加碳和其他合金元素，可以获得性能更好的烧结合金钢。

下面对 Fe-C 混合粉末的烧结以及冷却后的组织与性能作概括性说明。

（1）Fe-C 混合粉末碳的质量分数一般不超过 1%，故同纯铁粉的单元系一样，烧结时主要发生颗粒间的黏结和收缩。但是随着碳在铁颗粒内的溶解，两相区温度降低，烧结过程加快。

（2）碳在铁中通过扩散形成奥氏体，扩散得很快，10~20min 内就溶解完全（见图 5-19 所示）。石墨粉的粒度和粉末混合的均匀程度对这一过程的影响很大。当石墨粉完全溶解后，留下孔隙；由于碳向 γ-Fe 中继续溶解，铁晶体点阵常数增大，铁粉颗粒胀大，使石墨留下的孔隙缩小。当铁粉全部转变成奥氏体后，碳在其中的浓度分布仍不均匀，继续提高温度或延长烧结时间，会发生 γ-Fe 的均匀化，晶粒明显长大。烧结温度决定了 α 至 γ 的相变进行得充分与否，温度低，烧结后将残留大量的游离石墨，当低于 850℃时，甚至不发生向奥氏体的溶解，如图 5-20 所示。

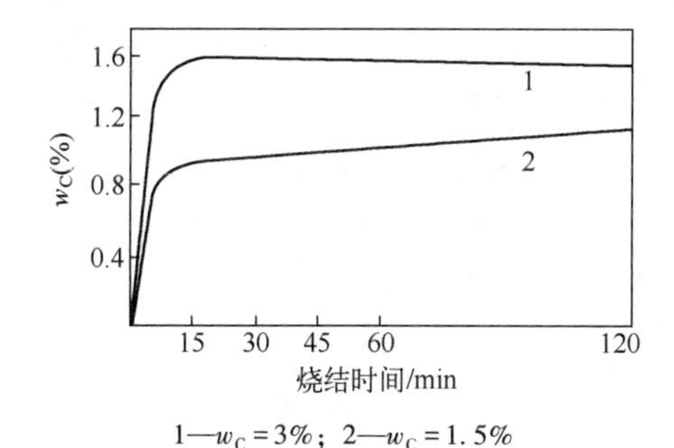

1—$w_C=3\%$；2—$w_C=1.5\%$

图 5-19　Fe-C 混合粉末烧结钢中含碳量与烧结时间的关系

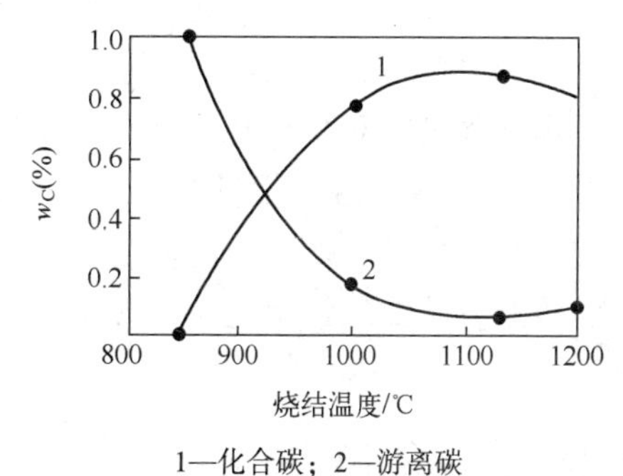

1—化合碳；2—游离碳

图 5-20　烧结温度对电解铁粉加 1%石墨粉烧结后化合碳与游离碳含量的影响

（3）烧结充分保温后冷却，奥氏体分解，形成以珠光体为主要组成物的多相结构。珠光体的数量和形态取决于冷却速度，冷却越快，珠光体弥散度越大，硬度和强度也越高。如果冷却缓慢，孔隙与残留石墨有可能加速石墨化过程。石墨化与两方面因素有关：一是由于基体中 Fe_3C 内的碳原子扩散而转化成石墨，铁原子从石墨形核并长大的地方离开，石墨的生长速度与分布形态将不取决于碳原子的扩散，而取决于比较缓慢的铁原子的扩散；二是在孔隙中石墨的生长与铁原子的扩散无关，因此石墨的生长加快。

（4）烧结碳钢的力学性能与合金组织中化合碳的含量有关。一般来说，当烧结碳钢接近共析钢（$w_C=0.8\%$）成分时，强度最高，而伸长率总是随碳含量的提高而降低。但是，当化合碳含量继续升高，冷却后析出二次网状渗碳体，化合碳质量分数达到 1.1%时，渗碳体连成网络，使其强度急剧降低。

5.4.2.4 互不溶系固相烧结

粉末烧结法能够制造熔铸法不能得到的“假合金”，即组元间不互溶且不发生反应的合金，粉末固相烧结或液相烧结可以获得的“假合金”包括金属-金属、金属-非金属、金属-氧化物、金属-化合物等，最典型的是电触头合金（Cu-W、Ag-W、Cu-C、Ag-CdO 等）。

（1）烧结热力学　不互溶的两种粉末能否烧结取决于系统的热力学条件，而且同单元系或互溶多元系烧结一样，也与表面自由能的减小有关。皮涅斯认为，互不溶系的烧结服从如下不等式，即

$$\gamma_{AB}<\gamma_A+\gamma_B \tag{5-51}$$

即 A-B 的比界面能 γ_{AB}必须小于 A、B 单独存在的比表面能（γ_A、γ_B）之和。如果 $\gamma_{AB}>\gamma_A+\gamma_B$，粉末虽然在 A-A 或 B-B 之间可以烧结，但是在 A-B 之间却不能。在满足上式的前提下，如果 $\gamma_{AB}>|\gamma_A-\gamma_B|$，那么在两组元的颗粒间形成烧结颈的同时，它们可以互相靠拢至某一个临界值；如果 $\gamma_{AB}<|\gamma_A-\gamma_B|$，则开始烧结时通过表面扩散，比表面能低的组元覆盖在另一组元的颗粒表面，然后同单元系烧结一样，在类似复合粉末的颗粒间形成烧结颈。只要烧结时间足够长，充分烧结是可能的，这时可以得到一种成分均匀包裹在另一成分的颗粒表面的合金组织。不论是上述情况中的哪一种，γ_{AB}越小，烧结动力就越大，即使烧结不出现液相，两种固相的界面能还是将决定烧结过程。而在液相烧结时，由于有湿润性问题存在，不同成分的液-固界面能的作用就显得更重要。

（2）性能-成分的关系　皮涅斯和古狄逊的研究表明，互不溶系固相烧结合金的性能与组元体积含量之间存在着二次方函数关系；在烧结体系内，相同组元颗粒间的接触（A-A、B-B）同 A-B 接触的相对大小决定了系统的性质。若二组元的体积含量相等，而且颗粒大小与形状也相同，则均匀混合后，按照统计分布规律，A-B 颗粒接触的机会是最多的，因而对烧结体性能的影响也最大。皮涅斯用下式表示烧结体的收缩值，即

$$\eta=\eta_A c_A^2+\eta_B c_B^2+2\eta_{AB}c_A c_B \tag{5-52}$$

式中，η_A、η_B 为组元在相同条件下单独烧结时的收缩值，分别是 c_A 和 c_B 平方的函数；η_{AB} 为全部为 A-B 接触时的收缩值；c_A、c_B 为 A、B 的体积浓度。

如果

$$\eta_{AB}=\frac{1}{2}(\eta_A+\eta_B) \tag{5-53a}$$

则烧结体的总收缩服从线性关系。

如果

$$\eta_{AB}>\frac{1}{2}(\eta_A+\eta_B) \tag{5-53b}$$

则为凹向下抛物线关系，这时混合粉末烧结的收缩大。

而如果

$$\eta_{AB}<\frac{1}{2}(\eta_A+\eta_B) \tag{5-53c}$$

则得到的是凹向上抛物线关系，这时混合粉末烧结的收缩小。因此，满足式（5-53a）条件的体系处于最理想的混合状态。式（5-52）所代表的二次函数关系也同样适用于烧结体的强度性能，这已被 Cu-W、Cu-Mo、Cu-Fe 等组合系的烧结实验所证实。这种关系甚至可以推广到三元系。

如果系统中 B 为非活性组元，不与 A 起任何反应，并且在烧结温度下本身几乎也不产生烧结，那么 η_B 与 η_{AB} 将等于零。这时当该组元的含量增加时，用性能变化曲线外延至孔隙度为零的方法求强度，发现强度值降低。图 5-21 为 Cu-W（或 Mo）假合金的抗拉强度与成分、孔隙度的关系曲线。可以看到，随着合金中非活性组元钨（或钼）的含量增加（从直线 1 至 4），强度值降低，并且孔隙度越低，强度降低的程度也越大。

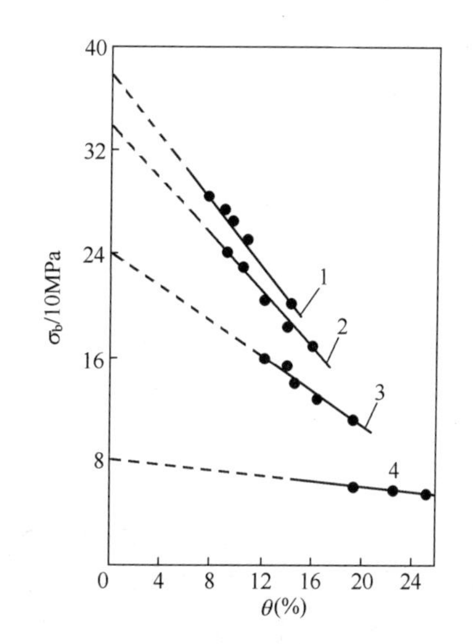

1—纯铜；2—铜+5%钨（或钼）；
3—铜+20%钨（或钼）；4—铜+46%钨（或钼），
含钨或钼量均为体积分数

图 5-21　Cu-W（或 Mo）假合金的抗拉强度与成分、孔隙度的关系

（3）烧结过程的特点

① 互不溶系固相烧结几乎包括了用粉末冶金方法制造的一切典型的复合材料——基体强化（弥散强化或纤维强化）材料和利用组合效果的金属陶瓷材料（电触头合金，合金-塑料）。它们是以低熔点、塑性（韧性）好、导热性强且烧结性好的成分（纯金属或单相合金）为黏结相，同熔点和硬度高、高温性能好的成分（难熔金属或化合物）组成的一种机械混合物，因而兼有两种不同成分的性质，常常具有良好的综合性能。

② 互不溶系的烧结温度由黏结相的熔点决定。如果是固相烧结，温度要低于其熔点；如果该组分的体积分数不超过 50%，也可以采用液相烧结。例如，Ag-W40 可以在低于银熔点的 860~880℃烧结，而 Cu-W80 则要采用特殊的液相烧结（浸渍）法。

③ 复合材料及假合金通常要求在接近致密状态的情况下使用，因此在固相烧结后，一般采用复压、热压、烧结锻造等补充致密化工艺或热成型工艺，或采用烧结-冷挤、烧结-熔浸以及热等静压、热轧、热挤等复合工艺进一步提高密度和性能。

④ 当复合材料接近完全致密时，材料性能同组分的体积分数之间存在线性关系，称为

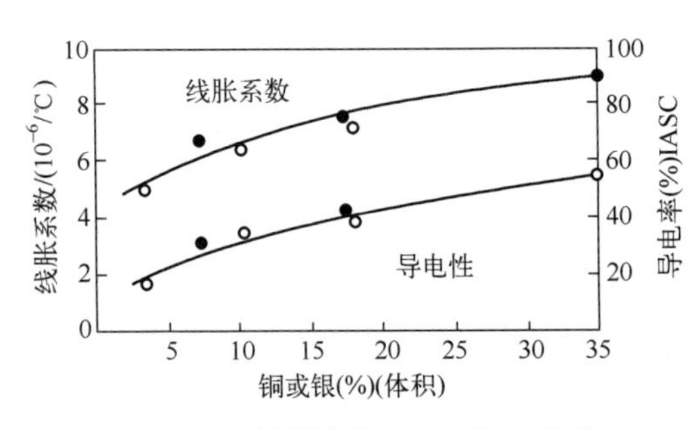

图 5-22　材料性能与组元体积关系

"加和"规律。图 5-22 清楚地表明了这种加和性，即在相当宽的成分范围内，物理与力学性能随材料组分含量的变化呈线性关系。根据"加加"规律可以由组分含量近似地确定合金的性能，或者由性能估计合金所需的组分含量。

⑤ 当难熔组分含量很高，粉末混合均匀有困难时，可以采用复合粉或化学混料法。制备复合粉的方法有共沉淀法、金属盐共还原法、置换法、电沉积法等，这些方法在制造电触头合金、硬质合金及高比重合金中已得到实际应用。

⑥ 互不溶系内不同组分颗粒之间的结合界面，对材料的烧结性及强度影响很大。固相烧结时，颗粒表面上微量的其他物质生成的液相，或添加少量元素加速颗粒表面原子的扩散以及表面氧化膜对异类粉末的反应都可能提高原子的活性和加速烧结过程。氧化物基金属陶瓷材料的烧结性能，因组分间有相互作用（润湿、溶解、化学反应）而得到改善。有选择地加入所谓中间相（它与两种组分均起反应）可促进两相成分的相互作用。例如 $Cr-Al_2O_3$ 高温材料，如有少量 Cr_2O_3 存在于颗粒表面可以降低铬粉表面轻微的氧化，获得极薄的氧化膜。在 Al_2O_3 内添加少量不溶的 MgO 对烧结后期的致密化也有明显的促进作用，这是 MgO 分散在 Al_2O_3 的晶界面上，阻止 Al_2O_3 晶粒长大的后果。

烧结时合金均质化是不同于直接使用预合金化粉末成型制造合金产品的另一种方法。利用混合粉末替代预合金化粉末有以下优点：①容易改变组元；②由于粉末的强度、硬度和工作硬度小，易于加压；③较高的未烧结密度和强度；④可能形成独特的微结构；⑤提高致密化。考虑最后一项，混合粉末的组元梯度加强了对烧结有利的扩散流动，两相之间的接触面有助于空位产生而阻碍晶粒的生长。

混合物烧结需要控制时间和温度以确保均质化。混合物烧结最好利用细小直径的粉末原料，在烧结时只需较小的扩散距离就可完成烧结。如果两种组分的扩散速度相差很大，那么不均等的扩散率将导致孔隙的形成。结果，将发生膨胀，特别是当组元的熔点相差很大时。例如，铝添加到铁中，当铝熔化时将引起膨胀。如果由于烧结过程不能恰当控制，烧结体中将出现一些有害相，如脆性金属间化合物。

合金相图展示了混合相烧结过程中可能的反应。对一定尺寸的微粒，扩散速度决定了均质化的速度。图 5-23 为具有平均成分 c_B 的单元二相系混合粉末的均质化模型，球形微粒 B 已完全固溶扩散到基体 A 中。在扩散初始，体系存在很大成分的浓度梯度，随着时间的延长，梯度变得平缓并达到一个常数值。通常，较小的微粒尺寸、较高的烧结温度和较长的烧结时间将提高合金均质化。均质化程度 H 被定义为成分均匀性，它随扩散速度和微粒尺寸变化的关系如下。

$$H \sim D_V t / Y^2 \tag{5-54}$$

式中，Y 是成分偏析度；D_V 是扩散系数；t 是时间。

成分偏析度 Y 主要依赖于粉末的微粒尺寸、溶解度和显微结构。图 5-24 给出了 Cu-Ni 混合粉末的均质化行为，表明较小的微粒尺寸、较长的烧结时间和较高的烧结温度都有利于均质化。虽然温度被包含在扩散系数中的指数部分，但温度起着主要的作用。如果两种组元的扩散速度相差很大，将会发生膨胀。均质化程度可以用定性的金相图、X 射线衍射或显微成分探测技术进行测量。对那些在均质化过程中形成中间相物质的系统，均质化过程是相同的。

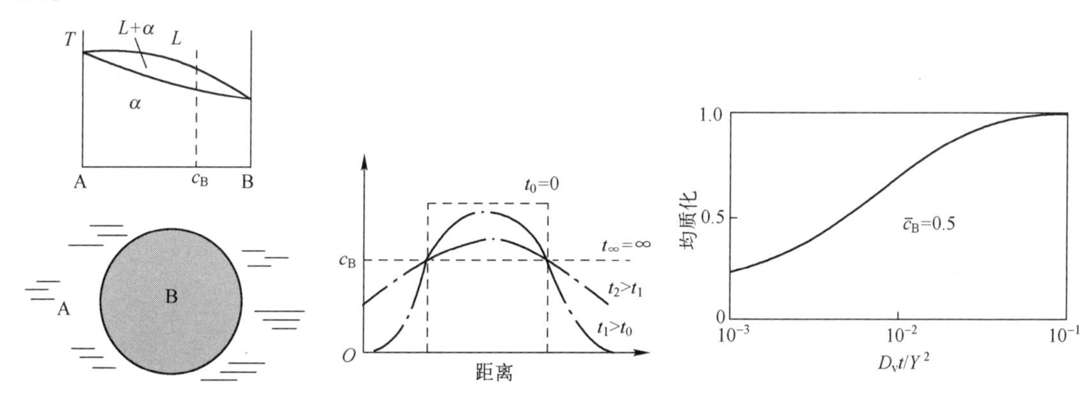

图 5-23　具有平均成分 c_B 的单元二相系混合粉末的均质化模型

图 5-24　Cu-Ni 混合粉末均质化与对应变量参数 D_Vt/Y^2 的函数关系图

5.4.3　固相烧结合金化及影响因素

混合粉末烧结时在不同组分的颗粒间发生的扩散与合金均匀化过程，取决于合金热力学和扩散动力学。如果组元间能生成合金，则烧结完成后，其平衡相的成分和数量大致可根据相应的相图确定。但由于烧结组织不可能在理想的热力学平衡条件下获得，要受固态下扩散动力学的限制，而且粉末烧结的合金化还取决于粉末的形态、粒径、接触状态以及晶体缺陷、结晶取向等因素，所以比熔铸合金化过程更复杂，也难获得平衡组织。影响合金均匀化的因素有以下几点。

（1）烧结温度：合金均匀化因原子互扩散系数随温度升高显著增大。

（2）烧结时间：在相同温度下，烧结时间越长，扩散越充分，合金化程度越高。

（3）粉末粒径：合金化速度随粒径减小而增加。因为在其他条件相同时，减小粉末粒径意味着增加颗粒间的扩散界面并且缩短扩散路程，从而增加单位时间内扩散原子的数量。

（4）压坯密度：增大压制压力，使粉末颗粒间接触面增大，扩散界面增大，加快合金化进程，但作用有限，如压力提高 20 倍，密度仅增加 40%。

（5）粉末原料：采用一定量的预合金粉或复合粉会使扩散路程缩短，并可减少原子的迁移数量。

（6）杂质：杂质存在一般会阻碍合金化。

5.5　液相烧结

粉末的液相烧结是在具有两种或多种组分的金属粉末或粉末压坯在液相和固相同时存在的状态下进行的粉末烧结，此时烧结温度高于烧结体中低熔成分或低熔共晶的熔点。

由于物质通过液相迁移比固相扩散要快得多，烧结体的致密化速度和最终密度均大大提高。液相烧结工艺已广泛用来制造各种烧结合金零件、电接触材料、硬质合金和金属陶瓷等。

根据烧结过程中固相在液相中的溶解度不同，液相烧结可分为 3 种类型。(1) 固相不溶于液相或溶解度很小，称为互不溶系液相烧结。如 W-Cu、W-Ag 等假合金以及 Al_2O_3-Cr、Al_2O_3-Cr-Co-Ni、Al_2O_3-Cr-W、BeO-Ni 等氧化物-金属陶瓷材料的烧结。(2) 固相在液相中有一定的溶解度，在烧结保温期间，液相始终存在，称为稳定液相烧结，如 Cu-Pb、TiN-Ni 等材料的烧结。(3) 因液相量有限，又因固相大量溶入而形成固溶体或化合物，使得在烧结保温后期液相消失，这类液相烧结称为瞬时液相烧结。

5.5.1 液相烧结满足的条件

液相烧结应满足润湿性、溶解度和液相数量 3 个条件。

5.5.1.1 润湿性

润湿性由固相和液相的表面张力 γ_s，γ_L 以及两相的界面张力 γ_{SL} 所决定（见图 5-25）。

$$\gamma_S - \gamma_{SL} = \gamma_L \cos\theta \tag{5-55}$$

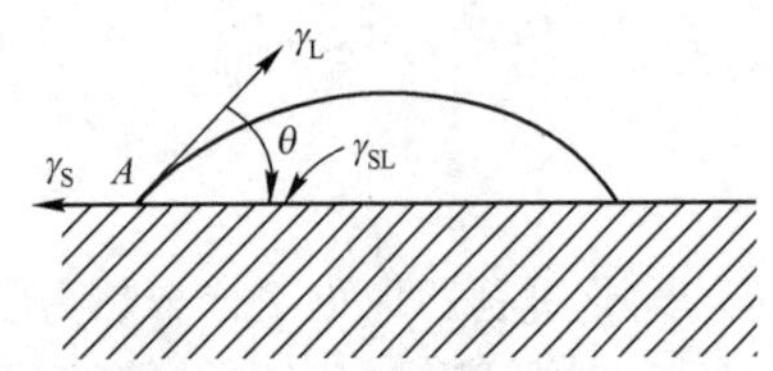

图 5-25 液相润湿固相平衡图

此式称为润湿方程，由 T. Young 在 1805 年提出。当接触角（或润湿角）$\theta<90°$ 时，液相才能渗入颗粒的微孔和裂隙甚至晶粒间界。对润湿性的影响包括以下 4 种因素。

(1) 温度与时间的影响。升高温度或延长液-固接触时间均能减小 θ 角，但是延长时间的作用是有限的。基于界面化学反应的润湿热力学理论，升高温度有利于界面反应，从而改善润湿性。金属对氧化物润湿时，界面反应是吸热的，升高温度对系统自由能降低有利，所以 γ_{SL} 降低，而温度对 γ_S 和 γ_L 的影响却不大。在金属-金属体系内，温度升高也可能降低润湿角。根据这一理论，延长时间有利于通过界面反应建立平衡。

(2) 表面活性物质的影响。铜中添加镍能改善许多金属或化合物的润湿性，表 5-2 是铜中含镍对 ZrC 润湿性的影响。

表 5-2 铜中含镍对 ZrC 润湿性的影响

$w_{Ni}/\%$	$\theta/°$
0	135
0.01	96
0.05	70
0.1	63
0.25	54

另外，镍中加少量钼可以使它对 TiC 的润湿角由 30°降到 0°，二面角由 45°降到 0°。

表面活性元素的作用并不表现为降低 γ_L，只有减小 γ_{SL} 才能使润湿性改善。以 Al_2O_3-Ni

材料为例，在1850℃时，镍对 Al_2O_3 的界面能为 $\gamma_{SL}=1.86\times10^{-4}J/cm^2$；1475℃在镍中加入质量分数为0.87%的钛时，$\gamma_{SL}=9.3\times10^{-5}J/cm^2$。如果温度再升高，$\gamma_{SL}$ 还会更低。

（3）粉末表面状态的影响。粉末表面吸附气体、杂质或有氧化膜、油污存在时，均会降低液体对粉末的润湿性。固相表面吸附了其他物质后，表面能 γ_{SL} 总是低于真空时的 γ_0，因为吸附本身就降低了表面自由能。两者的差 $\gamma_0-\gamma_{SL}$ 称为吸附膜的“铺展压”，用 π 表示（见图5-26）。因此，考虑固相表面存在吸附膜的影响后，式（5-55）就变成

$$\cos\theta=[(\gamma_0-\pi)-\gamma_{SL}]/\gamma_L \tag{5-56}$$

因 π 与 γ_0 方向相反，其趋势将是使已铺展的液体推回，液滴收缩，θ 角增大。粉末烧结前用干燥氢气还原，除去水分和还原表面氧化膜，可以改善液相烧结的效果。

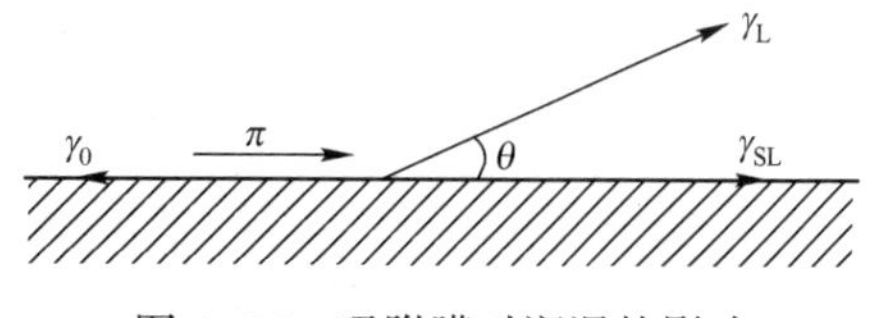

图5-26　吸附膜对润湿的影响

（4）气氛的影响。表5-3列举了液态金属对某些化合物的润湿性的数据。由表可见，气氛会影响湿润角的大小，原因不完全清楚，可以从粉末的表面状态因气氛不同而变化来考虑。多数情况下，粉末有氧化膜存在，氢和真空对消除氧化膜有利，故可以改善润湿性。但是无氧化膜存在时，真空不一定比惰性气氛对润湿性更有利。

表5-3　液体金属对某些化合物的润湿性

固体表面	液态金属	温度/℃	气　氛	湿润角/θ（°）
TiC	银	980	真空	108
	镍	1450	氢气	17
	镍	1450	真空	30
	钴	1500	氢气	36
	钴	1500	真空	5
	铁	1550	氢气	49
	铁	1550	真空	41
WC	钴	1500	氢气	0
	钴	1420		~0
	镍	1500	真空	~0
	镍	1380		~0
NbC	钴	1420		14
	镍	1380		18
TaC	钴	1420		14
	镍	1380		16
WC/TiC（30:70）	镍	1500	真空	21
WC/TiC（50:50）	钴	1420	真空	24.5

当 $\theta>90°$ 且烧结开始时，液相即使生成也会溢出烧结体外，这种现象称为渗漏。渗漏的存在会使液相烧结的致密化过程不能完成。液相只有具备完全或部分润湿的条件，才能渗入

颗粒的微孔、裂隙，甚至晶粒间界。如图 5-27 所示，表面张力 γ_{SS} 取决于液相对固相的润湿，平衡时，有

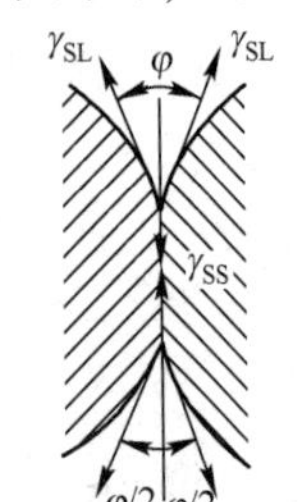

图 5-27 与液相接触的二面角形成

$$\gamma_{SS}=2\gamma_{SL}\cos(\varphi/2) \tag{5-57}$$

式中，φ 为二面角，二面角越小，液相渗进固相界面越深。$\varphi=0°$，表示液相将固相完全隔离，液相完全包裹固相，但润湿角不是固定不变的。

5.5.1.2 溶解度

固相在液相中有一定的溶解度是液相烧结的又一条件。因为固相在液相中有限溶解可以改善润湿性，可以相对增加液相数量，还可以借助液相进行物质迁移。溶于液相中的固相部分，冷却时如能析出，则可填补固相颗粒表面的缺陷和颗粒间隙，从而增大固相颗粒分布的均匀性。但是，溶解度过大会使液相数量太多，有时可能使烧结体解体而无法进行烧结。另外，如果固相溶解度对液相冷却后的性能有不良影响时，也不宜采用液相烧结。

5.5.1.3 液相数量

液相烧结时，液相数量应以液相填满颗粒的间隙为限度。一般认为，液相数量占烧结体体积的 20%~50%为宜，超过这个值则不能保证烧结件的形状和尺寸；液相数量过少，则烧结体内会残留一部分不被液相填充的小孔，而且固相颗粒也会因彼此直接接触而过分烧结长大。

液相烧结时的液相数量可以由于多种原因而发生变化。如果液体能够进入固体中去，而其量又小于在该温度下最大的溶解度，那么液相就可能完全消失，以致丧失液相烧结作用。如铁-铜合金，铜含量较低时就可能出现这种情况。虽然铜能很好地润湿铁，但它也能很快地溶解到铁中，在 1100~1200°时可溶解 8%左右的铜。固相和液相的相互溶解可使固体或液体的熔点发生变化，因而增加或减少了液相数量。

5.5.2 液相烧结基本过程及机理

液相烧结过程大致可以划分为 3 个界限不是十分明显的阶段。在实际中，任何一个系统，这 3 个阶段都是互相重叠的。

5.5.2.1 生成液相和颗粒重新分布阶段

在此阶段中，如果固相粉末颗粒间没有联系，压坯中的气体容易扩散或通过液相冒气泡而逸出，则在液体的毛细管力作用下，固相颗粒发生较大的流动，这种流动使粉末颗粒重新分布和致密化。

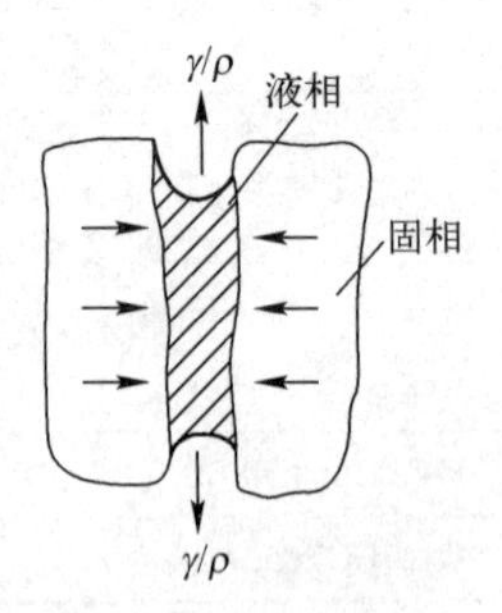

图 5-28 液相反应时颗粒彼此靠拢

图 5-28 为液相内的孔隙或凹面所产生的毛细管应力使粉末颗粒相互靠拢的示意图。毛细管的应力 P 与液相的表面张力或表面能 γ_L 成正比，与四面的曲率半径 ρ 成反比，即

$$P=-\gamma_L/\rho \tag{5-58}$$

对于微细粉末来说，这是一项不可忽视的应力。在此应力作用

下，粉末颗粒互相靠拢，从而发生致密化过程，提高了压坯的密度。

该阶段的收缩量与整个烧结过程的总收缩量之比取决于液相的数量。如果粉末颗粒是球形，压坯中的孔隙相当于40%的压坯体积，当压坯中的低熔点组元熔化后，固相颗粒重新分布，并使固相颗粒占65%的体积，如果液相的数量大于或等于35%的体积，则在此阶段就可以使烧结体完全致密化。

在任何情况下，第一阶段的致密化过程是相当快的。固相或液相的扩散，一个相在另一个相中的溶解或析出，在此阶段中是不起作用的。

5.5.2.2　溶解和析出阶段

如果固相可以在液相中溶解，则在液相出现后，特别是细小的粉末和粗大颗粒的凸起及棱角部分就会在液相中溶解消失。由于细小的粉末颗粒在液相中的溶解度要比粗颗粒大，因此在细小颗粒溶解的同时，在粗颗粒表面上会有析出的颗粒，这样就使粗颗粒长大和球形化。物质的迁移是通过液相的扩散来进行的。在此阶段，由于相邻颗粒中心的靠近而发生收缩。

5.5.2.3　固相的黏结或形成刚性骨架阶段

如果液相润湿固相是不完全的，则会有固体颗粒与固体颗粒之间的接触。可以认为，这是由于固-固界面的界面能低于固-液界面的界面能。如果这种骨架在烧结的早期形成，则会影响第一阶段致密化过程。这阶段以固相烧结为主，致密化已显著减慢。

5.5.3　液相烧结的致密化及定量描述

液相烧结的典型致密化过程如图5-29所示，由液相流动、溶解和析出、固相烧结3个阶段组成，它们相继并彼此重叠地出现。

致密化系数为：

$$\alpha=(\text{烧结体密度}-\text{压坯密度})/(\text{理论密度}-\text{压坯密度})\times 100\%$$

首个定量描述致密化过程的研究人员是金捷里，他根据液相黏性流动使颗粒紧密排列的致密化机理，提出第一阶段收缩动力学方程，即

$$\frac{\Delta L}{L_0}=\frac{1}{3}\frac{\Delta V}{V_0}=Kr^{-1}t^{1+x} \tag{5-59}$$

式中，$\Delta L/L_0$ 为线收缩率；$\Delta V/V_0$ 为体积收缩率；r 为原始颗粒半径。

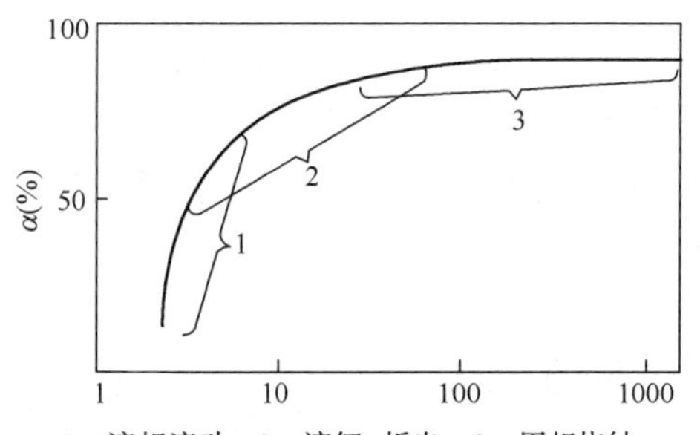

1—液相流动；2—溶解-析出；3—固相烧结

图5-29　液相烧结的典型致密化过程

式（5-59）表明，由颗粒重排引起的致密化速率与颗粒大小成反比。当 $x\ll 1$，即 $1+x\approx 1$ 时，收缩率与烧结时间的一次方成正比。孔隙的收缩率与时间近似呈线性函数关系是这一阶段的特点。随着孔隙的收缩，作用于孔隙的表面应力$\sigma=2\gamma_L/r$也增大，使液相流动和孔隙收缩加快，但是由于颗粒不断靠拢对液相流动的阻力的增大，收缩维持一个恒定的速度。因此，这一阶段的烧结动力虽与颗粒大小成反比，但是液相流动或颗粒重排的速率却与颗粒的绝对尺寸无关。

金捷里描述第二阶段的动力学方程式为

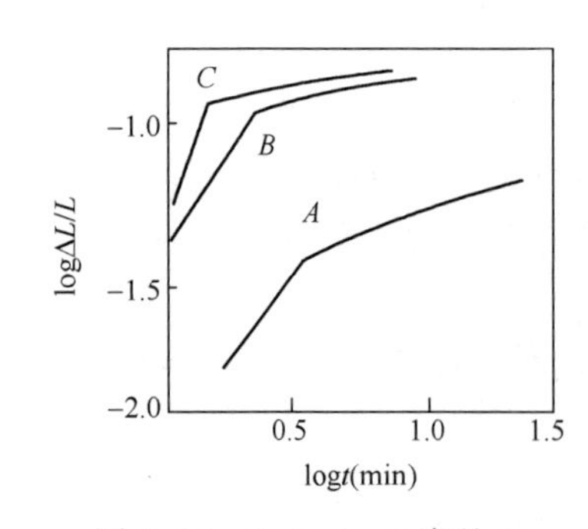

图 5-30 MgO+2wt%高龄土在 1730℃下烧结的情况
烧结前 MgO 粒径：$A=3\mu m$，$B=1\mu m$，$C=0.52\mu m$

$$\frac{\Delta L}{L_0}=\frac{1}{3}\frac{\Delta V}{V_0}=K'r^{-3/4}t^{1/3} \quad (5-60)$$

式（5-60）是在假定颗粒为球形，过程被原子在液相中的扩散所限制的条件下导出的。

图 5-30 是 MgO+2%高岭土在 1730℃烧结的致密化动力学曲线（$\log\Delta L/L \sim \log t$ 曲线），分为 3 个阶段：开始阶段，斜率 = 1，符合颗粒重排方程；第二阶段（转折后），斜率 = 1/3，收缩与时间的 1/3 次方成正比，从而由实验证明了式（5-59）与（5-60）的正确性；最后阶段，曲线趋于水平，接近终点。

目前，尚未有人对第三阶段提出动力学方程，不过这阶段相对于前两个阶段，致密化的速率已经很低，只存在晶粒长大和体积扩散。液相烧结有闭孔出现时，不可能达到 100%的致密度，残余孔隙度为

$$\theta_r=(p_0r_0/2\gamma_L)^{3/2}\cdot\theta_0 \quad (5-61)$$

式中，θ_0 为原始孔隙度；p_0 为闭孔中的气体压力；r_0 为原始孔隙半径。

5.5.4 熔浸

将粉末压坯与液体金属接触或浸埋在液体金属内，让坯块内孔隙被金属液填充，冷却下来就得到致密材料或零件，这种工艺称为熔浸或熔渗。

熔浸过程依靠金属液润湿粉末多孔体，在毛细管力作用下，金属液沿着颗粒孔隙或颗粒内孔隙流动，直到完全填充孔隙为止。因此，从本质上讲，它是液相烧结的一种特殊情况，不同的是，致密化主要靠易熔成分从外面去填充孔隙，而不是靠压坯本身的收缩。因此，熔浸的零件，基本上不产生收缩，烧结所需时间也短。熔浸主要应用于生产电接触材料、机械零件以及金属陶瓷和复合材料。

熔浸所必须具备的基本条件有以下几点。

（1）骨架材料与熔浸金属熔点相差较大，不易造成零件变形。

（2）熔浸金属应能很好润湿骨架材料，同液相烧结一样，应满足 $\gamma_S-\gamma_{SL}>0$ 或 $\gamma_L\cos\theta>0$，即接触角 $\theta<90°$。

（3）骨架与熔浸金属之间不互溶或溶解度不大，因为如果反应生成高熔点的化合物或固溶体，液相将消失。

（4）熔浸金属的量应以填满孔隙为限度，过多或过少均不利。

金属液在毛细管中上升高度与时间的关系，假定毛细管是平等的，以一根毛细管内液体的上升率代表整个坯块的熔浸速率，对于直毛细管有

$$h=\left(\frac{R_c\gamma\cos\theta}{2\eta}\times t\right)^{1/2} \quad (5-62)$$

式中，h 为液柱上升高度；R_c 为毛细管半径；θ 为润湿角；η 为液体粘度；t 为熔浸时间。

由于坯块的毛细管实际上是弯曲的，故必须对上式进行修正。如假定毛细管是半圆形的链形，对于高度为 h 的坯块，平均毛细管长度就是 $\pi/2h$。因此，金属液上升的动力学方程为

$$h=\frac{2}{\pi}\left(\frac{R_c\gamma\cos\theta}{2\eta}\times t\right)^{1/2} \tag{5-63}$$

上述公式中 R_c 是毛细管的有效半径，并不代表孔隙的实际大小。用颗粒表面间的平均自由长度的 1/4 作为 R_c 最为理想。

影响熔浸过程的因素有以下几点。

（1）金属液的表面张力越大，对熔浸越有利。

（2）连通孔隙的半径大对熔浸有利。

（3）液体金属对骨架的润湿角对熔浸过程影响极为显著。

（4）提高熔浸温度使黏度降低，对熔浸有利，但同时会降低表面张力，故温度不宜选择过高。

（5）用合金代替金属进行熔浸，有时可以降低熔浸温度和减少对骨架材料的溶解，如用 Cu-Fe 饱和固溶体代替纯铜熔浸铁基零件效果很好。

（6）在氢气气氛，特别是真空中熔浸可改善润湿性，并减小孔隙内气体对熔浸金属流动的阻力。

5.6 烧结后期的晶粒长大与致密化

烧结后期的粗化过程称为晶粒生长，该过程的控制对制品的性能有极其重要的意义。

5.6.1 晶粒的正常生长与晶粒异常长大

晶粒长大的实质是晶界的位移过程。在通常情况下，这种晶粒的长大是逐步缓慢进行的，称为正常长大。但是，当某些因素（如细小杂质粒子、变形织构等）阻碍晶粒正常长大时，一旦这种阻碍失效就会出现晶粒突然长大的情况，而且长大很多，这种晶粒不均匀的现象称为二次结晶。机械工程结构材料是不希望出现二次结晶的，但是硅钢片等电气材料常利用二次结晶得到粗晶来获得高的物理性能。

5.6.1.1 晶粒正常生长

再结晶完成后，新的等轴晶粒已经完全接触，冷加工储存能已经完全释放，但在继续保温或升高温度的情况下，晶粒仍然可以继续长大，这种长大是靠大角度晶界的移动与吞食其他晶粒实现的。晶粒长大是一个自发过程，在晶粒长大过程中，如果最后晶粒尺寸是分布均匀的，那么这种晶粒长大称为晶粒正常生长。从整个系统而言，晶粒正常生长的驱动力是降低其总界面能。就个别晶粒长大的微观过程来说，晶粒界面的不同曲率是造成晶界迁移的直接原因。晶粒正常生长时，晶界总是向着曲率中心的方向移动。

5.6.1.2 影响晶粒正常生长的因素

1. 温度

温度是影响晶粒生长的最主要因素。温度高，晶界易迁移，晶粒易粗化。在一定温度下，晶粒长大到极限尺寸后就不再长大，但提高温度后晶粒将继续长大。

2. 分散相粒子

分散相粒子会阻碍晶界迁移，降低晶粒长大速率。若分散相粒子为球状，半径为 r，体

积分数为 ϕ，晶界表面张力为 σ，则晶界与粒子产生交互作用时，单位面积晶界上各粒子对晶界移动所施加的总约束力 F_{max} 为

$$F_{max}=3\phi\sigma/2r \tag{5-64}$$

从式（5-64）可以看出：分散相粒子数量越多，越细小，对晶界的阻碍越大。如果晶界移动的驱动力完全来自晶界能（即界面两侧的压应力差 $\Delta p=2\sigma/r$），则当晶界能提供的驱动力等于分散相粒子的总约束力时，正常晶粒停止长大。此时的晶粒平均尺寸称为极限平均晶粒尺寸 R_m。

由 $F_{max}=3\phi\sigma/2r=2\sigma/R_m$，可得

$$R_m=4r/3\phi \tag{5-65}$$

此式表明：晶粒的极限平均尺寸决定于分散相粒子的尺寸及其所占的体积分数。当分散相粒子的体积分数一定时，粒子尺寸越小，极限平均晶粒尺寸也越小。

3. 杂质与微量合金元素

固熔体中的微量熔质或杂质往往偏聚在位错或晶界处，形成柯氏气团，能钉扎或拖曳位错运动。

4. 晶粒间的位向差

一般情况下，晶界能越高则晶界越不稳定，其迁移速率也越大。而晶界的界面能与相邻晶粒的位向差有关，小角度晶界界面能低，故界面移动的驱动力小，晶界移动速度低，界面能高的大角度晶界可动性高。

5. 表面热蚀沟

在金属薄板加热条件下，晶界与板表面相交处由于表面张力的作用，会出现向板内凹陷的沟槽，称为热蚀沟，如图 5-31 所示。热蚀沟是该处界面最小、界面能最低的体现，如果晶界移动就会增加晶界面积和增加界面能，因此热蚀沟对晶界移动有约束作用。材料越薄，表面积越大，热蚀沟越多，对晶界迁移的约束力越大。

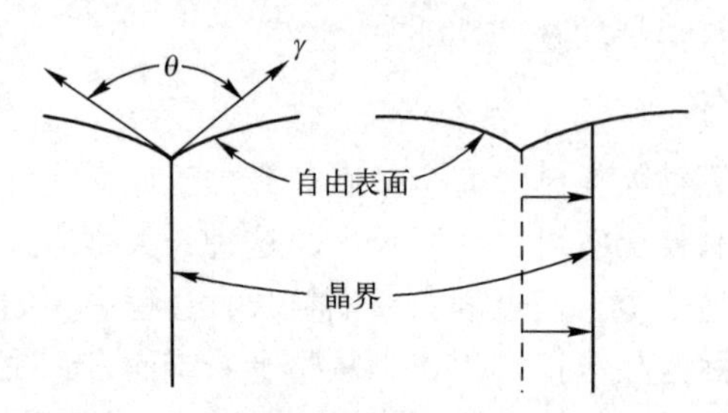

图 5-31 金属板表面热蚀沟及热蚀沟的晶界迁移示意图

晶界若从热蚀沟中移出，势必会增加晶界面积，导致晶界迁移阻力增大，显然，板越薄，被热蚀沟钉扎的晶界越多。当仅有少数晶界可迁移时，便会发生二次再结晶。

二次再结晶会形成非常粗大的晶粒及非常不均匀的组织，将大幅度降低材料的强度和塑性。因此，应注意避免发生二次再结晶。

5.6.1.3 异常晶粒长大

异常晶粒长大又称不连续晶粒长大或二次再结晶，是一种特殊的晶粒长大现象。

发生异常晶粒长大的基本条件是正常晶粒长大过程被分散相微粒、织构或表面的热蚀沟等强烈阻碍。当晶粒细小的一次再结晶组织被继续加热，上述阻碍正常晶粒长大的因素一旦开始消除时，少数特殊晶界将迅速迁移，这些晶粒一旦长到超过它周围的晶粒时，由于大晶粒的晶界总是凹向外侧的，因而晶界总是向外迁移而扩大，结果这些晶粒就越长越大，直至互相接触为止，形成二次再结晶。因此，二次再结晶的驱动力是界面能的降低，而不是应变能，它不是靠重新产生新的晶核生长，而是以一次再结晶后的某些特殊晶粒作为基础长大的。

5.6.1.4　晶粒生长与二次再结晶的区别

相同点：都是晶界移动的结果。

不同点：

(1) 晶粒生长晶粒尺寸均匀的长大，服从晶粒极限平均长大尺寸 Zener 公式 $R_m = 4r/3\phi$，而二次再结晶是个别晶粒的异常长大；

(2) 晶粒生长是平均尺寸长大，不存在晶核，二次再结晶是以原来的大颗粒作为晶核；

(3) 晶粒生长在晶界上不存在应力，晶界处于平衡状态，二次再结晶的晶界上有应力存在，气孔被包裹到烧结体内。

为了得到致密的烧结料，防止二次再结晶是重要的。引入适当添加剂能制止或减慢晶界的迁移，从而使气孔排除，甚至可制得完全无气孔的多晶材料。

5.6.2　晶粒生长理论基础

在烧结中、后期，细小晶粒逐渐长大，一些晶粒的长大过程也是另一部分晶粒的缩小或消失过程，其结果是平均晶粒尺寸增加。这一过程并不依赖于初次再结晶过程；晶粒长大不是小晶粒的相互黏接，而是晶界移动的结果，其含义的核心是晶粒平均尺寸增加。

晶粒长大的推动力是晶界过剩的自由能，即晶界两侧物质的自由焓之差是使界面向曲率中心移动的驱动力。

小晶粒生长为大晶粒使界面面积减小，界面自由能降低，晶粒尺寸由 1μm 变化到 1cm，相应的能量变化为 0.1～5Cal/g。

如图 5-32 所示，晶界两侧存在蒸汽压差，曲率大的凸表面 A 点蒸汽压高于曲率小的凹表面 B 点。原子从 A 点迁移到 B 点释放出能量 ΔG 并稳定在 B 晶粒内。这种迁移不断发生，使晶界向 A 的曲率中心推移，导致 B 长大而 A 缩小，直至晶界平直，界面两侧自由能相等。

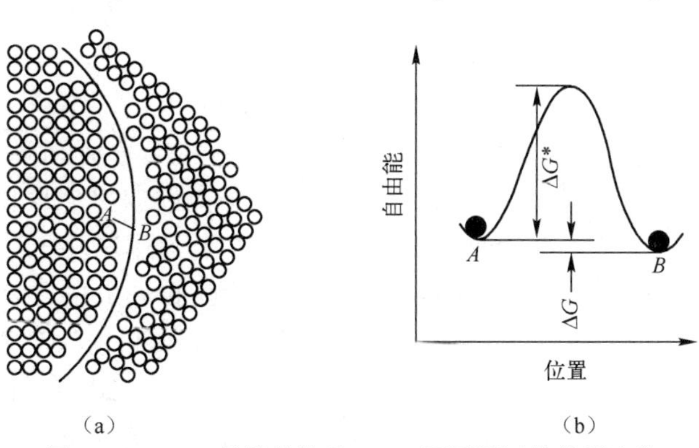

图 5-32　(a) 晶界结构及 (b) 原子跃迁的能量变化

由于曲率不同在晶界两侧产生的压差为

$$\Delta P=\gamma\left(\frac{1}{r_1}+\frac{1}{r_2}\right) \tag{5-66}$$

式中，γ 为表面张力；r_1、r_2为曲面的主曲率半径。

由热力学原理 $\Delta G=-S\Delta T+V\Delta P$ 得，当温度不变时，有

$$\Delta G=V\Delta P=V\gamma\left(\frac{1}{r_1}+\frac{1}{r_2}\right)$$

式中，ΔG 为跨越一个弯曲界面的自由能变化；V 为摩尔体积。

晶界移动速率如下。

原子由 A→B 迁移，有

$$f_{A\to B}=v\exp\left(-\frac{\Delta G^*}{RT}\right)$$

式中，v 为原子振动频率；ΔG^* 为原子迁移活化能；$f_{A\to B}$为原子由 A→B 的跃迁频率。

一个质点具有的能量 $E=kT=hv$，有

$$v=\frac{F}{h}=\frac{kT}{h}=\frac{RT}{Nh}$$

式中，N 为阿伏伽德罗常数；R 为理想气体常数。

原子由 A→B 的跃迁频率为

$$f_{A\to B}=\frac{RT}{Nh}\exp\left(-\frac{\Delta G^*}{RT}\right)$$

原子由 B→A 迁移的跃迁频率为

$$f_{B\to A}=\frac{RT}{Nh}\exp\left(-\frac{\Delta G+\Delta G^*}{RT}\right)$$

设：原子每次跃迁距离为 λ，晶界移动速率 v，则

$$v=\lambda f=\lambda(f_{A\to B}-f_{B\to A})=\frac{\lambda RT}{Nh}\exp\left(-\frac{\Delta G^*}{RT}\right)\left[1-\exp\left(-\frac{\Delta G}{RT}\right)\right]$$

$\Delta G/RT\ll 1$，按级数展开有

$$\begin{aligned} v&=\frac{\lambda RT}{Nh}\exp\left(-\frac{\Delta G^*}{RT}\right)\left(\frac{\Delta G^*}{RT}\right)\\ &=\frac{\lambda}{Nh}\exp\left(-\frac{\Delta G^*}{RT}\right)\Delta G \end{aligned}$$

$$v=\frac{\lambda V\gamma}{Nh}\left(\frac{1}{r_1}+\frac{1}{r_2}\right)\exp\left(\frac{\Delta S^*}{R}-\frac{\Delta H^*}{RT}\right)$$

晶界移动速率 v 与晶界曲率成反比，而随温度升高成指数规律增加。晶粒生长速率取决于晶界移动速率。

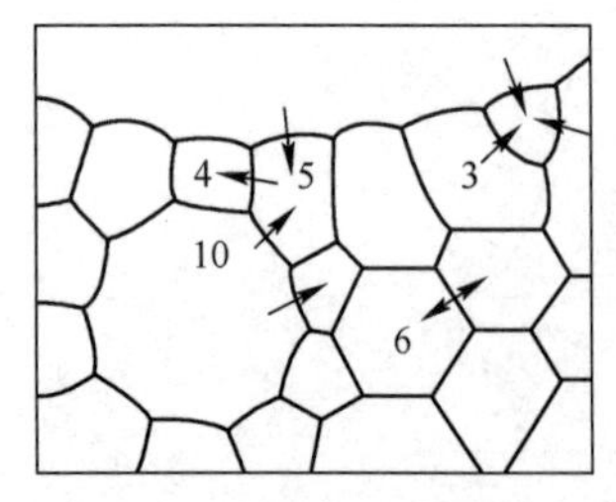

图 5-33　烧结后晶粒长大的几何情况示意图

图 5-33 为烧结后晶粒长大的几何情况，晶界上有界面能作用，晶粒形成一个与肥皂泡沫相似的三维阵列；边界表面能相同，界面夹角呈 120°夹角，晶粒呈正六边形；实际表面能不同，晶界有一定曲率，表面张力使晶界向曲

率中心移动。晶界上杂质、气泡如果不与主晶相形成液相，则阻碍晶界移动。

对任意一个晶粒，每条边的曲率半径与晶粒直径 D 成比例，所以由晶界过剩自由焓引起的晶界移动速度和相应的晶粒长大速度与晶粒尺寸成反比。

晶粒长大定律为

$$\frac{\mathrm{d}D}{\mathrm{d}t}=\frac{k}{D} \tag{5-67}$$

积分得

$$D^2-D_0^2=Kt$$

式中，D 为时间 t 时的晶粒直径；D_0为时间 $t=0$ 时的晶粒尺寸。

讨论：

晶粒生长后期（理论）为

$$D \gg D_0 \Rightarrow D=Kt^{\frac{1}{2}}$$

由 $\log D \sim \log t$ 作图，斜率 $=1/2$。

实际：直线斜率为 1/2～1/3，且更接近于 1/3。

原因：晶界移动时遇到杂质或气孔而限制了晶粒的生长。

5.6.3　控制晶粒生长的途径

5.6.3.1　提高气孔迁移率 V_p

提高 V_p，即提高气孔的运动速度，使之跟上界面运动速度，保持在颗粒界面上。

烧结初期：晶界刚开始形成，本身具有的能量低；晶界上气孔大且数量多，对晶界移动阻碍大。晶界移动速率 $V_b=0$，不可能发生晶粒长大，如图 5-34 所示。

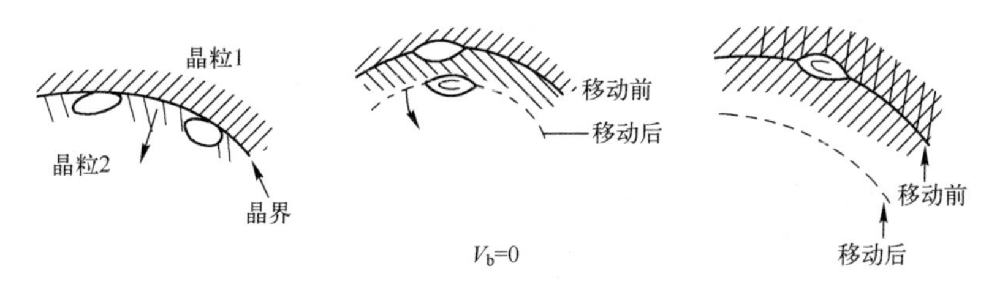

图 5-34　烧结初期晶界移动遇到气孔时的情况

烧结中、后期：

（1）气孔逐渐减少，可出现晶界移动速率 $V_b=V_p$，此时晶界带动气孔同步移动。使气孔保持在晶界上，最终被排除，如图 5-35（a）所示。

（2）晶界移动推动力大于第二相夹杂物对晶界移动的阻碍，$V_b>V_p$，晶界将越过气孔而向曲率中心移动，如图 5-35（b）所示。气孔可能会留在烧结体内，影响晶粒致密度。

（3）晶界移动推动力小，第二相夹杂物将会阻止晶界移动，使晶界移动速率减慢或停止。

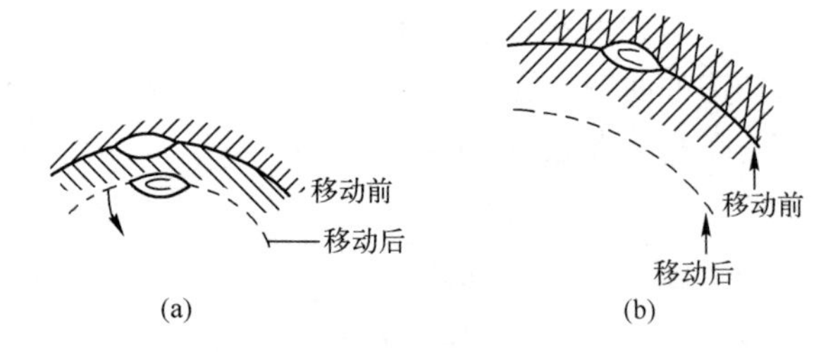

（a）$V_b=V_p$；（b）$V_b>V_p$

图 5-35 烧结中、后期晶界移动遇到气孔时的情况

已知气孔迁移率 V_p 与晶面扩散系数 D_s 的关系为

$$V_p=C\frac{D_s}{r_4} \tag{5-68}$$

式中，D_s为晶面扩散系数；r 为半径；C 为溶质浓度。

从公式看出，加入提高 D_s 的外加物可提高 V_p。但必须注意到在气孔控制界面运动时，由于晶粒生长速度与 D_s 成正比，D_s 的提高将会引起较大的晶粒生长。如图 5-36 所示，由于界面运动，晶粒越来越小，原来角顶上的三个小气孔被拉在一起合成一个大气孔。

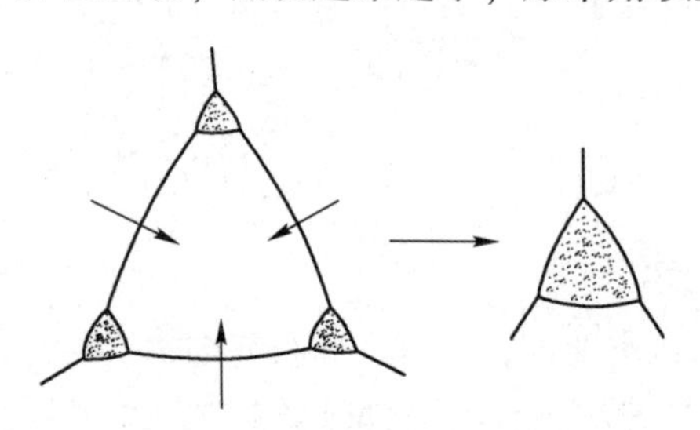

图 5-36 气孔扩大示意图

由式（5-68）可知，形成的大气孔迁移率 V_p 很低，因此实际上适宜加入提高 D_s 的外加物。实际相反，若采用降低 D_s 的外加物的方法却可能得到较好的效果。在仍保持气孔控制晶粒生长的条件下来降低 D_s，虽然降低了小气孔的迁移率，但由于晶粒生长速度减小，对于平行而又相互竞争的致密化过程和晶粒生长过程。尤其当引入的外加物又可提高晶格扩散系数 D_s，加速致密化时，坯体中不容易形成大气孔。小气孔的 V_p 高，则有利于保证它们继续保持在界面上防止二次再结晶的发生。虽然从理论上分析，加入降低 D_s 的外加物是有效的，但通过外加物调整 D_s 的规律还有待于探索。

5.6.3.2 第二相粒子或外来添加物

由气孔与界面的相互作用可知，与界面结合的气孔对界面施加了运动阻力。同样，如果第二相外加物粒子与界面相遇时，也会对界面运动造成阻力，束缚界面向前运动。

$$F_b=F_{bi}-nF_p \tag{5-69}$$

式中，n 为界面上所有的气孔数与第二相外加物粒子数的总和；F_p为气孔或第二相粒子对界面运动的阻力。

因此，第二相外加物的引入可减小界面运动的驱动力。

Zener 推导了第二相粒子与晶粒生长极限直径 D_c 之间的关系，即

$$D_c\approx\frac{D_i}{f_i} \tag{5-70}$$

式中，D_i 为第二相粒子（包括气孔）的平均直径；f_i为第二相粒子（包括气孔）的体积系数。

由式（5-70）也可理解晶粒生长发生在烧结中期以后的原因。在烧结早期，气孔体积系数很大，而且除了大气孔外，还有无数的小气孔，坯体中粒子平均直径 D_g 大于晶粒生长极限直径 D_c，因而不出现晶粒生长。随着烧结的进行，气孔被不断地排除，使 D_c 增大，只有当 $D_g<D_c$ 时晶粒才开始生长。

根据 Zener 公式，引入外加物的体积系数越大，临界晶粒直径 D_c 越小，在第二相体积分数相同时，第二相粒子尺寸越小，D_c 就越小。在应用外加物控制晶粒生长时，应利用式(5-70)的关系。

引入第二相粒子时必须保证其均匀分布，可采用下列方法来达到第二相粒子分布的均匀性，将粉料在对应于相图的两相区域里烧结，起始组成两相，均匀分布的少量的第二相粒子可发挥控制主相的晶粒生长的作用。

第二相粒子迁移率的大小对于控制晶粒生长的影响是明显的。为了有效地限制晶粒生长，最好选择不可动的第二相粒子，这可以从能量观点来分析，如图 5-37 所示。

在第二相粒子进入基体后，系统的自由焓从 G_5 升高。由图 5-38 可知，第二相粒子所处的位置不同，系统的自由焓升高值则不同，$G_1>G_2>G_3>G_4$。若第二相粒位于四晶粒交界处，系统的自由焓升高值最小。所以从热力学观点看，如果第二相粒子是可动的，那就应该优先位于四晶粒交界处，对于含有外加物粒子的系统最稳定。然而，由于 $\Delta G_{1-2}>\Delta G_{2-3}>\Delta G_{3-4}$，第二相粒子从两晶粒界面移向晶粒内部，这一过程消耗的能量最大。但一旦界面越过第二相粒子后，重新修补好的界面曲率减小，向前移动的驱动力就会减小，如图 5-38 所示，因而发挥第二相粒子阻滞界面移动的最有效位置应在两相界面上。为了避免第二相粒子自发地移向四晶粒交界处，应采用不可动的第二相粒子，这样可以最有效地发挥其控制晶粒生长的作用。

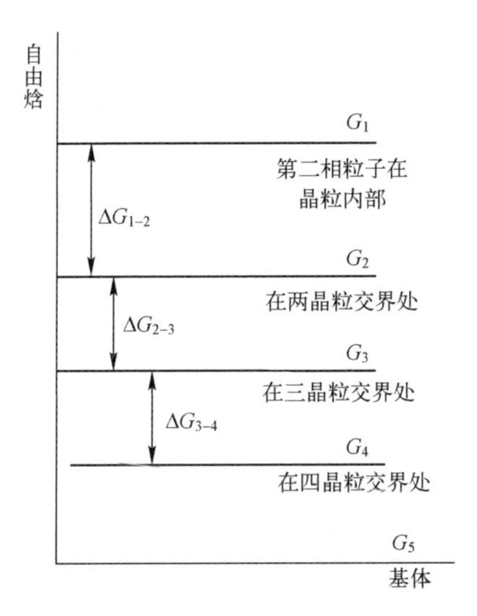

图 5-37 粒子位置与系统自由焓关系示意图

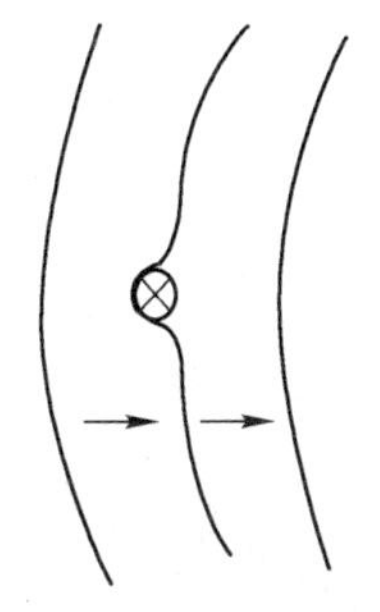

图 5-38 经过杂物时界面形状的改变

5.6.3.3 引入外来添加剂

通常是通过引入外来添加剂形成固溶体来提高晶格扩散系数 D_L，以促进致密化过程的进行。但随着气孔尺寸的逐渐减小，晶粒生长速度又增大。因此，致密化过程和粗化过程不仅本身是复杂的，而且两者之间还有相互作用。对于这两个相互竞争的过程，如果致密化率与晶粒生长速率比值增大，就能得到高密度细晶结构。

在缺陷化学的基础上，R. J. Brook 从提高晶格扩散系数角度提出了应用外加物的若干标准：

（1）加入物离子尺寸应近似于基质离子尺寸，以利于形成置换固溶体；

（2）加入物浓度应接近固溶极限，使加入物的固溶体效应达到最大限度；

（3）若采用挥发性较强的加入物，可以在煅烧时促进其在坯料中均匀分布；

（4）选择与基质电价不同的离子作加入物，由于不等价置换而引入了杂质空位，可以使坯体中空位浓度发生变化，以利于传质。

R. J. Brook 曾多次指出外加物的作用机理可能是多方面的，在具体某种材料中外加物可能在某一方面或几个方面同时起作用，需要具体分析。正因为外加物具有这种多重作用，实际系统中有效外加物的选择还必须在理论指导下通过实验来确定。

在烧结工艺中为保证致密细晶结构，还常常采用热压工艺。其目的是增大致密化推动力以提高致密化速率，因而使坯体在晶粒尚未长大时已达到了高密度。

由于材料的性质在很大程度上取决于其微观结构，而烧结中的晶粒生长是微观结构控制的重要方面，讨论晶粒生长及其控制机理对改善材料性能、研制新材料非常重要，实际烧结工艺中各种因素的影响是复杂多变的，还有待进一步深入研究。

5.7 烧结设备

粉末冶金烧结炉按加热方式分有电热炉（包括电阻炉和感应电炉），燃料加热炉（包括固体燃料、液体燃料和气体燃料炉）。按炉子作业分有连续作业炉和间歇式（也称周期式）作业炉。按炉膛形式分有管状炉、箱式马弗炉、钟罩炉、隧道窑炉等。按炉子温度分有低温炉（1000℃以下）、中温炉（1000~1600℃）和高温炉（高于1600℃以上，以石墨作为发热元件或以高频加热，如在2500℃以下可以用钨丝加热）。

炉子一般分3个区，即低温区、高温区、冷却区。低温区又称预热区，使制件的温度逐渐升到高温。高温区烧结制件，制件的烧结效果在高温区全部完成。冷却区使制件逐渐冷却到接近室温。冷却区的长短随高温区长短的变化而变化，若冷却区太短，则保证不了制件的冷却效果。冷却区设有冷却水套以加强冷却能力。冷却水的入水口设在冷却水套的一端下部，出水口设在冷却水套另一端上部，这样使冷却水充满冷却水套，加强冷却作用。保护气氛从制件的出口端进经物料的入口端给出，这样一方面利用保护气氛把来自高温区的舟的热量部分带回高温区，提高了热的利用率，另一方面使接近出口端的制件接触新的还原气氛，制件表面质量较好。

粉末冶金烧结炉一般包括炉膛部分、水套冷却部分、炉体（炉体的筑砌、炉外壳）部分和电加热元件等。

1. 炉膛部分

炉膛一般指炉子中间用耐火材料所砌的内腔部分。炉膛的大小、形状是根据产品的尺寸、产量及温度均匀分布等主要因素决定的。炉膛的断面形状常为圆形、半圆形、长方形等。在生产小型产品、产量较小时，炉膛一般用圆形或半圆形；烧结温度高的使用圆形，对温度均匀分布或耐火材料受力情况均比用方形要好；产量大、温度低的多为方形或长方形。炉膛截面尺寸不宜太宽太高，炉膛内温度分布要均匀。

烧结电炉的炉膛一般采用预制耐火炉管。炉管材料在 1300~1650℃温度范围可使用含75%左右的氧化铝耐火管（刚玉管），在 1300℃以下可使用普通耐火材料炉管。

2. 水套冷却部分

水套冷却部分设在炉体的出料端，产品经此冷却后出炉。冷却段一般用 5~6mm 厚的普通钢板焊成，其上再焊上水套，水套也用 5~6mm 厚的普通钢板焊成。生产批量大时，水套长度取高温带的 3~6 倍，夹套厚度在 25~30mm 范围内。进水管安装在水套的下面，出水管安装在水套的上面，以保证冷却水充满水套。通入水套的水量由产品由高温带所带出的热量决定。

3. 炉体部分

炉体的筑砌部分，有耐火层和隔热保温层，主要起耐火和保温作用。

耐火层是筑砌炉体的主要材料，应具有如下性能：（1）足够的耐火度，（2）足够的机械强度，（3）在高温下有良好的绝缘性能（对电炉规定烘干后在常温下用 500V·MΩ 表测，其绝缘电阻不得低于 0.5MΩ），（4）耐冷热冲击性能好。一般粉末冶金炉使用普通粘土耐火砖和高铝砖，中间炉膛材料多用氧化铝或碳化硅材料。砖缝应尽量小，防止热损失或有害气体溢出腐蚀加热元件。灰缝泥浆使用 15%~30%磨细的干耐火土粉，70%~85%熟耐火土粉，使用水调和成糊状。筑砌时还需留热膨胀缝以补偿材料热膨胀。

隔热保温层用来限制炉膛内热量向金属炉壳表面传导，降低电炉的热损失。隔热材料应具有如下特性：（1）低的导热系数，（2）低的体积密度（均为疏松多孔物质），（3）绝缘性能好，（4）有一定的机械强度和耐火度。粉末冶金烧结炉隔热材料逐层采用普通轻质耐火黏土砖、硅藻土砖、矿渣棉及石棉板等。

炉壳是炉体的最外层，主要是保护里面的筑砌材料，用以筑砌以及密封，防止空气进入炉膛，消除热量对流损失。炉外壳是用角钢、槽钢、工字钢作为炉体的支架，罩以普通钢板焊接而成。钢板厚度根据炉内压力、温度、荷重等情况而定，为 3~5mm。炉壳外喷涂一层银粉漆，除美观防锈外，还可减少因辐射热造成的热量损失。

4. 电加热元件

常用的电加热元件材料有纯金属、合金材料、非金属等，一般加工成丝、带、棒、管等不同形状的加热元件。电热体的选择与使用寿命、能耗和炉子的成本有直接关系。各种烧结温度范围内所用的电热体材料的使用范围见表 5-4。

表 5-4　各种烧结温度范围内所用的电热体材料

加热温度/℃	电热体材料	电热体所需气氛	应　　用
600~900	Ni-Cr 丝	氧化性、分解氨	铜及铜基制品、银-氧化镉、银-氧化铜触头
1100~1350	Fe-Cr-Al 丝	氧化性、分解氨	铁及铁基制品、部分有色金属
1200~1350	SiC 棒	氧化性	磁性材料、不锈钢、高温合金
1400~1700	钼丝、$MoSi_2$	氢、分解氨	硬质合金、金属陶瓷
1300~2000	石墨	真空、氮、氢	钼、特种合金陶瓷

粉末冶金材料常用的烧结设备有高频真空烧结炉（见图 5-39），网带连续式烧结炉（见图 5-40）与钟罩周期式烧结炉（见图 5-41）等。这些烧结设备主要由炉体、加热区和控制部分等组成。

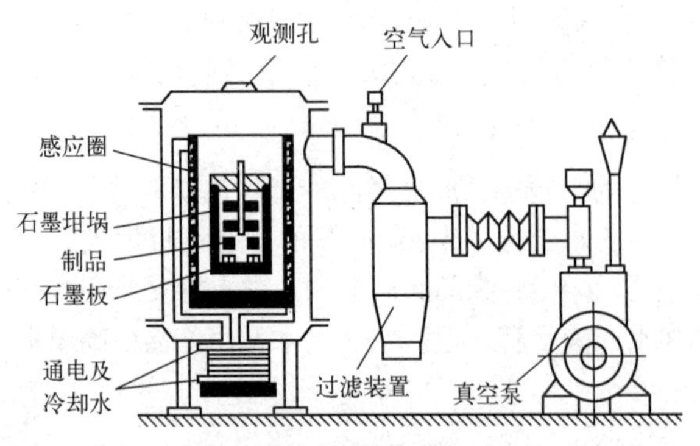

图 5-39 高频真空烧结炉示意图

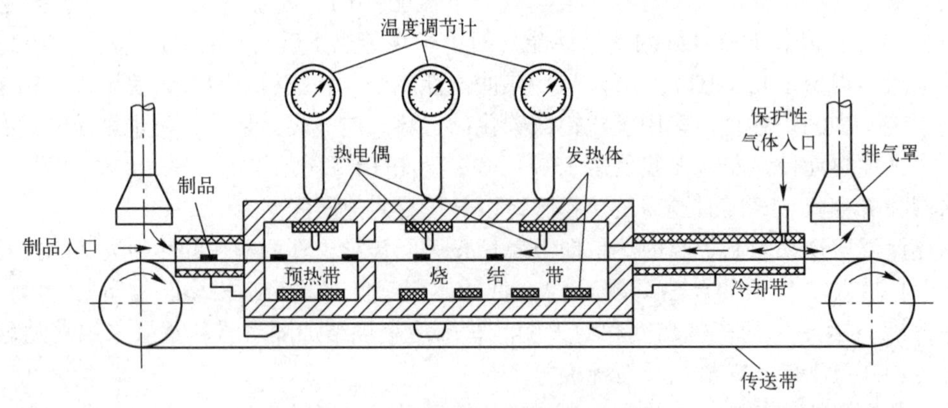

图 5-40 网带连续式烧结炉示意图

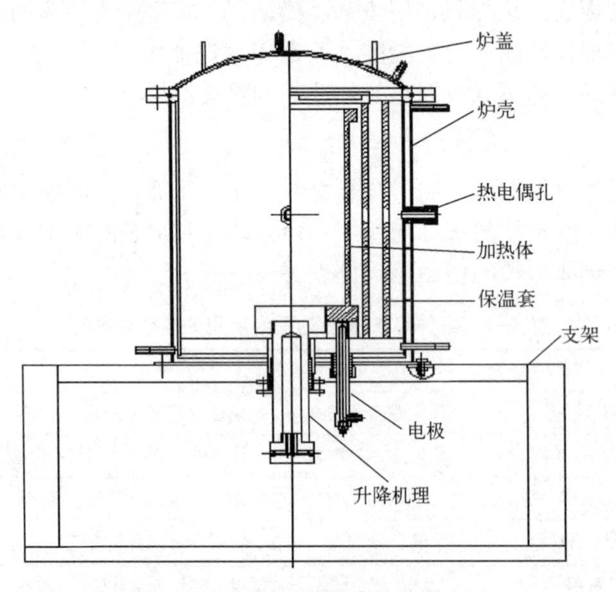

图 5-41 钟罩周期式烧结炉示意图

炉体外壳用钢板、耐热材料、轻质耐火砖等筑砌而成，内壳用耐热钢板制成，对温度较高（使用温度超过1200℃）的炉子采用夹层水冷的方式（见图5-40，图5-42）。连续式炉的进出口一般用火帘密封，传送带通常用NiCr耐热合金制成。

加热室采用复合型，由加热区保温层、加热元件、耐高温绝缘陶瓷件BN及水冷电极等组成。热区保温层采用耐热不锈钢做外骨架、优质碳毡保温层填充。加热元件采用三高石墨管，维护更换容易。

控制部分主要有温度、水路、气路和安全报警等。

5.8　烧结工艺

5.8.1　烧结前的准备

1. 压坯的检查

目的是把不合格压坯在装舟前剔出。

检查内容有：

（1）几何尺寸及偏差；

（2）单重（粉重不足或超重）；

（3）外观（掉边掉角、分层裂纹、严重拉毛）。

2. 装舟及摆料

装舟时既要做到适当多装，又要防止压坯过挤、烧结时黏结和变形。

（1）压坯摆放方式：压坯强度很低，装舟时不得将压坯直接倒入舟内，而且要排列整齐，分层摆放，切忌过挤或过松、过满或过浅。对于套类压坯可以进行套装，把直径小的或薄壁的压坯置于大件中间，这样既可提高装舟量，又能减少薄壁零件的变形。

（2）压坯摆放方向：压坯在烧舟内的放置方向需根据其几何形状及尺寸等具体情况确定。径向尺寸较大或薄壁、细长件要立放，切忌横摆，否则会造成椭圆或翘曲等废品。对于异形零件尤要注意摆放方向，防止烧结时因压坯自重产生变形。压坯装舟或摆料时最好按与压制成形相反的方向放置，这样可以减少烧结变形。

（3）填料装舟：为了防止铁基制品脱碳，可以配入适当比例的石墨的Al_2O_3粉作填料。Al_2O_3需预先经过煅烧，石墨以大的鳞片状为宜。另外，对有液相的烧结，为了防止相互黏结，必须用石英砂作填料，而且要捣实。

（4）烧舟的选择：烧舟一般由石墨、钢板、钼等制成。不同的烧结制品使用不同的烧舟，如铜基制品就不能选用钢舟。

5.8.2　烧结工艺及其对性能的影响

1. 烧结温度

在烧结工艺中，温度是具有决定性作用的因素。烧结温度主要根据制品的化学成分来确定。对于混合粉压坯，烧结温度要低于其主要成分的熔点，通常可按下式近似确定。

$$T_{烧}=(0.7\sim0.8)T_{熔} \tag{5-71}$$

式中，$T_{烧}$为制品的烧结温度（K）；$T_{熔}$为制品中主要成分的熔点（K）。

如铁基制品的烧结温度为1050～1200℃，铜基制品的烧结温度为750～1000℃。

（1）烧结温度对烧结件尺寸的影响

一般来说，提高烧结温度，制品收缩率增大、密度增加。通常，烧结件沿压制方向的收缩比垂直压制方向的收缩稍大一些。

（2）烧结温度对烧结制品性能的影响

在一定温度范围内，烧结温度越高，原子扩散能力强，可加速烧结致密化过程，并对压坯的各种性能发生显著影响。随着烧结温度的升高，密度、强度、晶粒度增大，而孔隙度和电阻率减少。烧结温度对各种性能的影响如图5-42所示。

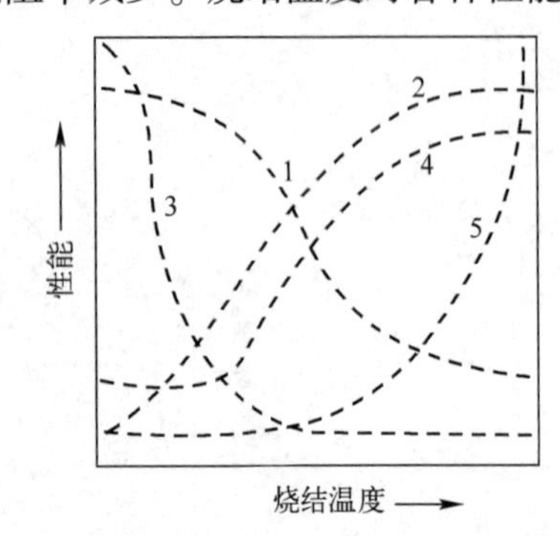

1—孔隙率；2—密度；3—电阻率；4—强度；5—晶粒度

图5-42 烧结温度对各种性能的影响

总之，适当提高烧结温度对于增加烧结制品的强度是有利的。但从制品的综合性能来看，还应考虑到烧结温度对其他方面的影响。烧结温度过高，烧结件收缩加剧，变形严重，尺寸难以控制；有时还会导致制品脱碳，晶粒长大和过烧等。因此，烧结温度也不宜过高。

2. 保温时间

保温时间，通常是指压坯通过高温带的时间。保温时间的确定，除了温度（烧结温度高，保温时间短，反之亦然），主要根据制品成分、单重、几何尺寸、壁厚、密度以及装舟方法（是否加填料）与装舟量而定。铁基制品的保温时间一般在1.5～3h，铜基制品在15～30mm。

制品在连续式烧结电炉中，高温带保温时间可按下式确定。

$$t=\Omega\cdot L/l \tag{5-72}$$

式中，t为保温时间（min）；L为烧结带长度（cm）；l为烧舟长度（cm）；Ω为进舟间隔时间（min/舟）。

从上式可以看出，在烧结带长度和烧舟长度固定的情况下，根据要求的保温时间可以算出进舟间隔时间。欲改变制品的烧结保温时间，只要改变进舟间隔时间就可以了。通常，烧结温度和烧舟移动速度是在零件批量烧结前通过小样试烧确定的。

保温时间的长短直接影响制品的性能。保温时间不足时，一方面会导致颗粒之间的结合状态不佳，另一方面会导致各个组元的均匀化受到影响。特别是装舟量较大时，保温时间不足可能导致烧舟中心和外围制品的组织结构产生差异。保温时间过长，不仅影响生产效率，增加能源消耗，还会导致制品的晶粒长大，使制品的性能下降。

在一定的烧结温度下，烧结时间越长，烧结件性能越好，但时间的影响远不如温度那么显著，仅在烧结保温初期，压坯的密度随时间变化较快，后来逐渐趋向平缓。

实际中，在确定烧结温度与时间时，为了提高生产效率，应尽量缩短烧结时间；但为了延长炉子寿命或烧结后处理（精整及复压）的需要，又宜选择较低的烧结温度和稍长的保温时间。

3. 升温及冷却处理

（1）升温速度

从制品入炉到进入烧结带的阶段是升温预热阶段。一般分为两段进行控制，即预热Ⅰ段（温度为500~600℃），预热Ⅱ段（温度为800~900℃）。压坯在预热带中要有足够时间，以使压坯中各种添加剂充分烧除，并使氧化物得到还原。一般预热Ⅰ段温度不宜过高，预热带也不能过短，否则润滑剂挥发不干净。还要正确控制烧舟的推进速度，防止升温太快，加热速度过快，使压坯内的硬脂酸锌等物质剧烈分解、挥发，烧结件产生起泡、裂纹或翘曲变形。

（2）冷却速度

制品在烧结电炉中的冷却是在预冷带和水套冷却带两部分完成的。对于不同成分和用途的制品应该采取不同的冷却速度，实际是冷却速度越来越快。通常预冷带的温度在800℃左右。

4. 烧结炉

烧结工艺中常采用高频真空炉烧结和网带传送式烧结。

5.8.3　粉末冶金制品的烧结后处理

从粉末冶金工艺来说，烧结可以说是最后一道工序。但对整个制品来说，烧结并不一定是最后一道工序。这是因为：（1）尽管粉末压坯经烧结后，表面比较光滑，已有一定尺寸精度，但有时仍然达不到要求的尺寸和形状精度，因此还必须进行精整或复压；（2）对于有些形状复杂或精度要求很高的粉末冶金制品，成形时很难达到要求，或者虽然可达到要求，但由于模具寿命短、废品率高，造成成本高，因此在烧结后，还需要车、磨、去毛、倒角、切槽、钻孔、攻丝等少量切削加工；（3）为了改善和提高有些粉末冶金制品的强度、硬度及耐磨性，需要进行热处理，为了改善和提高制品的防腐能力，需要进行蒸汽处理、电镀、浸油等。

5.8.3.1　精整、复压的定义和作用

烧结后的粉末冶金制品在模具中再压一次，以获得特定的表面形状和适当改善密度的工艺叫精整。主要为提高制品密度，以提高强度的工艺叫复压。

精整是通过使制品表面产生稍许的塑性变形（伴随有弹性变形）来实现的。精整余量依烧结制品的材料和尺寸而异。一般外径的精整余量为0.03~0.10mm，内孔的精整余量为0.01~0.05mm，长度方向为0.05~1mm。不太大的倒角、沟槽、标记等亦能采用精整方法解决。精整所需要的压力较小，一般只为成型压力的1/3~1/2。精整模一般比成型模短，但尺寸精度和光洁度要求高，亦可用新的成型模作精整模用。精整设备可采用成型压机，改进型压机，或专门设计的精整压机。

对有些带曲面的压坯，烧结过程中将会产生较大的变形，仅仅采用压制达到制品最终形状比较困难，所以一般先采用平面制品烧结，再用精压方法再次压制，并通过改变成型模上、下模冲复杂程度来达到最终曲面形状，得到制品密度也比较均匀。这种精压方法是利用上、下模冲的曲面强制烧结件产生塑性变形的。

复压一般是在钢制成型模中再加压一次，通过少许的塑性变形，使粉末颗粒达到更加紧

密的结合，进一步提高制品密度和强度，但要注意压制压力不能太大，否则容易出现压裂。

5.8.3.2 粉末冶金制品的切削加工

粉末冶金虽是一项重要的无切削加工技术，但由于压制成型时的种种限制，大量的机械零件和衬套零件在用粉末冶金法制造后，往往需要进行少量的补充切削加工。例如，垂直压制方向的沟槽与各种孔，都必须用机械加工。

粉末冶金零件的切削加工大体上与一般金属制品相同，由于粉末冶金具有多孔性，切削加工时也有以下特点。

（1）粉末冶金制品虽然硬度、抗拉强度等力学性能比化学成分相同的致密金属低，但在切削加工时，刀尖经常处于断续切削状态，切屑呈细碎状，刀具尖部在切削时还受到轻微的冲击。

（2）刀具切削粉末冶金制品时的寿命比切削一般金属材料时低，因为粉末冶金制品导热率低，使切削时产生的热量贮积于切削带。

（3）对粉末冶金制品的切削，建议最好采用硬质合金刀具，而且刀具的切削刃必须锋利。如果切削刃钝，将造成过大的摩擦和表面撕裂、切削面毛糙。

5.8.3.3 粉末冶金制品的热处理

粉末冶金制品与钢铁零件最重要的区别是有孔隙存在。因此粉末冶金制品热处理有如下特点。

（1）不同孔隙度的粉末冶金制品经过热处理后，其机械性能是不同的。这是由于制品的孔隙破坏了金属基体的连续性，随着密度的增加，降低了孔隙的这种作用，因而提高了热处理后制品的机械性能。

（2）粉末冶金制品中的孔隙可以使加热介质及冷却介质进入，并同孔隙表面发生作用。因此，粉末冶金制品不宜于盐浴炉中加热，也不适用于在碱、盐水溶液中淬火，因为盐、碱渗入粉末冶金制品孔隙中难于清洁干净，因而使孔隙内表面发生腐蚀。粉末冶金制品在油中淬火较为合适。

（3）孔隙降低烧结材料的导热性，因而会降低粉末冶金制品内部被加热和冷却的速度，影响制品的淬透性。因此对粉末冶金制品的加热时间要适当长些，加热温度要适当高些（一般为50℃左右）。

（4）由于孔隙的存在，粉末冶金制品在热处理过程中易发生氧化和脱碳现象，因此在加热和加热后移至淬火液的整个操作中，一般要用保护气氛或固体填料，如分解氨、裂化石油气或木炭、铸铁屑等。

（5）粉末冶金制品中的孔隙，有时会起着缺口的作用，因此孔隙也可能促使出现淬火裂缝。

（6）粉末冶金制品在生产的各道工序中，由于各种因素变化而造成的密度不均匀，使得在热处理冷却时产生热应力和组织应力，引起制品尺寸变化或其他变形现象。

除上述特点外，粉末冶金制品的热处理同一般钢件一样，是通过固态下的组织转变来改变性能的。根据所要达到的目的不同，可采用不同的热处理工艺。

5.8.3.4 浸油的作用及方法

对于多孔减摩材料（如含油轴承），浸油使油渗到制品内部所有连通的开启孔隙中去，起到润滑作用。其工作原理是，当衬套零件与其配合的轴发生相对运动时，由于摩擦生热，其孔隙内部的油温上升，油遇热膨胀而到达零件表面，起到润滑的作用；当工作停止时，油温下降，油遇冷收缩在某孔隙内部形成真空，借助于真空压力的作用把送出表面的油又吸回去继续储存起来，供下次工作时使用。

浸油对后面整形工序中的整型模起到良好的润滑作用。通过油的润滑降低整型压力，同时保证制品表面的较高光洁度，延长模具使用寿命。浸油在一定程度上也防止制件生锈。

根据浸油后所起作用的不同可采取不同的浸油方法。

普通浸油是将制件放入较稀的油内浸泡一定的时间，取出滤干即可，这种浸油方式制备的制件含油率很低，且时间要求比较长。加热浸油是把制件放在油槽内，控制油的温度为120℃左右，制件内部开启孔隙中的空气在高温油中受热膨胀，部分逸出制件表面，逸出的空气从油中冒出进入大气，冷却后制件内部开孔孔隙中的空气收缩，形成部分真空，把油吸到孔隙内部。真空浸油是把烧结件放在一种密封的浸油槽内，槽内的空气用真空泵抽出，在真空的作用下，制件内部开启孔隙中的空气被抽出，制件内部开启孔隙形成真空，于是油在真空压力作用下很快被吸入到孔隙中去，这种浸油方法时间短，制件含油率高，真空压力为0.1mmHg。真空浸油又分成两种，一种是制件在油中抽真空，另一种是制件在无油的容器中先抽真空，然后将油再加入容器中浸油，后者较前者制件的含油率高。加压浸油是将制件放入有油的密封容器中，然后提高容器内的压力，使油在外加压力的作用下较多地进入制件的孔隙中。

5.8.3.5 粉末冶金制品的电镀处理

粉末冶金制品含有一定的孔隙，直接电镀时，不能达到理想的表面质量要求，同时残存在孔隙中的电镀液很难清除，引起内部腐蚀。此外，在电镀过程中，当制品从一个槽转移到另一个槽时，残存在孔隙中的溶液会污染另一个槽的液体。电镀后，孔隙中的液体有时重新渗出镀层，在制品表面产生锈斑。因此，粉末冶金制品有孔隙存在会给电镀带来一定困难。

根据实践经验，对于密度较高的粉末冶金制品，其电镀工艺同致密零件基本相似，只是电流密度要大一些。对于密度较低的制品则需采用预处理以堵塞孔隙，然后进行电镀。

电镀前的预处理方法有机械封闭法（用精整或抛光法减少或堵塞表面孔隙）、固体物质堵塞法（在200℃下浸渗熔融的硬脂酸锌覆盖孔隙或使用高软点石蜡堵塞孔隙）、蒸汽处理法（采用水蒸气处理，使零件表面生产一层 Fe_3O_4）、熔渗低熔点金属或合金（如熔渗铜）、用钝化液填充孔隙（钝化液的成分是2g/L $K_2Cr_2O_7$、2g/L 焙烧苏打，其余为水，钝化液温度为70~80℃）。

粉末冶金制品经电镀后，为了考验其电镀质量和腐蚀情况变化，需要进行湿热和盐雾试验。

湿热试验的实验条件：温度为40±2℃，相对湿度为95%~98%，时间为7天。实验结果应无腐蚀。

盐雾试验的实验条件：温度为35±2℃，相对湿度为95%±2%，喷雾规定15min/次，周期为16h，时间为10天。盐雾配方为 NaCl 50g/L，$CaCl_2 \cdot 2H_2O$ 0.3g/L，pH 为3~3.2（冰醋酸调整）。实验结果外观应无变化。

5.8.3.6 粉末冶金制品的蒸汽处理

蒸汽处理就是把制品放在过饱和蒸汽中加热，水蒸气和制品表面的铁发生氧化反应，生成一层新的氧化膜。当氧化膜主要为致密的 Fe_3O_4时，该氧化膜具有防锈的能力，并且可以稍许提高制品的强度和硬度，在运转中又能降低摩擦系数，因而提高了制品的耐磨性和抗腐蚀性。

1. 蒸汽处理的基本原理

蒸汽处理在不同的温度和蒸汽压力下能生成 Fe_3O_4，也能生成 FeO。FeO 是一种不致密的多孔结构，并且与基体铁的结合强度很弱，不能起到保护表面层的作用。蒸汽处理在低于570℃时，反应是向生成 Fe_3O_4方向进行的。当温度低于 570℃时，在连续通入水蒸气的情况下，反应过程是水蒸气与热状态的铁接触而分解出活性氧原子，该活性氧原子与铁反应生成 Fe_3O_4核心，核心在金属表面上不断长大，形成连续的氧化膜。反应在表面和孔隙内部可同时发生，并使表面上的开口孔隙越来越小而逐渐被堵塞。一般认为制品孔隙度小于 20%时，实际上只是在制品表面上形成一层 Fe_3O_4薄膜，厚度一般控制在 3~4μm，水蒸气不能进入到制品内部；但当制品孔隙度大于 20%时，随着孔隙度增加，氧化增重也增加，即孔隙度增大，制品被蒸汽氧化量也增多。

2. 蒸汽处理工艺

蒸汽处理工艺包括清洗去油、蒸汽处理和上油等工序。

首先，检查零件表面有无氧化、锈迹和油污等现象。如果有，应进行酸洗去油处理，可用酸洗、碱洗，洗后立即用流通清水洗去酸液或碱液。如新出炉的制品或表面上无上述现象时，此步骤可省略，直接送去蒸汽处理。

蒸汽处理是在电加热炉中，于密闭容器中进行的。被处理的零件装于容器内，先用水蒸气吹洗容器，排除内部空气。然后升温至 300℃，通入的水蒸气压力约为 60mmHg。继续升温至 580℃（容器的实际温度低于 570℃），保温 2h，然后断电降温。温度降至 420℃时，断气出炉，处理过的零件呈蓝色。出炉后，立即将零件浸入油中，则零件将呈深蓝色，为最佳状态。如果出炉零件呈红色，说明零件表面生成的是 Fe_2O_3，而不是 Fe_3O_4。这是由于加热温度过高，容器中留有空气和水，应予以驱除。

影响蒸汽处理的因素有以下几点。

（1）制品密度：影响铁基制品蒸汽处理的主要因素是密度与时间。用 Fe_3O_4的生成量，即零件在蒸汽处理后的氧化增重来表示。在零件密度较低、孔隙度较高时，其氧化增重量大。

（2）处理温度：处理温度低于 570℃时，不会形成 FeO，所以一般蒸汽处理温度在570℃以下。但温度过低，反应会很缓慢，所以不宜太低，也有选择 540~560℃和 510~538℃的。

（3）处理时间：在 30min 以内，氧化物的形成速度是相当快的，在反应接近 60min 时，反应速度越来越慢。一般选择蒸汽处理时间为 60min。

3. 蒸汽处理对零件机械性能和尺寸变化的影响

烧结铁基材料经蒸汽处理后，材料结构发生了很大变化，必然会对铁基零件的机械性能带来显著影响。

表面蒸汽处理后制品的硬度有较大的提高。这是由于烧结件表面生成了一层硬的 Fe_3O_4薄层，并在原来孔隙处形成 Fe_3O_4骨架。烧结零件密度越高，蒸汽处理后制品硬度的提高相对越小，这是由于密度高，连通孔隙少而使制品内层的 Fe_3O_4 骨架不够完整。

蒸汽处理对零件尺寸的变化也有一定的影响，对密度低于 6.1g/cm^3 的烧结零件，在580℃蒸汽中处理 75min，零件表面生成一层 Fe_3O_4，直径尺寸将增加 0.01mm 左右；零件孔隙内表面形成的 Fe_3O_4 层，不会使零件尺寸变化。蒸汽处理时间延长，零件直径尺寸随之增大，但增大值变化随密度增加而减小。

5.9　烧结气氛

5.9.1　气氛的作用与分类

烧结气氛对保证烧结的顺利进行和产品质量十分重要。对于任何一种烧结情况，烧结气氛有着下列一个或多个作用。

（1）防止或减少周围环境对烧结产品的有害反应，如氧化、脱碳等，从而保证烧结的顺利进行和产品质量稳定。

（2）排除有害杂质，如吸附气体，避免氧化物或内部夹杂。

（3）维持或改变烧结材料中的有用成分，这些成分常常能与烧结金属生成合金或活化烧结过程，如烧结钢的碳控制、渗碳和预氧化烧结等。

烧结气氛按其功用可分为以下 5 种基本类型。

（1）氧化气氛：包括纯氧、空气和水蒸气。可用于贵金属的烧结，氧化物弥散强化材料的内氧化烧结、铁和铜基零件的预氧化烧结。

（2）还原气氛：如纯氢气、分解氨、煤气、碳氢化合物的转化气。

（3）惰性或中性气体：包括活性金属、高纯金属烧结用的氮气、氩气、氦气以及真空。CO_2 或水蒸气对铜合金的烧结也属中性气氛。

（4）渗碳气氛：CO、CH_4 以及其他碳化物气体对于烧结铁或低碳钢是渗碳性的。

（5）氮化气氛：用于烧结不锈钢及其他含铬钢的氮气和 NH_3。

目前，工业用烧结气氛主要有：氢气、分解氨气、吸热性气体以及真空。

5.9.2　还原性气氛

烧结时最常用采用含有氢气、CO 成分的还原性或保护性气体，它们对大多数金属在高温下均有还原性。气氛的还原能力，由金属的氧化-还原反应的热力学所决定，当用纯氢时，其还原平衡反应为

$$MeO+H_2 \rightleftharpoons Me+H_2O \tag{5-73}$$

平衡常数为 $KP=\dfrac{P_{H_2O}}{P_{H_2}}$。

当采用 CO 时，其还原平衡反应为

$$MeO+CO \rightleftharpoons Me+CO_2 \tag{5-74}$$

平衡常数为 $KP=\dfrac{P_{CO_2}}{P_{CO}}$。

在指定的烧结温度下，上述两个反应的平衡常数都为定值，即有一定的分压比。只要气氛中分压比的值都低于平衡常数规定的临界分压比，还原反应就能进行。如高于临界分压比，则金属被氧化。

以铁为例，其临界分压比与温度的关系如图 5-43 所示。

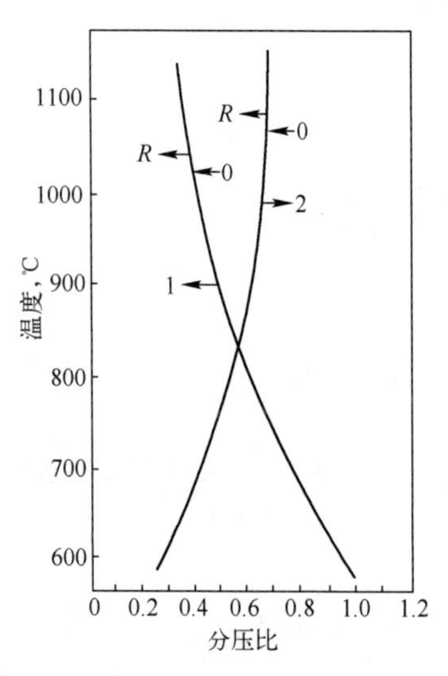

1—CO_2/CO；2—H_2O/H_2

0—氧化；R—还原

图 5-43 P_{CO_2}/P_{CO}和 P_{H_2O}/P_{H_2}的临界分压比与温度的关系曲线

从图中可以看出，在 800℃以上，氢气的还原区比 CO 宽的多。但氢气的还原能力与气氛中水蒸气含量直接有关，通常用露点描述气氛的干湿程度：露点越低，水蒸气含量越少。注意：纯 CO 因为有剧毒，而且制造成本高，不适于单独用作还原气氛。一般是用空气或水蒸气加以高温转化得到以氢气、CO、氮气为主要成分的混合气。用于一般铁、铜基粉末零件的烧结。

分解氨是由液氨经分解得到的含氢 75%、氮 25%的混合气。分解氨含氢量高，含氧量极微，少量水汽易干燥除去，是一种高纯度的还原性气氛。

分解氨气制备：

液氨经气化后，在催化剂作用下加热分解，其化学反应如下。

$$2NH_3 = 3H_2 + N_2 \qquad \Delta H_{298} = -22kJ \tag{5-75}$$

氨较易分解，根据计算，氨气在 192℃开始分解，但实际上，氨气低温下分解速度很慢。有催化剂存在时，常压下，在 600~700℃时氨的分解率可达 99%以上。工业上创造分解氨时，为了加速分解和提高分解率，通常选用 700~850℃为分解温度，也有采用 900~980℃的。但是，如果选用触媒，温度可低于 700℃，一般选取 650℃较适宜。1kg 液氮可生成约 2.6m^3氢、氮混合气。分解氨的性质与氢气基本相同。氨比氢便宜，1 瓶液氮（30kg 装）制成的混合气体折合 13 瓶瓶装氢气（约 78m^3），与市价瓶装氢气比较成本较低。

分解氨气体在粉末冶金生产中主要用于铁、铁铜、铜、青铜、黄铜、铝及铝合金的烧结，特别适宜于烧结含铬高的合金钢（如轴承钢、不锈钢、耐热钢等）制品。因为煤气转化气含有 CO_2、H_2O 和 CO 等组分，这些成分都能使钢中的铬氧化或碳化。分解氨气氛中的残氨含量较高时，氨中的氮气（N_2）对烧结制品可能有轻微氮化作用，使零件硬化、变脆。

分解氨的可燃性与爆炸危险几乎与氢相同，与空气混合（当空气中含氢从 4~74%时）有爆炸的可能。分解氨遇到水银等也会发生化合反应引起爆炸，所以在使用分解氨时也要注意安全。

分解氨制造常用的催化剂有铁质、镍质和铁镍质等。催化剂亦由触媒和载体构成。

5.9.3 吸热型与放热型气氛

碳氢化物（甲烷、丙烷等）是天然气的最主要成分，也是焦炉煤气、石油气的组成成分。以这些气体为原料，采用空气和水蒸气在高温下进行转化（实际上为部分燃烧），从而得到一种混合气称为转换气。采用空气转化而且空气与煤气的比例较高时，转化过程中反应放出的热量足够维持转换器的反应温度，转化效率较高，这样得到的混合气称为放热型气体。如果空气与煤气的比例较小，转化过程放出的热量不足以维持反应所需的温度而要从外部加热转换器，则得到吸热型气体。表 5-5 列举了吸热型和放热型气体的标准成分和应用范围。

表 5-5　吸热型和放热型气体的标准成分和应用范围

气　　体	标准成分	应用举例
吸热型	40%氢气、20%CO、1%CH_4、39%氮气	Fe-C，Fe-Cu-C 等高强度零件，爆炸性极强
放热型	80%氢气、6%CO、6%CO_2、8%氮气	纯铁、Fe-Cu 烧结零件，有爆炸性

吸热型气体具有强的还原性。其露点和碳势都可以加以控制。

粉末冶金制品的特点是多孔，在烧结过程中容易发生氧化和脱碳等现象。对于结构铁基材料来说，为保证制品的性能，必须控制气氛的碳势，使之与制品对含碳量的要求相适应。

气氛中碳的来源如下。

$$2CO \rightarrow [C]+CO_2$$

$$CH_4 \rightarrow [C]+2H_2$$

CH_4是强渗碳剂，一般在可控气氛中限制在 1%以下，否则将有炭黑出现，使气氛无法控制。决定炉内碳势的主要因素是 CO_2 含量。在吸热型气体中，CO 和氢气的含量是比较恒定的，CO_2的含量和气体中 H_2O 的含量有一定关系，在高温下，CO_2 和 H_2O 有下列平衡关系，即

$$CO+H_2O \rightleftharpoons CO_2+H_2 \tag{5-76}$$

由上面反应方程式可看出，CO_2 和 H_2O 是相互依赖的，水蒸气含量高时，反应向促进 CO_2生成的方向进行，也就是降低气氛的碳势。反之，当水蒸气含量较低时，CO_2 量也相应降低。所以控制气氛中的 H_2O，也就控制了 CO_2，从而达到控制碳势的目的。

在工业上，气氛中水蒸气的含量可用露点表示。所谓露点是指气氛中的水蒸气开始凝结成雾的温度。气氛含水量高，露点就高。在制备吸热型气体时，控制原料气与空气的混合比，在正常操作温度下，即控制了反应产物中 CO、氢气、CO_2、H_2O 的相对含量，即控制其露点。或者采用露点仪来调节混合比例，以达到合适的气氛组成。

所谓碳势，是指在一定温度下，气氛的相对含碳量，这个含碳量与烧结材料不渗碳不脱碳的含碳量相当。例如，当烧结 0.45%含碳量的铁基材料时，如果气氛的相对含碳量能保持最终烧结制品达到 0.45%含碳量，即烧结不渗碳，也不脱碳，这时就说气氛的碳势为 0.45%含碳量。所以，碳势就是气氛的相对碳浓度。

图 5-44 表示在不同温度下，吸热型气体中 CO_2含量与碳势的关系（含 23%CO）。

在一定的烧结温度下，露点越高，CO_2量越多，碳势越低。进行碳势控制时，可根据所需要的碳势，通过调节空气和原料气混合比例，达到要求的露点或 CO_2含量，也就达到了控制碳势的目的。

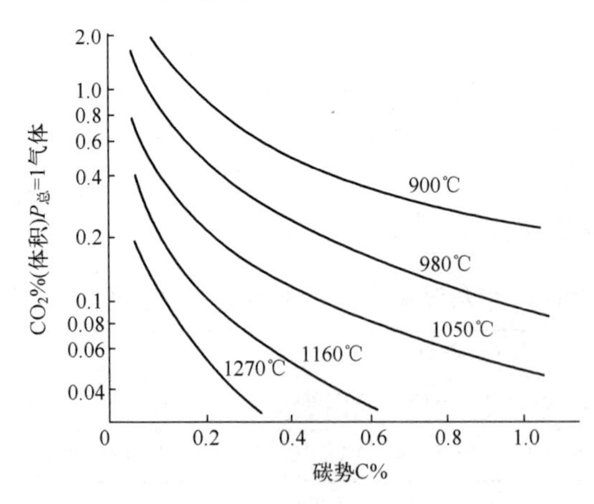

图 5-44 不同温度下，吸热型气体中 CO_2 含量与碳势的关系

5.9.4 真空烧结

真空烧结实际上是低压（减压）烧结，真空度越高，越接近中性气氛，越不与材料发生任何化学反应。真空度通常为 $10^{-1} \sim 10^{-5}$mmHg。它主要用于活性和难熔金属铍、钍、钛、锆、铊、铌等金属以及硬质合金，磁性材料与不锈钢等的烧结。

真空烧结的主要优点是：(1) 减少气氛中有害成分（H_2O、氧气、氮气）对产品的脆化；(2) 真空是最理想的惰性气体，当不宜用其他还原性或惰性气体（如活性金属的烧结），或者材料容易出现脱碳、渗碳时，均可采用真空烧结；(3) 真空可改善液相烧结的湿润性，有利于收缩和改善合金的组织；(4) 真空有利于硅、铝、镁、钙等杂质或其氧化物的排除，起到提纯材料的作用；(5) 真空有利于排除吸附气体（孔隙中残留气体以及反应气体产物），对促进后期烧结的收缩作用明显。

但是，真空下的液相烧结，黏结金属易挥发损失。这不仅会改变和影响合金的最终成分和组织，而且对烧结过程本身也起阻碍作用。黏结金属的挥发损失，主要是在烧结后期即保温阶段发生。保温时间越长，黏结金属的蒸发损失越大。解决蒸发损失的方法是在可能的条件下，缩短烧结时间或在烧结后期关闭真空泵，或充入惰性气体、氢气以提高炉压。

另外，真空烧结含碳材料时也会发生脱碳，这主要发生在升温阶段。一般是采用石墨粒填料做保护，或者调节真空泵的抽空量。

需要指出的是，真空烧结与气体保护气氛烧结的工艺没有根本区别，只是烧结温度更低一些，一般可降低 100~150℃。这对于提高炉子寿命，降低电能消耗，以及减小晶粒长大均是有利的。

5.9.5 发生炉煤气的气化原理

发生炉煤气分为空气煤气、水煤气和混合煤气（半水煤气）。它们分别是将空气、水蒸气或两者同时通过炽热的木炭（焦炭或无烟煤）而生成的混合气体。烧结粉末冶金制品一般都是以木炭为原料，经过不完全燃烧得到空气发生炉煤气。

如果在炉栅上铺上一薄层木炭，点火后从下部鼓入空气，燃料与空气中的氧发生下列反应（放热用“+”表示）。

$$C+O_2=CO_2,\quad \Delta H=+408.18kJ \tag{5-77a}$$

结果在炉栅上部得到CO_2和氮气的混合气体。当下部送入的空气超过反应所需要的氧时，则在炉栅上部有自由氧出现。

若将木炭层加厚，则自由氧的含量减少；厚度达到一定值时，不仅自由氧全部消失，而且一部分CO_2和木炭发生下列反应（吸热用“-”表示）。

$$CO_2+C \rightleftharpoons 2CO \quad \Delta H=-32.22kJ \tag{5-77b}$$

综合上述两个反应，并考虑到空气中有氮气，则空气发生炉煤气的生成反应为

$$C+0.5O_2+1.881\ N_2=CO+1.881\ N_2 \quad \Delta H=+125.27kJ \tag{5-77c}$$

根据这个反应，气氛中CO=34%，N_2=66%。但由于木炭中除含有70%~80%固定碳外，还含有其他碳氢化合物和灰份；由于反应温度及空气量控制不准，通入的空气过量等，除CO外，还可能生成氢气及CO_2。

木炭发生炉煤气的组成随原料及操作条件波动较大。在煤气炉正常运行情况下，发生炉煤气的组成如表5-6所示。发生炉煤气经过净化，在正常情况下属于还原性气氛。但它的组成中含有较多的脱碳成分（CO_2、H_2O、氧气、氢气），对于铁碳制品烧结来说又是一种脱碳性气氛，制品的含碳量较难控制。因此，空气发生炉煤气对于铁碳制品（特别是结构零件）的烧结是不够理想的。

表5-6　发生炉煤气（空气煤气）组成

气体成分	CO	氢气	氮气	CnHm	CH_4	CO_2	H_2O	氧气
含量/%	25~30	5~10	60~70	0~0.5	0~3	2~7	0~4	0.2~0.4

5.10　烧结废品分析

5.10.1　烧结废品简介

烧结废品为机械废品和工艺废品，属于工艺废品的有裂纹、分层、翘曲或变形、起泡和起皮、过烧、欠烧、孔洞、麻点、尺寸超差等。

（1）裂纹。压坯密度不均匀，各处收缩程度也不一样，特别是压坯密度梯度大的地方，有产生裂纹的趋势。制品形状复杂，压制时密度难以均匀，同时易于存在应力集中的部位，在烧结时各部位应力松弛也不一样，热胀冷缩不均也会导致制品有开裂的趋势，如果压坯受到急冷急热，更会加剧这种情况。压制时，由于成型压力过高或铁粉塑性差，致使压坯内产生许多“隐分层”，烧结后隐裂纹扩大而变得明显。此外，压制时加入的附加物，如果得不到缓慢逸出而在高温中急剧挥发，也会增加压坯开裂的趋势。

当压坯密度严重不均，内部应力集中或制品结构厚薄相差悬殊时，由于热应力或受力不均匀也会造成裂纹。

（2）分层。又称层裂纹，硬质合金烧结中易于发现，主要是由于压坯的局部部位密度过高，在烧结条件下，应力的松弛大于压坯的强度。

（3）翘曲或变形。翘曲现象常出现在长条状和薄片状的制品中。薄片状制品常出现翘曲变形，衬套制品常出现椭圆变形，细长制品常出现弯曲变形。产生这种现象的原因除了压坯内部密度分布不均，及压坯原始变形，还有在烧结中温度不均或者升温过快，受热不均或冷却速度不均。若烧结温度过高，制品软化，受压力或制品本身质量作用也会发生翘曲变形。此外，装舟时压坯歪斜或制件烧结时膨胀受挤压也可造成变形。

（4）起泡和起皮。“起泡”是指烧结件表面出现大小不一的较圆滑的凸起，同时在其他部位伴有裂纹及翘曲发生。起泡现象多发生在压坯的预热阶段，由于升温速度太快或压坯局部接触高温，造成润滑剂剧烈分解、挥发而引起烧结件起泡。起泡是在制品上形成大的孔洞，起皮是在制品表面上形成鱼鳞状的表皮，这些都是由于压坯内的气物在高温下迅速膨胀。有时由于烧结件严重氧化，再还原时就有可能在其表面上产生起皮现象。

（5）过烧。烧结时由于温度过高或者在高温下停留的时间过长，会造成制件性能过高或收缩过大。过烧严重时表面会发生局部熔化、歪扭、黏结等现象。当铁基压坯中石墨含量较多，混合或压制中偏析严重，烧结温度又偏高，超过其晶点温度时，制品就可能产生局部共晶熔化，冷却后形成硬度很高、塑性很差的莱氏体组织。当铁基压坯中添加有硫、磷等可以出现低熔点液相的元素时，烧结温度过高也易造成制品局部熔化、严重黏结而成为过烧废品。

（6）欠烧。烧结时温度过低或保温时间不够，致使制品性能过低或收缩太小。若原材料不合格，多半造成制品欠烧。欠烧表现为烧结件颜色灰暗，无金属光泽，敲击声音沉哑，材料的硬度、强度低。

（7）孔洞。由于混料不均，硬脂酸锌、硫黄等有结块现象，在烧结时挥发，或者石墨严重偏析，压制工序中装粉时造成石墨严重分层，在烧结时生成熔共晶而流出造成熔坑。

（8）麻点。麻点是指烧结件表面出现的不均匀的许多小孔，在细长零件上更易出现，一般多数呈螺旋状分布。其原因普遍认为是混合料中的添加成分（硬脂酸锌、石墨）在成型过程中出现偏析。

（9）尺寸超差。尺寸超差是指由于烧结件尺寸不合格而造成的废品，其中包括尺寸胀大与收缩过大两种。

造成烧结件胀大和密度降低的原因有：升温阶段压坯内应力的消除抵消了一部分收缩，因此当成型压力过大，压坯密度过高时压坯烧结件会同时长大；压坯内的气体与润滑剂的分解、挥发阻碍了产品的收缩，因此升温过程过快往往使产品胀大，严重时便产生鼓泡现象。而且压坯烧结件的长大往往伴随着强度和硬度的不合格。

引起烧结件收缩过大的原因是：烧结温度偏高，压坯尺寸、单重不准、密度过低。

（10）氧化。烧结件被氧化，表面会出现蓝色或稻草黄色的氧化色。使用未经充分干燥的气氛或者烧结炉膛内进入了空气，都会导致氧化。

为了防止制品在烧结过程中被氧化，应注意以下几点。

（1）烧结气氛进行充分干燥净化，干燥剂定期再生；干燥剂失效后应进行更换；严格控制气氛露点；使氧化性气体含量保持在最低限度。

（2）烧结气氛各部分结合处应密封良好，防止空气进入炉内。冷却水套严防渗漏。

（3）保护气氛的流向要和烧结件的运动相反，炉内气氛应有足够的流量和一定正压，要设置贮气罐，避免压力或气体成分流动，炉门处火帘密封。

(4) 对于脱碳性的保护气氛 (气氛中含有较多的 CO_2 和 H_2O), 烧结某些零件时, 可采用填料或封舟的办法进行烧结。

铁基制品在高温阶段的氧化是以脱碳的形式发生的。压坯中残余氧化物的存在, 以及烧结气氛中含有较多的 CO_2 及 H_2O 等脱碳性气体时, 使压坯中一部分石墨与之反应而被烧损, 造成烧结件脱碳。制品脱碳后硬度和强度均降低, 性能变坏。

可以看出, 烧结制品的废品是多样的, 产生废品的原因不仅与烧结工艺有关, 与粉末的混合和成形等因素也有关。有些因素互相抵消, 实际的烧结废品并不完全是某一个工序造成的, 必须根据具体情况进行全面的分析。

5.10.2 主要废品分析

上述废品有些并不常见, 有些常见但不一定就成为废品, 如轻微变形; 有些易于解决, 如过烧等。因此, 以 Fe-C 制品为例就常见且比较难以解决的废品类型进行分析讨论。

若制品游离碳较多, 而化合碳少, 金相组织中珠光体含量少, 则可提高烧结温度。若制品性能有一定的提高, 则说明原烧结温度低, 或者铁粉中的氧化物是以 Fe_3O_4 的形式存在, 烧结前难于还原; 若制品性能没有提高, 则说明铁粉有保护气氛很难还原的化合物形式存在。

若检验结果中游离碳多, 化合碳也多, 金相组织中珠光体多, 渗碳体少, 则说明原料中碳多, 应当减碳, 以减少游离碳含量, 提高性能。

若检验结果游离碳少, 化合碳也少, 金相组织中珠光体少, 则有 3 种可能情况: ①原料中碳含量低; ②炉内脱碳较多; ③原料中含氧高造成烧结脱碳。据此可采取如下措施之一: ①增加原料中含碳量; ②防止或减少制品脱碳; ③提高烧结温度, 加快烧结速度减少脱碳量。

若检验结果中游离碳少, 化合碳很高, 金相组织中珠光体含量少, 渗碳体较多, 则说明烧结温度高, 应降低烧结温度, 减少渗碳体含量。若效果不明显, 则适当减少料中含碳量。

若检验结果游离碳少, 化合碳高, 金相组织中珠光体含量高, 则说明铁粉原料较粗, 烧结性差, 应适当采用细铁粉含量多的原料。

还必须指出, 在上述各种情况中, 表面脱碳对制品性能影响也很大, 因此还必须注意到金相组织的均匀性。同时, 组织的细化也能改善制品的性能, 亦须加强制件的冷却速度。

5.10.3 废品的处理

有些废品如氧化件、欠烧制品、过烧制品等, 可以通过处理得到解决。

(1) 氧化件。氧化件一般可以在还原性保护气氛中进行还原处理。如果对制品的性能和尺寸变化要求不高, 可按烧结工序进行一次 "复烧", 这种方法可以不用对复烧件单独调温而同烧结件一起进行。如果对制品的性能和尺寸变化要求较高, 则可以在低于烧结温度 30~50℃的温度下对氧化件进行还原处理。此时二次烧结效果很差, 对制件性能几乎没有影响。

（2）欠烧制品。对于欠烧制品，要根据其欠烧情况而采取相应的处理方法。如果制件中含有足够的游离碳，而珠光体、渗碳体少造成制品性能差，则可以提高烧结温度进行复烧。

如果制件中缺碳而造成性能差，则应进行渗碳复烧。其工艺规程如下：将渗碳剂撒在装有废品制件的舟内，首先在低于1130℃下于烧结炉中进行渗碳，然后在烧结温度下进行复烧。

如果制品中含有一定的氮化物，则可以在氢气炉中进行烧结，将制件中的氮夺取后，如果制品性能较差且缺碳，则再进行渗碳复烧。如果没有氢气炉，可采用渗水烧结处理，方法是：将烧结后不含油的零件放在水槽中，常温下浸泡10min，然后取出装舟，按正常工艺烧结复烧。

过烧制品指性能超过规定上限的制品。这类废品可以采用渗水烧结脱碳的办法，和脱碳方法基本一样。用这种方法还可以减轻制品在压型时造成的石墨分层，以挽回因石墨严重分层造成的整型开裂废品。

5.11 特种烧结

特种烧结是为了适应材料的特殊应用与要求而开发出的一些新型烧结技术，如松装烧结、放电等离子体烧结、微波烧结、爆炸烧结、电火花烧结、快速原型制作技术、自蔓延高温燃烧合成法等。

5.11.1 松装烧结

松装烧结（Loose Sintering）是金属粉末不经成型且松散（或振实）地装在耐高温的模具内直接进行的粉末烧结。

松装烧结所选用的模具材料不应与所烧结的粉末发生任何反应，并需要具有足够高的高温强度和刚度，最好选用热膨胀系数与烧结材料很接近的材料。常用的材料有各种铸铁（如高铬高硅铸铁HT24-44、HTl8-367）、石墨、碳素工具钢T10、不锈钢和无机填料等。

5.11.2 放电等离子体烧结

放电等离子体烧结（Spark Plasma Sintering，SPS）工艺是近年来发展起来的一种新型材料制备工艺，又被称为脉冲电流烧结。该技术的主要特点是利用体加热和表面活化，实现材料的超快速致密化烧结。该技术可广泛用于磁性材料、梯度功能材料、纳米陶瓷、纤维增强陶瓷和金属间化合物等新型材料的烧结。SPS技术的历史可追溯到20世纪30年代，当时“脉冲电流烧结技术”引入美国，后来日本研究了类似但更先进的技术——电火花烧结，并于60年代末获得专利，但没有得到广泛应用。1988年，日本井上研究所研制出第一台SPS装置，最大烧结压力为5t，在材料研究领域获得应用。SPS技术于90年代发展成熟，21世纪初推出的SPS装置为该技术的第三代产品，可产生10~100t的最大烧结压力，可用于工业生产，能够实现快速、低温、高效烧结，已引起材料科学与工程界的极大兴趣。

SPS 工艺的基本结构类似于热压烧结，如图 5-45 所示，SPS 系统大致由 4 个部分组成：真空烧结腔（图中 6），加压系统（图中 3），测温系统（图中 7）和控制反馈系统。

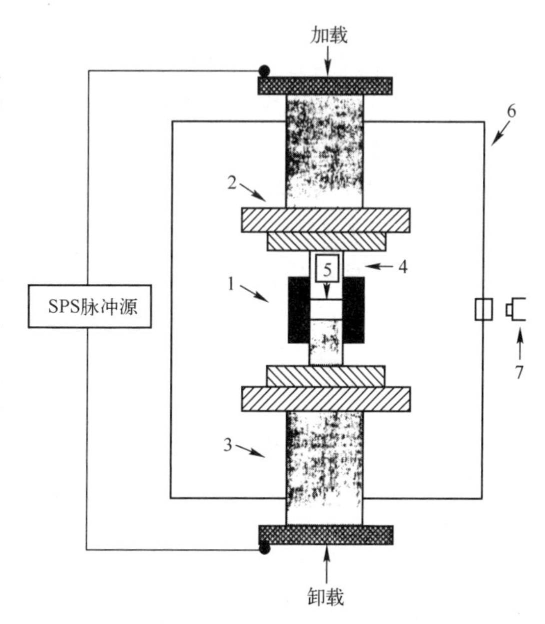

1—石墨模具；2—用于电流流导的石墨板；
3—加压系统；4—石墨模具中的压头；
5—烧结样品；6—真空烧结腔；7—测温系统
图 5-45　放电等离子体烧结结构

5.11.3　微波烧结

微波烧结（Microwave Sintering）是利用微波具有的特殊波段与材料的基本细微结构耦合而产生热量，主要是介电材料内部偶极分子高频往复运动，产生“内摩擦热”而使被加热物温度升高，直至到设定温度而实现致密化的方法（见图 5-46）。微波是一种高频电磁波，其频率范围为 0.3～300GHz，但在微波烧结技术中主要使用 915MHz 和 2.45GHz 两种波段。微波烧结是 20 世纪 60 年代发展起来的一种新的陶瓷研究方法，微波烧结和常压烧结根本的区别在于常压烧结是利用样品周围的发热体加热，而微波烧结则是样品自身吸收微波发热。根据微波烧结的基本理论，热能是物质内部的介质损耗引起的，所以是一种体积加热效应，同常压烧结相比具有烧结时间短、烧成温度低、降低固相反应活化能、提高烧结样品的力学性能、使烧结样品晶粒细化、结构均匀等特点，同时会降低高温环境污染。然而，微波烧结的详细机理以及微波烧结工艺的重复性问题都是阻碍该技术进一步发展的关键。

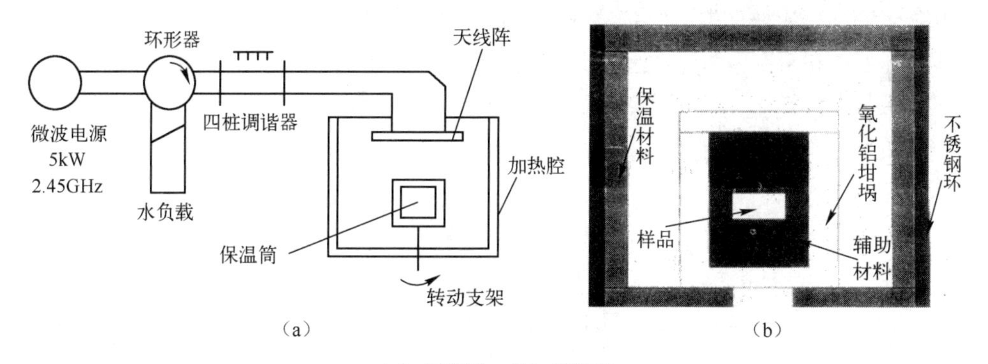

（a）原理图；（b）结构图
图 5-46　微波烧结示意图

5.11.4　爆炸烧结

爆炸烧结（Explosive Sintering）又称激波固结或激波压实，是利用滑移爆轰波掠过试件所产生的斜入射激波，使金属或非金属粉末在瞬态高温、高压下发生烧结或合成的一种高新技术。

爆炸烧结是烧结非晶、微晶等新型材料最有发展前途的技术，可使脆性材料达到比常规方法高得多的性能。爆炸烧结与化学放热反应相结合可大幅减少或消除陶瓷、超硬材料、高强度材料在室温下爆炸所难避免的宏观和微观裂纹，提高材料的烧结制品的密度和强度。

爆炸烧结按加载方式不同可分为3类：平面加载、柱面加载和高速锤锻压。工业上用此技术进行非晶磁粉末烧结、陶瓷材料、铝锂合金制取等。

爆炸烧结装置可分为直接爆炸和间接爆炸，图5-47为间接法爆炸烧结装置示意图。

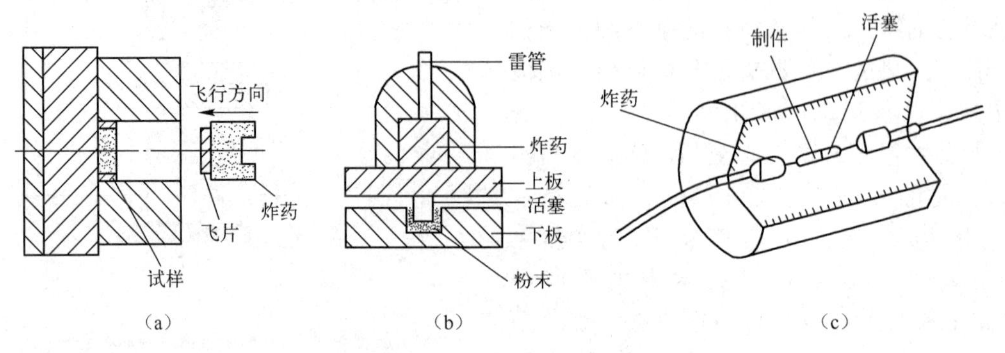

(a) 单面飞片；(b) 单活塞；(c) 双活塞

图5-47 间接法爆炸烧结装置示意图

5.11.5 电火花烧结

电火花烧结可看成是一种物理活化烧结，也称为电活化压力烧结，这种方法利用粉末间火花放电所产生的高温作为能量来源，同时也受外应力作用。

电火花烧结原理如图5-48所示，通过一对电极板和上下模冲，向模腔内的粉末直接通入高频或中频交流和直流叠加电流。依靠放电火花产生的热加热粉末，通过粉末与模具的电流产生的焦耳热升温。粉末在高温下处于塑性状态，通过模冲加压烧结，并且由于高频电流通过粉末形成的机械脉冲波作用，致密化过程在极短时间内就完成。

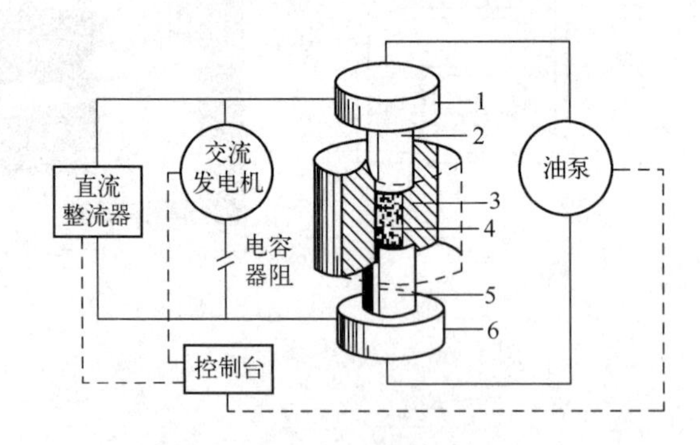

1，6—电极板；2，5—模冲；3—压模；4—粉末

图5-48 电火花烧结原理图

火花放电主要在烧结初期发生，此时预加压力很小，达到一定温度后控制输入的电功率

并增大压力，直到完成致密化。

从操作看，电火花烧结与一般电阻烧结或热压很相近，但有区别：①电阻烧结和热压仅仅靠石墨和粉末本身的电阻发热，通入的电流极大；②热压所用的压力高达20MPa，而电火花烧结所用的压力低得多（几兆帕）。

5.11.6　快速原型制作技术

快速原型制造技术是近几年发展起来的利用计算机辅助设计制造复杂形状零件的技术。借助计算机三维辅助设计、计算机层析X光摄影机、有限元分析或母型数字化数据，对欲制件进行三维描述，将部件分割成许多很薄的水平层，获得相应的工艺参数。在输入各工艺参数后，快速原型制造机便可自动制造出部件来。大多数快速原型制造法都采用粉末做原料。常用的方法有三维印刷法（见图5-49）、多相喷射固结法（见图5-50）及选择激光烧结法（见图5-51）等。三维印刷法是美国麻省理工学院发明的。该法是根据印刷技术，通过计算机辅助设计，将黏结剂精确沉积到一层金属粉末上，这样反复逐层印刷，直至达到最终的几何形状，由此便得到一个生坯件。生坯件经烧结并在炉中熔渗，可达到全密度。多相喷射固结法是一种新的自由成形技术。可用于制造生物医学零件，如像矫形植入物、牙齿矫正与修复材料、一般修复外科用部件等。根据CT扫描得到的三维描述，多相喷射固结法就可以制造出通常外科所需零件，而无须开刀去实际测量。将金属粉或陶瓷粉与黏结剂混合，形成均匀混合料。多相喷射固结法就是将这些混合料按技术要求进行喷射，一层一层地形成一个零件。在部件形成之后，其中的黏结相用化学法或者加热去除，而后烧结到最终密度。选择激光烧结法是用激光束一层一层地烧结生产塑料原型，可选用多种粉末，包括金属粉末与陶瓷粉末。金属粉末选择激光烧结，旨在直接生产功能部件。工业界对激光烧结有极大兴趣，因为它在产品开发过程中可以节省时间并降低成本。

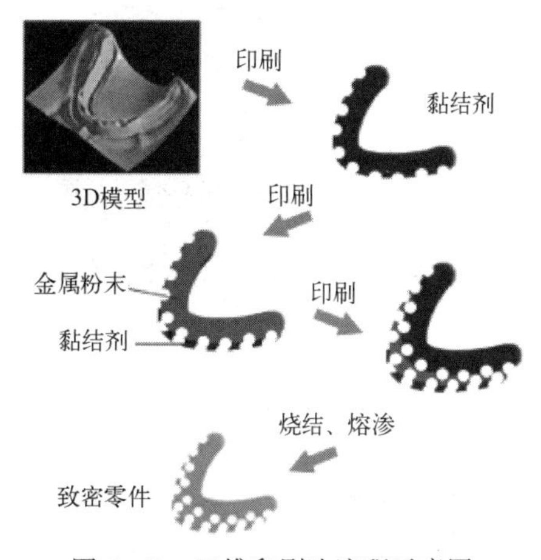

图5-49　三维印刷法流程示意图

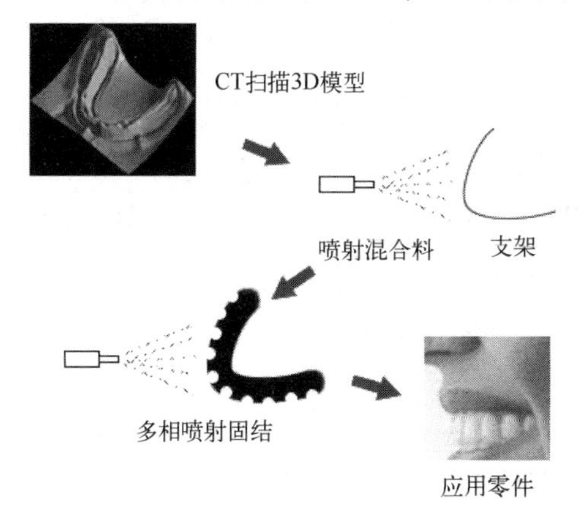

图5-50　多相喷射固结法流程示意图

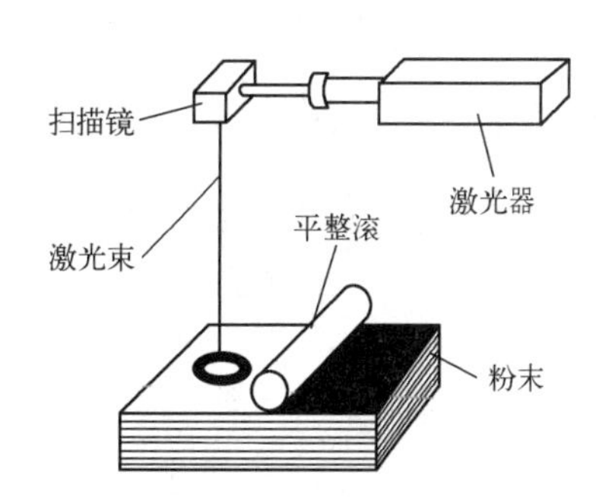

图5-51　选择激光烧结法（SLS）工艺原理图

5.11.7 自蔓延高温烧结

自蔓延高温烧结（SHS）是一种合成材料的新工艺，它通过加热原料粉在局部区域激发引燃反应，反应放出的大量热依次诱发邻近层的化学反应，从而使反应自动持续地蔓延下去（见图 5-52）。利用 SHS 已合成碳化物、氮化物、硼化物、金属间化合物及复合材料等超过 500 种化合物。SHS 尤其适合于制备梯度功能材料，在 SHS 过程中燃烧反应快速进行，原先坯体中的成分梯度安排不会发生改变，从而最大限度地保持原先设计的梯度组成。燃烧合成同时结合致密化一步完成成型和烧结过程是 SHS 发展的新方向。

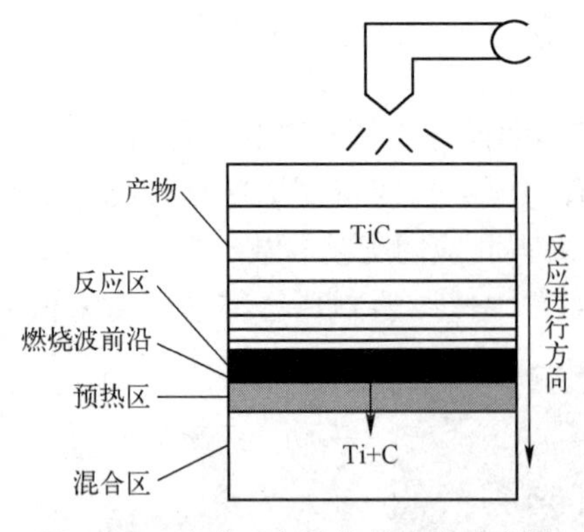

图 5-52 自蔓延高温烧结过程示意图

其特点是：（1）反应时的温度高（2000～4000K）；（2）反应过程中有快速移动的燃烧波（0.1～25cm/s）；（3）有产物纯度高、效率高、耗能少，工艺相对简单等优点；（4）不仅能生产粉末，如果同时施加压力，还可以得到高密度的燃烧产品。

5.12 烧结方法对比

烧结方法各有优缺点，其应用范围随烧结方法的差异有所不同。表 5-7 为部分烧结方法的对比。

表 5-7 部分烧结方法对比

烧结方法名称	优　点	缺　点	适用范围
常压烧结法	价廉、规模生产和可生产复杂形状制品	性能一般，较难完全致密化	各种材料（传统陶瓷、高技术粉末冶金制品）
真空烧结法	不易氧化	价贵	粉末冶金制品、碳化物
一般热压法	操作简单	制品形状简单、价贵	各种材料
微波烧结法	快速烧结	晶粒生长不易控制	各种材料
热等静压法	性能优良、均匀、高强	价贵	高附加值产品
气压烧结法	制品性能好、密度高	组成难控制	适于高温易分解材料
反应烧结法	制品形状不变，少加工、成本低	反应有残留物、性能一般	反应烧结氧化铝、氮化硅、碳化物等
液相烧结法	降低烧结温度、价廉	性能一般	各种材料
放电等离子体烧结（SPS）	快速、降低烧结温度	价贵、形状简单、工艺处于探索阶段	各种材料
自蔓延高温烧结（SHS）	快速、节能	较难控制	少数材料

第六章　粉末冶金材料

本章要点：

本章重点讲解利用粉末冶金技术制备的各类材料，包括结构材料、摩擦材料、电工材料、磁性材料、多孔材料、工具材料、粉末冶金武器材料、医用材料等相关材料的服役条件和性能要求，从粉体的选取、成型、烧结和后续处理分别阐述其制备过程和影响因素。同时了解各类材料的发展趋势。

6.1　粉末冶金材料概述

粉末冶金材料是用粉末冶金工艺制得的多孔、半致密或全致密材料（包括制品）。粉末冶金材料具有传统熔铸工艺所无法获得的独特的化学组成和物理、力学性能，如材料的孔隙度可控，材料组织均匀、无宏观偏析（合金凝固后其截面上不同部位没有因液态合金宏观流动而造成的化学成分不均匀现象）、可一次成型等。但材料制品的大小和形状会受到一定限制，韧性也有待改善。

粉末冶金材料常远超材料和冶金的范畴，往往是跨多学科（材料和冶金，机械和力学等）的技术。尤其现代金属粉末3D打印技术，集机械工程、CAD、逆向工程技术、分层制造技术、数控技术、材料科学、激光技术于一身。粉末冶金材料包括粉末冶金结构材料、粉末冶金工模具材料、粉末冶金摩擦材料、粉末冶金电磁材料、粉末冶金多孔材料、粉末冶金高温材料、粉末冶金武器材料及其它粉末冶金材料。

6.2　结构材料

6.2.1　结构材料概述

用来制造在不同环境下工作时承受载荷的各种结构件的材料统称为结构材料，涉及能源器件、海洋工程、交通运输、建筑工程、机械制造等诸多领域。粉末冶金结构材料是指用粉末冶金工艺生产的机械装备或器件所用的零件。与传统的机加工件、铸件相比，粉末冶金结构件具有原料利用率高、工艺相对简单、能够一体化制造等优点。在工业化生产时，可以更好地做到降本增效，广受汽车、农业机械、造船、航空航天等行业的欢迎。

依据基体的不同，粉末冶金结构材料分为烧结铁基材料、烧结铜基材料和烧结铝基材料。

烧结铁基结构材料是以铁粉为基本原料，添加合金化元素，采用粉末冶金工艺方法制造的铁基粉末冶金制品。该类产品具有良好的机械特性，并能通过加入合金元素以扩大 γ 区

或稳定 γ 区以及通过调控渗碳、淬火、调质等热处理手段，获得良好的强度、刚性、硬度和抗磨性能。主要用于汽车、摩托车、家电等设备中的齿轮、连杆、凸轮等部件。烧结铁基材料的显微组织图如图 6-1 所示。

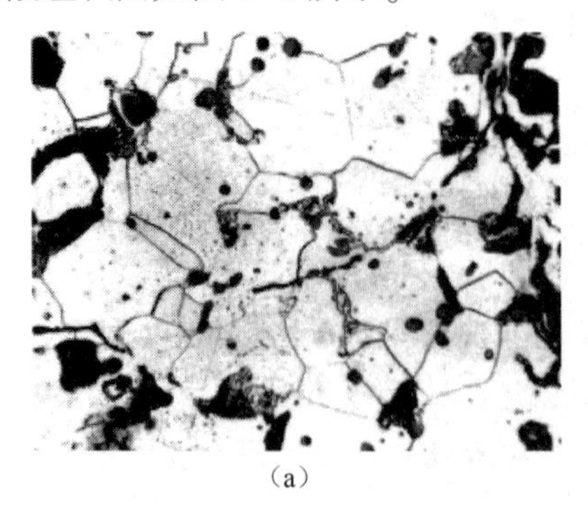
（a）

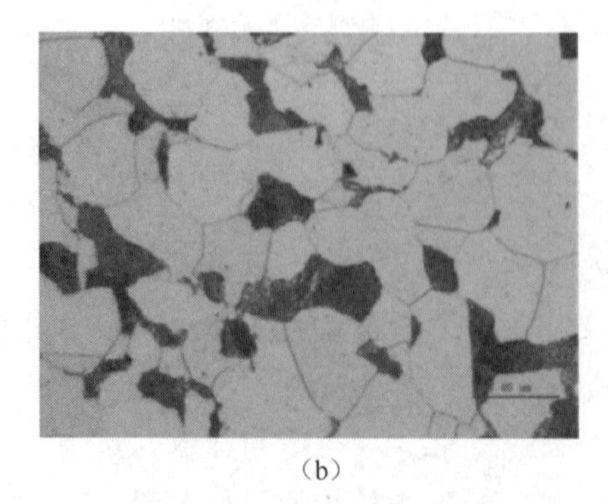
（b）

（a）粉末冶金件；（b）熔铸件

图 6-1 烧结铁基材料显微组织（铁素体+珠光体）（4%硝酸酒精腐蚀）

烧结铜基结构材料是在铜粉中加入一定量的合金元素（如锡、铝、锌等）通过粉末冶金工艺方法制造的一类材料，包括烧结青铜（Cu-Sn、Cu-Al）、烧结黄铜（Cu-Ni-Zn）、镍铜等材料。烧结铜基结构材料具有良好的冲击韧性与塑性、高导电性，但是其室温强度较低，且造价相对高昂。因此，烧结铜基结构材料主要是用来制造体积小、形状复杂、尺寸精度高的零件，如小模数的齿轮、凸轮、连杆、紧固件、阀、销、套等，广泛应用在电工、热工、气象、分析、光学、测试计量等各类仪器仪表上。烧结铜基材料显微组织如图 6-2 所示。

烧结铝基材料是在铝粉中加入一定量的铜、镁、硅等元素后通过粉末冶金工艺方法制造的一类材料。按制备方法大体分为烧结铝合金、烧结铝（SAP）、机械合金化（弥散强化）铝合金和快速凝固铝合金。与铁基、铜基烧结材料相比，烧结铝材料基具有高的比强度与比刚度、低的热膨胀系数、优良的耐磨性与耐蚀性，被广泛应用于汽车、电子、航空航天行业，常被用来制造汽车活塞、连杆，家庭用具，办公器械，飞机构件。烧结铝基材料显微组织如图 6-3 所示。

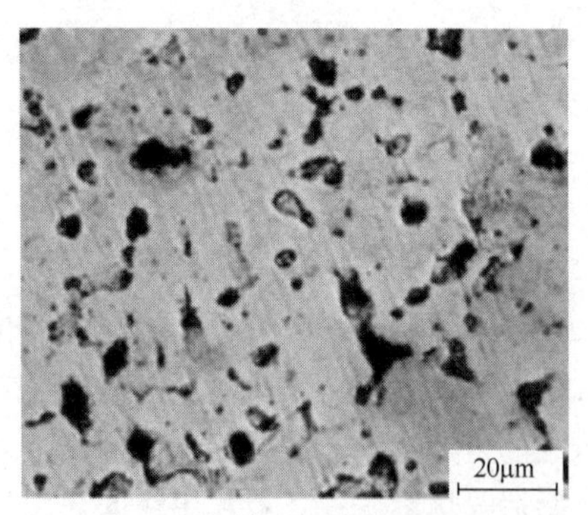

图 6-2 烧结铜基材料显微组织

图 6-3 烧结铝基材料显微组织

6.2.2 粉末冶金结构材料的制备

粉末冶金结构材料的制备可分为原材料准备、粉末混合、压制、烧结、后处理和质量检验六步。原材料的准备是确定原材料的粒径、纯度，同时，在必要时还需要对粉末进行退火处理。

粉末的混合方式有两种，一是将配料组分一起直接投入混料机混合；二是可将混料按一定的先后顺序逐级拌合后再投入混料机进行混合。压制常采用单向压制与双相压制，具体根据压胚尺寸来确定，铁基的压制压力为400~800MPa（4~8tf/cm^2），铜基的压制压力为200~500MPa（2~4tf/cm^2），铝基的压制压力为150~300MPa（1.5~3tf/cm^2）。为降低成本，在工业上烧结气氛的选择主要为煤气、放热型气氛，此外也可以用氢气与分解氨。铁基烧结温度为900~1200℃，铜基烧结温度为750~1050℃，铝基烧结温度为500~600℃。

粉末冶金结构材料根据技术要求与使用情况的不同还需要进行精整、机加工、热处理、表面处理等后处理，一般情况下粉末冶金结构材料需要进行后处理工艺才能实现成品化。精整可以很好地改善构件表面形状，一般精整的压力为成型压力的1/3~1/2；机加工用来开沟槽、孔以及磨倒角；热处理可以通过均匀组织的方式提高材料的性能；表面处理可以改善构件的表面光洁度，同时还能够提高材料的强度、耐磨性、耐腐蚀性，常用的表面处理工艺包括渗碳、渗氮、电镀、喷丸等。

质量检验分为一般性检验和专门检验两种。一般性检验是针对几何尺寸、化学成分、外观、硬度及翘曲进行检验；专门检验是针对零件具体的应用的测试，如刹车片需要检验其摩擦性能，而含油轴承需要对其含油率进行测试。下面列举实例来介绍不同材料的制备流程。

6.2.2.1　铁基烧结材料——花键套

花键套是最适宜于用粉末冶金法生产的铁基结构零件之一。其形状复杂，内花键的精度要求较高，切削加工有一定难度。用粉末冶金法生产时，内花键及其余形面，由压制模一次成型，花键精度经烧结后，通过精整很容易达到要求，且零件高度与外圆之比很小，制品密度比较均匀，容易得到较好的机械性能，因而经济效益很好。

1. 零件的工作状况分析

花键套系分配式喷油泵中的一个结构零件，它在泵中相当于联轴器，为保证传动平稳，采用花键连接。它由两只刚性螺栓与分配转子固紧，工作时，花键轴通过花键套驱动分配转子。泵的最大输出压力为13.5MPa（135kgf/cm^2），且要求压力脉动小，所以要求花键套具有足够的刚性和耐磨性以及较高的配合精度。

2. 零件技术要求的确定及工艺设计

根据零件工作状况所确定的技术要求是：采用Fe-C系材料，化合碳含量为0.6%~0.9%；密度大于6.6g/cm^3；烧结状态的表观硬度高于100HB，热处理状态硬度高于40HRC。

采用的生产工艺流程是：混料→压制→烧结→精整→机加工及热处理等。零件一个端面上的凹槽，应由上冲模压出，这可使花键齿部位的密度稍高于整体密度。花键精度通过精整内花键来满足，两螺栓孔是切削加工的，而端面的精度和光洁度是用磨削加工达到的。

3. 工艺流程编制

花键套工艺流程卡见表6-1。在该零件的生产工艺中值得注意的是，为了保证它最终获得较好的热处理效果，必须控制其化合碳含量。除配料中加入1%石墨外，若用放热型转化煤气作保护气氛时，需在烧结舟内，采取经高温焙烧的三氧化二铝粉及石墨作填料，并在热处理时用分解氨进行保护以防脱碳。

表 6-1 花键套工艺流程卡

产品名称	图号	材料	批量	单件质量	体积	密度	面积	工时	用户名称
花键套		Fe-C		126g	19.3cm^3	>6.6g/cm^3	14.5cm^2		
工序名称	工序内容						装备		
混料	材料配方：99%还原铁粉+1%石墨外加0.8%硬脂酸锌 混料时间：2h 混合粉松装比重2.4~2.5g/cm^3						V 型混料机		
压制	压制弹出系数C：0.2%　压坯密度：6.6~6.8g/cm^3 压制压力：6~7tf/cm^2　受压面积：14.5cm^2　总压力：≈90tf 压坯主要尺寸：外径 $D=\Phi 47.30_{-0.30}$mm 内花键顶圆 $d=\Phi 15^{+0.12}$mm　总高 $h=13.1^{+0.40}$mm						125tf 全自动压机，引下式自动模架		
烧结	烧结收缩率：$\varepsilon=0.25\%$　保护气氛：城市转化煤气 预烧温度：900℃　3h，烧结带温度：1100℃+10℃ 3~3.5h 冷却速度：2h 内从1100℃冷却到700℃后进水套快冷到50℃ 烧结舟填料：Al_2O_3+5%石墨 烧结坯尺寸：$D=\Phi 47.30_{-0.30}$mm　$d=\Phi 14.96^{+0.12}$mm　$h=13.1^{+0.40}$mm 烧结坯表观硬度：>HB100						碳硅棒推进式连续烧结炉		
精整	芯棒通过式精整内花键，内花键精整度由芯棒保证，精整余量0.04 精整件尺寸：$d=\Phi 15^{+0.80}$mm　光洁度 Ra<3.2						45tf 液压机手动模具		
机加工	钻二孔，内径台阶倒角						钻床，车床		
热处理	分解氨保护840℃，保温15min，油淬　200℃回火2h 抗拉强度>30kgf/mm^2						连续式电炉		
磨加工	二端面磨平面　表面光洁度 Ra<1.6						平面磨床		

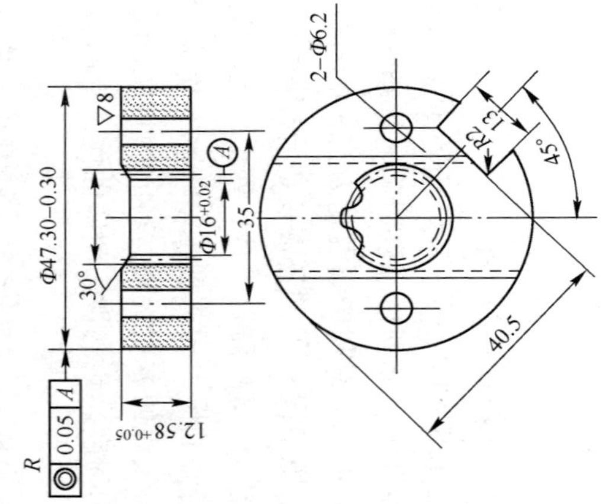

花键套零件图

技术要求

1. 渐开线花键数 $M=1$ $X=10$ $\alpha=30°$
$S=1.571$ $D_1=16$
2. 表面硬度>HRC40
3. 金相组织：珠光体>50%游离渗碳体>5%
4. 密度>6.6g/cm^3
5. 产品表面不允许有裂纹及明显缺陷

4. 经济效益

用粉末冶金制造该零件时，与用钢材切削加工相比，材料单耗由0.262kg降为0.122kg；工时单耗由36.5min减为12min。以每万件计，可节约钢材1400kg，节省工时4000h。

6.2.2.2　铜基烧结材料——钻夹头丝母

钻夹头丝母是非常经典的用粉末冶金法生产的铜基结构零件。它是钻夹头中的重要零件，具有体积小、结构复杂、精度高等特点。采用粉末冶金工艺制备丝母时，可通过降低细长模冲高度和提高模具配合间隙精度来保证粉末冶金高精密自紧钻夹头丝母的形状和精度。并且因为粉末冶金工艺少切削的特点，还可以极大地降低其生产成本。

1. 零件的工作状况分析

钻夹头丝母是钻夹头的重要组成零件，其作用是防止钻夹头在工作时发生夹爪松动，要在长时间频繁受冲击载荷的工况条件下使用，所以要求钻夹头丝母具有足够的强度和耐磨性以及较高的配合精度。

2. 零件技术要求的确定及工艺设计

为了提高铜合金零件表面硬度及耐磨性，需要对其表面进行特殊处理，如电镀、浸渍、喷涂等。本零件工作状况所确定的技术要求是：采用Cu-Al系烧结青铜材料，铝含量为11%；密度大于7.6g/cm^3；热处理状态硬度高于75HB，镀铬后镀层硬度大于600HV。

3. 工艺流程编制

Cu-Al合金钻头丝母工艺流程卡见表6-2，具体的生产工艺流程是：混料→压制→烧结→精整→退火→表面处理→成品。零件一个端面上的卡爪应由上冲模压出，这可使得卡爪处的密度更高，具有更好的装配强度；同时对内径、下端面与上端面的卡爪进行精整处理是为了提高使用中装配精度。

6.2.2.3　铝基材料——齿轮

齿轮是指轮缘上有齿轮连续啮合传递运动和动力的机械元件。金属齿轮的精度要求较高，切削加工时齿根与齿顶的加工较为烦琐。相对于传统的铸造方法，粉末冶金法生产的齿轮可以做到齿根与齿顶的一次成型，仅需更少的后处理工艺即可达到需要的精度。相对于铁基齿轮，虽然烧结铝合金齿轮的强度较低、易被划伤，但是质量小、抗拉强度高等优势依然使得它在汽车领域广受欢迎。

1. 零件的工作状况分析

齿轮在汽车领域中应用在油泵、传动轴、发动机等诸多方面，主要起到传输动力的作用，这就使得它要长时间在循环应力的作用下工作。因此，要求齿轮具有高的弯曲疲劳强度，特别是齿根处要有足够的强度，此外为保证传动平稳，还需要有一定的刚性、耐磨性及配合精度。

2. 零件技术要求的确定及工艺设计

根据零件工作状况确定的技术要求是：采用Al-Si系材料，91%还原铝粉+9%硅粉；密度大于2.5g/cm^3；烧结状态的表观硬度高于53HB，热处理状态齿面硬度高于80HB。

表 6-2 Cu-Al 合金钻头丝母工艺流程卡

产品名称	图号	材料	批量	单件质量	体积	密度	面积	工时	用户名称
丝母		Cu-Al		40g	67. 3cm^3	>7. 6g/cm^3	5. 2cm^2		

工序名称	工序内容	装备
混料	材料配方：89%铜粉纯度≥99. 8%+11%铝粉纯度≥99. 0%； 外加(ω)0. 1%AlF+CaF 质量比 AlF∶CaF =4∶1 混料时间：4h 混合粉松装密度为 2. 8~2. 9g/cm^3	KQM-YB/B 行星式球磨机
压制	压制弹出系数 C：0. 5% 压坯密度：7. 6~7. 8g/cm^3 受压面积：5. 2cm^2 压制压力：4tf/cm^2 受压面积：67. 9cm^2 总压力：≈270tf 压坯主要尺寸：外径 $D=\Phi34^{0.1}$mm 内径 $d=\Phi20_{-0.15}$mm 总高 $h=15.2^{0.25}$mm	W-600 全自动成型压机
烧结	烧结收缩率：$\varepsilon=0.3\%$ 保护气氛：氮气 预烧温度：100℃ 10~30min 烧结带温度：520℃+50℃ 3h 烧结坯尺寸：$D=\Phi34^{+0.1}$mm $d=\Phi19_{-0.15}$mm $h=15.2^{+0.25}$mm 烧结坯表观硬度：>HB40	SLQ-16 气氛加压烧结炉
精整	芯棒通过式精整内径，内径精整度由芯棒保证，精整余量 0. 01mm 上下端面精整，精整余量 0. 01mm 精整件尺寸：$d=\Phi19_{-0.15}$mm $h=15.2^{0.25}$mm 光洁度 Ra<1. 6	50tf 液压机手动模具
退火	保护气氛：氮气 退火温度：560℃，3h 退火后硬度>HB75	连续式电炉
磨加工	下端面、卡爪磨平 表面粗糙度 Ra<0. 4，$h=15^{0.05}$mm	平面磨床
电镀	电镀液：低浓度铬酐 镀层厚度：23~28μm 电镀后表面粗糙度 Ra<1. 6	台面式电镀系统

丝母零件图

技术要求
1. 表面硬度>75HB
2. 表面粗糙度 Ra<1. 6
3. 密度>7. 6g/cm^3
4. 产品表面不允许有裂纹及明显缺陷
5. 未注尺寸公差按 IT13GB/T 1800. 3—1998
6. 未注形位公差按 GB/TI184-H
7. 未注倒角为 C0. 3

烧结铝基齿轮的加工与烧结铝基齿轮类似工艺采用的生产工艺流程是：混料→压制→烧结→精整→热处理→浸油。通常，烧结好的粉末冶金齿轮可直接使用。但对于某些尺寸精度要求高，和要求高硬度、高耐磨性的粉末冶金齿轮还要进行烧结后处理，如精压、滚压、挤压、淬火、浸油等。

3. 工艺流程编制

Al-Si 合金齿轮工艺流程卡见表 6-3。为了去除铝粉表面的氧化膜，促进铝硅合金粉的烧结，需要额外添加质量比 4∶1 的 AlF 加 CaF 混合粉以破坏或除去 Al_2O_3氧化膜。最终制得的成品相比同类锻造件，疲劳强度提高了 18%，综合传动性能提高了 20%；此外，为了提高零件的抗腐蚀性与耐磨性还需要用润滑油对齿轮进行浸渍处理。

4. 经济效益

用粉末冶金制造该零件时，与用铸造铝合金齿轮相比，材料单耗由 0.095kg 降为 0.062kg；工时单耗由 36min 减为 15min。以每万件计，可节约铝材 330kg，节省工时 3500h。

6.2.3　粉末冶金结构材料发展趋势

目前，粉末冶金结构零件的研究的重点方向为高密度与高强度。基于此，研究人员总结出了两条基本思路。(1) 采用新技术使粉末冶金结构材料致密化。(2) 加入合金元素进行合金化来提高零件的综合性能。

在工艺上，压制和成型工艺的发展很迅速，如模壁润滑技术、温压成型技术、高速压制技术、微波烧结技术。这些新技术不仅可以提高粉末冶金零件的性能，同时还能够提升生产的效率。

在材料方面，一方面通过设计不同的成分组成，获得工况所需的新型结构材料，如在铁、铜、铝等基体材料中加入其他金属元素，石墨烯、陶瓷颗粒或纤维等方式来获得高性能。另一方面，采用包覆、合金化、改性等复合粉体来代替原先的成分存在方式，会大大提高所制材料的综合性能。

（1）碳纤维增强铜基复合材料

碳纤维增强铜基复合材料是在铜粉中加入碳纤维（聚丙烯腈、沥青或粘胶纤维）颗粒烧结而成的一种粉末冶金材料。该材料同时具有碳纤维和铜的优点，如高的导电、导热、耐疲劳、抗蠕变和抗电弧侵蚀性，此外，还具有易于加工、生产成本低的优点，可应用于航空航天、机械制造和电子电力等领域。

（2）SiC 颗粒增强铝基复合材料

SiC 颗粒增强铝基复合材料是在铝粉中加入纳米级 β-SiC 颗粒烧结而成的一种铝基粉末冶金复合材料，在充分发挥增强体 SiC 高导热、低热膨胀、高强度等优异性能的同时，还结合了基体金属材料的易成型性等特点，具有比模量高、比强度高、耐疲劳、耐磨损等诸多优异性能，在航空航天、军工和汽车等工业领域具有广泛的应用前景。

（3）烧结镍基氧化物高温合金

烧结镍基高温合金是在镍粉中加入细小的氧化物颗粒（如 Y_2O_3、CeO_2 等）通过压制、烧结而成的一类粉末冶金材料。烧结镍基高温合金的原理是将高热稳定性的惰性氧化物均匀弥散在合金基体中，通过弥散的纳米氧化物阻碍位错运动和晶界滑移，降低金属原子的扩散

表 6-3　Al-Si 合金齿轮生产工艺流程卡

产品名称	图号	材料	单件质量	体积	密度	面积	工时	用户名称
齿轮		Al-Si	60g	25. 6cm^3	>2. 5g/cm^3	16. 5cm^2		
工序名称	工序内容					装备		
混料	材料配方：99. 5%高纯铝硅合金粉（硅含量 8%～10. 5%）+（w）0. 15% AlF +CaF 质量比 AlF : CaF = 4 : 1　外加 1. 5%硬脂酸锌 混料时间：4h 混合粉松装密度 1. 0～1. 1g/cm^3					V 型混料机		
压制	压制弹出系数 C：0. 4%　压坯密度：2. 3～2. 4g/cm^3 压制压力：3. 0tf/cm^2　受压面积：25. 6cm^2　总压力：≈80tf 压坯主要尺寸：外径 $D=\Phi 50_{-0.030}$mm　内径：$\Phi 1=45^{+0.025}$mm $\Phi 2=20^{+0.021}$mm 总高 h=16mm					Y/TD71－100A 型液压机，引下式自动模架		
烧结	烧结收缩率：ε=0. 15%　保护气氛：氮气　预烧温度：450℃，45min 烧结带温度：640℃ 1h　冷却速度：2h 内从 640℃循环水冷却至室温 烧结坯尺寸：$D=\Phi 50_{-0.030}$mm　$\Phi 1=45^{+0.025}$mm　$\Phi 2=20^{+0.021}$mm 总高 $h=16.2^{+0.21}$mm 烧结坯表观硬度：>HB53					连续式电炉		
热处理	530℃固溶处理 1h 齿面品硬度：>HB80　抗拉强度>495Mpa					空气炉		
精整	芯棒通过式精整内径，内径精整度由芯棒保证，精整余量 0. 02mm 精整件尺寸：$d=\Phi 19_{-0.15}$mm　光洁度 Ra<0. 4					80tf 液压机 手动模具		
浸渍	浸渍方式：浸油　浸渍液：97-D08 润滑油　浸油时间：1h					浸油池		

齿轮零件图

技术要求
1. 齿面硬度>HB80
2. 密度>2. 5g/cm^3
3. 产品表面不允许有裂纹及明显缺陷
4. 未注尺寸公差按 IT13GB/T 1800. 3—1998

速度，从而提高合金的抗氧化性及强度。该材料在高温环境（800℃）下服役时具有高强度、优异的抗氧化和抗腐蚀性能，在航空航天等高温领域具有较大的应用潜力，主要用于热端部件的生产。

6.3　摩擦材料

6.3.1　摩擦材料概述

摩擦材料是一种利用摩擦作用实现制动与传动功能的部件材料。这类材料是摩擦离合器和制动器的关键材料。离合器用来传递扭矩，制动器用来消耗动能而制动。机械设备与交通工具能否安全稳定运行与摩擦材料的摩擦性能有直接关系，可以认为摩擦材料是一种应用广泛的关键功能材料。

按照使用工况的不同，摩擦材料可以划分为湿式摩擦材料与干式摩擦材料，其性能如表 6-4 所示，对于湿式摩擦材料而言，其工作于薄膜润滑或边界润滑条件中，能够产生相对较小且稳定的摩擦系数；而干式摩擦材料在无润滑介质的环境中工作，能够提供较高的摩擦系数以保证良好的制动效率。按照材料类型不同，摩擦材料可分为金属摩擦材料、石棉摩擦材料、半金属摩擦材料、粉末冶金摩擦材料、C/C 摩擦材料，其特点如表 6-5 所示。

表 6-4　不同工况下摩擦材料的性能

类　　型	工　　况	优　　点	缺　　点
湿式摩擦材料	润滑工况	散热性能好、温升低、稳定性强、磨损小、寿命长	机理复杂、成本高、摩擦系数相对较低
干式摩擦材料	直接接触	摩擦系数高、制动效率高、机理简单	散热性较差、磨损量高、寿命较短

表 6-5　不同类型摩擦材料的特点

类　　型	应　　用	特　　点
金属摩擦材料	铁道车辆	优点：润湿时摩擦因数稳定且冲击小、价格低廉 缺点：摩擦因数低、磨损率高
石棉摩擦材料	轻卡	优点：成本低 缺点：致癌、稳定性差
半金属摩擦材料	轿车、轻卡、火车、商用车、运动型车辆	优点：热稳定性较好、导热性较强 缺点：钢纤维易生锈，降低材料强度加速磨损
粉末冶金摩擦材料	赛车、飞机、火车、坦克、船舶、工程机械	优点：耐磨性高、导热性强、在高温高压下能保持性能稳定、成本较低、受水、汽影响小 缺点：动、静摩擦因数差异大、噪声较大
C/C 摩擦材料	赛车、飞机	优点：高模量和强度、卓越的热传导和比热性能、高速高温工况下性能稳定 缺点：生产成本较高、生产周期长、摩擦性能受环境影响较大

在现有的摩擦材料中，粉末冶金摩擦材料因其在高温重载条件下能够保持较高的耐磨性且受油或水干扰小，能抵抗冲击性的负荷，受严寒气候、空气湿度等条件影响小，其成分可以按照不同的工况进行灵活调节，不需改变装置设计即可替代其他种类的摩擦材料以及能够

减少工作耗能等优点，被广泛应用在风电、高铁、航空航天等领域中。

粉末冶金摩擦材料是以金属粉末及（或）其合金粉末为基础粉体，添加摩擦组元和润滑组元，采用粉末冶金工艺制成的一种新型复合材料。根据其摩擦传递或吸收动能作用，摩擦材料主要分为用于制动的制动器衬片（或称为刹车片）和用于传动的离合器面片两部分。图 6-4 为某轿车用刹车片摩擦材料示意图及显微组织，主要用于实现制动或将扭矩从一个轴传递至另一个轴。由于所有的机械设备都需要进行传动或制动操作，因此摩擦材料是机械设备上的关键部件，在工作环境中要求其必须具备足够高的摩擦因数及必要的热稳定性；良好的耐磨性和长使用寿命；足够的高温机械强度以承受较高的工作压力和速度；良好的抗卡滞性能，能平稳地传递扭矩和制动；低噪声和少污染等；从而能使机械设备安全可靠地工作。

（a）实物照片；（b）显微组织

图 6-4　轿车用刹车片摩擦材料示意图及显微组织

目前，粉末冶金摩擦材料的基体主要有铁基、铜基、铁铜基，以及正在发展中的镍基、钼基以及铍基等，由于镍、铜等金属成本高，因而主要应用于航空航天等前沿领域。粉末冶金摩擦材料主要有以下优点。

（1）较高且较稳定的摩擦系数，良好的导热性能，可以在较宽的温度范围内保持良好的摩擦系数。

（2）相当部分的硬质相使得摩擦材料具有较高的硬度以及较低的磨损率，且使用寿命较长。

（3）成分可控、组分组元可灵活调节，能适应各种不同的工况要求。

粉末冶金摩擦材料的标记方法如下所示：

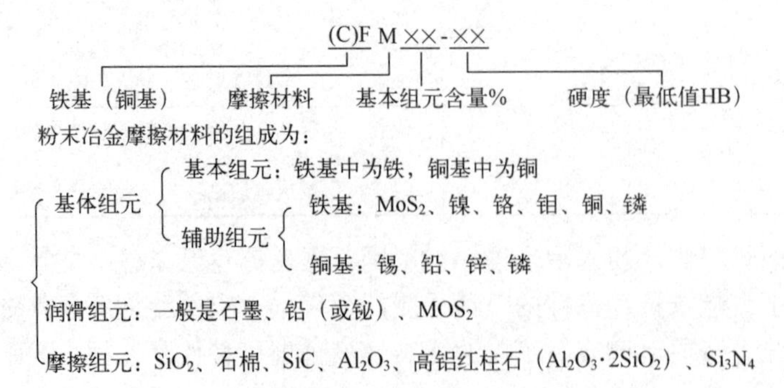

一般认为，摩擦材料的硬度、强度、耐磨性与耐热性等物理机械性能主要取决于基体组元的成分；润滑组元主要用于调节摩擦力的大小，用于降低摩擦表面的摩擦热，避免产生高温，降低磨损；摩擦组元主要用于补偿固体润滑组元的影响及在不损害摩擦表面的前提下增加滑动阻力，用于调整摩擦系数，起摩擦、抗磨和抗黏结的作用。

在粉末冶金摩擦材料中，铁基摩擦材料具有耐高温、承受负荷大、机械强度高且价格便宜等特点，然而使用过程中材料易与对偶件表面发生粘着，表现出摩擦系数稳定性差、耐磨性低等缺陷。铜基摩擦材料的工艺性能好，具有稳定的摩擦系数、良好的抗黏结和抗卡滞性能、优异的导热性能，但其摩擦系数小、经济成本较高，而且在废弃后，长期堆存会使得重金属铜发生大规模活化和迁移，对周边环境造成重金属污染和危害。随着技术发展，机器功率、载荷以及速度进一步提高，对摩擦材料的性能要求也进一步提高。若将金属型摩擦材料中铁基和铜基优点综合起来，制成 Fe-Cu 基摩擦材料，将兼具铁基和铜基摩擦材料的性能优势，而且制备中减少了铜的用量，可达到降低成本和减少环境污染的作用。

Fe-Cu 基摩擦材料的性能在很大程度上取决于其显微组织、相组成及其他各组元的分布。图 6-5 为 Fe-19%wt. Cu 摩擦材料中的金相组织。其中，图 6-5（a）是腐蚀后的金相组织，图中数字 1、2 为珠光体，3 为铁基体及其合金，4 为铜相，6 为基体中的孔隙。图 6-5（b）中黑色块状相为铜颗粒，其形状各异，分布均匀，颗粒周围灰色为石墨片，排列方向紊乱，白色团状组织为铁的固溶体组织，其上孔隙分布较少，在上面分布着一些不规则的颗粒状组元。表 6-6 列出了 Fe-Cu 基摩擦材料的基本性能。

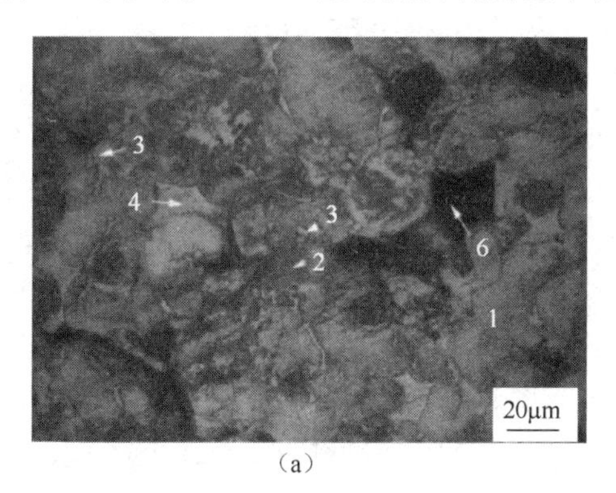

（a）

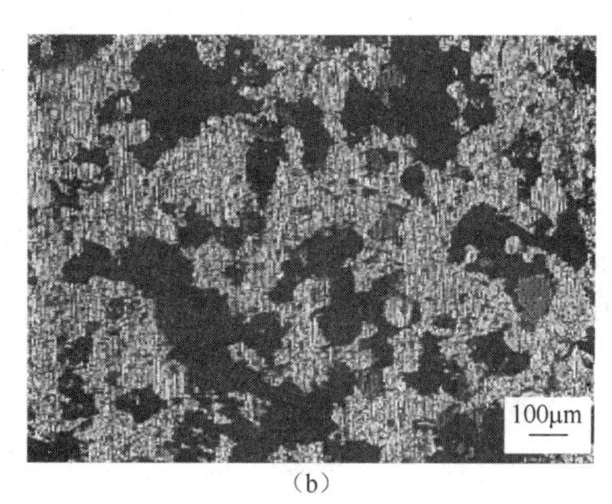

（b）

（a）腐蚀态；（b）烧结态

图 6-5　Fe-19%wt. Cu 基摩擦材料的金相组织

表 6-6　Fe-Cu 基摩擦材料的基本性能

硬　度	密　度	剪切强度	冲击强度	摩擦系数
70~220HB	5.2~6.8g/cm^3	≥4.5MPa	≥0.3J/cm^2	0.2~0.7

6.3.1.1　强化组元

Fe-Cu 基摩擦材料以铜粉和铁粉为主组元，其质量占粉末冶金摩擦材料总质量的 50% 以上，其组织结构、承载能力和本身性质决定了材料的机械和耐热性能，基体组元与润滑组元和摩擦组元之间的界面通过机械结合和反应结合两种方式连接，可防止摩擦滑动过程中出现弯曲和凹陷。由于摩擦材料在制动过程中会产生大量的热能，为防止热衰退现象，需要将热量释放或储存。这就要求分布在基体中的润滑组元和摩擦组元能够起到各自的作用，以保证基体具有足够高的承载和导热能力，保护材料不被破坏和受到热影响。文献研究表明，铁含量的增加，可增强 Fe-Cu 基摩擦材料的机械及摩擦磨损性能；增大铜基金属陶瓷摩擦材料的硬度，提高制动过程中摩擦力矩的稳定性；可同时增大铜基摩擦材料的表面粗糙度和摩擦系数。铜含量增加，一方面使得组织中珠光体量增加，细化了珠光体间距，并具有固溶强化和弥散强化作用；另一方面，烧结中铜颗粒融化扩散导致留下的孔隙增加，削弱了材料的力学性能。

除了铁和铜含量不同，添加其他组分也会对材料的力学性能及组织结构产生影响。为了增强基体的强度，可以在基体中添加钛、镍、钼、铝等金属元素，这是因为钛、镍、钼等金属加入基体中，可以细化组织，并造成晶格畸变，起到固溶强化和改善界面结合能力的作用，进而提高基体强度和硬度，降低磨损率，提高摩擦系数。如向 Fe-Cu-C 基体中添加钼元素，使得晶粒细化程度随着钼含量的增加而增加，且随炉冷却后复合组织为铁素体-珠光体。对 Fe-18%wt. Cu 基粉末冶金摩擦材料添加铝、锆等元素，添加铝元素后，铝和铜形成的固溶体以及新相 $AlCu_4$起到强化作用；添加锆元素后，材料的各组元之间结合更为致密，同时有 $FeZr_3$的生成，提高了材料的强度，也细化材料的基体组织，提高了材料的致密度。在 Fe-Cu 基粉末中加入 Mo_2O_3，可在还原气氛中形成钼元素，基体组织由 α+C 转变为 α+C+ω（ω 为铁钼复合碳化物），α 相为钼和碳与 α 铁形成的固溶体，这些高硬化合物的形成，使得磨损率减小。

除此之外，还可以添加增强纤维和陶瓷相等增强相来提高基体强度。常用的增强纤维主要有碳纤维、SiC 纤维等非金属纤维以及铜纤维、钢纤维和钨纤维等金属纤维。其中，碳纤维作为增强相的研究主要集中在铜基粉末冶金摩擦材料上，添加适量体积的碳纤维可有效提升材料的摩擦磨损性能、减小自重和降低制动噪声。且碳纤维的长径比对材料的性能有重要影响，如利用放电等离子烧结（SPS）制备碳纤维增强铜基复合材料时，发现随着碳纤维长度的增加，复合材料致密度、强度都有所下降，其中添加 1mm 短切碳纤维的复合材料力学性能最好。添加 1.6%的 SiC 颗粒，可使铁基复合材料的硬度和抗拉强度分别比基体提高 35.9%、69.4%。利用 WC 颗粒增强的铁基复合材料的耐磨性能可以达到金属基体的 28 倍。相对于单粒径，多粒径 TiB_2增强铜基复合材料的摩擦系数和磨损率分别降低了 17.3%和 62.5%。向 Fe-Cu 基体中添加 B_4C 的含量从 0 增加到 5%时，材料的晶粒逐渐细化，大块的珠光体逐渐减少。

6.3.1.2 摩擦组元

常用的摩擦组元有 TiC、SiC、TiN、高熔点金属（镍、铁、钼）粉末、金属氧化物（Al_2O_3、SiO_2、Fe_2O_3）以及莫来石、硼化物等，通常是以组合的形式添加到材料中，其作用是提高材料的摩擦系数，即增加滑动阻力。根据使用要求，摩擦组元需具有高的熔点和解离热；从室温到烧结温度或使用温度的范围内无多晶转变；与其他组分或烧结气氛不发生化学反应；具有足够高的强度和硬度，保证在摩擦过程中不易破坏，但是强度和硬度又不能太高，否则会过度磨损对偶基体合金；对基体组元的润湿性能要好。如单摩擦组元 SiO_2与 Fe-Cu 基烧结摩擦材料基体可以形成过渡层，改善界面结合状态，有效提高材料的力学性能；双摩擦组元 SiO_2和 B_4C 在混合总量不变的情况下，随 SiO_2的增加、B_4C 的减少，摩擦材料的摩擦系数和磨损量均下降；对陶瓷摩擦组元 Al_2O_3颗粒的表面进行化学镀铜处理，可改善 Fe-Cu 基粉末冶金摩擦材料中陶瓷相与基体间的结合效果，增大摩擦材料的硬度、提高摩擦系数，

且表面镀铜后的 Al_2O_3颗粒不易脱落，摩擦系数稳定性提高 13%~23%；FeB 组元含量增加可提高 Fe-Cu 基摩擦材料的摩擦因数，而且 FeB 在烧结过程中与 Fe-Cu 基中的铁发生反应生成 Fe_2B，既起摩擦组元的作用，又能强化基体；相比于纯组元 SiC，钛涂覆的 SiC 表面能改善 SiC 颗粒和基体之间的界面结合强度，增加了 Fe-Cu 基摩擦材料的弯曲强度和耐磨性。

6.3.1.3　润滑组元

在摩擦材料中，加入适当的润滑组元可以提高摩擦材料的润滑性能，从而降低材料在制动过程中的磨损率。常见的润滑组元有低熔点金属铅、锡、铍等，固体润滑剂石墨、MoS_2 以及高岭土等，有时也选用 CuS、BaS 或 BN 等固体润滑剂。一般以石墨、MoS_2 应用最为广泛。低熔点的铅、锡等在高温下会局部熔化，可以吸收摩擦热并在摩擦面上形成一层薄膜，防止黏结、咬合和擦伤。如在干摩擦条件下，随着 MoS_2 含量的增加，热压烧结法制备的 Fe-Cu 基摩擦材料的平均摩擦系数和磨损率均呈先下降后上升的趋势，当 MoS_2 含量为 3%时，材料的平均摩擦系数最小，而磨损后材料的表面性能随 MoS_2 含量的增加呈先升高后降低。石墨粒度和含量对 Fe-Cu 基摩擦材料的性能具有重要的影响，随着石墨粒度的减小，材料摩擦系数的变化呈先增后减的趋势，粗大的石墨具有较好的润滑性能，而摩擦系数低；当石墨较细时，由于氧化等因素的影响，润滑性能变差，摩擦系数升高；随着石墨含量的增多材料的压溃强度和抗压强度下降，摩擦学性能明显改善。

6.3.2　粉末冶金摩擦材料的制备

粉末冶金摩擦材料的制备可分为原材料的选择、粉末混合、压制、烧结、装配和质量检验六步。对原材料的要求主要分为粉末准备和钢背准备两方面，粉末准备是对原材料的粒度、纯度和必要时的退火要求，钢背准备是使用铜基（钢背一般为 20 钢）、铁基（用合金钢）作为基体，然后在基体上镀铜、镀锡。

粉末的混合方式有两种，一是将配料组分一起直接投入混料机混合；二是可将混料按一定的先后顺序逐级拌合后再投入混料机进行混合。压制常采用单向压制，因压坯的高度低，铁基的压制压力为 400~600MPa（$4\sim6tf/cm^2$），铜基的压制压力为 200~400MPa（$2\sim4tf/cm^2$）；压制常见废品主要由个别区域松散、剥落及高度超差所造成。烧结一般是加压烧结，加工保护气氛为氢气和分解氨。炉子使用井式加压炉或钟罩加压炉。铜基烧结温度为 700~900℃，压力为 500~1500MPa（$5\sim15kgf/cm^2$）；铁基烧结温度为 900~1000℃，压力为 500~2500MPa（$5\sim25kgf/cm^2$）。在恒温区保温 2~4h，铜基的出炉温度选择 500~600℃，铁基的出炉温度 800~900℃。烧结废品主要为过烧、欠烧、过压、偏离钢背的正确位置、硬度过高或过低、摩擦材料层与钢背连接强度不够、摩擦制品的翘曲超出允许范围。

摩擦材料的连接方式主要有：摩擦材料烧结在铜基板上；用螺钉或螺栓将摩擦材料固定在制动器的钢带上；将摩擦材料铆接在圆盘上。配置方式是指将粉末冶金摩擦材料配制在制动器或离合器骨架上。

质量检验分为一般性检验和专门检验两种。一般性检验是针对几何尺寸、化学成分、外观、硬度及翘曲进行检验；专门检验是使用摩擦试验机检验其摩擦性能，在台钳上弯曲 90°检验其与钢背的联结强度和钢背的塑性检验。

下面以 Fe-Cu 基制动刹车闸片的制备为例，介绍粉末冶金摩擦材料的制备。

6.3.2.1 Fe-Cu 基制动刹车闸片的制备

1. 配料

对刹车闸片最终所需的摩擦性能需要和产品的工艺可行性进行原料配比，设计的摩擦材料配方如表 6-7 所示。

表 6-7 摩擦材料配方

原　料	形　状	含量/wt%	粒径/μm	纯度/%
电解铜粉	树枝状	39	40~60	≥99.5
雾化铁粉	近球形	30	40~60	≥99.5
钛粉		3	40~60	≥99.5
镍粉		3	40~60	≥99.5
钼粉		3	40~60	≥99.5
碳纤维（短切）		3	5~7	≥99.5
石墨粉	鳞片状	9	60~80	≥99.5
MoS_2	近球状	3	60~80	≥99.5
高岭土		2	70~100	≥99.5
长石粉		2	70~100	≥99.5
莫来石		2	70~100	≥99.5
蛭石粉		1	70~100	≥99.5

2. 混料

将上一步的原料按照比例称好后装入 V 型混料机中，按照 10~15mL/kg 添加溶剂汽油（120#汽油），然后在 30~50r/min 的速度下混料 3h。接着在混合好的料中添加 5~10mL/kg 80%的丙三醇溶液，用手揉搓搅拌均匀，过 30~40 目的筛子以制粒，在室温下阴干（停留 2~4h）。

3. 冷压成型

首先根据摩擦块闸片的图纸，利用公式计算出压坯所需混合粉的质量为 35g。再用天平称取这些质量的粉体装在钢压模中阴模与下模冲构成的型腔中（根据图纸事先设计并加工好），最后放上上模冲，在 250t 液压机上施加 500MPa 的压力进行冷压成型，保压 30s 后取出压坯。

4. 钢背处理

以 20 钢作为基材，根据所需钢背的尺寸通过模具在基材上冲裁出来，用 $400^{\#}$、$600^{\#}$、$800^{\#}$、$1000^{\#}$SiC 砂纸将钢背表面逐级打磨平整，用无水酒精超声冲洗 30min 并干燥，然后给钢背表面电镀铜备用。

5. 加压烧结

将压坯与镀铜钢背（钢背材质为 20 钢）一起叠放入钟罩式加压烧结炉中并盖好炉盖，然后将炉腔内抽真空到 6×10^{-3}Pa，连接好加压装置，通入保护气氛氮气（有利于与添加组元铁、钛发生反应形成氮化物，提高耐磨性）进行加压烧结。升温速率控制在 200~250℃/h（较慢的加热速率有利于排除压坯中的添加剂），加热到 950℃ 保温 1.5h，同时施加 2MPa 的压力，Fe-Cu 基制动闸片烧结工艺曲线如图 6-6 所示。等温度降到 60℃ 以下打开炉盖，关闭保护气氛。

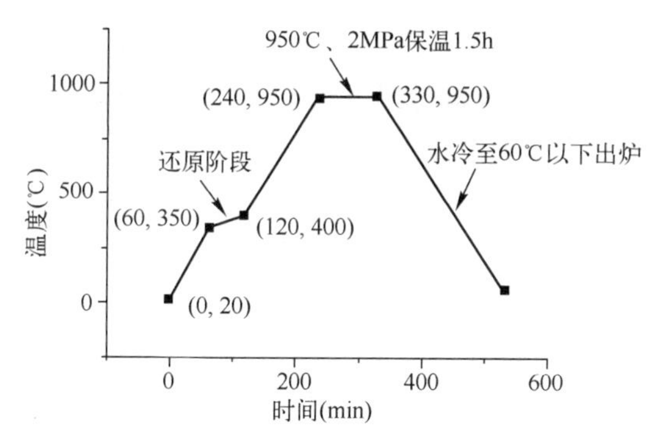

图 6-6　Fe-Cu 基制动闸片烧结工艺曲线

6. 磨削

使用磨床加工摩擦材料使其表面达到一定的厚度，获得高的表面均匀性。

7. 表面处理

在喷砂机上，所用的砂粒为直径约 0.5~1mm 的白色刚玉砂，以 5~8m/s 的速度高速冲击摩擦块的表面 1~3min，同时清理刹车片钢背上面的污垢、锈蚀等。

制动刹车闸片生产工艺流程卡如表 6-8 所示。

6.3.2.2　C/C-SiC 复合摩擦材料的制备

C/C-SiC 是一种碳纤维增强的具有双基体（碳基体，SiC 基体）的复合材料，与传统的摩擦材料相比，这种摩擦材料具有密度低、摩擦系数高、抗腐蚀、抗氧化、耐高温等性能特点，适用于航空航天领域。

一般采用热压烧结来制备 C/C-SiC 摩擦材料。先将碳纤维分散，再将碳纤维与树脂混合放入混料设备，充分搅拌，然后将搅拌好的材料装入模具，在一定温度压制得到所需材料。最后将碳纤维增强树脂基复合材料碳化，从而制得 C/C 多孔体，最终液相融硅制成所需要的 C/C-SiC 摩擦材料。C/C-SiC 复合摩擦材料制备流程如图 6-7 所示。

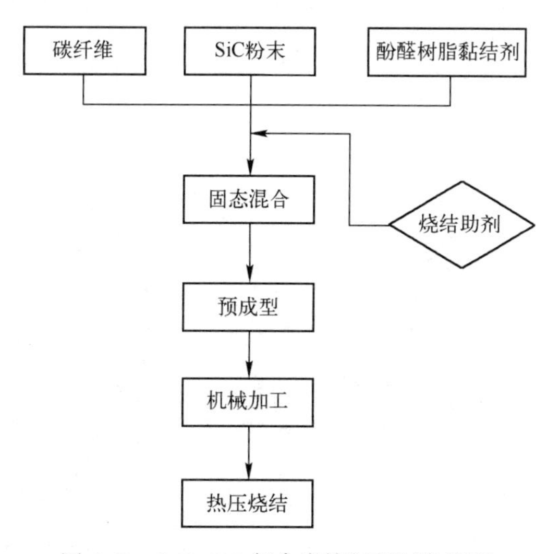

图 6-7　C/C-SiC 复合摩擦材料制备流程

表 6-8 制动刹车闸片生产工艺流程卡

产品名称	图号	材料	批量	单件质量	体积	密度	面积	工时	用户名称
制动闸片		Fe-Cu 基		35g	7.27cm^3	>4.8g/cm^3	18.17cm^2		
工序名称	工序内容						装备		
混料	材料配方：39%电解铜粉+30%雾化铁粉+9%石墨粉+3%钛粉+3%镍粉+3%钼粉+3%碳纤维（短切）+3%二硫化钼+2%高岭土+2%长石粉+2%莫来粉+1%蛭石粉 混料时间：3h 转速：30~50r/min 溶剂：15ml/kg 添加汽油（120#）						V 型混料机		
压制	压制弹出系数 C：0.2% 压坯密度：>4.8g/cm^3 压制模具：钢模，单向压制 压制压力：500MPa（5tf/cm^2） 脱模剂：硬脂酸锌 保压时间：30s 压坯尺寸：见图中摩擦块						250t 压力机		
钢背处理	以 20 钢作为基材，根据图中所需钢背的尺寸通过模具在基材上冲裁出来，用 SiC 砂纸打磨，用无水酒精冲洗并干燥，给钢背表面电镀铜备用								
烧结	烧结收缩率：0.32% 烧结气氛：氮气 烧结压力：2MPa 升温速度：200~250℃/h 烧结温度：950℃ 保温时间：90min 把钢背和摩擦块按照图示那样叠放加压进行烧结，等降温到 60℃以下开炉						钟罩式加压烧结炉		
磨削	平面磨，使摩擦块的高度一致，表面获得较高的均匀性						平面磨床		
表面处理	用直径为 0.5~1mm 的刚玉砂以 5~8s 的速度高速冲击摩擦块								

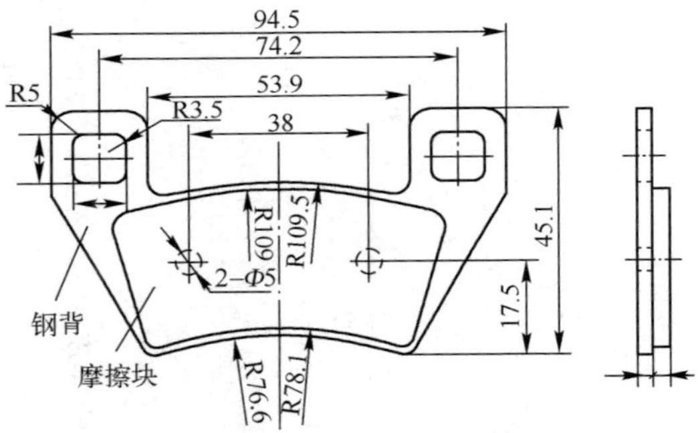

94.5 74.2 53.9 38 R5 R3.5 R109 R109.5 2−Φ5 45.1 17.5 R76.6 R78.1 钢背 摩擦块

制动闸片零件图

技术要求

1. 动摩擦系数>0.42
2. 表面硬度 HBW10~30
3. 密度>4.8g/cm^3
4. 摩擦体的剪切强度≥12MPa，摩擦体与钢背的黏结强度≥7MPa
5. 磨损率：要求材料磨损≤0.35cm^3/MJ
6. 表面光滑无剥落擦伤和其他毁灭性破坏

1. 成分设计

模压成型所需原料为碳纤维（7mm）、酚醛树脂、碳化硅粉末。

碳纤维。碳纤维必须进行分散，用空气压缩机将纤维吹散，此时碳纤维不再呈束状，而是有很少量的碳纤维黏在一起，在后续混料过程碳纤维能够与酚醛树脂粉充分混合均匀，从而使碳纤维与树脂碳接触面达到最大化，最终提高纤维增韧能力。同样，碳纤维体积分数也能够影响所制备的材料性能。碳纤维体积分数过低，则短纤维不能形成增强增韧效果，反之过高，成型时纤维容易变形，导致坯体中存在大量的残余应力，会使坯体发生分层开裂。纤维的长度也能够影响 C/C-SiC 摩擦材料性能，纤维过长加大了混料难度，容易产生缺陷；纤维过短则不能发挥其增韧作用。碳纤维选择型号为聚丙烯基碳纤维（T700-12K），其性能参数如表 6-9 所示。

表 6-9　碳纤维的性能参数

型　号	直径（μm）	密度（g/cm^{-3}）	抗拉强度（MPa）	抗拉模量（GPa）
T700-12K	7.0	1.80	4900	230

酚醛树脂。作为模压工艺固化剂和树脂碳源，酚醛树脂一般为粉末状，能够与碳纤维混合进行温压成型。选用酚醛树脂产品一般要求在 500℃以上分解，要求无毒。线烧蚀率为 0.079mm/s，凝胶速度为 60~110s/200℃，残碳率（800~900℃）大于等于 60%。选用热塑性酚醛树脂，在一定温度下酚醛树脂变为液态从而能够温压成型。在室温时变为固态，从而脱模。根据酚醛树脂特性温压温度选 200℃左右压制成型，自然冷却脱模。

碳化硅粉末。粒径为 2μm，纯度为 99.5%。

2. 制备工艺

混料。将 SiC 粉末与体积分数为 25%的短切碳纤维、酚醛树脂和 B_4C 烧结助剂进行均匀混合，混料均匀则能充分发挥碳纤维增韧效果，树脂碳源分布均匀从而使融硅生成的 SiC 分布均匀，而 SiC 分布能够影响制成的摩擦材料的摩擦磨损性能。

模压。采用热压铸工艺进行预成型，预成型压力为 10MPa，温度为 180℃。在加压之前，要把模具、模套在压机的下平板上加热，在模腔内壁涂上含有硬质酸锌的酒精溶液，便于成型后的脱模。温压过程中，应该缓慢预压多次并保证一定的间隔时间，一般为 5~10min，控制好卸压速度，防止里面产生的气体快速喷出并确保坯体内部没有残余气泡。如此，纤维便有足够的弛豫时间，减小坯体内部的残余应力。根据计算的原料的总体积，压缩到该体积后，可停止压缩，保压 30~60min，使树脂充分固化，脱模后进行碳化烧结。然后将制备好的素坯加工成尺寸为 ϕ50mm×21mm 的圆柱形样品。

碳化。将试样预制体放入真空热烧结炉炉膛中，将炉盖盖紧。打开冷却水循环系统，再打开炉子总电源，打开抽真空阀门，开启真空泵。待炉内气压接近真空状态，开始加热。烧结压力为 25MPa，烧结时采用的升温速度为 7℃/min，以氩气作为保护气氛，升温速度为 7℃/min，并在 1200℃时保温 5min。以 2100℃为最终烧结温度进行烧结并保温 1h，全程保持氩气气氛直到烧结过程结束之后停止，待炉膛温度冷却至室温，取出试样。烧结密度不小于 2.30g/cm^3。

6.3.3 粉末冶金摩擦材料发展趋势

近年来，国内外对粉末冶金摩擦材料及制造工艺进行了大量的研究，并研制了不少新的材料及制造工艺，对新型摩擦材料的研究将是今后摩擦材料发展的重点，主要集中在以下几个方面。

加强摩擦磨损基础理论与表面破坏机理的研究，摩擦学的两大核心问题是摩擦和磨损，被普遍接受的摩擦学理论是分子机械理论。近年来，随着对摩擦表面的不断深入的研究，现代测试方法已被用于证明磨损的产生是氧化、磨粒磨损和层疲劳相结合共同作用的结果。通过探测表面层的组织结构，观察其形成与破坏机理，可以系统地研究表面破坏机理和摩擦接触面产生的三种相互关联的过程，即表面相互作用、固体表层和表面膜在摩擦力作用下的变化和表层破坏对摩擦副性能的影响。周围介质的性质和实际工作状态之间的相互影响。围绕这些细节，可以进行更进一步的深入研究。

工艺技术创新，传统摩擦材料制备技术生产效率低、综合性能有待提高，为此研究和提出了一些新的制备工艺，如热压烧结法、熔渗法、微波烧结、感应烧结、燃烧合成法、等离子喷涂法、喷撒工艺等。

（1）热压烧结法，是将干燥粉料充填入模型内，再从单轴方向边加压边加热，使成型和烧结同时完成的一种烧结方法。热压烧结由于加热加压同时进行，粉末处于热塑性状态，有助于颗粒的接触扩散、流动传质过程的进行，因而成型的压力仅为冷压的1/10，还能降低烧结温度，缩短烧结时间，得到晶粒细小、致密度高、强度高、热传导性能好的Fe-Cu基摩擦材料。利用该方法在还原气氛中制备得到兼具铁基和铜基优点的Fe-Cu基摩擦材料，具有较高的摩擦系数，同时在较宽的温度范围内摩擦磨损性能比较稳定。但此方法对模具要求较高，需在保护气氛或真空状态下进行。

（2）熔渗法，是用熔点比制品熔点低的金属或合金在熔融状态下充填未烧结或烧结制品内部孔隙的工艺方法。如以Fe-Cu基烧结品作为基础试样，选用6-6-3青铜粉（Sn5~7%、Zn5~7%、Pb2~4%、Cu余量）作为熔渗剂在钼丝炉中加热至950℃保温1h进行熔渗试验。结果发现6-6-3青铜粉末对铁铜基粉末冶金摩擦材料具有较好的润湿性能，随着熔渗温度的升高，材料的孔隙率降低、致密度和硬度均增大，磨损率降低，而摩擦系数则基本保持不变。以Fe-Cu基摩擦材料为基体，Cu-Sn合金为熔渗剂，发现在1100℃保温1h，可得到性能远高于传统烧结制品的摩擦材料，其硬度超出传统烧结试样2.5倍、拉伸性能为传统烧结试样的1.7倍、磨损性能为传统烧结试样的3.3倍、压溃强度提高2.5倍。

（3）微波烧结，是利用微波所具有的特殊波段与材料的基本细微结构耦合而产生热量，材料在电磁场中的介质损耗使其整体加热至烧结温度而实现致密化的方法，是实现材料快速节能烧结的新技术。微波烧结升温速度快，烧结时间短，微波还可对物相进行选择性加热，获得材料的新结构。此外，微波烧结易于控制、安全、无污染。利用该工艺制备Fe-Cu复合材料时发现：在烧结温度为1150℃时所得微波烧结样品具有小而圆且均匀分布的孔隙结构，有利于获得细小的晶粒和较高的致密度。微波烧结与常规烧结相比，样品具有更多片状和粒状珠光体，能显著改善复合材料的机械性能，摩擦磨损性能也有一定的提高。

（4）感应烧结，是一种利用感应加热，使固体颗粒之间相互键联，随着晶粒长大，空隙（气孔）和晶界逐渐减少，通过物质的传递，使其总体积收缩、密度增加的烧结方法。

与传统热压烧结相比，感应烧结法具有制备时间短、效率高、能耗低等优点。有研究者利用该方法制备石墨/Fe-Cu 基复合材料，发现随着感应加热频率的增加，摩擦材料的孔隙率、密度、硬度、抗压强度降低，而摩擦系数和磨损率先降低后升高。研究还发现，选用合理的工艺参数，以氢气为保护气氛，感应加热烧结可以得到质量可靠的刹车盘，同时还可以缩短生产周期，降低能耗，提高经济效益。

（5）燃烧合成法，是利用化学反应自身放热制备材料的新技术。其主要特点为：①利用化学反应自身放热，完全（或部分）不需要外热源；②通过快速自动波燃烧的自维持反应得到所需成分和结构的产物；③通过改变热的释放和传播速度来控制过程的速度、温度、转化率和产物的成分及结构。利用该方法可在较低温度下获得 Fe-Cu-Ti-C 复合材料，压力对复合材料的相组成并无影响，随着压力增大合金致密度和显微硬度增大，耐磨性提高。

（6）等离子喷涂法，是采用由直流电驱动的等离子电弧作为热源，将陶瓷、合金、金属等材料加热到熔融或半熔融状态，并高速喷向经过预处理的工件表面而形成附着牢固的表面层的方法。它具有以下特点：①超高温特性，便于进行高熔点材料的喷涂；②喷射粒子的速度高，涂层致密，黏结强度高；③使用惰性气体作为工作气体，可使喷涂材料不易氧化。采用该方法将 Cu-Sn 和 Cu-Sn-Mo 等混合粉末喷涂在 Fe-Cu 基体上，发现 Cu-Sn-Mo 混合粉末涂层的硬度及摩擦磨损性能均优于 Cu-Sn 涂层。对 Fe-Cu-Al 基体喷涂 Al_2O_3粉末，发现喷涂后的样品相比于 Fe-Cu-Al-Al_2O_3的混合粉末烧结样品，有更好的摩擦学性能。这是因为基体具有软硬适中的平衡，并且由于表面涂覆的 Al_2O_3与基体和氧气发生了复杂的化学反应，金属氧化物与随后形成的碎片发生滑动，形成了良好的润滑膜。

（7）喷洒工艺，是将粉末直接喷洒在芯板上进行预烧结，然后再压制成型进行终烧的方法。与传统压烧法相比，该方法生产周期短，热利用率高，原材料利用率高，可达 95%以上。在预烧结温度为 1050℃、保温时间为 2h、压制压力为 500MPa、终烧结温度为 1030℃、保温时间为 2h 的条件下，制备的 Fe-Cu 基粉末冶金摩擦材料具备较高的硬度和密度，与基板具有较高的结合强度。

（8）调整原料粉体，利用纳米技术制备纳米摩擦材料，纳米摩擦材料选用纳米粉体材料，通过控制不同形态多相组分的纳米效应，使纳米摩擦材料获得比现有摩擦材料更好的综合性能，能同时兼顾强度、韧性、高温摩擦与磨损等性能。选用复合粉体或包覆粉体，既能提高摩擦材料的强韧性和摩擦特性，还有利于改善各组元间的结合状态。

除了常见的铁基、铜基粉末冶金摩擦材料外，还研制出铝基、镍基、陶瓷基等摩擦材料。铝基粉末冶金摩擦材料主要是利用铝良好的导电、导热、质量轻和耐腐蚀性的特点，如利用雾化铝合金粉末研制出的摩擦材料，因具有弥散强化的效应使之在高温下呈现出更好的力学性能。镍基粉末冶金摩擦材料主要是利用镍的耐高温特性和较好的塑性，使镍在很高的温度下烧结成型，制成高致密度的材料，这种材料在高温下仍然能保持良好的摩擦系数。陶瓷基摩擦材料是指加入了一定比例的陶瓷组分或具有陶瓷性能的氧化物且整体表现出部分陶瓷性能的摩擦材料，一般由陶瓷纤维、不含铁的填料物质、黏结剂和少量的金属组成，陶瓷摩擦学主要集中在 SiC，Si_3N_4，Al_2O_3及 ZrO_2等少数几种摩擦材料上。以 Ti_3SiC_2作为润滑组元制得的新型粉末冶金闸片，基体强度优于传统的粉末冶金制动闸片材料，其良好的高温抗氧化能力能够保证摩擦材料在高温下稳定摩擦；用 Cr-Fe 代替 Al_2O_3作为摩擦组元，可以改善硬质相与铜基体的结合状态；石墨烯、碳纳米管等碳材料具有导热系数高、热膨胀系数低、自润滑性能好等优点，将其引入铜基复合材料中，能够显著地提升材料的机械、热、电和摩擦学性能；石墨纤维的表面镀覆碳化物 Mo_2C 及 TiC，制得的铜基复合材料的致密度、界面结合及热导率都得到了显著的提升。以石墨和 Sb_2S_3混合物作为固体润滑剂的摩擦材料比仅使用其中一种润滑剂的材料具有更佳的摩擦稳定性。

未来摩擦材料的发展方向是倾向于研发优质、高效、节能、低耗、少污染或无污染的摩擦材料制品及生产工艺。

6.4 电工材料

6.4.1 电工材料概述

电工材料是指采用粉末冶金方法制造的用于电器设备及仪表中传递和承受电负载的材料和制品。电工材料包括触头材料、电刷材料、电极材料。

6.4.2 触头材料

触头是高、中压输配电和变电网络、低压电器保护和控制以及各种自动化仪表中的关键元件。

触头材料的成分按使用条件分高压（电压>10kV），中、低压，弱电（电流为毫安以下）三大类。高压主要使用 W-Cu、W-Ag、W-Ni-Cu、WC-Ag 等材料，中、低压主要使用 Ag-Ni、Ag-Fe、Ag-石墨、Ag-CdO、Ag-CuO、Ag-SnO、Cu-Cr 等材料。弱电则多用贵金属及其合金（该类材料不使用粉末冶金技术制备）。

6.4.2.1 触头材料的工作状态与性能要求

触头材料必须要有高的可靠性与工作寿命长。要达到这一目标，就必须了解开关电器触头在不同工作状态下的性能要求。开关电器触头一般都有三种工作状态：触头的闭合过程、闭合导电过程和分段电流过程。在闭合过程中，对触头材料的主要要求是接触电阻低而稳定；在闭合导电过程，主要要求触头材料抗摩擦和磨损能力好；在分段电流过程中，由于触头间气体放电现象及电路分断接通操作过程中的机械效应，对触头材料的要求非常苛刻，也是研究最多的电接触现象。基于此，整理出触头材料的基本特性要求如下。

1. 力学性能

触头材料应具有合适的硬度。较低的硬度在一定接触压力下可增大接触面积，减少接触电阻，降低静态接触时的触头发热和静熔焊倾向，并且可降低闭合过程中的动触头弹跳；较高的硬度可降低熔焊面积和提高机械磨损能力。另外，合适的硬度有利于加工。触头材料还应具有合适的弹性系数，较高的弹性系数容易达到塑性变形的极限值，因此表面膜容易破坏，有利于降低表面膜电阻；较低的弹性系数则可增大弹性变形的接触面积。

2. 物理性能

高的热传导性可以使电弧或焦耳热源产生的热量尽快输至触头底座。高的比热、熔化、汽化、分解潜热、燃点、沸点可以降低燃弧的趋势。低的蒸汽压可以限制电弧中的金属蒸汽密度。触头材料应具有高的电导率以降低接触电阻，低的二次发射和光发射以降低电弧电流和燃弧时间。

3. 化学性能

触头材料应具备较高的化学稳定性，即具有较强的抵抗气体烧蚀的能力，以降低对材料的损耗，具有较高的电化电位，与周围气体的化学亲和力要小，化学生成膜不但要求分解温度低，而且要求其机械强度小。

4. 电接触性能

触头的电接触性能实质是物理和化学性能的综合体现，并且各种特性相互交叉作用。概括地讲，触头的电接触性能主要包括以下几点。

（1）表面状况和接触电阻。接触电阻受到表面状况的显著影响，而表面状况又与电弧侵蚀过程密切相关，因而要求触头的侵蚀均匀，以保证触头表面平整，接触电阻低而稳定。

（2）耐电弧侵蚀和抗材料转移能力。触头材料具有高的熔点、沸点、比热和熔化、汽化热及高的热传导性，固然对提高触头的耐电弧侵蚀能力有利，但上述物理参数只能改善触头间电弧的熄灭条件，或大量地消耗电弧输入触头的热流，然而一旦触头表面熔融液池形成，触头的抗侵蚀性能则只能靠高温状态下触头材料所特有的冶金学特性来保证。这涉及液态银对触头表面的润湿性，熔融液池的黏性及材料第二和第三组分的热稳定性等。

（3）抗熔焊性。触头材料的抗熔焊性包括两个方面，一是尽量降低熔焊倾向，从触头材料角度来看，主要是改善其热物理性质；二是降低熔融金属焊接在一起后的熔焊力，熔焊力主要取决于熔焊截面和触头材料的抗拉强度。显然，为了降低发生静熔焊的倾向，可增大接触面积和导电面积，但一旦发生熔焊，就会使熔焊力增加，因此为降低熔焊力，或为提高触头材料的抗熔焊性，常在触头材料中加入与银化学亲和力小的组分。

（4）电弧特性。触头材料应具有良好的电弧运动特性，以降低电弧对触头过于集中的热流输入。触头材料还应具有较高的最小起弧电压和最小起弧电流。最小起弧电压很大程度上取决于电触头材料的功函数以及其蒸气的电离电位。而最小的起弧电流与电极材料在变成散射的原子从接触面放出时所需要的结合能有关。触头间电弧可具有金属相和气体相两种形式，不同形式的电弧对电极有不同的作用机制，触头材料应使触头间发生的电弧尽快地由金属相转换到气体相。

5. 其他性能

除上述要求外，触头材料应尽可能易于加工，具有较高的性能价格比。而且出于绿色环保考虑，不能污染环境，如今这个问题越来越受人们的重视。

6.4.2.2 触头材料的制备

1. 熔渗法生产 W-Cu 触头材料

将钨粉或者混合有少量铜粉的钨粉制成压坯，并将熔渗金属铜与钨压坯叠置在一起。

然后在还原气氛或真空中，高于铜熔点的温度下烧结。烧结过程中，依靠毛细管作用，使熔融的铜渗入钨骨架。烧结和熔渗可分开进行，也可合为一个工序，但预先烧结钨骨架再熔渗的方式可获得强度较高的骨架，熔渗法制备 W-Cu 合金工艺流程如图 6-8 所示。

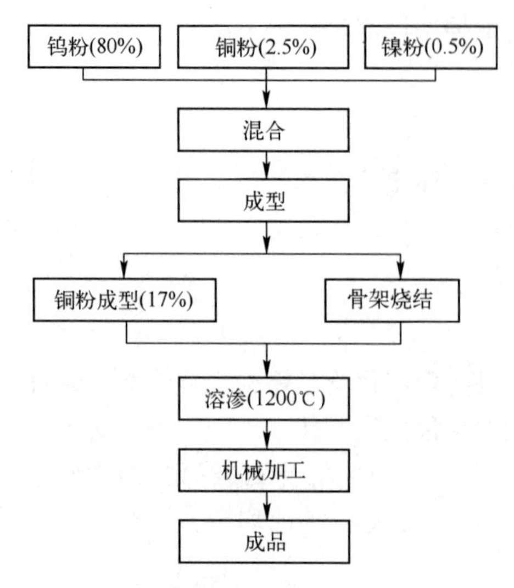

图 6-8 熔渗法制备 W-Cu 合金工艺流程

W-Cu 合金的制备方法还有混合-压制烧结法，活化烧结法和烧结加压复合法。W-Cu 合金未来主要向高气密性、高均匀性、高导性、微型化以及高铜含量等方面发展。混合-压制烧结法是将所需成分的铜和钨的混合粉压制成型后，直接烧结制得产品。烧结一般有两种方法，一种是非液相烧结（即固相烧结），即压块在低于铜的熔点下烧结，在烧结过程中没有液相产生；另一种是液相烧结，即烧结温度高于铜的熔点。烧结工艺得到的制品密度偏低，特别是含铜量低的材料更为严重。这是由于固相钨在液相铜中仅有极小溶解度，物质输送无法通过溶解沉淀和颗粒圆化方式进行，再加上 W-Cu 间浸润性差，使 W-Cu 合金很难实现致密化。而活化烧结法可以改善两者之间的润湿溶解，并降低烧结温度。烧结加压复合法制备的粉末冶金制品或多或少都存在一定的孔隙率。残余孔隙的存在对某些物理和力学性能有着致命的影响。采用加压烧结或烧结后的二次加工技术，可获得更优异的性能。

近年来，为了获得高强高导的 W-Cu 合金，提出了很多新的制备技术，如表 6-10 所示。图 6-9 为 W-Cu 合金的显微组织照片。

表 6-10 制备 W-Cu 合金的方法及特点

名　　称	制 备 方 法	特点及应用
熔渗法	在多孔钨骨架的毛细管作用下，将铜熔液渗入其骨架的孔隙中并形成铜网络分布，从而得到致密制品的工艺	制品致密度相对较高，成分均匀，性能良好，是目前制备 W-Cu 合金中应用最为广泛的方法
高温液相烧结法	将钨粉和铜粉按一定比例配料混合、成型，并在铜与钨熔点之间的温度下进行材料的烧结和致密化的制备方法	生产工序简单易控，但烧结温度高，烧结时间长，烧结性能差

续表

名　称	制备方法	特点及应用
活化液相烧结法	在W-Cu复合材料中加入钴、镍、铁等第三种活化金属元素来促进改善材料烧结过程的方法	材料相对致密度、强硬度快速增加，但同时活化剂的加入会影响材料热导、电导性能，应用受限制
热压烧结法	把粉末装入模腔内，在加压的同时使粉末加热到正常烧结温度或更低一些，经过较短时间粉末烧结成致密而均匀的制品	其特点是可以在较小的压力下迅速得到冷压烧结所达不到的密度，但生产效率低下，对模具要求高耗费大，生产成本高
共还原法	将钨和铜的氧化物粉末进行混合、压制与成型后，在还原性气氛中进行烧结的一种方法	较纯金属钨和铜粉末的制造工艺更为简单，致密化效果佳，但生产效率低，且氢气还原过程不易控制
快速定向凝固法	在快凝固速度与大过冷度作用下，W-Cu合金元素在固相中的溶解度扩大，晶粒组织细化偏析减少，从而使合金能保持好的导电性能，更高的室温和高温强度及耐磨耐腐蚀性能的一种特殊制备方法	目前该方法的应用还有一定限制，对一定外形尺寸零件的制备及热流方向的控制仍是难题

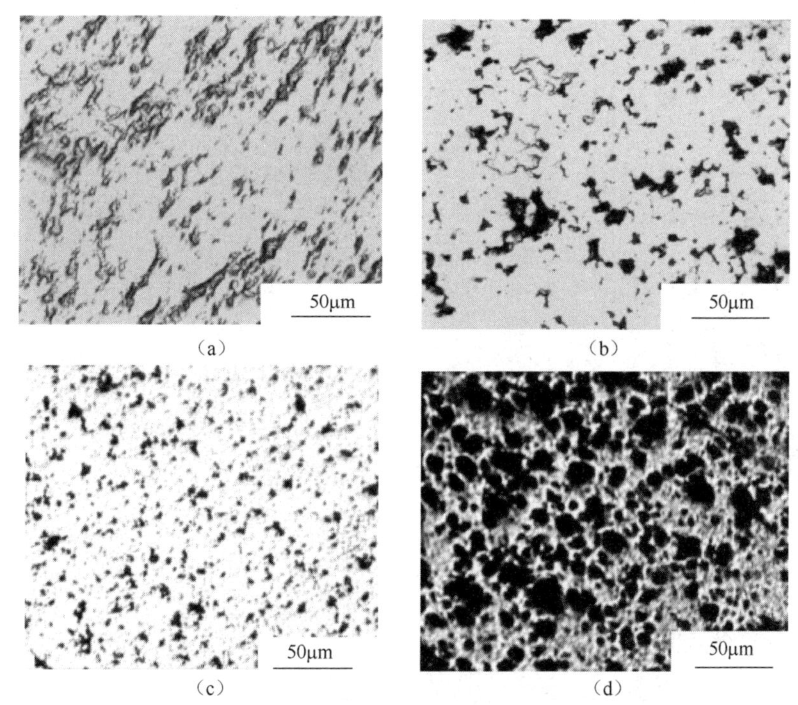

(a) 熔渗烧结；(b) 添加稀土元素；(c) 机械合金化；(d) 注射成型烧结

图6-9　W-Cu合金显微组织照片

表6-11是具体制备W-Cu/QCr0.5整体触头材料的工艺流程卡。该零件的制备工艺是原料准备、Cu-W80粉的混合与成型、与铜尾配型、整体烧结、热处理、检验、机械加工、表面钝化、入库。

表 6-11　W-Cu/QCr0.5 整体触头工艺流程卡

产品名称	图号	材料	批量	单件质量	体积	密度	面积	工时	用户名称
电触头		W-Cu/QCr0.5		1046g	99.8cm^3	>10.4/cm^3	105cm^2		
工序名称	工序内容						装备		
原料准备	钨粉纯度≥99.9 %，粒径：6~8μm；铜粉纯度≥99%，粒径：<75um。Cr0.5 棒材，铬含量：0.77%　棒材尺寸：$d=\Phi 50$mm　$d=90$mm						分析天平		
混料	材料配方：80%钨粉纯度≥99.9%+5%铜粉纯度≥99.9%；额外加 0.5%镍粉纯度≥99.9%　混料时间：4h　混合粉松装密度 3.6~3.8g/cm^3						V 型混料机		
压制	压制弹出系数 C：0.2%　压坯密度：13g/cm^3　压制方式：双向压制 压制压力：6~7tf/cm^2　受压面积：41cm^2　总压力：≈287tf 压坯主要尺寸：外径 $D=\Phi 38$mm　内径 $d=\Phi 14$mm　高度：$h=55$mm 压坯内加工一段 8mm 长度的斜面						手动 100t 四柱压机		
装配	在铜尾一端机加工出一个深度约 5mm 的凹槽，而后将 CuW80 压坯与 QCr0.5 铜尾按照图纸配型						C6140 机床		
烧结	烧结方法：液相烧结　烧结收缩率：$\varepsilon=0.1\%$　保护气氛：氮气 将配型好的零件装在石墨舟里，周围用刚玉砂填充并捣实，同时在铜尾端放置补缩铜块，而后在氮气气氛下烧结 烧结带温度：1350℃+10℃　1~2h　铜尾烧结后硬度：≥56HB						连续式气体保护烧结炉		
热处理	1050℃固溶处理 1h 而后快冷至室温，而后加热至 450℃时效 4~5h						RX30 - 1100 高温箱式电阻炉		
检验	检验 Cu-W80 与铜尾的结合状态，同时检测铜尾热处理后硬度>110HB						布氏硬度计		
机加工	加工至图纸尺寸						C6140 机床		
表面钝化	钝化液：浓度 5%的过硫酸铵溶液						钝化工作站		

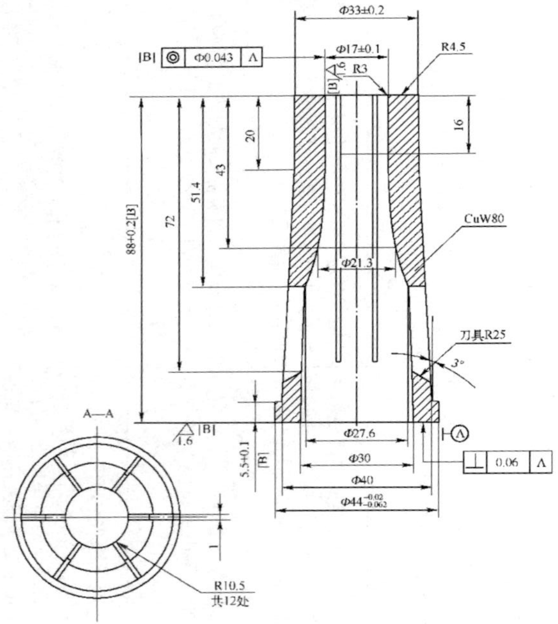

WCu/QCr0.5 整体触头零件图

技术要求：
1. 未注圆角为 R3
2. CuW80 触头外部高 50±1
3. 铜尾硬度≥HB110
4. 结合强度≥220MPa
5. 未注明粗糙度 Ra<3.2

在原料准备方面需要将工艺所需的钨粉、铜粉、QCr0.5 棒材准备好。其中，钨粉纯度≥99.9%，粒径为 6~8μm；铜粉纯度≥99%，粒径要小于 75μm。QCr0.5 棒材的铬含量为 0.77%，其直径为 50mm。

将铜粉与钨粉按照 85%的相对密度来混合，其中钨粉为 80%，铜粉为 5%，此外，为了增加活化作用还需要添加 0.5%的镍粉，混粉时间为 4h，然后造粒。由于压坯的高径比超过 1（55/38=1.45），因此采用双向压制，压坯密度不低于 $13g/cm^3$；此外，为了更好地与铜尾配型，套筒还需要在压制后内孔端部加工出一个角度为 10°，深度约为 5mm 的斜面。具体 W-Cu 合金头与铜尾的装配图如图 6-10 所示。

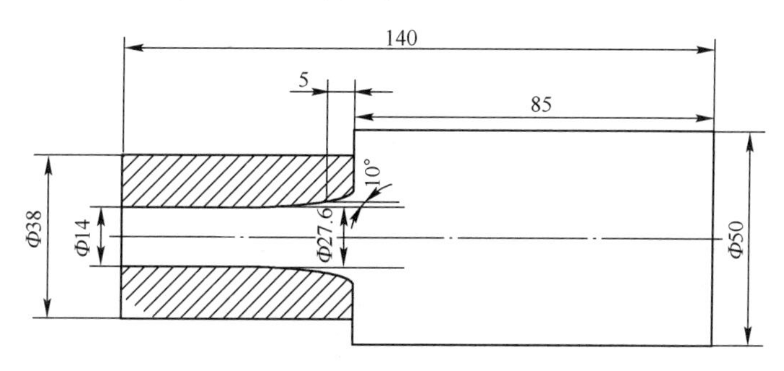

图 6-10　W-Cu 合金头与铜尾的装配图

W-Cu/QCr0.5 采用液相烧结的方式，首先把配型好的零件压坯在下端，铜尾在上端立放装在石墨舟里，在其周围用刚玉砂填充并捣实，而后同时在铜尾端放置一定尺寸的补缩铜块，最后在氮气气氛下于 1350℃+10℃烧结 1~2h。

为了提高烧结件的弹性，还要对其在 1050℃ 固溶处理 1h，而后快冷至室温，再于 450℃保持 4~5h。热处理后需要检验 W-Cu 合金与铜尾结合状态及铜尾硬度，要保证铜尾硬度不低于 110HB。最后，通过机加工将热处理后的零件加工至图纸尺寸，再经过表面过硫酸铵溶液钝化处理后入库。

2. 共沉积法制备 Ag-CdO 触头

将纯净的金属银和金属镉按要求的成分配料，用 1∶1 的稀硝酸溶解，得到硝酸银和硝酸镉的混合溶液，待用沉淀剂沉淀。沉淀剂可以采用 Na_2CO_3、$NaHCO_3$、NaOH、$H_2C_2O_4$，将这些沉淀剂与硝酸银和硝酸镉的混合溶液作用后，分别得到均匀分散的银和镉的碳酸盐、氢氧化物或草酸盐。

共沉淀物经过过滤、洗涤等工序，才能将其中的 Na^+ 和 NO_3^- 去掉。但由于共沉淀物很细，难于过滤、洗涤，残存的 Na^+ 将使触头在储存和使用过程中“发霉”，影响质量。为此，在洗涤之前，将共沉淀物在 400℃焙烧，将发生下列分解反应：

$$Ag_2CO_3=Ag_2O+CO_2$$

$$2Ag_2O=4Ag+O_2$$

$$CdCO_3=CdO+CO_2$$

此时得到的银和 CdO 的混合物，易于洗涤、过滤，而且可避免发霉。洗涤使用二苯胺浓硫酸溶液检查，至无 NO_3^- 为止。

Ag-CdO 混合料以 800MPa（$8tf/cm^2$）压力成型，850℃烧结约 2h，可获得良好的性能，密度为 10.03g/cm^3，电阻系数 2.4μΩ · cm。采用共沉淀法制备 Ag-CdO 触头的工艺流程如图 6-11 所示。

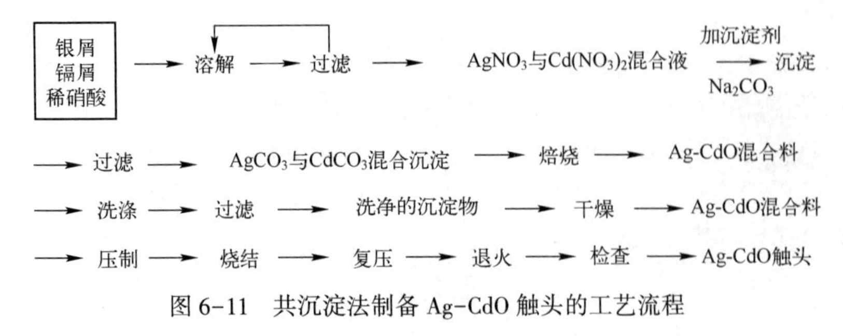

图 6-11 共沉淀法制备 Ag-CdO 触头的工艺流程

3. 松装熔渗法制备 Cu-Cr 合金

松装熔渗法制备 Cu-Cr 合金触头的一般工艺流程如图 6-12 所示，表 6-12 所示为一种 Cu-Cr50 电触头的制备流程。

铬粉松装于石墨坩埚
铜块 } 真空炉中烧结—铜块熔渗于铬粉中—除气—检查—Cu-Cr 合金

图 6-12 松装熔渗法制备 Cu-Cr 合金触头的工艺流程

松装熔渗法制备 Cu-Cr 合金触头的具体工艺过程为：将具有一定粒径的铬粉、铜粉、石墨粉以及少量的丙酮按一定比例配制，并按照一定的混粉工艺充分混制均匀；之后将混合好的 Cr 粉装在内径尺寸为零件外径的石墨坩埚中，在衬有高纯石墨纸的石墨坩埚中进行松装并轻微振实，根据铬粉的粒径，松装后形成一定孔隙（50%～60%）的堆积体；而后将 1.2 倍等质量的无氧纯铜块放置于松装的 Cr 粉上。再将石墨坩埚放入真空烧结炉中升温抽真空，在 1000℃以下、高真空度（小于 10^{-3}Pa）的环境中，除气并进行碳的热还原，而后在低真空条件下按照一定的加热速度升温至 1200～1300℃将铜熔渗进铬骨架，保温一定时间，以保证铜熔化并浸渗到铬颗粒的间隙中，待铜熔渗进铬骨架制成 Cu-Cr 合金材料后，再降温至 700～800℃后于高真空度下除气（降低氢、氧、氮含量）。最后再通过热处理、机加工即可获得成品零件。该工艺操作简单，配合真空热碳还原工艺，可以制备出氧含量较低的 Cu-Cr 合金触头。

需要注意的是，由于铬是强碳化物形成元素，因此在铬粉装舟时，坩埚的周围需要用石墨纸进行遮蔽；此外，在高温下熔渗时，铬在铜中溶解度较高，冷却后形成过饱和固溶体，使其电传导性能有降低的弊端，可以采用随后的热处理工艺来消除。但是，熔渗法仍存在一定的工艺局限性，如该方法不易制备高含量铜（质量分数 ω(Cu)>60%）的 Cu-Cr 合金（铜的质量分数 ω 一般在 5%～60%之间）。

松装熔渗工艺法制备 Cu-Cr 合金触头的工艺要点包括以下几个方面。

（1）粉末粒径及分布的确定。为保证熔渗的顺利进行、减少闭孔等缺陷，在烧结的铬骨架中要加入一定量的诱导铜粉。如果铜粉的粒径过大，那么骨架中铜所占据的面积也较大，这会造成成分的宏观偏析，在燃弧时易产生喷溅。因此，要求铜粉的粒径应细一些。但是铜粉过细又容易增加氧含量，并给混粉工艺带来困难。一般认为铜粉的粒径在 5～55μm 范围内比较合适。

表 6-12　Cu-Cr 50 触头的制备流程

产品名称	图号	材料	批量	单件质量	体积	密度	面积	工时	用户名称
触头		Cu-Cr50		92g	12. 25cm	>7. 5/cm³	24. 5cm²		
工序名称	工序内容						装备		
混料	材料配方：铬粉纯度≥99. 9%；外加(ω)0. 8%丙酮　(ω)1. 5 %石墨 混料时间：4h 混合粉松装密度 2. 8~2. 9g/cm³						V 型混料机		
装舟	将混合好的铬粉装在内径尺寸为 $D=\Phi42$mm 的石墨坩埚中， 在衬有高纯石墨纸的石墨坩埚中进行松装，松装后形成孔隙率 55%的堆积体；装舟后，在粉末上方压一质量比铬质量多 20%的无氧铜块						石墨舟		
熔渗	熔渗方法：真空熔渗　将石墨舟放入真空炉内，而后加热至 980℃，抽真空至 10^{-3}Pa 以下，除气并进行碳的热还原；之后加压至 10^{5}Pa 左右并升温至 1200℃熔渗铜 30min，待铜熔渗完毕后，降温至 700~800℃后抽真空至 10^{-3}Pa 以下除气(降低氢、氧、氮含量) 熔渗后密度：7. 5~7. 8g/cm³　熔渗后尺寸：$D=\Phi64$mm　$h=110$mm						真空烧结炉		
热处理	热处理方式：固溶处理+时效处理 固溶处理温度 960℃　30min；时效温度 500℃，4h 热处理后材料硬度：≥125HB　导电率：>1. 21×$10^{7}\Omega^{-1}\cdot m^{-1}$						箱式高温电阻炉		
机加工	车削至图纸尺寸：$D=60^{-0.3}$mm　$h=10\pm0.1$mm　开 2. 5×20 槽×6 除倒刺后对槽倒圆角 R2. 5×12						数控机床		

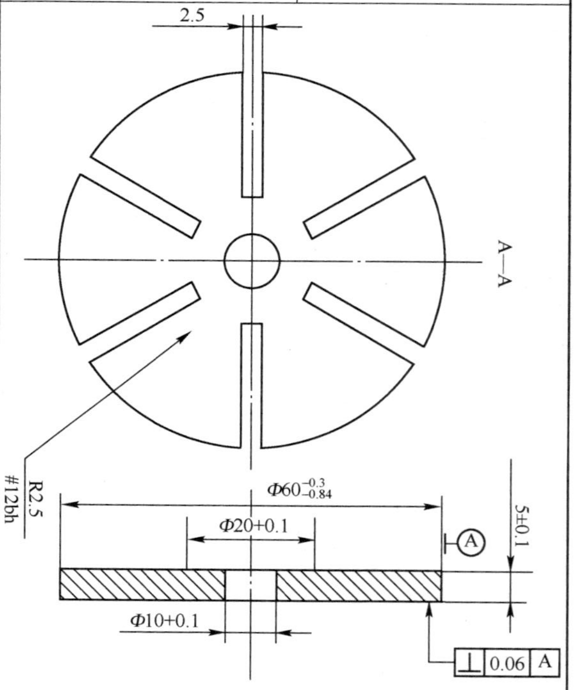

Cu-Cr50 电触头零件图

技术要求

1. 导电率>1. 21×$10^{7}\Omega^{-1}\cdot m^{-1}$
2. 硬度≥125HB
3. 表面粗糙度 Ra≤1. 6
4. 表面不允许有裂纹、划伤、掉块及长度大于 150um 的气孔、夹杂等缺陷

铬粉的粒径选择要根据制备工艺而定，一般松装熔渗法制备 Cu-Cr50 时选取的粒径在 75~100μm 之间，这是为了保证 50%的松装密度，并有利于熔渗骨架及连通孔隙。铬粉的粒径分布对触头材料的性能也有重要影响。研究表明，采用小于 30μm 和 250μm 的铬粉搭配，在 10kV 的真空断路器中，可以表现出优异的耐压、抗熔焊、低截流和长寿命特性。

（2）烧结温度和时间的确定。烧结过程中主要的物质迁移机制为扩散流动，因而烧结温度和烧结时间是最敏感的过程控制参数。随着烧结温度的提高，晶界运动速度提高，晶粒长大速度加快；而延长烧结时间导致晶粒不断长大，铬颗粒烧结颈不断长大，最终连接在一起，造成大量铬骨架的聚集，所以烧结温度和烧结时间的选择要兼顾骨架表面的氧化膜、强度及合适的孔隙。骨架表面氧化膜的存在直接影响熔渗效果，严重时烧结熔渗金属进入不到骨架中，会在触头中出现“白斑”（以 CuCr50 多见），所以必须在烧结阶段去除。下面以熔渗 CuCr50 触头材料为例，阐述氧化膜还原温度的确定原则。铬骨架表面的氧化膜以Cr_2O_3的形式存在，其还原是采用真空碳热还原法，以固体碳还原 Cr_2O_3的反应如下：

$$Cr_2O_3+3C(s)=3CO(g)+2Cr(s)$$

$$\Delta G^{\ominus}=771321-507.1T$$

一般烧结铬骨架时，在 600~700℃时尽可能提高真空度，以降低 CO 分压，保证反应顺利进行，同时给予 0.5~1h 的反应时间，以确保铬粉表面氧化膜的去除。

铬骨架烧结的主要驱动力为表面张力，铬粉粒径越细，驱动力越大，越容易烧结。因此烧结温度和时间的确定还要参考不同铬粉的粒径而确定。一般常用国产铬粉的粒径为 75~100μm，烧结温度一般定为 1200~1300℃。

（3）烧结气氛的影响。烧结气氛直接影响触头材料的含氧量和熔渗效果。真空状态有利于 Cu-Cr50 材料的烧结。在用熔渗法制备 Cu-Cr 触头材料时，采用氢气还原效果并不理想，而碳可以还原 Cr_2O_3，且还原后的 Cu-Cr50 的含氧量较低，所以 Cu-Cr50 触头的烧结一般采用真空碳热还原法。

（4）熔渗温度和时间的确定。熔渗温度对熔渗金属的润湿角有明显的影响。熔渗温度的选择首先要保证熔渗金属在该温度下具有较低的黏度、较高的表面张力，能够迅速充填孔隙。研究表明：纯铜溶液相的黏度随着温度的升高而降低，表面张力随着温度的升高而增加，所以提高熔渗温度可以增加铜液的流动性，增强毛细作用；但是温度过高，会增加熔渗金属的蒸发损失；熔渗温度过高，会使铬在铜液中的溶解度增加，铜液也会严重侵蚀铬颗粒表面并使之球化，Cu-Cr 合金中形成过多的固溶体，而影响合金的电导率。此外，铬骨架的严重侵蚀有可能大大降低材料的强度。一般选择熔渗温度高于熔渗金属的熔点 200~250℃较为合适。

熔渗时间要根据骨架金属的原始粉末粒度、触头材料的牌号、熔渗坯的高度等因素来确定。熔渗时间的长短要保证熔渗金属充填到每一个孔隙，并且能够均匀化。一般骨架金属粉末粒度越细，熔渗时间越长。如当原始铬粉粒径为 100μm 时，熔渗 Φ68mm×50mm 的 Cu-Cr 触头材料需要 20min；而当铬粉粒径为 55μm 时，熔渗却需要 1h。触头材料的牌号越高，熔渗时间越长，如 Cu-Cr70 合金的熔渗时间要长于 Cu-Cr50 合金；熔渗坯的高度越高，熔渗时间越长。

（5）升温速度和冷却速度的确定原则。一般，为了提高生产率，应尽可能加快升温和冷却速度。但升温过快，会造成温度不均，使触头毛坯内部产生较大的温度梯度，局部温度过高，可能使微小区域上熔化的铜对骨架产生较大的熔蚀，造成骨架强度不均，甚至产生微观富铜偏析，或收缩不均引起内应力。同时，使触头内部烧结中产生的挥发物迅速逸出，将在触头内部产生裂纹等缺陷，所以升温速度以 10~15℃/min 合适。降温速度也不能太快，冷却太快，凝固时在触头的中心部位由于液态金属来不及补缩容易产生微缩孔（即孔隙缺陷或疏松），这将严重影响触头的电性能；另一方面，头部缩孔也会加深，影响材料的收缩率，为避免这种缺陷一般采取随炉冷却。

（6）热处理对 Cu-Cr50 触头材料组织与性能的影响。常用的热处理工艺主要分为两类：固溶处理+时效处理和直接时效。固溶处理一般为 960℃，30min；时效处理一般为 400~800℃，1~5h。

对比 Cu-Cr50 合金分别经 960℃固溶+时效 1h 处理和直接时效 1h 后的硬度，发现经过固溶时效处理后的硬度高于直接时效处理后的硬度，且在 500℃时达到最大值。对比电导率数值，结果表明固溶处理对电导率影响不大，采用两种方法时效处理电导率均在 500℃时达到最大值。据此可知，固溶+500℃时效处理可使 Cu-Cr50 触头材料的硬度、电导率达到最高。

经过固溶处理和适宜的时效处理，铜基体中过饱和的铬脱溶析出，析出的铬相呈细小点状或棒状均与弥散分布，主要的强化机理是弥散强化，此时电导率和硬度均相应提高。时效温度低、时效时间较短时，仅有少量的铬脱溶析出，大部分过饱和的铬仍固溶于铜相中，这时的强化机理主要为固溶强化，因而电导率和硬度均较低。时效温度过高，时间过长，析出的铬重新溶解进入铜基体或聚集长大，呈长棒状，这时材料的电导率和硬度均较大幅度降低。热处理对触头材料氧、氮含量影响不大。

此外，研究表明将触头表层铬颗粒细化可明显提高其提高耐电压强度，截流值也相应明显降低。基于这一观点，细晶 Cu-Cr 触头材料的研究和制备应是发展方向。制取细晶 Cu-Cr 触头材料的工艺途径有两种：一是通过添加合金元素来细化晶粒；二是通过改进和采用新的制造工艺实现晶粒细化。目前在研究的工艺主要有激光表面重熔法、电弧熔炼、机械合金化、自耗电极法、等离子体喷涂法、快速凝固法、喷射沉积法等，这些工艺还在进一步研究和完善中。

区域熔炼法一般用来制取铬含量 5%~25%的 Cu-Cr 合金，其工艺流程为将烧结后的棒材高频感应加热，使其一小段固体熔融成液态。熔融区慢慢从放置材料的一端向另一端移动并结晶。区域熔炼工艺具有均匀组织的特点，且随着熔炼次数的增多，组织的均匀化程度也会相应提高。

图 6-13 为松装熔渗法与区域熔炼法制取的 Cu-Cr 粗坯的显微组织。从图 6-13（a）中可以看到，松装熔渗法制备 Cu-Cr 的显微组织中的亮区为比较粗大的铬的晶粒；而图 6-13（b）中铬晶粒的尺寸较为细小，且分布相对均匀。

6.4.3　电刷材料

6.4.3.1　电刷材料的分类及应用

电刷是在电机（电动机和发电机）中用来转换和传导电流的一类零件。除鼠笼式感应电

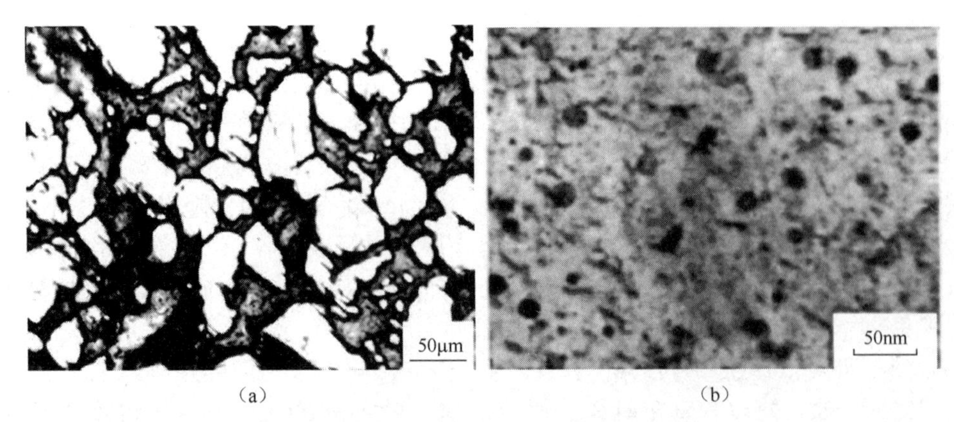

（a） （b）

图 6-13 松装熔渗法与区域熔炼法制取的 Cu-Cr 粗坯的显微组织

（a）松装熔渗法；（b）区域熔炼法

机外，其他电机都要使用电刷。电刷是电机的重要零件，质量的好坏直接影响电机的使用性能。电刷主要有薄片、圆棒及圆筒三种形式。按成分、制造工艺和应用范围的不同，电刷材料可分为三类。

（1）石墨电刷：在天然石墨粉中加入沥青或煤焦油黏结剂混合后经压制、焙烧或固化而成，但未经石墨化处理的电刷。石墨电刷电阻率为 8～20Ω·mm^2/m，硬度（压入法）为 100～350MN/m^2，摩擦系数不大于 0.20。这类电刷应用于整流正常、负荷均匀、电压为 80～120V 的直流电机以及小容量交流电机的滑块和电焊发电机。

（2）电化石墨电刷：以石墨、焦炭和炭黑等粉末为原料，加沥青或煤焦油等黏结剂混合后经压制、焙烧、再经高温（2500℃）石墨化处理而成的电刷。材料中的无定形碳转化为人造石墨，有良好的耐磨性、易加工。电化石墨电刷电阻率为 50～60Ω·mm^2/m，硬度为（压入法）30～500MN/m^2，摩擦系数不大于 0.15～0.30。这种电刷广泛用于各类电机及整流条件困难的电机，如整流正常、负荷均匀、电压 80～230V、120～400V 的直流电机、高速气流滑块、小型快速电机等。

（3）金属-石墨电刷：是以铜、银及少量锡、铅等金属粉末为主要成分，并加入石墨粉经混合、压制和烧结而成的电刷。金属-石墨电刷电阻率为 0.03～12Ω·mm^2/m，硬度（压入法）为 50～360MN/m^2，摩擦系数不大于 0.15～0.70，电阻率低，导电性良好，载流量较大。金属-石墨电刷允许的电流密度为 9000～25000A/m^2，适用于大电流交流电机，低电压高电流的电解、电镀用直流发电机，也适用于低压大型牵引电机，汽车和拖拉机的启动电机等。

6.4.3.2 金属-石墨电刷及其特性

金属-石墨电刷有纯铜或纯银与石墨组成的，也有在铜或银中添加铅、锡、锌、铁、钴等金属中的一种或几种和石墨组成的，还有加入氧化物、硫化物或碳化硅等抗磨添加物构成的金属陶瓷石墨电刷。纯金属-石墨电刷的导电率比添加多种组元的电刷高。加入少量金属组元的目的有在烧结时产生液相、促进致密化，如加入锡、锌、铅强化铜基体，使电刷具有适宜的磨削特性，如加入铁、镍、铬，加入银、锌、锡、铝、铅是为了进一步提高耐弧性和韧性及减小摩擦系数；还有的电刷加入钴，以减少电刷中铜的氧化，使电刷的磨损量减小，使电机转速稳定。加入氧化物、碳化物、硫化物或减少电刷的氧化和换向器的磨损，从而保证接触电阻小或减少火花。各种电刷中都有石墨，可改善其摩擦特性。

6.4.3.3　金属-石墨电刷的制造

制造金属-石墨电刷的工艺流程如图 6-14 所示。制备混合料可以将原料粉末直接混合，或将石墨与黏结剂混合均匀后磨碎，再与金属粉末混合。电刷的成型有图示的三种方式。

在机械压力机或油压机上直接成型为电刷零件（见图 6-14A），如汽车用小电刷。在压力机上压实为一定密度的坯料，再轧碎并压制成型为零件（见图 6-14B）。先压成大坯块，烧结后再加工成所需尺寸和形状的零件（见图 6-14C）。

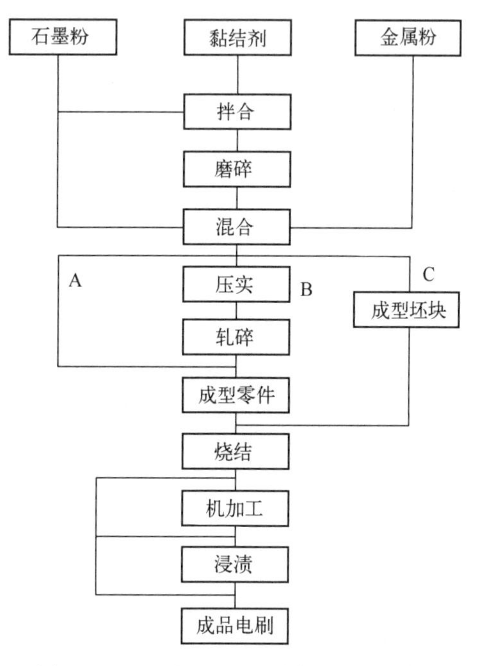

图 6-14　金属-石墨电刷制造工艺流程

按成型温度分有热成型和冷成型两种。根据电刷中金属含量的不同，成型压力一般为 100～200MPa，压坯密度为 2.0～8.0g/cm^3。导电用的引出线在电刷成型时就安装好。

通常情况下，金属-石墨电刷材料的烧结温度在 500～1000℃之间。一般而言，金属含量低的材料在间断式炉中烧结；金属含量高或尺寸小的零件，并且产量较大时，可于连续炉中烧结。金属含量少、尺寸大的零件要控制较慢的冷却速度。烧结气氛有氮气、氢气、分解氨、吸热型或放热型气氛。金属-石墨电刷可用各种有机液体（如油）浸渍，以改进其摩擦性能，浸渍时应抽真空并施加一定的浸渍压力。

表 6-13 所示为一种 CuC_8 电刷零件的制备工艺流程。需要说明的是，铜、碳的密度相差很大，导致二者很难混合均匀，因此要么使用铜包覆碳的复合粉体，要么采用超细粉体湿混。接着采用单向压制的方法将粉体压制成粗坯，并且要加工出一个长度为 42mm 的内圆弧。最后在分解氨的保护下加热到 100℃预烧 10～30min，再加热到 850～870℃烧结 3h 即可获得成品电刷。有时为了进一步提高铜石墨复合电刷的致密化程度还可以在烧结后再进行一步复压工艺。图 6-15 是所制 CuC_8 的显微组织照片。

图 6-15　CuC_8 的显微组织照片

表 6-13　CuC_8 电刷零件制备工艺流程卡

产品名称	图号	材料	批量	单件质量	体积	密度	面积	工时	用户名称
车用电刷		CuC_8		46. 8g	6. 47cm³	>7. 5g/cm³	6. 47m²		
工序名称	工序内容						装备	10 ± 0.3；$40^{-0.050}_{+0.150}$；13；$25^{-0.05}_{+0.05}$；R21；2	
混料	材料配方：92%雾化铜粉（粒径为 5μm，纯度≥99. 8%）+8%球形石墨粉（粒径为 25μm 纯度≥99. 0%）　额外加(ω)2%的酒精 混料方式：湿法混合 混料时间：2h　混合粉松装密度 2. 7~2. 8g/cm³						V 型混料机		
压制	压制方式：单向压制 压制弹出系数 C：0. 2%　压坯密度：7. 5~7. 6g/cm³ 压制压力：4tf/cm²　受压面积：6. 47cm²　总压力：≈25. 9tf						W-600 全自动成型压机		
烧结	烧结方式：固相烧结 保护气氢：分解氨　烧结收缩率：ε=0. 3% 预烧温度：100℃ 10~30min 烧结带温度：850~870℃　3h						连续式电炉	技术要求 1. 电阻率 ρ≥0. 0156Ω · m 2. 密度>7. 5g/cm³ 3. 棱角上的掉角和缺口的深度≤0. 5mm 4. 不应有裂纹、氧化、起泡、分层及外来夹杂物等表观缺陷	
精整	精整内圆弧与表面，精整余量 0. 1mm						45tf 液压机 手动模具		

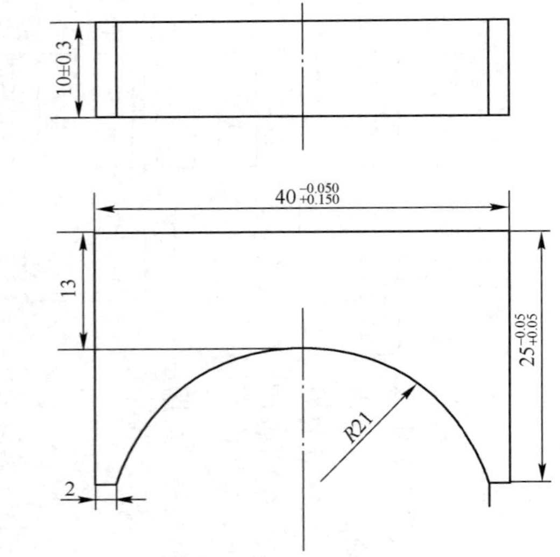

6.4.4 电极材料

电极材料是用来制备电池电极的一类材料，它们都有良好的导电性，且能提供较大反应面积，同时对于各自电极反应表现出较小极化电位，耐受电极反应电化学腐蚀。按照原材料的不同，电极材料可分为金属电极、石墨电极、陶瓷电极、钨-稀土电极等。

金属电极材料是目前使用最广泛的电极材料，如铜、锌、锂、铅、铂、汞、钛等都是常见的金属电极材料。相对于金属电极材料，石墨电极材料具有加工精度高和表面效果好的优点，且在性能方面有着消耗少、放电速度快、质量小以及热膨胀系数小等优越性，因此逐渐替代 Cu 电极成为放电加工材料的主流。而硬度大、耐磨性强、导电性好的陶瓷电极材料则是有着广阔的研究前景，常见的陶瓷电极材料有碳化物、硼化物和氮化物等。而钨-稀土电极材料则是一种适用于粉末冶金制备的新型电极材料，下面将展开介绍钨-稀土电极材料的性能及其制备。

6.4.4.1 钨-稀土电极材料概述

钨-稀土电极材料是在钨粉中加入细小的稀土颗粒烧结而成的一种经典的粉末冶金电极材料，主要应用在电弧等离子体发生器中的阴极。典型的钨-稀土电极材料有 $W-ThO_2$、$W-La_2O_3$、$W-Y_2O_3$等，在钨-稀土电极材料中，$W-ThO_2$的结合性好、应用最为广泛。由于ThO_2是一种较稳定的氧化物，它均匀地分布在钨晶界上，一方面起到弥散强化的作用，增加钨丝的强度，有利于提高其抗下垂性能；另一方面，可阻止钨坯条垂熔时晶粒的长大，能得到晶粒较为均匀的钨坯。加入 ThO_2不但可以改善钨的力学性能，减小钨丝高温下垂和再结晶后的脆性，而且在一定的温度下，能发生钨和 ThO_2之间的氧化-还原的可逆反应，使电极的逸出功比纯钨减小一半（到 2.63eV），纯钨逸出功为 4.52eV，发射效率提高 10 倍。

6.4.4.2 钨-稀土电极材料性能影响因素及要求

影响电极材料使用性能的因素有外在因素和内在因素两方面。外在因素包括电极形状、工作气体性质、气体压力、气体流量等；而内在因素则是指电极材料的物理性能和组织结构。研究表明，阴极材料的物理性质、表面状态的不均匀或材料微观组织上的不均匀，是影响电极性能的最根本因素。对于钨-稀土电极材料，要求应具有起弧电压低、电弧稳定性高、抗烧蚀性好等特点。

6.4.4.3 钨-稀土电极材料的制备

一种 $W-ThO_2$电极丝工艺流程如表 6-14 所示。钨-稀土电极材料的制备需要先通过粉末冶金工艺制取金属坯条，后经旋锻、拉伸加工成杆料或丝材，再经矫直、磨光、切割成电极。其工艺关键是如何保证添加物均匀、弥散、细小地分布于钨基体中，然后再通过后续工艺使得到的材料致密化。以下是 $W-ThO_2$工艺流程。

（1）制粉。首先，将 $Th(NO_3)_4$（硝酸钍）以湿法形式加入 WO_2（蓝钨）或 WO_3（黄钨）粉中，即把 $Th(NO_3)_4$ 的水溶液与 WO_2（蓝钨）或 WO_3（黄钨）粉按比例混合，而后在 300~800℃的温度下搅拌蒸干，最终在氢气炉加热到 900℃左右使其热分解，形成钨与 ThO_2的均匀混合粉料。

表 6-14　W- ThO_2电极丝工艺流程卡

<table>
<tr><td>产品名称</td><td>图号</td><td>材料</td><td>批量</td><td>单件质量</td><td>体积</td><td>密度</td><td>面积</td><td>工时</td><td>用户名称</td></tr>
<tr><td>电极丝</td><td></td><td>W-ThO_2</td><td></td><td>275g</td><td>15. 7cm^3</td><td>>17. 5g/cm^3</td><td>3. 14×$10^{-4}$$cm^2$</td><td colspan="2" rowspan="8">Φ0.2
500000
W-ThO_2电极丝零件图

技术要求
1. 200mm 丝段偏差：1. 5%
2. 抗拉强度：3000~3300N/mm^2
3. 悬垂长度：L1>400mm</td></tr>
<tr><td>工序名称</td><td colspan="6">工序内容</td><td>装备</td></tr>
<tr><td>制粉</td><td colspan="6">$Th(NO_3)_4$+含 WO_3(4%)水溶液 比例 1:10
300~800℃搅拌蒸干
后在氢气炉加热到 900℃，保温 1h，得到 W+2%ThO_2粉末</td><td>氢气炉</td></tr>
<tr><td>压制</td><td colspan="6">压制弹出系数 C：0. 1%　压坯密度：16. 0~16. 4g/cm^3　受压面积：
压制压力：0. 5tf/cm^2　受压面积：　总压力：≈270tf
压坯主要尺寸：$D=\Phi90$mm　总长 $d=1000$mm</td><td>W-600 全自动成型压机</td></tr>
<tr><td>烧结</td><td colspan="6">烧结方式：垂熔烧结　电流：3250A　烧结收缩率：$\varepsilon=0.3\%$
烧预烧温度：1250℃ 1h
烧结带温度：2800+50℃ 10min
烧结坯尺寸：$D=\Phi90$mm　总长 $d=1000$mm</td><td>连续式电炉</td></tr>
<tr><td>旋锻</td><td colspan="6">旋锻温度：1500℃　旋锻 4 次，每次径向收缩率 15%，旋锻 4 次
总径向收缩率：60%</td><td>旋锻机</td></tr>
<tr><td>拉拔</td><td colspan="6">拉拔温度：1000℃　润滑剂：石墨乳　碱洗去毛刺、油污后拉拔到 $\Phi=200\mu m$电极丝，之后切割为每段 500m</td><td>拉丝机</td></tr>
<tr><td>校直磨光</td><td colspan="6">校直磨光</td><td>XTZ0208 型校直机</td></tr>
</table>

（2）压制。压制工艺要点是，黏结剂的添加要适量；仔细控制混粉工艺，保证混粉均匀；加大压力；增大保压时间。具体工艺参数为：每根坯条的粉末质量为580g（常规640g），压制压力为500kN（50tf），保压时间为5min。

（3）烧结。为了提高坯体的密度与强度，需要采用氢气作为保护气，在1200～1250℃温度下进行预烧结；而后采用垂熔烧结法，即利用电流加热，其电流为熔断电流的90%，温度不超过3000℃，时间为10min。

（4）旋锻：将垂熔烧结后的坯条在1500℃左右进行旋锻、致密化，得到所需尺寸的电极棒。

（5）拉拔：碱洗去毛刺和油污后拉拔到各种规格的电极丝。

（6）校直磨光为商品电极。

W-ThO_2阴极制造的关键是ThO_2能否在基体中分布均匀化，该均匀化包括了ThO_2的分散程度和尺寸细化。虽然按硝酸盐水溶液方式混合钨粉比干法生产均匀度有所提高，但加热时硝酸盐以接近平衡状态分解，ThO_2是一种平衡态尺寸，颗粒尺寸较大。致密化后ThO_2沿旋锻加工方向呈针状或棒状（25～30μm）。

现行工艺主要考虑材料的致密化及钨的加工性能，难以控制ThO_2的形核和长大速率，难以使ThO_2弥散、细小地分布于钨基体中，从而对材料的最终显微组织难以人为控制。材料在旋锻过程中受力复杂，经旋锻后，电极材料的致密度高，力学性能好。ThO_2的加入对钨的加工性能有破坏作用，传统工艺中ThO_2的尺寸难以有效控制。因此，通过传统工艺难以使ThO_2尺寸大幅细化，也难以使ThO_2的含量进一步提高。由于ThO_2具有较强的辐射性，因此其使用受到了一定的限制。目前的钨-稀土电极还是使用La_2O_3与W-CeO_2居多，但是在某些特定的使用条件下（如交流氩弧焊电极等）还是以W-ThO_2电极为主。

6.4.5　粉末冶金电工材料的发展趋势

当前电工材料的研究方向为力、电性能的协同提高，但当前大多研究认为两者是倒置关系，因此寻找既能提高力学性能又能改善电学特性的新型材料组合、结构设计和制备技术成为热点；同时，安全性、稳定性以及降低对环境污染等亦是电工材料亟待解决的问题。基于此，相关人员已经从工艺与材料方面入手，针对不同的电工材料给出了不同的解决方案。

碳纤维增强复合导线材料是当前非常受欢迎的一种新型导电材料，其原理为烧结时在金属粉末中加入一定量的碳纤维。相比于传统的纯金属或合金导线，碳纤维增强复合导线材料具有重量轻、线膨胀系数小、强度大、耐高温（160℃）、高输电量（2倍）、低弧垂特性、低网损、耐腐蚀（与钢芯线相比）、对环境友好等诸多优点。该种材料真正做到了力、电性能的协同提高，同时对环境亦是十分友好，因此该种材料在未来有着极为广阔的发展前景。

在触头材料方面，当前的中、低压银基电触头（主要为Ag-CdO）一方面存在着高成本的问题；另一方面，镉元素具有一定的毒性，会在危害人体同时造成环境的污染。针对成本问题，研究人员们采用其他的低价金属（如铜）或化合物来替代电触头材料中的银，从而有效降低了银含量。相关研究表明，AgCuO电触头材料中银含量仅为Ag-CdO

中的50%；此外，研究人员拟采用铜来完全取代低压触头材料中的银，如Cu/SnO触头材料、掺杂SnO_2-Al_2O_3/Cu纳米复合触头材料等都是些很好的尝试。至于镉元素毒性，则可以通过采用SnO_2、镍和ZnO等材料替代CdO来解决。高压触头材料未来的发展方向大致分为两个，其一就是研发新型的铜基触头以取代当前的CuCr与WCu等材料；其二为在铜基体中加入稀土元素（如镨、钕、钐）或石墨烯、纳米碳管等新型碳材料来改善触头材料力、电性能。

在电热合金方面，研究人员通过在铁或镍的基体中添加微量的合金化元素，改善了合金中第二相的种类、存在形式及分布状态，从而细化晶粒、均匀组织，提高了材料的综合力、电性能。王勇等人在Ni-Cr合金电热合金中加入了一定量的铝、铁元素，发现微量铁元素的加入可以使得该电热合金的电阻率提升1.6%~2.3%，而铝的加入可以更为显著地将合金的电阻率提升14.9%~16.3%。抗氧化性也是衡量热电合金的一个重要特性，相关学者研究发现，在热电合金中加入少量的稀土元素（如铈、钇、锶）可以显著地提高材料的抗氧化性，如在铁铬铝热电合金中加入钇元素，可以促进合金中Al_2O_3氧化膜的快速形成，同时降低了硫杂质偏聚对氧化膜的危害，提升氧化膜与基体的结合力，改善合金高温氧化性能。

在钨-稀土电极材料方面，为了进一步控制电极丝的尺寸以及降低稀土材料对环境的污染，目前的两个思路分别为采用其他的稀土氧化物代替ThO_2或制备纳米级的W-ThO_2。在替代稀土氧化物方面，W-CeO_2电极因其加工性能好、成本较低，已经在小规格焊接用钨电极方面可取代W-ThO_2，但是W-CeO_2电极存在引弧较差、使用寿命较短、不适合大功率应用等缺陷，导致其在交流氩弧焊电极、气体放电灯光源及电真空领域等方面尚不能完全取代W-ThO_2。在纳米级钨-稀土电极方面，有关学者已经制备出了纳米复合W-La_2O_3电极材料，该材料的耐烧蚀性能明显超过传统电极。在电弧作用下，形状稳定持久、抗热应力和抗局部过热能力强，电极表面局部熔化相对轻微；但是在对该材料具有使电弧分布均匀的作用机理的解释上尚不明确，这可能是纳米级钨-稀土电极材料的下一个研究方向。

6.5 磁性材料

6.5.1 磁性材料概述

磁性是物质最基本的属性之一，其特征是物质在磁场中要受到磁力的作用。而所谓的磁性材料指的就是那些能够对磁场以某种方式做出反应的材料。通常利用磁性材料的磁特性和各种特殊效应制成各种磁性器件，用于转换、传递、存储能量和信息。它们在电力和电子工业中应用很广，除大量用于发电机、电动机和变压器外，还是制造雷达、声呐、通信、广播、电视、电子计算机、自动控制、仪器仪表中重要器件的材料。

不同的磁性材料因为分类不同有不同的名称。图6-16给出了磁性材料的分类。

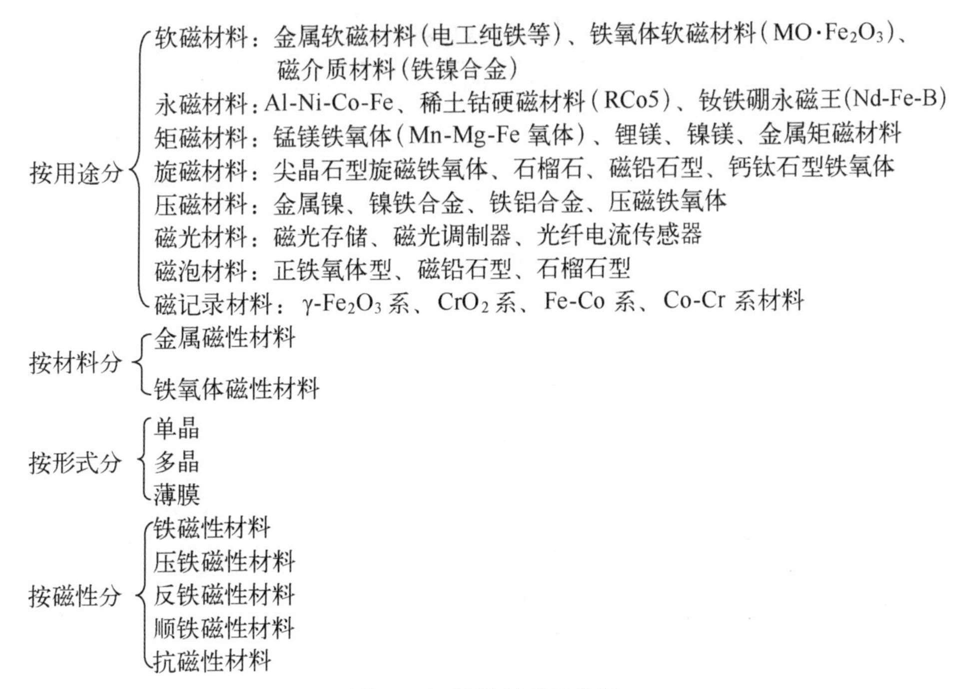

图 6-16　磁性材料的分类

描述磁性材料的磁特性常用磁滞回线。典型的磁滞回线如图 6-17（a）所示，横坐标是磁场强度，纵坐标是磁感应强度，随磁场强度的增加，磁感应强度沿 Oa 曲线增加，在 Oa 曲线上任意一点 P，与原点 O 连线 OP 的斜率表示该材料的磁导率（μ），它表示材料磁化的难易程度，也是联系磁感应强度 B 和磁场强度 H 的物理量（$B=\mu H$）。当磁场强度增加到一定数值时，磁感应强度不再增加，这时对应的磁感应强度（如 a 点）称为磁饱和感应强度（B_s）。此时降低磁场强度，当磁场强度降到零时，对应的磁感应强度称为剩余磁感应强度（B_r），然后反向施加磁场，当磁感应强度等于零时对应的磁场强度(如图中 c 点）称为矫顽力（H_c），它与剩磁感应强度 B_r 表示材料剩磁的多少，该数值取决于材料的成分及缺陷（杂质、应力等）。继续反向施加磁场，则曲线走向与原点 O 对称，形成磁滞回线。要注意不同材料的磁滞回线有所不同，软磁材料的磁滞回线如图 6-17（b）所示，矩磁材料的磁滞回线如图 6-17（c）所示。磁特性各个物理量的单位及关系见表 6-15。

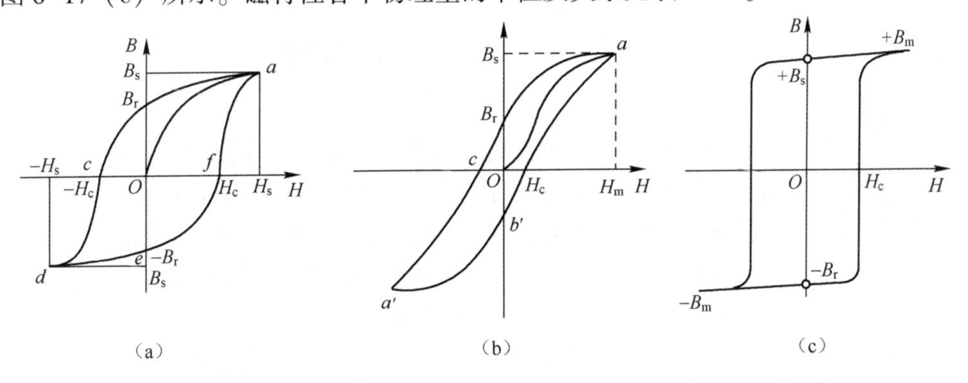

（a）典型的磁滞回线；（b）软磁材料的磁滞回线；（c）矩磁材料的磁滞回线

图 6-17　磁性材料的磁滞回线

表 6-15 磁特性各个物理量的单位及关系

	国际单位 SI	常用单位	相关关系
磁化强度 M	A/m（饱和）磁化强度的单位	emu/g（比饱和磁化强度的单位）	磁化强度/密度=比饱和磁化强度
磁场强度 H	A/m	Oe（奥斯特）（CGS 国际通用单位制）	$1A/m=4\pi\times10^{-3}Oe$
磁通密度 B（也称磁感应强度）	T	通常技术中还用 Gs，是一个过时单位	1T=10000Gs
矫顽力 H_c	A/m	Oe（通常与磁场强度单位相同）	

材料之所以有磁性是因为物质大都是由分子组成的，分子是由原子组成的，原子又是由原子核和电子组成的。在原子内部，电子不停地自转，并绕原子核旋转，电子的这两种运动都会产生磁性。但是在大多数物质中，电子运动的方向各不相同、杂乱无章，磁效应相互抵消。因此，大多数物质在正常情况下并不呈现磁性。

对铁、钴、镍或铁氧体等铁磁性物质来说，其内部的电子自旋可以在小范围内自发地排列起来，形成一个自发磁化区，这种自发磁化区就叫磁畴（见图 6-18）。当无外加磁场时，由于各个磁畴中的磁矩方向（磁化取向）不同而相互抵消，使整个物体的磁矩为零，故材料不显现磁性［见图 6-18（a）］。当施加外磁场时，各个磁畴内的磁矩会向外磁场的方向发生偏转，导致磁矩与外磁场方向接近的磁畴增大，其他方向的磁畴减小，这样铁磁性材料就会对外显示出宏观磁性［见图 6-18（b）］。当外磁场升高到材料的饱和磁感应强度时，所有磁畴的磁化取向都与外磁场相同，此时这些磁畴磁化到饱和，对外会显示出最强的宏观磁性。

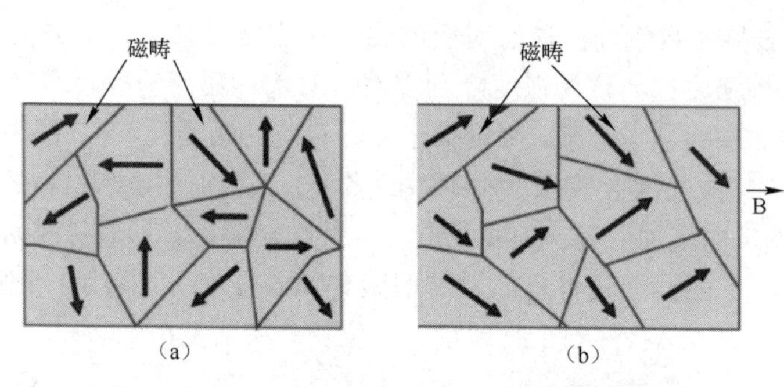

(a) 无外加磁场的磁畴；(b) 外加磁场的磁畴

图 6-18 铁磁性材料的磁畴

要注意铁磁性物质的磁化能力与温度呈负相关，当温度升高到居里温度（T_c）时，铁磁物质中的磁畴会因剧烈的分子热运动而遭到破坏，导致其铁磁性完全消失。

对于最常见的磁性材料——钢铁类磁性材料的影响因素有，材料晶粒越大，磁导率越大，矫顽力越小；相反，晶粒越细，磁导率越低，矫顽力越大。对碳钢来说，在热处理状态相近时，对磁性影响最大的是合金成分碳，随着碳含量的增加，矫顽力几乎呈线性增加，最大相对磁导率则随着碳含量的增加而下降。钢材处于退火与正火状态时，其磁性差别不大，而退火与淬火状态的差别却较大。一般来说，淬火可提高矫顽力和剩余磁感应强度，而淬火后随着回火温度的升高，矫顽力有所下降。例如40钢，在正火状态下矫顽力为580A/m，剩磁为1T；在860℃水淬、460℃回火时矫顽力为720A/m，剩磁为1.4T；而在850℃水淬、300℃回火时矫顽力则为1520A/m。由于合金元素的加入，材料的磁性被硬化，矫顽力增加。例如同是正火状态的40钢和40Cr钢，矫顽力分别是584A/m和1256A/m。冷加工（加工硬化）也对磁性能有一定影响，随着压缩变形率增加，矫顽力和剩余磁感应强度均增加。

6.5.2　粉末冶金磁性材料的制备

目前磁性材料的生产主要使用的是铸造法与粉末冶金法。铸造法主要是生产金属及合金磁性材料，大量用于电机、变压器强电技术（金属—熔炼—浇注—轧制—加工—退火—磁芯）。粉末冶金法主要用于无线电、电话、电子计算机及微波等弱电技术（金属—制粉—压形—烧结—磁芯）。

粉末冶金法制备磁性材料相对于铸造的磁性材料具有以下优点。首先，粉末冶金法能够制造各种磁性材料的单晶或单畴尺寸的微粒（数百埃到几微米），通过在磁场下成型等工艺制成高磁性的磁体。其次，粉末冶金法能把磁性粉末与其他物质复合制成具有某些特定性能的材料，如在软磁合金粉末表面涂覆以绝缘物质，能把磁性粉末与橡胶或塑料复合制成磁性橡胶、磁性塑料。最后，使用粉末冶金法能减少加工工序，节省原料，直接制成接近最终形状的小型磁体。

下面举3个具体实例来具体介绍粉末冶金材料的制备。

6.5.2.1　Nd-Fe-B（钕铁硼）永磁性材料

钕铁硼永磁材料因其具有极高的磁能积与矫顽力以及能量密度的优点被广泛应用于汽车行业与电子行业当中。当前利用PM制备Nd-Fe-B永磁材料的工艺流程如图6-19所示，包括熔炼（制取SC片）、制粉、磁场成型、磁场烧结与热处理工艺五个步骤。

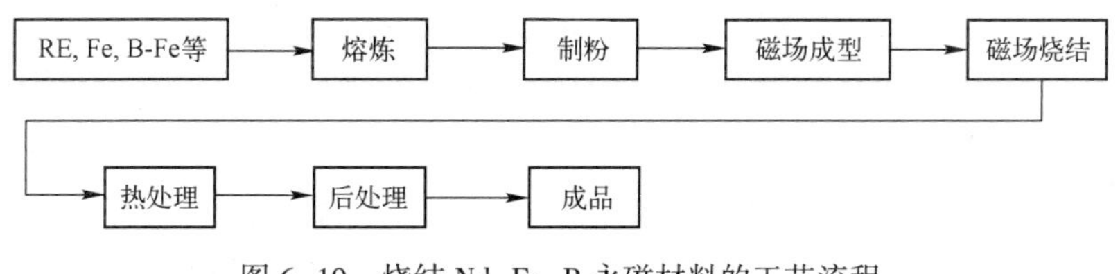

图6-19　烧结Nd-Fe-B永磁材料的工艺流程

（1）熔炼（制取速凝铸片，也称SC片）。烧结Nd-Fe-B永磁材料是以金属间化合物$Nd_2Fe_{14}B$为基础的永磁材料，主要成分为钕、铁、硼。为了获得不同的性能，材料中的钕可用部分镝、铽等其他稀土元素替代，铁可被钴、铝等其他金属部分替代，其化学成分见表6-16。具体是将原料以适当的配比装入真空感应炉的坩埚中，而后先将纯铁放入坩埚底部，再放入硼铁，然后按熔点由高到低顺序放入Pr-Nd合金（或纯钕）等重稀土原料，最后将铜、铝、镓等低熔点原料放入。关闭炉门，在真空环境下进行合金熔炼，合金熔炼的温度达到1450±10℃时，精炼1~2min，然后降低加热功率，开始浇铸合金液，得到SC片厚度为0.28~0.36mm。

表6-16　烧结钕铁硼永磁材料的化学成分

组分	钕	钴	硼	镝、铽、镨等	其他元素铜、铝、铌、镓等	铁
含量（wt%）	20~35	0~15	0.8~1.3	0~15	0~3	余量

（2）制粉。制粉是将速凝铸片（SC片）破碎成粉末的过程。传统制粉工艺是用机械法在氮气保护下破碎，然后在120#汽油中进行球磨。用传统工艺制粉得到的Nd-Fe-B粉末的粒径是4~6μm。而且，主相的显微晶粒结构在一定程度上被破坏，在晶粒表面造成许多缺陷，富钕相严重脱落，不能均匀分布在磁粉颗粒表面。

目前在制粉时所采用的新工艺为将由熔炼得到的速凝铸片经过氢破碎（HD）以及气流磨制粉（JM）两个工艺过程。

氢破碎（HD）是利用氢与Nd-Fe-B合金发生化学反应来实现原料的粗破碎，破碎过程分吸氢和脱氢两个阶段进行，其中吸氢反应由两个阶段组成：首先，氢被晶界相的富钕相吸收，导致富钕相区的体积膨胀，从而导致有裂纹产生（沿晶断裂）。而后，这种反应产生的热量使氢气进一步被Nd-Fe-B主相吸收形成氢化物（晶间断裂）。

为得到小尺寸并且尺寸分布窄的粉末颗粒，还需要进行气流磨处理。对HD后的粉末利用高速氮气气流冲击（5~10个大气压的高压气流作用），使颗粒间相互作用形成细小的粉末，具有粒度分布均匀、含氧量低的特点，从而获得成型要求的合金粉末。

（3）磁场成型。这是磁性材料特有的成型方式，在烧结前将粉末放入模具中进行磁场取向压制成型，通过用垂直磁场方向施加压力使粉末密实，将Nd-Fe-B粉体压制成具有一定形状和尺寸、一定的强度和密度，并且具有磁各向异性的压坯，其密度约为合金理论密度的60%。目前有三种主要压型方式：模压法、模压加冷等静压、橡皮模压法。

（4）真空烧结。真空烧结是制备Nd-Fe-B磁体的关键技术之一，该阶段对钕铁硼的磁性能有重要影响。将毛坯放入烧结炉内进行抽真空处理，从室温加热到400℃保温1h（升温速率为4℃/min），这个阶段将毛坯表面吸附的油、CO_2、氮气、水汽等杂质脱去，增大磁粉间的颗粒接触面，残留在Nd-Fe-B主相中部分氢化物中的氢以氢气的形式释放出来，通过抽真空除去；加热到500℃、780℃、800℃、860℃各保温1h，在780~860℃这个阶段，富钕相中的氢化物分解放出氢气；然后升温到1060℃保温5.5h，富钕相完全融化，并且流动到颗粒间的空隙位置，从而使磁体迅速致密化，最终保证磁体密度不小于7.5g/cm^3。

（5）热处理。烧结后热处理可以提高烧结Nd-Fe-B的矫顽力，这主要归因于退火处理使得晶粒间的缺陷减少，并且促进更多的富钕相连续晶界形成，这有利于获得高矫顽力的显微组织，增加了粉末冶金的成品率。因而在真空或氮气保护下进行回火，升温过程没有气体放出。为了避免磁体开裂，升温速率可设置得大一些。

6.5.2.2 FeSiB软磁复合材料

FeSiB软磁复合材料是由铁磁性粉粒与绝缘介质混合压制而成的一种块体软磁材料。因其具有高饱和磁感应强度、高磁导率、高电阻率，使得其具有极好的高频特性能的同时，还能够做到设备的小型化，被广泛应用于扼流线圈、电感器与滤波器中，并可根据应用场合的不同加工成环型、E型、U型等形状。

FeSiB软磁复合材料的制备工艺包括成分配比、制粉（脆化退火）、绝缘包覆、压制成型、烧结和后处理，表6-17所示为一种FeSiB磁芯的制备流程。

表 6-17　一种 FeSiB 磁芯的制备流程

产品名称	图号	材料	批量	单件质量	体积	密度	面积	工时
磁环		FeSiB		6.75g	0.99cm^3	>6.8g/cm^3	1.18cm^2	
工序名称	工序内容						装备	
脆化退火	升温速度：20℃/min　脆化退火温度：250~400℃ 退火时间：1h　退火气氛：空气						KSL-1700X 马弗炉	
粉末制备	球磨方式：干磨　球料比：10:1 钢球的直径：8mm　装填系数：0.45 球磨机转速：300r/min　球磨时间：8h						QM-3SP4 行星式球磨机	
粒径配比	粒径 1（75~100μm）：粒径 2（61~75μm）：粒径 3（45~61μm）=7:1:2						烧结舟	
绝缘包覆	钝化剂：5%磷酸黏结剂：环氧树脂丙酮溶液 2wt%　包覆温度：75℃，10min 润滑剂：硬脂酸锌 0.25wt%、硬脂酸钡 0.25wt%　包覆温度：75℃，10min						水浴池	
压制	压制弹出系数 C：0.2%　压坯密度：6.4~6.7g/cm^3　压制压力：6~7tf/cm^2 受压面积：2.75cm^2　总压力≈1800MPa 压坯主要尺寸：外径 $D=\Phi 22.28\pm 0.16$mm　内径 $d=\Phi 18.8^{\pm 0.12}$mm　总高 $h=8.4^{-0.1}$mm						YTF79Z-100A 全自动液压机	
烧结	烧结收缩率：$\varepsilon=0.25\%$　保护气氛：氩气 烧结温度：320~520℃，升温速率 7℃/min　烧结时间：1h 冷却方式：空冷冷却到室温 烧结坯尺寸：外径 $D=\Phi 22.28\pm 0.16$mm　内径 $d=\Phi 18.8\pm 0.12$mm　总高 $h=8.4^{-0.1}$mm						BLXG-6-10 连续式烧结炉	
精整	芯棒通过式精整磁芯，磁芯精整度由芯棒保证，精整余量 0.03 精整件尺寸：$d=\Phi 19^{+0.40}$mm　光洁度 Ra≤1.6						45tf 液压机 手动模具	
机加工	内、外径倒角						车床	
磨加工	二端面磨平面 表面光洁度 Ra≤1.6						平面磨床	

Φ22.28　◎ Φ0.05 A　$8.4^{-0.1}$　Φ18.60±0.5　A

技术要求：
1. 表面光洁，无缺损、裂纹、碎片、粉末等附着物
2. 磁感应强度：成型后退磁（由客户自行充磁）
3. 未注倒角为 C0.3
4. 未注线性公差尺寸按 GB/T 1804—m

（1）成分配比及原料。FeSiB 软磁复合材料的主要成分为铁、硅、硼。为了获得不同的性能，材料中的铁、硅、硼元素的含量会有所不同，如 $Fe_{90}Si_5B_5$（mol%，下同）、$Fe_{78}Si_9B_{13}$等。表 6-18 为 $Fe_{78}Si_9B_{13}$软磁复合材料的化学成分。其原料可以是铁、硅、硼各自的粉体，也可以是含有这个成分的块体（包括板、带）。

表 6-18　$Fe_{78}Si_9B_{13}$软磁复合材料的化学成分

组分	Fe	Si	B	C	P	S	O
含量（wt%）	Bal.	5.5	2.8	0.041	0.010	0.0025	0.249

（2）制粉。如果原料是粉料，只需要按照配比进行机械混合，然后制粒获得相应的粒度组成。如果原料是块体，先要把其熔炼制成薄板或带材或直接通过雾化法获得复合粉体，对块状原料还要进行 250~400℃，保温时间 1h 的热处理，使其脆化（因 FeSiB 带材的韧性较高不易破碎），然后由机械粉碎法得到粒径约 150μm 的合金粉体。

（3）粒径分级与配比。将所制的制粉进行分级，按照需求重新进行造粒或合批，如 $Fe_{78}Si_9B_{13}$磁粉，其最佳粒径级配方案为粒径 1（75~100μm）：粒径 2（61~75μm）：粒径 3（45~61μm）= 7:1:2。因为当磁粉粒径较小时，成品的磁损耗与磁导率都很低；若磁粉粒径较大，则成品的磁导率与磁损耗都会很高。

（4）绝缘包覆：绝缘包覆也称钝化处理，是指在磁粉表面包覆绝缘固相或利用钝化剂与磁粉反应生成绝缘层来阻隔磁粉之间的接触，以达到提高材料电阻率、降低涡流损耗的目的。绝缘层常用的材料包括磷化液、铬酸、MgO、铁氧体等。其中，工业中应用较多的为磷化液，常用于包覆铁基磁粉。绝缘包覆需要在 70~150℃ 温度下保温一段时间，一方面是促进钝化反应的进行，另一方面还可以将钝化剂与黏结剂中的液相挥发。常用的黏结剂有环氧树脂、酚醛树脂、玻璃粉、氧化硼、硅树脂等，黏结剂的用量一般为磁粉总量的 2wt%。

（5）压制。压制是将绝缘处理后的 FeSiB 磁粉压制成坯件的工艺。FeSiB 软磁复合材料的压制成型多采用冷压工艺，对于使用有机粘结剂的复合材料采用热压工艺。成型压力的选择不宜过高，虽然增加成型压力可以提高磁粉芯的密度、磁导率与压溃强度，降低损耗和矫顽力，但压力过高会对模具造成损伤，对于 $Fe_{78}Si_9B_{13}$，其最佳成型压力为 1800MPa。另外，在压型前需要加入少量的润滑剂如硬脂酸锌（大约 0.25wt%），便于坯件的成型与脱模，防止磨具的损坏。

（6）烧结。对于 FeSiB 软磁复合材料，烧结不仅可以消除制粉与压制过程中产生的缺陷与内应力以提高材料的机械强度，同时还可以降低坯件的磁损耗，提高有效磁导率。对于采用无机黏结剂如低熔点玻璃粉作为黏结剂的体系，退火处理也是黏结剂发生熔化均匀分布的过程。需要注意的是，退火温度过低不能完全消除磁粉芯的内应力，而退火温度过高又会破坏绝缘层，恶化磁性能。对于 FeSiB 软磁复合材料，退火烧结温度为 350℃~520℃，保温时间为 1h。

（7）后处理。成品前的零件还需要精整或磨削，这样做不仅可以改善样品尺寸，还能够提高光洁度提高软磁铁氧体的磁性。此外，需要倒角的试件还需要在磨削前进行机加工处理。

6.5.2.3　MnZn 软磁材料

软磁铁氧体材料是以 Fe_2O_3 为主成分的亚铁磁性氧化物，包括 MnZn 软磁材料、CuZn 软磁材料、Ni-Zn 软磁材料等几大类。软磁铁氧体的形状多样，包括 EI 型、UU（UF）型、H 型（环型）等，几种典型的磁铁氧体形状如图 6-20 所示。

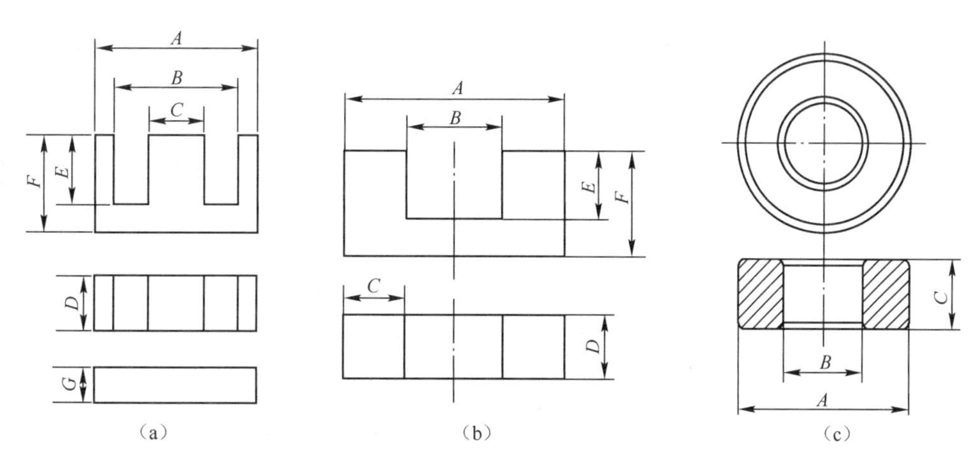

图 6-20　典型的磁铁氧体形状

（a）EI 型；（b）UU（UF）型；（c）H 型（环型）

MnZn 铁氧体是软磁铁氧体材料的一种，也是目前应用最多的软磁铁氧体材料，主要是以 Fe_2O_3、Mn_3O_4、ZnO 三种原料制成的单相固溶体。图 6-21 为 MnZn 铁氧体的显微组织形貌。MnZn 铁氧体具有高饱和磁通密度、高磁导率、高电阻率、低损耗等特性。

图 6-21　MnZn 铁氧体的显微组织形貌

MnZn 铁氧体按其用途和材料可分为 MnZn 功率铁氧体材料、通信和电磁兼容（EMC）用 MnZn 高磁导率铁氧体材料、偏转线圈用 MnZn 系铁氧体材料、射频宽带和电磁干扰（EMI）抑制用 NiZn 铁氧体材料等四大类，广泛应用于各种电子元器件中，如功率变压器、扼流线圈、脉冲宽带变压器、磁偏转装置和传感器等。MnZn 铁氧体的生产工艺流程如图 6-22 所示，表 6-19 为一种应用于变压器中的 MnZn 铁氧体磁铁的工艺流程。

表 6-19 MnZn 铁氧体磁铁的工艺流程卡

产品名称	图号	材料	批量	单件质量	体积	密度	面积	工时	用户名称
磁铁		$MnZnFe_2O_4$		15.4g	$3.14cm^3$	$>4.9g/cm^3$	$3.14cm^2$		
工序名称	工序内容						装备		
配料	粉末纯度：>99%　粒径：50μm 材料配方：71.5%Fe_2O_3+21.6%MnO+6.9%ZnO						分析天平		
制粉	球料比：10∶1　钢球的直径：8mm 球磨时间：2h　球磨转速：241rad/min						QM-3SP4 行星式球磨机		
预烧结	预烧温度：900℃　预烧时间 2h 保护气氛：N_2　气体流量：2~2.5L/min						RBD14-1T2 钟罩炉		
喷雾造粒	固含量：64.52%　黏结剂：PVA（wt=8%）　喷浆压力：20MPa 颗粒含水量：0.15%~0.25%　流动角<30°						QFN-ZL-15 造粒喷雾干燥机		
压制	压制压力：$2.5\sim3t/cm^2$　压制时间：600s 压坯主要尺寸：直径 $D=\Phi20\pm0.08mm$　总高 $h=10.0^{+0.08}mm$						YTW-79 自动液压机		
烧结	烧结收缩率：ε=0.25%　保护气氛：氮气 烧结温度：1200℃，2h 冷却速度：空冷冷却到室温 烧结坯尺寸：$D=\Phi20\pm0.08mm$　$h=10.0^{+0.08}mm$						BLXG-6-10 连续式烧结炉		
机加工	上下端面倒角						车床		
磨加工	上下端面磨平面 表面光洁度 Ra≤1.6						平面磨床		

10±0.08

R1.0±0.1

Φ20±0.08

$MnZnFe_2O_4$磁铁零件图

技术要求：
1. 表面光洁，无缺损、裂纹、碎片、粉末等附着物
2. 材料磁性能：Ms：321~368kA/m
HcB：≤1.6KA/m

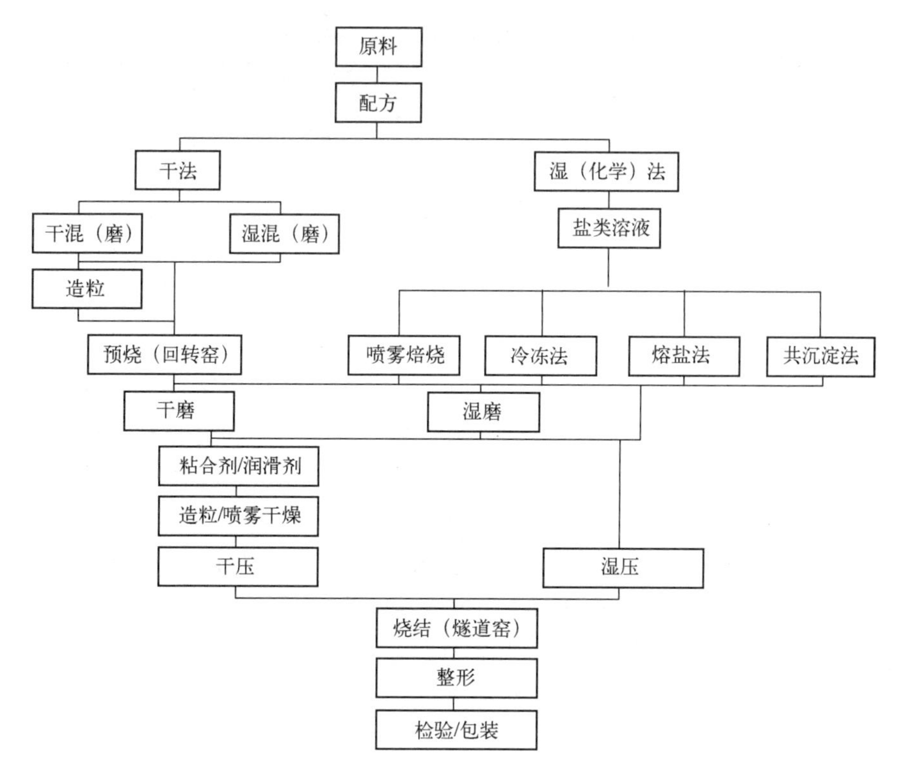

图 6-22　MnZn 铁氧体的生产工艺流程

（1）配料。制备 MnZn 铁氧体所需要的原材料成分为 Fe_2O_3、Mn_3O_4与 ZnO。为了保证工艺性能，需要对原料中 SiO_2、Na_2O、CaO 等杂质的含量进行限制，具体要求见表 6-20。其成分配比为 Fe_2O_3: MnO : ZnO = 53.5 : 36.5 : 10（mol%），换算为质量比为 71.5 : 21.6 : 6.9（wt%）。

表 6-20　原料中最大的杂质含量（wt%）

原料\杂质	SiO_2	Na_2O/K_2O	CaO	其他	总杂质含量
Fe_2O_3	0.03	0.05	≤0.03	光谱纯	≤0.08
Mn_3O_4	0.04	0.10			≤0.5
ZnO	0.002	0.10			

（2）制粉。将配好的 MnZn 铁氧体粉体采用干、湿两类工艺来制备成混合粉体，并获得微米级的近球形粉体。其中，干法制备出的粉体性能稳定好，效率高，因此被广泛应用于大规模工业生产中；湿法工艺多用来制备均匀性好、表面活性高、纯度高的纳米级 MnZn 铁氧体粉。原料的颗粒度与比表面积要求如表 6-21 所示。

① 干法工艺

原料→配料混合→造球→预烧→粗粉碎→细粉碎→喷雾造粒

② 湿法工艺

配料→一次湿磨→一次造粒→预烧→细粉碎→喷雾造粒

表 6-21 原料的颗粒度与比表面积

	Fe_2O_3	Mn_3O_4	ZnO
平均颗粒尺寸（μm）	0.15~0.25	< 0.2	0.2~0.3
比表面积（m^2/g）	4~10	15~25	3~7

（3）成型。使用压机、模具把颗粒料压制成坯件，注意对坯件的尺寸、密度进行检验。

（4）烧结。MnZn 铁氧体需要进行预烧工艺，其目的是将混合均匀的原料部分铁氧体化，产生晶核；增大粉料密度，减少烧结时的产品收缩率，减小变形。

一般预烧温度在 920~980℃，最高不超过 1020℃。预烧温度不够，原料中低熔点杂质挥发不干净，烧结后容易产生亮点；过烧、欠烧都会引起产品收缩异常，导致产品发生夹生、尺寸不稳、电性能变差等质量问题。气氛状态对含锌铁氧体表面锌挥发有较大影响，动态气氛流动的气体不断将铁氧体表面挥发的锌带出窑外，加剧了 ZnO 分解，使产品表面产生内应力，因此产品机械强度明显低于静态气氛烧结产品。如果体系内缺氧，锌的挥发就容易进行，所以氧分压提高，锌或 ZnO 就不易游离或分解。

MnZn 铁氧体压制后的烧结工艺分为升温阶段、保温阶段、降温阶段三个阶段。

① 升温阶段：该阶段分为排胶区（室温~500℃）与升温区（400~1450℃）。排胶区是坯件内的水分蒸发和黏合剂挥发的过程，为了避免水分和黏合剂的急剧挥发引起坯件开裂，该阶段升温较为缓慢；在升温区坯件逐渐收缩，坯件颗粒间发生固相反应形成晶粒。该阶段升温速度较快，一般来说在 1300~1450℃。

② 保温阶段：保温阶段也被称为保温区（T±10℃），此阶段对铁氧体电磁性能影响较大，烧结温度太高或保温时间过长会使铁氧体内金属离子脱氧，增加晶粒的不均匀性，晶界变得模糊或消失，最终导致产品的电磁性能下降；而烧结温度太低或保温时间太短，又会使固相反应不完全，晶粒生长不好，气孔多，导致产品性能下降。因此必须根据粉料特性及坯件的状况合理选择烧结温度和保温时间。一般来说，各类 MnZn 铁氧体的烧结温度均在 1280~1450℃，保温时间约 2~6h。

③ 降温阶段：该阶段分为降温区与冷却区。降温区的降温速度应增加，此时对电磁性能影响极大。冷却区的冷却速度与冷却方式要详细考虑，并兼顾一定的气氛条件，否则会引发产品的外观氧化、内应力变大、表面龟裂及内部炸裂等问题。

（5）磨削加工或精整。对烧结后的软磁铁氧体进行磨削加工或精整可以起到改善样品尺寸，提高光洁度，提高磁性能，以及达到规定的电感值或气隙深度等目的。为此，在磨削与精整时需要留意磨削加工尺寸、电感一致性、磨加工缺角、气隙深度一致性、清洗不干净等问题。

6.5.3 粉末冶金磁性材料的发展趋势

当前，无论是软磁材料还是硬磁材料在 PM 制备上都取得了较大的技术突破。

对于软磁材料来说，一方面，研究人员通过添加改良烧结工艺、采用纳米结构及复合掺杂的方法，已经极大地提高了软磁铁氧体材料的密度并显著改善了其磁性能（更好的稳定性与高频特性，更低的矫顽力）；另一方面，随着气雾化法技术的成熟与新型复合绝缘包覆方法的出现，软磁复合材料不仅在性能方面取得了重大突破，其成品率也得到了显著提高。

在硬磁材料方面，Nd-Fe-B 硬磁材料与 Sm-Co 硬磁材料等稀土类硬磁材料通过改善合金成分与多级热处理工艺（如在 Nd-Fe-B 硬磁材料中用镧、铈、钇等相对低价的轻质稀土元素替代钕元素），已经显著提高了其磁性能（更大的矫顽力、更高的剩余磁感应强度）。在永磁铁氧体材料方面，相关研究人员已经开发出了离子取代、共混复合等技术，这些技术通过调节晶体结构来调控材料的各向异性和磁化强度，可以极大提高成品率，进一步降低了生产成本。

当前，新能源产业与新型通信技术的不断发展，必然会为 PM 磁性材料带来更大的市场，同时也会推动 PM 磁性材料的创新。在可预见的未来，随着 PM 工艺的不断优化，新型 PM 技术的出现以及稀土磁性材料的不断开发，PM 磁性材料必将在未来的发展中继续大放异彩。

6.6　多孔材料

6.6.1　多孔材料概述

多孔材料是由支撑整体结构的固体骨架和封闭在骨架内部或互相连通的孔洞组成的，其内部具有空隙。并不是所有内部具有空隙的材料都称为多孔材料，多孔材料需要具备以下两个特征：一是材料内部具有大量的孔洞；二是孔洞能够根据一定的性能指标进行设计，以满足预期需求。

多孔材料一般具有比重小、比表面积大、能量吸收性好、导热率低（闭孔体）、换热散热能力高（通孔体）、吸声性好（通孔体）、渗透性优（通孔体）、电磁波吸收性好（通孔体）、阻焰、耐热耐火、抗热震、气敏（一些多孔金属对某些气体十分敏感）、能再生、加工性好、起缓冲作用等特性。因此，作为一种新型功能材料，它在电子、通信、化工、冶金、机械、建筑、交通运输业，其至航空航天技术中有着广泛用途。

多孔材料可由多种金属和合金以及难熔金属的碳化物、氮化物、硼化物和硅化物等制成，但常用的是青铜、不锈钢、镍及钛等。多孔材料的孔隙度一般在 15%以上，最高可达 90%以上，孔径从几百埃到毫米级。多孔材料的孔隙度一般粗分为低孔隙度（<30%）、中孔隙度（30%~60%）、高孔隙度（>60%）三类，孔径分为粗孔（>50nm）、中等孔（2~50nm）和微孔（<2nm）三种。低孔隙度的多孔材料主要是含油轴承；中孔隙度的多孔材料有过滤材料和发汗冷却材料；高孔隙度的多孔材料包括金属纤维多孔材料和泡沫金属，主要用于电池极板、绝热、消声、防震等。

根据基体材料的不同，多孔材料可以分为金属多孔材料、陶瓷多孔材料和高分子多孔材料。金属多孔材料应用广泛，在多孔材料领域占据重要地位。常见的金属基体主要包括铝、镁、铜、锌、钛、钢、镍等金属及其合金，其中铝及其合金的研究和应用最为广泛。根据孔结构在空间上的分布特点，多孔材料可以分为二维蜂窝材料和三维多孔材料。二维蜂窝材料是指孔结构在二维平面铺展，并在厚度方向做简单延伸，如图 6-23（a）所示。三维多孔材料在自然界和人类社会中的存在形式更为广泛。根据孔型结构差异，即孔洞是否连通，三维多孔材料可以分成开孔多孔材料和闭孔多孔材料。开孔多孔材料内部孔洞相互连通，基体由构成孔穴的棱壁组成；闭孔多孔材料的孔洞相互独立，由封闭孔洞的壁面组成。图 6-23（b）、(c）分别为开孔和闭孔多孔材料的形貌特征，这些多孔材料的孔隙呈杂乱无序的分布状态，为随机结构多孔材料。与之相对的有序结构多孔材料孔的尺寸、形状和分布规则有序，具有很强的设计性，如图 6-23（d）所示。以上介绍的多孔材料可以根据结构进行明确划分，但实际生产中存在不能直接分类的现象，如多孔材料可能同时存在开孔和闭孔、孔结构呈现半有序分布状态等现象。

(a) 蜂窝多孔材料；(b) 开孔多孔材料；(c) 闭孔多孔材料；(d) 有序多孔材料

图 6-23 不同种类的多孔材料

表征多孔结构的主要参数是孔隙度、平均孔径、最大孔径、孔径分布、孔形和比表面积等。除材质外，材料的多孔结构参数对材料的力学性能和各种使用性能有决定性的影响。由于孔隙是由粉末颗粒堆积、压紧、烧结形成的，因此原料粉末的物理和化学性能，尤其是粉末颗粒的大小、分布和形状，是决定多孔材料结构乃至最终使用性能的主要因素。多孔材料结构参数和某些使用性能（如透过性等）有多种测定原理和方法。孔径常用气泡法、气体透过法、吸附法和汞压法等方法来测定。烧结多孔材料的力学性能不仅随孔隙度、孔径的增大而下降，还对孔形非常敏感，即与“缺口”效应有关。孔隙度不变时，孔径小的材料透过性小，但因颗粒间接触点多，故强度大。孔径分布是多孔材料结构均匀性的判据。比表面积常用低温氮吸附法和流体透过法来测定，选择测定方法时应尽量选用与使用条件相近的方法。过滤材料要求在有足够强度的前提下，尽可能增大透过性与过滤精度的比值。根据这些原理，发展出用分级的球形粉末为原料制成均匀的多孔结构，用粉末轧制法制造多孔的薄带和焊接薄壁管，以及制备粗孔层与细孔层复合的双层多孔材料的方法。

到目前为止，国内外对多孔材料的制备工艺方面的研究很多，归纳起来主要有铸造法、粉末冶金法、金属沉积法、烧结法、熔融金属发泡法、共晶定向凝固法和 3D 打印七种。其中粉末冶金法制备多孔金属材料以金属或合金粉末为主要原料，通过添加或不添加造孔剂，经过冷压成形得到一定尺寸的压坯，在真空、惰性或还原性气氛下，温度低于烧结试样熔点直接烧结而成，孔隙来自造孔剂分解后留存的位置，该技术制备的多孔金属材料的孔隙率范围更宽，能够很好地应用于各种环境。用此法制备的多孔金属材料具有以下优点：①孔径和孔隙度均可控制；②优良的透过性能，且在使用后可以再生，因而使用寿命长；③导热、导电性能好；④耐高温、耐低温、抗热震；⑤抗介质腐蚀；⑥比表面积大；⑦可焊接和加工。此法制备的金属孔径大多小于 0.3mm，孔隙率一般不高于 30%，但也可通过特殊的工艺方法制成孔隙率大于 30%的产品。此方法虽然工艺较为复杂，但产品质量高，性能稳定，便于商业化生产，从而得到迅速发展。

图 6-24 为共晶定向凝固法制备的铜基多孔材料的微观组织形貌，可以看出材料中的气孔大小较均匀，整齐地排列于轴线方向上，可以控制气孔的直径为 10μm～10mm，长度为 100μm～30cm。图 6-25 是使用水热法制备的泡沫镍及其负载三明治状 Co_3O_4 的多孔材料。

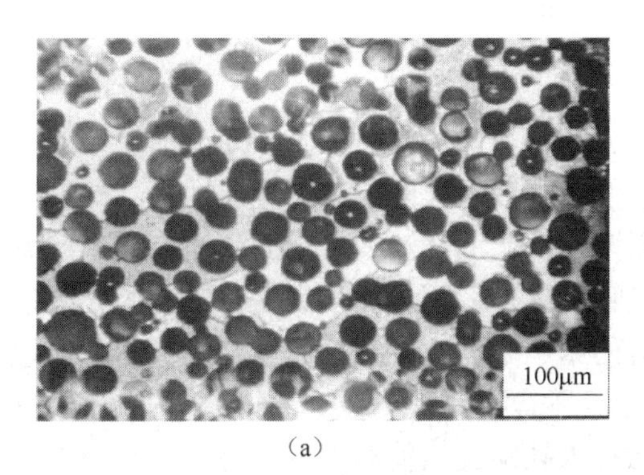

（a）

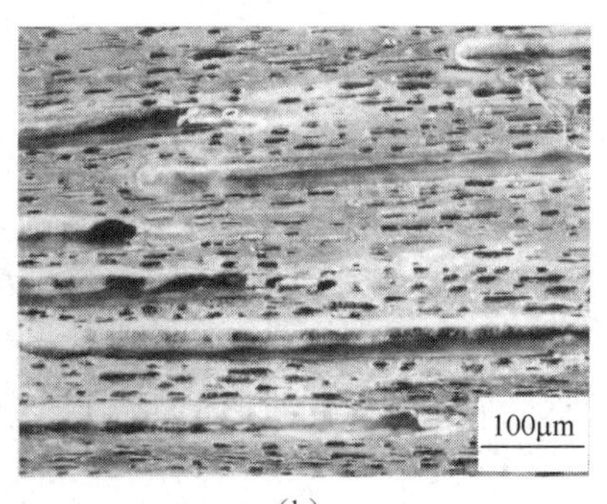

（b）

（a）沿径向剖开观察；（b）沿轴向剖开观察

图 6-24　铜基多孔材料的微观组织形貌

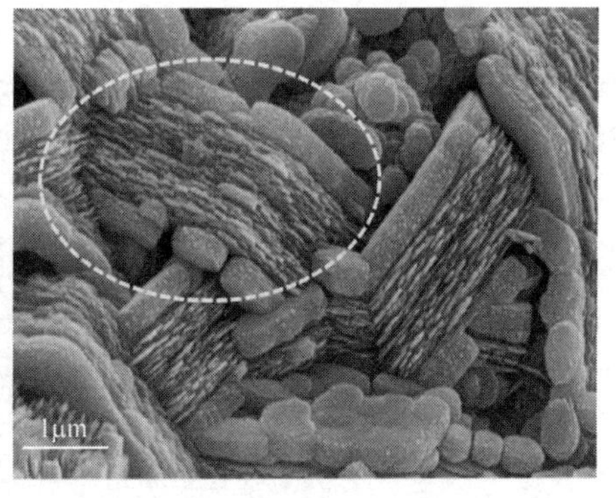

图 6-25　泡沫镍及其负载三明治状 Co_3O_4 的多孔材料

6.6.2 粉末冶金含油轴承

6.6.2.1 含油轴承的自润滑原理

含油轴承的自润滑依靠孔隙中贮存的润滑油（见图6-26），在使用时会自动形成润滑油膜，贮存的润滑油可以使用相当长一段时间不会流失。

含油轴承不工作时的状态如图6-27所示。此时，轴靠自重落在轴承的下部，润滑油吸存于轴承孔隙内。在轴与轴承接触点之间，润滑油互相连接形成油膜，像筛网一样。

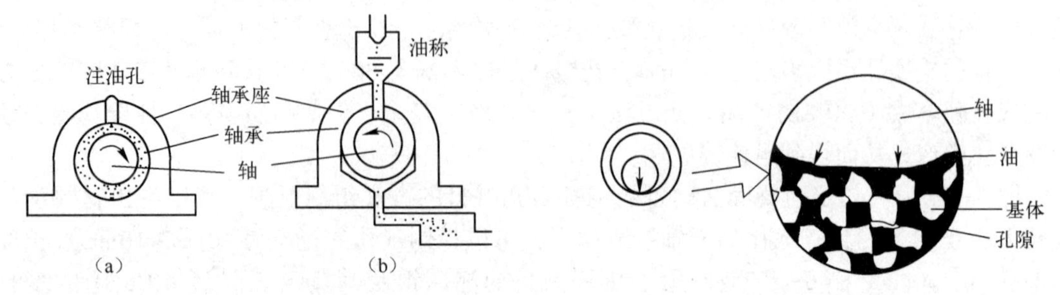

（a）烧结含油轴承；（b）铸造含油轴承

图6-26 轴承的工作原理

图6-27 烧结轴承不工作时的状态

当轴旋转时，轴与轴承表面微小的凹凸不平会造成金属之间的摩擦，产生摩擦热，进而导致轴承的温度上升，从而使油的黏度降低，容易流动。同时，由于润滑油受外热后产生膨胀，并且油的膨胀比轴承基体的膨胀大，致使润滑油从孔隙中渗出形成油膜，保证工作时的正常润滑。当轴停止旋转时，轴承的温度逐渐降低，润滑油因冷却而收缩，并且润滑油的收缩比轴承基体的收缩大，致使润滑油在毛细管力的作用下，又被吸存在轴承的孔隙中，以便下次工作时再用。这是含油轴承能够自润滑的第一个因素——热胀冷缩及毛细管作用。

含油轴承能够自润滑还有第二个因素，就是其相当于“泵”的作用，随着轴的旋转产生一种力，可以把润滑油不断地由一个方向打入孔隙，又使润滑油从另一个方向沿孔隙渗出到工作表面，从而使润滑油在轴承内不断循环使用。

这种“泵”的作用可做如下解释，由于轴的本身重量施加在轴承的下部，当轴不旋转时，不承受轴的负荷的轴承上部起着聚集油的作用，一部分油黏附在轴的表面。当轴旋转后，它将带着部分油自轴承上部向着逐渐狭窄的孔隙运动，像斜楔一样，使轴浮起，形成承载油膜。当达到平衡状态后，轴的位置应偏向轴承下部的一边。润滑油泵的作用原理如图6-28所示。在轴承下部区域油压高，使油向孔隙中渗入，避免了油在压力下的流失。在轴承上部区域，油又由孔隙中渗到工作面上。于是润滑油就不断地从轴承下部打入孔隙，而在轴承上部又不断地从孔隙中渗出，从而使润滑油得到循环使用。

6.6.2.2 铁基含油轴承的生产工艺

一般铁基含油轴承的生产工艺流程，如图6-29所示。

1. 原材料

对于普通的含油轴承采用铁-石墨系，只有对强度和减摩性能要求更高时才加入其他合金元素。根据对轴承性能的要求，可选用的合金元素有硫、MoS_2、铜等。

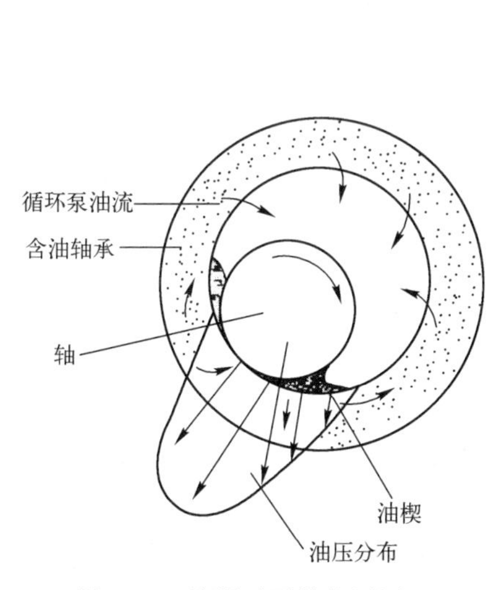

图 6-28　润滑油泵的作用原理

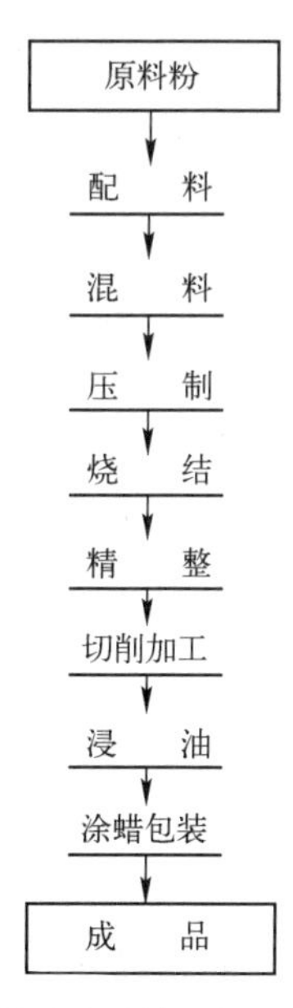

图 6-29　铁基含油轴承的生产工艺流程

（1）对铁粉的要求

铁粉是铁基含油轴承的基本原料，它的性能将直接影响最终成品的性能。铁粉的纯度高，含油轴承的减摩性能就好。反之，使用纯度低的铁粉，含油轴承的减摩性能就差。这是由于低纯度的铁粉往往含有较高的氧化物夹杂，这些氧化物夹杂的分子较稳定，在一般的还原气氛中，多数不能被还原，最后残留在成品中。因此，低纯度铁粉不仅影响成型工艺，还使轴承材料硬而脆，降低了减摩性能，并引起卡轴现象。铁粉中的碳，大多以化合碳形态存在，使铁粉的工艺性能变差。铁粉中的含氧量过高，在烧结过程中会引起大量的脱碳，使得含油轴承的最终性能难以控制。另外，铁粉的粒径、流动性、松装密度等都将给最终成品的性能造成很大的影响。对铁粉成分及物理工艺性能的要求如表 6-22 所示。

表 6-22　对铁粉成分及物理工艺性能的要求

化学成分（%）				流动性（s/50g）	松装密度（g/cm^3）	压制性（g/cm^3）	粒径（目）		备注
$Fe_{总}$	$C_{总}$	O	S				+80	−200	
>97.5	<0.15	<0.7	<0.1	<50	2.3~2.5	（5tf/cm^2压力）>6.0	<3%	40%~60%	650~760℃退火

（2）其他原辅材料

生产铁基含油轴承的主要合金元素和添加剂有石墨、硬脂酸锌、机油等。对轴承的强度等性能有更高要求时还需加入铜、硫、MoS_2等。各种原辅材料主要技术条件如表 6-23 所示。

表 6-23　各种原辅材料的主要技术条件

	化学成分（%）	物 理 性 能	备　注
石墨粉	固定碳≥98、灰分≤1、水分≤0.1、挥发物≤0.2	粒径-325 目	鳞片状银灰色
硬脂酸锌	锌含量 10-11、水分≤1、游离酸≤1	粒径-200（99.55）目、熔点 120℃、密度>9g/cm^3	白色

续表

	化学成分（%）	物理性能	备注
硫黄粉		粒径-200 目	黄色粉状
电解铜粉	铜≥99.5、杂质总和≤0.5	粒径-200 目	无氧化发黑
MoS_2	纯度>96、水分≤0.5	10~30μm、粒径 5~95 目	
机油	酸值 KOH/g≤0.16、无水分、无水溶性酸或碱	闪点<170℃、运动黏度（50%）17~23（厘拖）	
精石蜡	含油量≤0.5、无臭味、无机械杂质及水分、无水溶性酸或碱	熔点不低于 60~62℃	

各主要辅料的作用及影响如下。

① 石墨

石墨是铁基含油轴承最重要的添加物，它在含油轴承中能起双重的作用——润滑剂和合金添加剂。将粒径适当的石墨粉加到铁粉中，压制时，由于石墨的润滑作用使铁粉易于流动，可以改善粉末的压制性，降低压模的磨损，并使压坯中的压力分布均匀，从而使制品的密度均匀，烧结变形小。

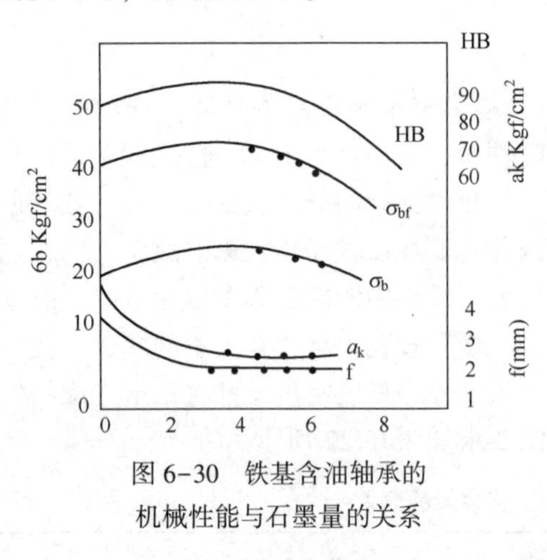

图 6-30　铁基含油轴承的机械性能与石墨量的关系

石墨的加入量对含油轴承机械性能有很大的影响，如图 6-30 所示。轴承的硬度（HB）、抗拉强度（σ_b）、抗弯强度（σ_{bf}）随石墨含量的增加而提高，当石墨量达到 3%时，轴承的硬度和强度最高。这时如果再增加石墨量，轴承的硬度和强度反而降低。石墨量超过 4%以后，轴承的硬度和强度随着石墨量的增加而急剧地降低。这是由于随着石墨量的增加，烧结时固溶于铁中的碳增加，则冷却后形成珠光体和游离渗碳体的数量增加，因此轴承硬度和强度提高。而石墨量达到 3%时，除有少部分游离石墨外，轴承全部形成细片状珠光体组织，因此硬度和强度最高。石墨量超过 4%以后，烧结制品中游离石墨量及轴承的孔隙度提高，并起主要作用，因此制品硬度和强度同时降低。轴承的冲击韧性（a_k）和塑性（挠度 f）随着石墨量的增加而不断降低，但石墨量到 2%以后，降低较缓慢。

铁基含油轴承的摩擦系数随石墨量的增加而降低。这是因为石墨为层状结构，层与层之间存在微弱地联结，故石墨易于滑动，因而石墨具有良好的润滑能力。此外，石墨有较强的吸油能力，在摩擦过程中，石墨和润滑油一起形成高效能的胶体润滑剂，黏附在轴和轴承的工作表面，一些极细的石墨粉粒充填于轴承的凹坑内，使油膜不易破裂。所以，加入石墨可以降低轴承的摩擦系数和金属磨损，提高载荷能力和转速。但一般石墨量超过 5%以后，磨损量增加，所以轴承耐磨性下降。

对石墨的粒径必须有一定的要求。石墨粒径过小时，在烧结过程中，由于石墨向铁中扩散溶解的速度加快，致使烧结后生成的化合碳量过多，而形成网状或大块渗碳体，这样虽然提高了制品的硬度，但却降低了减摩性能和塑性，在轴承运转过程中容易咬轴。石墨粒径过大时，铁粉颗粒将会局部地隔开，会减少铁粉颗粒之间的接触，因而不利于烧结过程的进行，使烧结制品的机械强度降低。

② 铜

由于铜的熔点为1083℃，因此在铁基材料烧结时（烧结温度通常大于1100℃），铜将熔化形成液相，并固溶于铁中，从而促进了烧结，强化了基体，提高了轴承的机械性能和承载能力。铜的加入量通常为1%~3%（wt%）。

③ 硫

制造铁基含油轴承时，可以在混合料中加入硫黄粉、ZnS、MoS_2等，也可以在烧结后进行硫化处理，以提高轴承的减摩性能和抗氧化能力。这是由于硫与铁可以形成硫化铁，降低摩擦系数，在缺乏润滑的情况下，可以有效防止轴与轴承之间的黏结。在有润滑油时，加入硫可以在接触表面形成保护薄膜，提高抗卡滞性能。此外，硫还可以改善切削加工性能，提高加工面的光洁度。

2. 混料

混料是压制前最重要的工序之一。产品性能的优劣在很大程度上取决于各种合金元素在混合料中分布的均匀程度。在配料时加到铁粉中的添加剂由于性质不同，密度和流动性也不相同，如果混料工艺选择不当，很容易引起合金成分偏析。

一般，混料的均匀程度取决于混料工艺的合理性、混合时间、混料机转速、混料操作方法及混料机类型等。

3. 压制成型

压制包括称料、成型、脱模等过程。

（1）称料。为了保证压坯具有一定的尺寸和密度，需要加入一定质量的粉末。手工操作时，一般采取质量称料法；而自动压制时，则使用容量称料法。

（2）成型。自动压制时，压机上装有压模，料斗中装入混合料。根据压坯要求的尺寸和密度来调整压机的压力和行程。混合料从料斗流到送粉器，并把一定量的粉末充填到模具中，接着上下模冲加压，将粉末压缩成型，然后自动从压模中脱出压坯。手工操作时，装料要均匀，表面要平整，以保证压坯密度均匀。

（3）脱模。压制完后，将压坯从模腔中顶出，整体模套脱模时，一般有上顶出和下顶出两种方法。自动、半自动压制多采用上顶出法，手工操作时采用下顶出法。

4. 烧结

将粉末压坯装盒后，推入到通有保护气氛的电炉中，然后在一定的温度下进行烧结。烧结炉由预热、烧结、冷却三段组成。预热段温度一般为700~900℃，主要作用是将粉末压坯中的润滑剂及造孔剂充分挥发掉，然后推到烧结段进行烧结。烧结件从烧结段进入冷却段时，中间应有一个缓冷段。

一般减摩材料的烧结温度控制在1050~1100℃范围内。保温时间一般在2. 5h，烧结温度提高后，可适当缩短保温时间。

为了防止制品在烧结过程中被氧化，必须向烧结炉内通入保护气氛。烧结铁基含油轴承时，采用不脱碳的保护气氛有利于保证其含碳量的稳定。由于保护气氛中带有一定量的水分，特别是使用自制的发生炉煤气时，气氛中的水气量比较大，易使烧结件在冷却过程中被氧化。因此，除对气氛进行净化外，在装盒方式上应采取一定的措施，一般为在装盒后，加上铁盖板，用耐火泥密封，再在盖板上撒一层固体还原剂（木炭等）。实践证明，这种方法效果较好，但是操作较麻烦，并会使生产成本略有提高。

5. 烧结后处理

（1）精整。经烧结后的制品由于发生轻微变形，表面变得粗糙，尺寸精度达不到规定的要求，因此必须进行精整。为此，应预先进行自然浸油。

但是，对含油轴承的精整是有一定限度的。虽然它对制品内部的基体组织不产生影响，但是对制品的孔隙度及孔隙大小会有所影响。精整时要避免多次重复，以免使孔隙封闭。

（2）切削加工。有些制品需要有一定的形状，而这些形状往往不能用成形或精整的方法直接压成，或者虽然能够压成，但成本太高，或模具设计太复杂，故需要进行切削加工，如倒角、打孔、开油槽等是目前我国各粉末冶金厂常用的加工工序。在切削加工时，应注意不要破坏材料的表面孔隙，以致损坏烧结含油轴承特有的毛细管组织。

（3）浸油。切削加工完成后，根据产品的用途及性能，选择适当的润滑油对该产品进行浸渍，一般称为浸油。浸油的一个重要目的是使含油轴承充分含油后能起到自润滑作用，浸油的另一个目的是为了提高产品的抗腐蚀能力。因此，浸油能提高含油轴承的耐磨性，延长轴承使用寿命。

6.6.2.3 铁基含油轴承的性能

决定铁基含油轴承使用质量的主要性能是自润滑性、磨合性、耐磨性、PV 值及物理-机械性能。

1. 自润滑性

自润滑性是铁基含油轴承最重要的一种特性。如前所述，含油轴承的自润滑性与其孔隙度、工作表面开口孔隙度以及孔隙连通情况有很大的关系。为了改善自润滑性，不仅要求含油轴承具有足够的孔隙度和工作表面的开口孔隙度，还要求轴承的孔隙是尽可能连通的。

2. 磨合性

磨合性是依靠塑性变形与磨损来增加轴与轴承间的接触面积，从而提高轴承承受载荷的能力。一般可用磨合时间表示，即在一定负荷下使轴与轴承间摩擦系数降低到一定值时所需的时间。

含油轴承具有多孔的海绵状组织，因而增加了范性（或塑性）变形的能力，从而改善了它的磨合性能。但是含油轴承的磨合性不是随着孔隙度的增加而无限增长的，孔隙度过大会使含油轴承的磨合性变坏，其原因可能是材料的强度和韧性下降破坏了轴承摩擦表面的金属基体，引起颗粒脱落。

3. 耐磨性

耐磨性一般用磨损量或使用寿命表示，它主要取决于材料的强度、组织结构与润滑条件。呈珠光体组织的轴承最耐磨，而呈铁素体-珠光体组织的轴承耐磨性则较小。随着轴承孔隙度的增加，摩擦系数和磨损也急剧增大，这显然是因为金属颗粒结合差和摩擦表面粗糙。

4. PV 值

所谓 PV 值就是轴的运转线速度 v 与在轴承投影面上单位负荷 p 的乘积，一般常用 PV

值来衡量轴承承受负荷和运动状态下的性能。PV 值大表示使用条件恶劣，反之，使用条件则较好。PV 值可用下式求出，即

$$P=\frac{W}{L\times d}$$

式中，P 为轴承在垂直于受力方向上每平方厘米投影面积上的负荷（kgf/cm^2）；W 为轴承承受的总负荷（kgf）；d 为轴承内径（cm）；L 为轴承长度（cm）。

$$V=\frac{\pi\times d\times N}{60\times 100}$$

式中，V 为轴承与轴径表面相对滑动的线速度（m/s）；d 为轴承内径（cm）；N 为轴的转速（r/min）。

因此

$$PV=\frac{\pi\times W\times N}{6000\times L}$$

5. 物理–机械性能

铁基含油轴承对密度、含油率、硬度及径向压溃强度均有一定的要求。铁基含油轴承按合金成分与密度分类如表 6–24 所示。铁基含油轴承的化学成分及物理机械性能如表 6–25 所示。

表 6–24　铁基含油轴承按合金成分与密度分类

类　别	合金成分	牌号标记	含油密度（g/cm^3）
1	铁	FZ1160	5.7~6.2
		FZ1165	>6.2~6.6
2	铁–碳	FZ1260	5.7~6.2
		FZ1265	>6.2~6.6
3	铁–碳–铜	FZ1360	5.7~6.2
		FZ1365	>6.2~6.6
4	铁–铜	FZ1460	5.7~6.2
		FZ1465	>6.2~6.6

表 6–25　铁基含油轴承的化学成分及物理机械性能

牌号标记	化学成分（%）					物理–机械性能		
	铁	$C_{化合}$	$C_{总}$	铜	其他	含油率（%）	径向压溃强度（Kgf/mm^2）	表面硬度（HB）
FZ1160 FZ1165	余	<0.25	<0.5	—	<3	≥18 ≥12	>20 >25	30~70 40~80
FZ1260 FZ1465	余	0.25~0.6	<1.0	—	<3	≥18 ≥12	>20 >25	50~100 60~110
FZ1360 FZ1365	余	0.25~0.6	<1.0	2~5	<3	≥18 ≥12	>20 >25	60~110 70~120
FZ1460 FZ1265	余	—	—	18~22	<3	≥18 ≥12	>20 >25	80~100 60~110

某铁基含油轴承轴套的制备流程如表 6–26 所示。

表 6-26 某铁基含油轴承轴套的制备流程卡

	图号	材料	批量	单件质量	体积	密度	面积	工时	用户名称
含油轴承		Fe-Cu-C-Sn-Zn-P		3. 89g	0. 682cm^3	>5. 6g/cm^3	0. 113cm^2	Φ17 Φ12 5.86 45° 1 0.5 含油轴承零件图 技术要求 1. 孔隙率>18% 2. 径向压溃强度>150MPa 3. 密度：>5. 6g/cm^3 4. 表面硬度：>40HB	
工序名称	工序内容						装备		
配料	材料配方：35. 5%海绵铁粉+0. 5%锡粉+3%磷铜粉（含磷 8%）+0. 5%石墨粉+60. 5%黄铜粉（含锌 31. 9%）外加 0. 8%硬脂酸锌								
球磨	球磨罐：500ml 不锈钢球磨罐 磨球：不锈钢磨球 球料：5∶1 球磨气氛：空气 球磨机转速：130r/min 球磨时间：6h						QM-3SP4 型行星式球磨机		
压制	压制弹性后效 C：0. 2% 压坯密度：>6. 4g/cm^3 压制压力：400MPa（4tf/cm^2） 受压面积：0. 113cm^2 保压时间：1min 压坯尺寸：（Φ17-Φ12）mm×6mm						250t 压力机		
烧结	烧结收缩率：0. 3% 烧结气氛：分解氨 烧结坯表观硬度：>40HB 升温速度为 7℃/min 升温到 380 ℃ 保温 17min，然后升温到 550 ℃ 保温 17min，再加热至 865 ℃保温 30min，然后随炉冷却						RST 型网带炉		
整形	精整载荷 30MPa，内外径单边整形余量 0. 01mm，高度余量 0. 3mm，得到最终尺寸，控制孔隙度为 20%。						液压机手动模具		
清洗	通过超声波清洗，取出工序中粘附在衬套上的杂质，使孔隙通透						超声波清洗机		
浸油	真空含浸 浸油种类：97-D08 润滑油 浸油时间：1h 将烧结件完全浸入装有润滑油的容器中，将容器放入真空干燥箱内。抽真空使箱内压力达到 0. 09MPa 以下，加热至 150℃，保压保温 1h。保温完成后，打开放气阀门使得箱内压力达到常压，等油温降至室温后，取出轴承件擦拭干净								

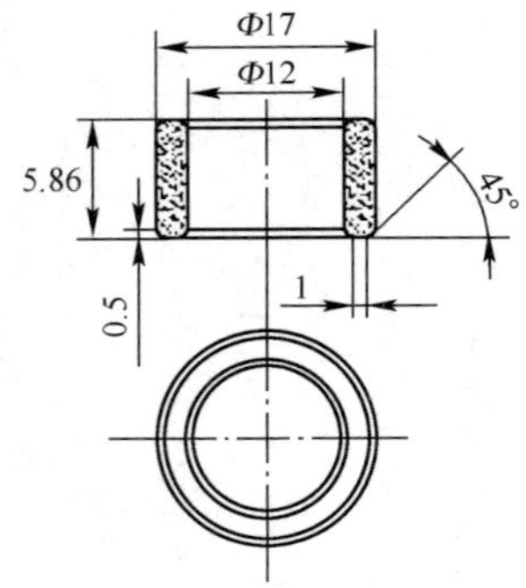

6.6.3　3D 打印多孔材料

3D 打印技术需要首先通过软件设计多孔材料的孔形和尺寸，如图 6-31 所示，再通过切片软件（如 Cura 和 simplify3D 等）将多孔材料模型的 stl 文件根据实际加工的层厚进行逐层分解，并将其转换为 3D 打印机可识别的代码。最后打印设备（如选区激光烧 SLS、选区激光熔化 SLM 和电子束熔化等 EBM、光聚合固化技术、材料喷射技术等）根据切片数据代码进行逐层扫描加工，直至打印出完整的多孔材料。目前 3D 打印技术涉及多种材料，如陶瓷、金属和塑料等，所用的原料可以选择丝材、粉体和浆料等。图 6-32 是通过 SLM 技术制备的多孔石墨烯/钛复合材料，图 6-33 是孔隙率随着一定方向呈现梯度变化、孔隙形状为三角形的多孔材料。

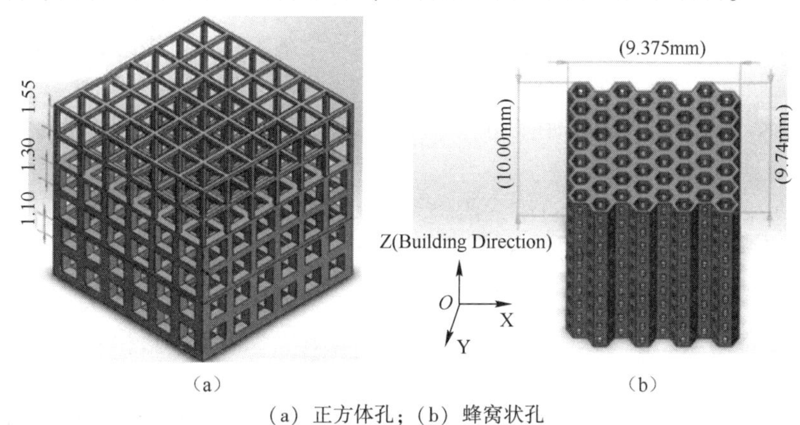

（a）　　　　（b）

（a）正方体孔；（b）蜂窝状孔

图 6-31　多孔材料模型设计

（a）　　　　（b）

（a）宏观形貌；（b）微观形貌

图 6-32　SLM 技术制备的多孔石墨烯/钛复合材料

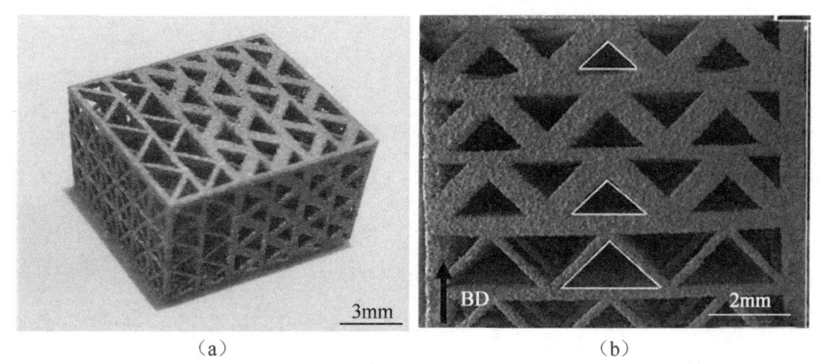

（a）　　　　（b）

（a）宏观形貌；（b）微观形貌

图 6-33　SLM 制备孔型呈三角形的梯度多孔钨宏观和微观形貌

6.6.4 粉末冶金多孔材料的发展趋势

粉末冶金多孔材料目前存在的问题主要有：多孔材料制备技术研发能力不足，某些新工艺的工业化程度不高，生产效率较低；微孔级多孔材料的制备工艺复杂，设备要求过高，仅限实验室研究；多孔材料的理论模型研究滞后，仿真数字模型的建立不够完善；多孔材料制备过程中空隙等微观结构的可控与可调仍未完全实现；多孔材料的损毁机理研究不足，以致减缓多孔材料损毁的技术停滞不前。为此，粉末冶金多孔材料今后的发展趋势可能是以下几个方向。

（1）孔径的微细化。对于金属多孔材料，过滤与分离是其最重要的应用领域之一。随着现代工业的发展，对材料的过滤精度要求也越来越高，如食品、饮料行业要求过滤精度达到微米级水准，生物、医药用过滤精度达到亚微米乃至纳米水平。因此，过滤孔径逐步向微细化、纳米化的方向发展。美国 MOTT 公司的烧结金属粉末等效孔径已经到达 5nm，比利时 BEKAERT 的烧结金属纤维毡等效孔径可以做到 1μm，日本 NICHIDAI 公司的烧结金属丝网等效孔径最小可达到 2~3μm。

（2）孔结构的梯度化。常用的粉末冶金多孔材料有金属粉末多孔材料、金属纤维多孔材料等，其孔结构一般为简单的无序结构。随着粉末冶金多孔材料应用领域的拓展，出现了各种形式的梯度结构或复合结构。最早的梯度复合金属多孔材料是金属复合丝网材料，孔隙分布均匀，具有很高的整体强度与刚性，并且有耐腐蚀、耐高温、可折叠、渗透性能好、再生性能好、使用寿命长的特点，且在外力作用下不容易发生变形。

（3）材质的合金化复合化。早期的粉末冶金多孔材料的材质主要是铜、镍、青铜、黄铜等，第二次世界大战后研究人员开始了对多孔不锈钢的研究，20 世纪 60-90 年代，不锈钢、镍合金、钛及钛合金的多孔材料，以及特殊用途的银、钨、钽、难熔金属化合物的多孔材料都得到了迅速发展，尤其是不锈钢多孔材料得到了大规模的应用。近年来，随着应用领域的不断拓宽，粉末冶金多孔材料的材质正在向着合金化方向发展，各类不同性能的粉末冶金多孔材料应运而生。粉末冶金多孔材料材质的另一个发展趋势是复合化，复合化是实现多功能化的途径之一。复合化包括金属与合金复合的多孔材料、金属与陶瓷复合的多孔材料、金属与有机物复合的多孔材料等。

6.7 工 具 材 料

6.7.1 工具材料概述

粉末冶金工具材料的种类主要有硬质合金、粉末冶金高速钢、超硬材料、聚晶金刚石、陶瓷工具材料和复合材料等。

6.7.1.1 硬质合金

硬质合金是以难熔金属碳化物（WC、TiC、Cr_3C_2等）为基体，以铁族金属（主要是钴）做黏结剂，借助粉末冶金技术，通过球磨、造粒、压制成型、烧结、热处理、机加工等工序生产的一种多相组合材料。其特点是硬度高、耐磨性好，机械强度高，耐腐蚀性和耐氧化性好，耐酸、耐碱，线膨胀系数小，电导率和热导率与铁及铁合金相近。

常用的硬质合金以 WC 为主要成分，根据是否加入其他碳化物而分为以下几类。

（1）钨钴类（WC+Co）硬质合金（YG）。它由 WC 和钴组成，具有较高的抗弯强度的韧性，导热性好，但耐热性和耐磨性较差，主要用于加工铸铁和有色金属。在含钴量相同时，细晶粒的 YG 类硬质合金（如 YG3X、YG6X）硬度耐磨性比 YG3、YG6 高，强度和韧性稍差，适用于加工硬铸铁、奥氏体不锈钢、耐热合金、硬青铜等。

（2）钨钛钴类（WC+TiC+Co）硬质合金（YT）。由于 TiC 的硬度和熔点均比 WC 高，所以和 YG 相比，YT 硬度、耐磨性、红硬性大，黏结温度高，抗氧化能力强，而且在高温下会生成 TiO_2，可减少黏结。但这类合金导热性能较差，抗弯强度低，所以它适用于加工钢材等韧性材料。

（3）钨钽钴类（WC+TaC+Co）硬质合金（YA）。这类合金在 YG 类硬质合金的基础上添加 TaC(NbC)，提高了常温、高温硬度与强度，以及抗热冲击性和耐磨性，可用于加工铸铁和不锈钢。

（4）钨钛钽钴类（WC+TiC+TaC+Co）硬质合金（YW）。这类合金在 YT 类硬质合金的基础上添加 TaC(NbC)，提高了抗弯强度、冲击韧性、高温硬度、抗氧能力和耐磨性。此类合金既可以加工钢，又可加工铸铁及有色金属，因此常被称为通用硬质合金（又称为万能硬质合金）。目前 YW 主要用于加工耐热钢、高锰钢、不锈钢等难加工材料。钨钴及钨钴钛类硬质合金的制备工艺流程如图 6-34 所示。粉末冶金法制备 WC-Co 硬质合金腐蚀前后的显微组织如图 6-35 所示。硬质合金产品照片如图 6-36 所示。

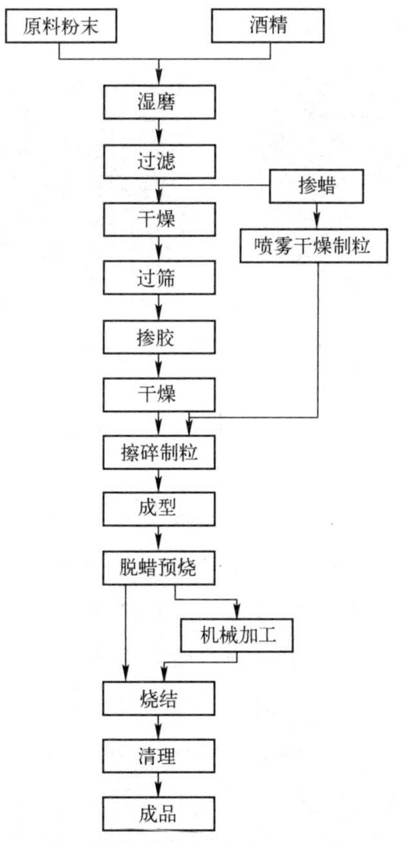

图 6-34　钨钴及钨钴钛类硬质合金制备工艺流程

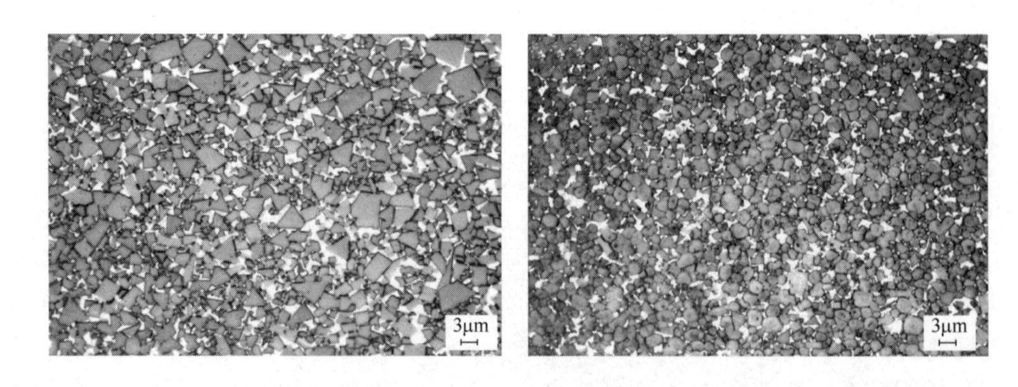

（a）腐蚀前；（b）腐蚀后

图 6-35　WC-Co 硬质合金腐蚀前后的显微组织图

图 6-36　硬质合金产品照片

6.7.1.2　粉末冶金高速钢

粉末冶金高速钢是 20 世纪 70 年代开发的新型刀具材料，它是将高频感应炉炼出的钢液用高压氩气或纯氮气雾化得到细小均匀的结晶组织（高速钢粉末），再将粉末在高温、高压下制成刀具毛坯，也可先制成钢坯，再经锻造、轧制成刀具。粉末冶金高速钢改变传统的熔铸工艺，采用粉末冶金技术生产高性能高速钢或直接成型的刀具材料，成分与一般高速钢接近。工艺过程包括雾化制粉、粉末真空脱氧、制坯及烧成三个环节。雾化制粉是依靠高速惰性气体或高压水冲击熔融的钢液流，随即将其雾化成细小液滴并凝固成粉。粉经脱氧、制坯后在高温下烧结成材料或刀具。高速钢的成型工艺多采用模压成型和等静压成型，温压成型和高能成型等主要用于实验研发和研究。高速钢粉末生坯的烧结主要通过高温进行，一般是在液相线以下温度烧结实现致密化。高速钢主要的烧结工艺包括等静压烧结、气氛烧结、真空烧结、压力烧结、放电等离子烧结（SPS）等，此外还有一些烧结技术正处于研究阶段，如淀粉烧结、新能源烧结等。

粉末冶金高速钢的特点有以下几点。

（1）粉末冶金高速钢碳化物晶粒为2～3μm，均匀分布的碳化物颗粒有较大的表面积，使其耐磨性提高了20%～30%；碳化物偏析的清除，提高了钢的强度、韧性和硬度。（2）具有优异的磨削加工性，粉末冶金高速钢的磨削加工性为同钢种的2～3倍，磨削表面的粗糙度显著减小。（3）能制造超硬高速钢，在化学成分相同的情况下，与熔炼高速钢相比，粉末冶金高速钢的常温硬度能提高1～1.5HRC，热处理后硬度可达67～70HRC，600℃时的高温硬度比熔炼高速钢高2～3HRC。应用粉末冶金高速钢的新工艺，可在现有高速钢中加入高碳化物（TiC和NbC），制造出超硬高速钢新材料，这种材料热处理时变形小，尺寸稳定性好；（4）能保证物理、力学性能各向同性。粉末冶金的工艺特点，保证了粉末冶金高速钢的各向同性，减少了热处理内应力和变形。

粉末高速钢的制备一般为热等静压法，制备流程如下：高频电炉用钢→氩气雾化→高速钢粉→过筛→装套→封焊→冷等静压→预热→热等静压→坯件。

粉末冶金高速钢只有在相对密度大于78%时才能使用，因此粉末冶金高速钢一般要采用各种热成型工艺，如热等静压、热锻、热挤等，并需要热处理后才能使用。

6.7.1.3　聚晶金刚石

聚晶金刚石（Polycrystalline Diamond，PCD）是以金刚石微粉为骨架材料，以结合剂为黏结材料，在超高压、高温条件下烧结而成的复合材料，具有极高的硬度与耐磨性能和较高的热稳定性。通常PCD按照黏结剂的不同可划分为三个种类：黏结剂是以铁、钴、镍等金属为主的金属基PCD，金属结合剂PCD结合方式主要是D-D键合；黏结剂是以SiC、TiC、WC、TiB_2等陶瓷为主的陶瓷基PCD，陶瓷结合剂PCD的结合方式普遍认为是化学键理论，即陶瓷基与金刚石反应形成D-M-D键，M为金属也可为非金属；金属-陶瓷PCD综合了金属结合剂与陶瓷结合剂各自的优点，提高了PCD的综合性能。常见的金属-陶瓷结合剂一般由金属相与碳、氮化物陶瓷相和金属相与硼玻璃陶瓷相构成。金属-陶瓷PCD的性能取决于两者间的组分及性质：金属为主体，陶瓷材料作为增强相时，可改善纯金属结合剂的不良性能，如改善脆性、增强耐磨性能、提高自锐性及气孔率等，以利于磨具的修整修锐；陶瓷为主体，金属单质或合金为增强相时，金属颗粒增韧陶瓷结合剂，可改善陶瓷结合剂的组织结构、热膨胀系数。PCD以其优良的力、热、化学、声、光、电等性能，在现代工业、国防和高新技术等领域中得到广泛的应用。

1. PCD刀具性能特点

PCD刀具具有硬度高、抗压强度高、导热性及耐磨性好等特性，适于高速切削，可以获得很高的加工精度和加工效率。PCD 刀具的上述特性由金刚石晶体状态决定。金刚石晶体碳原子的四个价电子按四面体结构成键，每个碳原子与四个相邻原子形成共价键，进而组成金刚石结构，该结构结合力方向性很强，从而使金刚石具有极高硬度。PCD 结构取向不同于细晶粒金刚石烧结体，虽然加入了结合剂，其硬度及耐磨性仍低于单晶金刚石。但由于 PCD 烧结体表现为各向同性，因此不易沿单一解理面裂开。

PCD 刀具材料主要性能指标如下。

（1）PCD 硬度可达 8000HV，为硬质合金的 80~120 倍；

（2）PCD 导热系数为 700W/mK，为硬质合金的 1.5~9 倍，甚至高于 PCBN 铜，因此 PCD 刀具热量传递迅速；

（3）PCD 摩擦系数一般仅为 0.1~0.3（硬质合金摩擦系数为 0.4~1），因此 PCD 刀具可显著减小切削力；

（4）PCD 热膨胀系数仅为 0.9×10^{-6}~1.18×10^{-6}，仅相当于硬质合金的 1/5，因此 PCD 刀具热变形小，加工精度高；

（5）PCD 刀具与有色金属非金属材料间亲和力很小，加工过程切屑不易黏结在刀尖上形成积屑瘤。

（6）由于 PCD 刀具具有较低的热膨胀系数和很高的弹性模量，因而在切削过程中刀具不易变形，在切削力的作用下 PCD 刀具能保持其原始参数，长期保持锋利，切削精度高。

2. PCD 刀具应用

PCD 刀具主要应用于以下几方面。

（1）难加工有色金属材料加工：用普通刀具加工难加工有色金属材料时，往往会产生刀具易磨损、加工效率低等问题，而 PCD 刀具则可表现出良好加工性能，如用 PCD 刀具可有效加工新型发动机活塞材料——过共晶硅铝合金。

（2）难加工非金属材料加工：PCD 刀具非常适合对石材、硬质碳、碳纤维增强塑料（CFRP）、人造板材等难加工非金属材料加工，如用 PCD 刀具加工玻璃。强化复合地板及其他木基板材（如 MDF）也适合用 PCD 刀具，用 PCD 刀具加工这些材料可有效避免刀具易磨损等问题。

3. PCD 刀具制造

PCD 刀具制造过程主要包括两个阶段。

（1）PCD 复合片制造：PCD 复合片由天然或人工合成的金刚石粉末与结合剂（其含钴、镍等金属）按一定比例在高温（1000~2000℃）、高压（5 万~10 万个大气压）下烧结而成。烧结过程中，结合剂的加入使金刚石晶体间形成以 TiC、SiC、铁、钴、镍等为主要成分的结合桥骨架，金刚石晶体以共价键形式镶嵌于结合桥骨架中。通常将 PCD 复合片制成固定直径厚度圆盘，还需对烧结成的 PCD 复合片进行研磨抛光及其他相应物理、化学处理。

（2）PCD 刀片加工：PCD 刀片加工主要包括复合片切割、刀片焊接、刀片刃磨等步骤。PCD 刀片成品如图 6-37 所示，由于 PCD 复合片具有很高硬度及耐磨性，因此必须采用特殊加工工艺。目前，加工 PCD 复合片主要采用电火花线切割、激光加工、超声波加工、高压水射流等几种工艺方法。PCD 复合片与刀体的结合方式除机械夹固黏接方法外，大多通过钎焊方式将 PCD 复合片压制在硬质合金基体上，焊接方法主要有激光焊接、真空扩散焊接、真空钎焊、高频感应钎焊等。PCD 刀具刃磨主要采用树脂黏合剂金刚石砂轮。

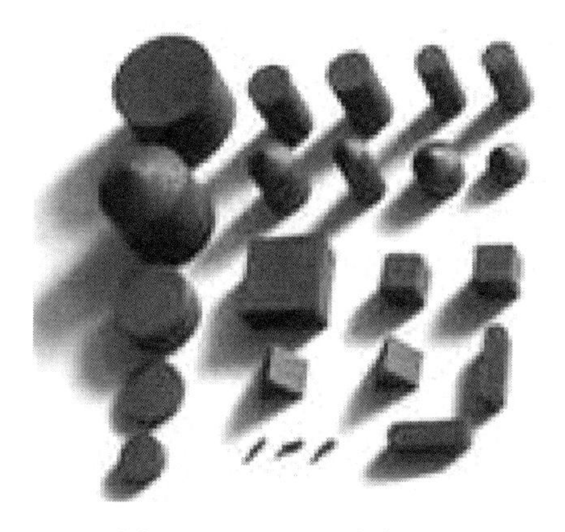

图 6-37　PCD 刀片成品图

6.7.2　粉末冶金工具材料的制备

6.7.2.1　硬质合金

硬质合金生产过程中，成型和烧结是两道主要工序。在成型前必须往混合料中加入有机物石蜡或橡胶作为成型剂，以改善粉末颗粒之间的结合状态、压坯密度的均匀性和压坯强度。一般硬质合金采用钢压模压制，一些异型制品多采用挤压、等静压、粉浆浇注及粉末轧制等特殊成型工艺。硬质合金的烧结是典型的液相烧结，通常在氢气和氮气气氛中进行，对含碳化钛的硬质合金则采用真空烧结，烧结温度一般在 1370~1560℃，保温 1~2h。

硬质合金的性能主要有密度、矫顽力、硬度、抗弯强度。为改善现有硬质合金的质量，要进一步发展新技术、新工艺、新设备和新材料，最近发展起来的新工艺和新设备有喷雾干燥、搅拌球磨等，新材料主要有涂层硬质合金、细晶粒硬质合金。

以 YG6 为例说明硬质合金产品的具体工艺流程。硬质合金拉丝模结构如图 6-38 所示。

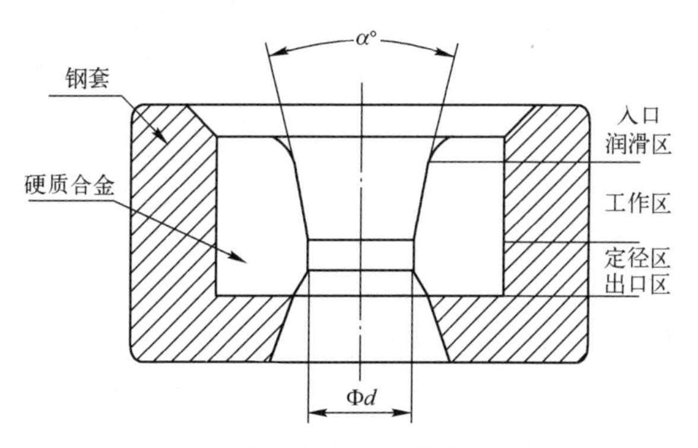

图 6-38　硬质合金拉丝模结构示意图

技术要求：表面硬度为92HRA，抗弯强度为1424MPa，材料成分为94%的WC，6%的钴，其中零件图中的尺寸为$D=6$mm；$H=4$mm；$d=0.8$mm；$h=1.2$mm，$2\alpha=40°$；$2\gamma=60°$。

硬质合金YG6加工流程图如图6-39所示。

混合料配制 → 压制 → 半成品加工 → 烧结 → 喷砂 → 成品检测 → 包装

图6-39 硬质合金YG6加工流程图

1. 混合料配制

YG6硬质合金的化学成分与物理性能如表6-27所示。

表6-27 YG6硬质合金化学成分与物理性能

合金类别	合金牌号	化学成分/%		物理机械性能		
		碳化钨	钴	相对密度	硬度/HRA	抗弯强度/MPa
钨钴合金	YG6	94	6	14.4~15.0	92	>1400

混合料的配制是将各种难熔金属的碳化物和黏结金属及少量的抑制剂粉末通过配料计算，通过球磨，干燥等工序过程制备成有准确成分、配料均匀、粒度一定的粒状混合物的生产工艺过程。流程如下。

配料计算→装入球磨机湿磨→干燥→过筛→混合→干燥→混合料质量检测

（1）配料的计算：配料计算时要明确各种成分的值，力求准确无误。按照一般规则是将各元素的量精确到克。

正常配料计算公式为

$$Q3=X\times Q$$

$$Q=Q1+Q2+Q3+A2$$

$$Q\times A=Q1\times A0+Q2\times A1+A2$$

式中，X为合金钴含量或配钴系数（%）；Q为混合料质量（kg）；$Q1$为碳化钨配入质量（kg）；$Q2$为配添加剂的质量（kg）；$Q3$为钴粉配入质量（kg）；A为混合料定碳点（%）；$A0$为WC的碳含量（%）；$A1$为添加剂的碳含量（%）；$A2$为需补充钨粉或炭黑的质量（%）。

当所加碳化钨和添加剂的碳重量之和小于定碳点的碳量时，$A2$表示需加炭黑量，反之表示钨粉加量，此时$A2$为0。

改配料计算为

$$Q\times X=Q0\times B0+Q1$$

$$Q\times A1=Q0\times A0+Q2\times A2+A3$$

$$Q=Q0+Q1+Q2+A3+A4$$

式中，Q为改配后混合料总质量（%）；$Q0$为待改配混合料质量（kg）；$Q1$为需补钴质量（kg）；$Q2$为需补WC质量（kg）；B为待改配混合料钴含量（%）；$A0$为待改配混合料碳含量（%）；$A1$为改配后混合料碳含量（%）；$A2$为补加的WC粉的碳含量（%）；$A3$为需补加炭黑质量（kg）；$A4$为需补加钨粉质量（kg）。

当待改配料与所补碳化钨的碳含量之和小于改配后的混合料的碳含量时，$A3$表示加炭黑量，反之补加钨粉，此时 A3 为 0。

补钨和补碳的遵循：

补碳量小于 0.07%，如果大于 0.07%，应选用总碳含量高一些的 WC；

补钨量小于 1.2%，如果超过 1.2%，应选用总碳含量较低的 WC。

（2）装入球磨机湿磨。湿磨在硬质合金生产中有以下几点作用。

混合作用：硬质合金混合料通常由两种以上组分组成，为使合金性能均一和优良，各种组分必须达到均匀混合，这是湿磨的首要作用。一般情况下，WC-Co 混合料经湿磨 8~16h 可以达到均匀混合。但要达到每个碳化物颗粒表面都被钴包覆，则需要更长的时间。

破碎作用：硬质合金原料粉末通常是经物理化学方法生产，再通过球磨进一步磨碎。在球磨过程中，大颗粒被磨碎成许多小颗粒，使粉末体的表面积增大。并且，球磨过程中球对粉末所做的磨碎功转变为粉末体的表面能，使粉末体的能量大大提高，从而有利于烧结过程中液相溶解-析出。

活化作用：在球磨过程中，球的冲击、摩擦作用还使粉末颗粒产生晶格扭歪、畸变、加工硬化、内应力增加，这些变化都使粉末的能量增加，从而使粉末颗粒活化，对烧结过程有促进作用。

湿磨有以下几点影响因素。

混合料的氧化：球磨氧化是有害的，其主要原因是金属物料的电化学腐蚀。混合料在湿磨过程中遭受强烈变形，导致其物理状态极不均匀，在含氧介质中产生氧去极化作用，从而造成金属组分的腐蚀-氧化。如果湿磨介质中不含有水，在湿磨过程中则不会氧化。此外，湿磨过程使物料能量增加，在随后的工艺过程中，增加了氧化的倾向。

球料比：通常用球料比，即球与料的质量比来表示装料量。球料比越大研磨效率越高。

酒精加量：酒精的主要作用是使粉末团粒分散，这样有利于混合均匀，另外酒精也可能被吸附在粉末颗粒的缺陷处，使粉末颗粒的强度降低，从而有利于破碎。酒精的添加量对湿磨效率影响非常大。当酒精加量太少时，料浆黏性太小，球不易滚动，并与筒壁发生黏滞作用，大大降低研磨效率；酒精加量太多，会使粉末过于分散，减少研磨作用，也会使研磨效率降低。因此要有合适的液固比，即每公斤混合料所加酒精的量。

湿磨时间：随着湿磨时间的延长，粉末粒度会变细，但与此同时粉末粒度组成范围会变宽，这就增加了粉末的不均匀性，会导致在烧结过程中晶粒有长大的倾向，因此要根据合金的使用性能和通过测定粉末性能来确定球磨的合理时间。

（3）干燥。具体步骤是将球磨好的料浆卸入料浆桶，用搅拌机械混合均匀，装入干燥圆筒，盖好盖子，拧紧螺丝，加入酒精，回收管道，一切准备完毕，开送蒸汽。具体的料浆干燥控制条件如表 6-28 所示。

表 6-28　料浆干燥控制条件

混合料类别	装料量容积/%	蒸汽预热		蒸汽干燥		冷却时间/h
		时间/min	压力/kPa	时间/h	压力/kPa	
细颗粒	85~90	50±10	78.45	2~4	196.13	≥2
中颗粒	85~90	50±10	78.45	2~4	196.13	0.5~1
粗颗粒	85~90	50±10	78.45	2~4	196.13	0.5~1

干燥过程中有以下几点注意事项。

过筛：过筛前必须将筛网，筛框，过筛机，混合料桶清理干净，避免脏化。经干燥的混合料在震动时筛过80~120目筛。

混合：混合是在按照一定比例配比的经过球磨的粉末料中加入一定量的成型剂（石蜡或者橡胶溶液），经过混合，干燥制粒的过程。严格控制混合、制粒工艺，可以获得优质料粒，不仅便于压制成型，减少压制废品，还有利于控制合金的最终组织。

物料在混合时主要是添加成型剂，制备成大小均匀，易于压制的小球状颗粒。YG6牌号物料所添加的成型剂为2C（顺丁橡胶溶液）。将物料加入搅拌器后，分次添加一定量成型剂2C，一般将成型剂分三次缓慢加入。加入成型剂后要搅拌45s左右的时间，以保证混合均匀。然后打开卸料口，进行喷雾干燥。

干燥：干燥方式采用喷雾干燥，其最大的特点是在封闭的循环系统中用氮气保护进行干燥。喷雾干燥制得的粒状混合料性能稳定，流动性极好。此外，湿磨介质—酒精有一个独立的回收系统，回收酒精质量高，回收率高。

符合料浆黏度标准的料浆在充分搅拌后，经料浆泵输送到喷嘴，雾化后形成小圆料浆液滴；在干燥塔内由下而上喷射，并与由上而下的热氮气逆向相遇；酒精激烈挥发，使液-固分离；料粒自由下降到塔底部，经螺旋冷却器冷却、过筛、包装；热氮与酒精混合气体与部分混合料粉尘形成尾气，经旋风收尘后进入回收系统。

混合料质量检查：混合料的检查主要包括粉体性能的检测和混合料烧结体性能的鉴定。其中混合料性能检测的主要项目有：用30倍放大镜观察粉末形貌，空心球比例，粒径；用标准化筛检查粒度分布；用霍尔流量计测定流动性；用斯科特仪测定松装密度和测定PS21试验条的压制压力。

2. 压制成型

成型是硬质合金拉丝模生产中操作性最强的工艺过程，是保证硬质合金毛坯精度和表观质量的关键工序。硬质合金有模压成型、挤压成型、等静压成型、浇铸成型、轧制成型等多种成型方法。但最常用的是模压成型、挤压成型、等静压成型三种方法，其中又以模压成型应用最多最广。

（1）充料，阴模在装料位置充填粉料；

（2）封口，（一次顶压）上冲头对阴模做相互运动，进入阴模封口予压，此时阴模不运动；

（3）底部压制，上冲头和阴模同步对下冲头做相互运动，下行PV距离至压制位置（L）；

（4）顶部压制，阴模在压制位置不动，上冲头继续下行OB距离（二次顶压）完成顶压；

（5）下拉脱模，上冲头回升，阴模下行AB距离，完成压制品的脱出（可施加气动预载脱模）。

（6）充料，阴模回升，重新进入装料位置充填粉料。

具体的压制过程如图6-40所示。

舟皿的选择与装舟。不同牌号的物料由于其碳量控制的差异，应选择不同接触材料的舟皿。所谓接触材料就是在舟皿表面涂覆或加上的使压坯不直接与舟皿接触的一层材料，其主要作用就是便于物料碳量的控制和避免产品与舟皿的黏结。实际生产中，受条件限制，除一些碳量要求饱和的牌号使用加普通碳纸的A舟皿外，其余大多是使用刷炭黑涂料的T舟皿。

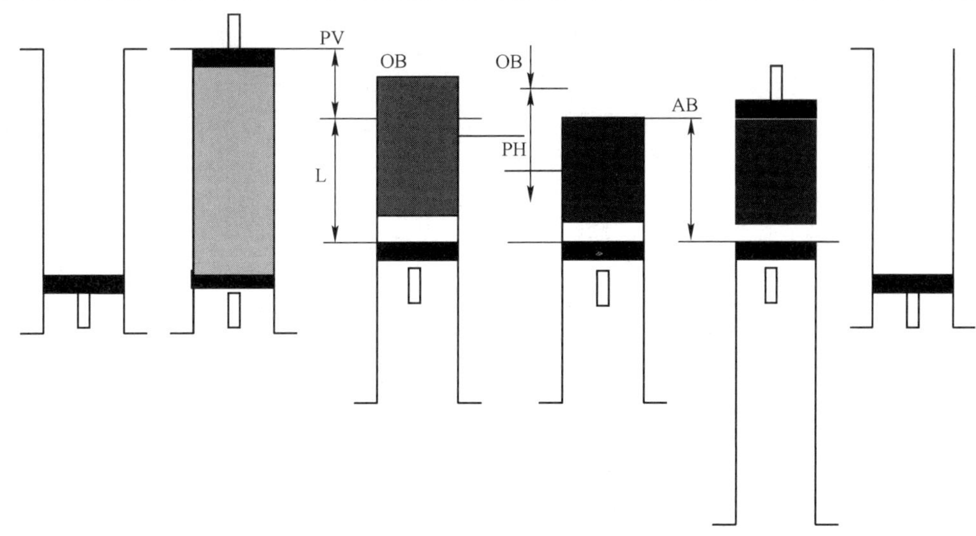

图 6-40　压制过程示意图

装舟时要根据产品、型号来选择恰当的装舟方法。本产品为 YG6 牌号的拉丝模，所以拉丝模要立装，大孔朝下；中小拉丝模舟皿四周用衬板将制品与舟皿壁隔开，每层制品间撒上 Al_2O_3白纸隔开。每舟的装舟量是：YG6 拉丝模（6~7）kg/舟。装完制品必须严密盖好，盖子不得超过舟皿高度。

装舟工作的质量会对氢气烧结成品质量产生较大的影响。填料和装舟方法的选择对产品的内部质量和外形有较大的影响。

3. 烧结

烧结采用的设备为压力烧结炉，具体曲线如图 6-41 所示。

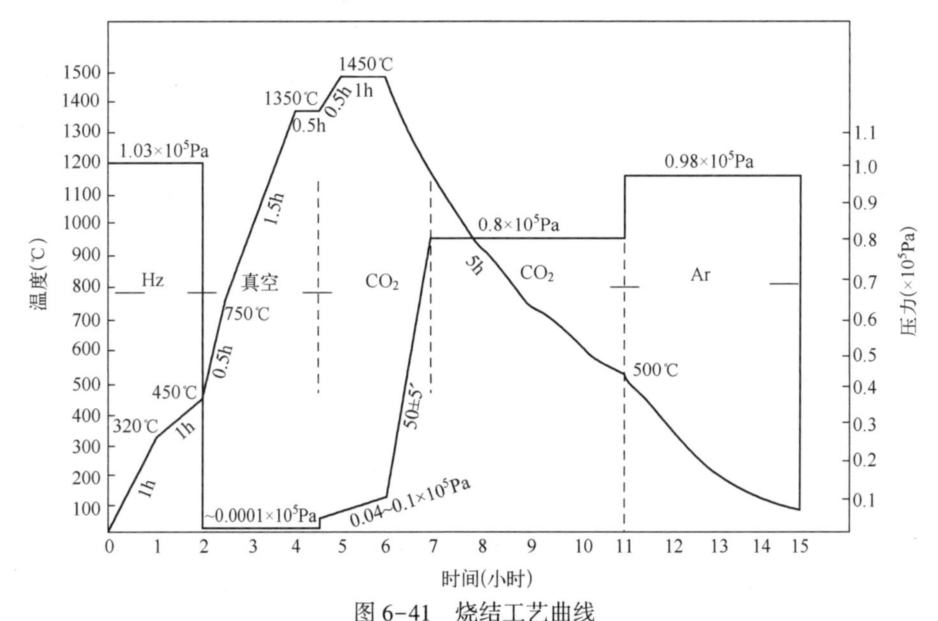

图 6-41　烧结工艺曲线

（1）脱蜡阶段（升温到 310℃，保温 2h），随着烧结炉升温，成型剂逐渐热裂或气化，同时给烧结炉中通入大量氢气，通过氢气将成型剂排出烧结体外，该阶段主要是成型剂的脱除。

（2）托瓦克阶段（升温到450℃，保温1h），将烧结炉温度继续升高，然后不断将氢气充入烧结炉，接着用泵抽出，重复操作，平均频率6min/次。其主要作用是：①使烧结炉各部位特别是“死角”处烧结体中残留的成型剂都能干净地排掉，以利于碳量控制；②利用氢气的反复充填、抽出，将碳毡、炉壁上残留的PEG（乙二醇）冲刷干净（遇冷凝结的PEG残液会黏附在碳毡上和炉壁及管道上）；③温度为450℃左右时，氢气还可将压块中存在的钨和钴的氧化物（主要是钴的氧化物）进一步还原成金属。

（3）固相烧结（升温到1350℃，持续加热3h），此阶段为真空烧结，使液相烧结进入过渡阶段，其主要是为了气孔的排除，有少量的体积收缩。

（4）液相烧结（升温到1450℃，保温3h），该阶段为压块主要致密化过程，同时给烧结炉中通入大量的氩气，产生高压，促使压块的成型和防止钴的蒸发。同时氩为惰性气体，起到保护作用。

（5）冷却，液相烧结后，随炉冷却即可。工艺曲线中，液相烧结最为重要，它决定着产品的性质和质量，所以要严格控制液相烧结温度和保温时间，还有通入氩气产生的压力。

4. 喷砂处理

因为舟皿的接触性材料，烧结后的产品表面黏有一层炭黑。喷砂处理的主要作用就是清理产品表面，同时可以去除因为烧结而产生的残余应力。

5. 深冷处理

又称超低温处理（SSZ），是指以液氮为制冷剂，在-130℃以下对材料进行处理而达到给材料改性目的的方法。它可以有效地提高硬质合金的力学性能和使用寿命，稳定产品尺寸，改善均匀性，减少变形，而且操作简便，不破坏产品，无污染。

硬质合金深冷处理后性能改变的主要原因是硬质合金表面残余应力的变化和钴黏结相发生马氏体相变。这种方法有效提高了产品的耐磨性、强度、硬度和韧性，提高产品的抗腐蚀性，抗冲击性和抗疲劳强度，并且深冷处理可以消除产品内应力，提高产品的稳定性。烧结后的产品经过喷砂和深冷处理即可进入下道工序，成品检测。

6. 成品检测

生产的成品需要经过成品检测后，符合要求才可以进行包装出厂。检测项目主要包括矫顽磁力、硬度、钴磁、密度、抗弯强度、非化合碳量、η相等，其主要性能指标如下表6-29所示。

表6-29　成品的性能指标

牌号	矫顽磁力（KA/m^2）	硬度（HRA）	钴磁（%）	密度（g/cm^3）	抗弯强度（MPa）	非化合碳墨	η相
YG6	11.0~16.0	≥89.5	4.8~6.0	14.85~15.05	≥1670	≤C02	≤E00

7. 包装

在检测合格之后即可对产品进行包装，在进行包装时，先保证通风良好以及包装台面干净整洁。纸盒包装先用白纸包裹，再用海绵塞紧，无动摇现象，以防止运输过程中掉边掉角。包装的原则是包装产品、海绵软包装、纸盒、泡沫填塞空间和木箱不能偷工减料。最后将合格证放入纸盒，纸盒上贴标签商标。

表6-30为硬质合金拉丝模具体的工艺流程。

表 6-30 硬质合金拉丝模工艺卡

<table>
<tr><td></td><td>牌号</td><td>材料</td><td>批量</td><td>单件质量</td><td>体积</td><td>密度</td><td>面积</td><td>工时</td><td>用户名称</td></tr>
<tr><td>拉丝模</td><td></td><td>硬质合金</td><td></td><td>1.6g</td><td>$0.11cm^3$</td><td>$>14.6g/cm^3$</td><td>$0.2778cm^2$</td><td colspan="2" rowspan="9">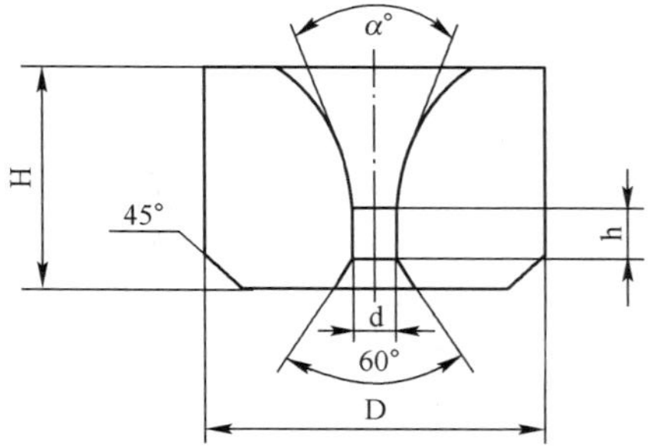

硬质合金拉丝模零件图
技术要求
1. 表面硬度>89.5HRA
2. 抗弯强度>1424MPa
3. 密度>$14.6g/cm^3$
4. 产品表面不允许有裂纹及明显缺陷</td></tr>
<tr><td>工序名称</td><td colspan="6">工 序 内 容</td><td>装 备</td></tr>
<tr><td>配料</td><td colspan="6">材料配方：94%碳化钨+6%钴</td><td></td></tr>
<tr><td>制粒</td><td colspan="6">球磨罐：500ml 不锈钢真空球磨罐　　磨球：YG6 硬质合金磨球
球料比：10∶1　球磨介质：无水乙醇　成型剂：顺丁橡胶溶液
球磨机转速：160r/min　　球磨时间：20h</td><td>行星式球磨机</td></tr>
<tr><td>压制</td><td colspan="6">压制弹性后效 C：0.2%　　压坯密度：$>14.6g/cm^3$
压制压力：200MPa（$2tf/cm^2$）　　受压面积：$0.2778cm^2$
保压时间：3min　　压制方式：单向压制
压坯尺寸：$D=6mm$　$d=0.8mm$　$H=4mm$　$h=1.2mm$　$2\alpha=40°$　$2\gamma=60°$</td><td>液压机</td></tr>
<tr><td>烧结</td><td colspan="6">烧结收缩率：0.3%　　烧结坯表观硬度：>89.5HRA
通入氢气从室温升温到310℃，保温 2h 脱蜡；升温到 450℃，保温 1h 以 6min/次重复充入氢气，进一步脱去成型剂；升温到 1350℃，持续加热 3h 进行固相真空烧结；升温到 1450℃，保温 3h 通入氩气进行液相烧结</td><td>气氛加压烧结炉</td></tr>
<tr><td>喷砂</td><td colspan="6">用直径为 0.5~1mm 的刚玉砂以 5~8s 的速度高速冲击产品表面。</td><td>固体喷砂机</td></tr>
<tr><td>深冷处理</td><td colspan="6">以液氮为制冷剂，通过电磁阀控制液氮喷入量控制降温速率，在-160℃下进行三次深冷处理，每次 6h</td><td>深冷控制箱</td></tr>
<tr><td>成品检测</td><td colspan="6">对成品进行矫顽磁力、硬度、钴磁、密度、抗弯强度、非化合碳量、η 相检验合格后方可包装出厂</td><td></td></tr>
</table>

6.7.2.2 粉末冶金高速钢

粉末冶金高速钢的制备方法主要包括粉末制备、粉末的成型、烧结和后续处理等过程。以 M2 高速钢的制备钻头为例说明粉末冶金高速钢刀具的制备。

1. 配料

准备一定粒径的 M2 高速钢粉体，石墨粉（补充烧结时碳的损失）和添加剂，按照不同性能要求进行配比。

2. M2 高速钢粉末的化学成分表

M2 高速钢粉末的化学成分如表 6-31 所示。

表 6-31 M2 高速钢粉末的化学成分（wt%）

元 素	碳	钨	铬	钒	钼	硅	锰	铁
含量（wt%）	0.90	6.40	3.70	1.90	4.80	0.37	0.28	余量

3. 混料

用电子天平称量原料粉末，添加 2%的固体石蜡作为成型剂，采用高能球磨机对原料粉末进行机械合金化，球磨罐和磨球材质分别为不锈钢和 YG6 硬质合金，球料比控制在 8∶1（质量比），转速为 258r/min。为了防止球磨过程中粉末氧化，需要加入无水乙醇作为球磨介质，球磨时间为 24h。球磨后的粉末在真空干燥箱中进行 65℃，30min 的干燥处理。

4. 粉末压制

将过筛的粉末放入刚性筒形模具，在数控液压机上采用单向压制将其尺寸压制为 Φ40mm×40mm，压制压力为 600Mpa，保压时间为 1min。

5. 热挤压

将压制好的样品放入真空烧结炉中，具体过程为抽真空，低温预烧，中温升温烧结，高温保温完成烧结。将炉腔内抽真空到 6×10^{-3} Pa，以 10℃/min 的加热速度加温至 450℃，保持 30min 以消除成型剂，以此提高样品的烧结性能。随后以 10℃/min 的速度将体系加热至 1180℃，保温 60min，进行热挤压将坯料制成直径为 16mm 的棒料，模具温度为 300℃，挤压过程中模具表面采用油基石墨润滑。烧结工艺及热处理曲线如图 6-42 所示。

6. 旋锻

将挤压后的棒料加热到 900℃进行旋锻，旋锻至直径为 12cm，每次减径量为 1mm，每次旋锻完成后将棒料重新放入管式炉中加热。

7. 机加工

热处理之前钻头的制造工艺为调直→切料→平头→磨（车）尖角及柄部倒角→粗磨外圆→铣槽→磨 118°尖→铣刃带→修磨外圆毛刺，得到半成品钻头，然后进行热处理。

8. 热处理

热处理是决定高速钢性能的关键性环节，通过不同的热处理可以改善高速钢的性能和组织，为减少发生高温脱碳的可能性，采用 3 次预热：500～650℃→800～850℃→1000～1050℃。预定的淬火温度为 1180～1260℃，奥氏体化时间为 25min，采用油淬。回火温度为 520～600℃，时间 1h 空冷至室温，回火 3 次。

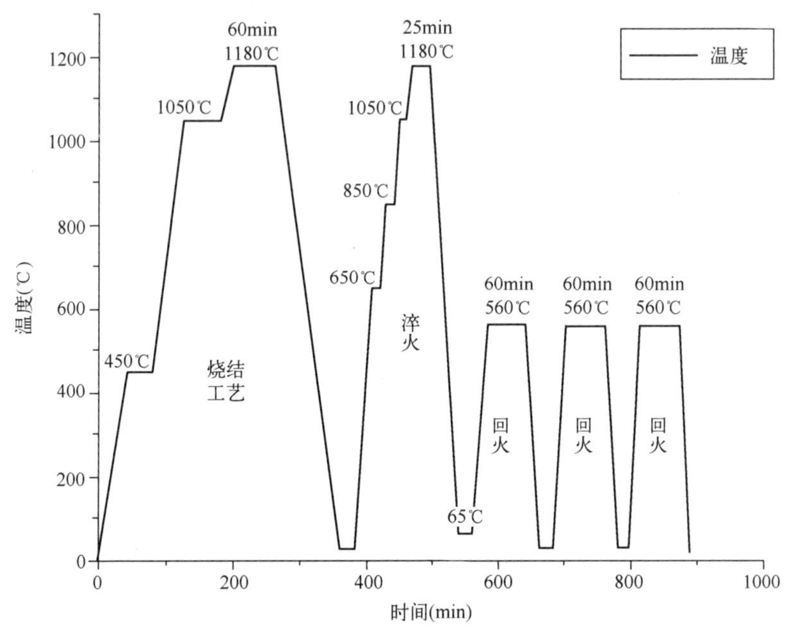

图 6-42　烧结工艺及热处理曲线

9. 磨削

热处理后的工艺为细磨外圆（粗磨）→细磨外圆→粗磨外圆倒锥→磨刃带→开刃→精磨外圆倒锥→滚压标志→表面蒸汽处理→油封包装。

表 6-32 为粉末冶金高速钢钻头的具体制备工艺流程。

6.7.2.3　PCD 产品的制备

1. PCD 复合片的制备

烧结型 PCD 的制备工艺流程如图 6-43 所示，可分为原材料预处理、复合块组装、高温高压合成三个阶段。对 PCD 制备工艺的细节把控对最终样品的品质提升有积极影响。

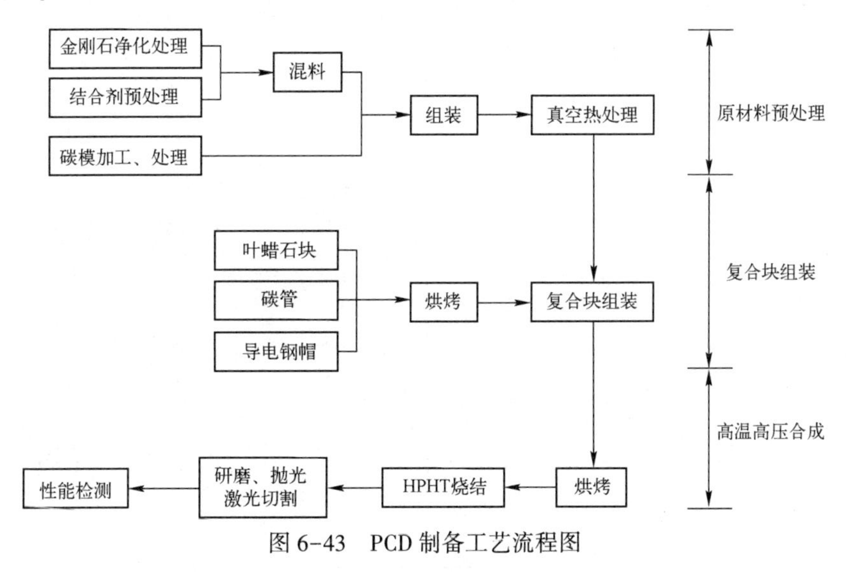

图 6-43　PCD 制备工艺流程图

表 6-32 粉末冶金高速钢钻头工艺流程卡

	图号	材料	批量	单件质量	体积	密度	面积
钻头		高速钢 预合金粉		376.9g	50.26cm^3	>7.5g/cm^3	12.56cm^2
工序名称	工 序 内 容						装　备
混料	材料配方：M2 高速钢粉+2%固体石蜡（成型剂） 球磨罐：不锈钢球磨罐　　磨球：YG6 硬质合金磨球 球料：8∶1　球磨介质：无水乙醇　球磨机转速：258r/min　球磨时间：24h 球磨后粉末进行 65℃×30min 真空干燥处理						行星式球磨机
压制	压制弹性后效 C：0.1%　　压坯密度：>7.5g/cm^3 压制压力：600MPa（6tf/cm^2）　　受压面积：12.56cm^2 保压时间：1min　　压坯尺寸：Φ40×40mm						数控液压机
热挤压	烧结收缩率：0.2%　　烧结坯表观硬度：>45HRC 以 10℃/min 的加热速度加温至 450℃，保持 30min，以消除成型剂，提高之后的烧结性能。随后以 10℃/min 的速度加热至 1180℃，保温 60min，然后热挤压将坯料制成直径为 16mm 的棒料						真空烧结炉 四柱液压机
旋锻	将挤压后的棒料进行旋锻，每道旋锻前需将棒料加热到 900℃，每道次减径量为 1mm，旋锻后直径为 12mm						旋锻机
机加工	调直→切料→平头→磨（车）尖角及柄部倒角→粗磨外圆→铣槽→磨 118°尖→铣刃带→修磨外圆毛刺						车床
热处理	主要是淬火和回火，经过 3 次预热后达到淬火温度进行淬火：1180℃×25min 油冷至室温；回火：560℃×60min 空冷到室温，重复 3 次						马弗炉
磨削	细磨外圆（粗磨）→细磨外圆→粗磨外圆倒锥→磨刃带→开刃→精磨外圆倒锥→滚压标志→表面蒸汽处理→油封包装						磨床

高速钢钻头零件图

技术要求

1. 烧结坯表观硬度>45HRC
2. 金相组织：回火马氏体+碳化物+少量残余奥氏体
3. 密度>7.5g/cm^3
4. 制品表面不应该有肉眼可见的裂纹、夹杂物及其他缺陷

（1）实验原料预处理。制备烧结型 PCD 所需的原材料如表 6-33 所示。

表 6-33　烧结型 PCD 原材料

原　料	纯　度	粒　径
金刚石微粉	—	1~10μm
硅	99.99%	1μm
钛	99.50%	500 目
硼	99.00%	0.8~5μm
铝	99.90%	1~2μm
钴	99.90%	1~3μm
钨	99.90%	1~2μm
β-SiC	99.90%	1~2μm
SiC_w	80%~90%	D：0.1~0.3μm L：10~50μm

金刚石粉表面吸附的氧、氮、水蒸气等杂质会严重影响金刚石颗粒之间的键合，粒径越小，金刚石表面吸附的杂质越多，影响越大。因此，在混料之前，应对金刚石微粉表面进行净化处理。常用的净化方法是：将金刚石微粉与 NaOH 混合，放入银坩埚中，加热至 600℃，直到碱液呈粉红色，然后将坩埚冷却至室温加水溶解后用酸中和，除去样品中的叶蜡石等杂质，再用王水加热去除残留金属杂质后，用蒸馏水冲洗至中性，在真空干燥箱中烘干后备用。干燥后的金刚石微粉形貌如图 6-44 所示。

图 6-44　干燥后的金刚石微粉形貌

（2）混料。采用湿法球磨的方式进行混料。将经过预处理的金刚石微粉与结合剂（Co-Ti-W）粉末按照预先制定的实验配比进行称料，用行星式球磨机，以 ZrO_2 为球磨介质，球料比为 8:1，加入无水乙醇为分散剂进行球磨。将称量好的料、球、无水乙醇放入球磨罐中以 400r/min 的转速球磨 3h，将球磨后的浆料放置于真空干燥箱中烘干，装袋备用。

（3）真空热处理。将已混好的掺入结合剂的金刚石粉料先装入石墨杯中，然后将装好料的石墨杯置于真空炉内进行真空热还原处理，以去除粉料表面吸附的氧、水蒸气等，并使其表面具有较好的反应活性。加热期间，真空炉内最高温度为 650℃，真空度为 3×10^{-3}Pa，还原气体为氢气。

（4）合成块组装。采用如图 6-45 所示的组装方式进行组装。叶蜡石主要起保压传压作用，叶蜡石块和含有叶蜡石的导电钢帽在组装成合成块之前要经过高温烘干处理，去除叶蜡石中的水分。用砂纸将高温处理后的导电钢帽表面的氧化皮去掉，保证导电钢帽导电正常。导电钢帽与碳模之间的石墨垫片保证导电均匀以及合成腔体热力场稳定。叶蜡石块尺寸为 50mm×50mm×50mm，整个装置分为上下两层。组装好后，将叶蜡石块放在烘箱中，在 180℃的条件下干燥 30min 备用。

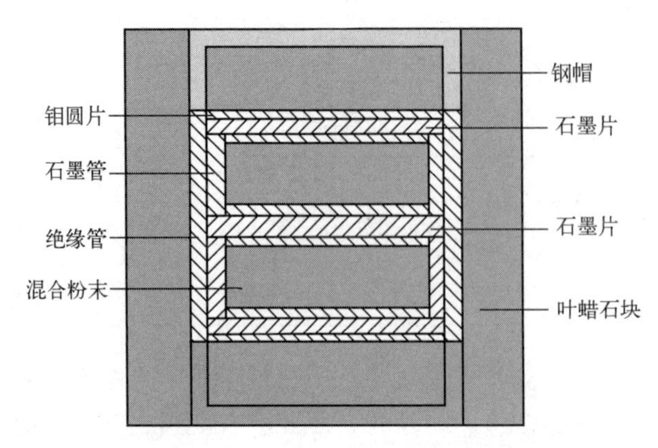

图 6-45 高温高压试样组装示意图

（5）高温高压烧结。高温高压烧结工艺是在国产铰链式六面顶压机（如图 6-46 所示）上完成的，采用先升压再升温的方式，即先升压到 5.7GPa，到达合成压力之后，再升温至 1470℃，然后保温 100s，保压 600s；烧结完成后，先降温后卸压。这样的烧结工艺可以保证在整个烧结实验过程中，合成腔体的环境始终稳定在金刚石稳定区，防止金刚石表面发生石墨化现象，温度与压力和时间的烧结工艺曲线如图 6-47 所示。

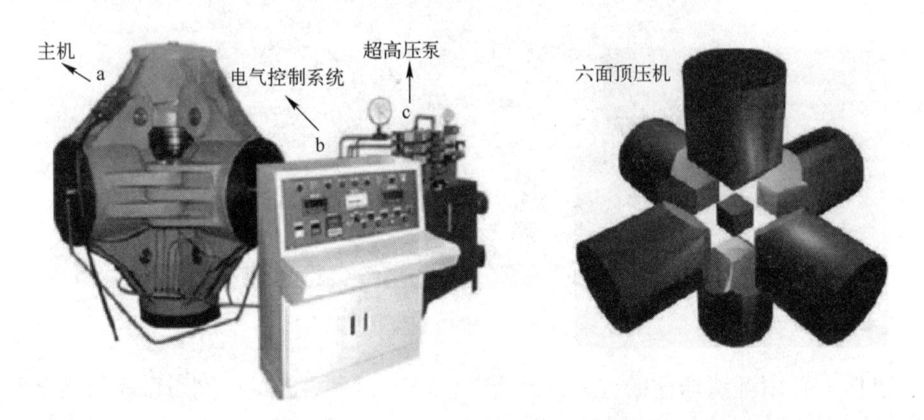

图 6-46 铰链式六面顶压机结构示意图

经过高温高压烧结后得到尺寸为 Φ27mm×7mm 的烧结体，对烧结体进行研磨抛光处理，使其具有一定的精度和光洁度。

6.7.2.4 PCD 微铣刀制造

PCD 微铣刀的制造过程有以下 3 个主要步骤：PCD 复合片的切割、PCD 刀片与硬质合金柄的结合、PCD 微铣刀刀刃成型。其加工过程示意图如图 6-48 所示。

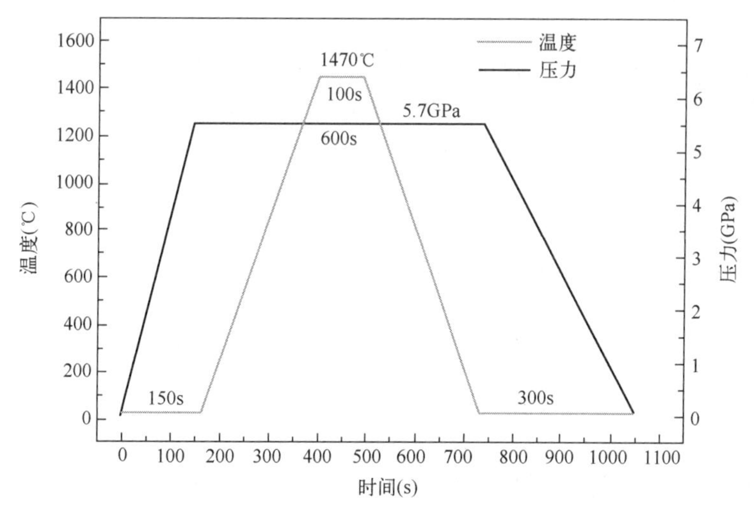

图 6-47　烧结工艺曲线

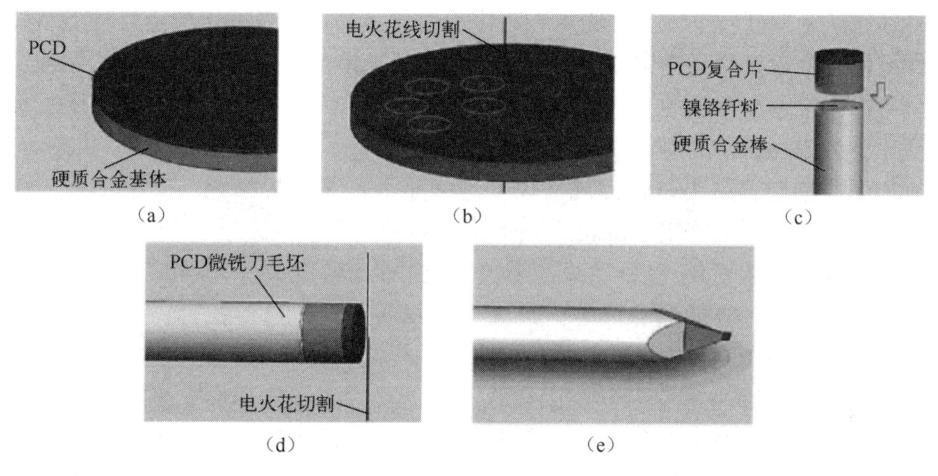

（a）PCD 复合片；（b）复合片线切割；（c）复合片高频纤焊；（d）微铣刀刀刃成型；（e）PCD 微铣刀

图 6-48　PCD 微铣刀加工制造过程示意图

（1）PCD 复合片和硬质合金棒的切割，即采用电火花线切割技术在 PCD 复合片上切割出直径为 3mm 的 PCD 刀片和在 YL10.2 型硬质合金（D3×L100）上切割出长为 25mm 的硬质合金棒。

（2）PCD 刀片与硬质合金刀柄的结合，即对 PCD 刀片、硬质合金刀柄的待结合面进行机械、化学处理，采用高频感应钎焊工艺将刀片焊接到刀柄上；按照从下到上的顺序，将待结合面涂有银焊膏的 PCD 复合片、银焊片、硬质合金刀柄依次固定在 PCD 微铣刀刀柄焊接专用夹具上，要求保证 PCD 复合片中心与硬质合金刀柄的轴线重合，然后采用高频感应钎焊进行焊接，焊接完成后在空气中慢慢冷却。

（3）PCD 微铣刀刀刃成型，即采用电火花线切割技术对 PCD 微铣刀毛坯进行加工，使其成为具有一定结构参数的微铣刀。

6.7.3 粉末冶金工具材料的发展趋势

随着科学技术的不断发展，高性能粉末冶金工具材料的研究和开发是未来发展的重要方向。对超细粉末冶金工具材料（如纳米粉、纳米复合粉、超细颗粒增强复合材料等）、超硬粉末冶金工具材料（超硬碳基、超硬铝基、超硬陶瓷）和新型制造工艺的研究使粉末冶金工具材料向更高密度、更高耐磨性和更高抗弯强度的方向发展，使粉末冶金工具材料满足现代工程制造中高速切削、高速磨削、高压烧结、激光加工等要求，提高材料使用寿命，降低其制造成本。

对于硬质合金可采用基于第一性原理、CALPHAD 方法、相场模拟和有限元模拟等计算模拟的集成计算，这种方法可大大提高难熔金属与硬质合金领域新材料的研发效率。模拟合金中元素和相的分布状态，可为材料与工艺设计奠定理论基础。过渡族金属碳化物是硬质合金中最常见的添加剂，可用于调控硬质合金微观组织结构与性能。添加剂在硬质合金中赋存状态的研究是硬质合金材料强化机理和 WC 晶粒生长抑制机理研究的基础，也是硬质合金材料与工艺设计的基础。通过合金添加剂在硬质合金中作用行为的调控，可实现对硬质合金微观结构与性能的有效调控。

随着雾化法制取高质量预合金粉末在粉末冶金领域的不断发展，加上各种烧结设备的应用，使得超高合金含量的高速钢的生产成为可能。粉末冶金高速钢向着超细、超纯、粉末特性可控、更高含量合金元素的方向发展，在进一步提高产品性能的同时还应着眼于降低设备成本和简化工艺流程，以此降低成本，提高市场竞争力。

PCD 刀具发展趋势主要是：①规格尺寸越来越大；②晶粒细化、质量优化、性能均一化，早期的 PCD 产品一般使用 50μm 左右的金刚石微粉，现在发展到使用 2μm 甚至 0.5μm 以下的金刚石微粉，从而使 PCD 刀具、拉丝模在加工精度方面不再逊色于单晶金刚石；③磨耗比越来越高，PCD 的耐磨性是衡量其质量水平的一个重要指标，作为新型的超硬材料产品，经过多年的研究和生产，其质量水平不断提高，磨耗比也越来越高；④形状结构多样化，过去的 PCD 产品一般是片状和圆柱状，由于尺寸大型化和加工技术（如电火花、激光切割加工技术）的提高，三角形、人字形、山墙形球面、曲面以及其他各种异形坯料增多，为适应特殊切削刀具的需要，还出现了包裹式、夹芯式和花卷式 PCD 产品。

综上所述，开发新型材料和关键制品的先进技术以及生产高性能金属机械零件的先进成形工艺是粉末冶金工具材料行业发展的重要方向，可以为各个行业带来更高效、更稳定的制品，推动整个制造业迈向更高水平。

6.8 粉末冶金武器材料

6.8.1 粉末冶金武器材料概述

粉末冶金武器材料是指采用金属或其他粉末材料，经过混粉、压坯、烧结、成型和后处理等工艺过程制造各种多孔、半致密或全致密兵器零件与制品。相对于一些传统的兵器制造工艺，粉末冶金技术具有工艺成本低、材料利用率高、产品性能高、特别适用于大批量生产等优势，因而受到各国军工部门的青睐。

粉末冶金武器材料已经在军事方面得到了广泛应用，涵盖了热能武器、电子作战系统、装甲防护诸多领域，如侵彻弹、集束炸弹、导弹战斗部、穿甲弹、易碎弹、电磁炮、磁爆弹、射线武器屏蔽、坦克的装甲等。粉末冶金材料在军事上的应用见表6-34。下面将介绍几个粉末冶金材料在武器应用的经典实例。

表6-34　粉末冶金材料在军事上的应用

材　料	应　用	粉末冶金技术
铝	飞机蒙皮、发动机、压缩叶片	热压、热等静压、锻造、挤压
铁及钢	脆性弹丸、后坐力块、导向尾翼	冷等静压、热等静压、锻造
高温合金	涡轮发动机叶片	粉末冶金制造、热等静压、常压烧结、锻造、注射成型
钛	导弹壳体、壳架、涡轮发动机、压缩叶片、飞机骨架、陀螺仪	粉末制造、热压、热等静压、锻造
钨合金	动力穿甲弹、重锤、配重、放射性容器、X射线屏蔽材料	热等静压、锻造

粉末冶金技术在枪械中的应用非常广阔。如12.7mm口径M85机枪的快慢机、护筒、闭锁机等22种零件可用粉末冶金钢锻件来代替；12.7mm口径M2机枪的计算尺、托架、枪栓等12种零件可用粉末冶金件代替；7.62mm M60机枪的撞针杆、送弹杆、前后瞄准器等18种零件可由粉末冶金件代替。再如金属粉末注射成型枪械发射阻铁为4340钢粉末冶金件，热处理后硬度达到38~42HRC（洛氏硬度），氧化发黑后可代替以前的精密铸件。M16步枪激光瞄准系统的可调旋钮也采用黄铜、钢及不锈钢粉末冶金件。

在武器传动与制动方面，美国TRW公司用粉末冶金技术制造M60坦克正齿轮这种高性能齿轮替代锻钢件。该公司采用工业水雾化4620钢粉，在414MPa压力下冷等静压制成预型坯，然后在1200℃氢气中烧结1h，再于900℃，$10t/in^2$下进行精密等温锻造，最终材料密度可达99.5%理论密度，机械性能与锻钢件性能相当，抗拉强度约为758MPa，屈服强度约为580MPa，延伸率为15%，面缩率为40%。用粉末冶金锻造技术还可以制造制导炮弹尾翼这种高强度精密尾翼，采用4640钢粉340g，与0.48%石墨和0.75%硬脂酸锌混合压坯，烧结后达到80%~85%理论密度，然后于1200℃预热后立即进行精密等温模锻，锻后密度可达99.5%~100%理论密度，尺寸精度可达±2.5μm，机械性能均可满足设计要求，抗拉强度可达1207MPa，屈服强度达1193MPa，延伸率为5.3%，断面收缩率为25%，材料利用率达83%。

坦克复合装甲是粉末冶金材料在军工中的另一大应用。复合装甲是在两层金属间夹杂着一层或几层非金属材料的新型装甲，多由粉末冶金方法制成。复合装甲有多层，穿甲弹或破甲弹每穿透一层都要消耗一定的能量，极大地提高了坦克的防护效能。由于各层材料硬度不同，可以使穿甲弹的弹芯或破甲弹的金属射流改变方向，甚至把穿甲弹芯折断。因此，复合装甲的防穿透能力比均质装甲要高得多。在装甲的单位面积重量相同时，复合装甲抗破甲弹的能力比均质钢装甲提高两倍。

发汗材料是在高熔点金属构成的多孔基体孔隙中渗入低熔点金属形成的一类的粉末冶金

材料。这种材料在高温下工作时，低熔点金属蒸发吸热，借以冷却材料的表面。这是依据人体蒸发汗液吸热降低体温的原理设计的，因而得名。多孔发汗材料具有生产周期短、故障率低、耐烧蚀性能好等突出优点，已在多种战术导弹上作为喉衬和燃气舵材料发挥了巨大作用。

6.8.2 粉末冶金武器材料制备

6.8.2.1 高密度合金

高密度合金是一种以钨为基（钨含量为82%~98%），并加入镍、铁、铜、钴、锰等元素制备成的合金。它的优点为密度大（16.95~18.85g/cm^3）；抗拉强度高（700~1000MPa）；比铅高30%~40%的吸收射线能力；导热系数大；热膨胀系数小；具有良好的可焊性和加工性。目前军事用高密度合金主要为W-Ni-Cu，W-Ni-Fe两大系列产品，主要用于火炮的穿甲弹芯、导弹战斗部以及子母弹等。

粉末冶金高密度合金零件的一般制备流程为混粉、压制、烧结与后处理。表6-35为一种W93NiFe军用高密度合金棒材的工艺流程。

混粉是将钨、镍、铁或铜混合，有时还会加入如钴、锰等微量元素。钨粉的比例以及粒径对烧结密度与合金性能有着至关重要的影响，一般选用的钨粉粒径在3~5μm，钨含量在93%~97%。此外，对镍、铁粉末的粒径也有一定的要求，其粒径最高不能超过48μm，一般选用电解镍粉与羟基铁粉。

等静压成型是高密度合金最常用的压制方式，等静压机成型优点是：（1）密度分布均匀；（2）可成型外形复杂和总尺寸大的压坯；（3）一般不需要在粉末中加入黏结剂或润滑剂；（4）用橡皮或塑料软模填装粉末，制作容易，可获得形状和大尺寸的初型生坯。等静压分为热等静压与冷等静压，热等静压可以一次完成压制与烧结的工作，极大地提高了生产效率。等静压需要先将粉末以振动装填的方式装入包套，然后抽真空，再封上橡皮塞，最后放入等静压机中进行压制。对于高比重合金，其等静压时压力选择为200MPa，热等静压时温度为1460~1550℃。

高密度合金多采用液相烧结，可以使得熔化的镍流入孔隙，继续增大材料的密度，烧结温度的选择随着钨含量的升高而升高，钨含量为93%~97%对应的烧结温度选择为1460~1550℃。在保护气氛的选择上主要为氢气，有研究表明在氢气烧结一段时间后再利用氮气或真空烧结，可以提高材料的强度和塑性。

高密度合金的热处理工艺有两个目的，一是为了除去材料内部的氢气，二是降低烧结过程中产生的W-Ni-Fe金属间化合物脆性相中的钨含量。为此，其工艺流程的设定为先除氢后熔解脆性相。除氢气的温度一般为600℃保温10min。900~1200℃保温5~8h可以将脆性相中的钨含量降低25%~35%。

高密度合金热处理后的加工不仅可以把原来块状或棒状的金属转变成所需要的形状，还可以改善材料的密度、强度等性能。热处理后的加工包括挤压、锻造、面轧制、旋锻等。以旋锻为例，当旋锻温度变形量大于15%时，会使得材料的变形量过高，从而导致材料的硬度上升，降低了镍、铜的强化效果。一般高密度合金的旋锻温度为400~700℃，可以保证变形量在5%~15%。

表 6-35　W93NiFe 军用高密度合金棒材的工艺流程卡

产品名称	图号	材料	批量	单件质量	体积	密度	面积
军用棒材		W93NiFe		445g	25.4cm^3	17.5g/cm^3	2.54cm^2
工序名称	工序内容						装备
混料	材料配方：93%钨粉+5%电解镍粉+2%羟基铁粉 设备转速：120r/min　混料时间：6h						SYH-600 型三维混料机
装粉	装填方式：振动装填 5min　振幅：3mm　振动频率：200 次/min 装料口处抽真空至 1×10^5 Pa 后封塞 模具尺寸：内径 20mm×高 100mm						自动振动装填装置，GM-100A 干泵
压制	压制方式：冷等静压制 压制弹出系数 C：0.1%　压坯密度：10.6~10.8 g/cm^3 压力介质：氮气　压制压力：200MPa 压制 30min 拆除包套 压坯主要尺寸：直径 $D=\Phi20$mm　总长 $d=100$mm						ZJYP-600 型等静压机
烧结	烧结收缩率：$\varepsilon=0.2\%$ 保护气氛：氢气　烧结带温度：1460℃+20℃ 1h 烧结坯尺寸：$D=\Phi20$mm　$d=100$mm						推杆式钼丝烧结炉
热处理	保护气氛：氩气　预热温度：600℃，保温 10min 后加热至 1000℃，保温 7h 冷却方式：随炉冷却至室温						保护气氛加热炉
机加工	车削至图纸尺寸：$D=\Phi18$mm　$d=100$mm						车床

Φ18

100

高比重合金棒零件图

技术要求

1. 密度>17.5g/cm^3
2. 表面无裂纹或明显缺陷
3. 未注尺寸公差按 GB/T 26038—2010

6.8.2.2 高温合金

高温合金是能在600℃以上的高温及一定应力作用下长期工作的一类金属材料。按基体组成分为铁基、镍基、钴基等；按强化方式有固溶强化型、沉淀强化型、氧化物弥散强化型和纤维强化型；按制备工艺可分为变形高温合金、铸造高温合金和PM高温合金。高温合金的牌号前面的字母代表着不同的用途或制备工艺，如GH代表变形高温合金、K代表等轴晶铸造高温合金、FHG代表粉末冶金高温合金；字母后的第一位数字主要是根据基体进行区分，如1、2代表铁基、3、4代表镍基、5、6代表钴基。不同基体高温冶金的特点及应用如表6-36所示。

表6-36 不同基体高温冶金的特点及应用

分类	主要成分	表示方式	性能指标	特　点	应　用
铁基高温合金	铁（余量） 氮7%~50% 铬1%~32%	GH1015 GH2696 GH1140 GH2038	$\sigma^{1000}_{2\times10^3}=30\text{MPa}$ $\sigma^{1000}_{\frac{1}{10000}}=140\text{MPa}$	工作温度下机械性能良好，合金成分比较简单，成本较低；抗氧化性差，高温强度不足	航空、航天发动机燃烧室、机匣
镍基高温合金	镍（余量） 铬8%~14% 钴7%~16.5%	GH4413 FGH4095 FGH4096 FGH4097	$\sigma^{650}_{0.5\times10^3}=1034\text{MPa}$ $\sigma^{650}_{\frac{1}{2500}}=1275\text{MPa}$	工作温度高，断裂强度高，耐腐蚀性好，抗氧化性好；疲劳性能稍差、塑性较低	扩压器机匣、整铸涡轮、涡轮叶片、导向叶片
钴基高温合金	钴（余量） 镍9%~24% 铬19%~31% 钨0.5~16%	GH5188 K605 K610 K612	$\sigma^{980}_{2\times10^3}=83\text{MPa}$ $\sigma^{750}_{\frac{1}{10000}}=1000\text{MPa}$	高温对其性能影响小，耐腐蚀性好，强度较低	高推重比发动机涡轮盘、压气机盘和涡轮挡板

PM高温合金是利用粉末冶金技术生产的高温合金。相比于传统的变形加工工艺与铸锻工艺，粉末冶金工艺生产的高温合金具有易于成型、晶粒细小、成分均匀、热加工性能良好、屈服强度和抗疲劳性能高的优点。

航空涡轮盘是飞机发动机的核心部件，其工作原理为涡轮盘在发动机燃烧室内受到高温燃气的推动，将燃气的热能转化为机械能，驱动发动机的运转。航空器运行时，涡轮盘的工作条件极其复杂恶劣，需承受复杂的热、机械载荷（轮毂部位工作温度为200~300℃，要承受较高的扭转应力，起飞时可达1000MPa；轮缘工作温度高达650℃，承受的应力相对较小），这需要涡轮盘合金具有宽泛的工作温度范围，低温时具有较高的屈服强度和抗破裂能力，高温时具有较高的抗蠕变性能，而镍基高温合金可以满足这些要求，因此镍基高温合金常用来制造涡轮盘等航空发动机高温结构部件。

随着航空工业的发展，涡轮盘的尺寸越来越大，同时业界对涡轮盘零件的合金化程度、可靠性及持久性能也提出了更高的要求。在这种背景下，传统铸锻工艺生产的高温合金铸锭毛坯中成分偏析严重、热加工性能差等缺陷就凸显了出来，这就导致常规的铸锻工艺往往难以胜任现今航空涡轮盘的制备。而PM工艺则可以在一定程度上解决这一问题，这是因为PM工艺可以将成分偏析控制在微米级别的粉末颗粒中，从而减轻宏观偏析；同时通过PM工艺可以获得细小均匀的晶粒组织，提高合金热加工性能。因此，当前多采用PM工艺制备镍基高温合金航空涡轮盘。PM法制备镍基高温合金涡轮盘的流程为混料、装粉、热等静压、热处理、机加工、磨加工，表6-37为一种FGH4098航空涡轮盘的工艺流程。

表 6-37　FGH4098 航空涡轮盘的工艺流程卡

产品名称	图号	材料	批量	单件质量	体积	密度	面积
航空涡轮		FGH4098		30kg	1075cm	8.3g/cm^3	358.4cm^2
工序名称	工序内容						装备
混料	材料配方：FGH98 高纯度合金粉外加 0.8%硬脂酸锌 混料时间：2h　混合粉松装密度：2.7~2.9g/cm^3						V 型混料机
装粉	装填方式：振动装填 20min　振幅：3mm　振动频率：300 次/min 装料口处抽真空至 1×10^{5}Pa 后焊封						自动振动装填装置，GM-100A 干泵，氩弧焊机
热等静压制	压力介质：氮气　升温速率 7℃/min 烧结带温度：1180+20℃ 压制压力：1.2~1.3tf/cm^2 热压 3h 后水冷至室温，拆除包套 压制弹出系数 C：0.3% $D=\Phi216_{+0.072}$mm　$d_1=\Phi60$mm　$d_2=\Phi32$mm　$h=30$mm 热压坯表观硬度：>HV110						QIH-15 型热等静压机
机加工	镗螺栓孔，两端切圆，键槽，内径台阶倒角芯棒通过式精整内径，内径精整度由芯棒保证，精整余量 0.2mm						钻床，车床
热处理	将轮心用绝热箱包覆，当轮心部位的温度达到 1149℃时，将盘件油淬，转移时间 45s，在 815℃时效 8h 后空冷至室温						高温烧结炉
磨加工	两端面磨平，表面光洁度 Ra≤1.6　$h=30^{+0.06}$mm						平面磨床

航空涡轮盘零件图

技术要求

1. 表面硬度>400HV
2. 密度>8.3g/cm^3
3. 表面无裂纹或明显缺陷
4. 未注尺寸公差按 GB/T 14998

制备航空涡轮盘原料为 FGH4098 高纯度合金粉，其化学成分如表 6-38 所示，首先将 FGH4098 高纯度合金粉与少量的润滑剂（硬脂酸锌、环氧树脂等）放入混料机进行混料，而后筛选出粒径为 23~28μm 的粉料。加入润滑剂的目的是方便热等静压后去除包套。混料完成后，称出粉末用量，使用自动装填装置将粉末装入包套内，为了保证粉末的密度均匀，需要采用振动装填，具体参数为：振幅 2~4mm，振动频率 250~400 次/min，振动时间 15~25min。装填完成后，需要抽出包套内多余的空气后焊封。

表 6-38 FGH4098 合金粉化学成分（wt%）

组 分	碳	铬	钴	钨	铜	铝	钛	钕	Other	镍
含量（wt%）	0.05	13.0	20.6	2.1	3.80	3.40	3.70	0.90	2.40Ta	Bal.

对于复杂镍基高温合金零件，在压制与烧结前确定其压坯尺寸，为后续倒角、键槽、镗孔等机加工工艺留下操作空间。镍基高温合金的压制与烧结多采用热等静压工艺（HIP），它可以做到压制与成型一体化，具有生产周期短、工序少、能耗低、材料损耗小等特点。在高温高压的共同作用下，加工产品的各向均衡受压，故加工产品的致密度高、均匀性好、性能优异。对于镍基高温合金，一般是升温到 1120~1200℃再加压烧结。压力传输介质的选择为惰性气体或氮气，为了压制均匀，工作压力一般为 120~150MPa。对于涡轮盘，由于其形状复杂且加工精度要求高，故热等静压时只能形成压坯，还需经过后续处理才能够得到成品。热等静压成型的航空涡轮盘压坯见图 6-49。

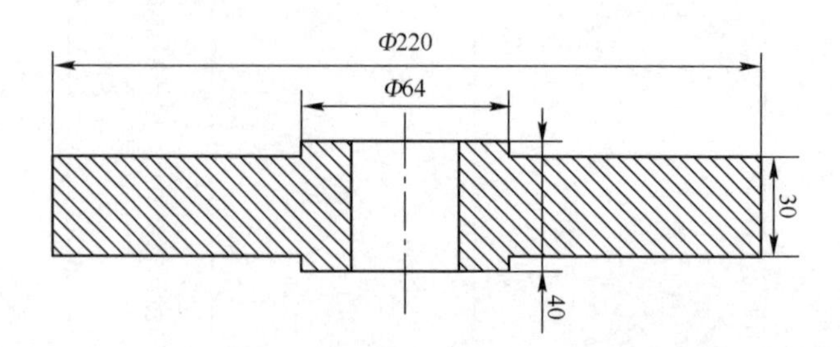

图 6-49 热等静压成型的航空涡轮盘压坯

镍基高温合金涡轮盘的热处理工艺为芯部绝缘后油淬再时效处理或直接时效处理。这两种热处理的目的都是得到双相组织，即工作温度较低的芯部保持细晶，而工作温度较高的外缘处保持粗晶，这种组织分布可以保证温度较低的芯部受到细晶强化的作用，受高温的外缘处能够通过粗晶强化减少高温蠕变的影响；这样既可以提高零件的高温性能，又可以延长该零件的使用寿命。前种工艺的工艺设计较为简单，只需要设计一个油淬温度，其时效温度的选择为工作温度即可，但热处理过程较为烦琐，且时效时间长达 8h；后种工艺过程相对简单，但是工艺设计较为困难，需要依据零件尺寸定制时效温度。

6.8.2.3 粉末锻造铁基零件

粉末冶金铁基零件因其相对密度较低导致其力学性能往往要低于传统锻件，而传统锻造技术又存在着工艺复杂，多切削加工导致原材料浪费的问题，为了解决上述问题，粉末锻造技术应运而生。粉末锻造成型技术是将粉末冶金成型工艺与精密锻造工艺相结合而发展起来的一种具有高密度、高强度的少切削、甚至无切削的新型金属成型加工工艺。

粉末锻造技术的工艺原理是以金属粉末为原料，先利用粉末冶金工艺制备出相对密度为80%的预制烧结坯，然后通过热锻得到相对密度接近100%的锻造坯。

粉末锻造技术具有以下特点。(1) 材料利用率高。预制坯采用粉末冶金工艺成型，其对粉末原料的利用率达100%，即不留任何加工余量及辅料。粉末锻造技术的机械加工量少，特别是采用无飞边、无余量的精密闭式模锻时，其材料利用率可以达到95%以上（普通模锻为40%~50%）。(2) 高密度、高性能、高精度。粉末锻造零件相对密度达到98%以上，接近全致密，其力学性能明显超过普通模锻件，粉末锻造尺寸精度达到IT6~IT9，表面粗糙度为Ra0.8~3.2，与普通模锻相比精度大幅提高；(3) 生产效率高、成本低。与普通模锻相比，粉末锻造有很好的成型性，锻件尺寸接近最终产品尺寸，减少了许多生产工序，生产效率得到提高，一条生产线每分钟可生产15~30个零件，由于节省了大量机械加工等工序，材料利用率提高，因此生产成本降低很多，仅为普通锻造的50%。(4) 粉末锻造可成型复杂结构的零件。

粉末锻造铁基零件的工艺流程为混粉→压制→烧结→锻造→机加工→热处理。一种利用粉末锻造技术制备的铁基快慢机的工艺流程如表6-39所示。

混料方面，需要将99.5%还原铁粉与0.5%石墨（粉末粒度15~30μm）放入V型混料机中混料2h，混料完成后混合粉末的松装密度为2.5~2.6g/cm^3。

混粉完成后，需要在石墨模具的内壁喷涂上硬脂酸锌润滑剂，而后将混好的粉末装入模具中进行压制，压制压力为414MPa，压制方式采用单向压制，最终得到尺寸为8×8×15mm、密度为6.1~6.2g/cm^{3}的压坯（理论密度的80%）。

铁基快慢机采用固相烧结的方式压坯，将压坯放置在连续式结炉中，采用氮气作为保护气氛以防止铁基体的氧化，压坯先在900℃预热3h，而后加热到1200℃+10℃，烧结时间1h，即可得到烧结坯。要注意，使用惰性气体、氨气、氢气、煤气等其他保护气氛进行烧结亦可达到相同的的效果；但如果直接采用真空烧结则会产生脱碳现象，从而降低材料的强度与硬度，因此铁基零件一般不采用真空烧结，如果必须采用真空烧结，一般需要采用石墨模具减少脱碳现象对材料性能带来的影响。

铁基快慢机零件采用精密等温锻造的锻造方式加工。要注意在锻造前需要对坯料以及模锻机进行预热，这一方面可以降低坯料的变形抗力，从而节省锻造时间；另一方面还可以防止模壁的变形开裂。在本工艺中，模锻机的预热温度为220℃，坯料的预热温度为1100℃，坯料在预热保温15min后立即放入预热好的3MN等温锻造压力机中进行锻造，转移时间要小于5s以防止锻件表面温度降低过大。等温锻造时的锻造压力为160MPa，锻造温度为900℃。锻后坯材尺寸为$D=\Phi 8$mm、$L=30$mm，密度可达7.73~7.75g/cm^3（理论密度的99.5%），机械性能与锻钢件性能相当（抗拉强度约为758MPa，屈服强度约为580MPa）。锻造坯材经机加工即可得到$D=\Phi 6$mm、$L=26$mm铁基快慢机零件。

铁基快慢机零件锻后热处理时保护气氛的选择为分解氨，其具体的工艺流程为，先将零件加热到843℃奥氏体化30min后冷却至室温，再以一定升温速率升温至在621℃回火1h。为了避免产生贝氏体降低锻件力学性能，需要在回火后快冷至室温。热处理后材料的硬度可以到达HRC 30-33。

表 6-39　铁基快慢机的工艺流程卡

产品名称	图号	材料	批量	单件质量	体积	密度	面积
铁基快慢机		Fe-C		9.3g	0.735cm^3	>7.73g/cm^3	5.5cm^2
工序名称	工序内容						装备
混料	材料配方：99.5%还原铁粉+0.5%石墨 混料时间：2h　混合粉松装密度：2.5~2.6g/cm^3						V 型混料机
压制	压制方式：单向压制　压制弹出系数 C：0.2%　压坯密度：6.1~6.2g/cm^3 压制压力：4.14tf/cm^2　受压面积：1.2cm^2　总压力：≈5tf 压坯主要尺寸：$a×b×c$=8×8×15mm						手动 100t 四柱压机
烧结	烧结方式：固相烧结　烧结收缩率：ε=0.25%　保护气氛：氢气 预烧温度：900℃ 3h　烧结带温度：1200℃+10℃　烧结时间：1h 冷却速度：2h 内从 1200℃冷却到 700℃后进水套快冷到 50℃ 烧结舟填料：Al_2O_3+5%石墨 烧结坯尺寸：$a×b×c$=8×8×15mm						碳硅棒推进式连续烧结炉
锻造	模锻机预热温度：220℃　将烧结坯预热到 1100℃后保温 15min 取出后立即放入 3MN 等温锻造压力机进行锻造　转移时间<5s 锻造温度：900℃　锻造压力：1.6tf/cm^2 锻造后密度：7.73~7.75g/cm^3　抗拉强度≈758MPa　屈服强度≈580MPa 锻造后尺寸：D=Φ8mm　L=30mm						3MN 等温锻造压力机
机加工	车削至图纸尺寸：D=Φ6mm　L=26mm						车床
热处理	保护气氛：分解氨　843℃奥氏体化 30min，在 621℃回火 1h 后快冷至室温 热处理后硬度：HRC 30-33						连续式烧结炉

铁基快慢机零件图

技术要求
1. 热处理后硬度：HRC 30-33
2. 密度>7.73g/cm^3
3. 产品表面不允许有裂纹及明显缺陷
4. 未注倒角为 C0.3

6.9 其他材料

6.9.1 航空航天工业用粉末冶金材料

航空航天工业对材料性能的要求非常严格，除了要求材料具有尽可能高的稳定性和比强度，通常还要求材料具有尽可能高的强韧性能。航空航天工业中所使用的粉末冶金材料，一类为特殊功能材料，如摩擦材料、减磨材料、密封材料、过滤材料等，主要用于飞机和发动机的辅机、仪表和机载设备；另一类为高温高强结构材料，主要用于飞机和发动机主机上的重要结构件。

作为高温高强结构材料的最典型的例子是采用粉末冶金方法制造的发动机涡轮盘和凝固涡轮叶片。1972 年美国 Pratt-Whitney 飞机公司在其制造的 F-100 发动机上使用粉末涡轮盘等 11 个部件，装在 F15、F16 飞机上。该公司仅以粉末冶金涡轮盘和凝固涡轮叶片两项重大革新，就使 F-100 发动机的推重比达到世界先进水平。至 1984 年，其使用的粉末冶金高温合金盘超过 3 万件。1997 年，P&W 公司也用 DT-PIN100 合金制造双性能粉末盘，装在第四代战斗机 F22 的发动机上。

近年来，美国航空航天局 Glenn 研究中心的研究人员开发出一种 Cu-Cr-Nb 粉末冶金材料，称为 GRCop-84，可用作火箭发动机的零件。这种新合金可在 768℃（1282°F）高温下工作，并显著节省成本。这种材料还可用于制作发射地球轨道、地球至月球及地球至火星飞行器的液体燃料火箭发动机的燃烧室内衬、喷嘴及注射器面板等。此外，在航空航天工业中，高密度钨合金用于制造被称之为导航“心脏”的陀螺仪转子；并可作平衡块、减震器、飞机及直升机的升降控制材料和舵的风标配重块等；还用于自动驾驶仪及方向支架平衡配重块、飞机引擎的平衡锤、减压仓平衡块等。

6.9.2 核工业用粉末冶金材料

由于核工业材料性能的特殊要求，有的材料只有用粉末冶金工艺才能满足制备要求，有的则是采用粉末冶金工艺可以使其性能具有更大的优越性，因此，粉末冶金材料对于核工业有其独特的贡献。

例如，核工业采用的可裂变材料 U235 在天然铀中的浓度只有 0.71%，要达到反应堆和制造原子弹要求的浓度，必须将 U235 和 U238 分离开来。目前工业生产中大量采用的是气体扩散法，这种方法的关键在于制造扩散分离膜，用镍或氧化铝粉末通过粉末冶金工艺制造的扩散膜能满足其特殊要求。

此外，对于新一代核反应堆，为加强核安全，防止核泄漏的发生，采用粉末冶金工艺制备的钨基高密度合金的惯性储能装置，能在事故发生后没有任何动力的情况下维持 3～5min 的冷却循环，从而为事故的处理赢得宝贵的应急时间，防止核反应堆烧穿发生核泄漏。钨合金还作为冷核试验的模拟材料，用于核弹及核反应堆设计参数的确定。

由于要求最有效地利用空间，军用核动力舰船的安全和核防护显得更为重要。因此需要性能更好的锆、钼、钨材料。此外，铌合金具有良好的抗海水腐蚀能力，使用多年的铌合金件取出时仍光亮如新，可制作水下装置，如潜艇测深用压力传感器、声呐探测器等。这些材料大多采用粉末冶金工艺制备。

此外，作为核反应堆慢化剂或反射层材料的金属铍或氧化铍，作为控制材料用的碳化硼，作为燃料芯块的氧化铀、氮化铀或弥散体型的元件，以及核燃料元件的包壳材料，目前大多采用粉末冶金工艺制备。

原子弹、氢弹和中子弹等核武器一个重要的杀伤力就是高能射线，而高密度物质对射线具有良好的屏蔽作用，与中子吸收物质配合使用效果更好。以前人们广泛采用铅作屏蔽材料，因为铅的密度很高，为 11.3g/cm^3。而高密度钨合金的密度在 17g/cm^{3}以上，因此它对 X 射线和 γ 射线的吸收能力更理想，它对射线的屏蔽效果是铅的 1.5 倍以上，且铅材质软，而钨合金硬度较高，是理想的核燃料储存器与防辐射的屏蔽材料。

6.9.3 生物医用粉末冶金材料

6.9.3.1 生物医用粉末冶金材料概述

生物医用材料又称为生物材料，是指用于人工器官和外科修复、理疗康复、诊断、治疗疾病，而对人体组织不产生不良影响的材料。常见的医用材料主要有金属材料、无机非金属材料、高分子材料。其中，金属材料（如不锈钢、Co-Cr 合金和钛合金等）因其具有较好的强韧性和优异的加工性能，在人工关节、牙根、齿科、植入体方面具有广泛应用。

钛合金因其具有生物相容性好、综合力学性能优异、耐腐蚀能力强等特点，现在已成为生物医用材料中的主流开发产品。粉末冶金技术是钛合金最适用的制备技术，相对于传统铸造技术，粉末冶金钛合金材料具有生产成本低、晶粒细小、成分均匀的优点。此外，粉末冶金工艺还是多孔的医用钛合金的唯一方法。

粉末冶金医用钛合金分为 α 型钛合金（如 Ti-6A1-4V），α-β 型钛合金（如 Ti-5A1-2.5Fe）与 β 型钛合金（如 Ti-13Nb-13Zr）。其中，Ti-6A1-4V 是最早被应用于医学的钛合金，但铝、钒具有毒性且该种材料的生物相容性较差，导致其使用受限；而 Ti-5A1-2.5Fe 钛合金虽然采用了铁替代了有毒元素钒，并且进一步提高了材料的耐磨性，但是其弹性模量偏高与过高的密度（人体骨骼的 4~8 倍）会急剧增加植骨松动的风险，同时该类钛合金依旧保留了对人体有害的铝元素；鉴于此，研究人员开发了以 Ti-13Nb-13Zr 为代表的 β 型钛合金（第三代医用钛合金），该类材料相比于前两代医用钛合金具有更低的弹性模量（生物相容性）、更强的耐腐蚀能力以及优秀的耐磨性的特点，具有更为广阔的发展前景。

6.9.3.2 粉末冶金医用钛合金材料制备

医用钛合金材料的制备工艺流程与普通粉末冶金相同，为混粉→压制→烧结→热处理→精细加工→成品。一种利用医用 Ti-13Nb-13Zr 钛合金制造的 HAQ04 接骨螺钉的工艺流程如表 6-40 所示。

钛合金的制备首先是根据配比将纯钛粉与其他合金元素（如铝、铁、钒、钽等）粉末混合 2~5min 制成混合粉。合金元素的加入不仅可以降低钛合金的弹性模量（如铌），使之具有更好的生物相容性，还可以提高其耐磨性（如铝、铁）与耐腐蚀性（如钽）。一般钛粉的粒径要小于 50μm，如果加入羟基钛粉其粒径应该在 70~125μm，其他合金粉的粒径也要小于 50μm。而后，将钛合金粉放入模具中进行压制，钛合金的压制压力选择500~700MPa。

表 6-40 HAQ04 接骨螺钉的工艺流程卡

产品名称	图号	材料	批量	单件质量	体积	密度	面积
HAQ04 医用接骨螺钉		Ti-13Nb-13Zr		445g	25.4cm^3	4.9g/cm^3	2.54cm^2
工序名称	工序内容						装备
混料	材料配方：74%钛粉+13%铌粉+13%锆粉 设备转速：150r/min　混料时间：4h						SYH-600 型三维混料机
压制	压制方式：冷等静压制 压制弹出系数 C：0.1%　压坯密度：4.7~4.9g/cm^3 压力介质：氮气　压制压力：200MPa　压制时间：30min 压坯主要尺寸：$D=\Phi 8$mm　$H=32$mm						ZJYP-600 型等静压机
烧结	烧结方式：固相烧结　烧结收缩率：$\varepsilon=0.2\%$ 保护气氛：氩气　烧结带温度：1400℃+20℃ 4h 烧结坯尺寸：$D=\Phi 8$mm　$H=32$mm						连续式电炉
机加工	加工至图纸尺寸：$D=6^{\ 0}_{-0.15}$mm　$L=30$mm　$d=2^{\ 0}_{-0.15}$mm　$t=1.5$h 开 $n=2.5$ 个十字槽　攻螺纹						车床，钳工台
热处理	保护气氛：氩气　加热至 1000℃，保温 1h 后水淬冷，淬火后加热至 450℃时效处理 1h						连续式电炉

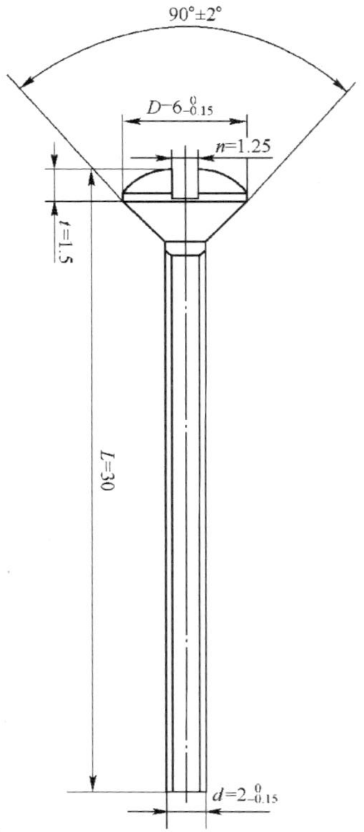

90°±2°

$D-6^{\ 0}_{-0.15}$

$n=1.25$

$t=1.5$

$L=30$

$d=2^{\ 0}_{-0.15}$

HAQ04 医用接骨螺钉

技术要求：
1. 表面无裂纹或明显缺陷
2. 硬度≥260HV
3. 最大扭矩≥4.0N.m
4. 最大断裂扭转角≥180°

钛合金的烧结温度选择为1200~1450℃，烧结时间为3.5~8h，由于钛粉具有很高的活泼性，其在烧结时极易与氧、氮发生反应，从而导致烧结坯塑性降低，因而在烧结时保护气氛多选择惰性气体或者直接采用真空烧结。对于β型医用钛合金，由于其各组元都是高熔点元素，因而利用传统的粉末冶金法制备这类钛合金时，往往伴有烧结温度高、烧结时间长的问题；对此，有学者提出利用温压或等静压+真空烧结的方法可以显著降低烧结温度与烧结时间，此外激光烧结、SPS法都可以很好地解决这一问题。

医用钛合金热处理的目的是获得a_{II}相或过冷β相，以得到降低钛合金弹性模量的目的，从而获得更好的生物相容性。最常用的热处理工艺为固溶处理+淬火+时效处理，一般为950~1000℃固溶处理1~1.5h再水淬，而后在450℃时效处理1h。Ti-13Nb-13Zr热处理前后显微组织如图6-50所示。

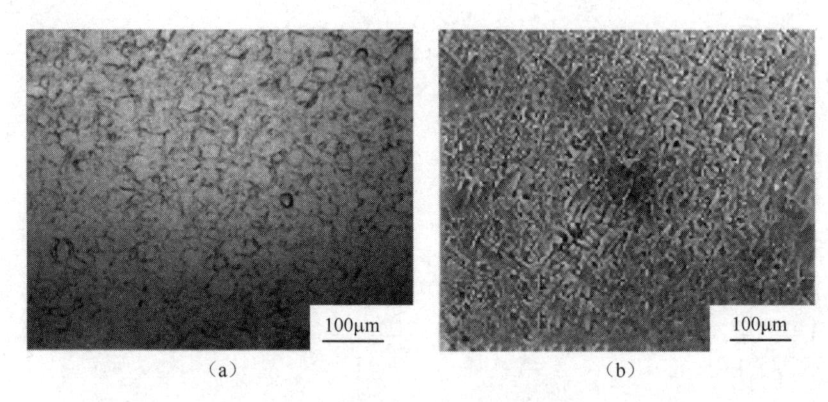

(a) 热处理前；(b) 热处理后

图6-50 Ti-13Nb-13Zr热处理前后组织

参 考 文 献

[1] 刘军，佘正国．粉末冶金与陶瓷成型技术 [M]．北京：化学工业出版社，2005.
[2] 周作平，申小平．粉末冶金机械零件实用技术 [M]．北京：化学工业出版社，2006.
[3] 廖寄乔．粉末冶金实验技术 [M]．长沙：中南大学出版社，2003.
[4] 曲在纲，黄月初．粉末冶金摩擦材料 [M]．北京：冶金工业出版社，2005.
[5] 印红羽，张华诚．粉末冶金模具设计手册 [M]．北京：机械工业出版社，2002.
[6] 王盘鑫．粉末冶金学 [M]．北京：冶金工业出版社，1997.
[7] 姚德超．粉末冶金模具设计 [M]．北京：冶金工业出版社，1982.
[8] 廖为鑫，解子章．粉末冶金过程热力学分析 [M]．北京：冶金工业出版社，1984.
[9] 韩凤麟．粉末冶金模具模架实用手册 [M]．北京：冶金工业出版社，1998.
[10] 韩凤麟．粉末冶金设备实用手册 [M]．北京：冶金工业出版社，1997.
[11] 韩凤麟．粉末冶金机械零件 [M]．北京：机械工业出版社，1987.
[12] 高一平．粉末冶金新技术 [M]．北京：冶金工业出版社，1992.
[13] 果世驹．粉末烧结理论 [M]．北京：冶金工业出版社，1998.
[14] 任学平，康永平．粉末塑性加工原理及其应用 [M]．北京：冶金工业出版社，1998.
[15] [美]金属粉末工业联．粉末冶金设备手册 [M]．福州：福建科学技术出版社，1982.
[16] 中国机械工程学会，中国材料研究学会，中国材料工程大典编委会．中国材料工程大典 [M]．北京：化学工业出版社，2006.
[17] [美]ERHARD K. Powder metallurgy applictions, advantages and limitations [M]. American Society for Metals, 1983.
[18] [美]KUHN H, LAWLEY A. Powder metallurgy processing new techniques and analyses [M]. Academic Press, 1987.
[19] 陈勉之，陈文革，刑力谦．不同稀土元素对 W20Cu 电触头材料性能的影响 [J]．特种铸造及有色合金，2008，28（7）：570-572.
[20] 陈文革，任慧，罗启文．粉体混合均匀性定量评估模型的建立与研究 [J]．中国粉体技术，2008，14（3）：15-19.
[21] 陈勉之，陈文革．稀土和稀土氧化物对钨铜电触头材料性能影响的对比分析 [J]．粉末冶金技术，2008，26（6）：417-420.
[22] 陈文革．钨铜系电触头材料的失效分析 [J]．机械工程材料，1998，20（5）：47.
[23] 陈文革，张强，胡可文．共晶反应定向凝固工艺制备多孔材料气孔形成和长大机理 [J]．金属功能材料，2009，16（4）：30-32.
[24] 石乃良，陈文革．WCu 合金钨“网络”骨架的制备及其组织结构分析 [J]．有色金属（冶炼部分），2009，4（4）：41-44.
[25] ZHENG X, DING C. Mechanical and biological properties of human hard tissue replacement implants [J]. Chinese of Journal of Clinical Rehabilitation, 2005, 9 (2): 239-241.
[26] 武田义信．高性能粉末冶金材料与制造工艺的开发 [J]．粉末冶金技术，2006，24（6）：467-473.
[27] 李元元，肖志瑜，陈维平．粉末冶金高致密化成形技术的新进展 [J]．粉末冶金材料科学与工程，

2005, 10 (1): 1-9.
[28] 李庆奎, 钟海云, 李荐. 钛基仿金材料及其最新进展 [J]. 稀有金属与硬质合金, 2001, 29 (12): 36-38.
[29] 徐润泽. 当今世界粉末冶金技术和颗粒材料的新发展 [J]. 机械工程材料, 1994, 18 (2): 1-5.
[30] 胡飞, 朱胜利, 杨贤金. 用粉末冶金法制备医用多孔 TiNi 合金的研究 [J]. 金属热处理, 2002, 27 (7): 6-9.
[31] 牛丽媛. 医用多孔镁基合金材料制备技术的研究进展 [J]. 热加工工艺, 2010, 39 (4): 1-3.
[32] 苟瑞君, 刘天生, 王凤英. 爆炸成型弹丸药型罩研究 [J]. 爆炸与冲击, 2003, 23 (3): 259-261.
[33] 安振华. 气体雾化法制备粉体技术研究概述 [J]. 中国粉体工业, 2020, 01 (3): 4.
[34] 张玮, 尚青亮, 刘捷. 气体雾化法制备粉体方法概述 [J]. 云南冶金, 2018, 47 (6): 59-63.
[35] 刘平, 崔良, 史金光. 增材制造专用金属粉末材料的制备工艺研究现状 [J]. 浙江冶金, 2018, 4 (4): 3-6.
[36] 张启修, 赵秦生. 钨钼冶金 [M]. 北京: 冶金工业出版社, 2005.
[37] WOSCH E, FELDHAUS S, GAMMAL T. Rapid solidification electrode-processof steel droplets in the plasma-rotating [J]. Isij International, 1995, 35 (5): 764-770.
[38] 廖先杰, 赖奇, 张树立. 球形钛及钛合金粉制备技术现状及展望 [J]. 钢铁钒钛, 2017, 38 (5): 1-5.
[39] 赵霄昊, 王晨, 潘霏霏, 等. 球形钛合金粉末制备技术及增材制造应用研究进展 [J]. 粉末冶金工业, 2019, 29 (6): 6.
[40] MAHER B. Plasma power can make better powders [J]. Metal Powder Report, 2004, 59 (5): 16-21.
[41] 陈焕杰, 杨桩, 刘照云. 电弧微爆法制备增材制造用 GH4169 微细球形金属粉末 [J]. 焊接技术, 2022, 51 (12): 5-9.
[42] 金园园, 贺卫卫, 陈斌科. 球形难熔金属粉末的制备技术 [J]. 航空制造技术, 2019, 62 (22): 64-72.
[43] 孙萍, 方志忠, 夏莹, 等. 一种用于增材制造的球形 Ti-6AI-4V 粉末生产方法 [J]. 粉体技术, 2016, 49 (301): 331-335.
[44] 吴彬彬. 铝基含油轴承材料 [J]. 粉末冶金技术, 1984, 39 (02): 37-42.
[45] 吴开霞, 文然, 王竹. 铝基含油轴承性能的影响因素 [J]. 粉末冶金工业, 2020, 30 (06): 85-88.
[46] 黄伯云, 韦伟峰, 李松林. 现代粉末冶金材料与技术进展 [J]. 中国有色金属学报, 2019, 29 (09): 1917-1933.
[47] 杨廷志. 现代粉末冶金材料与技术进展 [J]. 中国金属通报, 2019 (12): 10-11.
[48] 付敏, 黄钧声, 王志远. FeSiB 非晶磁粉芯制备工艺研究 [J]. 兵器材料科学与工程, 2014, 37 (03): 90-93.
[49] 郭婷, 吴琛, 谈浒明. FeSiB 非晶软磁复合材料的制备及性能研究 [J]. 稀有金属材料与工程, 2017, 46 (04): 1049-1053.
[50] 黄伟兵, 朱正吼, 杨操兵. Fe/FeSiB 磁粉芯软磁性能研究 [J]. 功能材料, 2010, 41 (11): 2010-2013.
[51] 郑夏莲, 马元好, 张小姣. MnZn 铁氧体的制备及其吸波性能研究 [J]. 中国陶瓷, 2018, 54 (06): 31-35.
[52] 周晓龙, 熊爱虎, 刘满门. AgSnO_2NiO 电触头材料电接触性能的研究 [J]. 稀有金属材料与工程, 2019, 48 (09): 2885-2892.
[53] 李恒. 我国电触头材料发展历程及未来趋势 [J]. 电器与能效管理技术, 2019, 6 (15): 49-54.
[54] 宫鑫, 任帅, 李黎. 钨铜合金电触头材料的最新研究进展 [J]. 广东电力, 2019, 32 (05): 87-98.

[55] 鲍瑞，李兆杰，易健宏．粉末冶金制备高导热铜基复合材料的研究进展 [J]. 粉末冶金工业，2022，32（05）：1-11.
[56] 熊翔，杨宝震，刘咏．汽车工业中的粉末冶金新材料与新技术 [J]. 粉末冶金工业，2019，29（04）：1-7.
[57] 姚萍屏，樊坤阳，孟康龙．不同晶型 SiC-p 对铜基粉末冶金摩擦材料摩擦磨损性能的影响 [J]. 润滑与密封，2011，36（07）：1-4.
[58] 朱德智，杨莲，刘一雄．镀铜石墨烯片径对铝基复合材料组织与性能的影响 [J]. 特种铸造及有色合金，2022，42（02）：133-138.
[59] 祝志祥，丁一，徐若愚．碳纤维增强铜基复合材料制备方法研究进展 [J]. 功能材料，2021，52（03）：3060-3066.
[60] 黄顺，徐翱，潘一帆．粉末冶金制备铝青铜/钢双金属材料 [J]. 上海工程技术大学学报，2012，26（02）：129-132.
[61] 陈文革，丁秉均，张晖．纳米晶 W-La_2O_3电极材料的形成与烧结行为 [J]. 稀有金属材料与工程，2003（09）：752-755.
[62] 刘洋，陶宇，贾建．FGH98 粉末冶金高温合金热变形过程中组织变化 [J]. 粉末冶金工业，2011，21（02）：14-18.
[63] 张国庆，田世藩，汪武祥．先进航空发动机涡轮盘制备工艺及其关键技术 [J]. 新材料产业，2009，6（11）：16-21.
[64] 吴凯，刘国权，胡本芙．新型涡轮盘用高性能粉末高温合金的研究进展 [J]. 中国材料进展，2010，29（03）：23-32.
[65] 车洪艳，王铁军，秦巍．热等静压技术在金属材料加工领域的应用及发展趋势 [J]. 粉末冶金工业，2022，32（04）：1-7.
[66] 宋富阳，张剑，郭会明．热等静压技术在镍基铸造高温合金领域的应用研究 [J]. 材料工程，2021，49（01）：65-74.
[67] 王新锋，贺卫卫，朱纪磊．热等静压铁钴镍基高温合金的显微组织和力学性能 [J]. 粉末冶金技术，2020，38（05）：371-376.
[68] 薛松海，谢嘉琪，刘时兵．钛合金粉末冶金热等静压技术及发展现状 [J]. 粉末冶金工业，2021，31（05）：87-93.
[69] 程时杰．先进电工材料进展 [J]. 中国电机工程学报，2017，37（15）：4273-4285.
[70] 周武平，王玲，秦颖楠．大规格钨基高比重合金材料制备技术研究 [J]. 稀有金属材料与工程，2020，49（11）：3957-3961.
[71] 赵慕岳，王伏生，孙志雨．我国钨基高比重合金发展的回顾 [J]. 有色金属科学与工程，2013，4（05）：1-5.
[72] 胡连喜，冯小云．粉末冶金高温合金研究及发展现状 [J]. 粉末冶金工业，2018，28（04）：1-7.
[73] 赵东风，王瑀，刘欣伟．TiNbZrTa 医用钛合金接骨器对兔骨折端骨愈合影响的实验研究 [J]. 临床军医杂志，2014，42（09）：881-885.
[74] 郭佳明，梁精龙，沈海涛．生物医用钛合金材料制备方法及应用进展 [J]. 热加工工艺，2021，50（20）：30-34.
[75] 崔永福，孙杏囡，张军．Cu50Cr50 触头材料的性能 [J]. 稀有金属材料与工程，1997，26（05）：40-43.
[76] 范光亮，王政伟．垂熔烧结掺杂钨条轴向密度均匀性改善工艺研究 [J]. 稀有金属与硬质合金，2021，49（03）：37-40.
[77] 石洁，罗超，王怀胜，等．感应区域熔炼法制备高纯铜 [J]. 稀有金属材料与工程，2010，39（S1）：

418-421.

[78] 刘凯，王小军，张石松．真空灭弧室用 CuCr 触头材料制备方法及其应用［J］．真空电子技术，2019，5（05）：33-37.

[79] 张强，丁一，赵丽丽．电热合金材料浅析［J］．热加工工艺，2020，49（21）：1-5.

[80] 程萌旗，郭永园，陈德胜．新型人工关节假体材料 β 钛合金 Ti35Nb3Zr2Ta 的生物相容性研究［J］．中国矫形外科杂志，2013，21（10）：1017-1024.

[81] 黄守国，宗争，彭春球．碳纤维含量对铜-石墨电刷摩擦因数的影响［J］．润滑与密封，2006，2（08）：91-92.

[82] 胡可文，陈文革．熔渗法 AgW（75）触头材料研究［J］．电工材料，2009，4（03）：12-14.

[83] 范志康，梁淑华．高压电触头材料［M］．北京：机械工业出版社，2003.

[84] 董若璟．铸造合金熔炼原理［M］．北京：机械工业出版社，1991.

[85] 梁淑华，范志康．激光快速熔凝 CuCr50 系触头材料的组织与性能［J］．激光技术，2000，12（6）：388-391.

[86] 梁淑华，范志康．电弧熔炼法制造 CuCr 系触头材料的组织与性能［J］．特种铸造及有色合金，2000，2（4）：1-5.

[87] 梁淑华，范志康．细晶 CuCr 系触头材料的研究［J］．粉末冶金技术，2000，12（3）：196-199.

[88] 梁淑华，范志康．CuCr50 优化热处理工艺研究［J］．金属热处理学报，2000，21（3）：66-69.

[89] 杨志懋，严群，丁秉钧，等．熔炼过程中 CuCr 系触头表层组织形成的特点［J］．高压电器，1995，23（6）：28-36.

[90] 贾申利，王季梅．真空电弧重熔法制造 CuCr 系触头材料［J］．高压电器，1995，31（01）：4.

[91] 王亚平，张丽娜，杨志懋，等．细晶-超细晶 CuCr 触头材料的研究进展［J］．高压电器，1997，12（2）：34-39.

[92] 王发展，唐丽霞，冯鹏发，等．钨材料及其加工［M］．北京：冶金工业出版社，2008.

[93] PAUL G. Advances in materials development for high Vacuum Interrupter contacts［J］．IEEE Trans on CPMT，1994，17（1）：96-106.

[94] 胡赓祥，蔡珣，戎咏华．材料科学基础［M］．上海：上海交通大学出版社，2000.

[95] 张亿增，李成燕．烧结过程中的晶粒生长及其控制［J］．河北陶瓷，1992，1（06）：24-29.

[96] 李礼，戴煜．激光选区熔化增材制造专用球形金属粉末制备技术现状及对比［J］．新材料产业，2017，1（8）：6.

[97] 吴伟辉，杨永强，毛星，等．激光选区熔化增材制造金属零件精度优化工艺分析［J］．铸造技术，2016，37（12）：5.

[98] 霍仁杰．增材制造专用粉末的开发与制备［J］．价值工程，2019，38（23）：2.

[99] 廖先杰，赖奇，张树立．球形钛及钛合金粉制备技术现状及展望［J］．钢铁钒钛，2017，38（5）：1-5.

[100] 赵霄昊，王晨，潘霏霏，等．球形钛合金粉末制备技术及增材制造应用研究进展［J］．粉末冶金工业，2019，29（6）：6.

[101] 陈焕杰，杨桩，刘照云．电弧微爆法制备增材制造用 GH4169 微细球形金属粉末［J］．焊接技术，2022，51（12）：5.

[102] 曲选辉，章林，张鹏．时速 350 km 高速列车用铜基闸片材料的摩擦性能［J］．工程科学学报，2023，45（03）：389-399.

[103] 丁思源，马蕾，石含波．低温环境对高速列车制动盘材料疲劳裂纹扩展性能影响研究［J］．机械强度，2022，44（05）：1082-1090.

[104] 张晏云，杨泽慧，陈永楠，等．铝合金表面 MoS_2/Al_2O_3 复合涂层制备及减摩性能［J］．稀有金属材料与工程，2022，51（04）：1356-1362.

[105] 司丽娜，陈林林，阎红娟，等．铜基复合制动材料摩擦磨损性能研究进展 [J]．润滑与密封，2022，47 (10)：168-175.
[106] 王晓阳．烧结压力对铜基粉末冶金摩擦材料性能的影响 [J]．科学技术创新，2021，2 (24)：148-149.
[107] 王磊，潘祺睿，朱松，等．高速列车铜基粉末冶金闸片的制备及摩擦磨损性能 [J]．机械工程材料，2017，41 (06)：55-58.
[108] 曲选辉，章林，张鹏，等．时速 350 km 高速列车用铜基闸片材料的摩擦性能 [J]．工程科学学报，2023，45 (03)：389-399.
[109] 方小亮，郑合静．铜基粉末冶金摩擦材料的应用及展望 [J]．粉末冶金技术，2020，38 (04)：313-318.
[110] 刘建秀，潘胜利，吴深．铜基粉末冶金摩擦材料增强相的研究发展状况 [J]．粉末冶金工业，2020，30 (01)：77-83.
[111] 赵翔，郝俊杰，彭坤，等．Cr-Fe 为摩擦组元的铜基粉末冶金摩擦材料的摩擦磨损性能 [J]．粉末冶金材料科学与工程，2014，19 (06)：935-939.
[112] 任澍忻，陈文革，冯涛，等．粉末冶金制备碳纤维增强铁-铜基摩擦材料的组织与性能 [J]．粉末冶金技术，2020，38 (02)：104-112.
[113] 李专，肖鹏，熊翔．熔融渗硅法制备 C/C-SiC 复合材料的干态摩擦磨损行为及机制 [J]．摩擦学学报，2012，32 (04)：332-337.
[114] 刘聪聪，王雅雷，熊翔，等．短纤维增强 C/C-SiC 复合材料的微观结构与力学性能 [J]．材料工程，2022，50 (07)：88-101.
[115] 杨宏伟，邓佩如．C/C-SiC 复合材料制备技术及现状 [J]．化工管理，2019，543 (36)：29-30.
[116] 李超，李生娟，程志海，等．纳米多孔铜的去合金法制备及性能研究 [J]．功能材料与器件学报，2012，18 (03)：227-231.
[117] 贾成厂，金成海．粉末冶金多孔材料 [J]．金属世界，2013 (01)：10.
[118] 李昊．FeCrAl 多孔材料的制备及研究现状 [J]．广东化工，2019，46 (21)：10-16.
[119] 方玉诚，王浩，周勇．粉末冶金多孔材料新型制备与应用技术的探讨 [J]．稀有金属，2005，11 (05)：791-796.
[120] 黄本生，彭昊，陈权，等．粉末烧结法制备多孔铜及其性能研究 [J]．有色金属工程，2018，8 (01)：11-15.
[121] 吴开霞，丁渔庆，王尹．金属基烧结含油轴承的研究现状 [J]．热加工工艺，2021，50 (23)：7-10.
[122] 李东宇，李小强，李京懋．烧结工艺对铜铁基含油轴承组织与性能的影响 [J]．材料导报，2021，35 (08)：8157-8163.
[123] 刘靖忠，窦明见，向天翔，等．液相烧结法制备金刚石-WC-Co 硬质合金复合材料性能影响因素的研究 [J]．硬质合金，2023，40 (01)：59-65.
[124] 张洪，熊计，郭智兴，等．WC 粒径对 WC-Co 硬质合金高温耐磨性的影响 [J]．热加工工艺，2022，51 (02)：21-24.
[125] 聂洪波，喻志阳，陈德勇．碳对 WC-Co 硬质合金烧结与性能的影响 [J]．中国钨业，2020，35 (06)：30-38.
[126] 夏艳萍，余怀民，魏修宇．添加 Cr3C2 对 WC-Co 硬质合金微观组织和性能的影响 [J]．硬质合金，2017，34 (05)：300-305.
[127] 孙业熙，苏伟，杨海林．一步还原包裹粉工艺制备 WC-Co 超粗硬质合金 [J]．稀有金属材料与工程，2016，45 (02)：409-414.
[128] 肖逸锋，贺跃辉，丰平，等．WC-Co 梯度硬质合金的制备及渗碳对其组织的影响 [J]．材料热处理

学报，2008，01（01）：116-119.
[129] 李艳，林晨光，曹瑞军．超细晶 WC-Co 硬质合金用纳米钴粉的研究现状与展望［J］．稀有金属，2011，35（03）：451-457.
[130] 陈泽民，张乾坤，肖逸锋．热旋锻变形对 TiCN 强化 ASP30 粉末冶金高速钢的组织及性能研究［J］．粉末冶金技术，2022，40（04）：376-382.
[131] 杨军浩，刘如铁，熊翔．球磨时间对 M2 粉末冶金高速钢组织与力学性能的影响［J］．粉末冶金材料科学与工程，2020，25（04）：296-303.
[132] 吴超，孙爱芝，刘永生等．纳米 SiC 颗粒增强铝镁复合材料的制备与性能研究［J］．粉末冶金技术，2017，35（03）：182-187.
[133] 贾寓真，吴懿萍，刘国跃．新型粉末冶金高速钢 ASP2051 淬回火后的硬度及碳化物分析［J］．金属热处理，2019，44（09）：79-84.
[134] 张惠斌，沈玮俊，庄启明．新型高性能粉末冶金高速钢及其近净成形制备技术［J］．精密成形工程，2017，9（02）：14-19.
[135] 厉鑫洋，车洪艳，林同伟．热处理对粉末冶金高速钢组织与性能的影响［J］．金属热处理，2016，41（06）：147-150.
[136] 伍文灯，熊翔，刘如铁，等．碳含量对元素粉末法制备 M2 高速钢组织与性能的影响［J］．粉末冶金材料科学与工程，2019，24（03）：273-281.
[137] 文小浩，陈胜，丁小芹，等．SPS 烧结 M42 粉末冶金高速钢的显微组织与性能［J］．粉末冶金技术，2010，28（01）：39-42.
[138] 罗涛，江文清，童伟．粉末冶金 M2 高速钢的制备与组织性能研究［J］．粉末冶金工业，2019，29（06）：28-33.
[139] 代晓南，白玲，栗正新．聚晶金刚石高温高压合成工艺研究进展［J］．超硬材料工程，2021，33（05）：41-45.
[140] 邓雯丽，邓福铭，徐智豪，等．烧结压力对整体 PCBN 刀具微结构与性能的影响及作用机理［J］．金刚石与磨料磨具工程，2018，38（05）：39-43.
[141] 王坤．液相烧结法聚晶金刚石微观结构及其力学性能研究［J］．陶瓷，2019，13（08）：53-62.

试卷及参考答案

一、综合问答题。

有一个尺寸为 $\Phi20\times10$mm 的粉末冶金零件，请写出 PM 的工艺过程，包括：(1) 用什么规格的粉体（具体有哪些粉体和尺寸大小），(2) 如何混料，(3) 成型方式及方法，(4) 烧结方式，(5) 烧结温度，(6) 保温时间，(7) 烧结选用何种保护气氛，(8) 必要的后处理（为何需要或不需要），(9) 可能会出现什么缺陷，(10) 检测什么性能、怎么检测（只需写出相关设备名称）。

答：（写出要点即可）

(1) 粉体种类和尺寸大小。一般针对具体的零件选择相应的粉体，如铁基零件选择铁粉，铜基零件选择铜粉，钨钴类硬质合金选择 WC 粉和钴粉，摩擦材料选择主组元、润滑组元（石墨粉和 MoS_2 钼粉）和摩擦组元（氧化铝粉、氧化硅粉、碳化硅粉等），高比重合金选择钨粉和镍粉、铁粉（或铜粉），氧化铁软磁材料选择 Fe_2O_3、Fe_3O_4 粉和 ZnO 粉，多孔材料要有造孔剂（一般是 NaCl 粉），金刚石工具要选择金刚石粉体，氧化物弥散材料要选择陶瓷粉体和基体金属粉体。大多粒径选择 200 目（几十微米之间）左右。

(2) 混料指将两种或两种以上的不同成分的粉末混合均匀的过程。采用机械法进行干混，即把各种粉末按比例称好，装入混料机，搅拌几十分钟到几小时。如 Fe-C 混料则是将 97%的铁粉（原材料采用雾化铁粉或还原铁粉，前者粉末流动性好，后者粉末成本低，选用平均粒径约 70μm 左右的粉体）、3%的碳粉装入混料筒内，并加入一定量的酒精，混合 6h 左右。机械混合料的均匀程度取决于下列因素，混合组元的颗粒大小和形状、组元的密度、混合时所采用介质的特性、混合设备的种类和工艺参数（装料量、球料比、时间和转速等）。理论密度 $=100/(97/7.8+3/2.62)=7.36\text{g/cm}^3$。也可采用化学法进行混料，把相应的原料制成溶液，然后搅拌即可。

(3) 成型针对形状不复杂、尺寸较小的零件采用钢压模单向压制或双向压制。题目所示尺寸采用单向钢模成型。具体步骤如下。

称料：可采用质量法或容积法。

装料：根据批量大小可采用自动或手动的方法。

压制：将混合好的粉末料按体积装料法在自动成型压力机上压制成型，模具一般为钢压模。

脱模压力：常取压制压力的 30%。

(4) 烧结可根据所制备零件采用固相烧结或液相烧结。单元系零件以及摩擦材料、弥散强化材料、工具材料、多孔材料和软磁材料采用固相烧结，而电工合金、硬质合金、高密度合金则采用液相烧结。

(5) 烧结温度主要根据制品的化学成分确定。对于混合粉压坯，烧结温度要低于其主要成分的熔点，通常可按下式近似确定。

$$T=(0.7\sim0.8)T_{熔点}$$

（6）保温时间，通常是指压坯通过高温带的时间。保温时间的确定，除了与温度有关（烧结温度高，保温时间短，反之亦然），还主要根据制品成分、单重、几何尺寸、壁厚、密度以及装舟方法（是否加填料）与装舟量而定，如铁基制品的保温时间一般在1.5~3h。

（7）针对所制零件的不同选择不同的保护气氛。烧结气氛主要有5类，分别是氧化气氛（纯氧、空气和水蒸气）、还原气氛（纯氢、分解氨、煤气、碳氢化合物的转化气）、中性气氛（氮气、氩气惰性气体、真空气氛）、渗碳气氛（CO、CH_4、碳化物气体）、氮化气氛（氮气和氨气）。这5种气氛依次适用贵金属、氧化物弥散强化和内氧化的烧结；易氧化材料的烧结；活性金属和高纯金属的烧结；烧结铁和低碳钢类材料的烧结；不锈钢和含铬钢的烧结。如铁基、铜基、电工合金、硬质合金、高比重合金、摩擦材料等要通入氢气或分解氨，因为烧结需要还原性气氛，防止烧结该零件过程中发生氧化。而铁氧体软磁材料则可采用氧化气氛，钛基零件最好采用真空气氛。烧舟可选用钼舟或石墨舟，加碳化硅或氧化铝作填料。

（8）必要的后续处理，因为零件有硬度要求，如铁基零件、硬质合金主要进行热处理，采取淬火处理或深冷处理，即把该零件在分解氨保护气氛下加热到880℃保温30~60min，油淬，然后再加热到180℃保温2h，冷却到室温即可。或者在液氮下长时间保温。铜基、钛基零件需要精整、软磁材料、电工合金、摩擦材料需要机械加工。多孔材料要除去造孔剂。

（9）成型的缺陷有分层或裂纹（压制压力太高）；压坯密度分布不均（装料不合适或模具设计不当或压制方式不对）；掉边掉角（压坯强度太低）；表面拉毛（模具表面光洁度差）；单重不准（称料不对）。

烧结的缺陷有过烧或欠烧（烧结温度过高或过低）、氧化（烧结气氛选择不合适或炉膛露气）、翘曲变形（装舟不合适或烧结温度过高或保温时间太长）、麻点或起泡（混料添加剂出现偏聚）、裂纹（压制时出现的隐裂纹）。

最终产品的缺陷也有可能是密度不够、硬度不足、组织分布不均匀以及各自特殊性能达不到要求等。

（10）粉末冶金零件一般测量密度（采用水中浮重法）、硬度（采用布氏硬度计）、气孔率（采用类似于密度的测量方法，需要测出开孔的体积）、抗弯强度（在万能拉压试验机上一般用三点弯曲试验）、金相组织（与致密材料的制样过程一样，然后再金相显微镜下观察）、冲击韧性（利用摆锤式试验机）等基本性能指标。针对具体零件还要测量专门的性能，如电工合金要测导电率、摩擦材料要测摩擦系数、硬质合金要测钴磁、多孔材料要测孔隙率等。另外，针对本题目给出的尺寸，有些性能可能因为尺寸限制无法测量。

二、计算说明题。

1. 将铁粉过筛分成-100+200目和-325目两种粒径级别，测得粉末的松装密度为2.6g/cm^3，再将20%的细粉与粗粉合批后测得松状密度为2.8g/cm^3。这是什么原因，请说明。

答：粉末越粗，其松装密度越大；粉末越细，其松装密度越小。孔隙度越小，松装密度越大。向粗粉中混入细粉会减小混合粉末的孔隙（细粉填充在粗粉颗粒的间隙中），因而会使得松装密度变大。

2. 一个压坯高度是直径的3倍，压力自上而下单向压制，在压坯2/3高度处压力只有压坯顶部压力的 3/4，求压制压力为 500MPa 时，压坯 1/3 高度和压坯底部的压制压力。

答：由于粉末颗粒与模壁的外摩擦力，使得压制力压力沿垂直方向下降。因单向压制，每 1/3 高度处压力下降是顶部的 3/4，所以得到以下结论。

压坯 1/3 高度处的压制压力为

$$500\times3/4\times3/4=281.250\text{MPa}$$

压坯底部的压制压力为

$$500\times3/4\times3/4\times3/4=210.90\text{MPa}$$

3. 由烧结线收缩率 $\Delta L/L_0$和压坯密度 ρ_g 计算烧结密度 ρ_s 的公式为 $p_s=p_g/(1-\Delta L/L_0)^3$，试推导此公式。假定一个压坯（相对密度 68%）烧结后，相对密度达到 87%，试计算线收缩率是多少。

答：设压坯的质量为 m，压坯为正方体，边长为 L_0。烧结后的尺寸为$(L_0-\Delta L)$。则计算出压坯密度 ρ_g和烧结密度 ρ_s的比值是

$$\rho_g/\rho_s=(m/L_0^3)/[m/(L_0-\Delta L)^3]=(L_0-\Delta L)^3/L_0^3$$

（有相似的做法也算对）

由线收缩率 $p_s=p_g/(1-\Delta L/L_0)^3$，代入数据即

$$0.87=0.68/(L_0-\Delta L)^3 \qquad \text{计算出线收缩率 } \Delta L/L_0=7.89\%$$

4. 若用镍离子浓度为 24g/L 的硝酸镍溶液作为电解液制取镍粉时，至少需要多大的电流密度才能够获得松散粉末？（假设 $K=0.80$）

答：能够获得松散粉末的电流密度 $i\geqslant KC$（C 为电解液的浓度）

$$i\geqslant0.8\times24/58(\text{mol/L})=0.331\text{A/cm}^2$$

三、简答题

1. 如何将密度相差很大的两种粉体（如石墨粉和铜粉）混合均匀？并指出评价混合均匀性的几种方法。

答：采用湿法机械混合，或者将所用粉体研磨成极细粉后混合，或者采用包覆粉体混合。评价混合均匀性，可以考虑测量粉体的松装密度、流动性、借助某些仪器（测定一定范围内的颗粒数，通过计算获得均匀性）。

2. 钢模单向压制成型压坯密度分布的规律是什么？请通过受力状况进行定性分析。

答：分布规律是沿压制方向靠近运动冲头到远离冲头的压坯密度依次减小，而沿径向方向（垂直于压制方向），靠近冲头，压坯密度中间小，周围大，远离冲头则是压坯密度中间大，周围小（或者答为蝴蝶状分布）。具体是粉体受到压制压力、侧压力、摩擦力等，而摩擦力在单向压制时从上到下依次增大。

3. 烧结的致密化机理有哪些？举例指出哪些材料的烧结对应这些机理。

答：致密化机理有黏性流动、体积扩散、晶界扩散、塑性流动。

钨制品的烧结主要是体积扩散、晶界扩散；金属陶瓷的热压烧结主要是黏性流动、塑性流动。

4. 孔隙率对烧结体的组织与性能有什么影响？如何减少或增加孔隙率？

答：孔隙率会影响粉末冶金材料的性能包括以下几点。（1）显微组织，一般孔隙率高，组织致密性差；（2）力学性能，如硬度、强度、韧性，一般孔隙率高，力学性能会下降；（3）物理性能，如密度、电导率、热导率、膨胀系数等，一般孔隙率高，物理性能也会

下降。

减少或增加孔隙率可通过选择合适的粉体配比、选择起活化烧结作用或者有造孔作用的添加剂、选择压制方式或压制压力、选择烧结方式和确定烧结工艺参数进行。

5. 粉末冶金过程中是哪一个阶段提高材料利用率？为什么？请举例说明。

答：粉末冶金过程中在成型阶段提高材料的利用率。因为粉体成型时利用模具获得一定形状、一定尺寸的压坯，避免了机械加工，如 PM 铁基零件就是无切削或少切削。

6. 从技术上、经济上比较生产金属粉末的三大类方法（还原法、雾化法和电解法）。

答：还原法是指通过另一种物质（还原剂），夺取氧化物或盐类中的氧（或酸根）而使其转变为元素或低价氧化物（低价盐）的过程。所得粉体是海绵状，成本较低。

雾化法是当雾化介质（气体、水）以一定的速度与金属液流接触时，金属液流则被切断、分散，并按雾化介质运动的方向运动，雾化介质对金属液流急剧冷却而产生的热应力作用使液滴黏化，并凝结成微细黏末。所得粉体是近球状。

电解法是当电解质溶液中通入直流电后，产生了正负离子的迁移，正离子移向阴极，在阴极上放电，发生还原反应，并在阴极上析出还原产物；负离子移向阳极，在阳极上发生氧化反应，并析出氧化产物。所得粉体是树枝状，成本较高。

机械粉碎法是靠压碎、击碎和磨削等作用，将块状金属或合金机械地粉碎成粉末。所得粉体是不规则状，花费时间一般较长。

7. 简明阐述液相烧结的溶解-再析出机理及对烧结后合金组织的影响。

答：液相烧结的溶解-再析出机理是因颗粒大小不同、表面形状不规整、各部位的曲率不同，造成颗粒在液相中的饱和溶解度不相等，引起颗粒之间或颗粒不同部位之间的物质通过液相迁移时，小颗粒减小或消失，大颗粒更加长大的现象。当固相在液相中有较大溶解度时，固相颗粒发生重结晶长大，冷却后的颗粒多呈卵形，紧密地排列在黏结相内，液相较少时，固相颗粒粘结成骨架，成为被液相完全分隔的状态（或被液相分隔成孤立的小岛，或固相被液相分割成孤立的小块镶嵌在骨架的间隙内）。

8. 孔隙对粉末冶金制品的热处理、表面处理和机加工性能有什么影响？应采取什么措施改善？

答：热处理：孔隙影响其传导性，也可能成为裂纹源或应力集中部位。采取增加加热温度和油淬改善。

表面处理：孔隙提高粉末零件的抗腐蚀性、耐磨性和表面质量。常进行电镀、涂层和硫化处理。为此，常要在表面处理前封闭表面孔隙。可采取的措施有机械封闭、固体物质堵塞、渗金属堵塞、用憎水液体填充空隙等。

机加工性能：孔隙破坏了材料的完整性，出现冲击载荷和断屑等现象，使粉末冶金材料在机械加工时需要有锋利的刀具，切削工艺宜采用高切削速度和小走刀量等。

9. 烧结气氛有哪几类？每种类别适合于哪些材料的烧结？

答：烧结气氛主要有 5 类，分别是氧化气氛（纯氧、空气和水蒸气）、还原气氛（纯氢、分解氨、煤气、碳氢化合物的转化气）、中性气氛（或氮气、氩气惰性气体、真空气氛）、渗碳气氛（CO、CH_4、碳化物气体）、氮化气氛（氮气和氨气）。依次适用用贵金属、氧化物弥散强化和内氧化的烧结；易氧化材料的烧结；活性金属和高纯金属的烧结；烧结铁和低碳钢类材料的烧结；不锈钢和含铬钢的烧结。

10. 与传统加工方法比较，粉末冶金技术有何重要优缺点？试举例说明。

答：优点：材料利用率高，加工成本较低，节省劳动率，可以获得具有特殊性能的材料或产品。

缺点：由于产品中孔隙存在，与传统加工方法相比，材料性能较差。

例子：Cu-W 假合金制造，这是用传统方法不能获得的材料；

11. 粉体能够成型的原因是什么？粉体能够烧结的原因是什么？

答：粉体成型的原因是发达的比表面积、多孔性、流动性。

粉体烧结的原因是表面能革晶格畸变能。

12. 粉体或压坯烧结后一般都需要进行哪些性能检测？如何检测？

答：粉末冶金零件一般测量密度（采用水中浮重法）、硬度（采用布氏硬度计）、气孔率（采用类似于密度的测量方法，需要测出开孔的体积）、抗弯强度（在万能拉压试验机上一般用三点弯曲试验）、金相组织（与致密材料的制样过程一样，然后在金相显微镜下观察）、冲击韧性（利用摆锤式试验机）等性能指标。

13. 写出成型和烧结的废品各 5 个，简单说明造成此类废品的原因。

答：成型的废品有分层或裂纹（压制压力太高）；压坯密度分布不均（装料不合适或模具设计不当或压制方式不对）；掉边掉角（压坯强度太低）；表面拉毛（模具表面光洁度差）；单重不准（称料不对）。

烧结的废品有过烧或欠烧（烧结温度过高或过低）、氧化（烧结气氛选择不合适或炉膛露气）、翘曲变形（装舟不合适或烧结温度过高或保温时间太长）、麻点或起泡（混料添加剂出现偏聚）、裂纹（压制时出现的隐裂纹）。

14. 影响烧结过程的主要因素有哪些？并简要分析影响。

答：影响烧结过程的因素：粉体的粒径组成（粉末越细，得到相同密度或强度所需的保温时间或烧结温度越低）、外来添加剂（与主组元有一定溶解度、发生化学反应或形成化合物均有利促进烧结）、烧结温度和保温时间（较高的烧结温度或长的保温时间有利于得到较高致密度的烧结制品）、烧结气氛（不同的烧结气氛影响烧结时原子的扩散速率）、压坯的压制压力（加大压制压力能够促进烧结）。

15. 简要阐述固相烧结的合金均匀化。

答：固相烧结的合金均匀化指烧结组元原子的互扩散系数随烧结温度升高显著增大，烧结保温时间越长，扩散越充分，合金化程度越高。

所用原料粉末粒径减小，合金化速度越高。增大压制压力，使粉末颗粒间接触面增大，扩散界面增大，加快合金化进程，但作用有限。采用一定量的预合金粉或复合粉会使扩散路程缩短，减少原子的迁移数量，有利于合金均匀化。但杂质的存在一般会阻碍合金均匀化。

16. 在粉末冶金材料的机械物理性能中，哪些性能对孔隙形状敏感？哪些不敏感？

答：对孔隙形状敏感的性能有：常用的机械性能，如抗拉强度、抗弯强度、塑性、韧性、疲劳强度、断裂韧性、弹性模量等；物理性能如电导率、热导率、磁导率、电容率；工艺性能如熔浸、焊接、机械加工、热处理、精整、轧制、锻造、挤压、拉丝等。

对孔隙形状不敏感的性能有：硬度。

四、概念辨析题

1. 摇实密度、表观密度、似密度、相对密度

摇实密度：粉末在振动和敲击作用下，充填规定容器，单位体积的质量。

表观密度：粉末质量与包括开孔和闭孔体积的粉体体积的商。

似密度，粉末质量与包括闭孔体积在内的体积的商。

相对密度：粉末冶金材料的密度与该成分致密金属密度（理论密度）之比。

2. 拱桥效应、弹性后效、二次颗粒、强化烧结

弹性后效：粉末在压模中受到的压制压力，产生不同程度的弹性变形与塑性变形，进一步产生较大的内应力。去除压制压力后，由于内应力力图膨胀，脱模后压坯长大。

拱桥效应：颗粒粉末自由堆积时造成比颗粒本身大很多倍大孔的现象。

二次颗粒（团粒）：由一次颗粒间以弱结合力构成或单颗粒以某种方式聚合成的颗粒。

强化烧结：通过物理或化学方法促进烧结进程或为提高制品性能所采取的措施，包括热压、液相烧结、活化烧结等。

3. 粉末冶金、热处理、液相烧结、熔浸

粉末冶金：研究制备各种金属粉末，并以其为原料进行成型、烧结和后续处理获得金属材料或制品的工艺过程。

热处理：将材料加热到一定温度，然后以一定速度冷却发生组织转变的过程。

液相烧结：由烧结过程中一直保持固相的难熔组分的颗粒和提供液相的黏结相构成。

熔浸：液相烧结的特例，指低熔点组元以液态形式熔浸在烧结体的骨架中。

4. 粉末体，成型性，流动性，压缩性、侧压力

粉末体：由大量颗粒及颗粒之间孔隙所构成的集合体。

成型性：指粉末压坯保持既定形状的能力，用压坯强度来衡量。

流动性：50g 粉末流经标准漏斗所需要的时间。

侧压力：粉体在压制力作用下的侧向流动对模壁的作用力。

压缩性：指粉体被压紧的能力，用压坯密度来衡量。

5. 混合，合批，成型，烧结

混合：将不同成分、不同粒径粉体通过机械法或化学法混合在一起的过程。

合批：指将成分相同而粒度不同的粉体混合在一起的过程。

成型：把松散的粉体加工成一定形状、尺寸和一定密度和强度的坯块。

烧结：将粉体或压坯加热到一定温度保温，借颗粒间的连接以提高其强度的热处理。

6. 压制性能、二次颗粒、粒径组成、比表面积、目数

压制性能：是压缩性和成型性的总称。压缩性指粉体被压紧的能力，用压坯密度来衡量。成型性指粉末压坯保持既定形状的能力，用压坯强度来衡量。

二次颗粒：由一次颗粒间以弱结合力构成或单颗粒以某种方式聚合。

粒径组成：粉末中不同粒径的粉末占全部粉末的百分数。

比表面积：1g 粉末颗粒所具有的总表面积。

目数：筛网上 1 英寸长度上的网孔数量，数量越多，目数越大。

五、根据所学的专业知识判断正误，并在前面的括号中画“×”或“√”。

1.（×）粉末的压制性是压缩性和成型性的总称。一般说来，成型性好的粉末，压缩性也好，反之亦然。

2.（×）通常用目数表示筛网的孔径和粉末的粒径。所谓目数是筛网 1 厘米长度上的网孔数。

3.（×）粉末压坯强度既决定于粉末颗粒之间的机械啮合力，也决定于粉末颗粒表面原子间的结合力。

4.（√）烧结过程中物质迁移的方式有黏性流动、蒸发凝聚、体积扩散、表面扩散、晶界扩散和塑性流动。

5.（√）压制过程中产生的裂纹或分层本质是相同的，都是弹性后效的结果。

6.（×）理论上，粉末在压制时加压速度要快，保压时间要长。

7.（√）一般随烧结温度的升高，密度、强度、晶粒度增大，而孔隙率和电阻率减小。

8.（×）高孔隙度的烧结件主要是沿晶断裂，低孔隙度的烧结件主要是穿晶断裂。

9.（×）当粉末体烧结时，一般温度越高，保温时间也越长。

10.（×）用氢损法测定粉末中的氧含量是测定氢的重量损失。

11.（×）压坯密度随压制压力增加而增加较快是在第二阶段。

12.（×）粉末体烧结的强度和导电性大大增加的是在烧结颈长大阶段。

13.（×）切削粉末冶金制品所用刀具的寿命比切削相应致密材料所用刀具的寿命高。

14.（√）粉末体的变形既有体积变化也有形状改变。

15.（√）单向压制压坯密度分布在水平面上，接近上模冲的截面是两边大中间小，远离上模冲截面是中间大两边小。

16.（√）成型剂不仅起润滑、黏结作用，还会促进粉末颗粒变形，改善压制过程，降低单位压制压力。

17.（√）粉末压制前进行退火可以降低杂质含量，消除加工硬化。

18.（√）烧结保温时间影响颗粒之间的结合状态和各组元的均匀化。

19.（×）麻点是烧结时升温太快造成的。起泡是在混料中所添加的成分偏析造成的。

20.（√）精整是为了提高零件的尺寸公差和表面光洁度，精压是为了获得特定的表面形状和改善密度，复压则主要是为了提高制品的密度和强度。

21.（×）粉末的填装系数是在粉体成型装料时用的一个概念。

22.（√）粉末体是由大量的颗粒与颗粒间的孔隙所构成的集合体。

23.（√）气体雾化制粉过程可分解为金属液流紊流区、原始液滴形成区、有效雾化区和冷却区等四个区域。

24.（√）粉末平均粒径越小，粉末形貌越复杂，粉末颗粒之间的运动摩擦阻力越大，流动性越差，松装密度越小。

25.（√）两种或两种以上金属元素因不经形成固溶体或化合物构成合金体系通称为假合金，是一种混合物。

26.（×）烧结体的氧化是所通的保护气氛不够或不对所致。

反侵权盗版声明

本书可作为材料、冶金、物理及应用科学等专业本科生、研究生教学用书，亦可供材料、冶金专业研究人员及高校教师阅读和参考。

责任编辑：刘御廷
责任美编：孙焱津

ISBN 978-7-121-47279-4
9 787121 472794 >
定价：79.80 元

“十三五”国家重点研发计划项目

装配式混凝土工业化建筑高效施工关键技术研究与示范（2016YFC0701700）资助

装配式混凝土剪力墙高层住宅建筑高效施工技术体系

吴红涛　陈　骏◎主编

中国建筑工业出版社